CB137834

Esta obra está no **Plurall**.
Baixe o app no seu celular
ou acesse **http://plurall.net**
e descubra uma nova
forma de estudar!

AAPMB292S

Atenção! Somente serão liberados conteúdos
e serviços relacionados a esta obra.

Ajuda: @plurallnet

623045 Física Contexto & Aplicações Vol.2 ALUNO

SOMOS EDUCAÇÃO

FÍSICA

CONTEXTO & APLICAÇÕES

Antônio Máximo Ribeiro da Luz

Licenciado e bacharel em Ciências-Física pela Universidade Federal de Minas Gerais (UFMG).

Professor adjunto do Departamento de Física da UFMG.

Beatriz Alvarenga Álvares

Engenheira civil pela Universidade Federal de Minas Gerais (UFMG).

Professora emérita do Departamento de Física da UFMG.

Carla da Costa Guimarães

Licenciada e bacharela em Ciências-Física pela Universidade de São Paulo (USP).

Professora do Departamento de Engenharia da Pontifícia Universidade Católica de São Paulo (PUC-SP).

Professora do Departamento de Ciências Sociais do Instituto Presbiteriano Mackenzie, São Paulo (SP).

2

2ª EDIÇÃO
SÃO PAULO
2017

editora scipione

editora scipione

Direção de inovação e conteúdo: Guilherme Luz
Direção editorial: Luiz Tonolli e Renata Mascarenhas
Gestão de projeto editorial: Viviane Carpegiani
Gestão e coordenação de área: Julio Cesar Augustus de Paula Santos e Juliana Grassmann dos Santos
Edição: Alexandre Braga D'Avila, Andrezza Cacione, Marcela Muniz e Mateus Carneiro Alves
Gerência de produção editorial: Ricardo de Gan Braga
Planejamento e controle de produção: Paula Godo, Roseli Said e Marcos Toledo
Revisão: Hélia de Jesus Gonsaga (ger.), Kátia Scaff Marques (coord.), Rosângela Muricy (coord.), Ana Curci, Ana Paula Chabaribery Malfa, Brenda Morais, Claudia Virgilio, Luís Maurício Boa Nova e Patrícia Travanca
Edição de arte: André Gomes Vitale (coord.), Claudemir Camargo Barbosa e Christine Getschko (edição de arte)
Diagramação: MRS Editorial e Casa de Tipos
Iconografia e licenciamento de texto: Sílvio Kligin (superv.), Roberto Silva (coord.) e Roberta Freire Lacerda Santos (pesquisa iconográfica)
Tratamento de imagem: Cesar Wolf e Fernanda Crevin
Ilustrações: Alex Argozino, Antonio Robson, Artur Kenji Ogawa, Formato Comunicação, João X. de Campos, Osni de Oliveira, Paulo César Pereira e Paulo Manzi
Cartografia: Eric Fuzii (coord.) e Márcio Souza
Capa: Gláucia Correa Koller (coord.) e Adilson Casarotti
Foto de capa: Detalhe interno de um balão de ar quente usado em sobrevoos. Luneva Nadya/Shutterstock
Projeto gráfico de miolo: Gláucia Correa Koller (coord.), Aurelio Gadini Camilo e A+ Comunicação

Avenida das Nações Unidas, 7221, 1º andar, Setor D
Pinheiros – São Paulo – SP – CEP 05425-902
Tel.: 4003-3061
www.scipione.com.br / atendimento@scipione.com.br

Dados Internacionais de Catalogação na Publicação (CIP)
(Câmara Brasileira do Livro, SP, Brasil)

Luz, Antônio Máximo Ribeiro da
Física : contexto & aplicações, 2 : ensino médio / Antônio Máximo Ribeiro da Luz, Beatriz Alvarenga Álvares, Carla da Costa Guimarães. -- 2. ed. -- São Paulo : Scipione, 2017.

ISBN: 978-85-474-0062-0 (aluno)
ISBN: 978-85-474-0063-7 (professor)

1. Física (Ensino médio) I. Álvares, Beatriz Alvarenga. II. Guimarães, Carla da Costa. III. Título.

17-07842 CDD-530.7

Índices para catálogo sistemático:

1. Física : Ensino médio 530.7

2017
ISBN 978 85 474 0062 0 (AL)
ISBN 978 85 474 0063 7 (PR)
Código da obra CL 740255
CAE 623045 (AL) / 623046 (PR)
2ª edição
1ª impressão

Impressão e acabamento: Brasilform Editora e Ind. Gráfica

Uma publicação SOMOS EDUCAÇÃO

Apresentação

Caro aluno,

Ao elaborar esta coleção, uma de nossas maiores preocupações foi tornar o estudo da Física interessante e agradável, por isso optamos por uma linguagem que fosse acessível e que não exagerasse no formalismo matemático. Além disso, procuramos ilustrar, por meio de seções específicas e exemplos diversificados, como essa ciência se relaciona com a sua realidade. Assim, esperamos que os conteúdos estejam apresentados de uma forma atraente e motivadora, mesmo para aqueles que têm preferências por outras áreas do conhecimento.

A aprendizagem das leis e fenômenos físicos pode trazer um complemento importante para sua formação cultural e intelectual, não apenas pela relação que apresentam com o desenvolvimento tecnológico do mundo moderno, mas também porque nosso cotidiano está "repleto de Física". Ao estudar os assuntos do livro, você vai perceber que essa ciência pode ser usada para explicar muito daquilo que acontece ao nosso redor, desde coisas aparentemente simples, como a água fervendo em uma panela, até outras que parecem mais complexas, como a formação de um arco-íris ou um trem levitando sobre os trilhos.

Com a orientação de seu professor, lendo com atenção os textos de cada capítulo, discutindo com seus colegas e procurando realizar as atividades sugeridas, esperamos que, ao final do curso, você tenha conseguido compreender as leis fundamentais da Física. É possível que essa compreensão faça crescer dentro de você uma admiração pelos fenômenos naturais, bem como respeito pelos grandes cientistas que, por meio de vidas inteiras dedicadas à pesquisa, edificaram esse importante ramo do conhecimento humano.

Os autores

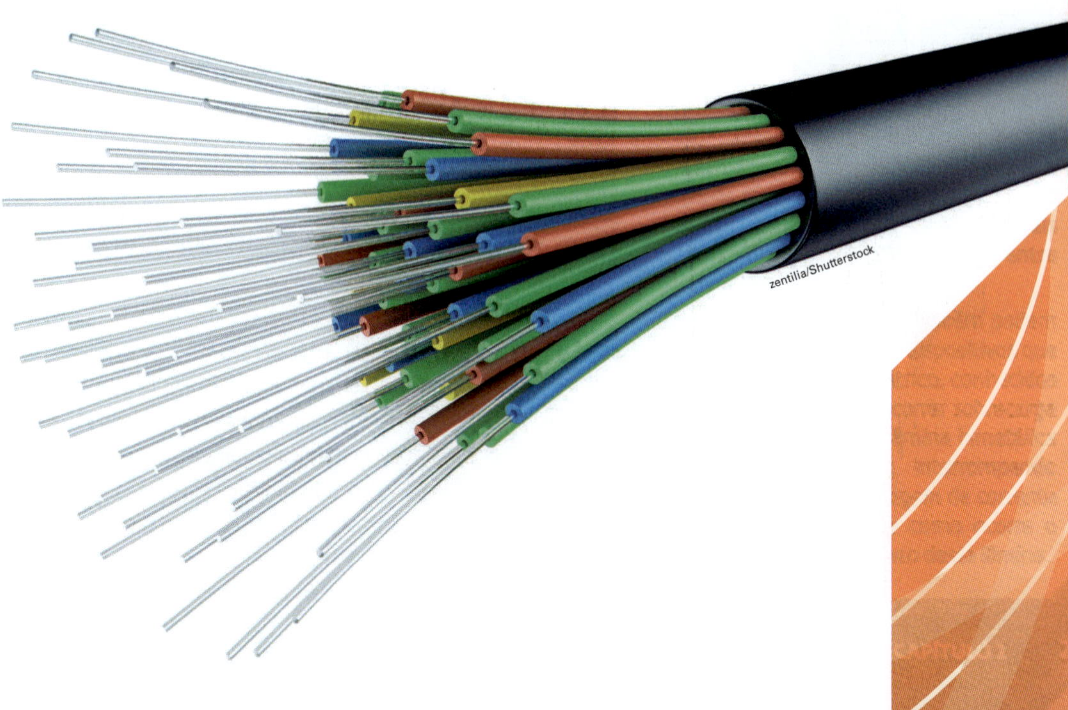
zentilia/Shutterstock

Conheça seu livro

A obra abrange os temas centrais da Física clássica e da Física contemporânea, além de suas relações com o desenvolvimento tecnológico e outras áreas do conhecimento.

PARA INICIAR A CONVERSA

Após a leitura do texto que abre o capítulo, são propostas três questões com o objetivo de:

- verificar o conhecimento de temas gerais da Física;
- avaliar os conhecimentos prévios sobre o assunto que será abordado;
- estimular a busca de informações e conteúdos.

LEITURAS

As leituras são apresentadas nos três boxes descritos a seguir, que aparecem intercalados com o desenvolvimento do conteúdo e que têm como objetivo ampliar os conceitos físicos vistos no capítulo.

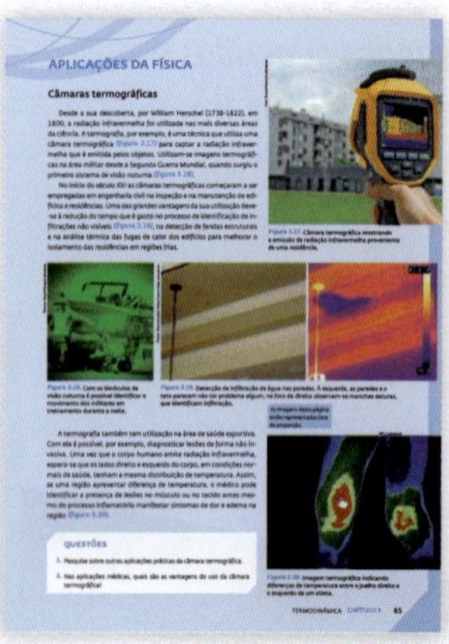

Aplicações da Física

Seção que traz exemplos de aplicações tecnológicas que utilizam o desenvolvimento científico da Física. Além disso, apresenta propostas de pesquisas e debates.

Física no contexto

Leituras que complementam os conhecimentos abordados e mostram como a Física estudada no capítulo pode fornecer explicações para situações conhecidas do aluno. Além disso, apresenta passagens históricas, procurando relacionar esses acontecimentos com o avanço da Física e de outras ciências.

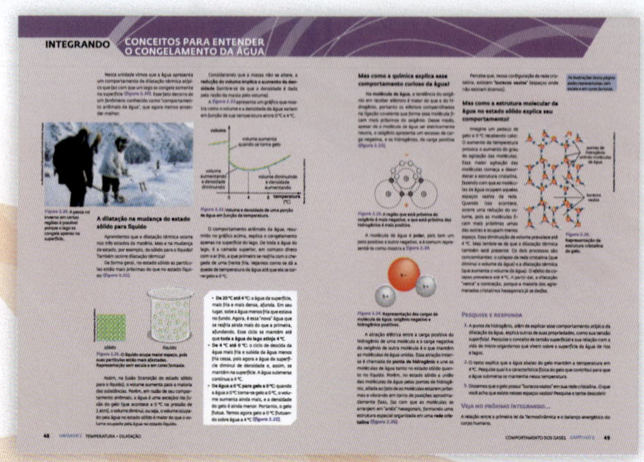

Integrando...

Tem por objetivo proporcionar uma visão mais abrangente de um assunto estudado no capítulo. Para tanto, relaciona conceitos comuns à Física e a outras áreas do conhecimento, como Matemática, Química e Biologia. Além disso, propõe questões e pesquisas relacionadas ao texto.

INFOGRÁFICO

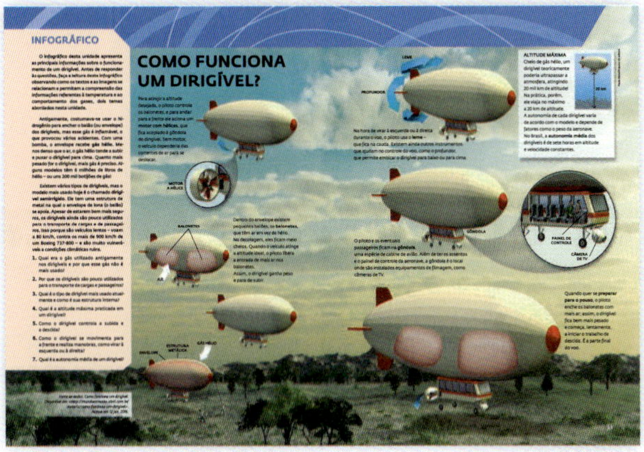

Cada Unidade é finalizada com uma proposta de leitura e análise de um infográfico que apresenta conceitos abordados em seus capítulos. As questões propostas exercitam a interpretação de imagens e textos e complementam o que foi estudado na Unidade.

ATIVIDADES

Estão divididas nas seções a seguir e distribuídas em níveis de dificuldade crescente.

Verifique o que aprendeu

Exercícios propostos que têm por finalidade auxiliar a compreensão dos conceitos vistos em cada um dos tópicos do capítulo.

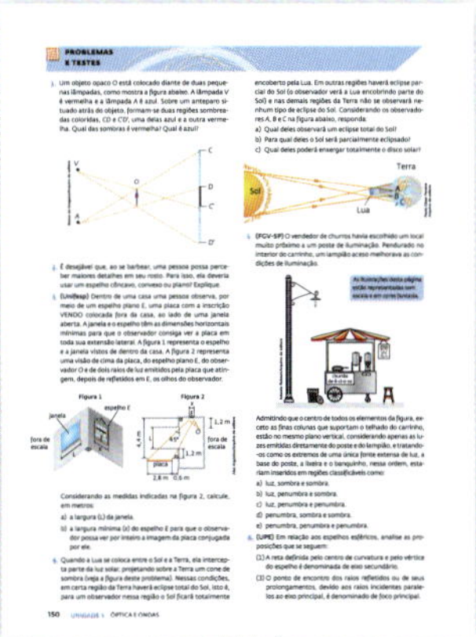

Problemas e testes

Problemas e testes variados de diferentes níveis em que o estudante terá a oportunidade de aplicar as leis e os conceitos tratados em todos os tópicos do capítulo. Inclui questões de vestibular e questões do Enem.

Pratique Física

Seção que traz propostas de observação e de atividades experimentais de cunho investigativo. As atividades sugeridas não demandam material sofisticado nem oferecem periculosidade, por isso podem ser realizadas tanto na escola quanto em casa.

EXERCÍCIOS DE APROFUNDAMENTO E REVISÃO

Ao final de cada volume, há uma proposta de estudo continuado, com exercícios autorais específicos e questões do Enem e de vestibulares.

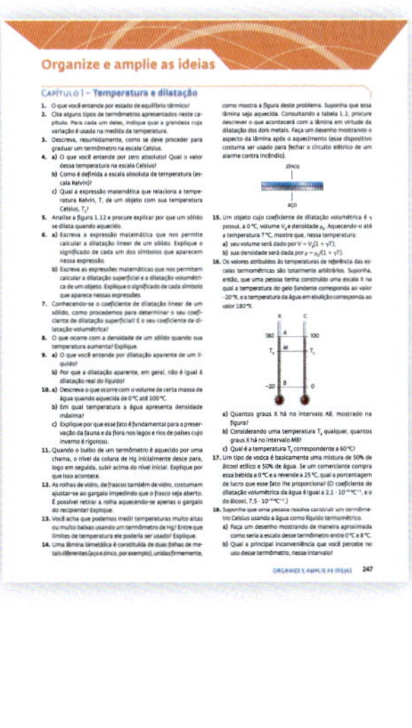

Organize e amplie as ideias

Exercícios autorais que fornecem um amplo espectro de situações e problemas a fim de estimular uma reflexão mais profunda sobre os assuntos e um domínio maior sobre os conteúdos.

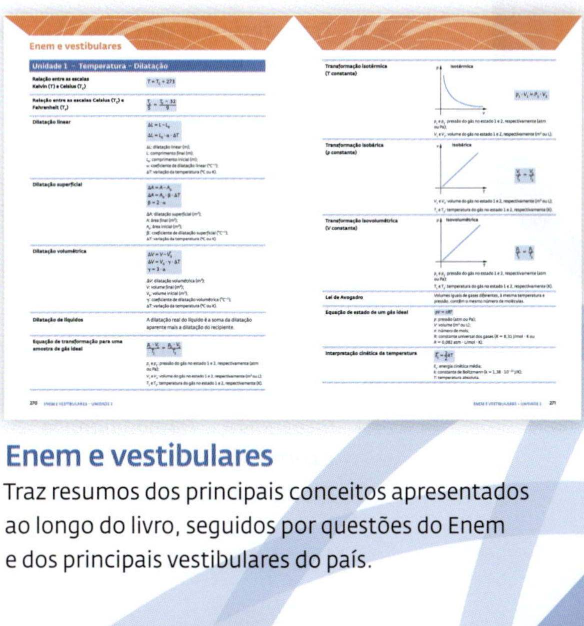

Enem e vestibulares

Traz resumos dos principais conceitos apresentados ao longo do livro, seguidos por questões do Enem e dos principais vestibulares do país.

Sumário

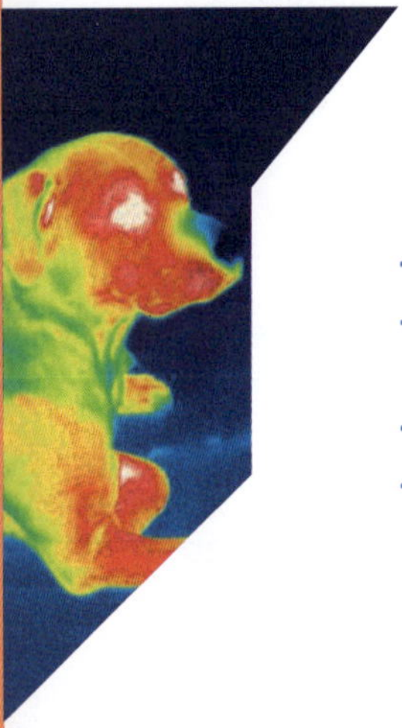

UNIDADE 1 Temperatura — Dilatação

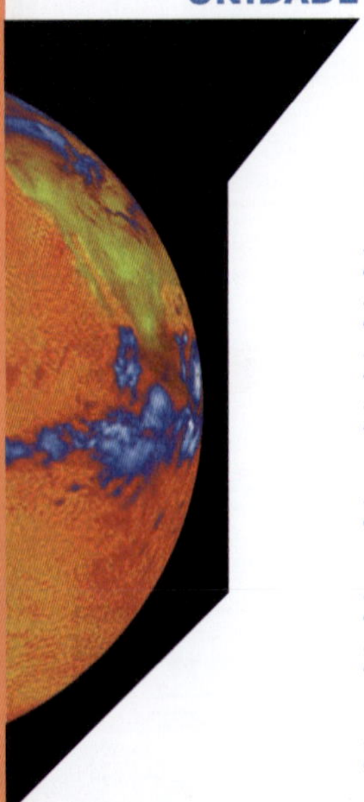

UNIDADE 2 Calor

UNIDADE

Óptica e ondas 3

UNIDADE

1

Temperatura – Dilatação

A radiação infravermelha, percebida na forma de calor, é uma das radiações eletromagnéticas emitidas pelo Sol. Descoberta por William Herschel em 1800, a radiação infravermelha é essencial para a manutenção da vida no planeta, pois é absorvida pela superfície da Terra, provocando aumento de sua temperatura e emissão dessa radiação para a atmosfera.

Os seres vivos são emissores de radiação infravermelha, e sua distribuição de calor pode ser mapeada em uma termografia.

A termografia tem diversas aplicações em medicina e em engenharia.

CAPÍTULO 1
Temperatura e dilatação

CAPÍTULO 2
Comportamento dos gases

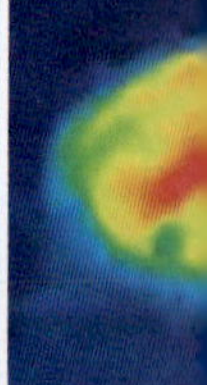

Termografia por radiação infravermelha de um cachorro.

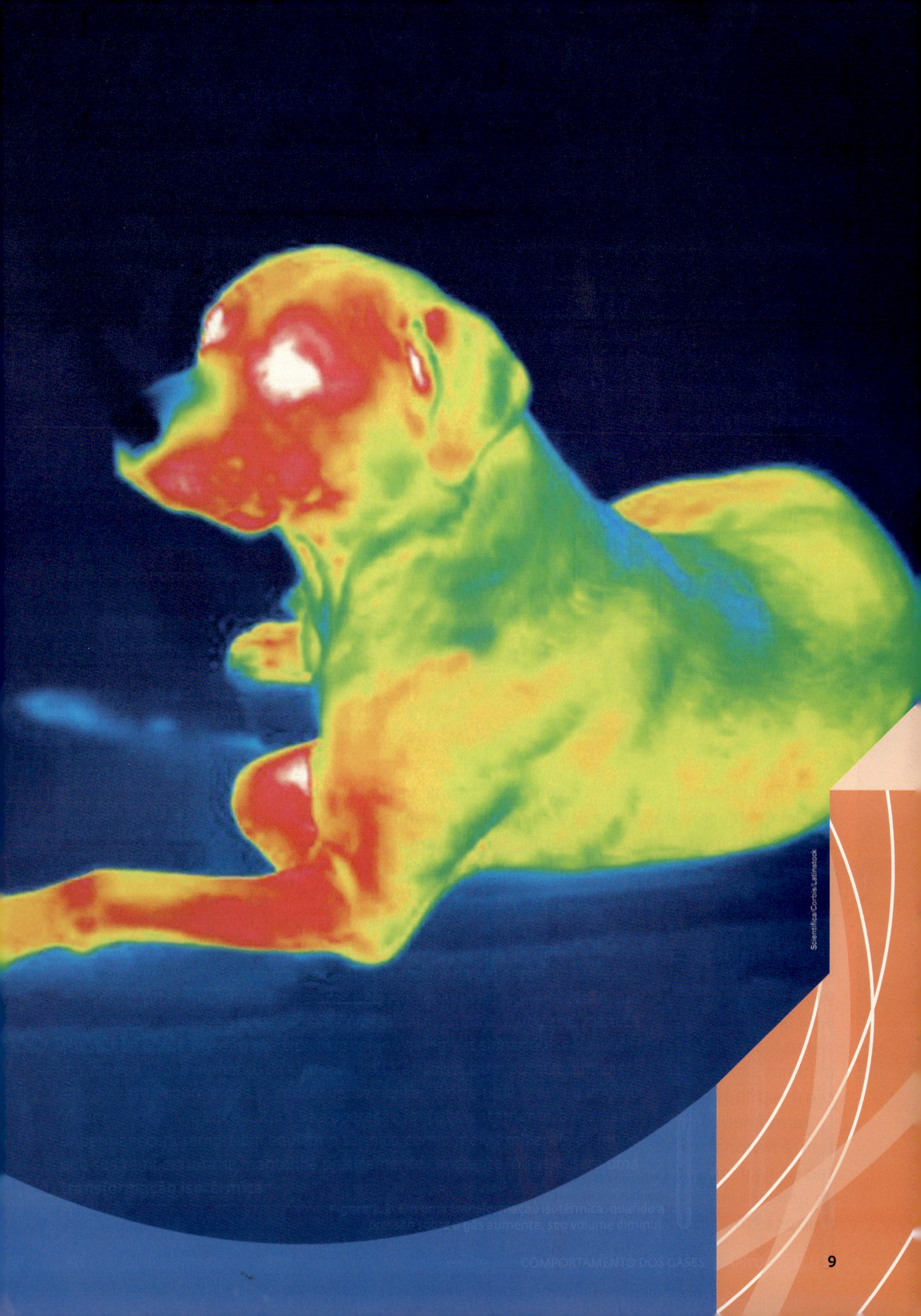

Scientifica/Corbis/Latinstock

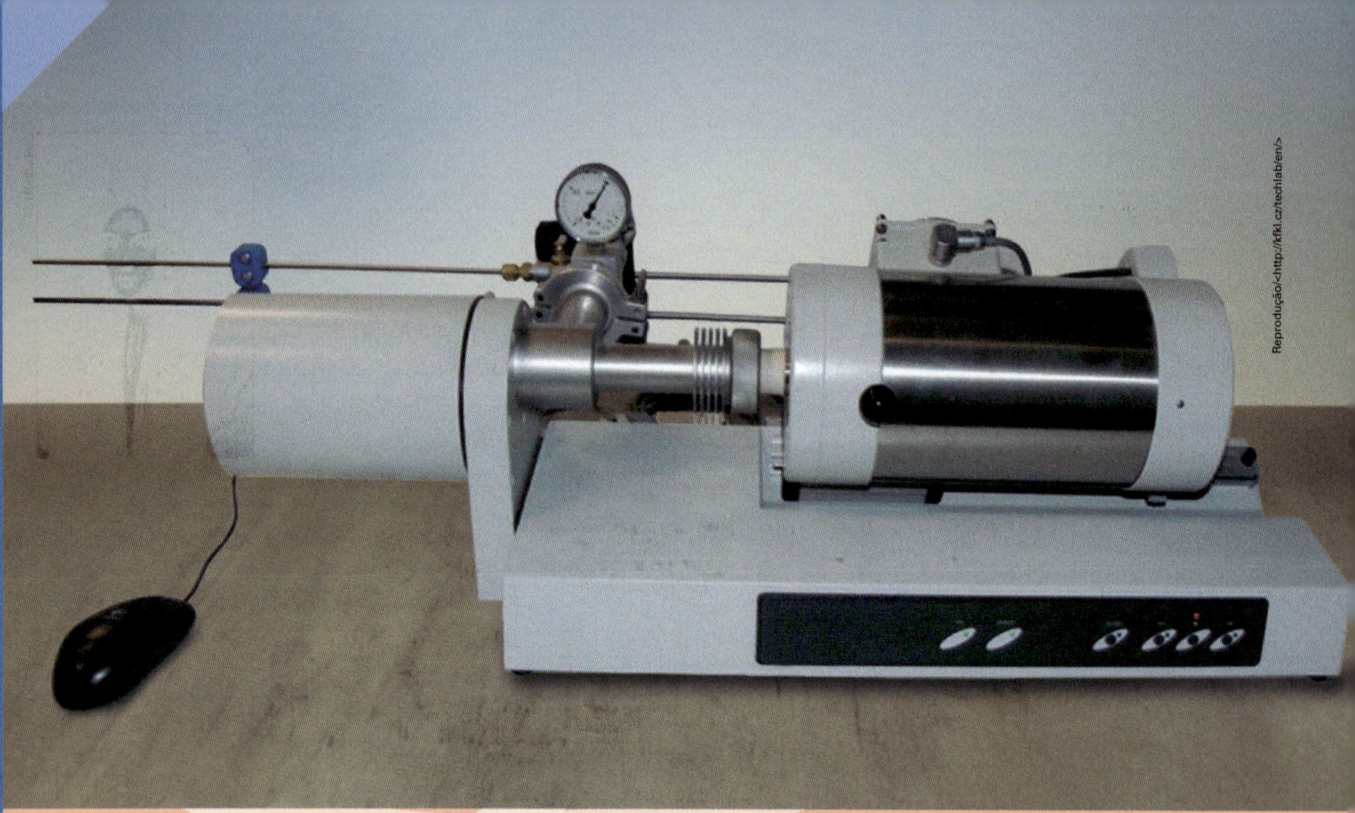

O dilatômetro é um aparelho utilizado para medir o coeficiente de dilatação de metais.

CAPÍTULO 1

Temperatura e dilatação

Os fenômenos de dilatação e contração térmica estão presentes em qualquer material que seja submetido a grandes variações de temperatura. Quando, por exemplo, aumentamos a temperatura de um material, seja ele sólido, líquido ou gasoso, aumentamos a agitação das partículas que o constituem, provocando em quase todos os materiais um aumento de suas dimensões.

Dessa forma, quando um engenheiro vai projetar uma ponte de concreto, uma estrada de ferro ou um avião, por exemplo, deve prever esse fenômeno deixando no material juntas de dilatação para prevenir sua ruptura.

Em regiões onde as variações entre as temperaturas máximas e mínimas são significativas, deve-se ter maior cuidado com a fixação dos trilhos aos dormentes, por exemplo.

Termômetros são instrumentos próprios para medir a temperatura. A maioria dos termômetros utilizados em nosso cotidiano baseia-se na dilatação de materiais líquidos armazenados no interior de uma coluna. Um dos principais líquidos utilizados nos termômetros é o mercúrio.

PARA INICIAR A CONVERSA

- Por que pontes e edifícios devem contar com juntas de dilatação?
- O que é contração térmica? Cite um exemplo.
- Por que o mercúrio é uma boa substância para preencher um termômetro?

1.1 Temperatura – Escalas termométricas

Temperatura

A temperatura é um dos conceitos físicos ao qual nos referimos frequentemente em nosso cotidiano. Mesmo ainda bebês, quando tomamos mamadeira, conseguimos expressar, em um dos primeiros estágios de nossa comunicação, quando o alimento está quente demais. À medida que crescemos, passamos a nos relacionar com o clima de nossa cidade pela temperatura, identificando se está quente ou frio, de modo a interpretar bem quanto significa um "calor" de 30 °C durante o verão.

Entretanto, nossos sentidos são insuficientes para avaliar a ampla gama de fenômenos físicos relacionados à temperatura e suas implicações nos mais diversos contextos. Por essa razão, para que seja possível obter informações mais objetivas sobre a temperatura, é relevante conhecer os principais conceitos relacionados a ela e como ela pode ser medida.

Embora nosso tato possa nos enganar, em muitos casos podemos perceber, entre dois objetos, qual é o mais quente e qual é o mais frio, isto é, reconhecer qual apresenta **temperatura** mais elevada. Em primeira aproximação, podemos dizer que a temperatura de um objeto é uma propriedade relacionada ao fato de ele estar mais quente ou mais frio.

Equilíbrio térmico

Suponha que tivéssemos, em um ambiente isolado de influências externas, duas amostras com temperaturas diferentes: água fervente em uma chaleira e algumas pedras de gelo. À medida que o tempo passa, mesmo que essas duas amostras não estejam em contato, notamos que a água fervente esfria, enquanto o gelo derrete, até começar a aquecer. Depois de algum tempo, as amostras atingem a mesma temperatura e deixam de sofrer alterações. Dizemos, então, que elas atingiram uma situação final, denominada **estado de equilíbrio térmico**. Portanto:

Dois (ou mais) corpos, a temperaturas diferentes, em contato ou não e isolados de influências externas, tendem para um estado final, denominado estado de equilíbrio térmico, caracterizado pela uniformidade nas suas temperaturas.

Figura 1.1. Representação de um termômetro comum de líquido (mercúrio ou álcool) em tubo de vidro.

Termômetros

A temperatura, grandeza que caracteriza o estado de agitação interna dos corpos, pode ser medida com um termômetro **(figura 1.1)**.

Existem diversos tipos de termômetro, e cada um deles utiliza a variação de certa grandeza, provocada por uma variação de temperatura. Há termômetros construídos com base nas variações que a temperatura provoca no comprimento de uma haste metálica, no volume de um gás, na resistência elétrica de um material, na cor de um sólido muito aquecido, etc.

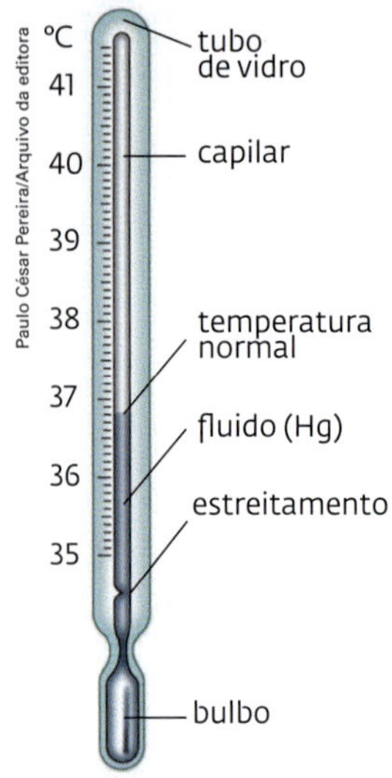

Figura 1.2. Representação de um termômetro clínico. Em virtude de um estreitamento na base do tubo capilar, a coluna de Hg é impedida de retornar ao reservatório. Por isso, esse termômetro continua indicando a temperatura da pessoa, mesmo não estando mais em contato com ela.

Entretanto, para compreender o conceito de temperatura, não é necessário analisar essa grande variedade de aparelhos. Vamos desenvolver o nosso estudo com base apenas no tipo de termômetro que relaciona a temperatura com a altura da coluna de um líquido no interior de um tubo capilar de vidro **(figura 1.1)**. Nesse termômetro, variações na temperatura provocam dilatações ou contrações do líquido, fazendo a coluna de líquido subir ou descer, permitindo que a cada altura da coluna seja possível associar o valor numérico da temperatura que determinou aquela altura.

O líquido mais utilizado nesse tipo de termômetro é o mercúrio (por exemplo, nos termômetros clínicos, como representado na **figura 1.2**). Alguns termômetros mais baratos utilizam álcool colorido, geralmente com corante vermelho.

Escalas termométricas

Para que possamos medir temperaturas, é necessário graduar o termômetro, isto é, marcar nele as divisões e atribuir números a essas divisões. Quando procedemos dessa maneira, estamos construindo uma **escala termométrica**.

A medida e o controle da temperatura, nos dias atuais, desempenham um papel muito importante. Nas indústrias, nos laboratórios científicos, na medicina e até mesmo em nossas casas, estamos constantemente fazendo uso de termômetros para medir e controlar a temperatura de vários objetos, nas mais diversas circunstâncias.

Termoscópio de Galileu

As técnicas usadas no estabelecimento de escalas termométricas e na construção de termômetros vêm passando por grande evolução desde o século XVI.

O primeiro dispositivo de que se tem notícia foi construído por Galileu Galilei, em 1592. Ele consistia em um bulbo de vidro, terminando por um tubo fino, cuja extremidade era introduzida em um recipiente contendo água colorida **(figura 1.3)**. Antes de emborcar o tubo na água, Galileu aquecia um pouco o bulbo de vidro para expulsar parte do ar nele contido. Então, mergulhando o tubo no recipiente, quando a temperatura do bulbo retornava ao seu valor inicial, a água subia no tubo (forçada pela pressão atmosférica) até certa altura. Esse aparelho permitia comparar as temperaturas de objetos colocados em contato com o bulbo, pois a altura da coluna de água é tanto menor quanto maior for a temperatura do bulbo.

As ilustrações desta página estão representadas sem escala e em cores fantasia.

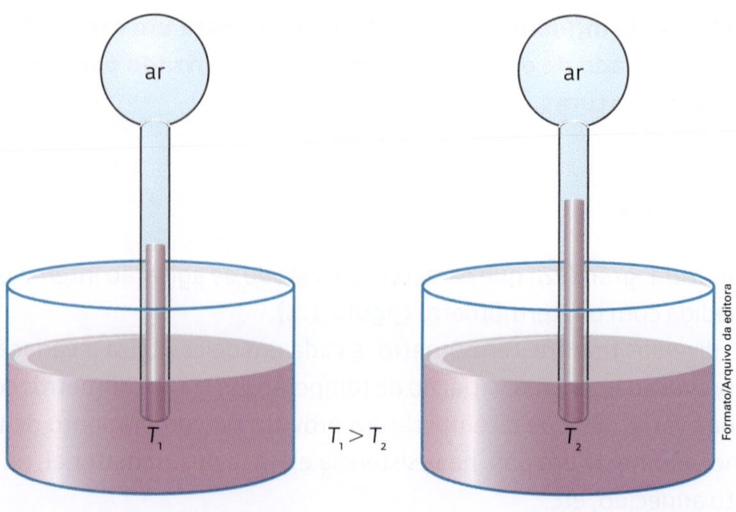

Figura 1.3. Nesta representação, o termoscópio da esquerda indica uma temperatura maior que o da direita.

Conta-se que os médicos da época passaram a usar esse dispositivo desenvolvido por Galileu **(figura 1.3)** para verificar se seus pacientes estavam com febre. Para isso, colocavam o bulbo na boca de uma pessoa sadia e marcavam o nível da água no tubo. Em seguida, colocavam o bulbo na boca do paciente e, se a coluna descesse abaixo do nível anterior, o médico concluía que a temperatura do doente estava acima da normal.

O aparelho de Galileu não era propriamente um "termômetro", pois não possuía escala para medir as temperaturas. Na realidade, ele permitia apenas a comparação de duas temperaturas; por isso, devemos denominá-lo, mais apropriadamente, de "termoscópio de Galileu".

Paulo César Pereira/Arquivo da editora

Figura 1.4. Esquema do termômetro de líquido, construído em 1637, semelhante aos que são usados atualmente. Representação sem escala e em cores fantasia.

Os primeiros termômetros de líquido

No termoscópio de Galileu, as variações de temperatura eram indicadas pela dilatação ou contração de uma massa de ar. O primeiro termômetro de líquido, semelhante aos que são usados até hoje, foi construído por Jean Rey, um médico francês, em 1637. Nesse termômetro, as variações de temperatura eram indicadas, de maneira semelhante aos termômetros atuais, pela dilatação ou contração da água contida no reservatório. Porém, a extremidade superior do tubo termométrico era aberta, como ilustrado na **figura 1.4**.

Alguns anos mais tarde, Fernando II, grão-duque da Toscana, que se interessava por ciências, desejando medir temperaturas inferiores ao ponto de solidificação da água, construiu um termômetro, semelhante ao de Rey, usando álcool em lugar de água – pois o álcool se congela a uma temperatura bem mais baixa do que a da água. Para evitar a evaporação desse líquido, ele teve a ideia de fechar hermeticamente a parte superior do tubo, construindo, assim, um termômetro realmente igual aos atuais.

O grão-duque Fernando II contribuiu enormemente para o desenvolvimento da termometria, fundando em Florença uma academia especializada na construção de termômetros. Os habilidosos especialistas que trabalhavam nessa academia foram os primeiros a usar o mercúrio como líquido termométrico. Esses termômetros florentinos foram amplamente usados por mais de cem anos, e ainda hoje é possível encontrar alguns exemplares desses aparelhos.

Como a graduação dos termômetros podia ser realizada de maneira arbitrária, ao longo da história foram surgindo diferentes escalas termométricas. Cada país podia adotar a própria escala e até cientistas diferentes de um mesmo país podiam utilizar escalas distintas. No início do século XVII existiam mais de 15 escalas termométricas em uso. As mais comuns eram as escalas de Réaumur, de Fahrenheit e de Celsius **(figura 1.5)**.

Na escala de Réaumur o zero é o ponto de fusão do gelo (0 °R) e o ponto de ebulição da água é 80 °R. Logo, o intervalo da escala de Réaumur é dividido em 80 partes iguais. Na escala de Fahrenheit o ponto de fusão do gelo é de 32 °F e o ponto de ebulição 212 °F. Nessa escala, 1 grau corresponde a 1/180, o que dificultava sua aceitação por diversos cientistas. Anders Celsius, em 1742, propôs uma escala centígrada, ou seja, uma escala dividida em 100 partes iguais. Nessa escala o ponto de fusão do gelo é 0 °C e o ponto de ebulição 100 °C. Somente anos depois de sua descoberta essa escala ficaria conhecida como escala Celsius.

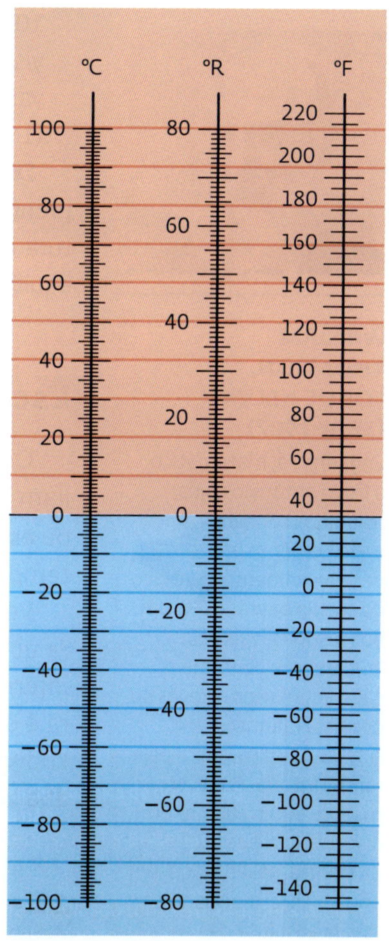

Alex Argozino/Arquivo da editora

Figura 1.5. Escalas de Celsius, Réaumur e Fahrenheit.

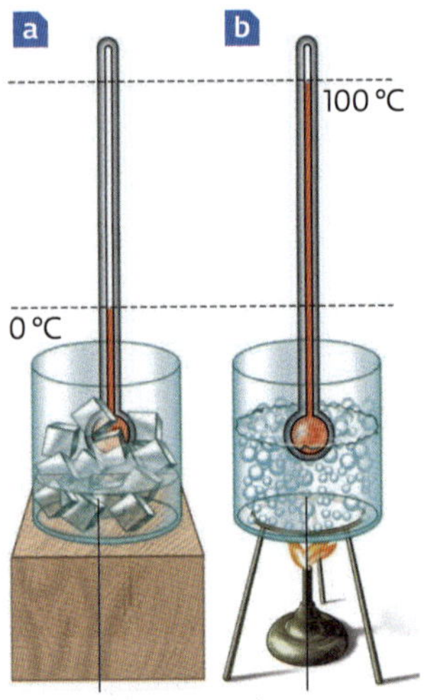

Paulo César Pereira/Arquivo da editora

Figura 1.6. Por convenção, a temperatura do gelo fundente é 0 °C, e a da água em ebulição é 100 °C.

As ilustrações desta página estão representadas sem escala e em cores fantasia.

Escala Celsius

A escala termométrica Celsius, anteriormente denominada escala centígrada, hoje é a adotada em quase todo o mundo. Para determinar os valores dessa escala:

1) Introduz-se o termômetro em uma mistura de gelo e água em equilíbrio térmico (gelo fundente) à pressão de 1 atm. Aguarda-se até que o termômetro entre em equilíbrio térmico com a mistura, quando a altura da coluna líquida no interior do termômetro se estabiliza. Marca-se zero na extremidade da coluna (figura 1.6.a). Estabelece-se, assim, que a temperatura do gelo em fusão (à pressão de 1 atm) é zero grau Celsius, e escrevemos 0 °C.
2) Introduz-se, depois, o termômetro em água em ebulição, à pressão de 1 atm. No ponto em que a coluna líquida se estabilizar, marca-se **cem**. Pode-se dizer, então, que a temperatura da água em ebulição (à pressão de 1 atm) é 100 graus Celsius, e escrevemos 100 °C (figura 1.6.b).
3) Divide-se o intervalo entre 0 °C e 100 °C em 100 partes iguais, estendendo-se a graduação acima de 100 °C e abaixo de 0 °C. Cada intervalo entre duas divisões sucessivas (o "tamanho" de 1 °C) corresponde à variação de temperatura, que é representada por Δ (1 °C), como indicado na figura 1.7.

Depois dessas operações, o termômetro estará pronto para nos fornecer, na escala Celsius, a temperatura de um objeto com o qual ele tenha entrado em equilíbrio térmico.

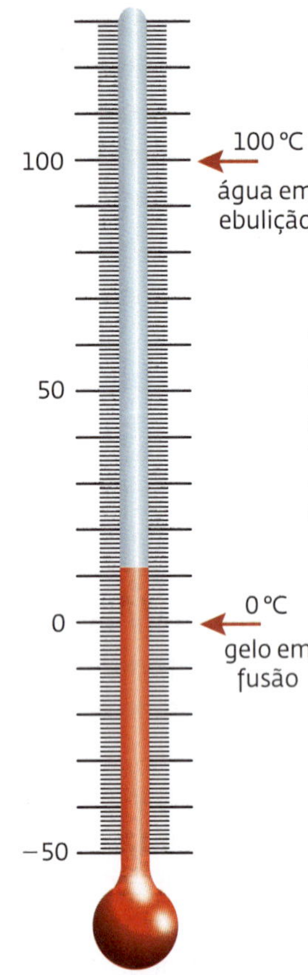

Alex Argozino/Arquivo da editora

Figura 1.7. Escala termométrica Celsius. Os intervalos são iguais ao longo da escala do termômetro.

SPL/Latinstock

WILLIAM THOMSON, LORDE KELVIN (1824-1907)

Engenheiro, matemático e físico britânico cujos trabalhos contribuíram enormemente para o desenvolvimento científico do século passado. Foi um dos responsáveis pelo lançamento do primeiro cabo submarino através do oceano Atlântico, tendo sido sagrado cavaleiro pela rainha Vitória. Publicou mais de 600 trabalhos em diversos campos da ciência, salientando-se, entre eles, a criação da escala absoluta de temperatura.

Escala Kelvin

Outra escala, usada sobretudo nos meios científicos, foi proposta por William Thomson, conhecido como Lorde Kelvin, e é denominada **escala Kelvin** ou **escala absoluta**. A ideia de se propor essa escala surgiu das discussões sobre temperaturas máximas e mínimas que podem ser atingidas por um objeto.

Verificou-se que não há, teoricamente, um limite superior para a temperatura que o objeto pode alcançar. Até 2013 acreditava-se que existia um limite inferior para a temperatura, que corresponde a −273,15 °C. Essa temperatura é denominada **zero absoluto**. Entretanto, pesquisadores da Universidade Ludwig Maximilian, na Alemanha, obtiveram pela primeira vez temperatura abaixo do zero absoluto, apenas alguns bilionésimos de 1 kelvin.[1]

[1] Fonte de consulta:
Uma temperatura abaixo de zero absoluto (*A temperature below absolute zero*).
Disponível em: <www.mpg.de/research/negative-absolute-temperature>. Acesso em: 18 dez. 2015.

Apesar disso, por convenção, adota-se:

O limite inferior para a temperatura de um objeto é −273 °C. Essa temperatura é denominada zero absoluto.

Kelvin propôs como zero de sua escala (representado por 0 K)[2] a temperatura do zero absoluto e um intervalo unitário igual ao intervalo de 1 °C, isto é, $\Delta(1\ \text{K}) = \Delta(1\ °\text{C})$. Pela **figura 1.8**, podemos perceber que:

0 K	corresponde a	−273 °C
1 K	corresponde a	−272 °C
373 K	correspondem a	100 °C, etc.

De modo geral, designando por T a temperatura Kelvin e por T_C a temperatura Celsius correspondente, e observando a **figura 1.8**, concluímos que:

$$T = T_C + 273$$

Logo, para se expressar, na escala Kelvin, uma temperatura dada em graus Celsius, basta adicionar 273 a esse valor.

Veja, na **tabela 1.1**, algumas temperaturas notáveis (em graus Celsius), desde o zero absoluto até a temperatura da superfície do Sol.

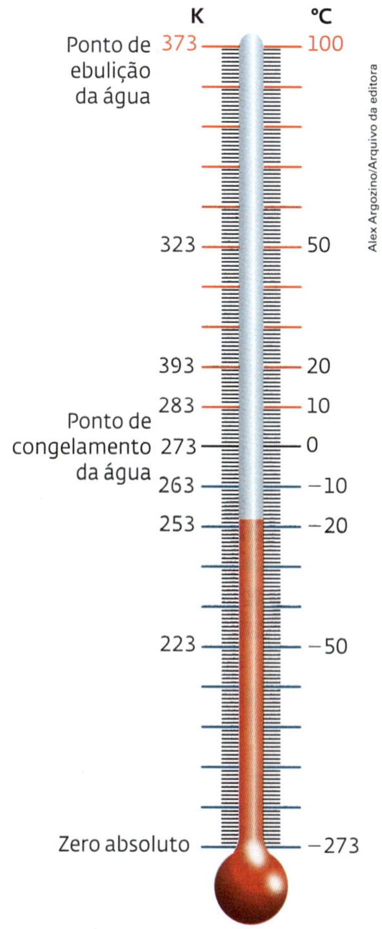

Figura 1.8. Observando a figura, concluímos que $T = T_C + 273$.

Comentário

É comum ouvirmos que "a temperatura é uma medida do calor dos objetos". Essa afirmativa, entretanto, **não** é correta. Como você viu, a temperatura é um número usado para quantificar o estado de **quente** ou **frio** dos objetos. Como veremos no capítulo 3 deste volume, a expressão **calor do objeto** não tem significado físico.

Uma maneira correta de conceituar a temperatura seria dizer que ela é uma medida da maior ou menor agitação das moléculas ou dos átomos que constituem o objeto. No capítulo seguinte, veremos que, quanto maior for a temperatura de um gás, maior será a energia cinética de suas moléculas. Da mesma forma, quando a temperatura de um gás diminui, a agitação de suas moléculas torna-se menor. Assim, zero absoluto corresponde a uma situação de energia cinética mínima de átomos e moléculas do objeto.

Tabela 1.1

Algumas temperaturas notáveis

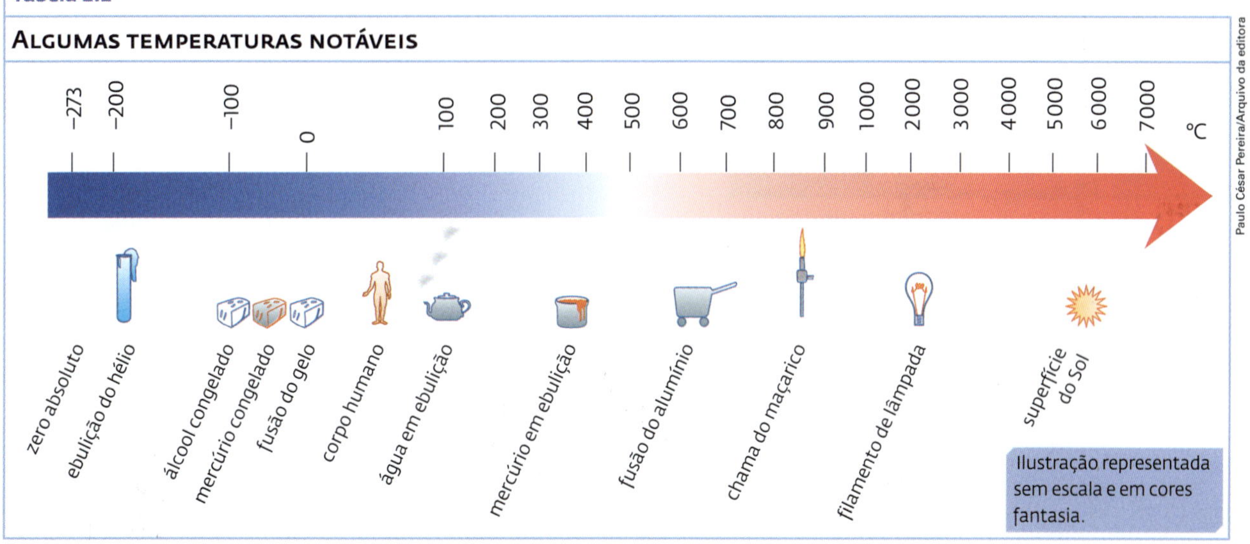

---

[2] Até há algum tempo, escrevia-se 0 °K e lia-se "zero grau kelvin". Atualmente, convencionou-se abolir a palavra "grau" ao se trabalhar com a escala Kelvin. Assim, escreve-se 0 K (lê-se "zero kelvin"), 1 K (lê-se "um kelvin"), etc.

A escala Fahrenheit

Na escala Fahrenheit, ainda utilizada em alguns lugares, como Estados Unidos e Porto Rico, o ponto de fusão do gelo é marcado por 32 graus Fahrenheit (32 °F), e o ponto de ebulição da água, por 212 °F **(figura 1.9)**. Assim, o intervalo entre essas temperaturas corresponde a 180 divisões. Como na escala Celsius esse mesmo intervalo de temperatura corresponde a 100 divisões, concluímos que o intervalo de 1 °F, isto é, Δ (1 °F), corresponde aproximadamente à metade do intervalo de 1 °C (tem-se Δ (1 °F) = (5/9) Δ (1 °C)).

Ilustrações: Paulo César Pereira/Arquivo da editora

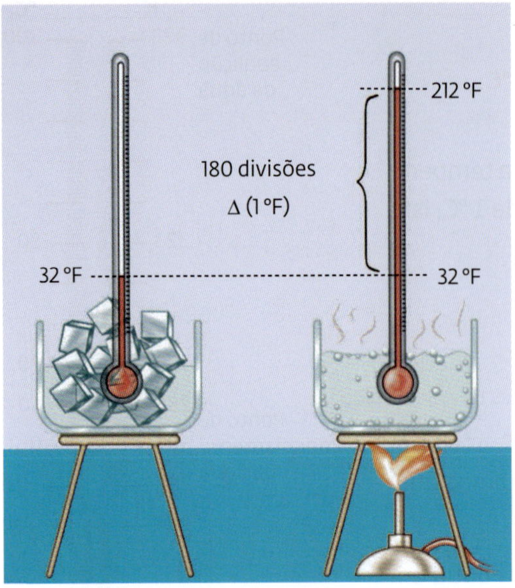

Figura 1.9. Os termômetros Fahrenheit indicam 32 °F para a fusão do gelo e 212 °F para a ebulição da água.

Suponha um termômetro graduado na escala Celsius e outro na escala Fahrenheit, sendo usados para medir uma mesma temperatura **(figura 1.10)**. Seja T_C a leitura do termômetro Celsius, e T_F a do termômetro Fahrenheit. Evidentemente, T_C e T_F são leituras diferentes da **mesma temperatura**.

Observando a **figura 1.10**, notamos que:

- T_C divisões em °C correspondem a (T_F − 32) divisões em °F;
- 100 divisões em °C correspondem a 180 divisões em °F.

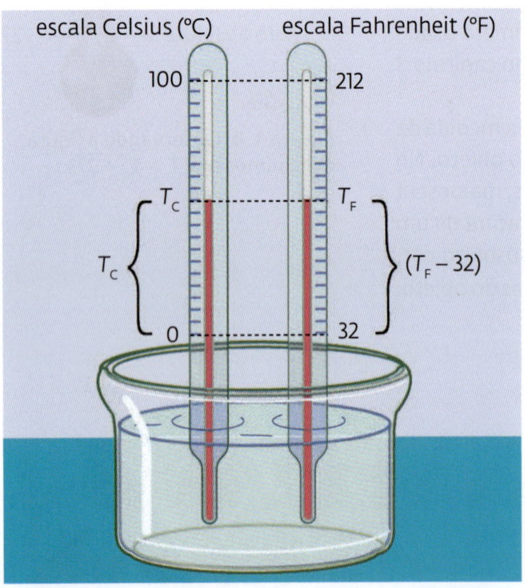

Figura 1.10. Comparação entre as escalas Celsius e Fahrenheit.

Logo, podemos escrever:

$$\frac{T_C}{100} = \frac{T_F - 32}{180} \quad \text{ou} \quad \frac{T_C}{5} = \frac{T_F - 32}{9}$$

Essa expressão nos permite converter as leituras Celsius em leituras Fahrenheit e vice-versa. Por exemplo, sabendo-se que os termômetros de Nova York, em um dia quente de verão, acusam 104 °F, podemos obter a temperatura equivalente na escala Celsius da seguinte maneira:

$$\frac{T_C}{5} = \frac{104 - 32}{9} \quad \therefore \quad T_C = 40\ °C$$

Embora a escala Fahrenheit seja a mais popular nos Estados Unidos, existe um grande esforço para sua substituição pela escala Celsius, não só nos trabalhos científicos, mas também entre a população.

Atualmente, as técnicas de medida de temperatura estão altamente desenvolvidas. Os termômetros de mercúrio ainda são amplamente utilizados, mas vários outros tipos de termômetros e novos processos de medida de temperatura foram criados. Ainda neste capítulo, você conhecerá outros aparelhos e técnicas usados para a medida de temperaturas.

As ilustrações desta página estão representadas sem escala e em cores fantasia.

VERIFIQUE O QUE APRENDEU

1. Dois objetos, *A* e *B*, com temperaturas diferentes, sendo $T_A > T_B$, são colocados em contato e isolados de influências externas.
   a) Descreva o que se passa com os valores de T_A e T_B.
   b) Como se denomina o estado para o qual tendem os dois objetos?
   c) Quando esse estado é alcançado, o que podemos dizer sobre os valores de T_A e T_B?
2. Para medir a temperatura de uma pessoa, devemos manter o termômetro em contato com ela durante um certo tempo. Por quê?
3. Em um laboratório de pesquisas, um cientista mediu a temperatura na qual certo gás se liquefaz, obtendo um valor extremamente baixo. Qual dos valores seguintes pode ter sido encontrado por ele? Explique.
   a) −327 °C   b) −15 K   c) −253 °C
4. Dois recipientes, *A* e *B*, contêm massas iguais de um mesmo gás a temperaturas diferentes, sendo $T_A > T_B$. Lembrando-se do que você leu no texto desta seção, responda se é correto dizer:
   a) "O gás em *A* possui mais calor do que o gás em *B*".
   b) "A energia cinética das moléculas do gás em *A* é maior do que a energia cinética das moléculas do gás em *B*".
5. Por que a expressão "termômetro" não é adequada para designar o dispositivo construído por Galileu, representado na **figura 1.3**?
6. a) Uma pessoa afirma que a escala Celsius foi adotada universalmente porque ela se baseia nos valores "verdadeiros" dos pontos de fusão do gelo e ebulição da água. Você acha que essa afirmativa é correta? Comente.
   b) Qual é, provavelmente, a razão de ter sido essa a escala preferida entre as inúmeras outras propostas no século XVIII?
7. Existe uma temperatura na qual um termômetro Celsius e um Fahrenheit marcam o mesmo valor. Qual é essa temperatura?
8. Durante o período de desenvolvimento das escalas termométricas, as comunidades de cientistas dos diversos países eram muito separadas, existindo tradições de pesquisas bastante distintas, o que levou ao desenvolvimento de escalas diferentes. Todavia, com o processo de globalização, é dada uma importância maior à comunicação e aos padrões de medidas utilizados em diversos países. Discuta, com ajuda do professor de Geografia, como a globalização tem afetado o desenvolvimento científico nos diferentes países.

1.2 Dilatação dos sólidos

Dilatação

É observado que as dimensões de um objeto aumentam quando elevamos a sua temperatura. Salvo algumas exceções, todos os objetos – sólidos, líquidos ou gasosos – dilatam-se quando sua temperatura aumenta.

A **figura 1.11** mostra uma experiência simples que ilustra a dilatação de um sólido: à temperatura ambiente, a esfera metálica pode passar, com pequena folga, através do anel. Aquecendo-se apenas a esfera, verifica-se que ela não poderá mais passar pelo anel. Em razão da elevação da temperatura, a esfera se dilata. Se você esperar que sua temperatura volte ao valor inicial, a esfera se contrairá e tornará a passar pelo anel.

Ilustrações: Antonio Robson/Arquivo da editora

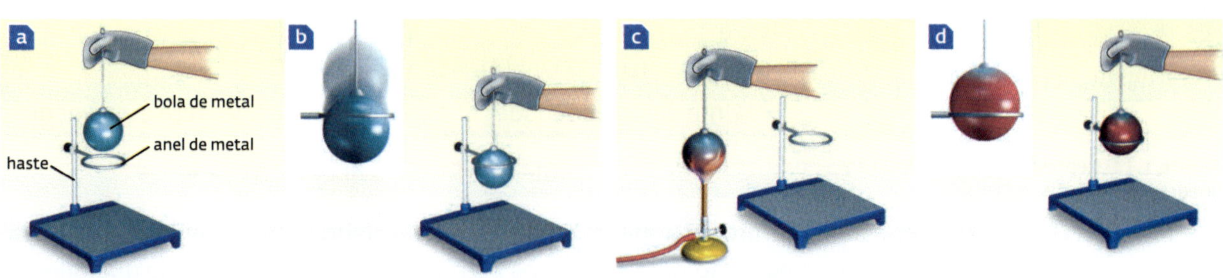

Figura 1.11. Uma bola de metal fria está suspensa sobre um anel de metal preso a uma haste (**a**). Nesse estado, a bola de metal fria consegue atravessar o anel de metal (**b**). Após aquecer a bola de metal (**c**), ela se dilata e não consegue mais atravessar o anel de metal (**d**). Representação sem escala e em cores fantasia.

Por que um sólido se dilata

Se analisarmos a estrutura interna de um sólido, poderemos entender por que ocorre a dilatação. Os átomos que constituem o sólido distribuem-se ordenadamente, dando origem a uma estrutura denominada rede cristalina do sólido. A ligação entre esses átomos se faz por meio de forças interatômicas, que atuam como se existissem pequenas "molas" unindo um átomo a outro **(figura 1.12)**. Esses átomos estão em constante vibração em torno de uma posição média, de equilíbrio.

Quando a temperatura do sólido aumenta, há uma intensificação na agitação de seus átomos, fazendo com que eles, ao vibrar, afastem-se mais da posição de equilíbrio. Entretanto, a força que se manifesta entre os átomos atua como se a "mola" fosse mais dura para ser comprimida do que para ser distendida. Em consequência, a distância média entre os átomos torna-se maior **(figura 1.12)**, ocasionando a dilatação do sólido.

As ilustrações desta página estão representadas sem escala e em cores fantasia.

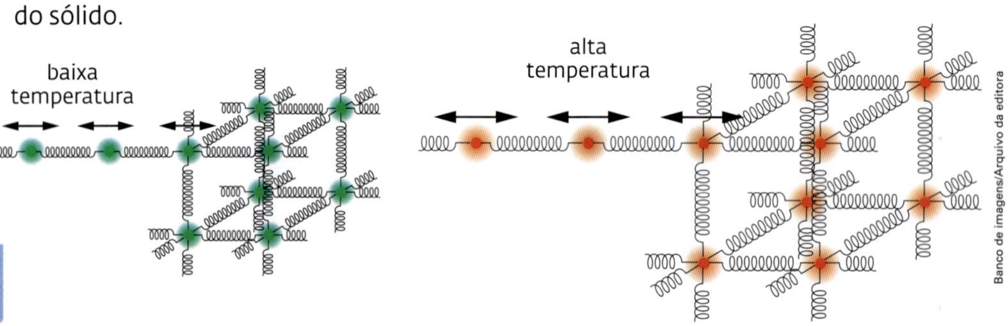

Figura 1.12. A elevação de temperatura acarreta um aumento na distância média entre os átomos de um sólido. Por isso ele se dilata.

Dilatação linear

Se aquecermos uma barra a certa temperatura, haverá um aumento em todas as suas dimensões lineares, isto é, em seu comprimento, sua altura, sua largura ou qualquer outra linha que imaginarmos traçada na barra. Em um laboratório, podemos descobrir experimentalmente quais fatores vão influenciar na dilatação de qualquer uma dessas dimensões.

Consideremos que seja L_0 o comprimento inicial de uma barra bem fina e estreita, à temperatura T_0. Elevando a temperatura da barra para T, o seu comprimento passa a ser L. Logo, uma variação de temperatura $\Delta T = T - T_0$ provocou uma dilatação $\Delta L = L - L_0$ no comprimento da barra **(figura 1.13)**. Fazendo-se várias medidas de ΔT e ΔL para barras de diversos comprimentos (diversos valores de L_0), foi possível concluir que a dilatação (ΔL) depende do comprimento inicial (L_0) e do aumento de temperatura (ΔT), sendo proporcional a ambos. Isto é:

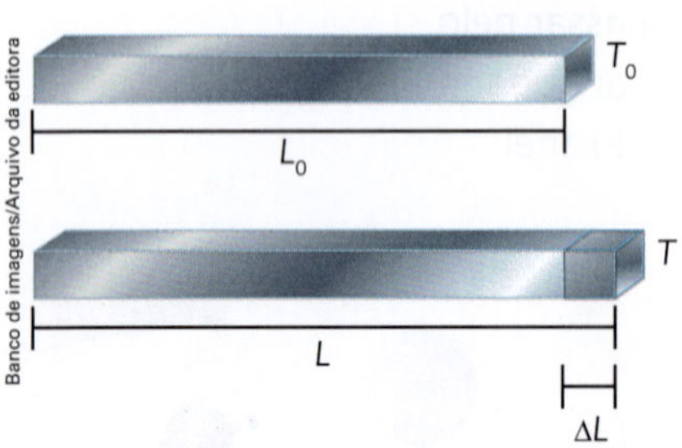

Figura 1.13. Representação da dilatação linear de uma barra.

$$\Delta L \propto L_0 \quad \text{e} \quad \Delta L \propto \Delta T$$

Uma das propriedades das proporções nos permite escrever que:

$$\Delta L \propto L_0 \Delta T \quad \therefore \quad \Delta L = \alpha L_0 \Delta T$$

A constante de proporcionalidade α (lê-se alfa) é denominada **coeficiente de dilatação linear**. A equação $\Delta L = \alpha L_0 \Delta T$ nos permite calcular a dilatação de qualquer dimensão linear, se conhecermos o seu valor inicial, L_0, a variação de temperatura, ΔT, e o valor de α.

O coeficiente de dilatação linear

Da expressão $\Delta L = \alpha L_0 \Delta T$, vemos que é possível obter o valor de α se medirmos os valores de ΔL, L_0 e ΔT:

$$\alpha = \frac{\Delta L}{L_0 \Delta T}$$

Realizando-se experiências com barras feitas de diferentes materiais, verifica-se que o valor de α é diferente para cada um deles. Isso ocorre porque as forças que ligam os átomos e as moléculas variam de uma substância para outra, fazendo com que elas se dilatem diferentemente. A **tabela 1.2** nos fornece os coeficientes de dilatação linear de alguns materiais.

Pela expressão $\alpha = \Delta L / L_0 \Delta T$, vemos que a unidade de medida de α é o inverso de uma unidade de temperatura, pois $\Delta L / L_0$ é um número adimensional (número puro, sem unidade). Logo, α pode ser expresso em:

$$\frac{1}{°C} = °C^{-1} \quad \text{ou} \quad \frac{1}{K} = K^{-1}$$

Observe que, na **tabela 1.2**, os coeficientes estão expressos em $°C^{-1}$. Para o cobre, por exemplo, temos $\alpha = 17 \cdot 10^{-6}\ °C^{-1}$. Isso significa que uma barra de cobre, de 1 cm (ou 1 m, ou 1 km, etc.) de comprimento, aumenta em $17 \cdot 10^{-6}$ cm (ou m, ou km, etc.) quando sua temperatura é elevada em 1 °C.

Tabela 1.2

Coeficientes de dilatação linear

Substância	α ($°C^{-1}$)
Alumínio	$23 \cdot 10^{-6}$
Cobre	$17 \cdot 10^{-6}$
Invar[3]	$0{,}7 \cdot 10^{-6}$
Vidro (comum)	$9{,}0 \cdot 10^{-6}$
Zinco	$25 \cdot 10^{-6}$
Vidro (refratário)	$3{,}2 \cdot 10^{-6}$
Tungstênio	$4 \cdot 10^{-6}$
Chumbo	$29 \cdot 10^{-6}$
Sílica	$0{,}4 \cdot 10^{-6}$
Aço	$11 \cdot 10^{-6}$
Diamante	$0{,}9 \cdot 10^{-6}$

[3] Invar é uma liga metálica à base de níquel (30 a 35%) e ferro.

Dilatação superficial e volumétrica

No estudo da dilatação superficial, isto é, o aumento da área de um objeto provocado por uma variação de temperatura, são observadas as mesmas leis da dilatação linear. Considerando uma placa de área inicial A_0 e elevando sua temperatura em ΔT, a área passa a ser A, sofrendo uma dilatação superficial $\Delta A = A - A_0$ **(figura 1.14)**.

Pode-se verificar que:

$$\Delta A \propto A_0 \Delta T \quad \text{ou} \quad \Delta A = \beta A_0 \Delta T$$

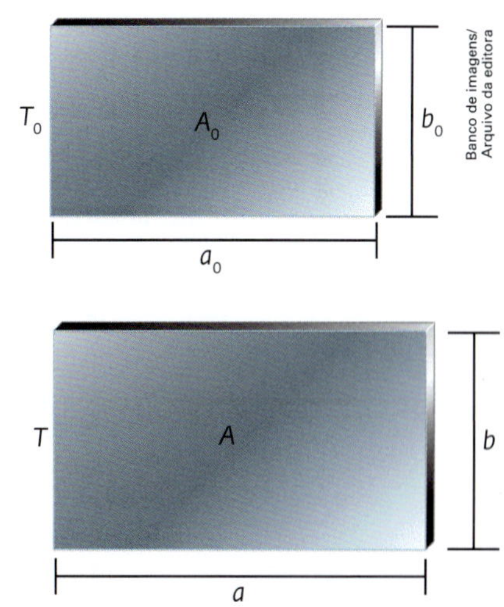

Figura 1.14. Representação (sem escala e em cores fantasia) da dilatação superficial de uma placa.

O coeficiente de proporcionalidade β (lê-se beta) é denominado **coeficiente de dilatação superficial**. Seu valor também depende do material do qual a placa é feita. Entretanto, não é necessário construir tabelas com valores de β, pois pode-se mostrar que, para um determinado material, tem-se:

$$\beta = 2\alpha$$

Se desejarmos saber, por exemplo, o valor de β para o aço, consultaremos a **tabela 1.2** e obteremos:

$$\beta = 2\alpha = 2 \cdot 11 \cdot 10^{-6} \quad \text{ou} \quad \beta = 22 \cdot 10^{-6}\ °C^{-1}$$

De maneira idêntica, verificamos que a dilatação volumétrica, isto é, a variação do volume de um objeto provocada pela variação da temperatura, segue as mesmas leis. Se um objeto de volume V_0 tem sua temperatura aumentada em ΔT, seu volume aumenta em $\Delta V = V - V_0$:

$$\Delta V = \gamma V_0 \Delta T$$

O coeficiente γ (lê-se gama) é denominado **coeficiente de dilatação volumétrica**; pode-se mostrar que, para um dado material, $\gamma = 3\alpha$.

Ilustrações: Paulo César Pereira/Arquivo da editora

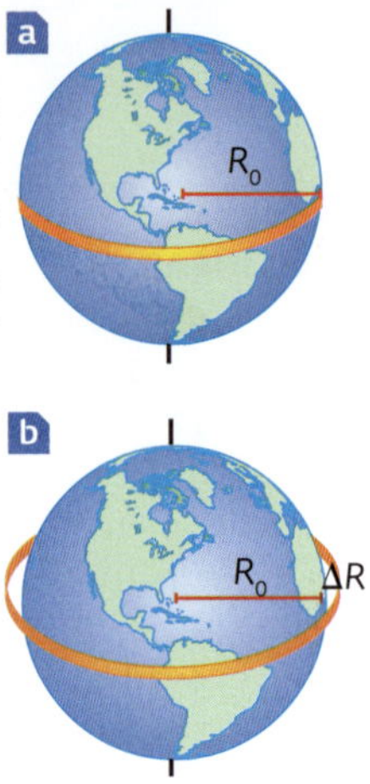

Figura 1.15. O anel se dilata como se estivesse preenchido. Representação sem escala e em cores fantasia.

Exemplo

Suponha que a Terra, na região do equador, fosse envolvida com um anel de alumínio, como está representado na figura 1.15.a. Se a temperatura do anel fosse elevada em apenas 1,0 °C, sem que a temperatura da Terra sofresse modificações, a que altura, acima da superfície da Terra, o anel ficaria (figura 1.15.b)?

O anel se dilataria como se fosse um disco maciço de alumínio. Logo, a altura procurada representa a dilatação do raio do anel, indicada por ΔR na **figura 1.15.b**. Mas o raio inicial, R_0, do anel, é o próprio raio da Terra **(figura 1.15.a)**. Assim:

$$\Delta R = \alpha R_0 \Delta T$$

O coeficiente de dilatação do alumínio vale $\alpha = 23 \cdot 10^{-6}\,°C^{-1}$ **(tabela 1.2)**, e sabemos que o raio da Terra é aproximadamente $R_0 = 6{,}4 \cdot 10^6$ m. Como $\Delta T = 1{,}0\,°C$, vem:

$$\Delta R = 23 \cdot 10^{-6} \cdot 6{,}4 \cdot 10^6 \cdot 1{,}0 \quad \therefore \quad \Delta R = 147 \text{ m}$$

Observe que esse valor corresponde à altura de um edifício de, aproximadamente, 50 andares.

VERIFIQUE O QUE APRENDEU

9. a) Explique por que um copo de vidro comum provavelmente se quebrará se for parcialmente ocupado com água fervente.
b) Por que, enchendo-o completamente, há menor probabilidade de se quebrar o copo?
c) Por que o copo não se quebrará se for de vidro refratário?

10. Para compreender o significado do coeficiente de dilatação linear, copie e complete as afirmações seguintes no caderno.
Quando se diz que o coeficiente de dilatação linear no chumbo vale $29 \cdot 10^{-6}\,°C^{-1}$, isso significa que uma barra de chumbo:
a) de 1 km de comprimento dilata-se em $29 \cdot 10^{-6}$ km quando sua temperatura aumenta em ////////////.
b) de 1 polegada de comprimento dilata-se em $29 \cdot 10^{-6}$ polegada quando sua temperatura aumenta em ////////////.
c) de 1 cm de comprimento dilata-se em //////////// cm quando sua temperatura aumenta em 1 °C.

11. a) Duas barras, *A* e *B*, de mesmo comprimento inicial, sofrem a mesma elevação de temperatura. As dilatações dessas barras poderão ser diferentes? Explique.
b) Duas barras, *A* e *B*, de mesmo material, sofrem a mesma elevação de temperatura. As dilatações dessas barras poderão ser diferentes? Explique.

12. Uma esfera de aço está flutuando na superfície do mercúrio contido em um recipiente. Suponha que, por um processo qualquer, apenas a temperatura da esfera seja aumentada.
a) A densidade da esfera vai aumentar, diminuir ou não sofrerá alteração?
b) A fração submersa da esfera aumentará, diminuirá ou não sofrerá alteração?

13. As esferas usadas na ponta das canetas esferográficas em geral são feitas de tungstênio, e uma das razões para isso é a sua dureza. Analise a **tabela 1.2** e encontre outra razão, além da dureza, para que essas esferas não sejam fabricadas de alumínio, cobre, chumbo ou aço, por exemplo. Justifique sua resposta.

14. Suponha que uma estrada de ferro tenha sido construída com trilhos individuais de certo comprimento *L*, deixando-se entre eles juntas de dilatação de largura igual a 1 cm.

Reprodução/Arquivo da editora

A alta elevação de temperatura durante um incêndio provocou a deformação dos trilhos de uma estrada de ferro, apesar da existência de juntas de dilatação.

a) Se a estrada fosse construída com trilhos de comprimento maior do que *L*, as juntas de dilatação deveriam ter largura maior, menor ou igual a 1 cm? Explique.
b) Por que, se ocorrer um incêndio (como na foto acima), os trilhos da estrada de ferro se deformarão, apesar das juntas de dilatação?

APLICAÇÕES DA FÍSICA

A lâmina bimetálica

Uma lâmina bimetálica é constituída de duas lâminas de materiais diferentes – por exemplo, ferro e latão – unidas firmemente (figura 1.16).

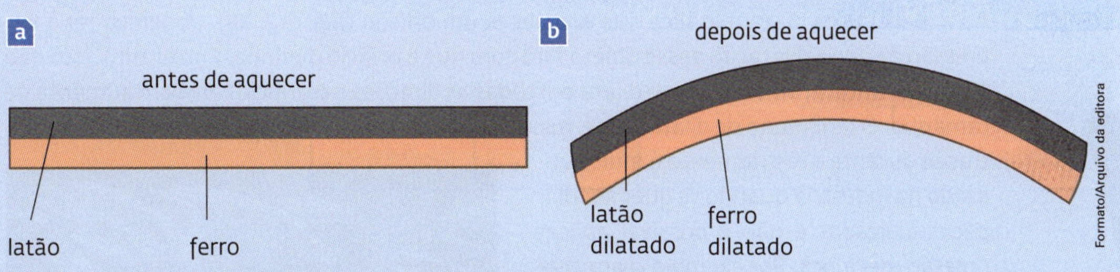

Figura 1.16. Uma lâmina bimetálica se curva ao ser aquecida.

Na temperatura ambiente, as lâminas são planas e possuem as mesmas dimensões (figura 1.16.a). Ao serem aquecidas, uma das lâminas se dilata mais que a outra, pois cada material possui um coeficiente de dilatação diferente. Por se manterem fortemente unidas e passarem a ter tamanhos diferentes, elas se encurvam, da maneira mostrada na figura 1.16.b.

Essa característica da lâmina bimetálica é muito usada para provocar aberturas e fechamentos automáticos de circuitos elétricos. A figura 1.17 mostra uma dessas aplicações em um ferro elétrico automático, no qual a lâmina é utilizada como um termostato (dispositivo que mantém a temperatura aproximadamente estável).

As ilustrações desta página estão representadas sem escala e em cores fantasia.

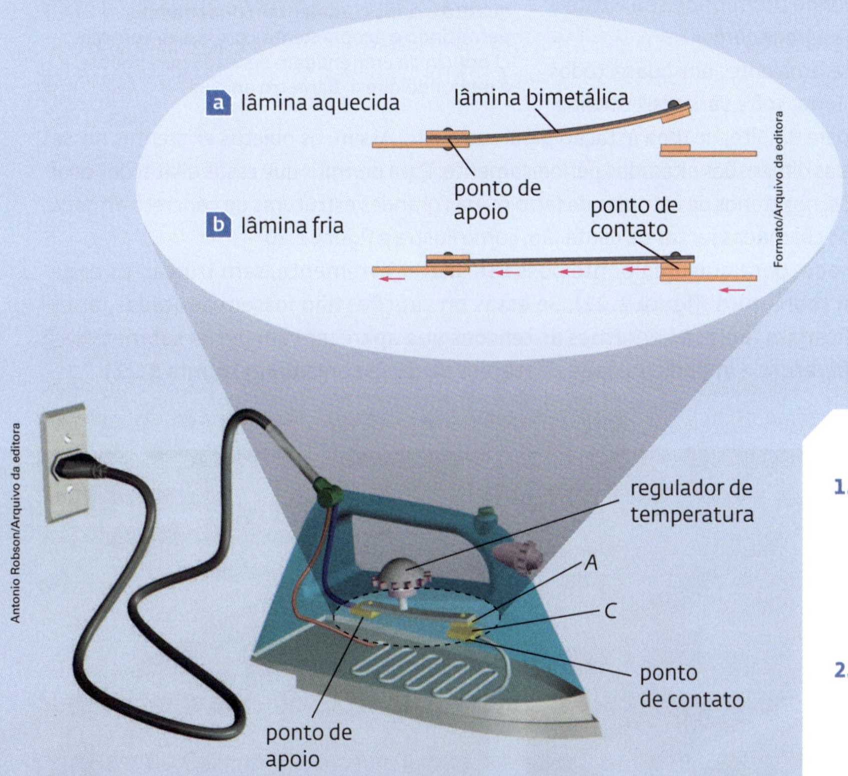

Figura 1.17. No ferro elétrico, a lâmina bimetálica *A* é parte de um termostato, dispositivo usado para manter o aparelho na temperatura desejada. Ao ser aquecida acima de certa temperatura, a lâmina se encurva para cima (a), interrompendo o circuito elétrico em *AC* (o ferro é desligado). Logo que o ferro sofre determinada diminuição de temperatura, a lâmina retorna à sua forma plana (b) e *A* faz contato com *C*, tornando a ligar o aparelho. O parafuso permite regular a temperatura desejada.

QUESTÕES

1. Identifique em sua residência outros eletrodomésticos que utilizam o sistema de lâmina bimetálica como controle automático de temperatura. Quais são as diferenças e semelhanças entre esses equipamentos?
2. As lâminas bimetálicas também podem ser utilizadas em alguns dispositivos que protegem o circuito elétrico, conhecidos como disjuntores. Se ocorrer sobrecarga no circuito elétrico, a lâmina bimetálica desarma o disjuntor, interrompendo imediatamente a passagem de corrente elétrica. Procure saber como ocorre o aquecimento instantâneo dessa lâmina.

FÍSICA NO CONTEXTO

FENÔMENO DE DILATAÇÃO

Muitos fatos que ocorrem em nossa vida diária estão relacionados com o fenômeno de dilatação. A seguir, analisaremos alguns deles.

1) Ao aquecer uma placa metálica que apresenta um orifício (figura 1.18), podemos ter a impressão de que a dilatação desse objeto fará com que o orifício diminua. Entretanto, isso não é o que acontece, pois a placa se dilata em todas as direções e o orifício também aumenta de tamanho. O fenômeno de dilatação térmica durante o aquecimento de materiais e o de contração durante o resfriamento é muito utilizado na indústria quando se quer acoplar peças delicadas e não é possível aplicar pressão mecânica. Por exemplo, para acoplar um eixo a uma engrenagem dentada metálica com um furo central, quando o eixo é maior que o furo (figura 1.19), podemos aquecer a engrenagem, o que provocará a dilatação do orifício, permitindo que o eixo seja introduzido. Após esse processo, a temperatura diminui e volta a ser ambiente. A união eixo-engrenagem também seria possível se o eixo fosse resfriado, ou seja, contraído. Nesse caso, o eixo diminuiria de tamanho permitindo seu encaixe no orifício da engrenagem.

Andrey Kuzmin/Alamy/Latinstock

Figura 1.18. Se aquecermos a placa metálica a uma temperatura suficiente para que ela se dilate, o orifício aumentará.

Matthias Kulka/Corbis/Latinstock

Figura 1.19. Quando uma engrenagem dentada com um orifício é aquecida, tanto a engrenagem quanto o orifício aumentam de tamanho, permitindo o acoplamento com o eixo central. O orifício da engrenagem dentada geralmente é menor do que o diâmetro do eixo.

2) A temperatura ambiente, em quase todos os lugares da Terra, sofre variações consideráveis do dia para a noite, de uma estação para outra, etc. Assim, os objetos existentes nesses lugares têm suas dimensões alteradas periodicamente. Para permitir que essas dilatações ocorram sem danos, nos trilhos de estradas de ferro ou nas grandes estruturas de concreto armado, são deixadas as chamadas juntas de dilatação, como ilustra a figura 1.20.

As imagens desta página estão representadas fora de proporção.

Do mesmo modo, para que uma ponte possa se dilatar livremente, sem trincar, os engenheiros a apoiam sobre rolos (figura 1.21). Se essas precauções não fossem adotadas, as estruturas se danificariam, pois são enormes as tensões que aparecem em peças submetidas à variação de temperatura e impedidas de se dilatarem ou de se contraírem (figura 1.22).

Jales Valquer/Fotoarena

Figura 1.20. Junta de dilatação utilizada em grandes estruturas de concreto armado. Ponte governador Orestes Quércia, em São Paulo (SP), 2016.

Paulo César Pereira/Arquivo da editora

Figura 1.21. Para que a dilatação de pontes ocorra facilmente, elas são apoiadas sobre rolos.

Geraldo Bubniak/Fotoarena/Folhapress

Figura 1.22. Em 2012, o calor de 34 °C provocou a dilatação térmica da pavimentação de uma rua em Curitiba (PR), causando a ruptura do pavimento.

1.3 Dilatação dos líquidos

Os líquidos dilatam-se obedecendo às mesmas leis que estudamos para os sólidos. Apenas devemos nos lembrar de que, como os líquidos não têm forma própria, mas tomam a forma do recipiente, é importante o conhecimento apenas de sua dilatação volumétrica. Por isso, para os líquidos, são tabelados apenas os coeficientes de dilatação volumétrica **(tabela 1.3)**.

Tabela 1.3

Coeficientes de dilatação volumétrica	
Substância	γ (°C^{-1})
Álcool etílico	$0,75 \cdot 10^{-3}$
Dissulfeto de carbono	$1,2 \cdot 10^{-3}$
Glicerina	$0,5 \cdot 10^{-3}$
Mercúrio	$0,18 \cdot 10^{-3}$
Petróleo	$0,9 \cdot 10^{-3}$

Dilatação aparente

Ao colocar um líquido em um frasco e aquecer esse conjunto, ambos se dilatarão, por isso se diz que a dilatação observada, para o líquido, será apenas **aparente**. A dilatação **real** do líquido será maior do que a observada. Ela será igual à soma da dilatação aparente com a dilatação volumétrica do recipiente.

Dilatação irregular da água

Em geral sólidos e líquidos têm seu volume aumentado quando elevamos sua temperatura. Entretanto, algumas substâncias **diminuem** de volume quando sua temperatura aumenta. Essas substâncias têm um coeficiente de dilatação **negativo**.

A água, por exemplo, é uma das substâncias que apresentam essa irregularidade na dilatação. **Quando a temperatura da água é aumentada entre 0 °C e 4 °C, o seu volume diminui**. Elevando-se sua temperatura acima de 4 °C, ela se dilata normalmente. O gráfico volume × temperatura para a água tem o aspecto mostrado na **figura 1.23**. Portanto, uma certa massa de água tem volume mínimo a 4 °C, ou seja, sua densidade é máxima nessa temperatura.

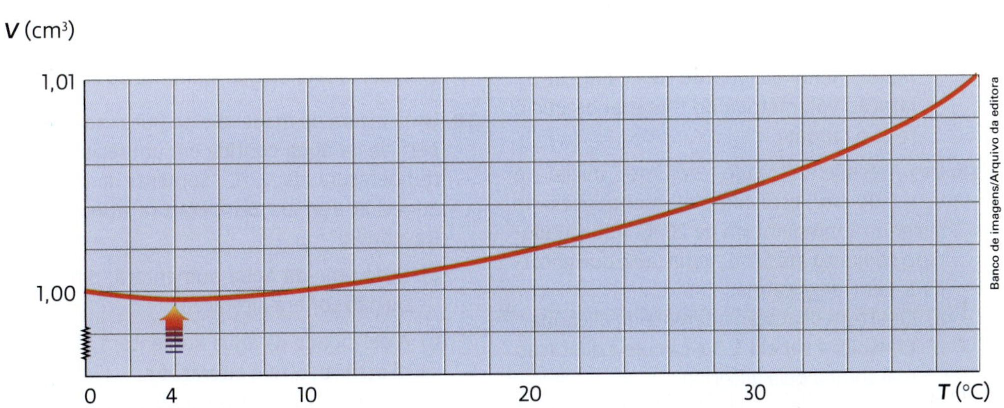

Figura 1.23. O volume de uma dada massa de água é mínimo a 4 °C.

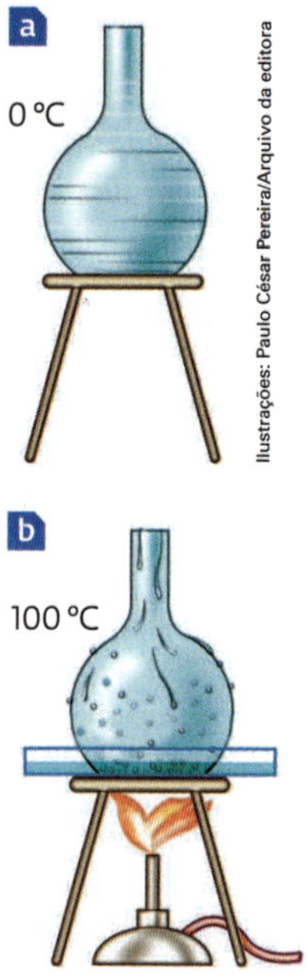

Ilustrações: Paulo César Pereira/Arquivo da editora

Figura 1.24. Representação (sem escala e em cores fantasia) da dilatação térmica do mercúrio.

Exemplo

Um frasco de vidro, cujo volume é exatamente 1 000 cm³ a 0 °C, está completamente cheio de mercúrio a essa temperatura (figura 1.24.a). Quando o conjunto é aquecido até 100 °C, entornam 15,0 cm³ de mercúrio (figura 1.24.b).

a) Qual foi a dilatação real do mercúrio?

Como sabemos, essa dilatação é dada por:

$$\Delta V_{Hg} = \gamma_{Hg} V_0 \Delta T$$

Nesse caso, o volume inicial do mercúrio é $V_0 = 1\,000$ cm³, e o aumento de temperatura vale $\Delta T = 100$ °C. O valor do coeficiente de dilatação volumétrica do mercúrio é fornecido pela **tabela 1.3**: $\gamma_{Hg} = 0{,}18 \cdot 10^{-3}$ °C^{-1}. Assim:

$$\Delta V_{Hg} = 0{,}18 \cdot 10^{-3} \cdot 1\,000 \cdot 100 \quad \therefore \quad V_{Hg} = 18{,}0 \text{ cm}^3$$

b) Qual foi a dilatação do frasco?

A dilatação aparente do mercúrio é dada pela quantidade que entornou, isto é, 15,0 cm³. Como a dilatação real foi de 18,0 cm³, é claro que a dilatação do frasco foi:

$$\Delta V_f = 18{,}0 - 15{,}0 \quad \therefore \quad \Delta V_f = 3{,}0 \text{ cm}^3$$

c) Qual é o valor do coeficiente de dilatação linear do vidro de que é feito o frasco?

Sabemos que:

$$\Delta V_f = \gamma_f V_0 \Delta T$$

em que γ_f é o coeficiente de dilatação volumétrica do frasco, $V_0 = 1000$ cm³ e $\Delta T = 100$ °C. Assim, como $\Delta V_f = 3{,}0$ cm³:

$$3{,}0 = \gamma_f \cdot 1\,000 \cdot 100 \quad \therefore \quad \gamma_f = 3{,}0 \cdot 10^{-5} \text{ °C}^{-1}$$

Lembrando que $\gamma_f = 3\alpha_f$, obtemos:

$$\alpha_f = \frac{\gamma_f}{3} = \frac{3{,}0 \cdot 10^{-5}}{3} \quad \therefore \quad \alpha_f = 1{,}0 \cdot 10^{-5} \text{ °C}^{-1}$$

Verifique o que aprendeu

15. Uma pessoa encheu completamente o tanque de gasolina de seu carro e deixou-o estacionado ao sol. Depois de um certo tempo, verificou que, em virtude da elevação da temperatura, uma certa quantidade de gasolina havia entornado.

a) O tanque de gasolina se dilatou?

b) A quantidade que entornou representa a dilatação real que a gasolina sofreu?

c) A dilatação real da gasolina foi maior, menor ou igual à dilatação do tanque?

d) E o coeficiente de dilatação da gasolina é maior, menor ou igual ao coeficiente de dilatação volumétrica do material de que é feito o tanque?

16. Um recipiente, cujo volume inicial é $V_0 = 100$ cm³, está completamente cheio de glicerina à temperatura de 20 °C. Aquecendo-se o conjunto até 50 °C, verifica-se que entorna 1,5 cm³ de glicerina.

a) Qual foi a dilatação aparente da glicerina?

b) Consulte a **tabela 1.3** e calcule a dilatação real sofrida pela glicerina.

c) Qual é o valor do coeficiente de dilatação do recipiente?

17. Um líquido, cujo coeficiente de dilatação volumétrica é $\gamma_L = 6{,}9 \cdot 10^{-5}$ °C^{-1}, foi colocado em um recipiente de alumínio, atingindo uma altura *h* dentro dele.

a) Consultando a **tabela 1.2**, determine o coeficiente de dilatação volumétrica, γ_{Al}, do alumínio.

b) Se o conjunto recipiente + líquido for aquecido, o nível do líquido subirá, descerá ou não sofrerá alteração?

c) Qual foi a dilatação aparente do líquido?

18. Uma esfera de madeira está flutuando na superfície da água contida em um recipiente, à temperatura de 2 °C. Somente a água foi aquecida até sua temperatura atingir 4 °C. Responda:

a) O volume da água aumentará, diminuirá ou não sofrerá alteração?

b) A densidade da água aumentará, diminuirá ou não sofrerá alteração?

c) A parte submersa da esfera aumentará, diminuirá ou não sofrerá alteração?

FÍSICA NO CONTEXTO

CONGELAMENTO DA ÁGUA

O comportamento irregular da água explica por que, em países onde o inverno é rigoroso, os lagos, rios e mesmo os mares se congelam na superfície mantendo a água líquida no fundo. Isso ocorre porque a água tende a possuir máxima densidade quando está no estado líquido e a 4 °C. Essa característica, junto com o fato de o gelo ser um ótimo isolante térmico, é fundamental para a preservação da fauna e da flora desses lugares. Se a água não apresentasse essa irregularidade na dilatação, os rios e lagos se congelariam totalmente, causando danos irreparáveis às plantas e aos animais aquáticos.

Bert de Ruiter/Alamy/Latinstock

Figura 1.25. Prática de pesca em rio congelado de Pequim, China, 2014.

Mesmo com a água da superfície de lagos e rios congelada, é possível pescar **(figura 1.25)**, pois a água abaixo da camada de gelo encontra-se em estado líquido, com temperatura entre 0 °C e 4 °C.

O comportamento da água também explica por que as garrafas cheias com líquidos compostos principalmente de água se quebram quando ficam muito tempo no congelador de uma geladeira. Nesses casos, a água, ao virar gelo, expande-se, quebrando o vidro ou o plástico da embalagem. Observa-se também que, em lugares frios, quando a temperatura cai abaixo de 0 °C, as tubulações de água costumam se romper em razão de seu congelamento. Nesses lugares a água colocada no radiador dos carros é misturada a um aditivo que diminui o seu ponto de solidificação, evitando seu congelamento.

ÁGUA EM LUA DE JÚPITER

Europa é uma das 67 luas de Júpiter e tem despertado bastante o interesse dos pesquisadores do espaço pelas suas peculiaridades. Informações obtidas pela sonda Galileu, lançada pela Nasa em 1998 para estudar aquele planeta e suas luas, captou imagens como a da **figura 1.26**. Elas mostram que a superfície de Europa é totalmente coberta por uma camada de gelo, cuja espessura pode variar de 10 km a 30 km, com temperatura superficial máxima próxima de −163 °C.

A hipótese dos pesquisadores é que abaixo dessa camada há muita água no estado líquido **(figura 1.27)**. Isso ocorreria graças à energia liberada pelo efeito de maré causado em Europa pela enorme gravidade de Júpiter, o que aumentaria a temperatura do gelo até o seu ponto de fusão, naquelas condições. E, também neste caso, a dilatação irregular da água e o fato de o gelo ser um isolante térmico eficiente garantiriam a presença de água no estado líquido, tão longe assim do Sol: Júpiter está 5,2 vezes mais distante do Sol do que a Terra.

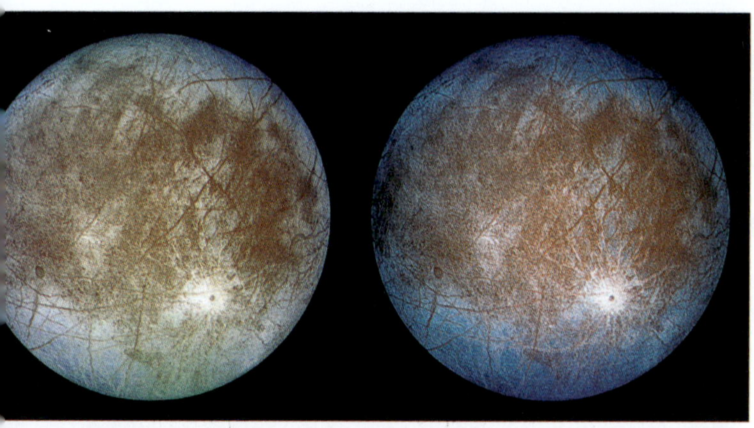
Nasa/SPL/Latinstock

Figura 1.26. Imagens de Europa obtidas pela sonda Galileu. A sonda foi direcionada para Júpiter em 2003, ao final da missão, para evitar a colisão com qualquer um de seus satélites (Fonte: Nasa).

Kevin Hand (JPL/Caltech)/Jack Cook (Woods Hole Oceanographic Institution/Howard Perlman (USGS)/Nasa

Figura 1.27. Embora sendo quase do mesmo tamanho da nossa Lua, Europa teria mais água do que toda a água da Terra. Esta é uma representação em escala (mas em cores fantasia) de Europa e da Terra com as respectivas quantidades de água, indicadas pelas "gotas" azuis, de acordo com a hipótese dos cientistas (Fonte: Nasa).

APLICAÇÕES DA FÍSICA

Avanços na tecnologia da medida e do controle da temperatura

A importância da medida e do controle da temperatura, em ampla variedade de atividades científicas, industriais e domésticas, levou ao grande desenvolvimento dessa técnica.

São bastante conhecidos os papéis de relevo da termometria de precisão, dos controles de temperaturas elevadas ou muito baixas nos laboratórios de pesquisa de todo o mundo. Em quase todas as atividades industriais essas medidas são necessárias, destacando-se as indústrias agrícola, aeronáutica, eletrônica, automobilística, metalúrgica, de aquecimento, refrigeração e condicionamento, etc. Quanto à sua utilização doméstica, sabe-se que praticamente em toda residência encontramos pelo menos um termômetro ou termostato, seja para uso clínico, seja para controle de temperatura em fornos, fogões, geladeiras, etc.

Qualquer propriedade de uma substância que varie com a temperatura pode ser usada na construção de termômetros. Ainda hoje, entretanto, a maioria dos termômetros em uso se baseia, como acontecia em épocas passadas, na dilatação das substâncias, especialmente dos líquidos. Outros termômetros, de concepções mais modernas, baseados em outras propriedades, são, porém, amplamente utilizados. Sua escolha fica sujeita às vantagens que podem proporcionar em uma dada situação, relacionadas com precisão, sensibilidade, durabilidade, forma, custo, limites de temperatura que permitem medir, etc.

Os princípios nos quais se baseiam alguns desses termômetros e as principais características que levam à sua preferência são apresentados a seguir.

Termômetros de resistência elétrica

Permitem também alta precisão (até 0,0001 °C em alguns, que usam platina). Oferecem ótima reprodutibilidade nas leituras. Alguns termômetros desse tipo, que usam semicondutores (germânio, por exemplo), são os mais recomendados para medidas de temperaturas muito baixas (entre 0,2 K e 50 K).

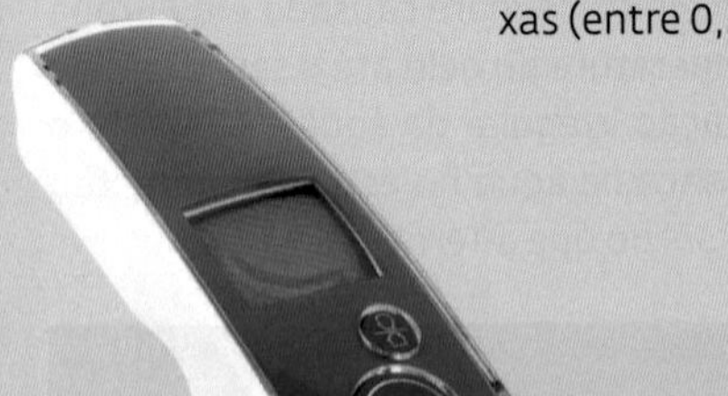

Figura 1.28. Termômetro infravermelho digital de superfície: a temperatura do objeto é obtida comparando-se a intensidade da radiação infravermelha (calor) emitida por um objeto com a emissividade do material. Similar ao termômetro clínico, a escala costuma variar entre 34 °C e 42 °C.

Termômetros de termopar

São, talvez, os termômetros mais importantes atualmente, amplamente usados na indústria para registros contínuos e controle de temperatura. Baseiam-se na medida da voltagem existente em junções de fios metálicos ou ligas de naturezas diferentes, a qual depende das temperaturas das junções. É muito grande a variedade de materiais que podem ser usados na construção dos termopares. Suas principais vantagens são: grande sensibilidade, pequena capacidade térmica e condições muito práticas de uso.

Termômetros de radiação

Baseiam-se na medida da energia irradiada por um objeto, a qual depende de sua temperatura. São empregados, principalmente, na obtenção de temperaturas muito elevadas, oferecendo a vantagem de permitir a medida sem contato do termômetro com o objeto.

Para medidas de temperaturas ainda mais elevadas, como a de chamas, estrelas, gases ionizados (plasmas), etc., são usadas técnicas baseadas na termometria espectroscópica.

Há ainda os termômetros desse tipo empregados na área médica (figura 1.28), nos quais a aferição da temperatura é realizada pela comparação entre as intensidades do calor emitido pelo corpo humano.

Termômetros bimetálicos

São baseados no encurvamento de lâminas bimetálicas ao serem aquecidas. Embora apresentem pouca precisão, esses dispositivos são muito empregados como termostatos (em ferros elétricos, aquecedores, chaves automáticas ou disjuntores, etc.), por serem de uso simples e oferecerem prontidão nas leituras (figura 1.29).

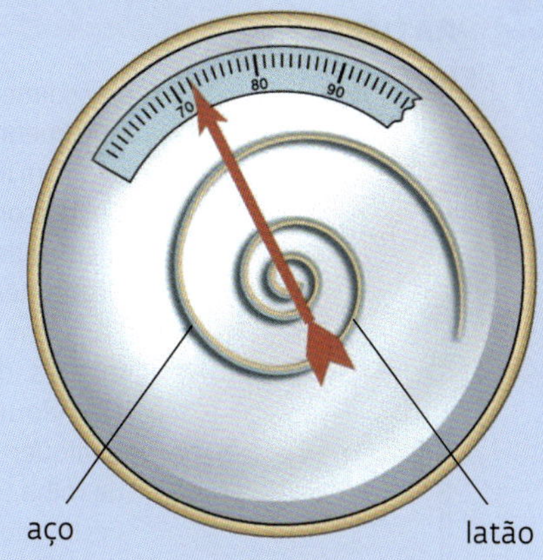

Paulo César Pereira/Arquivo da editora

Figura 1.29. Representação (sem escala e em cores fantasia) de um termômetro bimetálico. O aquecimento faz com que a espiral bimétalica se encurve, movendo o ponteiro, que indica o valor da temperatura.

Termômetros acústicos

O princípio de funcionamento desses aparelhos é a variação da velocidade do som (ou do ultrassom) com a temperatura. São usados com sucesso para temperaturas muito baixas (2 K a 40 K).

Termômetros magnéticos

Esses termômetros têm por base a medida de propriedades magnéticas de determinados materiais, que variam com a temperatura. São usados, sobretudo, para medidas de temperaturas inferiores a 1 K. As temperaturas mais baixas que vêm sendo alcançadas sucessivamente, com valores próximos de 0,000001 K, são medidas com esse tipo de termômetro.

As imagens desta página estão representadas fora de proporção.

Indicadores de temperatura

Alguns materiais apresentam, em situações especiais, determinada propriedade que se reproduz, com sensível precisão, a uma certa temperatura. Conjuntos desses materiais, cada um sensível especificamente a uma temperatura, costumam ser usados como termômetros. Novas tecnologias têm permitido utilizar plásticos e tintas sensíveis à temperatura, mudando de cor conforme ela varia.

Entre os indicadores, os cristais líquidos apresentam alterações de cor com a temperatura e a vantagem de serem reversíveis. Pequenas variações da temperatura provocam alterações, e os cristais líquidos apresentam diversas fases, cada uma característica de uma dada temperatura. Assim, é possível utilizar um mesmo cristal líquido para indicar temperaturas diversas, já que a cada uma delas a sua cor se modifica (figura 1.30).

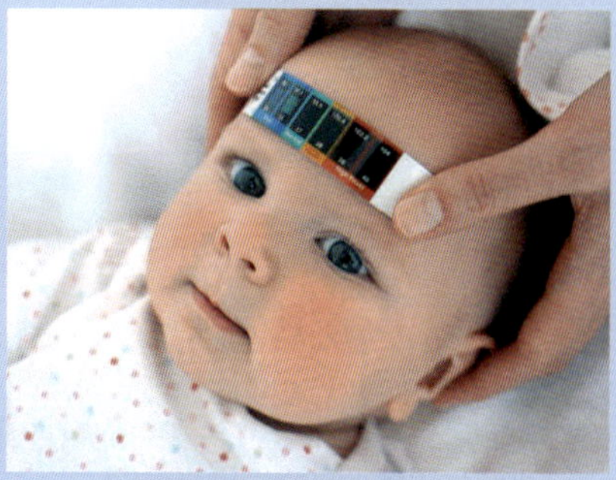
Ian Hootons/Science Photo Library/Latinstock

Figura 1.30. Termômetro de cristal líquido.

Outras técnicas de medida de temperatura têm sido desenvolvidas, como a **termografia**, que consiste no mapeamento de distribuição de temperaturas em áreas externas ou internas de um objeto (figura 1.31).

Essas técnicas são empregadas na medicina (para indicar regiões em que estão localizados tumores ou inflamações), na indústria (para indicar alterações de temperatura na superfície de motores e máquinas), em pesquisas meteorológicas e até em pinturas de parede, para controle de temperaturas ambientais por meio de alterações das cores das superfícies que envolvem o ambiente.

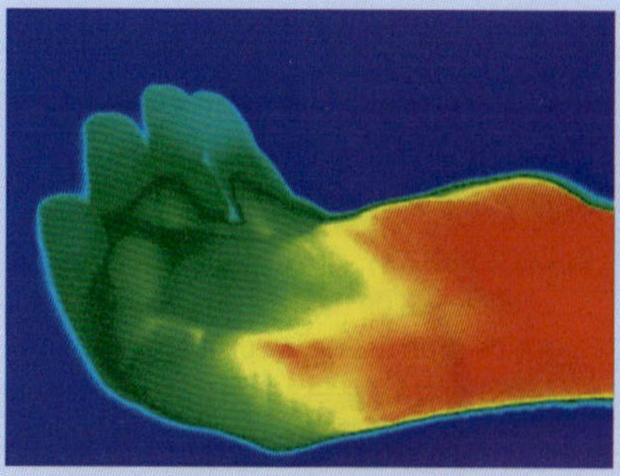
T-Service/Science Photo Library/Latinstock

Figura 1.31. Termografia da mão de uma pessoa. A cada cor vista na foto corresponde uma temperatura diferente.

QUESTÕES

1. Entre os diferentes termômetros e técnicas de medição de temperatura apresentados, quais poderiam ser utilizados para identificar ilhas de calor em grandes centros urbanos?
2. Quando alguém nos pergunta se está com febre, mas não temos um termômetro para medir sua temperatura, geralmente colocamos a mão no próprio pescoço e depois no pescoço ou na testa da pessoa, retornando depois ao nosso. Por que são necessários esses passos?

PRATIQUE FÍSICA

EM EQUIPE

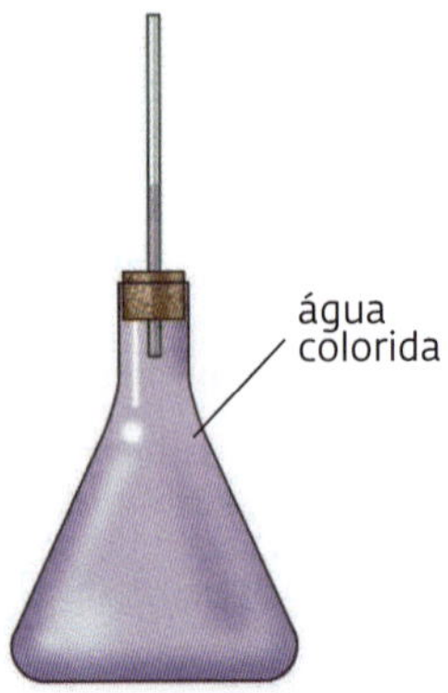

Paulo César Pereira/Arquivo da editora

Representação (sem escala e em cores fantasia) da dilatação térmica de água colorida.

1. O procedimento seguinte lhe permitirá observar facilmente a dilatação (e a contração) térmica de um líquido qualquer.

1º) Encha completamente um frasco de vidro médio, de 50 cm^3 de volume, com água previamente colorida.

2º) Faça um furo em uma rolha para passar através dele um tubo fino de plástico. Usando um pouco de cola, procure vedar qualquer orifício que exista na superfície da rolha.

Fechando o frasco com a rolha, forçando-a para que se ajuste bem, a água subirá até certa altura no interior do tubo, como mostra a figura ao lado.

3º) Com cuidado, coloque esse dispositivo que você preparou em um banho de água bem quente, de modo que ela envolva o frasco que contém água colorida. Observe o que ocorrerá com o nível da água no tubo.

Depois de certo tempo, transfira o dispositivo para um banho de água bem fria (mistura de água e gelo). Veja o que se passa com o nível da água no tubo.

2. Na seção 1.1 descrevemos o termoscópio de Galileu. Você poderá construir um dispositivo semelhante, aproveitando a aparelhagem utilizada na experiência 1.

Com cuidado, aqueça ligeiramente o frasco de vidro vazio, com o tubo adaptado através da rolha (tome cuidado para que quaisquer orifícios, entre a rolha e o frasco, ou entre a rolha e o tubo, estejam devidamente vedados). Emborque o tubo em um recipiente contendo água colorida, da maneira mostrada na **figura 1.3**. Controlando o aquecimento inicial do frasco, você poderá fazer com que, quando ele retornar à temperatura ambiente, a água suba até próximo à metade do tubo. Assim, estará pronto o seu termoscópio (igual ao de Galileu). Você poderá utilizá-lo para comparar as temperaturas de alguns objetos, ou das mãos de diversas pessoas.

ATENÇÃO!
Tome cuidado ao lidar com fogo ou objetos e substâncias quentes.

PROBLEMAS E TESTES

1. Um pino de aço é colocado, com pequena folga, em um orifício existente numa chapa de cobre. Tendo em vista a **tabela 1.2**, analise as afirmativas seguintes e indique no caderno qual delas está **errada**.

a) Aquecendo-se apenas o pino, a folga diminuirá.

b) Aquecendo-se apenas a chapa, a folga aumentará.

c) Ambos sendo igualmente aquecidos, a folga aumentará.

d) Ambos sendo igualmente aquecidos, a folga não vai se alterar.

e) Ambos sendo igualmente resfriados, a folga vai diminuir.

2. Duas barras, *A* e *B*, de um mesmo metal (isto é, com mesmo coeficiente de dilatação) são aquecidas a partir de 0 °C. Entre os gráficos deste problema, indique no caderno aquele que mostra corretamente como os comprimentos das duas barras variam enquanto a temperatura é aumentada.

a)
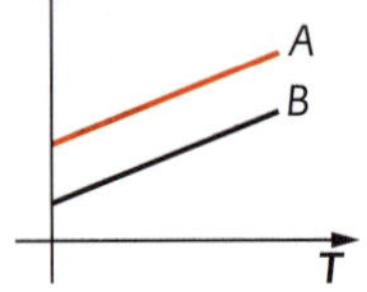

b)
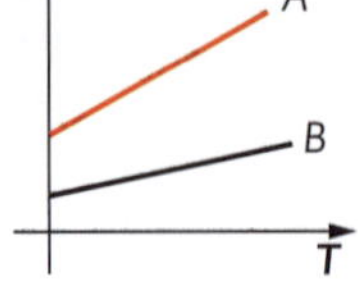

c)
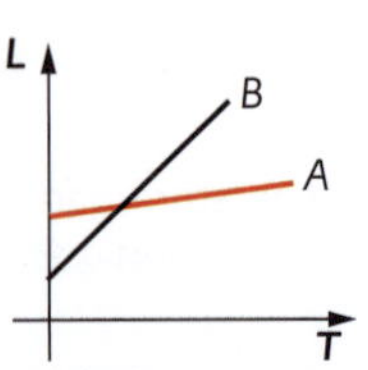

Banco de imagens/Arquivo da editora

3. Peças metálicas costumam ser unidas por meio de rebites adaptados em temperaturas muito elevadas. Explique por que esse processo faz com que as peças se mantenham fortemente unidas.

4. Suponha que uma pessoa possua um termômetro comum (como o da **figura 1.1**) pouco sensível. Com ele, não é possível perceber variações muito pequenas de temperatura. Essa pessoa resolveu, então, construir um termômetro mais sensível. As alternativas seguintes descrevem providências que ela pretende tomar para alcançar seu objetivo. Indique no caderno qual delas **não** vai colaborar para o aumento da sensibilidade do termômetro.

a) Usar um líquido de maior coeficiente de dilatação.

b) Aumentar o volume do bulbo do termômetro.

c) Diminuir o diâmetro do tubo capilar de vidro.

d) Usar um vidro de menor coeficiente de dilatação.

e) Aumentar o comprimento do tubo de vidro.

5. a) Duas crianças, *A* e *B*, estão com febre. A temperatura de *A* está 1 °C acima da temperatura normal, e a de *B* está 1 °F também acima do normal. Qual das duas crianças está mais febril?

b) Em um termômetro, graduado na escala Celsius, a distância entre duas marcas correspondentes ao intervalo de 1 °C é igual a 1,0 mm. Se esse termômetro for graduado na escala Fahrenheit, qual será a distância entre duas marcas correspondentes ao intervalo de 1 °F?

6. Em uma revista científica encontramos a seguinte afirmativa: "Em Plutão, a temperatura atinge 380 graus abaixo de zero". Embora não havendo declarado qual foi a escala termométrica utilizada, sabe-se que o autor do texto estava se referindo a uma das seguintes escalas: Kelvin, Celsius ou Fahrenheit. Qual foi a escala usada? Explique.

7. (UEA-AM) Um turista estrangeiro leu em um manual de turismo que a temperatura média do estado do Amazonas é de 87,8 graus, medido na escala Fahrenheit. Não tendo noção do que esse valor significa em termos climáticos, o turista consultou um livro de Física, encontrando a seguinte tabela de conversão entre escalas termométricas:

	Celsius	Fahrenheit
Fusão do gelo	0	32
Ebulição da água	100	212

Com base nessa tabela, o turista fez a conversão da temperatura fornecida pelo manual para a escala Celsius e obteve o resultado:

a) 25. b) 31. c) 21. d) 36. e) 16.

8. (Fuvest-SP) Uma lâmina bimetálica de bronze e ferro, na temperatura ambiente, é fixada por uma de suas extremidades, como visto na figura abaixo.

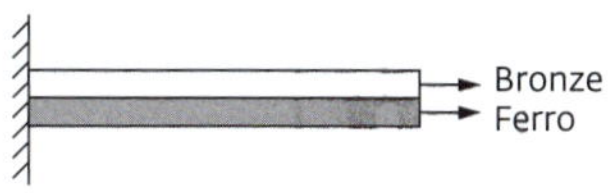

Nessa situação, a lâmina está plana e horizontal. A seguir, ela é aquecida por uma chama de gás. Após algum tempo de aquecimento, a forma assumida pela lâmina será mais adequadamente representada pela figura:

a)
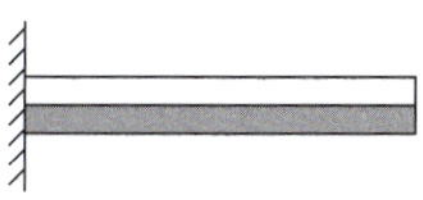

b)
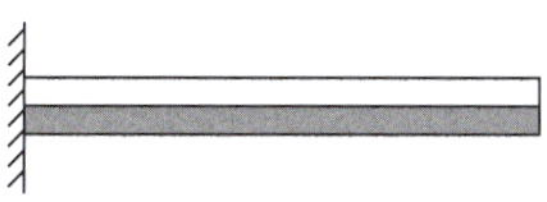

c)
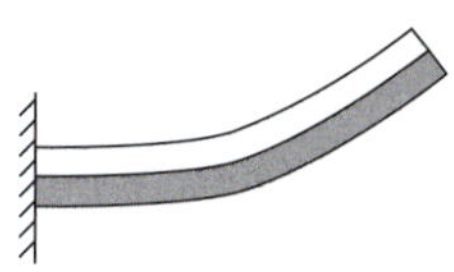

d)
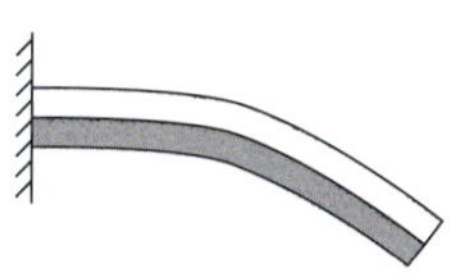

e)
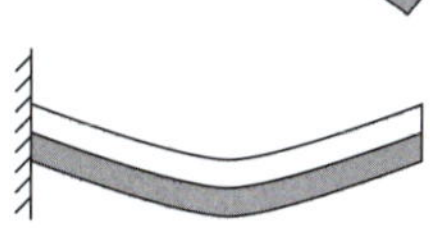

Ilustrações técnicas desta página: Banco de imagens/Arquivo da editora

Note e adote:

O coeficiente de dilatação térmica linear do ferro é $1,2 \times 10^{-5}\ °C^{-1}$.

O coeficiente de dilatação térmica linear do bronze é $1,8 \times 10^{-5}\ °C^{-1}$.

Após o aquecimento, a temperatura da lâmina é uniforme.

9. (IFTO) Na Rússia, uma estrada de ferro com 900 km de comprimento varia sua temperatura de −6 °C no inverno até 24 °C no verão. O coeficiente de dilatação linear do material de que é feito o trilho é $10^{-6}\ °C^{-1}$. A variação de comprimento que os trilhos sofrem na sua extensão é igual a:

a) 370 m.
b) 37 m.
c) 270 m.
d) 45 m.
e) 27 m.

10. Um negociante de tecidos possui um metro de metal que foi graduado a 20 °C. Suponha que tal homem esteja usando esse metro em um dia de verão no qual a temperatura esteja próxima de 40 °C.

a) O comprimento do metro do negociante é maior ou menor do que 1 m?

b) Ao vender uma peça de tecido, medindo o seu comprimento com esse metro, o negociante estará tendo lucro ou prejuízo? (A dilatação do tecido é desprezível.)

11. Na figura ao lado mostramos um termômetro R, calibrado na escala Réaumur, que foi muito usada na França no século XVIII.

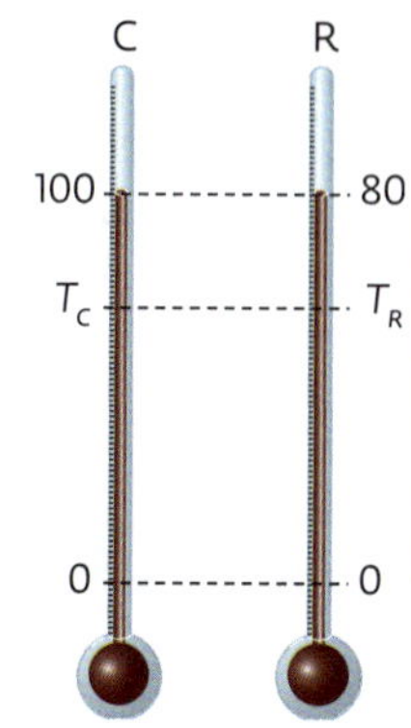

Paulo César Pereira/Arquivo da editora

a) Determine uma expressão que nos permita converter uma temperatura qualquer T_R (na escala Réaumur) em sua correspondente T_C (na escala Celsius).

b) Qual é a temperatura Celsius correspondente a 20 °R?

12. (Cefet-MG) Almir deve aquecer uma certa quantidade de água até 70 °C. Após o início do processo, ele quebrou, acidentalmente, o termômetro e teve que utilizar outro, graduado em Fahrenheit. Nessa escala, o aquecimento deve parar em:

a) 102. b) 126. c) 142. d) 158.

Dados: 0 °C e 100 °C correspondem, respectivamente, a 32 °F e 212 °F.

13. (Fatec-SP) Um cientista criou uma escala termométrica D que adota como pontos fixos a temperatura de ebulição do álcool (78 °C) e a temperatura de ebulição do éter (34 °C).

O gráfico a seguir relaciona esta escala D com a escala Celsius.

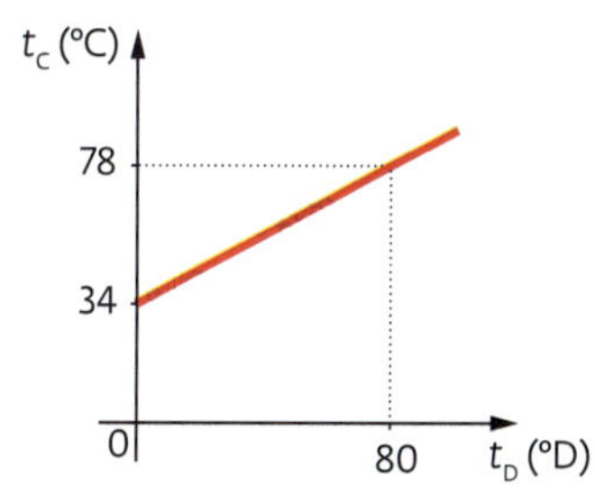

A temperatura de ebulição da água vale, em °D:

a) 44.
b) 86.
c) 112.
d) 120.
e) 160.

O Tokamak é um reator de fusão nuclear, na forma de toroide, que confina o plasma – um gás quente e ionizado – em seu interior por meio de um potente campo magnético. Nele ocorrem reações similares àquelas que acontecem no Sol, isto é, os átomos de hidrogênio, quando aquecidos sob pressão, unem-se formando átomos de hélio. A produção de energia elétrica a partir da fusão nuclear é vista como uma solução promissora para os problemas climáticos que o planeta pode enfrentar. Hefei, província de Anhui, China. Fotografia de 2015.

CAPÍTULO 2

Comportamento dos gases

A escala Kelvin, ou escala absoluta, é amplamente utilizada no estudo do comportamento dos gases, para conhecer seu estado. A partir dessas investigações foi possível formular a hipótese de que, a baixas temperaturas, as moléculas que formam o gás não poderiam fornecer mais energia, ou seja, estariam completamente imóveis e, consequentemente, teriam pressão nula.

Observou-se, no entanto, que nas proximidades do zero absoluto a matéria se comporta de forma diferente, apresentando outras características, como um novo estado físico, conhecido como condensado de Bose-Einstein.

No extremo oposto, a altíssimas temperaturas, os gases que formam as estrelas também atingem outro estado, conhecido como plasma. A pressão exercida por esses gases é tão intensa que consegue impedir o colapso gravitacional das estrelas.

PARA INICIAR A CONVERSA

Quais são os estados físicos que a matéria pode assumir?

Quais conceitos físicos são apropriados para caracterizar o estado do gás?

Relacione a lei de Avogadro com a teoria cinética dos gases.

2.1 Transformação isotérmica

No capítulo anterior, ao estudarmos a dilatação dos sólidos e líquidos, não fizemos nenhuma referência à influência da pressão nesse fenômeno, porque somente grandes variações na pressão podem alterar sensivelmente as dimensões de sólidos e líquidos. De modo geral, em situações do cotidiano, não conseguimos perceber a influência da pressão sobre sólidos e líquidos sem o auxílio de instrumentos de medida.

Analisando o comportamento de um gás, entretanto, percebemos que as variações de pressão podem provocar alterações apreciáveis em seu volume e temperatura. Estudando experimentalmente o comportamento de uma dada massa, *m*, de gás, os cientistas verificaram que seria possível expressá-lo por meio de relações matemáticas simples entre sua pressão, *p*, seu volume, *V*, e sua temperatura, *T*. Uma vez que sejam conhecidos os valores dessas grandezas (massa, pressão, volume e temperatura), a situação em que está o gás fica definida ou, em outras palavras, fica definido o seu **estado**.

Provocando-se uma variação em uma dessas grandezas, nota-se que, em geral, as outras também se modificam. Esses novos valores caracterizam outro **estado** do gás. Dizemos que o gás sofreu uma **transformação** ao passar de um estado para outro **(figura 2.1)**.

Nas leis experimentais, que veremos a seguir, serão estudadas algumas transformações que um gás pode sofrer. Essas leis são válidas apenas, aproximadamente, para os gases que existem na natureza, denominados **gases reais** (O_2, H_2, N_2, etc.). Um gás que se comporte de acordo com tais leis é denominado **gás ideal**. Os gases reais, submetidos a pequenas pressões e altas temperaturas, comportam-se como ideais; portanto, nessas condições, o estudo que faremos neste capítulo poderá ser usado para descrever, com boa aproximação, o comportamento dos gases reais.

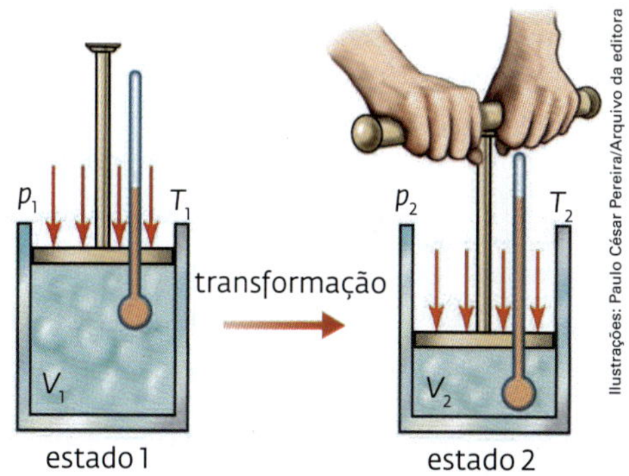

Figura 2.1. Quando um gás passa de um estado para outro, dizemos que ele sofreu uma transformação.

As ilustrações desta página estão representadas sem escala e em cores fantasia.

Transformação isotérmica (T = constante)

Suponha que um gás tenha sido submetido a uma transformação na qual a sua temperatura foi mantida constante. Dizemos que ele sofreu uma **transformação isotérmica** (*isos* = 'igual' + *thérme* = 'temperatura'). Considerando que a massa do gás também se manteve constante (não houve saída nem entrada de gás no recipiente), constata-se que, na transformação isotérmica de um gás, apenas a pressão e o volume são as grandezas que variam.

A **figura 2.2** apresenta uma maneira de realizar uma transformação isotérmica. Na **figura 2.2.a**, certa massa de ar está confinada em determinado **volume** de um tubo fino, por meio de uma pequena coluna de Hg. A **pressão** que atua nesse volume de gás é a soma da pressão atmosférica, p_a, que permanece constante, com a pressão exercida pela coluna de Hg. Adicionando-se Hg lentamente no tubo, o aumento da altura da coluna acarreta um aumento na pressão que atua sobre o gás e, consequentemente, ocorre uma redução em seu volume **(figuras 2.2.b e 2.2.c)**. Se a operação for feita lentamente, a massa de ar permanecerá sempre em equilíbrio térmico com o meio ambiente, de modo que sua temperatura se mantenha praticamente constante, ou seja, será uma **transformação isotérmica**.

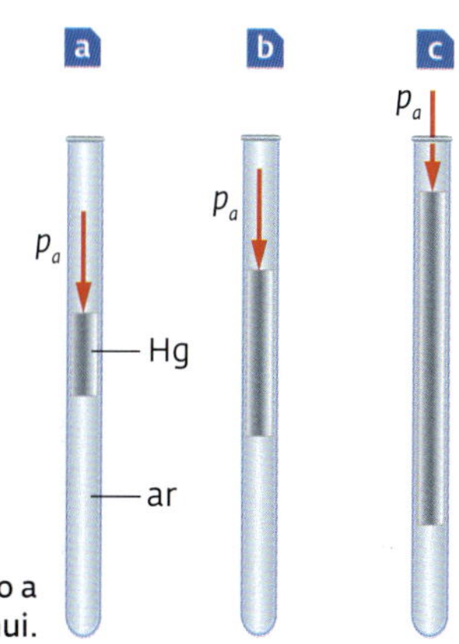

Figura 2.2. Em uma transformação isotérmica, quando a pressão sobre o gás aumenta, seu volume diminui.

SPL/Latinstock

ROBERT BOYLE (1627-1691)
Físico irlandês conhecido por suas experiências pioneiras sobre as propriedades dos gases. Adepto da teoria corpuscular da matéria, que deu origem à moderna teoria química dos elementos, criticava duramente as ideias de Aristóteles e dos alquimistas sobre a composição das substâncias.

Lei de Boyle

Se medirmos a pressão e o volume do gás (ar) em uma experiência como a apresentada na **figura 2.2**, poderemos encontrar uma relação simples entre essas grandezas. Suponhamos que, na **figura 2.2.a**, o volume do ar confinado fosse $V_1 = 60$ mm³, e a pressão total sobre ele, $p_1 = 80$ cmHg. Em seguida, imagine que, na **figura 2.2.b**, a pressão tenha sido aumentada para $p_2 = 160$ cmHg. No experimento, o volume do gás se reduziria para $V_2 = 30$ mm³. Aumentando-se novamente a pressão para $p_3 = 240$ cmHg **(figura 2.2.c)**, o volume passaria a ser $V_3 = 20$ mm³. Se aumentássemos a pressão para 320 cmHg, o volume seria $V_4 = 15$ mm³, e assim sucessivamente. Tabelando as medidas, obtemos:

p (cmHg)	80	160	240	320
V (mm³)	60	30	20	15

Compare a primeira coluna com as demais e observe que:

- duplicando $p \rightarrow V$ é dividido por 2;
- triplicando $p \rightarrow V$ é dividido por 3;
- quadruplicando $p \rightarrow V$ é dividido por 4, e assim sucessivamente.

Esse resultado comprova que o volume *V* de um gás é inversamente proporcional à pressão *p* a que ele está submetido e, consequentemente, o produto $p \cdot V$ é constante. O físico irlandês Robert Boyle, em 1660, foi o primeiro a chegar a essas conclusões, depois de realizar uma série de experiências semelhantes à que descrevemos. Por tal motivo, o resultado a que chegamos é conhecido como **lei de Boyle**:

Se a temperatura *T* de uma dada massa gasosa for mantida constante, o volume *V* desse gás será inversamente proporcional à pressão *p* exercida sobre ele, ou seja:

$$pV = \text{constante (se } T = \text{constante)}$$

O gráfico $p \times V$

Na **figura 2.3**, apresentamos o gráfico $p \cdot V$, construído com os valores de *p* e *V* da tabela relativa à transformação isotérmica da experiência que descrevemos. Veja como foram lançados, no gráfico, os dados da tabela e observe que a curva obtida mostra a variação inversa do volume com a pressão (enquanto *V* aumenta, *p* diminui).

Como nessa transformação *p* e *V* são inversamente proporcionais, podemos concluir que a curva da **figura 2.3** é uma hipérbole. Por descrever uma transformação isotérmica, essa curva também é denominada **isoterma** do gás.

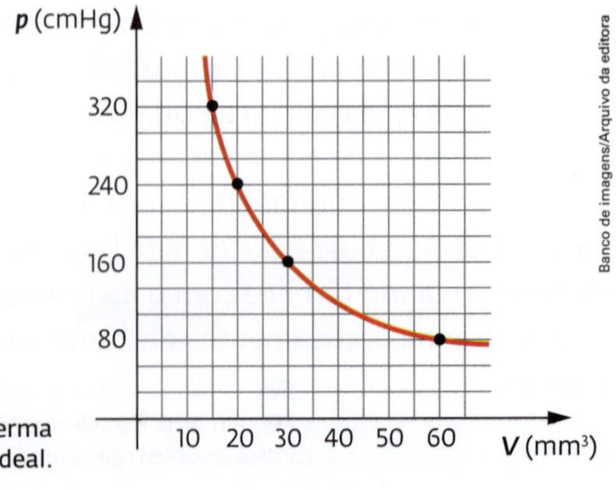

Figura 2.3. Isoterma de um gás ideal.

Influência da pressão na densidade

A densidade de um objeto é dada por $\rho = \frac{m}{V}$. Para os objetos sólidos e líquidos, uma variação na pressão exercida sobre eles praticamente não altera o volume V, de modo que a densidade desses objetos é muito pouco influenciada pela pressão.

O mesmo não acontece com os gases. Em uma transformação isotérmica, por exemplo, quando aumentamos a pressão sobre uma massa gasosa, seu volume reduz-se apreciavelmente. Em consequência, sua densidade também aumenta sensivelmente, uma vez que o valor de m não se altera. De fato, para um determinado valor de m, a lei de Boyle nos permite deduzir o seguinte:

- duplicando $p \rightarrow V$ fica dividido por 2 $\rightarrow \rho$ duplica;
- triplicando $p \rightarrow V$ fica dividido por 3 $\rightarrow \rho$ triplica; e assim sucessivamente.

Com base nesse esquema, podemos concluir que $\rho \propto p$,isto é, se mantivermos constante a temperatura de uma dada massa gasosa, sua densidade será diretamente proporcional à pressão do gás.

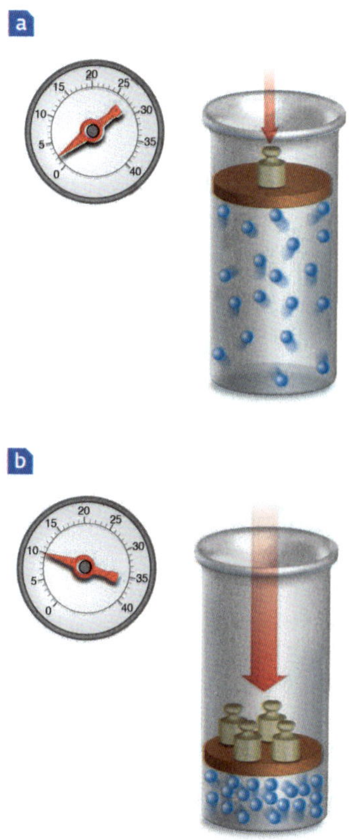

Ilustrações: Antonio Robson/Arquivo da editora

Figura 2.4. Representação (sem escala e em cores fantasia) da transformação.

Exemplo

Um recipiente, contendo O_2, é provido de um pistão (figura 2.4) que permite variar a pressão e o volume do gás. Verifica-se que, quando está submetido a uma pressão p_1 = 2,0 atm, o O_2 ocupa um volume V_1 = 20 L. Comprime-se lentamente o gás, de modo que sua temperatura não varie, até que a pressão atinja o valor p_2 = 10 atm.

a) Qual o volume V_2 do oxigênio nesse novo estado?

Supondo que o O_2 esteja se comportando como um gás ideal, podemos aplicar a lei de Boyle, por se tratar de uma transformação isotérmica. Portanto, como pV = constante:

$$p_2V_2 = p_1V_1 \quad \text{ou} \quad 10 \cdot V_2 = 2{,}0 \cdot 20 \quad \therefore \quad V_2 = 4{,}0\ \text{L}$$

b) Supondo que a densidade do O_2, no estado inicial, seja de 1,2 g/L, qual será sua densidade no estado final?

Como vimos, em uma transformação isotérmica ρ é diretamente proporcional a p. A pressão passou de p_1 = 2,0 atm para p_2 = 10 atm, isto é, foi multiplicada por 5. Consequentemente, a densidade também ficará 5 vezes maior, e o novo valor de ρ será:

$$\rho = 5 \cdot 1{,}2 \quad \text{ou} \quad \rho = 6{,}0\ \text{g/L}$$

VERIFIQUE O QUE APRENDEU

1. a) Quais são as grandezas que determinam o estado de um gás?
b) O que significa dizer que um gás sofreu uma transformação?

2. a) O que são gases reais?
b) O que se entende por um gás ideal?
c) Em que condições os gases reais se comportam como gases ideais?

3. Considere a transformação isotérmica mostrada na figura 2.2. Das grandezas p, V, m e T:
a) quais permanecem constantes?
b) quais estão variando?

4. Certa massa de um gás ideal sofre uma transformação isotérmica. Lembrando-se da lei de Boyle, copie a tabela a seguir e complete-a.

Estado	p (atm)	V (L)	pV (atm · L)
I	0,50	12	////////////
II	1,0	/////	////////////
III	1,5	/////	////////////
IV	2,0	/////	////////////

5. a) Com os dados da tabela do exercício anterior, construa, no seu caderno, o gráfico $p \times V$.
b) Como se denomina a hipérbole assim obtida?

6. Suponha que o gás do exercício 4, no estado I, tenha uma densidade de 2,0 g/L. Calcule os valores de sua densidade nos estados II, III e IV.

2.2 Transformação isobárica

O que é uma transformação isobárica?

Consideremos certa massa de gás, em um tubo de vidro, suportando uma pressão igual à pressão atmosférica mais a pressão de um peso, como na **figura 2.5.a**. Aquecendo-se o gás e deixando-o expandir-se livremente, como na **figura 2.5.b**, a pressão sobre ele não se altera, pois continua sendo exercida pela atmosfera e pelo peso.

Uma transformação como essa, em que o volume do gás varia com a temperatura, enquanto a pressão é mantida constante, é denominada **transformação isobárica** (*isos* = 'igual' + *baros* = 'pressão').

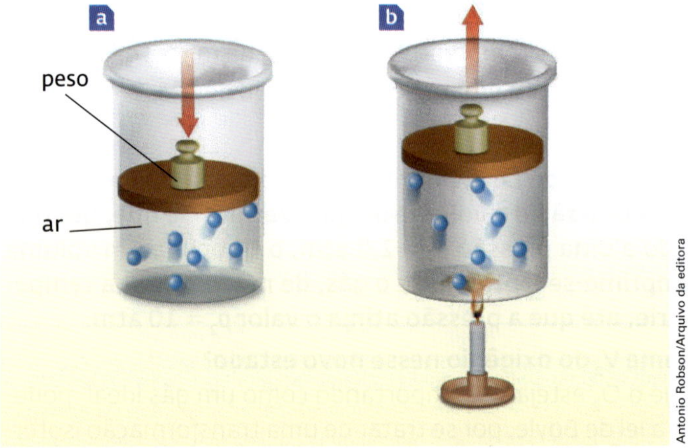

Figura 2.5. Em uma transformação isobárica, quando a temperatura sobre o gás aumenta, o volume aumenta. Representação sem escala e em cores fantasia.

JOSEPH-LOUIS GAY-LUSSAC (1778-1850)

Químico e físico francês que, além de suas investigações sobre o comportamento dos gases, desenvolveu várias técnicas de análises químicas e foi um dos fundadores da meteorologia. Usando balões meteorológicos, estudou os efeitos da altitude no magnetismo terrestre e na composição do ar. Deve-se, ainda, a ele a obtenção dos elementos potássio e boro e a identificação do iodo como elemento químico.

Todos os gases se dilatam igualmente

Consideremos dois blocos sólidos, de mesmo volume, um de cobre e o outro de ferro. Aquecendo os dois blocos até eles apresentarem a mesma variação de temperatura, eles sofrerão acréscimos diferentes em seus volumes, portanto apresentarão diferentes volumes finais. Isso acontece porque os coeficientes de dilatação do cobre e do ferro no estado sólido não são iguais, ao contrário do que ocorre, em geral, com os coeficientes de dilatação das substâncias no estado gasoso.

Imagine que realizássemos uma experiência semelhante com os gases. Consideremos volumes iguais de dois gases diferentes (O_2 e H_2, por exemplo) a uma mesma temperatura inicial. Submetendo os dois volumes de gás à mesma variação de temperatura, e mantendo constantes as suas pressões, observaremos que **eles apresentarão o mesmo volume final**. Isso só ocorre porque eles têm o mesmo coeficiente de dilatação. O francês Gay-Lussac, no início do século XIX, realizando uma série de experiências, verificou que esse resultado é válido para todos os gases. Logo,

Se tomarmos um dado volume de gás a uma certa temperatura inicial e o aquecermos sob pressão constante até dada temperatura final, a dilatação observada será a mesma, qualquer que seja o gás usado na experiência, isto é, o valor do coeficiente de dilatação volumétrica é o mesmo para todos os gases.

O gráfico $V \times T$

Em suas experiências, Gay-Lussac realizou medidas do volume e da temperatura de determinado gás, enquanto ele era aquecido e se expandia à pressão constante. Com os resultados dessas medidas, o cientista construiu um gráfico do volume V em função da temperatura θ, expressa em graus Celsius. Obteve um gráfico retilíneo, semelhante ao da **figura 2.6**, concluindo que **o volume de dada massa gasosa, sob pressão constante, varia linearmente com sua temperatura Celsius.**

No gráfico da **figura 2.6**, vemos que o gás ocupa um volume V a 0 °C. O volume do gás se reduziria gradualmente à medida que a temperatura baixasse. Pensando nessa redução, Gay-Lussac procurou determinar a que temperatura o volume do gás se anularia (se isso fosse possível), prolongando a reta do gráfico, como mostra a **figura 2.6**. Dessa maneira, verificou que o ponto em que V supostamente seria zero corresponde à temperatura $\theta = -273$ °C. Essa temperatura é denominada **zero absoluto** e considerada o **zero** da escala Kelvin.

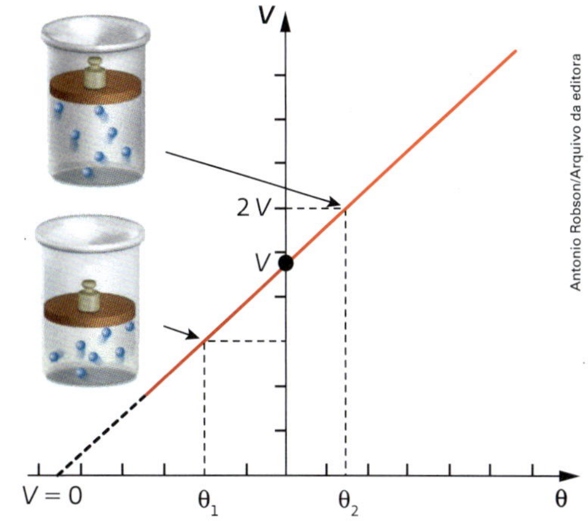

Figura 2.6. Em uma transformação isobárica, o volume de um gás varia linearmente com sua temperatura Celsius. As ilustrações estão fora de escala e em cores fantasia.

Considerando esses fatos, se construirmos um gráfico do volume, V, do gás, à pressão constante, em função de sua temperatura absoluta, T, obteremos uma reta **passando pela origem (figura 2.7)**. Isso nos mostra que o volume do gás é diretamente proporcional à sua temperatura Kelvin, portanto o quociente V/T é constante.

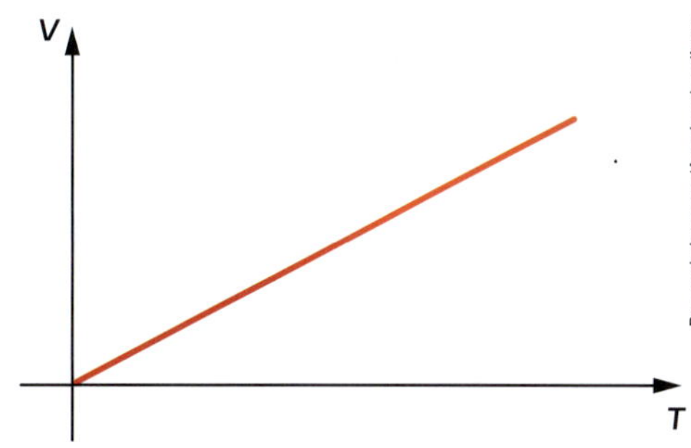

Figura 2.7. Sob pressão constante, o volume de um gás é diretamente proporcional à sua temperatura absoluta.

Em resumo, para uma transformação isobárica, podemos afirmar que:

> **O volume V de uma dada massa gasosa, mantida à pressão constante, é diretamente proporcional à sua temperatura absoluta T, ou seja:**
>
> $$\frac{V}{T} = \text{constante (se } p = \text{constante)}$$

Influência da temperatura na densidade

Já que o volume de certo gás, à pressão constante, varia com a temperatura, a densidade desse gás ($\rho = m/V$) terá valores diferentes para diferentes valores da temperatura. Baseando-se nas conclusões a que chegamos a respeito da transformação isobárica, podemos deduzir que, para uma certa massa m do gás, teremos:

- duplicando $T \rightarrow V$ duplica $\rightarrow \rho$ fica dividido por 2;
- quadruplicando $T \rightarrow V$ quadruplica $\rightarrow \rho$ fica dividido por 4, e assim sucessivamente.

Com base nessa regularidade, podemos concluir que:

$$\rho \propto \frac{1}{T}$$

isto é, sendo mantida constante a pressão de dada massa gasosa, sua densidade varia em proporção inversa à sua temperatura absoluta.

FÍSICA NO CONTEXTO

POR QUE O BALÃO SOBE NA ATMOSFERA?

Federico Neri/Corbis/Latinstock

Figura 2.8. Passeio de balão pelo parque Ngorongoro, na Tanzânia, em 2014.

A dilatação sofrida por uma massa gasosa aquecida costuma ser usada para fazer balões subirem na atmosfera. Balões de ar quente como o da figura 2.8 são utilizados na prática do balonismo. O ar no interior do balão é aquecido pela chama de um bico de gás. Ao se dilatar, parte dele escapa e o ar que permanece dentro do balão terá, consequentemente, sua densidade reduzida. Dessa forma, o conjunto formado pelo material de que é feito o balão e o ar interno aquecido fica menos denso do que o ar externo. Nessas condições, quando o objeto é menos denso do que o fluido que o cerca, a força de empuxo para cima tem valor maior do que a força-peso para baixo, fazendo o objeto, neste caso o balão, subir. Regulando a temperatura do ar interno, pode-se fazer o balão subir ou descer.

EXEMPLO

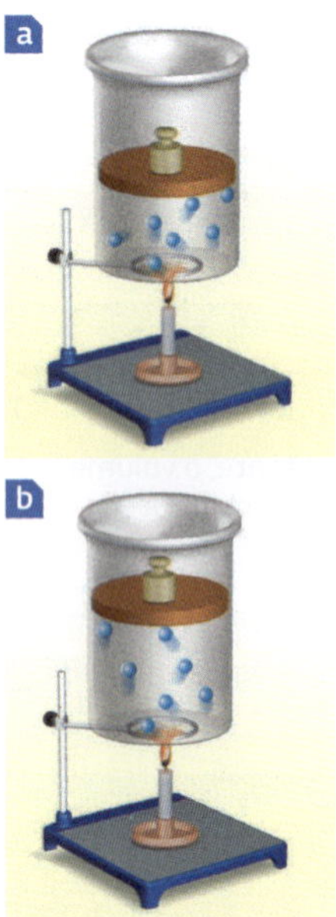
Ilustrações: Antonio Robson/Arquivo da editora

Figura 2.9. Ao ser aquecido, o ar no interior do recipiente se expande, enquanto a pressão sobre ele fica constante. Representação sem escala e em cores fantasia.

Um recipiente contém um volume $V_1 = 10$ L de CO_2 gasoso, à temperatura $\theta_1 = 27$ °C (figura 2.9.a). Aquecendo o conjunto e deixando que o êmbolo do recipiente se desloque livremente, a pressão do gás se manterá constante enquanto ele se expande. Sendo $\theta_2 = 177$ °C a temperatura final do CO_2 (figura 2.9.b):

a) Qual será o volume final, V_2, do gás?

Como se trata de uma transformação isobárica, $\frac{V}{T}$ = constante, isto é:

$$\frac{V_2}{T_2} = \frac{V_1}{T_1}$$

Observe que as expressões acima se referem a temperaturas absolutas do gás. Portanto:

$$T_1 = \theta_1 + 273 = 27 + 273 \quad \therefore \quad T_1 = 300 \text{ K}$$

$$T_2 = \theta_2 + 273 = 177 + 273 \quad \therefore \quad T_2 = 450 \text{ K}$$

Como $V_1 = 10$ L:

$$\frac{V_2}{450} = \frac{10}{300} \quad \therefore \quad V_2 = 15 \text{ L}$$

b) Supondo que a densidade inicial do CO_2 seja 1,8 g/L, qual será sua densidade no estado final?

Vimos que, em uma transformação isobárica, a densidade de um gás é inversamente proporcional à sua temperatura absoluta. Como ela passou de $T_1 = 300$ K para $T_2 = 450$ K, isto é, foi multiplicada por 1,5, concluímos que a densidade será dividida por esse fator. Portanto, a densidade do gás, no estado final, será:

$$\rho = \frac{1{,}8}{1{,}5} \quad \text{ou} \quad \rho = 1{,}2 \text{ g/L}$$

VERIFIQUE O QUE APRENDEU

7. Considere a transformação isobárica mostrada na figura 2.5. Das grandezas *p*, *V*, *m* e *T*:
a) quais permanecem constantes?
b) quais variam?

8. Certa massa de um gás ideal sofre uma transformação isobárica. Lembrando-se dos resultados das experiências de Gay-Lussac, copie a tabela abaixo no caderno e complete-a.

Estado	θ (°C)	*T* (K)	*V* (cm³)
I	−73	//////////////////////////////	150
II	127	//////////////////////////////	//////////////////////////////
III	327	//////////////////////////////	//////////////////////////////
IV	527	//////////////////////////////	//////////////////////////////

2.3 Transformação isovolumétrica

O que é uma transformação isovolumétrica? (*V* = constante)

Consideremos a situação mostrada na **figura 2.10**, na qual o pistão foi fixado às paredes do recipiente, impedindo que o volume do gás aumente ou diminua. Aquecendo-se o gás, sua temperatura *T* e sua pressão *p* aumentam e ele, então, sofre uma transformação denominada **isovolumétrica** (ou seja, *V* = constante), também conhecida como transformação isocórica.

Essa transformação foi estudada experimentalmente pelos cientistas que estabeleceram a lei de transformação isobárica, e pode ser destacada da seguinte forma:

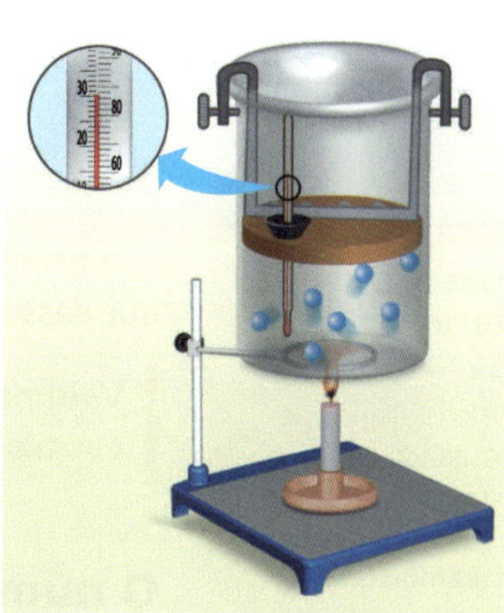

Figura 2.10. Em uma expansão isovolumétrica, o volume não se altera. Representação sem escala e em cores fantasia.

Se considerarmos um gás confinado em um recipiente de volume constante, sua pressão, *p*, vai variar em proporção direta a sua temperatura, *T*:

$$\frac{p}{T} = \text{constante (se } V = \text{constante)}$$

Exemplo

Suponha que o gás mostrado na figura 2.10 esteja em estado inicial (1), em que sua temperatura e pressão sejam $\theta_1 = 27\ °C$ e $p_1 = 1{,}5$ atm. O gás é aquecido até atingir um estado final (2), em que sua temperatura seja $\theta_2 = 127\ °C$ e sua pressão, p_2. Para determinar o valor de p_2, um estudante desenvolveu equivocadamente o seguinte cálculo:

$$\frac{p_2}{127} = \frac{1{,}5}{27}$$

$$p_2 = 7 \text{ atm}$$

a) Qual foi o engano cometido pelo estudante?

Ao aplicar a equação $\frac{p_1}{T_1} = \frac{p_2}{T_2}$, o estudante usou valores da temperatura expressos na escala Celsius. Ele deveria expressar esses valores na escala Kelvin. Assim, o valor de p_2 por ele encontrado não está correto.

b) Qual o valor correto de p_2?

Realizando o cálculo com a temperatura na escala Kelvin, temos:

$$\frac{p_2}{127 + 273} = \frac{1{,}5}{27 + 273} \Rightarrow p_2 \frac{400 \cdot 1{,}5}{300} \Rightarrow p_2 = 2{,}0 \text{ atm}$$

A lei de Avogadro

Até o início do século XIX, os cientistas já haviam adquirido uma razoável quantidade de informações sobre as reações químicas observadas entre os gases. O cientista italiano Avogadro, baseando-se nessas informações e em resultados de experiências realizadas por ele próprio, formulou, em 1811, uma hipótese muito importante, relacionando o **número de moléculas** existentes em duas amostras gasosas.

Segundo Avogadro, se considerarmos dois recipientes, de mesmo volume, contendo **gases diferentes**, ambos à mesma temperatura e pressão, **o número de moléculas contidas em cada recipiente deveria ser o mesmo (figura 2.11)**.

Ilustrações: Banco de imagens/Arquivo da editora

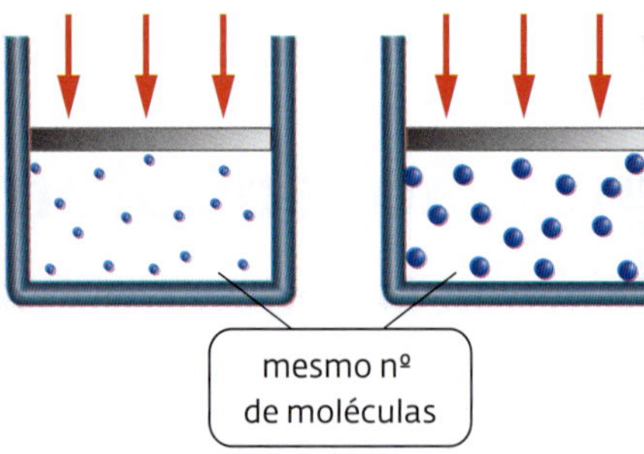

Figura 2.11. Segundo Avogadro, essas duas amostras gasosas, ocupando volumes iguais, sob a mesma pressão e temperatura, têm o mesmo número de moléculas. Representação sem escala e em cores fantasia.

SPL/Latinstock

AMEDEO AVOGADRO (1776-1856)

Físico italiano que, baseando-se em sua hipótese sobre o número de moléculas nas amostras gasosas, conseguiu explicar por que os gases se combinam em volumes que conservam uma proporção simples entre si. Ainda com base em sua hipótese, concluiu que os gases hidrogênio, nitrogênio e oxigênio apresentam-se, na natureza, sob a forma diatômica (H_2, N_2 e O_2). Apesar de terem sido propostas em 1811, essas ideias só começaram a ser aceitas a partir de 1858, após os trabalhos do cientista italiano Cannizzaro, que estabeleceu um sistema químico baseado na hipótese de Avogadro.

Posteriormente, um grande número de experiências confirmou essa afirmativa, que passou a ser conhecida como **lei de Avogadro**:

> **Volumes iguais, de gases diferentes, à mesma temperatura e pressão, contêm o mesmo número de moléculas.**

O número de Avogadro

Uma vez conhecida a lei de Avogadro, poder-se-ia indagar qual é o número de moléculas que há em uma dada massa do gás. Suponha, por exemplo, 1 mol de vários gases diferentes (2 g de H_2, 32 g de O_2, 28 g de N_2, etc.). O número de moléculas, em cada uma dessas amostras, é o mesmo. Esse número é denominado **número de Avogadro** e é representado por N_0.

O cientista Perrin, no início do século XX, realizou uma série de experiências, procurando determinar o valor de N0, concluindo que ele estaria compreendido entre $6{,}5 \cdot 10^{23}$ e $7{,}2 \cdot 10^{23}$ moléculas em cada mol. Por esse trabalho, Perrin recebeu o prêmio Nobel de Física, em 1926. Posteriormente, medidas mais precisas mostraram que o valor de N_0 é mais próximo de $6{,}02 \cdot 10^{23}$ moléculas/mol.

Densidade e massa molecular

Consideremos duas amostras gasosas, *A* e *B*, ocupando o mesmo volume, à mesma pressão e temperatura. Pela lei de Avogadro, sabemos que essas amostras contêm o mesmo número de moléculas. Supondo que a massa molecular de *A*, M_A, seja o dobro da massa molecular de *B*, M_B, a massa total de *A*, m_A, também será o dobro da massa total, m_B, de *B*. Mas, como as amostras têm volumes iguais, concluímos que a densidade de *A*, ρ_A, será o dobro da densidade de *B*, ρ_B. Do mesmo modo, se tivéssemos $M_A = 3M_B$, teríamos também $\rho_A = 3\rho_B$. Portanto, podemos concluir que $\rho \propto M$, isto é, a densidade de um gás é diretamente proporcional à sua massa molecular.

APLICAÇÕES DA FÍSICA

O planeta como uma grande estufa

As ilustrações desta página estão representadas sem escala e em cores fantasia.

Em regiões de clima frio, é possível cultivar plantas típicas de clima quente utilizando uma estufa.

A luz solar é composta de diversas radiações, entre elas: ultravioleta (que provoca, entre outros efeitos, o bronzeamento da nossa pele), visível (luz) e infravermelha (calor). Ao atingir o vidro da estufa, a luz solar facilmente o atravessa, sendo absorvida pelas plantas e por outros objetos no seu interior.

As plantas e os objetos, por sua vez, reemitem radiação infravermelha, percebida na forma de calor, que não consegue atravessar o vidro. Assim, ela fica presa no interior da estufa, o que mantém a temperatura interna mais alta que a do ambiente externo.

O mesmo efeito acontece quando deixamos um veículo com os vidros fechados estacionado sob o sol **(figura 2.12)**.

Na Terra a radiação solar **(figura 2.13)** atravessa a atmosfera terrestre e é absorvida pelos elementos de sua superfície (solo, água, plantas, animais, pessoas, casas, edifícios, veículos, etc.), que, por sua vez, reemitem radiação infravermelha para a atmosfera. Os gases presentes na atmosfera terrestre, principalmente o vapor-d'água e o dióxido de carbono (CO_2), absorvem parte dessa radiação, que não consegue escapar do planeta; consequentemente, ela provoca aquecimento, evitando que a Terra seja fria demais para que nela exista vida. O efeito estufa é, então, um fenômeno natural que mantém a vida na Terra.

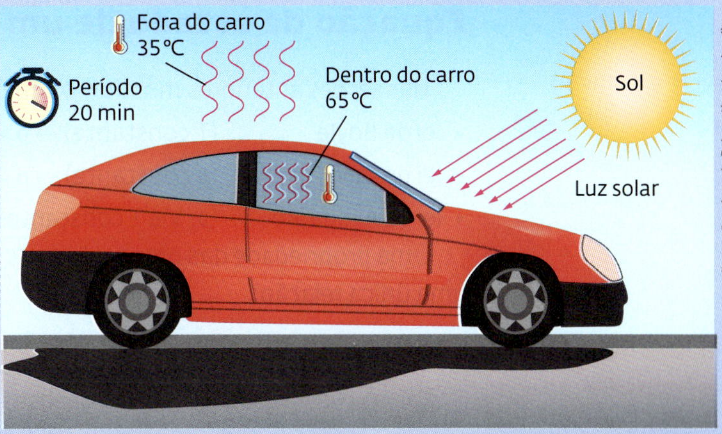

Figura 2.12. É possível notar o efeito estufa em um carro estacionado. Como as janelas de vidro impedem que o calor escape, a temperatura no interior do veículo atinge valores muito superiores à do ambiente exterior.

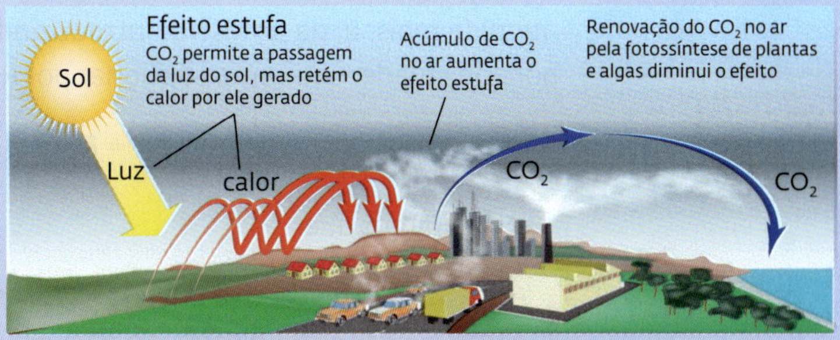

Figura 2.13. Os gases que compõem a atmosfera terrestre permitem que parte da radiação solar atinja a superfície da Terra, aquecendo o planeta (efeito estufa). Caso esse efeito não existisse, a temperatura estimada para o planeta estaria entre −18 °C e −50 °C, o que inviabilizaria a vida nele.

Há tempos as pessoas utilizam os recursos da natureza para sua sobrevivência. Iniciada a Revolução Industrial, o ser humano passou a extrair do subsolo combustíveis fósseis, como o petróleo, o carvão e o gás natural, para aplicá-los em processos industriais.

A queima dos combustíveis fósseis produz CO_2, aumentando a temperatura do planeta, pois este gás absorve a radiação infravermelha que deveria deixar naturalmente a Terra.

Cientistas preveem que, caso as emissões de gases do efeito estufa continuem crescendo, a temperatura da Terra poderá aumentar até 4,8 °C neste século, o que trará prejuízos ambientais extremos. Em longo prazo, acredita-se que as mudanças climáticas abruptas poderiam até extinguir a vida no planeta, uma vez que, durante a última era glacial, foi o aquecimento, e não o frio, que causou a extinção maciça de mamutes e preguiças-gigantes.

QUESTÕES

1. Apesar de alguns cientistas mostrarem-se preocupados com a mudança climática e o aquecimento global, muitos setores da sociedade ainda não demonstraram encarar o assunto com a seriedade que merece. Cite as principais consequências que podemos esperar em função do aumento da temperatura no planeta e em particular em nosso país.
2. Alguns cientistas discordam da afirmação de que o aquecimento global é causado pelo ser humano e outros ainda alegam que o aumento de temperatura pelo qual o planeta está passando faz parte de um ciclo natural que ocorre desde a formação da Terra. Pesquise sobre o tema e responda por que, ao estudar um mesmo problema, cientistas podem chegar a respostas tão distintas. E você? Partilhe com seus colegas a conclusão a que chegou após pesquisar.

2.4 Equação de estado de um gás ideal

Equação de estado de um gás ideal

Nas seções anteriores mostramos que, para um gás ideal, temos consequências da:

- lei de Boyle (*T* constante) $\rightarrow \rho \propto p$
- lei de Gay-Lussac (*p* constante) $\rightarrow \rho \propto \dfrac{1}{T}$
- lei de Avogadro (*p*, *V* e *T* constantes) $\rightarrow \rho \propto M$

Uma propriedade das proporções nos permite agrupar os resultados anteriores em uma única relação:

$$\rho \propto \frac{pM}{T}$$

Sendo *m* a massa da amostra gasosa, $\rho = m/V$. Logo:

$$\frac{m}{V} \propto \frac{pM}{T} \quad \text{ou} \quad pV \propto \left(\frac{m}{M}\right)T$$

O quociente m/M, entre a massa do gás e sua massa molecular, fornece-nos o número de mols, *n*, da amostra. Introduzindo, na relação anterior, a constante de proporcionalidade, que vamos designar por *R*, obteremos a seguinte igualdade:

$$pV = R(n)T \quad \text{ou} \quad pV = nRT$$

Concluímos que:

A pressão *p*, o volume *V* e a temperatura absoluta *T* de uma dada massa gasosa, contendo *n* mols do gás, estão relacionados pela equação

$$pV = nRT,$$

denominada equação de estado de um gás ideal.

Comentários

1) A equação $pV = nRT$ define um estado do gás. Isso significa que, para uma dada massa gasosa (um valor determinado, *n*, de mols), se medirmos sua pressão, seu volume e sua temperatura, em certa situação, o produto *pV* será igual ao produto *nRT*, obedecendo, assim, a equação de estado.

2) Se colocarmos *n* mols de um gás em um recipiente, é possível escolher arbitrariamente para ele os valores apenas de duas das três variáveis de estado (*p*, *V* e *T*). Por exemplo, se escolhermos arbitrariamente o volume que o gás vai ocupar e a sua temperatura, a pressão que ele exercerá não poderá ser escolhida por nós, como foi feito para o volume e a temperatura. A pressão, nessas condições, atingirá um valor que satisfaça à equação $pV = nRT$. Da mesma forma, se escolhêssemos arbitrariamente a pressão e a temperatura, o gás ocuparia um volume não arbitrário, determinado pela equação $pV = nRT$.

3) A equação $pV = nRT$, também conhecida como Equação de Clapeyron, pode ser escrita assim:

$$\frac{pV}{T} = nR$$

Portanto, para uma dada massa de gás (n = constante), como *R* também é constante, concluímos que (pV/T) = constante. Assim, se a massa gasosa passar de um estado (1), caracterizado por p_1, V_1 e T_1, para outro estado (2), definido por p_2, V_2 e T_2, podemos relacionar os dois estados pela equação:

$$\frac{p_1V_1}{T_1} = \frac{p_2V_2}{T_2}$$

4) Não podemos nos esquecer de que a equação $pV = nRT$ se refere a um gás ideal. Entretanto, de acordo com o que foi dito no início deste capítulo, essa equação pode ser aplicada, com muito boa aproximação, a um gás qualquer, desde que sua temperatura não seja muito baixa e que sua pressão não seja muito elevada.

A constante universal dos gases

Verifica-se experimentalmente que a constante R, da equação $pV = nRT$, tem o mesmo valor para **todos** os gases, por isso ela é denominada **constante universal dos gases**. Da equação de estado, obtemos:

$$R = \frac{pV}{nT}$$

de modo que o valor de R poderá ser calculado se medirmos, em um laboratório, os valores de p, V, n e T para um dado estado do gás.

Por exemplo, verifica-se experimentalmente que, considerando-se 1 mol de qualquer gás ($n = 1$ mol), à temperatura de 0 °C (ou seja, $T = 273$ K) e à pressão $p = 1$ atm, ele ocupará um volume $V = 22,4$ L **(figura 2.14)**.

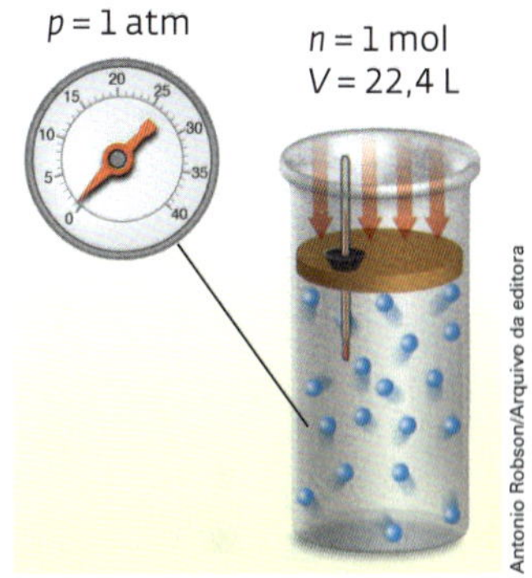

Figura 2.14. A constante universal dos gases, **R**, pode ser calculada por meio dos dados experimentais mostrados na figura. Representação sem escala e em cores fantasia.

Substituindo esses valores na expressão $R = \frac{pV}{nT}$, obtemos:

$$R = 0,082\ \frac{\text{atm} \cdot \text{L}}{\text{mol} \cdot \text{K}}$$

O valor de R dependerá das unidades usadas nas medidas de p, V e T. Frequentemente, o valor de p é expresso[1] em N/m^2 e o valor de V, em m^3. Nessas condições, o valor de R será:

$$R = 8,31\ \frac{(\text{N/m}^2) \cdot \text{m}^3}{\text{mol} \cdot \text{K}} \quad \text{ou} \quad R = 8,31\ \frac{\text{J}}{\text{mol} \cdot \text{K}}$$

Exemplo

Uma pessoa afirma que colocou 3,5 mols de um gás (comportando-se como gás ideal) em um recipiente de volume igual a 8,0 L e que, após atingido o estado de equilíbrio, a temperatura do gás era de 27 °C e sua pressão de 5,0 atm.

a) Poderiam estar corretas as medidas feitas por essa pessoa?

Um gás ideal, em certo estado, obedece à equação $pV = nRT$. Com os dados fornecidos pela pessoa, temos:

$$pV = 5,0 \cdot 8,0 \quad \therefore \quad pV = 40\ \text{atm} \cdot \text{L}$$

$$nRT = 3,5 \cdot 0,082 \cdot 300 \quad \therefore \quad nRT = 86\ \text{atm} \cdot \text{L}$$

Como pV não é igual a nRT, concluímos que as medidas não podem estar corretas, isto é, não é possível, para qualquer gás (ideal), apresentar-se em um estado com aqueles valores de p, V, n e T.

b) Se, após uma verificação, constatou-se que os valores de p, V e T estavam corretos, qual o número real de mols do gás colocado no recipiente?

Da equação de estado, obtemos:

$$n = \frac{pV}{RT} = \frac{5,0 \cdot 8,0}{0,082 \cdot 300} \quad \therefore \quad n = 1,6\ \text{mol}$$

Logo, no recipiente havia 1,6 mol do gás, e não 3,5 mols, como a pessoa havia afirmado. Observe que usamos o valor $R = 0,082$ atm · L/mol · K, uma vez que o valor de p foi fornecido em atmosferas, e o de V, em litros.

[1] A unidade N/m^2 é conhecida como pascal (Pa), em homenagem a Blaise Pascal (1623-1662), cientista que deu importantes contribuições ao estudo da mecânica dos fluidos, da geometria projetiva e da teoria das probabilidades. Inventou uma das primeiras máquinas calculadoras mecânicas. A pressão de 1 atm equivale a 101325 Pa, ou aproximadamente 10^5 Pa.

VERIFIQUE O QUE APRENDEU

9. Verifica-se que, para um gás contido em um recipiente, o produto nRT vale 26 atm · L.

a) Qual é o valor do produto pV para o gás nesse estado?

b) Adaptando-se um manômetro ao recipiente, ele indica, para o gás, uma pressão de 2,0 atm. Qual é o volume do recipiente?

10. O reservatório de um frigorífico, cujo volume é 0,15 m³, contém 480 g de O_2 à pressão de $2{,}0 \cdot 10^5$ N/m².

a) Quantos mols de O_2 existem no reservatório?

b) Na equação $pV = nRT$, quando p está expresso em N/m² e V em m³, qual é o valor que deve ser usado para R?

c) A que temperatura absoluta está o O_2 no reservatório?

d) Expresse a temperatura do O_2 em °C.

11. Uma pessoa coloca 0,50 mol de um gás ideal em um botijão de 15 L. Ela deseja que o gás, ao entrar em equilíbrio térmico com o ambiente (27 °C), tenha pressão de 1,5 atm. É possível alcançar as condições desejadas pela pessoa? Explique.

2.5 A evolução do modelo molecular da matéria

As primeiras ideias atômicas

A teoria atômica do século XX costuma ser apresentada como sendo análoga às ideias de Leucipo e Demócrito, que viveram na Grécia no século V a.C., o que é verdade apenas em parte. Naquela época, Leucipo e Demócrito formularam a hipótese de que todas as coisas eram compostas de uma parte menor, sólida e indivisível, que foi chamada de átomo, palavra de origem grega que significa "não divisível". Assim, tudo que existe seria formado a partir da união de átomos e estes seriam indivisíveis. Na teoria atômica do século XX descobriu-se que esses átomos não existem em número infinito nem são indivisíveis, que são compostos de partículas elementares ainda menores do que eles.

Por ocasião do Renascimento, época em que ressurgiram as grandes correntes de pensamento cultural, e, posteriormente, na Idade Moderna as ideias da teoria atômica foram retomadas por diversos cientistas. Entre eles destacam-se Descartes, Pierre Gassendi, Robert Boyle, seu assistente Robert Hooke e Newton.

Para Descartes, os átomos eram curvos como ganchos, para se prenderem uns aos outros, e era inconcebível que eles pudessem ser indivisíveis. Gassendi, em 1647, postulou a ideia da existência de átomos reunidos em pequenos grupos que chamou de moléculas. Boyle, em 1661, criou o conceito de elemento como sendo um ingrediente a partir do qual todos os corpos são feitos. O elemento de Boyle é diferente do elemento químico que conhecemos. A diferenciação entre átomo e molécula, como conhecemos atualmente, foi feita por Avogadro em 1811.

Para Newton, o mundo era composto de minúsculos corpúsculos, rígidos e indivisíveis, e estes se mantinham unidos por uma força que atuaria mesmo à distância. Essa teoria recebeu o título de corpuscularismo newtoniano e perdurou por certo tempo, até que muitos cientistas passaram a reconhecê-la como atomismo.

Desse ponto em diante, a literatura menciona que todas essas teorias vigentes nesse período, em particular a teoria newtoniana, foram a base das ideias para o modelo de átomo de John Dalton. Ele acreditava que os átomos eram esféricos e sólidos e seriam as menores partículas existentes na natureza. Veremos que esse atomismo será a base dos estudos realizados no século XX, com os modelos de Lorde Kelvin, Rutherford e Bohr, que culminaram com o estudo do núcleo do átomo, na área que ficou conhecida como física nuclear.

A teoria cinética dos gases

As ilustrações desta página estão representadas sem escala e em cores fantasia.

O estudo dos gases com o desenvolvimento inicial da teoria cinética dos gases proporcionou a consolidação das leis de Newton dentro desse cenário no qual cientistas de prestígio discutiam do que o mundo era feito.

As leis de Newton sobre o movimento foram aplicadas com sucesso a um modelo simples de gás considerando suas moléculas como partículas sólidas em constante movimento inteiramente ao acaso, isto é, as partículas movem-se em qualquer direção **(figura 2.15)**. Essa teoria permitiu explicar a lei de Boyle e deduzir equações que relacionavam algumas propriedades dos gases que envolviam grandezas como pressão, densidade e temperatura. Esse foi um duro golpe para todos os cientistas que discordassem da teoria newtoniana, como aconteceu com Robert Hooke e Daniel Bernoulli, entre outros.

Figura 2.15. As moléculas de um gás estão em constante movimento, com velocidades de valores e direções distribuídos ao acaso.

Bernoulli, baseando-se nos estudos de Hooke, publicou uma obra, em 1738, em que admitia que a pressão de um gás deveria ser simplesmente o resultado das colisões dos átomos ou das moléculas contra as paredes do recipiente. Com essa hipótese, conseguiu uma explicação para a lei de Boyle: reduzindo-se à metade o volume de um gás, sua densidade duplica. Teremos, assim, um número de moléculas duas vezes maior colidindo por segundo contra as paredes do recipiente, isto é, a pressão do gás se tornará duas vezes maior.

Além disso, Bernoulli conseguiu mostrar matematicamente que a pressão do gás é proporcional à média do quadrado das velocidades das moléculas. Apesar de as ideias de Bernoulli fazerem parte dos fundamentos da teoria cinética dos gases que é aceita atualmente e que foi elaborada por Clausius, Maxwell e Boltzmann, elas foram praticamente ignoradas por quase um século, pois divergiam das ideias de Newton, que detinha grande prestígio na época.

Cálculo cinético da pressão

No modelo cinético de um gás, o número de moléculas é muito grande e elas estão em constante movimento. Em consequência, as moléculas colidem continuamente contra as paredes do recipiente que contém o gás, exercendo uma pressão nelas **(figura 2.16)**.

Ilustrações: Antonio Robson/Arquivo da editora

Figura 2.16. A pressão de um gás sobre uma parede é causada pelas colisões de suas moléculas contra essa parede.

A pressão que um gás exerce sobre as paredes do recipiente que o contém se deve às incessantes e contínuas colisões das moléculas do gás contra tais paredes.

Relacionando a pressão exercida por um gás com as seguintes grandezas:

N – número total de moléculas no recipiente;
V – volume do recipiente;
M – massa de cada molécula;
$\overline{v^2}$ – média dos quadrados das velocidades das moléculas,[2]
a expressão a que chegaram foi a seguinte:

$$p = \frac{1}{3}\left(\frac{N}{V}\right)M\overline{v^2}$$

Analisando essa expressão, concluímos que:

1) $p \propto N$ – pois, quanto maior o número total de moléculas, maior o número de colisões contra as paredes, portanto maior a pressão exercida pelo gás.

[2] A média dos quadrados das velocidades é definida matematicamente como: $\overline{v^2} = \sum_{i=1}^{n} \frac{v_i^2}{n}$.

2) $p \propto 1/V$ – pois, quanto maior o volume do recipiente, maior a distância que uma molécula terá de percorrer para colidir contra as paredes; consequentemente, menor será o número de colisões, isto é, menor a pressão exercida pelo gás.

3) $p \propto m$ – pois, quanto maior a massa de uma molécula, maior a sua quantidade de movimento, portanto maior a força que ela exerce ao colidir contra a parede do recipiente.

4) $p \propto \overline{v^2}$ – pois, quanto maior $\overline{v^2}$, mais rapidamente as moléculas estarão se movimentando. Podemos perceber que, nessas condições, maior será a força que cada molécula exercerá ao colidir contra a parede e maior será o número de colisões.

Essa equação pode ser reescrita como:

$$p = \frac{1}{3}\,\rho\overline{v^2}$$

Ela permitiu determinar a velocidade média das moléculas de um gás, uma vez que os valores de p e r podem ser obtidos experimentalmente. Para moléculas do ar, por exemplo, o físico John Herapath, no século XIX, obteve uma velocidade média de cerca de 300 m/s. Assim, pela primeira vez na história da Física, foi obtido um valor numérico relacionado com a estrutura molecular da matéria.

Interpretação cinética da temperatura

No capítulo anterior, mencionamos que a temperatura de um objeto se relaciona com a energia de agitação de seus átomos e suas moléculas. Mostraremos, agora, como os cientistas, baseados no modelo cinético de um gás, chegaram a essa conclusão.

A expressão $p = \left(\frac{1}{3}\right)\left(\frac{N}{V}\right)M\overline{v^2}$, que havia sido obtida com base no modelo cinético, pode ser escrita desta maneira:

$$pV = \frac{1}{3}\,NM\overline{v^2}$$

Comparando-a com a equação de estado de um gás ideal, $pV = nRT$, que havia sido obtida experimentalmente, conclui-se que:

$$\frac{1}{3}\,NM\overline{v^2} = nRT$$

Sendo N_0 o número de Avogadro, que é o número de moléculas que existe em 1 mol, e n o número de mols que corresponde a N moléculas:

$$N = nN_0$$

Substituindo esse valor de N na igualdade anterior:

$$\frac{1}{3}nN_0M\overline{v^2} = nRT \text{ ou } M\overline{v^2} = 3\left(\frac{R}{N_0}\right)T$$

Dividindo-se os dois membros dessa igualdade por 2:

$$\frac{1}{2}M\overline{v^2} = \frac{3}{2}\left(\frac{R}{N_0}\right)T$$

Observe que o primeiro membro dessa expressão representa a **energia cinética média por molécula** (a soma das energias cinéticas das moléculas dividida pelo número delas). Essa energia cinética média será representada por $\bar{E}_c$, isto é, $\bar{E}_c = (1/2)\,M\overline{v^2}$.

O quociente (R/N_0), que aparece no segundo membro, é constante, pois tanto R quanto N_0 são constantes. Esse quociente é representado por k e denominado **constante de Boltzmann**, em homenagem a Ludwig Boltzmann, físico do século XIX. Assim:

$$k = \frac{R}{N_0} = \frac{8{,}31}{6{,}02 \cdot 10^{23}} \text{ ou } k = 1{,}38 \cdot 10^{-23} \text{ J/K}$$

Dessa maneira, chegamos à seguinte expressão:

$$\bar{E}_c = \frac{3}{2}kT$$

que mostra ser a energia cinética média das moléculas de um gás diretamente proporcional à sua temperatura absoluta, isto é, quanto maior a energia cinética média das moléculas, maior a temperatura do gás **(figura 2.17)**.

Destacamos, assim, que:

A temperatura absoluta, T, de um gás está relacionada com a energia cinética média, $\bar{E}_c$, de suas moléculas pela expressão:

$$\bar{E}_c = \frac{3}{2}kT$$

em que k é a constante de Boltzmann.

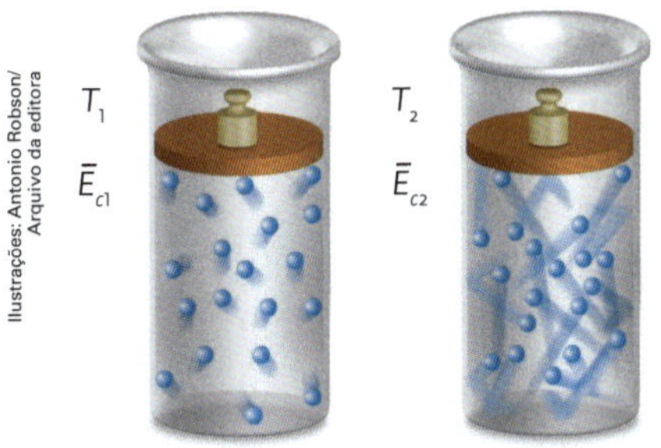

Figura 2.17. Quanto maior a temperatura de um gás, maior a energia cinética média de suas moléculas. Representação sem escala e em cores fantasia.

$$\bar{E}_{c2} > \bar{E}_{c1} \Rightarrow T_2 > T_1$$

Exemplo

a) Um recipiente contém H_2 a 27 °C. Qual é a energia cinética média de suas moléculas?

Sabemos que $\bar{E}_c = (3/2)\,kT$ e, no nosso caso, $T = 300 \text{ K} = 273 + 27$. Logo:

$$\bar{E}_c = \frac{3}{2}kT = \frac{3}{2} \cdot 1{,}38 \cdot 10^{-23} \cdot 300 \quad \therefore \quad \bar{E}_c = 6{,}2 \cdot 10^{-21} \text{ J}$$

Observe que esse valor de $\bar{E}_c$ é muito pequeno, pois se refere à energia cinética média por molécula.

b) Qual seria a $\bar{E}_c$ para as moléculas de O_2 à mesma temperatura da questão anterior?

A expressão $\bar{E}_c = (3/2)kT$ nos mostra que a energia cinética média das moléculas só depende da temperatura, e não da natureza do gás. Como o O_2 e o H_2 estão à mesma temperatura, o valor de $\bar{E}_c$ é o mesmo para os dois gases.

c) Sabendo-se que a massa de uma molécula de H_2 é $3{,}3 \cdot 10^{-27}$ kg, qual deve ser a sua velocidade para que ela tenha uma energia cinética igual ao valor médio calculado no item a?

Como devemos ter $(1/2)Mv^2 = \bar{E}_c$, virá:

$$\frac{1}{2} \cdot (3{,}3 \cdot 10^{-27})v^2 = 6{,}2 \cdot 10^{-21} \quad \therefore \quad v = 1{,}9 \cdot 10^3 \text{ m/s}$$

Esse resultado nos mostra que o movimento das moléculas é muito rápido, pois $1{,}9 \cdot 10^3$ m/s equivale a cerca de 7 000 km/h.

LUDWIG BOLTZMANN (1844-1906)

Cientista e professor de Matemática e Física em várias universidades da Europa. Seu principal trabalho foi o desenvolvimento da Mecânica Estatística, que permite explicar como as propriedades visíveis da matéria são determinadas pelas características do grande número de átomos ou moléculas que a constituem. Essas ideias foram fortemente atacadas por muitos daqueles que não acreditavam na teoria atômica.

d) Qual seria a resposta para a questão anterior, se a molécula fosse de O_2?

A massa de uma molécula de O_2 é 16 vezes maior do que a massa de uma molécula de H_2, isto é, para uma molécula de O_2, teríamos:

$$M = 16 \cdot 3{,}3 \cdot 10^{-27} \quad \text{ou} \quad M = 53 \cdot 10^{-27}\ \text{kg}$$

De $(1/2)Mv^2 = \bar{E}_c$, obtemos:

$$\frac{1}{2} \cdot (53 \cdot 10^{-27})v^2 = 6{,}2 \cdot 10^{-21} \quad \therefore \quad v = 4{,}8 \cdot 10^2\ \text{m/s}$$

É importante perceber que, à mesma temperatura, o valor da energia cinética média das moléculas é igual para todos os gases, mas o valor médio das velocidades dessas moléculas varia de um gás para outro: quanto maior a massa molecular do gás, menor a velocidade média de suas moléculas.

As imagens desta página estão representadas fora de proporção.

A teoria cinética adquire sua estrutura definitiva

Fotos: Andrew Lambert Photography/Science Photo Library/Latinstock

Figura 2.18. As fotos mostram a difusão do gás de bromo em um recipiente em que bromo líquido, de cor laranja, foi depositado. O bromo líquido se evapora com facilidade à temperatura ambiente, e o gás liberado difunde graças ao movimento browniano, ocupando após alguns minutos todo o frasco.

Poucos anos mais tarde, em 1848, o físico Joule, reconhecendo o valor do trabalho de Herapath, tentou rever as ideias básicas da teoria cinética. Inicialmente, Joule não foi bem-sucedido, mas, talvez em virtude do seu prestígio, não demorou muito para que outros cientistas de renome passassem a se interessar pelos estudos da teoria molecular.

Foi assim que, em 1856, R. Clausius publicou um trabalho no qual apresentava a teoria cinética com uma estrutura praticamente igual àquela aceita atualmente. No final do século XIX, Maxwell (na Inglaterra) e Boltzmann (na Áustria) apresentaram trabalhos complementando a teoria com detalhados desenvolvimentos matemáticos. Com esses estudos, a teoria cinética dos gases foi estruturada. Entretanto, um grande número de cientistas no início do século XX ainda se mostrava descrente com relação à hipótese da constituição atômico-molecular da matéria.

Em outras palavras, eles se recusavam a aceitar que os objetos fossem constituídos por átomos ou moléculas em movimento caótico constante, como propunham os adeptos da teoria cinética. A comprovação direta da realidade de átomos e moléculas só veio a ser concretizada com o trabalho de Einstein sobre o "movimento browniano" **(figuras 2.18 e 2.19)**, publicado em 1905.

Einstein, que acreditava ser a matéria realmente constituída de átomos e moléculas em constante movimento, estava procurando um fenômeno que tornasse evidente a existência dessas partículas. Ele propunha a seguinte explicação para o movimento browniano: estando em suspensão no líquido, uma partícula recebe simultaneamente os impactos de um número muito grande de moléculas do líquido, que, de acordo com a teoria cinética, estão em movimento constante e caótico.

Paulo César Pereira/Arquivo da editora

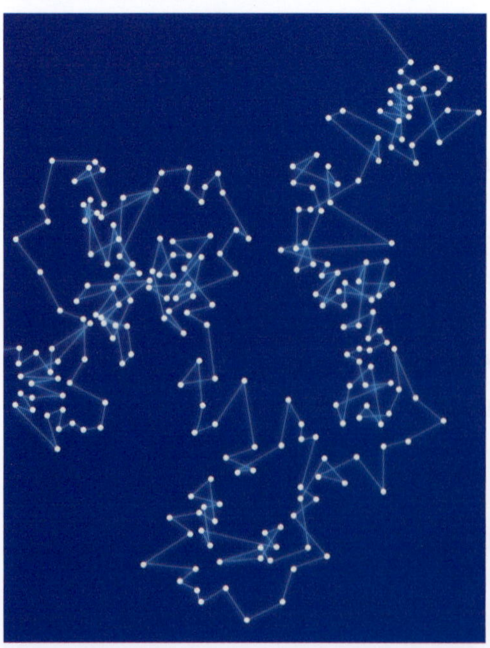

Figura 2.19. Segundo Einstein, o movimento browniano seria uma consequência direta do movimento caótico das moléculas de um líquido.

VERIFIQUE O QUE APRENDEU

12. De acordo com o modelo cinético, por que um gás exerce pressão contra as paredes do recipiente que o contém?

13. Um recipiente de volume V contém N moléculas de H_2, com um certo valor de $\overline{v^2}$, a uma pressão de 1,2 atm. Supondo que o valor de $\overline{v^2}$ não se altere, diga qual será o valor da pressão do gás em cada um dos casos seguintes.

a) Mantém-se o valor de V, e mais N moléculas de H_2 são introduzidas no recipiente.

b) Aumenta-se o volume para $2V$, mantendo-se o número de moléculas igual a $2N$.

c) Mantém-se o volume V e substitui-se o H_2 por N moléculas de He (massa atômica = = 4 u.m.a.).

14. Uma amostra de gás hélio está à temperatura de 1 000 K.

a) Calcule a energia cinética média, $\bar{E}_c$, das moléculas dessa amostra.

b) Se duplicarmos a temperatura absoluta da amostra, por quanto será multiplicado o valor de $\bar{E}_c$?

c) A que temperatura a $\bar{E}_c$ das moléculas do gás se anularia?

15. Suponha que o volume de um gás contido em um recipiente seja reduzido à quinta parte. Lembrando-se das ideias de Bernoulli, responda:

a) O que ocorre com o número de moléculas por unidade de volume desse gás?

b) Qual é a alteração sofrida pelo número de colisões por segundo que as moléculas efetuam contra as paredes do recipiente?

c) Quantas vezes maior torna-se a pressão do gás?

d) As ideias de Bernoulli levam a resultados coincidentes com a lei de Boyle?

16. A densidade do ar nas condições normais de temperatura e pressão (considere $p = 1{,}0 \cdot 10^5\ N/m^2$) é $\rho = 1{,}3\ kg/m^3$.

a) Usando a equação citada no texto, obtida pelo físico inglês Herapath, calcule a velocidade média das moléculas do ar.

b) Qual foi a porcentagem de erro cometida por esse físico no valor que ele obteve para a velocidade média das moléculas do ar?

17. Diga se a afirmativa seguinte é falsa ou verdadeira: "No início do século XX, a ideia de que a matéria era constituída de átomos e moléculas já era aceita por toda a comunidade científica".

18. Responda resumidamente às seguintes questões:

a) O que é movimento browniano?

b) De acordo com as ideias de Einstein, qual é a causa do movimento browniano?

c) Qual é a importância do estudo do movimento browniano para a teoria cinética da matéria?

PRATIQUE FÍSICA

EM EQUIPE

ATENÇÃO!
Realize essa atividade sob a supervisão do professor.
Tome cuidado para evitar queimadura.

1. Quando aumentamos a temperatura de um gás, observamos geralmente que seu volume se eleva, acompanhado de um aumento em sua pressão. Esse fenômeno pode ser observado facilmente por meio da experiência seguinte.

1º) Adapte firmemente um balão de borracha ligeiramente inflado ao gargalo de um recipiente (um frasco de plástico) com cerca de 1 L de volume. Teremos, assim, uma certa massa de ar ocupando o volume do recipiente e do balão.

2º) Mergulhe totalmente o recipiente em um banho de água quente (temperatura próxima à de ebulição) com cuidado para não deixar a água encostar em você (figura ao lado). Observe o que acontece com o balão. O que ocorreu com o volume do ar ao ser aquecido? E com sua pressão?

3º) Mergulhe, agora, o recipiente em um banho de água bem fria (mistura de água e gelo). Observe novamente o que ocorre com o balão. Explique.

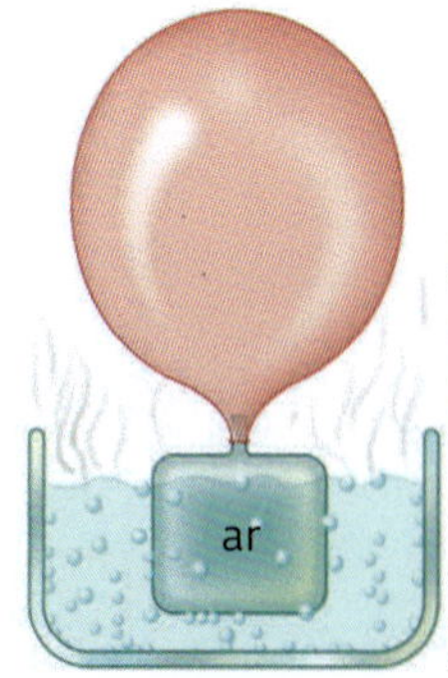

Paulo César Pereira/Arquivo da editora

2. Para realizar este experimento, você precisará de três copos com água e um corante líquido utilizado em alimentos. Em um dos copos você colocará água aquecida; no segundo, água em temperatura ambiente; no terceiro, água quase congelada. Pingue uma gota de corante em cada um dos copos e observe quanto tempo a água leva para ficar colorida. Com base no que você estudou sobre a relação da energia das moléculas com a temperatura, discuta com seus colegas por que a gota de corante se comporta de modo diferente em cada um dos copos.

INTEGRANDO CONCEITOS PARA ENTENDER O CONGELAMENTO DA ÁGUA

Nesta unidade vimos que a água apresenta um comportamento de dilatação térmica atípico que faz com que um lago se congele somente na superfície **(figura 2.20)**. Esse fato decorre de um fenômeno conhecido como "comportamento anômalo da água", que agora iremos entender melhor.

Ira Block/National Geographic Creative/Getty Images

Figura 2.20. A pesca no inverno em certas regiões é possível porque o lago se congela apenas na superfície.

A dilatação na mudança do estado sólido para líquido

Aprendemos que a dilatação térmica ocorre nos três estados da matéria. Mas e na mudança de estado, por exemplo, do sólido para o líquido? Também ocorre dilatação térmica?

De forma geral, no estado sólido as partículas estão mais próximas do que no estado líquido **(figura 2.21)**.

Formato/Arquivo da editora

Figura 2.21. O líquido ocupa maior espaço, pois suas partículas estão mais afastadas. Representação sem escala e em cores fantasia.

Assim, na fusão (transição do estado sólido para o líquido), o volume aumenta para a maioria das substâncias. Porém, em razão de seu comportamento anômalo, a água é uma exceção! Na fusão do gelo (que acontece a 0 °C na pressão de 1 atm), o volume diminui, ou seja, o volume ocupado pela água no estado sólido é maior do que o volume ocupado pela água no estado líquido.

Considerando que a massa não se altere, a **redução do volume implica o aumento da densidade** (lembre-se de que a densidade é dada pela razão da massa pelo volume).

A **figura 2.22** apresenta um gráfico que mostra como o volume e a densidade da água variam em função de sua temperatura entre 0 °C e 4 °C.

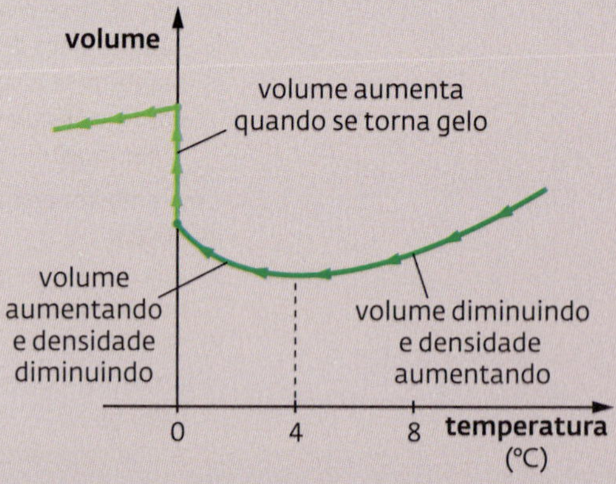

Banco de imagens/Arquivo da editora

Figura 2.22. Volume e densidade de uma porção de água em função da temperatura.

O comportamento anômalo da água, resumido no gráfico acima, explica o congelamento apenas na superfície do lago. De toda a água do lago, é a camada superior, em contato direto com o ar frio, a que primeiro se resfria com a chegada de uma frente fria. Vejamos como se dá a queda de temperatura da água até que ela se torne gelo a 0 °C.

- **De 20 °C até 4 °C:** a água da superfície, mais fria e mais densa, afunda. Em seu lugar, sobe a água menos fria que estava no fundo. Agora, é essa "nova" água que se resfria ainda mais do que a primeira, afundando. Esse ciclo se mantém até que **toda a água do lago atinja 4 °C**.
- **De 4 °C até 0 °C:** o ciclo de descida da água mais fria e subida da água menos fria cessa, pois agora a água da superfície diminui de densidade e, assim, se mantém na superfície. A água submersa continua a 4 °C.
- **De água a 0 °C para gelo a 0 °C:** quando a água a 0 °C torna-se gelo a 0 °C, o volume aumenta ainda mais, e a densidade do gelo é ainda menor. Portanto, o gelo flutua. Temos agora gelo a 0 °C flutuando sobre água a 4 °C **(figura 2.22)**.

Mas como a química explica esse comportamento curioso da água?

Na **molécula de água**, a tendência do oxigênio em receber elétrons é maior do que a do hidrogênio, portanto os elétrons compartilhados na ligação covalente que forma essa molécula ficam mais próximos do oxigênio. Desse modo, apesar de a molécula de água ser eletricamente neutra, o oxigênio apresenta um excesso de carga negativa, e os hidrogênios, de carga positiva **(figura 2.23)**.

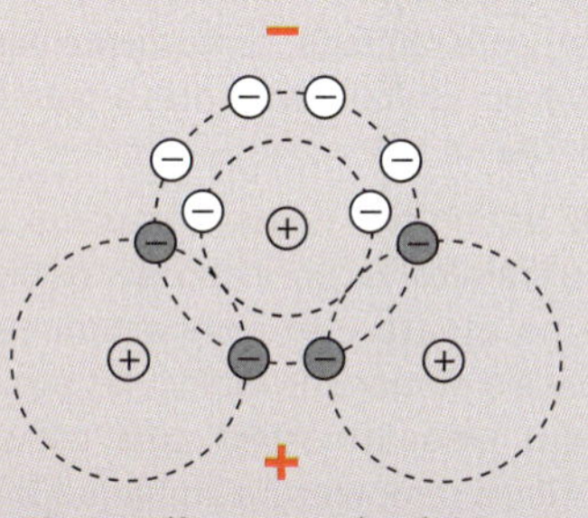

Figura 2.23. A região que está próxima do oxigênio é mais negativa; a que está próxima dos hidrogênios é mais positiva.

A molécula de água é **polar**, pois tem um polo positivo e outro negativo, e é comum representá-la como mostra a **figura 2.24**.

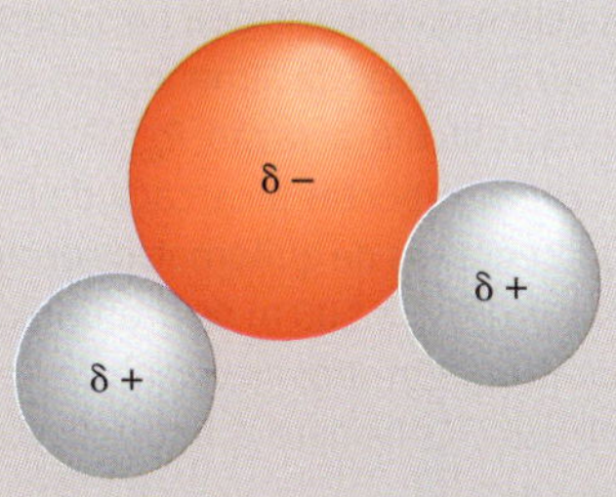

Figura 2.24. Representação das cargas da molécula de água: oxigênio negativo e hidrogênios positivos.

A atração elétrica entre a carga positiva do hidrogênio de uma molécula e a carga negativa do oxigênio de outra molécula é o que mantém as moléculas de água unidas. Essa atração intensa é chamada de **ponte de hidrogênio** e une as moléculas de água tanto no estado sólido quanto no líquido. Porém, no estado sólido a união das moléculas de água pelas pontes de hidrogênio, aliada ao fato de as moléculas estarem próximas e vibrando em torno de posições aproximadamente fixas, faz com que as moléculas se arranjem em "anéis" hexagonais, formando uma estrutura espacial organizada em uma **rede cristalina (figura 2.25)**.

Perceba que, nessa configuração de rede cristalina, existem "**buracos vazios**" (espaços onde não existem átomos).

As ilustrações desta página estão representadas sem escala e em cores fantasia.

Mas como a estrutura molecular da água no estado sólido explica seu comportamento?

Imagine um pedaço de gelo a 0 °C recebendo calor. O aumento da temperatura provoca o aumento do grau de agitação das moléculas. Essa maior agitação das moléculas começa a desordenar a estrutura cristalina, fazendo com que as moléculas de água ocupem aqueles espaços vazios da rede. Quando isso acontece, ocorre uma redução do volume, pois as moléculas ficam mais próximas umas das outras e ocupam menos espaço. Essa diminuição de volume prevalece até 4 °C. Mas lembre-se de que a dilatação térmica também está presente. Os dois processos são concomitantes: o colapso da rede cristalina (que diminui o volume da água) e a dilatação térmica (que aumenta o volume da água). O efeito do colapso prevalece até 4 °C. A partir daí, a dilatação "vence" a contração, porque a maioria dos aglomerados cristalinos hexagonais já se desfez.

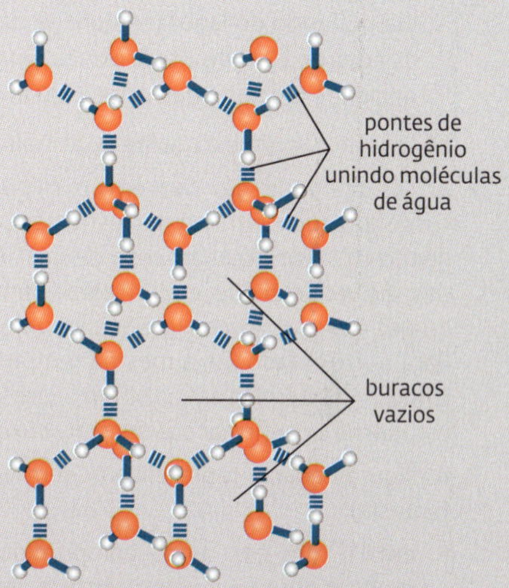

Figura 2.25. Representação da estrutura cristalina do gelo.

Pesquise e responda

1. A ponte de hidrogênio, além de explicar esse comportamento atípico da dilatação da água, explica outras de suas propriedades, como sua tensão superficial. Pesquise o conceito de tensão superficial e sua relação com a vida de micro-organismos que vivem sobre a superfície da água de rios e lagos.
2. O texto explica que a água abaixo do gelo mantém a temperatura em 4 °C. Pesquise qual é a característica física do gelo que contribui para que a água submersa se mantenha nessa temperatura.
3. Dissemos que o gelo possui "buracos vazios" em sua rede cristalina. O que você acha que existe nesses espaços vazios? Pesquise e tente descobrir.

Veja no próximo Integrando...

A relação entre a primeira lei da Termodinâmica e o balanço energético do corpo humano.

PROBLEMAS E TESTES

1. Uma bolha de ar, com volume de 2,5 cm^3, forma-se no fundo de um lago, a 30 m de profundidade, e sobe até atingir a superfície. A pressão atmosférica no local vale 1,0 atm e a temperatura do lago é a mesma em qualquer profundidade.

a) Como você classificaria a transformação sofrida pela bolha de ar ao se deslocar do fundo até a superfície?

b) Qual é o valor da pressão, em atmosferas, sobre a bolha no fundo do lago? (Lembre-se de que uma coluna de água de 10 m de altura exerce uma pressão que corresponde aproximadamente a 1,0 atm.)

c) Calcule o volume da bolha ao atingir a superfície.

2. Ao comprimir um gás ideal em um cilindro, um estudante suspeitou que o êmbolo não estivesse bem ajustado, podendo permitir escapamento de gás. Realizando medidas, ele verificou que, em um estado inicial (1), a pressão do gás era $p_1 = 70$ cmHg e seu volume era $V_1 = 20$ cm^3. Para outro estado (2), à mesma temperatura, ele encontrou $p_2 = 120$ cmHg e $V_2 = 10$ cm^3. Essas medidas levam o estudante a confirmar sua suspeita? Explique.

3. As figuras abaixo representam (sem escala e em cores fantasia):

- em I – um gás sendo comprimido lentamente, de modo que seu equilíbrio térmico com o ambiente se mantenha constante.
- em II – um gás sendo aquecido em um tubo vedado por uma pequena coluna de Hg.
- em III – um gás sendo aquecido em um recipiente que não se dilata.

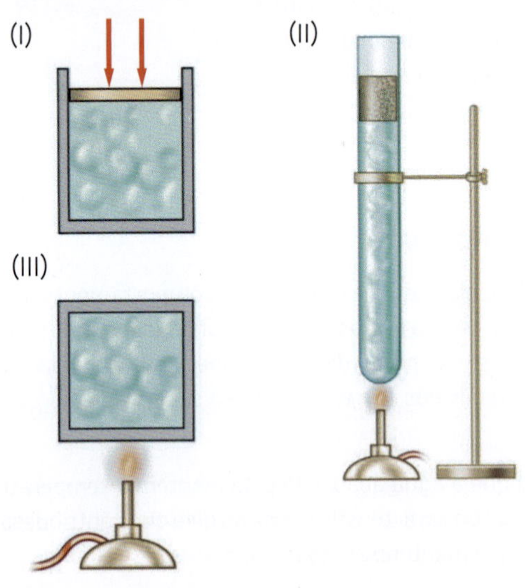

Ilustrações: Paulo César Pereira/Arquivo da editora

a) Que tipo de transformação está ocorrendo em cada caso?

b) Dadas as equações $\frac{V}{T}$ = constante, $\frac{p}{T}$ = constante e pV = constante, qual delas se aplica a cada transformação apresentada na figura?

4. Um recipiente, cujo volume é 8,2 L, contém 20 g de uma certa substância gasosa à temperatura de 47 °C e à pressão de 2,0 atm. Qual das substâncias seguintes poderá ser aquela contida no recipiente?

a) H_2

b) CO_2

c) O_2

d) NH_3

e) N_2

5. (**Unicamp-SP**) Alguns experimentos muito importantes em física, tais como os realizados em grandes aceleradores de partículas, necessitam de um ambiente com uma atmosfera extremamente rarefeita, comumente denominada de ultra-alto-vácuo. Em tais ambientes a pressão é menor ou igual a 10^{-6} Pa.

a) Supondo que as moléculas que compõem uma atmosfera de ultra-alto-vácuo estão distribuídas uniformemente no espaço e se comportam como um gás ideal, qual e o número de moléculas por unidade de volume em uma atmosfera cuja pressão seja $P = 3{,}2 \cdot 10^{-8}$ Pa, a temperatura ambiente $T = 300$ K? Se necessário, use:

Número de Avogadro $N_A = 6 \cdot 10^{23}$ e a constante universal dos gases ideais R = 8 J/mol · K.

b) Sabe-se que a pressão atmosférica diminui com a altitude, de tal forma que, a centenas de quilômetros de altitude, ela se aproxima do vácuo absoluto. Por outro lado, pressões acima da encontrada na superfície terrestre podem ser atingidas facilmente em uma submersão aquática. Calcule a razão P_{sub}/P_{nave} entre as pressões que devem suportar a carcaça de uma nave espacial (P_{nave}) a centenas de quilômetros de altitude e a de um submarino (P_{sub}) a 100 m de profundidade, supondo que o interior de ambos os veículos se encontra a pressão de 1 atm. Considere a densidade da água como $\rho = 1\,000$ kg/m^3.

6. (**UFPE**) Um gás ideal passa por uma transformação termodinâmica em que sua pressão dobra, seu número de moléculas triplica e seu volume é multiplicado por um fator de 12. Nessa transformação qual a razão entre as temperaturas absolutas final e inicial do gás?

7. (**UFSC**) Calibrar os pneus de um carro consiste em colocar ou retirar ar atmosférico do pneu, e é uma prática que todos os motoristas devem fazer pelo menos a cada 15 dias, para garantir a segurança do veículo e de seus integrantes assim como para aumentar a vida útil do pneu. Em média, o pneu de um carro de passeio é calibrado com uma pressão que pode variar entre 28 e 30 psi (libras por polegada quadrada). Em situações de grande carga no veículo e viagens longas, orienta-se que se calibrem os pneus com duas libras a mais de pressão. (Não vamos considerar os pneus que são calibrados com nitrogênio)

Considerando o ar atmosférico como um gás ideal e com base no que foi exposto, indique a(s) proposição(ões) CORRETA(S).

01. Quando o carro está em movimento, os pneus aquecem; sendo assim, podemos considerar que o ar atmosférico dentro dos pneus sofre uma transformação isobárica.

02. Para uma correta calibragem da pressão, é necessário que ela seja feita com os pneus frios, pois a alta temperatura indicaria uma pressão maior.

04. Independentemente das medidas de um pneu, se o calibrarmos com 30,0 psi, o número de mols de ar é o mesmo.

08. A pressão de um gás confinado em um recipiente depende de alguns fatores: quantidade de gás, temperatura do gás e volume do recipiente. Estes fatores influenciam diretamente o número de colisões e a intensidade destas colisões com as paredes do recipiente.

16. Um pneu com as seguintes medidas: raio interno 14,0 cm, raio externo 19,0 cm e largura 18,0 cm, calibrado com 30,0 psi a 25 °C, possui um volume de ar atmosférico de 45 L.

32. A dilatação do pneu quando aquecido pode ser desprezada se comparada com a expansão que o gás pode sofrer quando é submetido à mesma variação de temperatura.

8. Um gás ideal, com uma pressão $p_A = 4{,}0$ atm e um volume $V_A = 3{,}0\ cm^3$, sofre as seguintes transformações sucessivas:

I. expande-se isotermicamente até um volume $V_B = 12\ cm^3$;

II. é comprimido, à pressão constante, até que seu volume atinja um valor $V_c = 3{,}0\ cm^3$;

III. é aquecido a um volume constante até voltar ao estado inicial.

Represente essas transformações em um gráfico $p \cdot V$.

9. **(FGV-SP)** Para garantir a dosagem precisa, um medicamento pediátrico é acompanhado de uma seringa. Depois de destampado o frasco de vidro que contém o remédio, a seringa é nele encaixada com seu êmbolo completamente recolhido. Em seguida, o frasco é posicionado de cabeça para baixo e o remédio é então sugado para o interior da seringa, enquanto o êmbolo é puxado para baixo. Como consequência da retirada do líquido, o ar que já se encontrava dentro do frasco expande-se isotermicamente, preenchendo o volume antes ocupado pelo remédio.

Ao retirar-se uma dose de 40 mL de líquido do frasco, que continha um volume ocupado pelo ar de 100 mL, o êmbolo encontra certa resistência, devido ao fato de a pressão no interior do frasco ter se tornado, aproximadamente, em Pa:

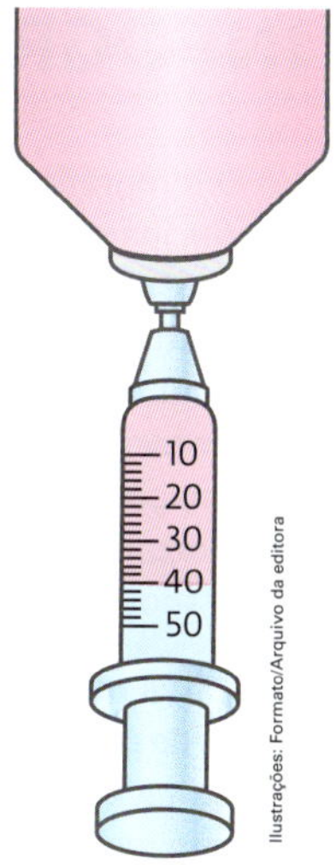

a) 57 000.

b) 68 000.

c) 71 000.

d) 83 000.

e) 94 000.

Dados:

Suponha que o ar dentro do frasco se comporte como um gás ideal.

Considere desprezível o atrito entre o êmbolo e a parede interna da seringa.

Pressão atmosférica $= 1 \cdot 10^5$ Pa.

10. **(ITA-SP)** Na figura, uma pipeta cilíndrica de 25 cm de altura, com ambas as extremidades abertas, tem 20 cm mergulhados em um recipiente com mercúrio. Com sua extremidade superior tapada, em seguida a pipeta é retirada lentamente do recipiente.

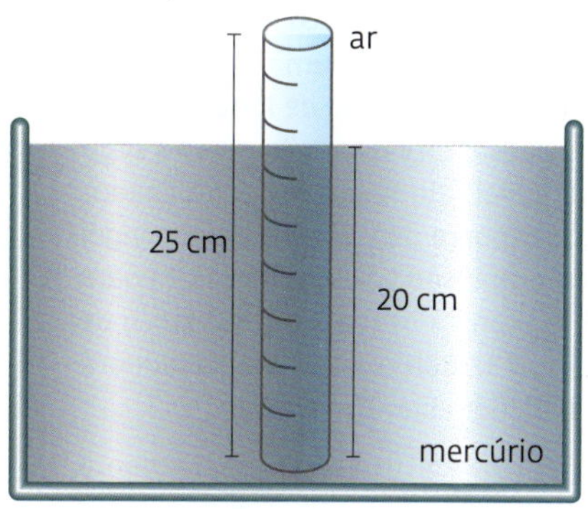

Considerando uma pressão atmosférica de 75 cmHg, calcule a altura da coluna de mercúrio remanescente no interior da pipeta.

11. **(UFRGS-RS)** Considere as afirmações a seguir, sobre gases ideais.

I. A constante R presente na equação de estado de gases $pV = nRT$ tem o mesmo valor para todos os gases ideais.

II. Volumes iguais de gases ideais diferentes, à mesma temperatura e pressão, contêm o mesmo número de moléculas.

III. A energia cinética média das moléculas de um gás ideal é diretamente proporcional à temperatura absoluta do gás.

Quais estão corretas?

a) Apenas I

b) Apenas II

c) Apenas III

d) Apenas I e II

e) I, II e III

INFOGRÁFICO

O infográfico desta unidade apresenta as principais informações sobre o funcionamento de um dirigível. Antes de responder às questões, faça a leitura deste infográfico observando como os textos e as imagens se relacionam e permitem a compreensão das informações referentes à temperatura e ao comportamento dos gases, dois temas abordados nesta unidade.

Antigamente, costumava-se usar o hidrogênio para encher o balão (ou envelope) dos dirigíveis, mas esse gás é inflamável, o que provocou vários acidentes. Com uma bomba, o envelope recebe **gás hélio**. Menos denso que o ar, o gás hélio tende a subir e puxar o dirigível para cima. Quanto mais pesado for o dirigível, mais gás é preciso. Alguns modelos têm 6 milhões de litros de hélio – ou uns 200 mil botijões de gás!

Existem vários tipos de dirigíveis, mas o modelo mais usado hoje é o chamado **dirigível semirrígido**. Ele tem uma estrutura de metal na qual o envelope de lona (o balão) se apoia. Apesar de estarem bem mais seguros, os dirigíveis ainda são pouco utilizados para o transporte de cargas e de passageiros. Isso porque são veículos lentos – voam a 80 km/h, contra os mais de 900 km/h de um Boeing 737-800 – e são muito vulneráveis a condições climáticas ruins.

1. Qual era o gás utilizado antigamente nos dirigíveis e por que esse gás não é mais usado?
2. Por que os dirigíveis são pouco utilizados para o transporte de cargas e passageiros?
3. Qual é o tipo de dirigível mais usado atualmente e como é sua estrutura interna?
4. Qual é a altitude máxima praticada em um dirigível?
5. Como o dirigível controla a subida e a descida?
6. Como o dirigível se movimenta para a frente e realiza manobras, como virar à esquerda ou à direita?
7. Qual é a autonomia média de um dirigível?

COMO FUNCIONA UM DIRIGÍVEL?

Para atingir a altitude desejada, o piloto controla os balonetes, e para andar para a frente ele aciona um **motor com hélices**, que fica acoplado à gôndola do dirigível. Sem motor, o veículo dependeria das correntes de ar para se deslocar.

Dentro do envelope existem pequenos balões, os **balonetes**, que têm ar em vez de hélio. Na decolagem, eles ficam meio cheios. Quando o veículo atinge a altitude ideal, o piloto libera a entrada de mais ar nos balonetes. Assim, o dirigível ganha peso e para de subir.

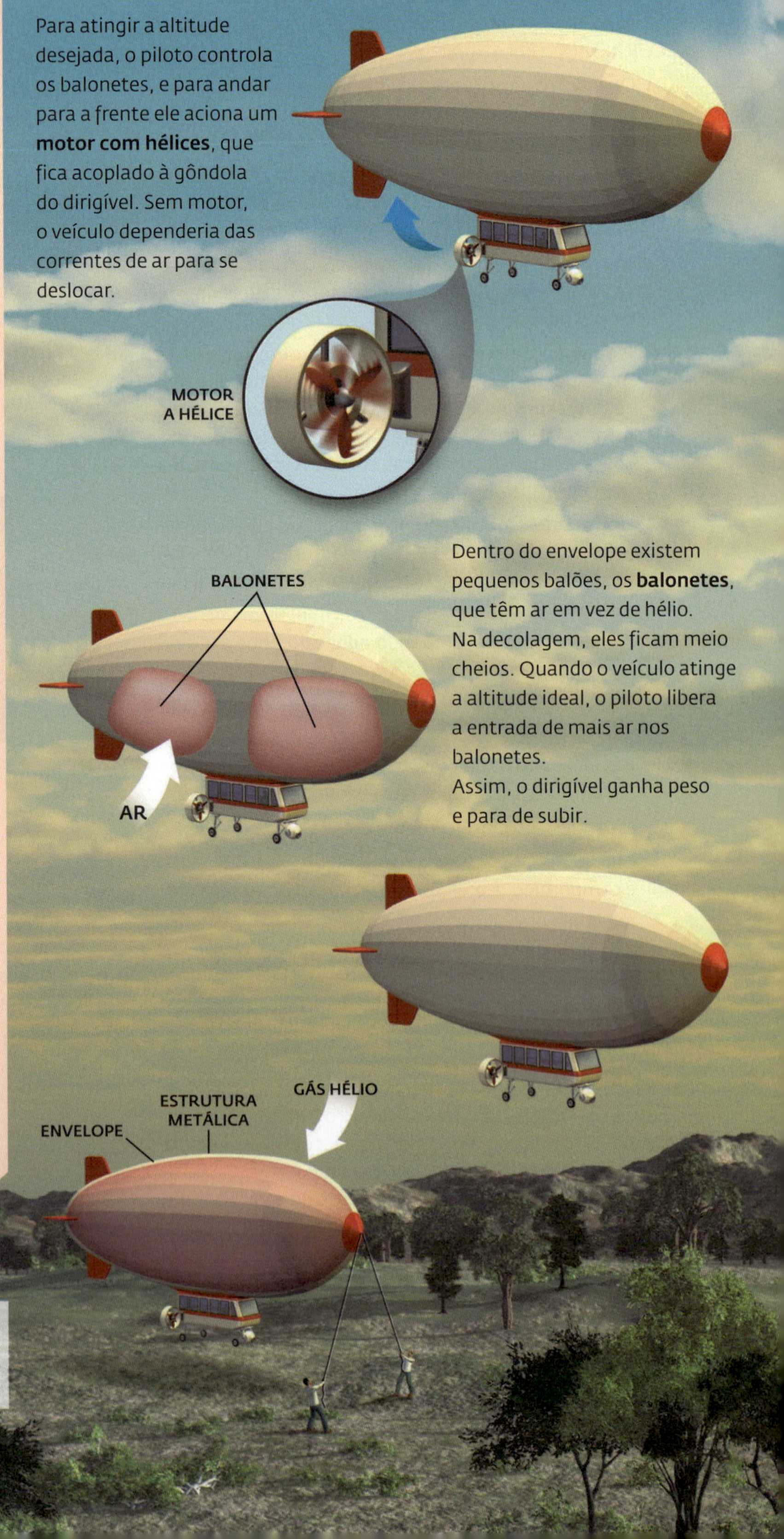

Fonte de dados. Como funciona um dirigível. Disponível em: <http://mundoestranho.abril.com.br/materia/como-funciona-um-dirigivel>. Acesso em: 12 jan. 2016.

Na hora de virar à esquerda ou à direita durante o voo, o piloto usa o **leme** – que fica na cauda. Existem ainda outros instrumentos que ajudam no controle do voo, como o profundor, que permite embicar o dirigível para baixo ou para cima.

ALTITUDE MÁXIMA

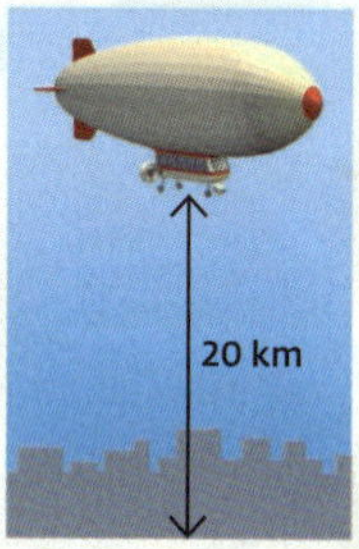

Cheio de gás hélio, um dirigível teoricamente poderia ultrapassar a atmosfera, atingindo 20 mil km de altitude! Na prática, porém, ele viaja no máximo a 20 km de altitude.

A autonomia de cada dirigível varia de acordo com o modelo e depende de fatores como o peso da aeronave. No Brasil, a **autonomia média** dos dirigíveis é de sete horas em altitude e velocidade constantes.

Paulo Manzi/Arquivo da editora

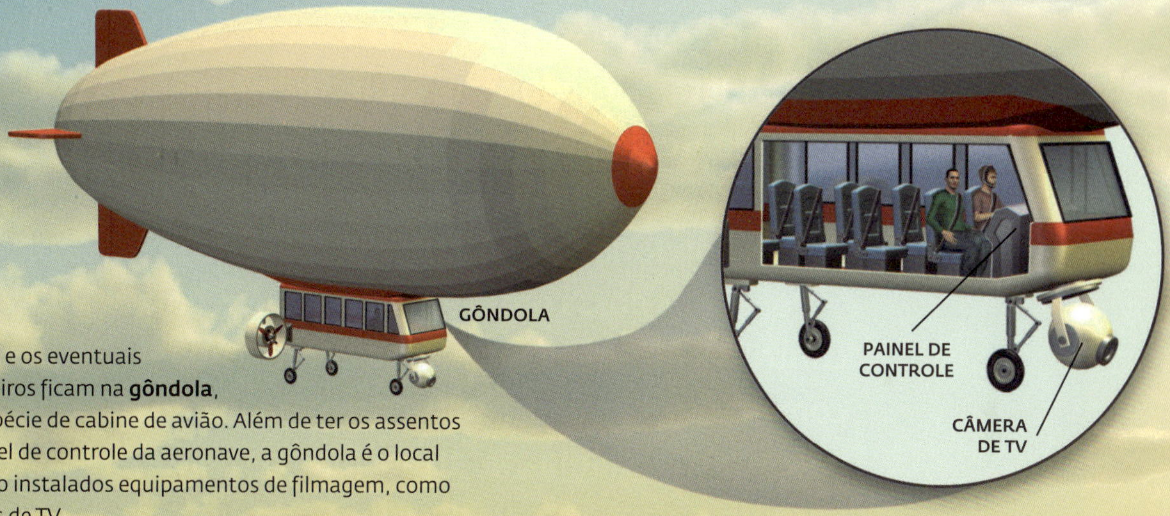

O piloto e os eventuais passageiros ficam na **gôndola**, uma espécie de cabine de avião. Além de ter os assentos e o painel de controle da aeronave, a gôndola é o local onde são instalados equipamentos de filmagem, como câmeras de TV.

Quando quer se **preparar para o pouso**, o piloto enche os balonetes com mais ar; assim, o dirigível fica bem mais pesado e começa, lentamente, a iniciar o trabalho de descida. É a parte final do voo.

UNIDADE

2 Calor

Segundo os astrônomos, as diferentes temperaturas dos planetas do Sistema Solar ocorrem em razão da atmosfera de cada um. Em Vênus, cuja atmosfera é profunda e densa, a temperatura chega a 485 °C; em Mercúrio, que não possui atmosfera, as temperaturas variam entre −173 °C e 470 °C.

Cientistas descobriram que, de maneira semelhante ao que acontece na Terra, a atmosfera de Vênus, rica em dióxido de carbono, proporciona o chamado efeito estufa.

Pesquisas dessa natureza constituem uma contribuição relevante para dimensionar com mais precisão os impactos causados pela ação humana na atmosfera terrestre, permitindo ações mais decisivas que evitem a intensificação das mudanças climáticas que já ocorrem em nosso planeta.

Vista parcial da Terra mostrando a radiação emitida pelo planeta na forma de calor. Gases da atmosfera terrestre, como o dióxido de carbono e o metano, retêm o calor no planeta, provocando o fenômeno conhecido como efeito estufa.

Reprodução/NASA

mtsyri/Shutterstock

O sistema térmico solar utiliza um painel solar, também chamado de coletor solar, instalado no telhado para aquecer a água e mantê-la armazenada em um reservatório térmico (*boiler*) até o momento do consumo.

CAPÍTULO 3

Termodinâmica

O calor está sempre presente nos processos de transformação de energia. Ele pode ser tanto o agente transformador – como no caso das usinas termelétricas, nas quais o calor é empregado para gerar eletricidade – quanto o produto final da transformação – como no caso dos aquecedores de água, que transformam energia elétrica ou solar em energia térmica.

Existem diversos sistemas de aquecimento solar de água para utilização individual ou coletiva. Atualmente os que mais se destacam são o sistema solar térmico e o sistema solar fotovoltaico. No sistema solar térmico, conhecido como coletor solar, o calor é absorvido por placas solares e transferido para um reservatório (*boiler*) para ser utilizado como fonte de calor. O sistema solar fotovoltaico também utiliza um painel solar, mas neste caso as células fotovoltaicas, constituídas de materiais semicondutores, de alto custo, transformam energia solar em eletricidade (efeito fotovoltaico).

PARA INICIAR A CONVERSA

Qual é a principal diferença entre o sistema solar térmico e o sistema solar fotovoltaico?

Qual é o principal obstáculo para geração de eletricidade utilizando o sistema solar fotovoltaico em escala comercial?

Pesquise se há aproveitamento da energia solar com o sistema solar fotovoltaico no Brasil. Em caso positivo, cite sua utilização.

3.1 O calor como energia

A teoria do calórico

Quando analisamos o conceito de equilíbrio térmico, observamos que, se dois objetos a temperaturas diferentes são colocados em contato, eles atingem, após um certo tempo, a mesma temperatura. Até o início do século XIX os cientistas explicavam esse fato supondo que todos os objetos continham, em seu interior, uma substância fluida, invisível, de peso desprezível, denominada **calórico**. Quanto maior fosse a temperatura de um objeto, maior seria a quantidade de calórico em seu interior.

De acordo com esse modelo, quando dois objetos, a temperaturas diferentes, eram colocados em contato, haveria passagem de calórico do objeto mais quente para o mais frio, acarretando diminuição na temperatura do primeiro e aumento na temperatura do segundo. Quando os objetos atingiam a mesma temperatura, o fluxo de calórico era interrompido e eles permaneciam, a partir daquele instante, em equilíbrio térmico.

Apesar de esta teoria explicar satisfatoriamente muitos fenômenos, alguns físicos mostravam-se insatisfeitos com certos aspectos fundamentais da ideia do calórico, o que levou à sua substituição por outra, mais adequada, na qual o calor é considerado uma forma de energia.

Sugestão de leitura
BRAGA, M.; GUERRA, A.; REIS, J. C. *Breve história da física moderna – A belle-époque da ciência*, vol. 4. Rio de Janeiro: Jorge Zahar Editor Ltda., 2008.

Calor é energia

A ideia de que o calor é energia foi introduzida por Rumford, um engenheiro militar que, em 1798, trabalhava na perfuração de canos de canhão. Observando o aquecimento das peças ao serem perfuradas, Rumford percebeu que era possível atribuir esse aquecimento ao **trabalho** que era realizado contra o atrito, na perfuração. Em outras palavras, a **energia** empregada na realização daquele trabalho era transferida para as peças, provocando a elevação de suas temperaturas. Portanto, a antiga ideia de que objetos mais aquecidos possuíam maior quantidade de **calórico** (substância fluida, invisível, de peso desprezível) começava a ser substituída pela concepção de que esses objetos possuem, realmente, maior quantidade de **energia**.

A divulgação dessa hipótese provocou muitas discussões entre os cientistas do século XIX. Alguns deles realizaram experiências que vieram a confirmar as suposições de Rumford. Entre eles, devemos destacar James P. Joule (1818-1889), pois foram experiências realizadas por ele que acabaram estabelecendo, definitivamente, que o calor é uma forma de energia.

Atualmente, considera-se que, quando a temperatura de um objeto é aumentada, a energia que ele possui em seu interior, denominada **energia interna**, também aumenta. Se esse objeto é colocado próximo ou em contato com outro, de temperatura mais baixa, haverá transferência de energia do primeiro para o segundo. Essa energia é denominada calor. Portanto, o conceito de calor passou a ser o seguinte:

Calor é a energia transferida de um objeto para outro em virtude, unicamente, de uma diferença de temperatura entre eles.

North Wind picture Archives/Album/Akg-Images/Latinstock

BENJAMIN THOMPSON – CONDE DE RUMFORD (1753-1814)
Engenheiro estadunidense que, durante a Revolução da Independência Americana, viu-se obrigado a se exilar na Inglaterra, onde trabalhou como alto funcionário do governo. Após ser sagrado cavalheiro pelo Rei George III, recebeu permissão para trabalhar em uma fábrica de armas em Munique. Nessa ocasião, ele iniciou estudos que o levaram a questionar a teoria do calórico, lançando as bases da moderna teoria do calor como uma forma de energia.

Comentários

1) O termo **calor** só deve ser usado para designar a energia em **trânsito**, isto é, enquanto está sendo transferida de um objeto para outro, em virtude de uma diferença de temperatura. A transferência de calor para um objeto acarreta aumento na energia de agitação de seus átomos e moléculas, ou seja, acarreta aumento da **energia interna** do objeto, o que, em geral, provoca elevação em sua temperatura.

Ilustrações: Antonio Robson/Arquivo da editora

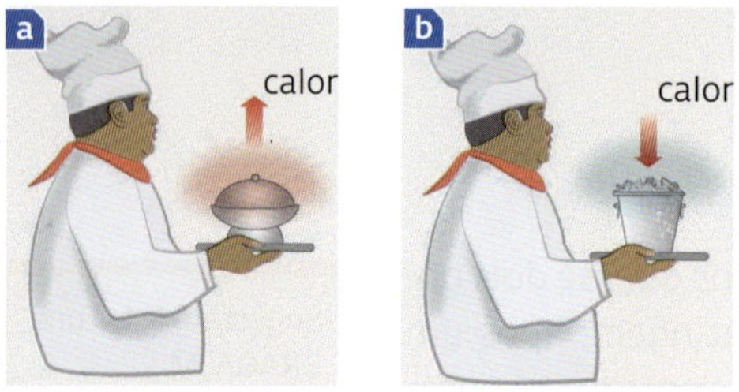

Figura 3.1. Calor é a energia que se transfere de um objeto para outro em virtude de uma diferença de temperatura entre eles.

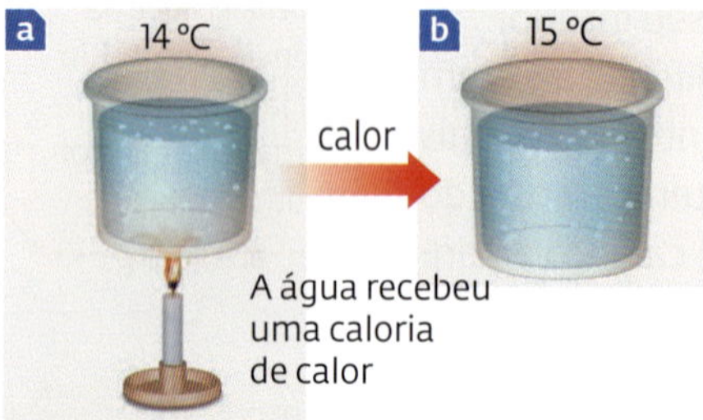

Figura 3.2. 1 caloria é a quantidade de calor necessária para elevar de 1 °C a temperatura de 1 g de água.

> A "caloria" (Cal) utilizada em nutrição, aquela que aparece no rótulo das informações nutricionais dos alimentos, na realidade equivale a 1 kcal, ou seja, 1 cal nutricional = = 1 000 cal = 1 kcal. Um jovem do sexo masculino, por exemplo, com 20 anos e 72 kg consome, em média, 2 900 kcal por dia quando está em repouso, enquanto uma jovem do sexo feminino, com mesma idade e 58 kg, consome 2 200 kcal por dia.
>
> SABA, F. *Mexa-se*. Atividade física, saúde e bem-estar. São Paulo: Takano, 2003.

Não se pode, portanto, dizer que "um objeto possui calor" ou que "a temperatura é a medida do calor no objeto". Na realidade, o que os objetos possuem é **energia interna**, e quanto maior for sua temperatura, maior será essa energia. Naturalmente, se um objeto está a uma temperatura mais elevada do que outro, ele pode transferir parte de sua energia interna para esse outro. Tal energia transferida é o calor, que passa de um objeto para o outro **(figura 3.1)**.

2) É importante observar que a energia interna de um objeto pode aumentar sem que ele receba calor, desde que receba alguma outra forma de energia.
Por exemplo, quando agitamos uma garrafa contendo água, sua temperatura se eleva, apesar de a água não ter recebido calor. O aumento de energia interna, nesse caso, ocorreu em virtude da transferência da energia mecânica à água, ao realizarmos o trabalho de agitar a garrafa.

Unidades de calor

As ilustrações desta página estão representadas sem escala e em cores fantasia.

Uma vez estabelecido que o calor é uma forma de energia, é necessário que uma certa quantidade de calor deva ser medida em unidades de energia. Então, no SI, mediremos o calor em **joule**, em homenagem a Joule, que descobriu as relações entre calor e trabalho mecânico.

Entretanto, na prática, outra unidade de calor é até hoje usada. Muito antiga (da época do calórico) e que não pertence ao SI, denomina-se cal. Por definição, 1 cal é a quantidade de calor que deve ser transferida a 1 g de água para que sua temperatura se eleve de 1 °C **(figura 3.2)**.

Na década de 1940, a comunidade científica decidiu que a relação entre essas duas unidades é:

$$1 \text{ cal} = 4{,}2 \text{ J}$$

VERIFIQUE O QUE APRENDEU

Banco de imagens/ Arquivo da editora

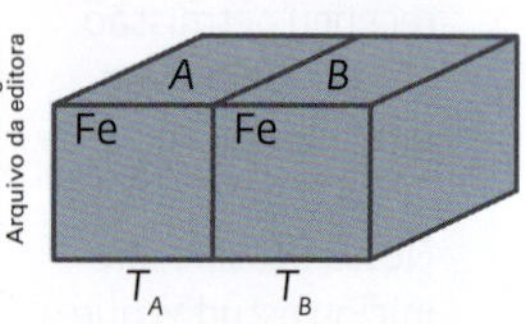

1. Dois blocos idênticos, *A* e *B*, ambos de ferro, são colocados em contato e isolados de influências externas, como representado na figura ao lado. As temperaturas iniciais dos blocos são $T_A = 200$ °C e $T_B = 50$ °C.
a) Depois de certo tempo, o que ocorreu com a temperatura T_A? E com T_B?
b) De acordo com os cientistas anteriores a Rumford e Joule, qual era a causa das variações das temperaturas T_A e T_B?

2. Considere, ainda, os blocos do exercício anterior. De acordo com o ponto de vista dos cientistas atuais:
a) Depois de certo tempo, o que ocorreu com a energia interna de *A*? E com a de *B*?
b) Houve transferência de energia de um bloco para outro? Em que sentido?
c) Como se denomina essa energia transferida?

3. Uma pessoa, usando um martelo, golpeia repetidas vezes um bloco de chumbo. Verifica-se que a temperatura do bloco se eleva apreciavelmente. Lembrando-se do comentário 2, feito nesta seção, responda:
a) A energia interna do bloco de chumbo aumentou?
b) Houve alguma transferência de calor para o chumbo?
c) Então, qual foi a causa do aumento da energia interna do bloco de chumbo?

4. a) No exercício 1, suponha que 100 cal foram transferidas de *A* para *B*. Qual é, em joules, o valor dessa quantidade de calor?
b) Suponha que o trabalho total realizado pelo martelo sobre o bloco de chumbo, no exercício anterior, tenha sido de 836 J. Qual quantidade de calor, em calorias, deveria ser fornecida ao bloco para provocar nele a mesma elevação de temperatura?

3.2 Transferência de calor

Condução

Suponha que uma pessoa esteja segurando uma das extremidades de uma barra metálica e que a outra extremidade seja colocada em contato com uma chama (figura 3.3.a). Os átomos ou as moléculas da extremidade aquecida pela chama adquirem maior energia de agitação. Parte dessa energia é transferida para as partículas da região vizinha a essa extremidade, e a temperatura dessa região também aumenta. Esse processo continua ao longo da barra (figura 3.3.b). Após certo tempo, a pessoa que segura a outra extremidade perceberá uma elevação de temperatura nesse local.

Sugestão de leitura: Grupo de reelaboração do ensino de Física. *Física 2*: Física térmica e óptica. São Paulo: Edusp, 1991.

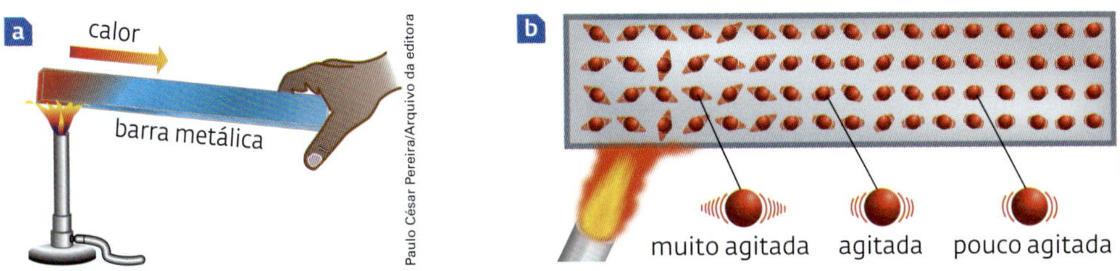

As ilustrações desta página estão representadas sem escala e em cores fantasia.

Figura 3.3. Em uma situação como em **a**, rapidamente a extremidade da barra metálica, oposta à que está em contato com a chama, também fica aquecida. Em **b**, o calor se transfere, por condução, ao longo de um sólido, devido à agitação de seus átomos e moléculas.

Houve, portanto, transmissão de calor ao longo da barra. Esse fenômeno continuará enquanto existir uma diferença de temperatura entre as duas extremidades. Essa transmissão foi feita pela agitação dos átomos da barra, transferida sucessivamente de um átomo para outro, sem que esses átomos sofressem translação ao longo do objeto. Esse processo de transmissão de calor é denominado **condução**. A maior parte do calor transferido através dos objetos sólidos é transmitida, de um ponto a outro, por condução.

Dependendo da constituição atômica de uma substância, a agitação térmica poderá ser transmitida de um átomo para outro com maior ou menor facilidade, fazendo com que essa substância seja boa ou má condutora de calor. Assim, os metais, por exemplo, são bons condutores de calor, enquanto outras substâncias, como isopor, cortiça, porcelana, madeira, ar, gelo, lã, papel, etc., são isolantes térmicos, isto é, conduzem mal o calor.

Convecção

Quando um recipiente com água é colocado sobre uma chama, a camada de água do fundo do recipiente recebe calor, por condução. Consequentemente, o volume dessa camada aumenta e sua densidade diminui, fazendo com que ela se desloque para a parte superior do recipiente e seja substituída por água mais fria e mais densa, proveniente dessa região superior.

O processo continua, com uma circulação contínua de correntes de água mais quente para cima e mais fria para baixo, denominadas **correntes de convecção** (figura 3.4). Assim, o calor que é transmitido, por condução, às camadas inferiores, é distribuído, por convecção, a toda a massa do líquido, por meio desse movimento até que a temperatura de ebulição do líquido seja atingida. A transferência de calor nos líquidos e gases pode ocorrer por condução, mas o processo de convecção é o responsável pela maior parte do calor transferido através dos fluidos.

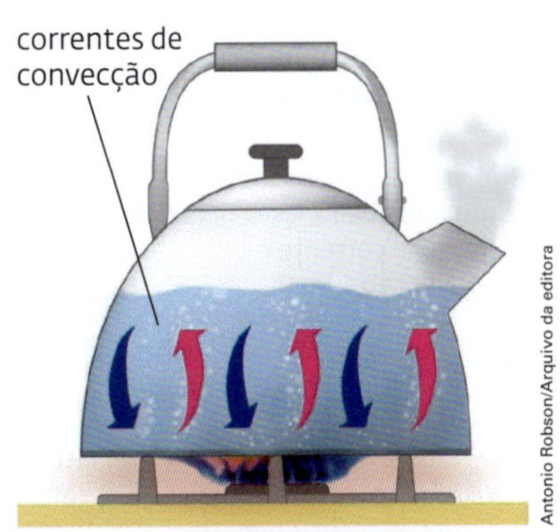

Figura 3.4. Em um líquido, o calor se transfere de um ponto a outro devido à formação de correntes de convecção.

FÍSICA NO CONTEXTO

CONDUÇÃO DE CALOR

Wolfgang Kruck/Shutterstock

Figura 3.5. As lontras marinhas têm pelos mais densos que aprisionam uma fina camada de ar logo acima da pele do animal, o que é um bom isolante térmico.

As imagens desta página estão representadas fora de proporção.

A temperatura de nosso corpo é geralmente mantida em torno de 36 °C, enquanto a do ambiente é, em geral, inferior. Por esse motivo, há uma contínua transmissão de calor de nosso corpo para o meio ambiente. Se a temperatura do ambiente for muito baixa, essa transmissão acontece com maior rapidez, aumentando a sensação de frio. Os agasalhos atenuam essa sensação porque são feitos de materiais isolantes térmicos (lã, por exemplo), reduzindo, assim, a rapidez com que a quantidade de calor é transmitida de nosso corpo para o exterior.

É também para obter esse efeito que, em dias frios, as aves eriçam suas penas, de modo a manter, entre elas, camadas de ar, que é um bom isolante térmico. Os mamíferos, como lontras marinhas, baleias, e ursos polares, também dispõem de pelo e/ou gordura que são excelentes isolantes térmicos (figura 3.5). Para subir nas montanhas acima de 6000 metros de altitude, é necessário vestir botas especiais com dupla proteção (figura 3.6).

Quando tocamos em uma peça de metal e em um pedaço de madeira, ambos numa mesma temperatura mais baixa que a do nosso corpo, o metal nos dá a sensação de estar mais frio do que a madeira. Isto ocorre porque, sendo o metal melhor condutor térmico do que a madeira, haverá maior transferência de calor de nossa mão para a peça metálica do que para o pedaço de madeira.

Na verdade, nossa sensação térmica está relacionada com o fluxo de calor através da nossa pele.

Reprodução/<http://www.sunrisemountainsports.com/>

Figura 3.6. Botas utilizadas para caminhar em regiões onde a temperatura pode alcançar −15 °C.

FÍSICA NO CONTEXTO

CORRENTES DE CONVECÇÃO

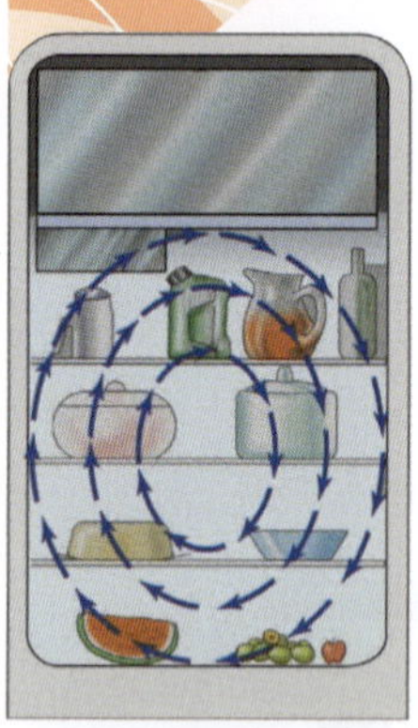

Paulo César Pereira/Arquivo da editora

Figura 3.7. No interior de uma geladeira formam-se correntes de convecção.

Podemos encontrar, em nossa vida diária, várias situações em que as correntes de convecção desempenham um papel importante. Na parte superior de algumas geladeiras, por exemplo, as camadas de ar, em contato com o congelador, cedem calor ao ar por condução. Por causa disso, o ar dessa região torna-se mais denso e dirige-se para a parte inferior da geladeira, enquanto as camadas de ar dessa parte se deslocam para cima (figura 3.7). Essa circulação de ar, causada pela convecção, faz com que a temperatura seja, aproximadamente, a mesma em todo o interior da geladeira.

A formação de correntes térmicas se deve a variações da densidade do ar, que é o resultado de correntes de convecção que ocorrem na atmosfera (figura 3.8). As correntes de convecção na atmosfera, ao se moverem para cima (ar mais quente), costumam ser aproveitadas por alguns pássaros, e também por pilotos de aviões planadores (sem motor) e de asas-deltas para ganhar altura, planando em seguida (perdendo altitude), até encontrar outra corrente de convecção ascendente. No caso dos dispositivos de voo, torna-se possível percorrer enormes distâncias sem consumo de combustível.

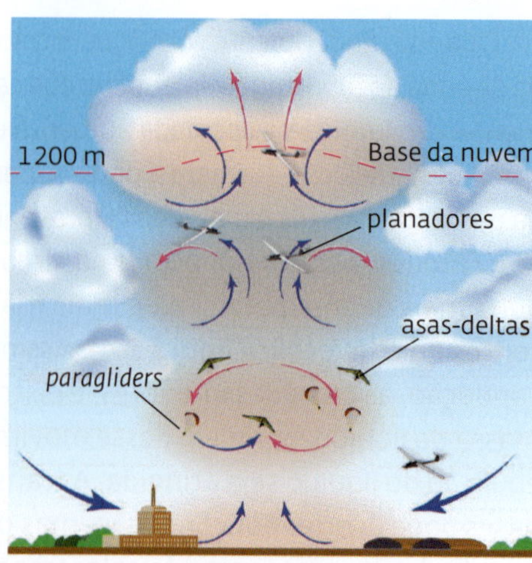

Antonio Robson/Arquivo da editora

Figura 3.8. Esquema da formação de nuvens através de correntes térmicas. O vapor de água presente na atmosfera, ao ser aquecido, vai se condensar, formando as nuvens. As correntes produzidas pela diferença de temperatura permitem o voo de planadores, *paragliders* e asas-deltas.

As ilustrações desta página estão representadas sem escala e em cores fantasia.

Radiação

Suponha que uma fonte de calor como uma lâmpada fluorescente, por exemplo, seja colocada no interior de uma campânula de vidro, onde se fez vácuo. Um termômetro, situado no exterior da campânula, acusará elevação de temperatura, mostrando que houve uma transmissão de calor através do vácuo existente entre a lâmpada acesa e o exterior **(figura 3.9)**.

Essa transmissão não pode ter sido feita por condução ou por convecção, pois esses processos só podem ocorrer quando há um meio material através do qual o calor é transmitido. Nesse caso, a transmissão de calor foi feita por outro processo, denominado **radiação térmica**. O calor que recebemos do Sol chega até nós por esse mesmo processo, uma vez que entre o Sol e a Terra existe vácuo.

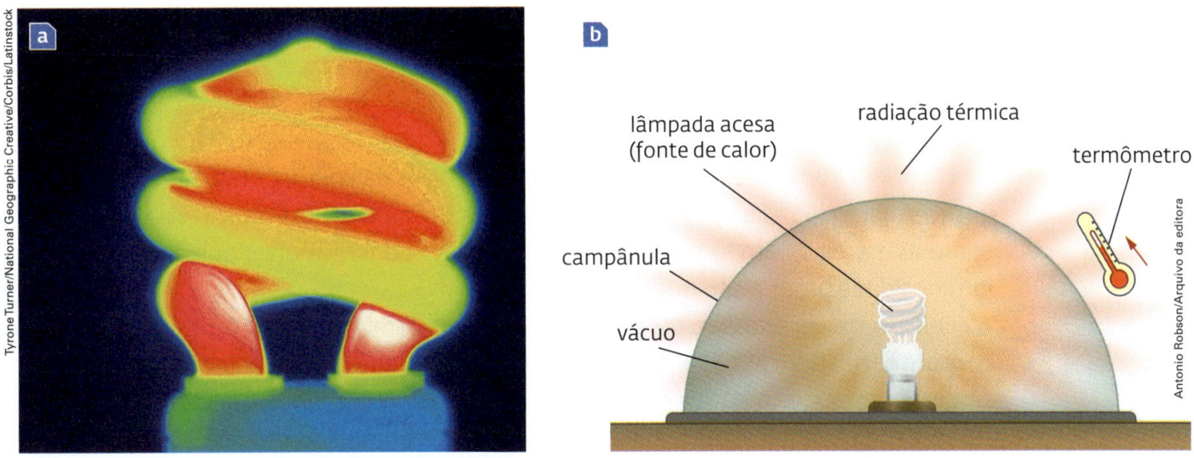

Figura 3.9. Em **a**, temos uma imagem térmica obtida por captação de radiação infravermelha de uma lâmpada fluorescente. Em **b**, a representação (sem escala e em cores fantasia) do calor emitido pela lâmpada, o qual se propaga, no vácuo, por radiação.

Todos os corpos aquecidos emitem radiações térmicas que, ao serem absorvidas por outro corpo, podem provocar, nele, uma elevação de temperatura. Quando um corpo está mais quente que o meio onde ele se encontra, ele vai esfriar até atingir o equilíbrio térmico, pois a taxa de emissão de energia é maior do que a taxa de absorção.

Em Física, radiação significa transferência de energia por ondas eletromagnéticas. Toda onda eletromagnética é capaz de se propagar no vácuo com a velocidade da luz. A luz que enxergamos é um exemplo de onda eletromagnética, assim como também o são as ondas de rádio, as micro-ondas, a radiação infravermelha, a radiação ultravioleta, os raios X e os raios gama.

O que diferencia esses vários tipos de onda eletromagnética é sua frequência de vibração. A frequência de uma onda eletromagnética se relaciona com o comprimento de onda por:

$$v = \lambda f$$

em que v é a velocidade de luz ($3 \cdot 10^8$ m/s), λ é o comprimento de onda e f é a frequência.

No caso da luz, as várias cores correspondem a frequências diferentes. A luz visível se situa no espectro eletromagnético na faixa que se estende da luz vermelha (comprimento de onda de 700 nm) até a luz violeta (comprimento de onda de 400 nm). Veja a **figura 3.10**.

O tipo predominante da radiação que transporta o calor pode variar, dependendo da temperatura do corpo aquecido. Um objeto a uma temperatura próxima do zero kelvin emite radiação térmica predominantemente na região das micro-ondas. Na temperatura ambiente, cerca de 300 K (aproximadamente 27 °C), a emissão se situa praticamente no infravermelho. Um corpo a 1 000 K (aproximadamente 727 °C) irradia a maior parte da energia no infravermelho, mas já consegue emitir radiação visível, com uma tonalidade de luz avermelhada.

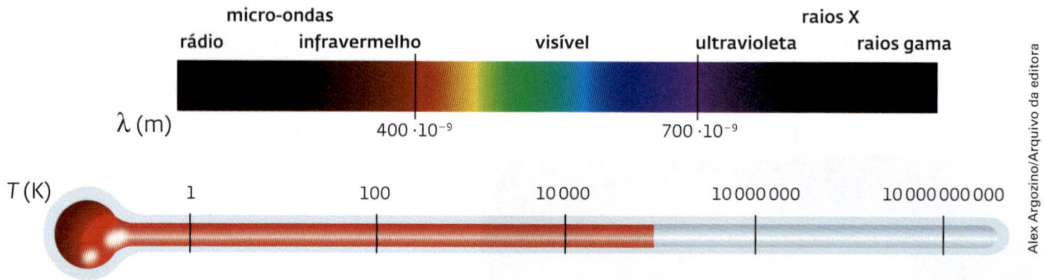

Figura 3.10. Espectro eletromagnético. Comprimento de onda relacionado com a temperatura. Representação sem escala e em cores fantasia.

O Sol, a 5 800 K (5 527 °C), emite luz branca (45% da energia irradiada) e irradia no infravermelho (45%) e no ultravioleta (10%). Em temperaturas muito altas os corpos, como as estrelas, têm luminosidade própria, logo podemos dizer que os corpos com luminosidade própria são muito quentes.

O espectro de emissão da superfície de uma estrela é similar ao espectro de um **corpo negro** (**figura 3.11**), que é um corpo opaco que emite radiação térmica. Um corpo negro perfeito pode ser definido como um corpo quente, cujas superfícies absorvem toda a radiação térmica que incide sobre ele, não podendo refleti-la. À temperatura ambiente, um corpo negro parecerá negro, o que lhe atribui o nome, mas, quando aquecido a alta temperatura, um corpo negro emitirá luz intensamente.

A **figura 3.11** representa um espectro contínuo emitido por corpos aquecidos desde 3 000 K até 6 000 K. Observe que quando a temperatura do corpo está em torno de 3 000 K a radiação emitida está na faixa do infravermelho. À medida que a temperatura do corpo aumenta, a radiação emitida vai do vermelho para o laranja até chegar ao violeta, faixa que corresponde à radiação visível percebida pelos humanos.

Podemos observar no gráfico que quanto maior a temperatura do corpo, mais radiação ultravioleta é emitida. E para cada curva de temperatura a maior quantidade de energia emitida pelo corpo ocorre no ponto de comprimento de onda máximo ($\lambda_{máximo}$).

Se considerarmos, por exemplo, o Sol (6 000 K), o pico de máximo ocorre na faixa da luz visível entre as cores amarela e verde. Mas, devido ao Sol emitir frequências em todo o espectro visível, sua cor é branco-amarelada. Observe que o espectro se desloca à medida que a temperatura (T) aumenta, esse deslocamento da curva é conhecido como lei do deslocamento de Wien.

Figura 3.11. Espectro de emissão de um corpo negro aquecido a diferentes temperaturas.

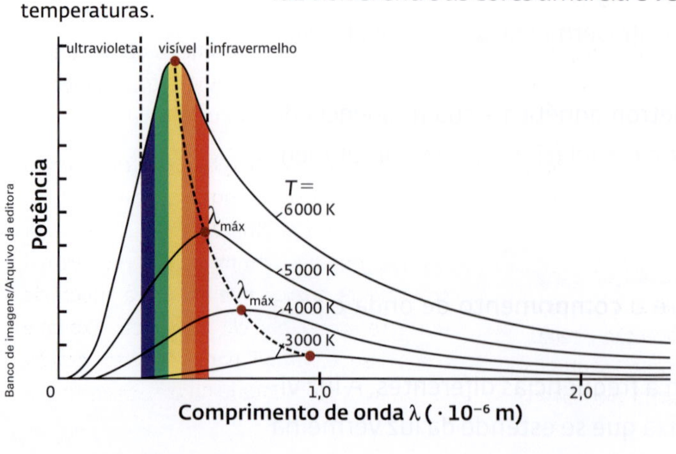

$$\lambda_{máx} \cdot T = 2{,}898 \cdot 10^{-3}\ m \cdot K$$

De modo geral, o calor que uma pessoa recebe quando está próxima de um corpo aquecido chega até ela pelos três processos: condução, convecção e radiação.

Quanto maior for a temperatura do corpo aquecido, maior será a quantidade de calor transmitida por radiação, como acontece quando você se encontra próximo a um forno. Uma casa, por exemplo, pode ser aquecida pela luz do sol quando os raios solares atingem a parede da residência.

Como a transmissão de calor acontece no sentido da maior temperatura para a menor, quando a luz do sol atinge uma parede a transmissão de calor acontece por radiação, condução e convecção **(figura 3.12)**. É possível isolar termicamente o ambiente interno de uma casa com relação ao meio externo. Para isso são construídas paredes duplas, ou seja, paredes constituídas por dois planos de alvenaria e um espaço com ar entre elas. Essa técnica é largamente empregada na construção civil.

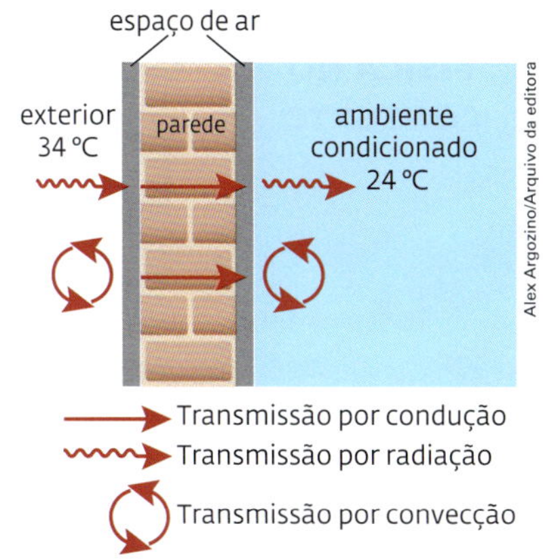

Figura 3.12. Representação (sem escala e em cores fantasia) da transferência de calor através de uma parede.

Um material que tem sido utilizado para isolamento térmico é o aerogel **(figura 3.13)**. É um novo material extremamente leve porque sua estrutura interna é constituída de um grande número de cavidades muito pequenas. Sua densidade é cerca de 4 vezes a densidade do ar e, por esse motivo, é chamado de "fumaça congelada".

Além da leveza, outra propriedade notável do aerogel é aliar baixa condutividade térmica com uma boa capacidade de resistir a altas temperaturas. O aerogel pode vir a melhorar significativamente o isolamento térmico, como no caso de refrigeradores, fornos e residências em países de clima frio, contribuindo para a economia de energia.

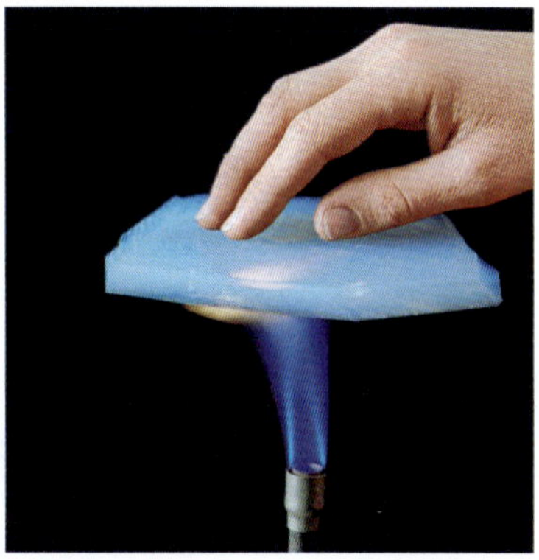

Figura 3.13. Foto de uma pessoa com sua mão encostada em uma amostra de aerogel mantida sobre a chama de um bico de Bunsen. A cena ilustra as propriedades que tornam esse material atrativo para diversas aplicações.

VERIFIQUE O QUE APRENDEU

5. Considere duas barras, sendo uma de metal e outra de madeira. Uma das extremidades de cada barra é introduzida em uma fornalha.

a) Você conseguiria ficar segurando, por muito tempo, a outra extremidade da barra de metal? Explique.

b) Por que seria possível segurar a extremidade livre da barra de madeira durante um tempo maior?

6. a) Uma pessoa afirma que seu agasalho é de boa qualidade "porque impede que o frio passe através dele". Essa afirmativa é correta? Explique.

b) Um menino descalço, em uma sala com piso cerâmico, coloca seu pé esquerdo diretamente sobre o piso e seu pé direito sobre um tapete. O tapete e o piso estão à mesma temperatura. Em qual dos dois pés o menino terá maior sensação de frio? Explique.

7. a) Quando estamos próximos a um forno muito aquecido, a quantidade de calor que recebemos por condução e convecção é relativamente pequena. Entretanto, sentimos que estamos recebendo grande quantidade de calor. Por quê?

b) Dois automóveis de modelos iguais, um claro e outro escuro, permanecem estacionados ao sol durante certo tempo. Qual dos dois você acha que aquecerá mais? Explique.

8. a) Ao observar uma churrasqueira acesa, notamos que o brilho mais intenso acontece nas cavidades formadas entre os carvões em brasa. No entanto, essas são as regiões mais escuras, quando a churrasqueira está apagada. Relacione essa observação com o texto.

b) A cor de uma churrasqueira acesa varia à medida que sua temperatura aumenta. Descreva essa variação de cor.

9. Alguns gases presentes na atmosfera, como o gás carbônico e o metano, bloqueiam a radiação infravermelha emitida pela superfície da Terra, enquanto deixam passar a luz visível proveniente do Sol, que aquece a superfície terrestre ao ser por ela absorvida. Explique como isso contribui para o **efeito estufa** da Terra, tão comentado nos meios de comunicação.

FÍSICA NO CONTEXTO

ABSORÇÃO E REFLEXÃO DA RADIAÇÃO TÉRMICA

Quando a radiação térmica incide em um objeto, parte dela é absorvida, e parte é refletida por ele. Os objetos escuros absorvem a maior parte da radiação que neles incide. É por isso que um objeto negro, colocado ao sol, tem a sua temperatura sensivelmente elevada. Por outro lado, os objetos claros refletem quase totalmente a radiação térmica incidente. Por isso, nos climas quentes, as pessoas usam frequentemente roupas claras (figura 3.14). Você já deve ter percebido, ao andar descalço em um dia ensolarado, que existe uma diferença de temperatura entre pisos claros e escuros, ainda que o material de ambos seja o mesmo – como a cerâmica. Essa é outra aplicação das ideias aqui discutidas.

Tyler Olson/Shutterstock

Figura 3.14. Uma pessoa com camiseta escura sob o sol absorve maior quantidade de radiação solar do que uma com camiseta clara.

SENSOR DE INFRAVERMELHO

Um dispositivo comum, o controle remoto, emite pulsos de luz infravermelha que representam códigos específicos para os comandos ligar, desligar, entre outros (figura 3.15). O receptor na TV, aparelho de som ou outro aparelho eletrônico decodifica os pulsos e executa o comando solicitado. Para funcionar adequadamente, você deve apontar o controle remoto diretamente para o receptor do aparelho controlado.

Outros tipos de sensores infravermelhos funcionam por aproximação: quando um objeto se aproxima, o sensor manda um sinal para uma placa eletrônica, que aciona um dispositivo ativando a função programada (figura 3.16).

Figura 3.15. A cada botão do controle remoto corresponde um código específico.

Concept Photo/Shutterstock

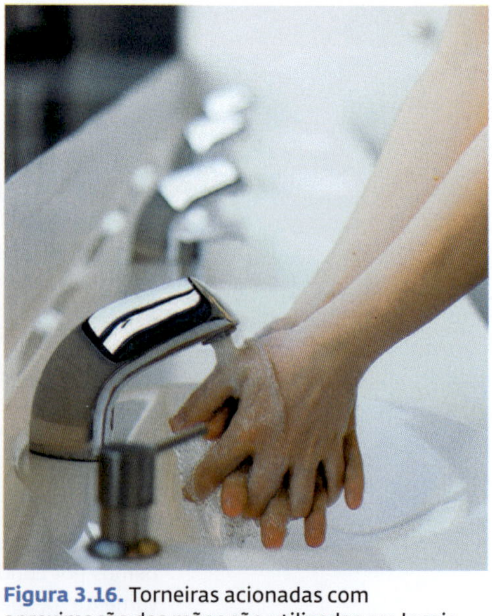

Aubord Dulac/Shutterstock

Figura 3.16. Torneiras acionadas com aproximação das mãos são utilizadas em locais públicos nos grandes centros urbanos.

APLICAÇÕES DA FÍSICA

Câmaras termográficas

Desde a sua descoberta, por William Herschel (1738-1822), em 1800, a radiação infravermelha foi utilizada nas mais diversas áreas da ciência. A termografia, por exemplo, é uma técnica que utiliza uma câmara termográfica (figura 3.17) para captar a radiação infravermelha que é emitida pelos objetos. Utilizam-se imagens termográficas na área militar desde a Segunda Guerra Mundial, quando surgiu o primeiro sistema de visão noturna (figura 3.18).

No início do século XXI as câmaras termográficas começaram a ser empregadas em engenharia civil na inspeção e na manutenção de edifícios e residências. Uma das grandes vantagens da sua utilização deve-se à redução do tempo que é gasto no processo de identificação de infiltrações não visíveis (figura 3.19), na detecção de fendas estruturais e na análise térmica das fugas de calor dos edifícios para melhorar o isolamento das residências em regiões frias.

Ivan Smuk/Alamy/Latinstock

Figura 3.17. Câmara termográfica mostrando a emissão de radiação infravermelha proveniente de uma residência.

Steven May/Alamy/Latinstock

Figura 3.18. Com os binóculos de visão noturna é possível identificar o movimento dos militares em treinamento durante a noite.

Fotos: Reprodução/<http://www.bdg-usa.com/>

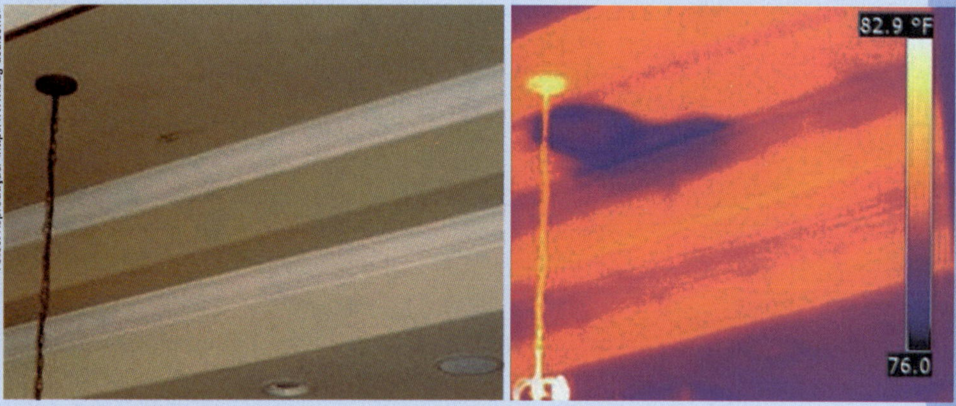

Figura 3.19. Detecção de infiltração de água nas paredes. À esquerda, as paredes e o teto parecem não ter problema algum; na foto da direita observam-se manchas escuras, que identificam infiltração.

As imagens desta página estão representadas fora de proporção.

A termografia também tem utilização na área de saúde esportiva. Com ela é possível, por exemplo, diagnosticar lesões de forma não invasiva. Uma vez que o corpo humano emite radiação infravermelha, espera-se que os lados direito e esquerdo do corpo, em condições normais de saúde, tenham a mesma distribuição de temperatura. Assim, se uma região apresentar diferença de temperatura, o médico pode identificar a presença de lesões no músculo ou no tecido antes mesmo do processo inflamatório manifestar sintomas de dor e edema na região (figura 3.20).

SPL/Latinstock

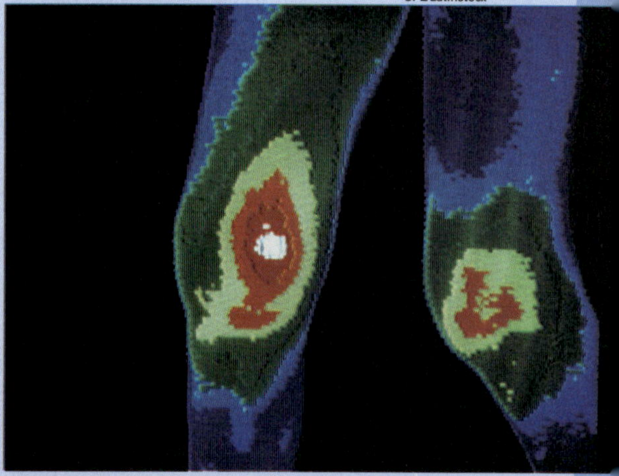

Figura 3.20. Imagem termográfica indicando diferenças de temperatura entre o joelho direito e o esquerdo de um atleta.

QUESTÕES

1. Pesquise sobre outras aplicações práticas da câmara termográfica.
2. Nas aplicações médicas, quais são as vantagens do uso da câmara termográfica?

3.3 Capacidade térmica e calor específico

Capacidade térmica

Um fenômeno interessante relacionado à absorção do calor pelos corpos é o que ocorre quando objetos distintos recebem a mesma quantidade de calor. Nesses casos, é muito comum esses objetos apresentarem variações diferentes de temperatura. Observe a **figura 3.21**, que ilustra esse fato. Suponha, por exemplo, que um objeto *A* receba uma quantidade de calor igual a 100 cal e sua temperatura se eleve de 20 °C, enquanto outro objeto, *B*, ao receber a mesma quantidade de calor apresente uma elevação de apenas 10 °C em sua temperatura.

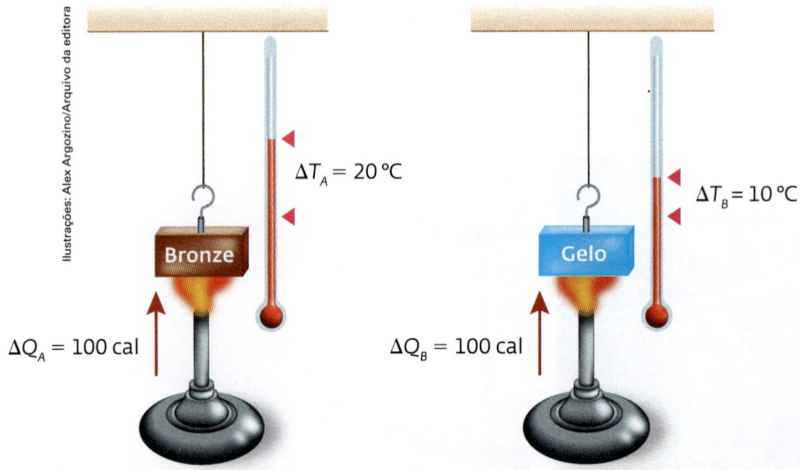

Figura 3.21. Objetos diferentes geralmente sofrem distintas variações de temperatura ao receber a mesma quantidade de calor. Representação sem escala e em cores fantasia.

Para caracterizar esse comportamento dos objetos, define-se uma grandeza, denominada **capacidade térmica**, do seguinte modo:

Se um objeto recebe uma quantidade de calor ΔQ e sua temperatura varia de ΔT, a capacidade térmica desse objeto é dada por:

$$C = \frac{\Delta Q}{\Delta T}$$

Assim, calculando as capacidades térmicas dos objetos *A* e *B* (**figura 3.21**), teremos:

$$C_A = \frac{\Delta Q_A}{\Delta T_A} = \frac{100\ \text{cal}}{20\ °\text{C}} \quad \therefore \quad C_A = 5{,}0\ \text{cal/°C}$$

$$C_B = \frac{\Delta Q_B}{\Delta T_B} = \frac{100\ \text{cal}}{10\ °\text{C}} \quad \therefore \quad C_B = 10\ \text{cal/°C}$$

Esses resultados indicam que devemos fornecer, ao objeto *A*, 5,0 cal para cada 1 °C de elevação em sua temperatura, enquanto, para o objeto *B*, são necessárias 10 cal para provocar esse mesmo efeito. Logo, quanto maior for a capacidade térmica de um objeto, maior será a quantidade de calor que devemos fornecer a ele para provocar determinada elevação em sua temperatura; do mesmo modo, maior será a quantidade de calor que ele cederá quando sua temperatura sofrer determinada redução.

Sendo a capacidade térmica de um objeto dada pela relação $C = \Delta Q/\Delta T$, que já usamos nesta seção, uma unidade para a medida dessa grandeza é cal/°C. O calor é uma forma de energia e pode, portanto, ser expresso em joules, e poderemos usar, também, como unidades de capacidade térmica, J/°C e J/K.

Calor específico

De modo geral, o valor da capacidade térmica varia de um objeto para outro. Mesmo que sejam feitos do mesmo material, dois objetos podem ter capacidades térmicas diferentes, desde que suas massas sejam diferentes.

Assim, se tomarmos blocos feitos do mesmo material, de massas m_1, m_2, m_3, etc. (figura 3.22), suas capacidades térmicas C_1, C_2, C_3, etc. serão diferentes. Entretanto, verificou-se que, dividindo-se a capacidade térmica de cada bloco por sua massa, obtém-se o mesmo resultado, isto é:

$$\frac{C_1}{m_1} = \frac{C_2}{m_2} = \frac{C_3}{m_3} = \ldots \quad \text{(para o mesmo material)}$$

Então, o quociente C/m é constante para um dado material, variando, porém, de um material para outro. Esse quociente é denominado calor específico, c, do material.

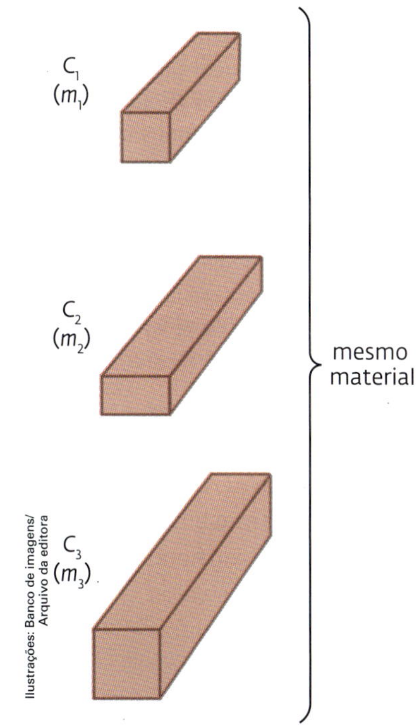

Figura 3.22. Objetos de mesmo material, mas de massas diferentes, têm capacidades térmicas diferentes. Representação sem escala e em cores fantasia.

Se um objeto de massa *m* tem uma capacidade térmica C, o calor específico, *c*, do material que o constitui é dado por:

$$c = \frac{C}{m}$$

Por exemplo, tomando-se um bloco de chumbo cuja massa é $m = 170$ g, verificamos que sua capacidade térmica é $C = 5{,}0$ cal/°C. Assim, o calor específico do chumbo vale:

$$c = \frac{C}{m} = \frac{5{,}0\,\text{cal/°C}}{170\,\text{g}} \quad \therefore \quad c \approx 0{,}030\ \frac{\text{cal}}{\text{g °C}}$$

Observe a unidade para a medida do calor específico: cal/g °C. Poderíamos também expressá-lo em J/kg · °C ou em J/kg · K. O resultado obtido indica que, para elevar de 1 °C a temperatura de 1 g de chumbo, devemos fornecer-lhe aproximadamente 0,030 cal de calor.

Comentários

1) Sendo o calor específico característico de cada material, seus valores, para cada substância, são determinados em laboratórios, e seus números aproximados são apresentados em tabelas, como a tabela 3.1.

Tabela 3.1

Calores específicos

Substância	J/kg · K	cal/g · °C
Água	4 186	1,00
Gelo	2 302	0,55
Vapor de água	2 093	0,50
Etanol	2 428	0,58
Alumínio	921	0,22
Vidro	837	0,20
Ferro	449	0,11
Latão	385	0,092
Cobre	394	0,094
Prata	235	0,056
Mercúrio	140	0,033
Chumbo	129	0,031

2) Na seção 3.1 vimos que 1 cal é a quantidade de calor que deve ser fornecida a 1 g de água para que sua temperatura se eleve de 1 °C. Podemos concluir que o calor específico da água é:

$$c = 1 \frac{\text{cal}}{\text{g °C}}$$

O calor específico da água é bem maior do que os calores específicos de quase todas as demais substâncias (veja a **tabela 3.1**). Isso significa que, cedendo-se a mesma quantidade de calor a massas iguais de água e de outra substância, observa-se que a massa de água se aquece muito menos, ou seja, apresenta menor variação de temperatura **(figura 3.23)**.

3) Verifica-se que o calor específico de um material pode apresentar variações em determinadas circunstâncias. Assim, quando uma substância passa do estado sólido para o estado líquido (ou para o gasoso), seu calor específico é alterado. Por exemplo, na **tabela 3.1**, vemos que o calor específico da água (estado líquido) é 1,0 cal/g °C, enquanto o do gelo é 0,55 cal/g °C e o do vapor de água é 0,50 cal/g °C.

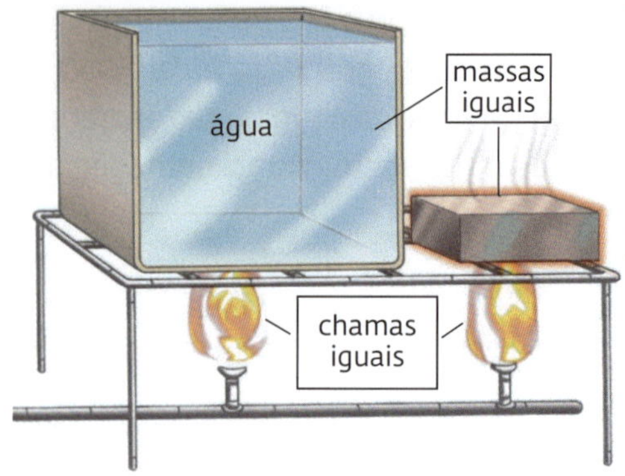

Figura 3.23. Quando dois objetos de materiais diferentes e massas iguais recebem iguais quantidades de calor, o de menor calor específico sofrerá maior elevação de temperatura. Representação sem escala e em cores fantasia.

FÍSICA NO CONTEXTO

CALOR ESPECÍFICO E TEMPERATURA AMBIENTE

Acabamos de ver que, quanto maior o calor específico de uma substância, menos ela se aquece ao receber certa quantidade de calor. A água é uma das substâncias que apresenta calor específico de valor mais elevado. Por essa razão, certa massa de água (lago, rio, piscina, etc.), ao receber calor do Sol, sofre pequenas variações em sua temperatura, em comparação com outros objetos. Ainda pelo mesmo motivo, quando o Sol se põe, isto é, quando a água e os outros objetos liberam calor para o ambiente, o resfriamento da água é muito mais lento comparado aos demais objetos. Muitos organismos, que sobrevivem em uma faixa estreita de variação de temperatura, só estão vivos devido ao fato de a água possuir elevados valores de calor específico, o que faz com que ela não tenha variações bruscas de temperatura.

No deserto, por exemplo, pelo fato de a areia ter um calor específico muito pequeno, ela se aquece e se resfria com facilidade, embora os dias sejam excessivamente quentes, as noites costumam apresentar temperaturas muito baixas **(figura 3.24)**.

Figura 3.24. Durante o dia, a temperatura no deserto é muito elevada e, durante a noite, sofre uma grande redução. Isso ocorre em virtude do pequeno calor específico da areia. Nessas regiões é indicado o uso de roupas longas e lenços para proteger a pele do sol e do vento.

Cálculo do calor absorvido por um objeto

A capacidade térmica de um objeto foi definida como sendo $C = \Delta Q/\Delta T$. Então, a quantidade de calor, ΔQ, que um objeto absorve (ou libera) quando sua temperatura varia de ΔT, é dada por:

$$\Delta Q = C \cdot \Delta T$$

Podemos, ainda, expressar ΔQ em função do calor específico, c, e da massa, m, do objeto, lembrando que $c = C/m$, ou seja, $C = m \cdot c$. Assim, teremos, para ΔQ:

$$\Delta Q = mc\Delta T$$

A quantidade de calor, ΔQ, absorvida ou liberada por um objeto de massa m e calor específico c, quando sua temperatura varia de ΔT, pode ser calculada pela relação:

$$\Delta Q = mc\Delta T$$

Exemplo

Uma barra de alumínio de 200 g, ao passar por um processo industrial, teve sua temperatura elevada de 20 °C para 140 °C. Qual foi a quantidade de calor cedida para a barra nesse processo?

Como já sabemos, essa quantidade de calor pode ser calculada por $\Delta Q = mc\Delta T$. Consultando a **tabela 3.1**, encontramos o valor do calor específico do alumínio: $c = 0{,}22$ cal/g °C. A variação de temperatura da barra foi $\Delta T = 140\ °C - 20\ °C = 120\ °C$. Assim:

$$\Delta Q = mc\Delta T = 200 \cdot 0{,}22 \cdot 120 \quad \therefore \quad \Delta Q = 5{,}3 \cdot 10^3 \text{ cal}$$

Observe que o valor de ΔQ foi expresso em calorias porque tomamos m em gramas, c em cal/g °C e ΔT em °C. Então:

$$\text{g} \cdot \frac{\text{cal}}{\text{g}\ °\text{C}} \cdot °\text{C} = \text{cal}$$

Se a temperatura da barra retornasse de 140 °C para 20 °C, ela liberaria $5{,}3 \cdot 10^3$ cal de calor, isto é, a mesma quantidade de calor que absorveu ao ser aquecida.

VERIFIQUE O QUE APRENDEU

10. Um bloco metálico está inicialmente à temperatura de 20 °C. Recebendo uma quantidade de calor $\Delta Q = 330$ cal, sua temperatura se eleva para 50 °C.

a) Qual é o valor da capacidade térmica do bloco?

b) Diga, com suas palavras, o significado do resultado que você encontrou em **a**.

11. Suponha que dois blocos, A e B, ambos de zinco, tenham massas m_A e m_B, tais que $m_A > m_B$.

a) O calor específico de A é maior, menor ou igual a B?

b) A capacidade térmica de A é maior, menor ou igual a B?

c) Se reduzirmos, igualmente, as temperaturas de A e B, qual deles liberará maior quantidade de calor?

12. Imagine duas conchas para sopa, de massas iguais, com o mesmo formato, uma de alumínio e outra de ferro. Ambas são mergulhadas em água em ebulição, na qual são deixadas por alguns minutos para ser esterilizadas. Em seguida, são retiradas e colocadas em recipientes diferentes contendo a mesma quantidade de água à temperatura ambiente para serem resfriadas. Consulte a **tabela 3.1** e responda:

a) Em qual dos recipientes, inicialmente à temperatura ambiente, a temperatura da água se elevará mais: no que contém a concha de ferro ou no que contém a concha de alumínio?

b) Explique a sua resposta, com base nos valores de calor específico dos dois metais.

13. Um bloco de cobre, de massa $m = 200$ g, é aquecido de 30 °C até 80 °C.

a) Qual quantidade de calor foi cedida ao bloco?

b) Se cedermos 186 cal de calor a esse bloco, quanto aumentará sua temperatura?

Calorímetro

O calorímetro é um aparelho que mede o calor trocado entre objetos colocados em seu interior, podendo-se obter, como resultado dessa medida, o calor específico de uma substância qualquer envolvida na experiência.

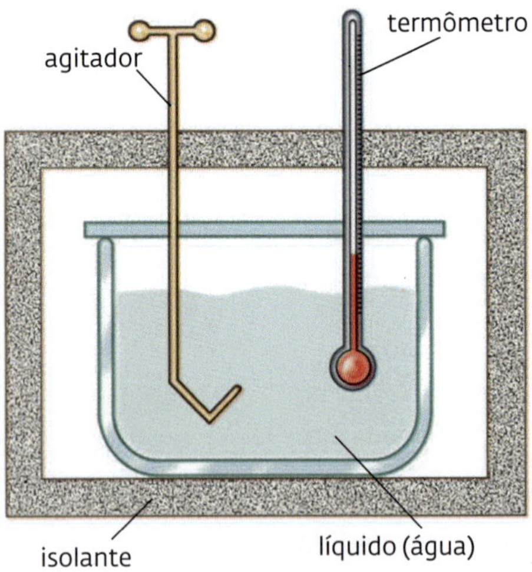

Paulo César Pereira/Arquivo da editora

Figura 3.25. Representação (sem escala e em cores fantasia) de um tipo comum de calorímetro.

A **figura 3.25** representa um tipo comum de calorímetro. Ele consiste, essencialmente, em um recipiente interno, de paredes espelhadas, envolvido por outro recipiente fechado, de paredes isolantes. Com esses cuidados, consegue-se isolar termicamente o interior do calorímetro, impedindo a entrada ou a saída de calor (como em uma garrafa térmica). Comumente, o calorímetro contém um líquido (água, em geral) e é provido de dois acessórios: um termômetro e uma haste destinada a agitar o líquido, para se obter rapidamente o equilíbrio térmico da mistura colocada em seu interior.

Quando um ou mais objetos são colocados no interior de um calorímetro, sendo suas temperaturas diferentes haverá troca de calor entre eles, até que o equilíbrio térmico seja alcançado. Pelo princípio de conservação da energia, concluímos que, após ser atingido o equilíbrio térmico:

O calor total liberado pelos objetos que se esfriaram é igual ao calor total absorvido pelos objetos que se aqueceram.

calor cedido = calor absorvido

$$\Sigma Q = 0, \text{ ou seja: } Q_1 + Q_2 + Q_3 + \ldots + Q_n = 0$$

Exemplo

Um calorímetro, cuja capacidade térmica é 42 cal/°C, contém 90 g de água. A temperatura do conjunto é de 20 °C. Coloca-se em seu interior um bloco de ferro, cuja massa é de 100 g e a temperatura é de 85 °C. Após ser atingido o equilíbrio térmico, a temperatura da mistura é de 25 °C. Determine o calor específico do ferro.

Observe que o bloco de ferro se esfriou (de 85 °C para 25 °C) enquanto a água e o calorímetro se aqueceram (de 20 °C para 25 °C). Lembrando que, quando um objeto se aquece ou se esfria, o calor que ele absorve ou libera é dado por $\Delta Q = C\Delta T$ ou por $\Delta Q = mc\Delta T$, podemos escrever:

- calor cedido pelo ferro $= 100 \cdot c \cdot (85 - 25)$;
- calor absorvido pela água $= 90 \cdot 1 \cdot (25 - 20)$;
- calor absorvido pelo calorímetro $= C\Delta T = 42 \cdot (25 - 20)$.

Usando a igualdade

calor cedido = calor absorvido

teremos:

$$100 \cdot c \cdot (85 - 25) = 90 \cdot 1 \cdot (25 - 20) + 42 \cdot (25 - 20)$$

Resolvendo essa equação, obtemos, para o calor específico do ferro:

$$c = 0{,}11 \text{ cal/g °C}$$

3.4 Trabalho em uma variação de volume

As ilustrações desta página estão representadas sem escala e em cores fantasia.

O que é um sistema

A palavra **sistema** é usada, na Física, para designar um objeto, ou um conjunto de objetos, a serem analisados. Tudo aquilo que não pertencer ao sistema, isto é, o entorno denomina-se **vizinhança** do sistema. Um sistema pode trocar energia com a sua vizinhança sob a forma de calor ou pela realização de trabalho. Realmente, se há uma diferença de temperatura entre o sistema e a vizinhança, certa quantidade de calor Q poderá ser transferida de um para o outro **(figura 3.26)**.

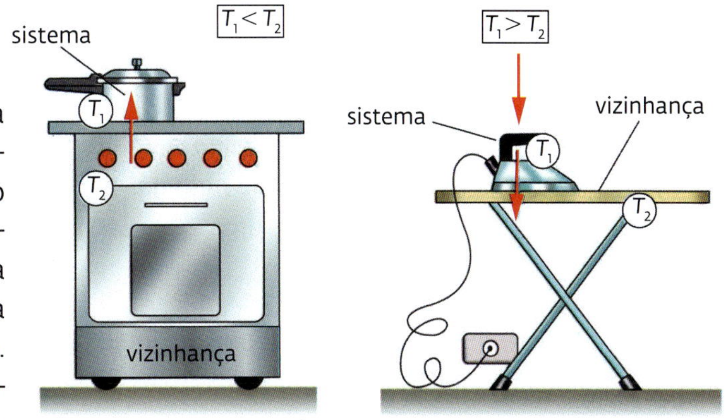

Ilustrações: Paulo César Pereira/Arquivo da editora

Figura 3.26. Um sistema pode trocar energia com a vizinhança sob a forma de calor. A seta vermelha indica o sentido em que ocorre a transferência de calor.

Além disso, o sistema pode se expandir, vencendo uma pressão externa e, portanto, realizando trabalho sobre a vizinhança **(figura 3.27.a)** ou, ainda, o sistema poderá ter o seu volume reduzido, com a realização de um trabalho da vizinhança sobre ele **(figura 3.27.b)**.

Nas seções anteriores, já analisamos as trocas de calor entre um sistema e sua vizinhança. Nesta seção, analisaremos o trabalho realizado nas variações de volume do sistema e, na seção seguinte, estudaremos a 1ª lei da Termodinâmica, que estabelece uma relação entre as energias que um sistema pode trocar com sua vizinhança.

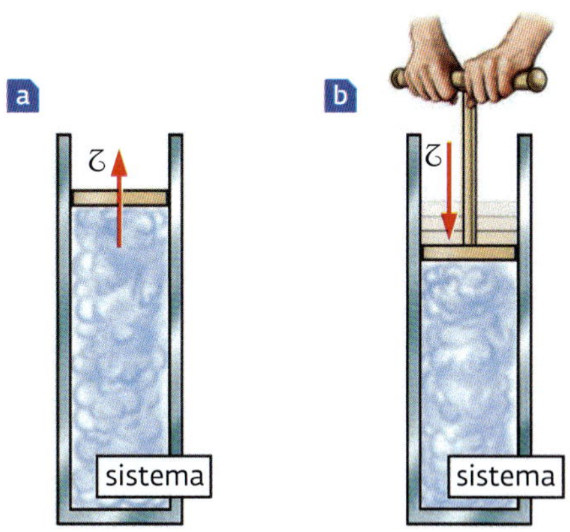

Figura 3.27. Um sistema pode trocar energia com a vizinhança por meio da realização de trabalho.

Trabalho realizado em uma expansão

Para simplificar nosso estudo, consideraremos como sistema um gás ideal, encerrado em um cilindro provido de um êmbolo (pistão) que pode se deslocar livremente.

Suponha que o gás se encontre em um estado inicial *i*, ocupando um volume V_i **(figura 3.28)**. Em virtude da pressão do gás, ele exerce uma força $\vec{F}$ sobre o pistão, que, estando livre, percorre um espaço ΔS. Assim, o gás se expandiu até o estado final *f*, no qual o seu volume é V_f, e realizou um trabalho τ. Se a pressão, *p*, do gás permanecer constante (transformação isobárica), o valor da força $\vec{F}$ também será constante durante a expansão, e o trabalho, τ, realizado pelo gás, pode ser calculado. De fato, para esse caso (força constante e no mesmo sentido do deslocamento), temos:

$$\tau = F \cdot \Delta S$$

Mas $F = pA$, em que A é a área do pistão **(figura 3.28)**. Então:

$$\tau = pA\Delta S$$

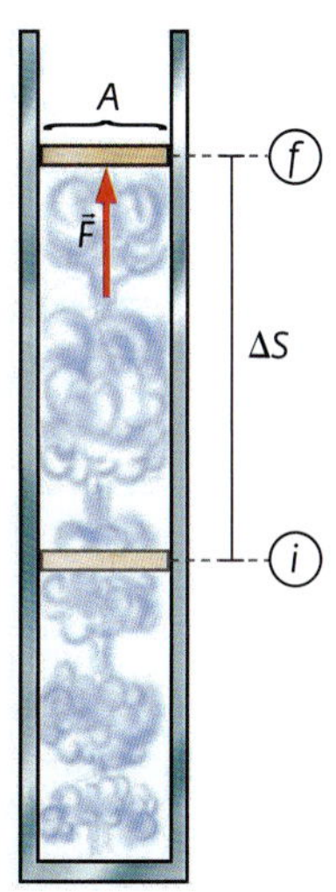

Figura 3.28. Quando um gás se expande isobaricamente, o trabalho que realiza é dado por $\tau = p(V_f - V_i)$.

Observe, porém, que $A\Delta S$ é o volume "varrido" pelo pistão durante a expansão, que é igual à **variação** do volume do gás, isto é, $A\Delta S = V_f - V_i$. Logo:

$$\tau = p(V_f - V_i)$$

Portanto, essa expressão nos permite calcular o trabalho que um gás realiza, ao sofrer uma variação de volume, **sob pressão constante**.

Exemplo

Suponha que, na figura 3.27, o gás se expandiu, exercendo uma pressão constante $p = 2{,}0$ atm, desde o volume $V_i = 200$ cm³ até o volume $V_f = 500$ cm³. Qual o trabalho realizado pelo gás nessa expansão?

Como se trata de uma expansão isobárica, esse trabalho é dado por:

$$\tau = p(V_f - V_i)$$

Para obter o valor de τ em joules, isto é, no Sistema Internacional, devemos expressar p em N/m^2 e os volumes em m^3. Seja 1 atm $= 1{,}01 \cdot 10^5$ Pa $= 1{,}01 \cdot 10^5$ N/m^2. Então:

$$p = 2{,}0 \text{ atm} = 2{,}02 \cdot 10^5 \text{ N/m}^2$$

Sendo $1 \text{ cm}^3 = 10^{-6} \text{ m}^3$, obtemos:

$$V_i = 200 \text{ cm}^3 = 2{,}00 \cdot 10^{-4} \text{ m}^3 \quad \text{e} \quad V_f = 500 \text{ cm}^3 = 5{,}00 \cdot 10^{-4} \text{ m}^3$$

Logo:

$$\tau = p(V_f - V_i) = 2{,}02 \cdot 10^5(5{,}00 \cdot 10^{-4} - 2{,}00 \cdot 10^{-4}) \text{ ou } \tau = 60{,}6 \text{ J}$$

Trabalho positivo e trabalho negativo

A expressão $\tau = p(V_f - V_i)$ pode ser usada, também, para calcular o trabalho realizado quando o gás é **comprimido** isobaricamente. Na expansão, como $V_f > V_i$, a diferença $V_f - V_i$ é positiva, e o trabalho realizado é positivo: dizemos que o **trabalho foi realizado pelo sistema**. Na compressão, como $V_f < V_i$, a diferença $V_f - V_i$ é negativa, e o trabalho realizado é negativo: dizemos que o **trabalho foi realizado sobre o sistema**. Assim, no exemplo que acabamos de resolver, o gás realizou um trabalho positivo, de 60,6 J, ao se expandir.

De maneira geral, sempre que um sistema aumenta de volume (trabalho positivo) dizemos que ele realiza trabalho; quando diminui de volume (trabalho negativo), dizemos que um trabalho foi realizado sobre ele. Assim, se o volume do sistema for mantido constante (transformação isovolumétrica), o sistema não realiza trabalho, nem trabalho é realizado sobre ele, isto é, $\tau = 0$.

VERIFIQUE O QUE APRENDEU

14. A figura 3.27.a representa um sistema de um gás em expansão. Observe essa figura e responda:

a) A variação de volume do gás foi positiva, negativa ou nula?

b) O trabalho realizado foi positivo, negativo ou nulo?

c) Nesse caso, dizemos que o trabalho foi realizado pelo sistema ou sobre ele?

15. Considere um gás dentro de um cilindro provido de um pistão. O gás é aquecido, mas seu volume permanece constante.

a) O gás está exercendo força sobre o pistão?

b) O que ocorre com o valor dessa força durante o aquecimento?

c) Há deslocamento do pistão?

d) Qual é o valor do trabalho realizado?

3.5 A 1ª lei da Termodinâmica

Energia interna

Na seção 3.1 nos referimos à **energia interna** de um objeto e vimos que ela representa a soma das diversas formas de energia que os átomos e as moléculas do objeto possuem. No estudo de um **sistema** qualquer, sua energia interna, representada por U, é a energia total existente em seu interior.

Quando um sistema vai de um estado inicial, i, a um estado final, f, ele geralmente troca energia com a vizinhança. Consequentemente, sua energia interna sofre variações, passando de um valor inicial U_i para um valor final U_f, ou seja, a energia interna varia de:

$$\Delta U = U_f - U_i$$

A primeira lei

Consideremos um sistema, como o gás da figura 3.29.a, ao qual cedemos uma quantidade de calor $Q = 100$ J. Essa energia será acrescentada ao interior do sistema e, pelo **princípio de conservação da energia**, tenderia a provocar um aumento $\Delta U = 100$ J na sua energia interna. Entretanto, suponha que o sistema, simultaneamente, tenha se expandido, realizando um trabalho $\tau = 30$ J sobre a vizinhança (figura 3.29.a).

Esse trabalho será feito com a utilização da energia interna do sistema, que tende a diminuir 30 J. Assim, se a energia interna tende a aumentar de 100 J (calor absorvido) e a diminuir de 30 J (trabalho realizado), será observada uma variação, ΔU, da energia interna do sistema, cujo valor é:

$$\Delta U = 100\ \text{J} - 30\ \text{J} \quad \therefore \quad \Delta U = 70\ \text{J}$$

Generalizando, se um sistema absorve uma quantidade de calor Q e realiza um trabalho τ (figura 3.29.b), o princípio de conservação da energia nos permite concluir que sua energia interna sofrerá uma variação ΔU dada por:

$$\Delta U = Q - \tau$$

Essa expressão poderá ser usada mesmo quando o sistema ceder calor à vizinhança, mas, nesse caso, deve-se atribuir a Q um sinal negativo, pois a liberação de calor contribui para **diminuir** a energia interna do sistema. Ainda quando o trabalho é realizado **sobre** o sistema, a relação $\Delta U = Q - \tau$ continua válida, devendo-se lembrar que, agora, τ é negativo, como vimos na seção anterior.

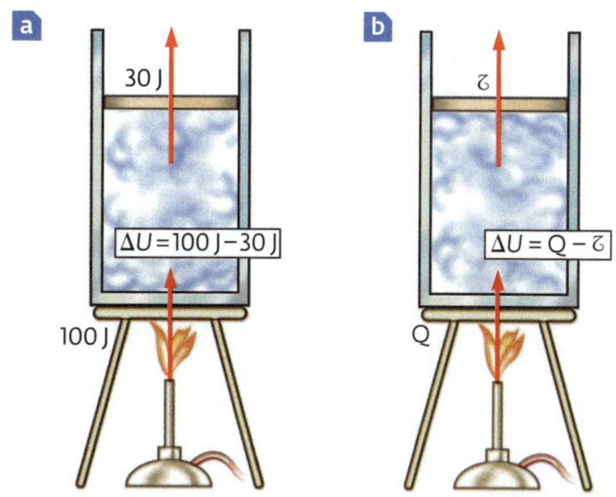

Ilustrações: Paulo César Pereira/Arquivo da editora

Figura 3.29. Quando um sistema absorve uma quantidade de calor Q e realiza um trabalho τ, a variação de sua energia interna é $\Delta U = Q - \tau$. Representação sem escala e em cores fantasia.

1ª lei da Termodinâmica (Conservação da Energia)

Quando uma quantidade de calor Q é absorvida (Q positivo) ou cedida (Q negativo) por um sistema, e um trabalho τ é realizado por esse sistema (τ positivo) ou sobre ele (τ negativo), a variação da energia interna, ΔU, do sistema é dada por:

$$\Delta U = Q - \tau$$

Ilustrações: Paulo César Pereira/Arquivo da editora

Figura 3.30. O sistema **absorve** calor e trabalho é realizado sobre ele.

As ilustrações desta página estão representadas sem escala e em cores fantasia.

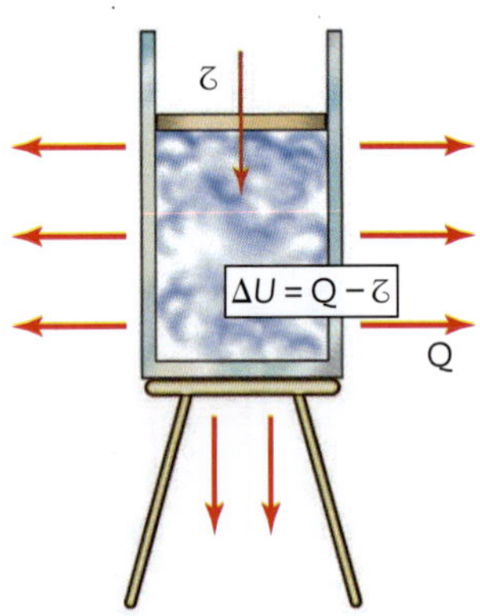

Figura 3.31. O sistema **cede** calor para o ambiente e um trabalho é realizado sobre ele.

Exemplo

Suponha que um sistema passe de um estado a outro, trocando energia com sua vizinhança. Calcule a variação de energia interna do sistema nos seguintes casos:

a) O sistema absorve 100 cal de calor e realiza um trabalho de 200 J. (Essa transformação é semelhante à representada na figura 3.29.)

A variação da energia interna é dada pela 1ª lei da Termodinâmica, isto é:

$$\Delta U = Q - \tau$$

Nesse caso, temos $Q = 100$ cal $= 418$ J (pois 1 cal $= 4{,}18$ J), cujo sinal é positivo, porque se trata de calor absorvido pelo sistema. O valor $\tau = 200$ J também é positivo, porque o trabalho foi realizado pelo sistema. Então:

$$\Delta U = 418 - 200 \quad \therefore \quad \Delta U = 218 \text{ J}$$

Esse resultado nos diz que a energia interna do sistema aumentou de 218 J.

b) O sistema absorve 100 cal de calor e um trabalho de 200 J é realizado sobre ele (figura 3.30).

Como no caso anterior, $Q = 100$ cal $= 418$ J e é positivo. Entretanto, temos agora $\tau = -200$ J, pois o trabalho foi realizado sobre o sistema. Assim:

$$\Delta U = Q - \tau = 418 - (-200) \quad \therefore \quad \Delta U = 618 \text{ J}$$

Portanto, a energia interna sofreu um acréscimo de 618 J, uma vez que tanto o calor fornecido ao sistema (418 J) quanto o trabalho realizado sobre ele (200 J) representam quantidades de energia transferidas para o sistema.

c) O sistema libera 100 cal de calor para a vizinhança e um trabalho de 200 J é realizado sobre ele (figura 3.31).

Temos, nesse caso, $Q = -100$ cal $= -418$ J e $\tau = -200$ J, pois o calor foi cedido pelo sistema e o trabalho foi realizado sobre ele. Logo:

$$\Delta U = Q - \tau = -418 - (-200) \quad \therefore \quad \Delta U = -218 \text{ J}$$

A energia interna do sistema diminuiu de 218 J, pois o sistema perdeu 418 J sob a forma de calor e recebeu 200 J pelo trabalho realizado sobre ele.

Verifique o que aprendeu

16. Suponha que um gás, mantido a volume constante, liberasse 170 cal de calor para sua vizinhança.

a) Qual foi o trabalho realizado pelo gás?

b) Qual foi, em calorias, a variação da energia interna do gás?

c) A energia interna do gás aumentou, diminuiu ou não variou?

17. Quando um sistema troca energia com sua vizinhança:

a) Se o sistema absorve calor, sua energia interna tenderá a aumentar ou a diminuir? Então, nesse caso, em $\Delta U = Q - \tau$, Q deverá ser positivo ou negativo?

b) Se o sistema libera calor, sua energia interna tenderá a aumentar ou a diminuir? Então, em $\Delta U = Q - \tau$, Q deverá ser positivo ou negativo?

18. Um sistema sofre uma transformação na qual ele absorve 50 cal de calor e se expande, realizando um trabalho de 320 J.

a) Qual é, em joules, o calor absorvido pelo sistema? (Considere 1 cal $= 4{,}2$ J.)

b) Calcule a variação de energia interna do sistema.

c) Interprete, como foi feito no exemplo desta seção, o significado da resposta da questão **b**.

3.6 Aplicações da 1ª lei da Termodinâmica

Após estudar a 1ª lei da Termodinâmica, vamos aplicá-la a algumas situações particulares, para obter informações sobre a energia interna de um sistema nessas ocasiões. Iniciaremos essa análise estudando a **transformação adiabática**.

As ilustrações desta página estão representadas sem escala e em cores fantasia.

Transformação adiabática

Considere um gás confinado em um cilindro, cujas paredes são feitas de um material isolante térmico **(figura 3.32)**. Em virtude disso, se esse gás se expandir (ou for comprimido), ele não poderá ceder nem receber calor da vizinhança. Uma transformação como essa, em que o sistema não troca calor com a vizinhança, isto é, $Q = 0$, é denominada **transformação adiabática**.

Quando um gás sofre uma expansão (ou compressão) rápida, mesmo que as paredes do recipiente não sejam isolantes, essa transformação pode ser considerada adiabática, $Q = 0$.

Aplicando a 1ª lei da Termodinâmica, $\Delta U = Q - \tau$, a uma transformação adiabática, como temos $Q = 0$, obtemos:

$$\Delta U = -\tau$$

Analisemos esse resultado. Supondo que o gás tenha se expandido, o trabalho τ que ele realizou será positivo. Então, na expressão anterior obtemos um ΔU negativo, isto é, a energia interna do sistema diminuiu.

Uma diminuição na energia interna de um gás acarreta uma redução em sua temperatura. Logo, quando um gás se expande adiabaticamente, sua temperatura diminui. Podemos constatar esse fato deixando um gás comprimido expandir-se rapidamente (transformação adiabática) e observando que ele realmente se resfria **(figura 3.33)**.

Suponha, agora, que o sistema tenha sido comprimido. Nesse caso, τ será negativo. Da expressão $\Delta U = -\tau$, obtemos ΔU positivo, isto é, a energia interna do gás aumenta e, consequentemente, haverá um aumento em sua temperatura. Você poderá verificar esse efeito se tampar, com um de seus dedos, a saída de ar de uma bomba de encher pneu e comprimir rapidamente o pistão (compressão adiabática): com o dedo você perceberá a elevação de temperatura do ar que foi comprimido no interior da bomba **(figura 3.34)**.

Transformação isotérmica

A **figura 3.35** representa um gás absorvendo uma quantidade de calor Q e se expandindo, realizando um trabalho τ. Se o trabalho que o gás realiza for igual ao calor que ele absorve, isto é, se $Q = \tau$, teremos, pela 1ª lei da Termodinâmica:

$$\Delta U = Q - \tau \quad \therefore \quad \Delta U = 0$$

ou seja,

$$U = \text{constante}$$

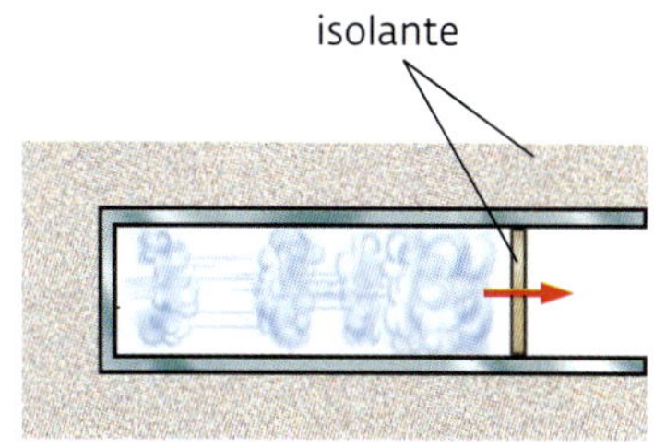

Figura 3.32. Quando um gás se expande adiabaticamente, ele realiza trabalho, mas não recebe nem libera calor.

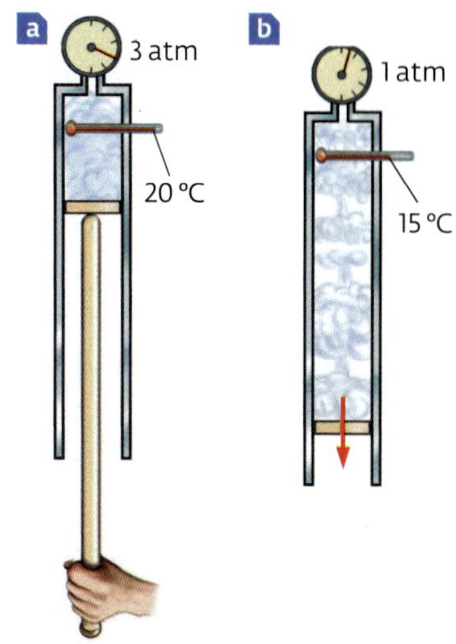

Figura 3.33. Em uma expansão adiabática, a energia interna do gás diminui e, portanto, há uma queda em sua temperatura.

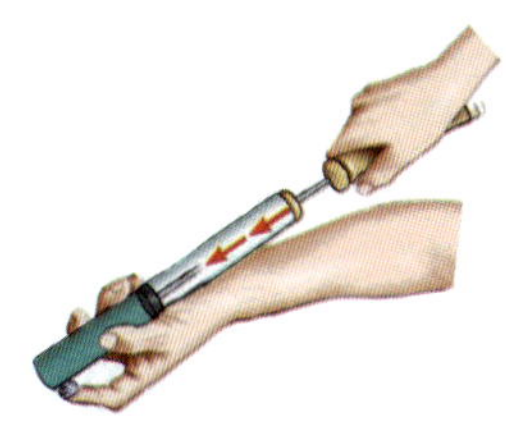

Figura 3.34. Em uma compressão rápida (adiabática), a energia interna do gás aumenta e há, portanto, uma elevação em sua temperatura.

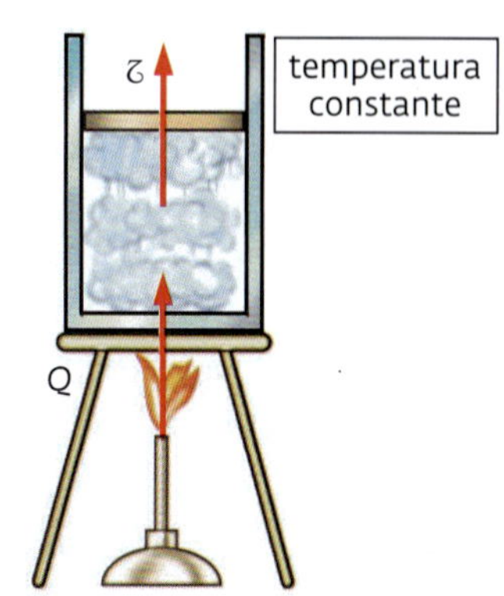

Figura 3.35. Quando um gás se expande isotermicamente, o trabalho que ele realiza é igual ao calor que ele absorve.

Ilustrações: Paulo César Pereira/Arquivo da editora

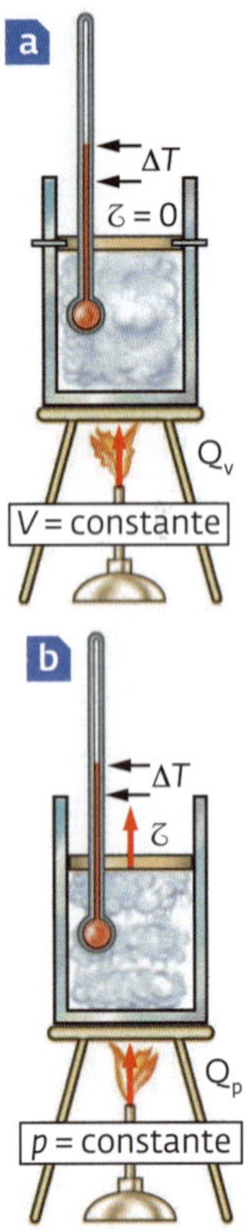

Ilustrações: Paulo César Pereira/Arquivo da editora

Figura 3.36. Na experiência ilustrada na figura temos $Q_p > Q_V$. Representação sem escala e em cores fantasia.

O fato de a energia interna permanecer constante indica que a temperatura não sofreu alteração e, portanto, o gás se expandiu isotermicamente. Vimos que, para um gás se expandir isotermicamente, ele deve receber uma quantidade de calor igual ao trabalho que realiza na expansão. Do mesmo modo, para que um gás seja comprimido sem que a sua temperatura se eleve, ele deve liberar uma quantidade de calor igual ao trabalho realizado sobre ele.

Calor absorvido por um gás

Suponha que massas iguais de um mesmo gás sejam aquecidas, uma delas a volume constante e a outra a pressão constante (**figura 3.36**). A experiência permite afirmar que, para ambas sofrerem a mesma elevação de temperatura, a quantidade de calor que devemos fornecer, a pressão constante, é maior do que aquela que devemos fornecer a volume constante ($Q_p > Q_V$ na **figura 3.36**).

O aumento da energia interna foi o mesmo para as duas massas gasosas, pois ambas experimentaram a mesma elevação de temperatura. Na **figura 3.36.a**, o gás não realizou trabalho, porque seu volume permaneceu constante. Então, pela 1ª lei da Termodinâmica, como $\tau = 0$, teremos $\Delta U = Q_V$, isto é, todo o calor absorvido foi usado para provocar o aumento da energia interna.

Na transformação isobárica (**figura 3.36.b**), o gás se expande e, portanto, realiza um trabalho τ. Então, o calor, Q_p, fornecido ao gás, é usado para provocar o aumento da energia interna e para realizar esse trabalho. Assim, explica-se por que, para provocar a mesma elevação de temperatura (mesma variação de energia interna), será necessário fornecer maior quantidade de calor a pressão constante do que a volume constante.

VERIFIQUE O QUE APRENDEU

19. Considere a compressão adiabática mostrada na **figura 3.34**.

a) A temperatura do gás aumentou? E sua energia interna?
b) Houve absorção de calor pelo gás?
c) Então, qual foi a causa do aumento de temperatura do gás?

20. Suponha que um gás, ao se expandir, absorva uma quantidade de calor $Q = 150$ cal e realize um trabalho $\tau = 630$ J.

a) Expresse o valor de Q em joules. (Considere 1 cal = 4,2 J.)
b) Qual é a variação da energia interna do gás?
c) Então, a energia interna do gás aumentou, diminuiu ou não variou? E sua temperatura?
d) Como se denomina essa transformação?

21. Um calorímetro, de capacidade térmica desprezível ($C = 0$), contém 50 g de água a 20 °C. Coloca-se, no interior dele, um bloco de chumbo de 200 g, à temperatura de 100 °C. Observa-se, depois de certo tempo, que a temperatura de equilíbrio é de 30 °C.

a) Sendo *c* o calor específico do chumbo, como podemos expressar o calor perdido por ele?
b) Qual foi o calor absorvido pelo calorímetro?
c) Qual foi o calor absorvido pela água?
d) Usando suas respostas às questões anteriores, calcule o calor específico do chumbo.

22. Considere um recipiente de isopor que contém 100 g de água a 20 °C. Derrama-se no interior do recipiente 200 g de água a 80 °C. Supondo que todo o calor perdido pela água quente tenha sido absorvido pela água fria, determine a temperatura final, T_f, da mistura.

23. Suponha que um objeto de massa $m = 10$ kg esteja suspenso e caia de uma altura $h = 1{,}5$ m, com velocidade constante (considere $g = 10$ m/s²).

a) Qual é o valor da energia mecânica perdida por *m* durante a queda?
b) A energia potencial perdida por *m* durante a queda é transformada em energia cinética de *m*, em energia interna da água ou em ambas?

24. Considerando a situação descrita no exercício anterior, responda:

a) Houve transferência de calor para a água do recipiente durante a queda de *m*?
b) Então, qual foi a causa da variação da energia interna da água?

3.7 Máquinas térmicas – a 2ª lei da Termodinâmica

As ilustrações desta página estão representadas sem escala e em cores fantasia.

O que é uma máquina térmica

Somente no século XIX os cientistas conseguiram estabelecer definitivamente que o calor é uma forma de energia. Entretanto, sabia-se, desde a Antiguidade, que o calor podia ser usado para produzir vapor, que poderia ser utilizado para realizar trabalho mecânico. Essa ideia foi usada por Heron, que no século I d.C. construiu o dispositivo representado na **figura 3.37**: o vapor formado pelo aquecimento da água, ao escapar pelos orifícios representados na imagem, colocava em rotação uma esfera de metal,ou seja, transforma calor em trabalho mecânico.

Em linguagem moderna, dizemos que esse aparelho de Heron é uma máquina térmica, isto é, um dispositivo que transforma calor em trabalho mecânico. Entretanto, essa máquina não foi usada com objetivo prático para produzir grandes quantidades de energia mecânica. Somente no século XVIII vieram a ser construídas as primeiras máquinas térmicas utilizadas em escala industrial.

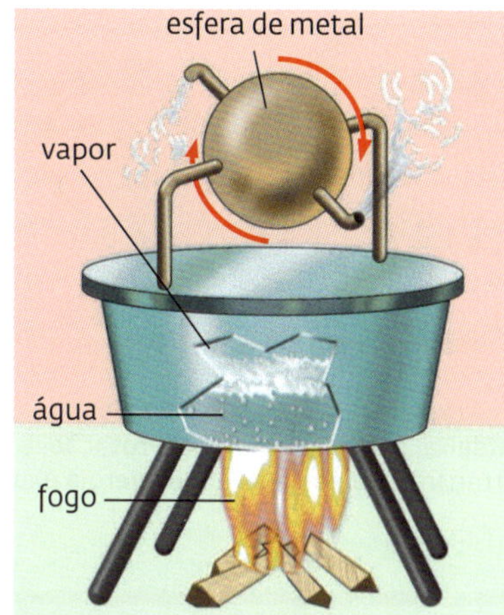

Paulo César Pereira/Arquivo da editora

Figura 3.37. Modelo da primeira máquina térmica, projetada por Heron no século I d.C.

A máquina de Watt

As primeiras máquinas térmicas, construidas no século XVIII, além de precárias, apresentavam rendimentos muito baixos, isto é, consumiam grande quantidade de combustível para produzir pouco trabalho.

Por volta de 1770, o inventor escocês James Watt (1736-1819) apresentou um novo modelo de máquina térmica que substituiu, com enormes vantagens, as máquinas então existentes. A **figura 3.38** apresenta esquematicamente a máquina de Watt.

Nesta máquina o vapor é condensado, gera uma queda de pressão no interior do cilindro e faz com que o pistão retorne à posição inicial. A válvula *B* é fechada, enquanto *A* é aberta, permitindo nova admissão de vapor no cilindro, repetindo-se o ciclo. Dessa maneira, a roda acoplada ao pistão se mantém continuamente em rotação.

A máquina de Watt foi inicialmente empregada para movimentar moinhos e acionar as bombas que retiravam água de minas subterrâneas; posteriormente, em locomotivas e barcos a vapor. Além disso, a máquina a vapor passou a ser amplamente usada nas fábricas para acionar os mais diversos dispositivos industriais, sendo, por isso, considerada um dos fatores que provocaram a chamada Revolução Industrial no século XVIII, iniciada na Inglaterra.

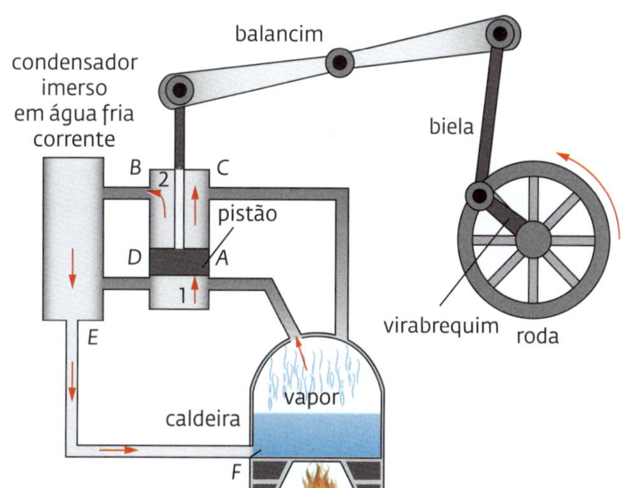

Formato/Arquivo da editora

Figura 3.38. Máquina a vapor de Watt. O vapor entra no cilindro pela válvula *A* e empurra o pistão para cima. A haste do pistão aciona o balancim que, ligado à biela e ao virabrequim, transforma o movimento do pistão (na vertical) em movimento de rotação (a roda gira). Ao subir (válvula *B* aberta), o vapor que estava dentro do cilindro é empurrado para o condensador imerso em água fria corrente. Em seguida, as válvulas *A* e *B* se fecham e as *C* e *D* se abrem. O vapor é admitido no cilindro pela válvula *C*, empurrando o pistão para baixo. O balancim é obrigado a descer, continuando a mover a roda. Neste movimento do pistão, o vapor que estava na parte de baixo do cilindro é empurrado para o condensador pela válvula *D*.

As ilustrações desta página estão representadas sem escala e em cores fantasia.

Turbina a vapor

Os modelos de máquina a vapor, como a de Watt, são pouco utilizadas atualmente. Mas a energia térmica do vapor continua sendo empregada em larga escala, nas centrais termelétricas, para movimentar turbinas a vapor.

Em uma turbina a vapor, um jato de vapor, a altíssima pressão, é lançado contra um conjunto de lâminas presas a um eixo (rotor), colocando a turbina em rotação (**figuras 3.39** e **3.40**).

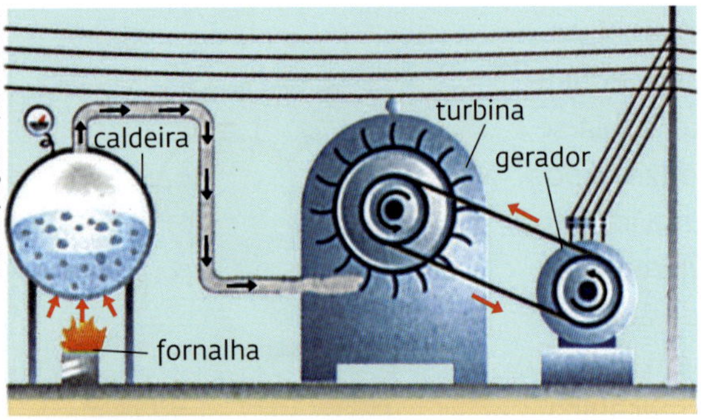

Figura 3.39. O vapor sob pressão, proveniente da caldeira, coloca a turbina em rotação, e esse movimento é transmitido ao gerador de energia elétrica.

Figura 3.40. Usina Euzébio Rocha, em Cubatão (SP). Devido à escassez de chuvas, os reservatórios que abastecem as usinas hidrelétricas ficam com níveis baixos de água, o que prejudica a geração de energia elétrica. Uma alternativa para amenizar o problema é o uso de usinas termelétricas, no entanto essas usinas funcionam por meio da queima de combustíveis fósseis como petróleo, gás natural ou carvão, tornando a matriz energética do país "suja" e menos renovável, além de encarecer as tarifas de energia elétrica.

Sugestão de leitura: *Calor:* o motor das revoluções

Com um olhar voltado para o avanço da industrialização e as consequências sociais geradas nesse processo, o livro discute o desenvolvimento da termodinâmica, que está diretamente associado à evolução e ao aperfeiçoamento das máquinas térmicas.

SILVA, J. A.; PINTO, A. C.; LEITE, C. *Calor:* o motor das revoluções. São Paulo: Ed. do Brasil, 2000.

O motor de explosão

No decorrer do século XX, foram desenvolvidos vários outros tipos de máquina térmica, destacando-se os motores de explosão (combustão interna), as turbinas a vapor, os motores a jato, etc. Em particular, os motores de explosão que utilizam gasolina tornaram-se muito conhecidos em virtude de seu uso nos automóveis (**figura 3.41**).

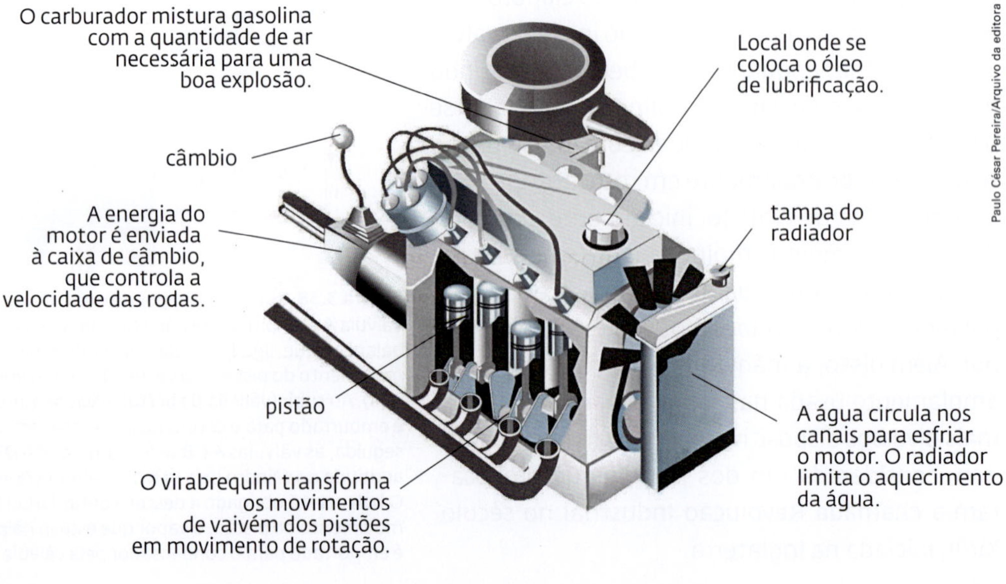

Figura 3.41. Representação de motor de automóvel com quatro cilindros. Ao longo dos anos o carburador foi sendo substituído pelo sistema de injeção eletrônica.

Na **figura 3.42** apresentamos um esquema do motor de explosão a quatro tempos, assim denominado porque seu funcionamento se faz em quatro etapas, as quais descreveremos a seguir: o cilindro possui uma válvula de admissão (*A*), uma de escapamento (*B*) e uma vela (*V*), um dispositivo destinado a produzir uma centelha (que provoca a ignição ou explosão) no momento oportuno. A mistura explosiva, constituída de gasolina, ou etanol, e ar, formada no carburador (não representado na figura), chega à câmara *C*, chamada câmara de explosão, através da válvula *A*, que é governada por um sistema de alavancas.

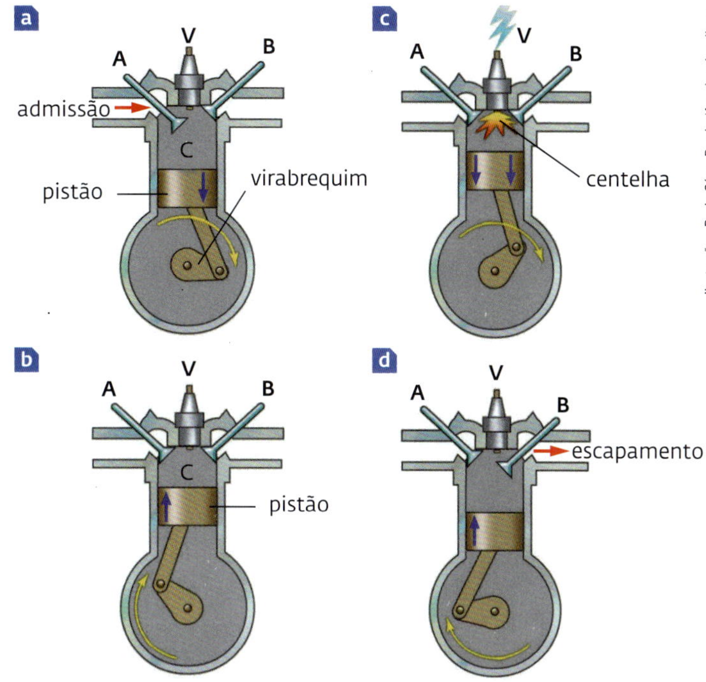

Figura 3.42. Os quatro tempos do funcionamento de um motor de explosão.

As ilustrações desta página estão representadas sem escala e em cores fantasia.

- No primeiro tempo, denominado **admissão**, a válvula *A* se abre, permitindo a entrada da mistura explosiva, enquanto o pistão desce no cilindro **(figura 3.42.a)**.
- No segundo tempo, denominado **compressão**, a mistura é comprimida na câmara *C* (o pistão sobe) e sua temperatura se eleva. Nesse tempo, as válvulas *A* e *B* permanecem fechadas **(figura 3.42.b)**.
- No terceiro tempo, denominado **explosão** e **expansão**, a vela *V* produz uma centelha elétrica, causando a ignição da mistura explosiva. Esse é o único tempo no qual há produção de um trabalho efetivo, pois os gases quentes da combustão, por sua alta pressão, fazem o pistão descer, comunicando movimento de rotação a uma roda a ele acoplada **(figura 3.42.c)**.
- No quarto tempo, denominado **exaustão** ou **escapamento**, a válvula *B* se abre, permitindo o escape dos gases, enquanto o pistão sobe no cilindro **(figura 3.42.d)**.

Fechando-se a válvula *B*, uma nova descida do pistão e abertura da válvula *A* (primeiro tempo) dão início a outro ciclo.

Rendimento de uma máquina térmica

Analisando as máquinas térmicas, verificamos que existem alguns aspectos comuns ao funcionamento de todas elas. De fato, todas operam em ciclo, isto é, retornam periodicamente às condições iniciais, e cada ciclo pode ser representado, esquematicamente, como na **figura 3.43**. Essa figura indica que a máquina retira certa quantidade de calor Q_1 de um objeto aquecido, denominado fonte quente. Na máquina de Watt, por exemplo, a fonte quente é a fornalha que aquece a água da caldeira. A máquina utiliza parte desse calor para realizar um trabalho $\mathcal{E}$ e rejeita uma quantidade de calor Q_2 para a fonte fria. Esse calor Q_2 é transportado pelo vapor que sai ainda aquecido do cilindro e é liberado no condensador, o qual representa a fonte fria dessa máquina.

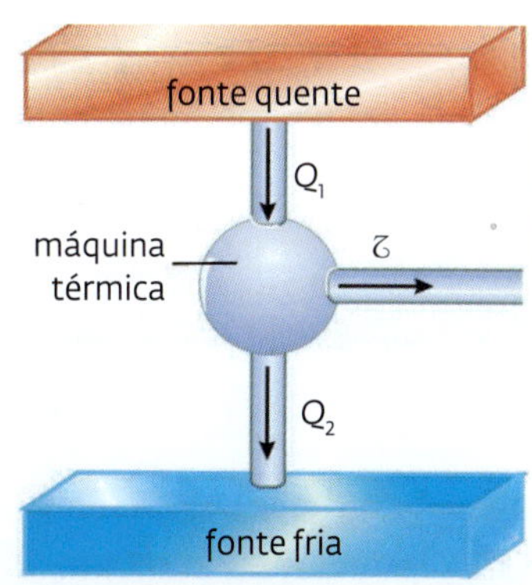

Figura 3.43. Representação esquemática de uma máquina térmica qualquer. Na parte superior temos a fonte quente, Q_1; no centro a máquina térmica que está representada pela esfera; a parte inferior representa a fonte fria, Q_2. As setas indicam o sentido do fluxo de calor e o sentido do trabalho realizado.

Denomina-se rendimento, R, de uma máquina térmica a relação entre o trabalho, τ, que ela realiza em cada ciclo, e o calor, Q_1, absorvido, durante o ciclo, da fonte quente, isto é:

$$R = \frac{\tau}{Q_1}$$

Logo, o rendimento de uma máquina térmica será tanto maior quanto maior for o trabalho que ela realiza, para determinada quantidade de calor absorvido. Assim, se o rendimento de uma máquina for $R = 0,50$ (ou $R = 50\%$), isso significa que essa máquina transforma em trabalho a metade do calor que recebe da fonte quente.

Da **figura 3.43** e pela conservação da energia temos que $Q_1 = \tau + Q_2$ ou $\tau = Q_1 - Q_2$. Então, podemos expressar o rendimento de uma máquina térmica da seguinte maneira:

$$R = \frac{\tau}{Q_1} = \frac{Q_1 - Q_2}{Q_1} \quad \text{ou} \quad R = 1 - \frac{Q_2}{Q_1}$$

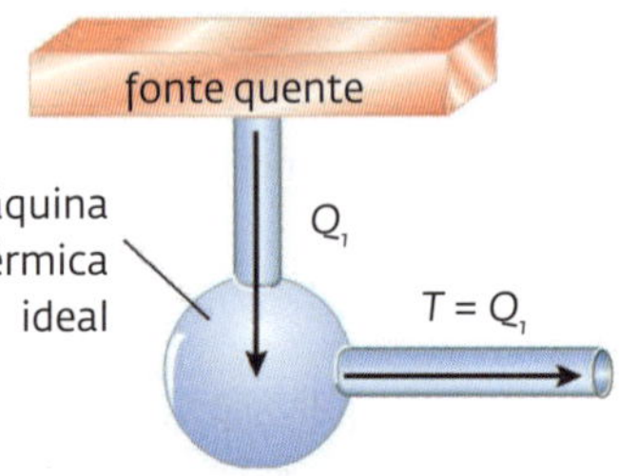

Figura 3.44. Diagrama de uma máquina térmica ideal. Representação sem escala e em cores fantasia.

A 2ª lei da Termodinâmica

Da expressão anterior podemos concluir que, se $Q_2 = 0$, isto é, se a máquina térmica, ao realizar um ciclo, não rejeitasse nenhum calor para a fonte fria, seu rendimento seria $R = 1$ (ou $R = 100\%$). Portanto, uma máquina como essa transformaria em trabalho todo o calor absorvido da fonte quente **(figura 3.44)**.

Entretanto, os cientistas perceberam que é impossível construir uma máquina como essa (com $R = 100\%$). Em outras palavras, qualquer dispositivo existente na natureza, ao efetuar um ciclo, não conseguirá transformar integralmente todo o calor que absorve de uma fonte quente em trabalho. Para completar o ciclo, o dispositivo deverá sempre rejeitar parte do calor absorvido para uma fonte fria, isto é, tem-se sempre, em qualquer máquina térmica, $Q_2 \neq 0$.

Essa conclusão constitui a 2ª lei da Termodinâmica, que foi enunciada por Kelvin, da seguinte maneira:

É impossível construir uma máquina térmica que, operando em ciclo, transforme em trabalho todo o calor a ela fornecido.

Dessa maneira, o rendimento de qualquer máquina térmica é inferior a 100%. Na realidade, os rendimentos das máquinas térmicas mais comumente usadas estão situados muito abaixo desse limite. Por exemplo: nas locomotivas a vapor, o rendimento é cerca de apenas 10%; nos motores a diesel, nunca ultrapassa 40% **(figura 3.45)**.

Figura 3.45. Motores a *diesel*, que estão entre as máquinas mais eficientes, têm rendimento em torno de 40%.

VERIFIQUE O QUE APRENDEU

25. a) Explique sucintamente o que se entende por uma máquina térmica.
b) Procure descobrir qual é a fonte quente e qual é a fonte fria da máquina de Heron.

26. Observe o esquema de uma máquina térmica qualquer, mostrado na **figura 3.43**. Suponha que, em uma máquina a vapor com esse esquema, em cada ciclo a fonte quente ceda uma quantidade de calor igual a 100 calorias à máquina, e esta realize um trabalho de 84 J. Considerando 1 cal = 4,2 J, determine:
a) O rendimento da máquina térmica.
b) A quantidade de calor que ela rejeita em cada ciclo para a fonte fria.

27. Um motor a *diesel* apresenta um rendimento de 40%, realizando em cada ciclo um trabalho de 1 000 J. Calcule, em calorias, a quantidade de calor que, em cada ciclo, o motor (considere aproximadamente 1 cal = 4,2 J):
a) recebe da fonte quente;
b) rejeita para a fonte fria.

28. Sabe-se que o calor de combustão do óleo *diesel* é de $45 \cdot 10^3$ J/g, isto é, cada 1 g desse óleo libera $45 \cdot 10^3$ J de energia térmica, ao ser totalmente queimado. Considerando essa informação e supondo que o motor a *diesel*, referido no exercício anterior, consuma 10 g/s de combustível, determine a potência desenvolvida por ele.

29. Tendo em vista o que foi dito nesta seção sobre a 2ª lei da Termodinâmica, enuncie-a de três maneiras equivalentes.

30. Suponha que uma pessoa lhe informou que construiu uma máquina térmica, a qual, em cada ciclo, recebe 100 cal da fonte quente e realiza um trabalho de 418 J. Sabendo que 1 cal = 4,2 J, se essa máquina estará contrariando:
a) a 1ª lei da Termodinâmica.
b) a 2ª lei da Termodinâmica.

PRATIQUE FÍSICA

EM EQUIPE

1. Realize o procedimento abaixo e observe o que acontece. Coloque uma de suas mãos nas proximidades de sua boca e, abrindo-a, sopre sobre a mão. Em seguida, sopre sobre a mão com a boca quase fechada. Você percebe a diferença de temperatura nas duas situações? Baseado nos conceitos apresentados procure explicar o observado.

João X. de Campos/Arquivo da editora

2. Tome dois recipientes idênticos, de vidro claro e transparente, como duas garrafas comuns de água. Usando uma substância escura (tinta preta, graxa de sapato, etc.), recubra totalmente a superfície externa de uma das garrafas.
Coloque a mesma quantidade de água nas duas garrafas e, em uma delas, adicione a substância escura, exponha-as ao sol (procure realizar a experiência em um dia bastante ensolarado). Depois de certo tempo, meça, com um termômetro, a temperatura da água em cada garrafa (um termômetro comum, de 0 °C a 100 °C, pode ser adquirido, por preço acessível, no comércio especializado e será útil em um grande número de experiências).
Em qual das duas garrafas a água se aqueceu mais? Explique esse resultado (lembre-se do que você aprendeu sobre absorção da radiação térmica).

3. Tome uma folha de papel (de caderno, por exemplo) e desenhe nela uma espiral, como mostra a **figura a** desta experiência. Recorte a espiral e suspenda-a por meio de uma linha fina, sobre a chama de uma vela, como mostra a **figura b**.
Observe o movimento de rotação da espiral e procure explicar por que isso ocorre (lembre-se das correntes de convecção estudadas na seção 3.2).

a

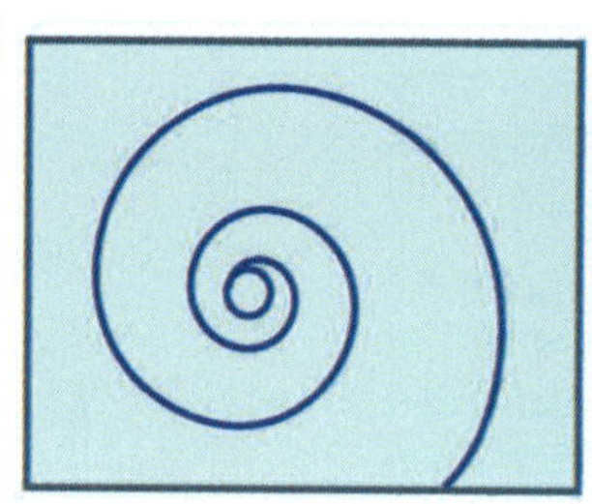

Paulo César Pereira/Arquivo da editora

b

Paulo César Pereira/Arquivo da editora

ATENÇÃO!
Realize esta atividade sob a supervisão do professor.
Tome cuidado para evitar queimadura.

INTEGRANDO TERMODINÂMICA E CORPO HUMANO

No estudo da Termodinâmica, vimos que a primeira lei relaciona a variação de energia interna ΔU com a troca de calor Q e o trabalho τ, por meio da expressão:

$$\Delta U = Q - \tau$$

Aplicamos esta lei para sistemas gasosos, mas será que poderíamos aplicá-la aos processos energéticos do corpo humano **(figura 3.46)**?

Como dissemos, essa lei tem origem no princípio de conservação de energia. Esse princípio, por sua vez, tem validade universal, portanto inclui as trocas energéticas de nosso corpo. Nesse caso, precisamos associar a cada um dos três termos da lei um tipo diferente de energia envolvida em nossas funções biológicas. O mapa conceitual abaixo **(figura 3.47)** apresenta, de forma simplificada, as transformações de energia presentes nos processos biológicos do corpo humano.

YanLev/Shutterstock/Glow Images

Spotmatik/Shutterstock/Glow Images

Figura 3.46. Algumas formas de trocas energéticas no corpo humano: prática esportiva e alimentação.

Transformações de energia no corpo humano

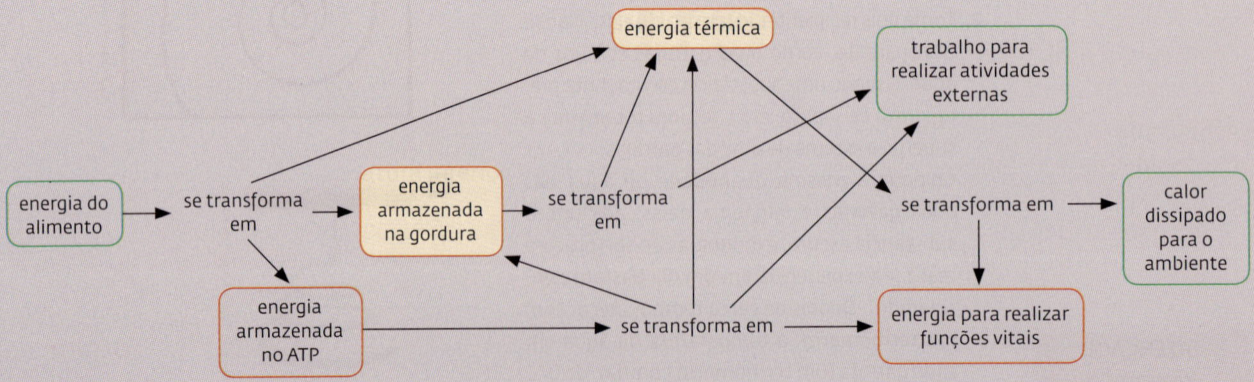

Legenda:

- Energia que tem origem ou destino externo ao corpo
- Energia usada ou transformada no interior do corpo

Figura 3.47. Fluxo de energia desde o seu "ingresso" até a "saída" no corpo humano.

Uma abordagem detalhada dessa aplicação seria muito complexa, mas podemos simplificá-la. Perceba que toda forma de energia destacada em vermelho é energia interna ao corpo (U). Aplicando a primeira lei da Termodinâmica para o corpo humano, assumiremos que essa energia interna varia somente pelo acréscimo ou decréscimo de energia armazenada na gordura: se houver depósito de gordura, a energia interna vai aumentar e, portanto, $\Delta U > 0$; se houver metabolização ("queima") de gordura, a energia interna vai diminuir e, nesse caso, $\Delta U < 0$.

Veja que essa simplificação é razoável se pensarmos que a energia térmica (ver mapa conceitual), que depende da temperatura do corpo e de sua massa, se mantém constante, variando apenas em situações adversas, como em caso de febre ou hipotermia. Além disso, vamos supor que a energia armazenada no ATP e usada para realizar funções vitais – como circulação do sangue, batimento cardíaco, respiração, funcionamento de órgãos, entre outras – também se mantém constante. Por fim, vamos desprezar a perda de energia com a eliminação de fezes e urina. Apesar de ser limitado, veremos que nosso modelo condiz, em muitos aspectos, com aquilo que observamos no dia a dia.

No nosso modelo, τ representa o trabalho que realizamos (ou energia que gastamos) em atividades como andar, falar, praticar esporte, etc.

Finalmente, Q será positivo ($Q > 0$) quando representar o ingresso de energia obtida pelo alimento e será negativo ($Q < 0$) quando representar a dissipação (perda) de calor para o ambiente.

Aplicando a primeira lei da Termodinâmica ao nosso corpo

No exemplo a seguir usaremos a unidade de medida *quilocaloria* (1 kcal = 1 000 cal) quando nos referirmos ao valor calórico dos alimentos. Apesar de ainda hoje as pessoas usarem o termo *caloria* quando se referem à alimentação, uma caloria alimentar é, na verdade, um quilocaloria.

Veja a seguir como a primeira lei da Termodinâmica, quando aplicada ao corpo humano, está relacionada com o ganho ou a perda de massa corporal:

Imagine que, em um dia, você gaste, para realizar trabalho externo, um total de 3 000 kcal de energia (ou seja, τ = 3 000 kcal) e dissipe mais 500 kcal para o ambiente na forma de calor. Nesse dia sua dieta alimentar foi de 2 000 kcal. Portanto:

$$Q = -500 \text{ kcal} + 2\,000 \text{ kcal}$$

Como usar a primeira lei nessa situação?

Pela primeira lei, teremos:

$$\Delta U = Q - \tau \Rightarrow \Delta U = -500 + 2\,000 - 3\,000 \Rightarrow$$
$$\Rightarrow \Delta U = -1\,500 \text{ kcal}$$

Uma vez que em nosso modelo a energia interna só varia por meio do depósito ou "queima" de gordura, nesse caso o seu corpo teve de queimar gordura correspondente a 1 500 kcal. Portanto, quando gastamos mais energia do que consumimos (3 500 kcal > 2 000 kcal), perdemos gordura, ou seja, emagrecemos!

Observação: É importante lembrar que não devemos gastar mais energia do que consumimos para nos manter saudáveis. As atividades físicas devem estar aliadas a uma alimentação equilibrada, ao acompanhamento médico-nutricional e de um profissional de Educação Física, que avalie não apenas a quantidade de exercícios físicos, mas principalmente a qualidade deles, levando em conta suas necessidades, as particularidades do seu corpo e as atividades com as quais você tem mais afinidade.

Pesquise e responda

1. Pesquise na internet a quantidade de:

a) energia disponível para utilizarmos quando "queimamos" 1 kg de gordura do nosso corpo.

b) quilocalorias disponíveis quando ingerimos 200 gramas de carboidrato;

c) energia gasta quando nadamos (na modalidade *crawl*) por 1 hora.

2. Considere uma pessoa que costuma consumir uma dieta calórica estável, porém, em determinado dia, exagerou e consumiu 200 gramas extras de carboidrato. Considerando a perda de calor do corpo dessa pessoa para o ambiente constante e que os pressupostos necessários para aplicação da primeira lei da Termodinâmica ao nosso corpo sejam válidos.

a) Quanto tempo essa pessoa precisará nadar *crawl* para compensar seu exagero?

b) Qual é a altura da escada que ela deveria subir para compensar seu exagero, se não quisesse nadar? (Use $g = 10 \text{ m/s}^2$.)

c) Caso não realize atividades físicas, como nadar ou subir escadas, quantos gramas de gordura o corpo dessa pessoa vai acumular?

Veja no próximo Integrando...

O conceito de imagem e o sentido da visão.

PROBLEMAS E TESTES

1. Considere uma massa de 200 kg de água, caindo do alto de uma catarata cuja altura é de 210 m.

a) Qual é a energia potencial dessa massa de água no alto da catarata? (Considere $g = 10\ m/s^2$.)

b) Desprezando o atrito com o ar, qual será a energia cinética dessa massa de água ao chegar ao solo?

c) Qual é, em calorias, a quantidade de calor equivalente a essa energia cinética? (Considere 1 cal = 4,2 J.)

d) Quando a água colide com o solo, sua energia cinética é quase totalmente transformada em energia interna, provocando uma elevação de temperatura. Supondo que toda a energia cinética tenha sido usada para aquecer a água, de quanto se elevaria a sua temperatura?

2. Certa massa gasosa sofre uma transformação, absorvendo uma quantidade de calor Q, realizando um trabalho τ e sofrendo uma variação ΔU em sua energia interna. Indique, entre as afirmativas seguintes, aquelas que estão corretas:

a) $\tau = Q$ se a transformação for isotérmica.

b) $\Delta U = Q$ se a transformação for isovolumétrica.

c) $\Delta U = 0$ se a transformação for adiabática.

d) $Q > \tau$ se a transformação for uma expansão isobárica.

e) $Q = 0$ se a transformação for isotérmica.

3. Um gás, com volume inicial V_i e pressão p, expande-se isobaricamente até um volume final V_f.

a) Desenhe no caderno o gráfico **pressão × volume** para essa transformação.

b) Qual é a expressão do valor da área sob o gráfico que você desenhou?

c) Então, o que representa o valor dessa área?

4. O gráfico abaixo mostra como a energia interna de 1 mol de gás hélio, mantido a volume constante, varia com sua temperatura absoluta.

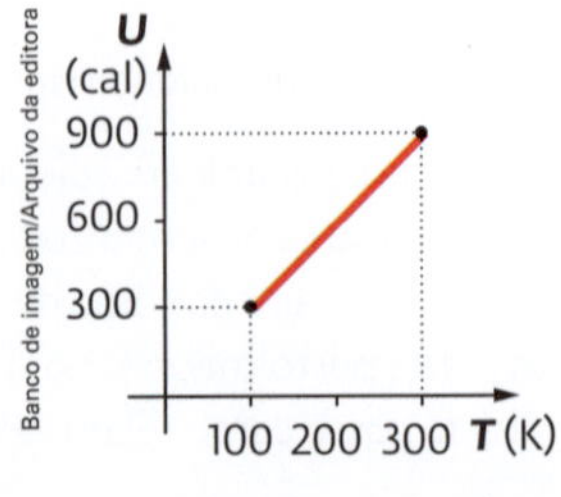

a) Qual é o valor de ΔU no intervalo de temperatura mostrado?

b) Qual foi o trabalho realizado pelo hélio nessa transformação?

c) Qual quantidade de calor o gás absorveu?

d) Calcule o calor específico, a volume constante, do hélio (lembre-se de que a massa de 1 mol desse gás é de 4 g).

5. Um estudante construiu um calorímetro e procurou determinar o valor da capacidade térmica desse aparelho. Para isso, colocou em seu interior 300 g de água fria e, aguardando um certo tempo, verificou que o conjunto alcançou o equilíbrio térmico à temperatura de 20 °C. Em seguida, acrescentou ao calorímetro 100 g de água morna, a 45 °C. Fechando rapidamente o aparelho, esperou até que o equilíbrio térmico fosse refeito, verificando que a temperatura final era de 25 °C. Baseando-se nesses dados, calcule a capacidade térmica do calorímetro do estudante.

6. A garrafa térmica é um dispositivo que permite manter constante a temperatura de um objeto (quente ou frio) colocado em seu interior. Observando a figura (sem escala e em cores fantasia) deste problema, procure explicar como ela é construída e descreva como se tenta impedir que o calor entre ou saia de seu interior pelos três processos que estudamos neste capítulo (condução, convecção e radiação).

7. Uma usina termonuclear utiliza 20% das águas de um rio para seu sistema de refrigeração. Uma vez utilizada, essa água sai da usina com uma temperatura 12 °C acima da temperatura média do rio no trecho anterior. De quanto se eleva a temperatura média das águas do rio logo após receber a água da usina?

8. **(UFSM-RS)** Um dos métodos de obtenção de sal consiste em armazenar água do mar em grandes tanques abertos, de modo que a exposição ao sol promova a evaporação da água e o resíduo restante contendo sal possa ser, finalmente, processado. A respeito do processo de evaporação da água, analise as afirmações a seguir.

I. A água do tanque evapora porque sua temperatura alcança 100 °C.

II. Ao absorver radiação solar, a energia cinética de algumas moléculas de água aumenta, e parte delas escapa para a atmosfera.

III. Durante o processo, linhas de convecção se formam no tanque, garantindo a continuidade do processo até que toda a água seja evaporada.

Está(ão) correta(s)

a) apenas I.
b) apenas II.
c) apenas III.
d) apenas I e II.
e) I, II e III.

9. **(PUCC-SP)** Um dispositivo mecânico usado para medir o equivalente mecânico do calor recebe 250 J de energia mecânica e agita, por meio de pás, 100 g de água que acabam por sofrer elevação de 0,50 °C de sua temperatura. Adote 1 cal = 4,2 J e $c_{água} = 1{,}0$ cal/g °C. O rendimento do dispositivo nesse processo de aquecimento é de

a) 16%.
b) 19%.
c) 67%.
d) 81%.
e) 84%.

Apêndice D

Máquinas térmicas – Ciclo de Carnot

Diagrama $p \times V$ para um ciclo

Na seção 3.7 vimos que as máquinas térmicas operam sempre em ciclo, isto é, retornam periodicamente às condições iniciais. Veremos, agora, como as transformações que constituem um ciclo são representadas em um diagrama $p \times V$.

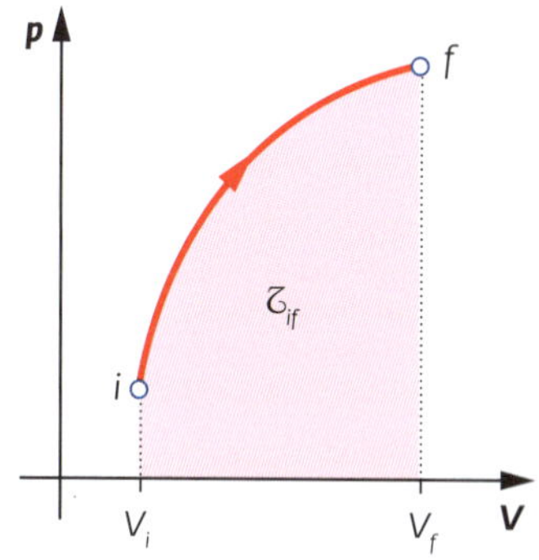

Figura D.1. O trabalho realizado por um gás, em uma variação de volume, é dado pela área sob o gráfico $p \times V$.

Consideremos um gás, no estado inicial i, com volume V_i, expandindo-se até atingir um estado final f, no qual ocupa um volume V_f. Suponha que a pressão p do gás tenha variado, durante a transformação, da maneira mostrada na **figura D.1**. Como a transformação não é isobárica, o trabalho τ_{if}, realizado pelo gás nessa expansão, não pode ser calculado pela expressão $\tau_{if} = p\,(V_f - V_i)$, analisada na seção 3.4. Nesse caso (p variável), o valor do trabalho τ_{if} é dado pela área sob a curva do gráfico $p \times V$, destacada na **figura D.1**.

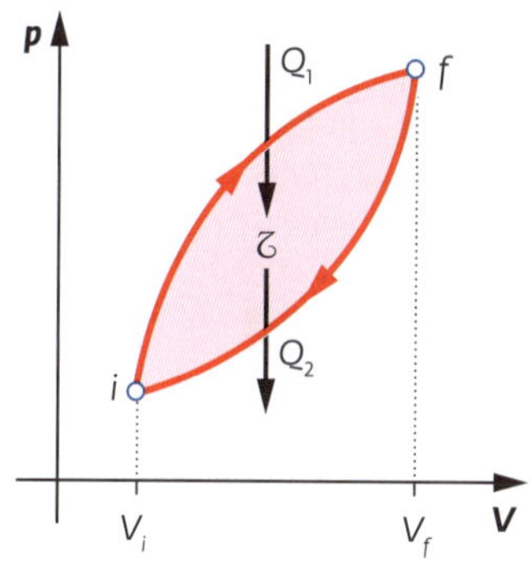

Figura D.2. O trabalho realizado pelo sistema, ao percorrer o ciclo, é fornecido pela área entre as curvas.

Considere, agora, que o sistema gasoso, a partir do estado f, retorne ao estado inicial, i, por meio de uma transformação diferente da primeira, como está representado na **figura D.2**. Nessa compressão, o gás realizará um trabalho negativo (um trabalho externo é realizado sobre o sistema) cujo valor (em módulo) é dado pela área sob a nova curva. O trabalho líquido, τ, realizado pelo sistema ao percorrer o ciclo, será dado pelas diferenças entre aqueles dois trabalhos realizados na expansão e na compressão que corresponde ao valor da área limitada pelas curvas que definem o ciclo **(figura D.2)**.

Deve-se observar que, durante a expansão, o gás absorveu uma quantidade de calor Q_1, cedendo, na compressão, uma quantidade de calor Q_2. Como o sistema, no ciclo, retorna às condições iniciais, sua energia interna não sofre variações, isto é, $\Delta U = 0$. Logo, pela 1ª lei da Termodinâmica, tem-se:

$$Q - \tau = \Delta U \quad \therefore \quad (Q_1 - Q_2) - \tau = 0$$

$$\text{ou} \quad \tau = Q_1 - Q_2$$

Ciclo de Carnot

O **ciclo de Carnot** foi descrito e analisado por um jovem engenheiro francês, Sadi Carnot, em 1824. Consiste em duas transformações isotérmicas, alternadas com duas transformações adiabáticas, e está representado na **figura D.3** para um gás ideal.

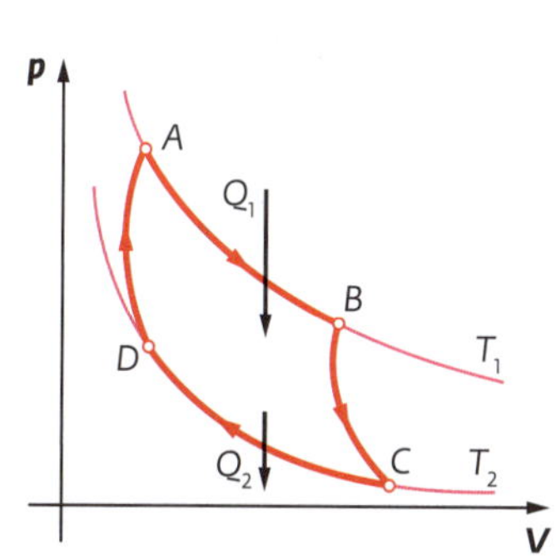

Figura D.3. Ciclo de Carnot para um gás ideal.

Na transformação isotérmica, AB, o gás absorve o calor Q_1, enquanto se expande. Esse calor é absorvido de uma fonte à temperatura T_1. Isolando **termicamente** o sistema, deixamos que ele continue a se expandir. O sistema não troca calor com a vizinhança e sua temperatura cai para o valor T_2. Essa transformação adiabática é representada pela curva BC na **figura D.3**. De C para D temos uma compressão isotérmica na qual o gás cede calor para a

SPL/Latinstock

SADI CARNOT (1796-1832)

Físico e engenheiro do exército francês, mais conhecido por seu estudo sobre as condições ideais para a produção de energia mecânica, a partir do calor, nas máquinas térmicas. A maior contribuição que deixou para a Termodinâmica foi sua previsão de que o rendimento de uma máquina ideal depende apenas das temperaturas da fonte quente e da fonte fria, não sendo influenciado pela substância (vapor ou outro fluido qualquer) usada no mecanismo.

fonte fria à temperatura T_2 e, finalmente, com uma compressão adiabática (*DA*), retorna às condições iniciais. Quando um dispositivo opera segundo esse ciclo, dizemos que ele é uma **máquina de Carnot**.

Nenhuma máquina térmica que opere entre duas dadas fontes, às temperaturas T_1 e T_2, pode ter maior rendimento que uma máquina de Carnot operando entre essas mesmas fontes.

Assim, o ciclo de Carnot corresponde ao rendimento máximo que podemos obter com duas fontes térmicas.

E o rendimento de uma máquina de Carnot pode ser calculado por

$$R = 1 - \frac{T_2}{T_1}$$

em que T_2 e T_1 são as temperaturas em kelvin da fonte fria e da fonte quente, respectivamente. Assim, se uma máquina de Carnot operasse, por exemplo, entre duas fontes, tais que $T_1 = 800$ K e $T_2 = 200$ K, seu rendimento seria:

$$R = 1 - \frac{200}{800} = 1 - 0{,}25 = 0{,}75 \quad \text{ou} \quad R = 75\%$$

Qualquer máquina térmica, operando entre 800 K e 200 K e funcionando com um ciclo diferente desse, teria rendimento inferior a 75%.

Agora você pode entender por que o zero absoluto representa um limite inferior para a temperatura de um objeto. Se um sistema pudesse atingir essa temperatura, que faria com que todas as suas moléculas parassem de se mover, ele poderia ser usado como a fonte fria de uma máquina de Carnot. Com $T_2 = 0$, o rendimento da máquina seria $R = 1 = 100\%$, o que contraria a 2ª lei da Termodinâmica. Logo, o zero absoluto pode ser aproximado indefinidamente, mas não pode ser atingido. Os cientistas já conseguiram obter temperaturas extremamente baixas, chegando até 0,000001 K, sem contudo chegar ao zero absoluto.

Exemplo

Um inventor afirma que criou uma máquina que extrai $25 \cdot 10^6$ cal de uma fonte à temperatura de 400 K e cede $10 \cdot 10^6$ cal para uma fonte a 200 K, realizando um trabalho de $54 \cdot 10^6$ J. Você investiria dinheiro na fabricação dessa máquina?

Temos:

$$Q_1 = 25 \cdot 10^6 \text{ cal}$$
$$Q_2 = 10 \cdot 10^6 \text{ cal}$$
$$\tau = 54 \cdot 10^6 \text{ J}$$

Logo:

$$\tau = \left(\frac{54 \cdot 10^6}{4{,}2}\right) \text{cal} = 13 \cdot 10^6 \text{ cal}$$

Como $Q_1 - Q_2 = 15 \cdot 10^6$ cal, a máquina não está contrariando a 1ª lei da Termodinâmica (não contraria a conservação da energia), pois não realiza mais trabalho que o calor (total) que absorve. O fato de ela nos entregar apenas $13 \cdot 10^6$ cal, em vez de $15 \cdot 10^6$ cal, é perfeitamente razoável, pois $2 \cdot 10^6$ cal podem representar o trabalho que a máquina deve realizar contra o atrito. Logo, a máquina apresentada é perfeitamente possível, sob o ponto de vista da 1ª lei da Termodinâmica.

Vejamos, agora, se ela é compatível com a 2ª lei da Termodinâmica. O rendimento da máquina é:

$$R = 1 - \frac{Q_2}{Q_1} = 1 - \frac{10 \cdot 10^6}{25 \cdot 10^6} = 0{,}6 = 60\%$$

Entretanto, uma máquina de Carnot, operando entre essas mesmas temperaturas, teria um rendimento:

$$R = 1 - \frac{T_2}{T_1} = 1 - \frac{200}{800} = 50\%$$

A suposta máquina tem um rendimento maior que o da máquina de Carnot. Logo, você que acredita nos princípios básicos da Termodinâmica não seria capaz de acreditar no inventor. Mas apenas para dissipar dúvidas, você poderia verificar o funcionamento da máquina para então decidir sobre o investimento nela.

As ilustrações desta página estão representadas sem escala e em cores fantasia.

Refrigerador

O refrigerador é um aparelho que reduz a temperatura dos materiais colocados em seu interior e mantém nesse ambiente uma temperatura inferior à de suas vizinhanças. Para isso o refrigerador funciona como uma máquina térmica operando em sentido contrário, isto é, retira calor (Q_2) de uma fonte fria, à temperatura T_2, e, após realizar trabalho (T), cede uma quantidade de calor (Q_1) para um ambiente (fonte quente) a uma temperatura T_1 tal que $T_1 > T_2$ **(figura D.4)**. Observe que o refrigerador cede para o ambiente uma quantidade de calor, Q_1, maior do que a quantidade de calor, Q_2, que ele retira do seu interior (fonte fria).

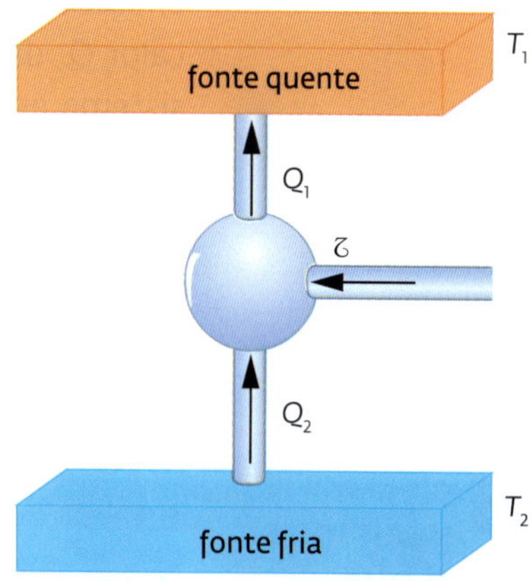

Figura D.4. Diagrama do fluxo de um refrigerador.

O funcionamento de um refrigerador comum está esquematizado na **figura D.5**. Na serpentina, *B*, o fluido refrigerante que circula no refrigerador está liquefeito sob a pressão produzida pelo compressor, *A*. Em geral, o compressor localiza-se na parte inferior dos refrigeradores domésticos e são acionados por um motor.

O líquido refrigerante passa por um estrangulamento em *C* e sofre uma expansão, ao penetrar na tubulação do refrigerador, *D*, e resfria em virtude da expansão brusca (mudança de fase) na qual o gás realiza trabalho. Em contato com o ambiente do congelador, *D*, a tubulação absorve calor dele, o que leva o restante do líquido a evaporar. O gás passa de *D* para o compressor, onde é novamente liquefeito pelo trabalho da força de pressão que o pistão realiza sobre ele. Ao ser liquefeito, o gás libera calor, que é transferido para o ar ambiente na serpentina *B*. É por esse motivo que a parte posterior do refrigerador, onde está situada a serpentina *B*, deve estar voltada para um local onde haja circulação do ar **(figura D.5)**, para facilitar a transferência de calor da serpentina para o ambiente.

Em resumo, vemos que o refrigerador retira calor (Q_2) do congelador, em *D*, recebendo um trabalho ($\mathcal{T}$) no compressor e cede calor (Q_1) para o ambiente, em *B*.

O fluido refrigerante mais utilizado nos refrigeradores era o monoclorodifluormetano, conhecido como *freon* R-22. No entanto, ele tem deixado de ser empregado por ter efeitos nocivos ao meio ambiente, em particular para a camada de ozônio, e está sendo substituído pelo tetrafluoretano ou R–134a, por ser menos poluente comparado ao anterior.

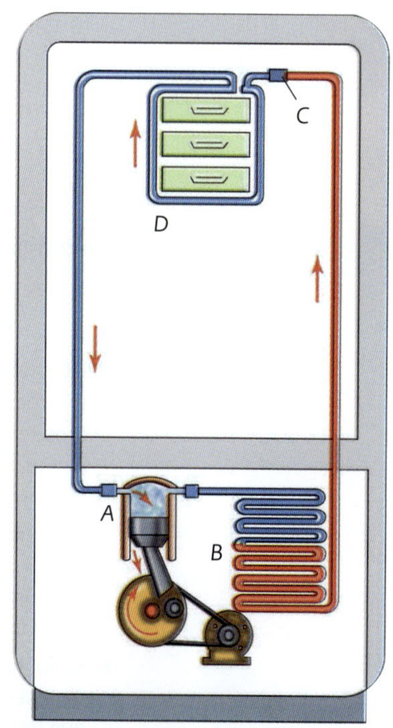

Figura D.5. Representação esquemática do funcionamento de um refrigerador. O gás é liquefeito no compressor e segue pela serpentina *B*, que libera o calor para o meio ambiente.

Eficiência de um refrigerador

O refrigerador mais eficiente seria aquele que retirasse o máximo possível de calor, Q_2, da fonte fria, exigindo que o mínimo de trabalho, τ, fosse realizado sobre ele. Pode-se medir sua eficiência da seguinte maneira: ε

$$\varepsilon = -\frac{Q_2}{\tau},\ Q_1 = Q_2 + \tau$$

$$\varepsilon = \frac{Q_2}{Q_1 - Q_2}$$

Suponha que um sistema percorra o ciclo de Carnot, representado na **figura D.3**, em sentido inverso, isto é, no sentido *DCBA*. Nesse caso, em cada ciclo, ele retira um calor Q_2 da fonte fria e cede uma quantidade de calor Q_1 para a fonte quente. Esse sistema está funcionando como um refrigerador de Carnot, sendo possível mostrar que ele tem a maior eficiência possível entre quaisquer refrigeradores que operassem nas temperaturas T_1 e T_2. Essa eficiência máxima é dada por:

$$\varepsilon = \frac{T_2}{T_1 - T_2}$$

VERIFIQUE O QUE APRENDEU

1. Um sistema sofre uma transformação I, representada na figura abaixo, passando de um estado inicial *i* para um estado final *f*.

a) O trabalho, τ_{if}, realizado pelo sistema nessa transformação, poderia ser calculado usando a expressão $\tau_{if} = p_i(V_f - V_i)$? Por quê?

b) Calcule o valor de τ_{if}.

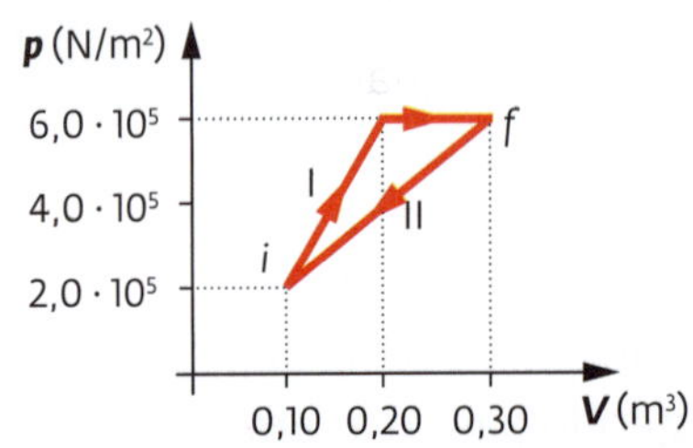

Banco de imagem/Arquivo da editora

2. No exercício anterior, suponha que o sistema retorne de *f* para *i* seguindo a transformação II, mostrada na figura.

a) Calcule o trabalho do sistema nessa transformação.

b) Qual foi o trabalho τ realizado pelo sistema no ciclo que ele percorreu?

c) Indique, na figura, a área que corresponde ao trabalho τ, no ciclo.

3. Suponha que o gráfico referente ao exercício 1 represente o ciclo de uma máquina térmica que retira da fonte quente uma quantidade de calor $Q_1 = 8{,}0 \cdot 10^4$ J. Determine:

a) o rendimento dessa máquina;

b) a quantidade de calor que ela cede para a fonte fria.

4. Uma máquina de Carnot apresenta um rendimento de 30%, e a temperatura de sua fonte quente é 400 K. A potência dessa máquina é de 4,5 kW e ela efetua 10 ciclos/s.

a) Calcule a temperatura da fonte fria dessa máquina.

b) Qual é o trabalho que a máquina realiza em cada ciclo?

c) Quais são as quantidades de calor, Q_1 e Q_2, que a máquina absorve e cede?

5. Um dos motores térmicos de maior rendimento já construídos trabalha nas temperaturas de 2 000 K (fonte quente) e de 700 K (fonte fria), apresentando um rendimento de 40%. Esse rendimento está próximo do valor máximo que ele poderia alcançar entre aquelas temperaturas?

6. Um refrigerador cede para o ambiente uma quantidade de calor $Q_1 = 800$ cal, durante certo intervalo de tempo.

a) Nesse intervalo, a quantidade de calor Q_2 que ele retira do seu interior é maior, menor ou igual a 800 cal?

b) Supondo que o refrigerador apresente uma eficiência $\gamma = 3{,}0$, calcule o valor de Q_2.

7. Tendo em vista as respostas do exercício anterior, responda à seguinte questão: uma pessoa desejava esfriar uma sala na qual existia uma geladeira em funcionamento. Para isso, fechou as portas e as janelas da sala e abriu a porta da geladeira. Com esse procedimento a pessoa alcançou seu objetivo? Explique.

FÍSICA NO CONTEXTO

Entropia – Indisponibilidade da energia

Irreversibilidade e desordem em um processo natural

Suponha que certa massa de água quente seja misturada com uma porção de água fria. Esse sistema, resultante da mistura, termina por alcançar uma temperatura de equilíbrio que tem o mesmo valor em qualquer ponto do sistema.

Antes de ser efetuada a mistura, teria sido possível fazer uma máquina térmica operar usando as massas de água mencionadas como fonte quente e fria dessa máquina. E a energia que foi transferida da massa quente para a fria poderia ter sido usada para a realização de um trabalho (energia útil). Entretanto, após a mistura, sendo atingida a uniformidade da temperatura do sistema, embora a energia não tenha desaparecido, não é mais possível convertê-la em trabalho. Isto significa que uma parte da energia do sistema tornou-se **indisponível**, e não pode ser usada na realização de trabalho.

Para que aquela parte de energia continuasse disponível para realizar trabalho, seria necessário que o sistema (suposto isolado) voltasse espontaneamente às condições iniciais, isto é, a mistura se separasse nas duas porções quente e fria primitivas. De nossa experiência diária, sabemos que é altamente improvável que ocorra. Em outras palavras, o processo que levou à homogeneização da temperatura é **irreversível**[1].

Outra maneira de analisar esse processo consiste em observar que o sistema inicialmente se encontrava em condição mais organizada, isto é, de **maior ordem**, com as moléculas de maior energia cinética média (água quente) separadas das moléculas de menor energia cinética (água fria). Depois que ocorre a mistura, o sistema torna-se mais desordenado, havendo uniformidade da temperatura. As moléculas distribuem-se aleatoriamente e trocam energia cinética entre si nas colisões (figura D.6).

Ilustrações: João X. de Campos/Arquivo da editora

Figura D.6. Quando o recipiente é agitado, as bolas de cores diferentes se misturam. Esse processo conduz a um aumento da desordem do sistema, e seria altamente improvável a continuidade da agitação levar o sistema de volta às condições iniciais (processo irreversível). Semelhante ao que ocorre com as moléculas de água a diferentes temperaturas.

De maneira geral, ao analisarmos qualquer processo que ocorra na natureza vamos chegar às mesmas conclusões do representado na figura D.6. Assim, enquanto você caminha, estuda, cresce, se alimenta, dorme, acende uma lâmpada ou passeia de automóvel, certa quantidade de energia estará continuamente tornando-se indisponível para a realização de trabalho, embora a energia total não tenha sido alterada. Costuma-se dizer que a energia se **degrada** ao se transformar em energia térmica.

Entropia

Para expressar quantitativamente essas características dos processos irreversíveis, o físico alemão R. Clausius, por volta de 1860, introduziu uma nova grandeza, denominada **entropia**, *S*. O valor da entropia varia quando o sistema passa de um estado para outro. Essa variação, ΔS, é exatamente o que é importante conhecer (de maneira semelhante ao que ocorre com a energia potencial, da qual só nos interessa a variação).

Para um sistema que sofre uma transformação isotérmica, em uma temperatura absoluta, *T*, absorvendo ou cedendo uma quantidade de calor ΔQ, a variação da entropia do sistema é dada por:

$$\Delta \mathbf{S} = \frac{\Delta Q}{T} \quad \text{ou} \quad \mathbf{S}_f - \mathbf{S}_i = \frac{\Delta Q}{T}$$

[1] O ramo da Física denominado Mecânica Estatística modifica a afirmativa "nunca ocorre" para "é altamente improvável que ocorra".

Princípio de aumento da entropia

Consideremos um sistema que sofra um processo irreversível qualquer. Nesse processo, em geral, o sistema interage com a vizinhança, e ambos sofrerão variações de entropia. Seja ΔS_s a variação da entropia do sistema, e ΔS_v a da vizinhança. A variação total de entropia, ΔS_t, ocorrida no processo será, evidentemente

$$\Delta S_t = \Delta S_s + \Delta S_v$$

Observando os fenômenos irreversíveis, que ocorrem na natureza, foi possível concluir que nesses processos a entropia total sempre aumenta, isto é, temos seguramente $\Delta S_t > 0$. Portanto, a entropia está associada a um princípio de aumento denominado **Princípio de Aumento da Entropia**:

Em todos os processos naturais irreversíveis, a entropia total (do sistema e da vizinhança) sempre aumenta.

Fotos: Reprodução/Arquivo da editora

"La misérable race humaine périra par le froid."

"Ce sera la fin."

Figura D.7. Ilustrações e legendas que as acompanham, reproduzidas da obra do astrônomo francês Camille Flammarion: "A miserável raça humana morrerá pelo frio" e "Este será o fim".

A "morte térmica" do Universo

Qual seria o significado do aumento de entropia que acompanha todo e qualquer processo que ocorre na natureza?

O próprio Clausius já havia mostrado que esse aumento de entropia está relacionado com o aumento da desordem do sistema e com a falta de possibilidade de converter energia em trabalho. De fato, é possível mostrar que, quanto maior for o aumento total de entropia ΔS_t, que ocorre em um processo, maior será a quantidade de energia ΔE que se torna indisponível para ser convertida em energia útil, embora a energia total envolvida no processo permaneça constante. Portanto, a entropia é, de fato, uma grandeza apropriada para caracterizar o grau de desordem e de degradação da energia envolvidos nos processos irreversíveis. Podemos destacar:

A quantidade de energia ΔE que se torna indisponível em um processo natural é diretamente proporcional ao aumento total de entropia ΔS_t, que acompanha o processo.

A tendência de todos os processos naturais, tais como fluxo de calor, mistura, difusão, etc. é de acarretar uma uniformidade de temperatura, pressão, composição, etc. em todos os pontos dos sistemas que participam de tais processos.

Em cada um desses processos há um aumento de entropia e um aumento na indisponibilidade de energia. Assim, podemos visualizar um momento, em um futuro distante, no qual todo o Universo terá atingido um estado de uniformidade absoluta. Se essa situação for alcançada, ainda que não tenha havido nenhuma alteração no valor da sua energia total, todos os processos físicos, químicos e biológicos terão cessado. Esse fim para o qual parecemos caminhar é comumente conhecido como a **"morte térmica" do Universo**.

Essas ideias, que parecem ser uma consequência inevitável das bem estabelecidas leis da Termodinâmica, têm despertado grande interesse, até mesmo popular, e já foram tema de diversas obras literárias.

H. G. Wells, com sua obra ***A máquina do tempo***, de 1895, e o astrônomo francês Camille Flammarion (1842-1925) são exemplos de escritores que se envolveram com o assunto. Na **figura D.7** apresentamos reproduções de ilustrações de uma das obras de Flammarion, na qual ele descreve várias maneiras pelas quais poderíamos chegar ao **fim do mundo**.

PROBLEMAS E TESTES

1. **(Enem)** Uma garrafa térmica tem como função evitar a troca de calor entre o líquido nela contido e o ambiente, mantendo a temperatura de seu conteúdo constante. Uma forma de orientar os consumidores na compra de uma garrafa térmica seria criar um selo de qualidade, como se faz atualmente para informar o consumo de energia de eletrodomésticos. O selo identificaria cinco categorias e informaria a variação de temperatura do conteúdo da garrafa, depois de decorridas seis horas de seu fechamento, por meio de uma porcentagem do valor inicial da temperatura de equilíbrio do líquido na garrafa.

O quadro apresenta as categorias e os intervalos de variação percentual da temperatura.

Tipo de selo	Variação de temperatura
A	menor que 10 %
B	entre 10% e 25%
C	entre 25% e 40%
D	entre 40% e 55%
E	maior que 55%

Para atribuir uma categoria a um modelo de garrafa térmica, são preparadas e misturadas, em uma garrafa, duas amostras de água, uma a 10 °C e outra a 40 °C, na proporção de um terço de água fria para dois terços de água quente. A garrafa é fechada. Seis horas depois, abre-se a garrafa e mede-se a temperatura da água, obtendo-se 16 °C.

Qual selo deveria ser posto na garrafa térmica testada?

a) A
b) B
c) C
d) D
e) E

2. **(UFPB)** Uma máquina térmica opera usando um gás ideal monoatômico, de acordo com o ciclo representado na figura abaixo.

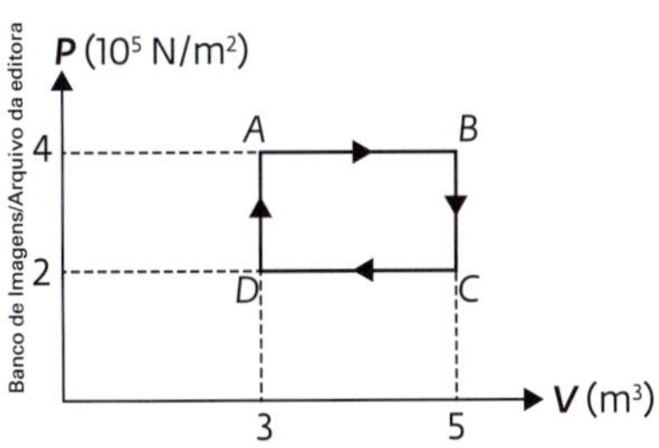

Sabendo que a temperatura de operação da máquina no ponto B é de 500 K, identifique as afirmativas corretas:

( ) O trabalho realizado pela máquina térmica em um ciclo é de $4 \cdot 10^5$ J.

( ) A eficiência dessa máquina é igual à eficiência de uma máquina operando segundo o ciclo de Carnot.

( ) A menor temperatura atingida durante o ciclo de operação da máquina é de 100 K.

( ) Para uma máquina térmica ideal que trabalhe entre as temperaturas de operação do ciclo representado na figura, a maior eficiência possível é de 0,7.

( ) A variação de energia interna em um ciclo completo é nula.

3. Um gás contido em um cilindro com pistão é levado de um estado inicial *A* até um estado final *C*, seguindo dois processos distintos, *AC* ou *ABC* (veja a figura deste problema). No processo *AC*, o sistema absorve 300 J de calor.

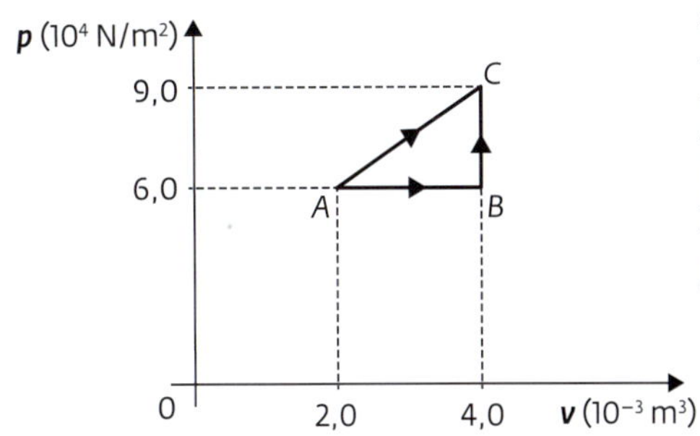

a) Calcule o trabalho realizado pelo sistema nos dois processos.

b) Qual é a variação da energia interna do sistema no processo *AC*?

c) Uma das leis básicas da termodinâmica afirma que a variação da energia interna do sistema não depende do processo que o leva de um estado inicial a um estado final. Tendo em vista essa informação, calcule o calor absorvido pelo gás no processo *ABC*.

4. Copie no caderno, entre as alternativas seguintes, aquela que se refere a uma característica importante do ciclo de Carnot:

a) É o ciclo da maioria das máquinas térmicas.
b) Tem um rendimento de 100%.
c) Tem sempre um rendimento próximo de 100%.
d) Determina o máximo rendimento de uma máquina térmica, entre duas temperaturas dadas.

5. a) Uma pessoa deseja resfriar uma sala na qual existia uma geladeira em funcionamento. Supondo que ela colocasse a geladeira da maneira mostrada na figura abaixo (encaixada em uma abertura feita na parede com a serpentina voltada para o exterior da sala), ela teria êxito ao tentar resfriar a sala?

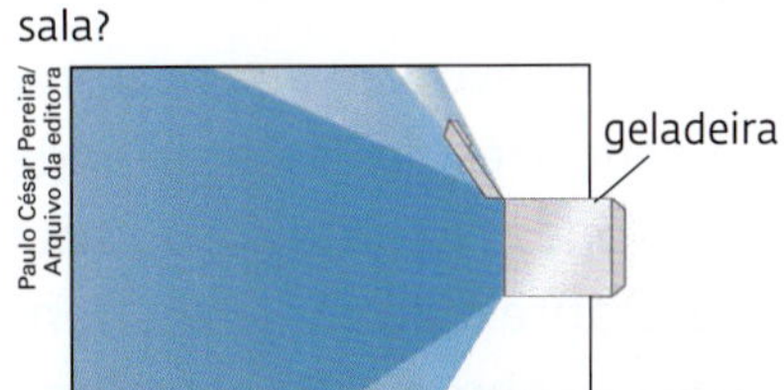

Representação sem escala e em cores fantasia.

b) Qual aparelho eletrodoméstico funciona de maneira semelhante à geladeira referida na questão **a**?

Gerson Gerloff/Pulsar Imagens

Formação de neve. São José dos Ausentes (RS), em 2013.

CAPÍTULO 4

Mudanças de fase

O Brasil é um país extenso e cada região tem características muito particulares. Por exemplo, durante o inverno na região Sul, mais especificamente nas áreas de planaltos de Santa Catarina e do Rio Grande do Sul, é possível ver neve.

Os flocos de neve mais comuns possuem formato hexagonal e lembram uma pequena estrela. A formação do cristal de neve depende basicamente da temperatura e da pressão em que a nuvem está. É necessário que as camadas de ar entre as nuvens e a superfície estejam também com temperaturas baixas, caso contrário o cristal derrete e outro fenômeno aparece, o da chuva congelada. Não necessariamente a temperatura do ar atmosférico deve estar a 0 °C para que o floco de gelo se conserve: sabe-se que, à medida que a altitude aumenta, a temperatura do ponto de fusão do gelo também aumenta.

Uma fina camada de neve ou gelo pode prejudicar bastante o trânsito de veículos e pedestres nos lugares onde ocorrem as nevascas, pois o atrito entre os pneus e o asfalto, ou entre as solas de sapato e o calçamento, fica bastante reduzido. Para derreter a neve, basta colocar uma camada de sal sobre ela. O sal se dissolve e, nessa nova configuração, a água tem sua temperatura de fusão reduzida. Dessa forma, os cristais de gelo se desassociam e a neve volta ao estado líquido.

PARA INICIAR A CONVERSA

Por que é tão difícil ocorrer neve no Brasil?

Qual o conceito físico associado ao derretimento da neve?

A maioria das substâncias, quando aquecidas, dilata-se; quando resfriadas, contrai-se. Com a água, isso não ocorre: seu volume aumenta quando resfriada. Explique por que o gelo boia.

4.1 Sólidos, líquidos e gases

As imagens desta página estão representadas fora de proporção.

É um fato conhecido que as substâncias se apresentam, na natureza, em três fases (ou estados) diferentes, denominadas **fase sólida**, **fase líquida** e **fase gasosa**. Recentemente foi acrescentado a esta relação o plasma, considerado o quarto estado da matéria. A pressão e a temperatura a que uma substância é submetida determinam a fase na qual ela se apresenta. Assim, o ferro, que nas condições ambientes se apresenta no estado sólido, poderá se tornar líquido quando sua temperatura for suficientemente elevada; a água, que normalmente é encontrada no estado líquido, poderá tornar-se um gás pela elevação de sua temperatura ou pela redução da pressão a que está submetida.

Em química, vimos que tudo que nos rodeia é formado de matéria e esta, por sua vez, é formada de átomos. Um conjunto de átomos iguais (ou diferentes) unidos por certas ligações químicas é chamado de molécula. A teoria cinético-molecular da matéria afirma que todas as substâncias são formadas por moléculas (menor porção da matéria com mesmas propriedades químicas) que estão em contínuo movimento desordenado e que, quando estão muito próximas, interagem entre si. Com base nesse modelo, a seguir estudaremos a matéria nos seus diferentes estados e as possíveis mudanças de um estado para outro, chamado de **mudança de fase**.

Estado sólido

Nesse estado, os átomos (e, por consequência, as moléculas) de uma substância se encontram muito próximos uns dos outros e ligados por forças eletromagnéticas relativamente grandes dificultando a movimentação. Eles não sofrem translação ao longo do sólido, mas se encontram em constante movimento de vibração (agitação térmica) em torno de uma posição média de equilíbrio. Em virtude da forte ligação entre os átomos, os sólidos possuem forma própria e certa resistência a deformações.

Devido ao movimento térmico, as moléculas no estado sólido não estão fixas, mas seus átomos mantêm uma distância bem determinada entre si. Na natureza, as moléculas de quase todos os sólidos se organizam de maneira regular, em uma estrutura que se repete ordenadamente ao longo do sólido, denominada **rede cristalina**. Os físicos e químicos, usando métodos modernos de pesquisa, conseguiram determinar a organização dos átomos na estrutura cristalina de um grande número de substâncias sólidas. A **figura 4.1.a**, por exemplo, apresenta o modelo da estrutura cristalina do cloreto de sódio, mostrando a distribuição ordenada dos íons de sódio (esferas menores) e de cloro (esferas maiores).

O cloreto de sódio, ou sal de cozinha, é um dos temperos mais utilizados na culinária do mundo todo. O sal pode ser extraído a partir da evaporação da água do mar ou de lagos salgados represados, ou pode ser retirado de minas subterrâneas, antigos mares e lagos que secaram. Na **figura 4.1.b** temos como exemplo a extração dos cristais de cloreto de sódio do deserto Salar do Uyuni, na Bolívia.

A mesma substância pode se apresentar em estruturas cristalinas diferentes. O diamante **(figura 4.2)** e a grafite **(figura 4.3)**, por exemplo, são ambos constituídos apenas de átomos de carbono, distribuídos de maneiras diferentes.

a

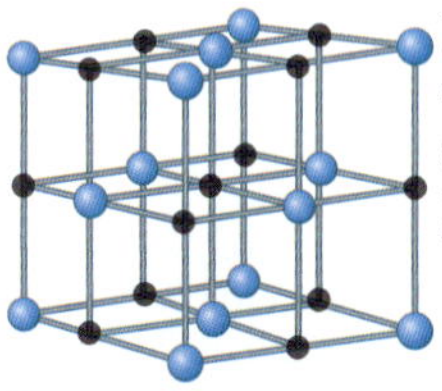

Paulo César Pereira/Arquivo da editora

b

Acervo do autor/Arquivo da editora

Figura 4.1. Em **(a)**, modelo da estrutura cristalina do cloreto de sódio formada por átomos de sódio (Na^+) e átomos de cloro (Cl^-). Representação sem escala e em cores fantasia. Em **(b)**, o aspecto regular do cristal de cloreto de sódio é consequência da organização interna (rede cristalina) dessa substância. Extração do sal no maior deserto de sal do planeta, o Salar do Uyuni, na Bolívia.

Henry Yu/kino.com.br

Figura 4.2. Além de uma bela formação rochosa, o diamante possui propriedades mecânicas invejáveis.

Eric Heller/SPL/Latinstock

Figura 4.3. Devido às suas propriedades mecânicas, a grafite é muito utilizada para a escrita.

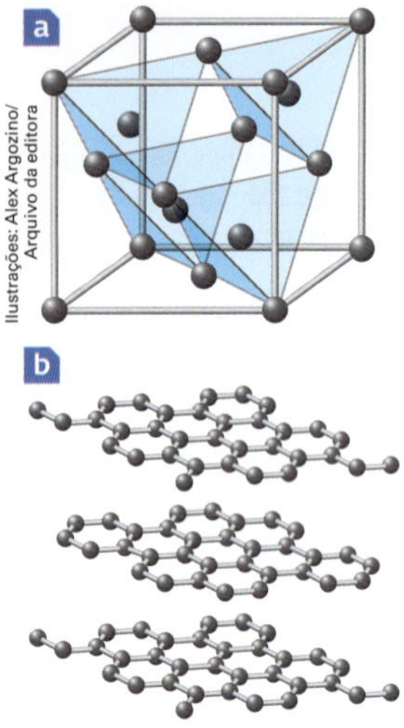

Figura 4.4. Modelos das estruturas do diamante (**a**) e da grafite (**b**). Apesar de serem ambos constituídos unicamente por átomos de carbono, apresentam propriedades diferentes em virtude de suas estruturas cristalinas diferentes. Representações sem escala e em cores fantasia.

Observe na **figura 4.4** que a estrutura molecular do diamante é tetraédrica com cinco carbonos, em que cada átomo se liga a outros quatro. Esse arranjo compacto torna o diamante duro e com capacidade para cortar ferro. Por outro lado, a grafite tem seus átomos de carbono em forma de anel, onde cada átomo é ligado apenas a outro átomo. Além da grafite e do diamante, o carbono tem mais três formas conhecidas: amorfa, fulerenos e nanotubos.

Estado líquido

Os átomos ou moléculas de uma substância líquida se apresentam mais afastados uns dos outros em comparação ao estado sólido e, consequentemente, as forças de ligação entre eles são mais fracas. Assim, o movimento de vibração dos átomos se faz mais livremente, permitindo que eles sofram pequenas translações, com troca de posições no interior do líquido quando são submetidas a forças externas.

A troca de posição na direção em que atua a força externa possibilita compreender por que os líquidos podem escoar com certa facilidade, não oferecem resistência à penetração e tomam a forma do recipiente onde são colocados.

Do mesmo modo que nos sólidos amorfos **(figura 4.5)**, os átomos nos líquidos não estão distribuídos ordenadamente. Portanto, quando um cristal se funde, passando para o estado líquido, a sua rede cristalina é desfeita.

Figura 4.5. Os sólidos amorfos, como o vidro, possuem estrutura interna semelhante à de um líquido; por isso, apresentam algumas propriedades típicas de um fluido. Por exemplo, nas antigas catedrais da Europa, os vitrais das janelas apresentam maior espessura em sua parte inferior e acreditava-se que isso acontecia em virtude de centenas de anos de escoamento. No entanto, se fosse verdade que o vidro escoa como um líquido a ponto de percebermos alteração na espessura das janelas, este processo levaria bilhões de anos. A explicação para os vitrais medievais mais espessos na parte inferior deve-se exclusivamente às falhas no processo de fabricação do vidro para o vitral. Catedral de Notre Dame, Paris, França. Fotografia de 2013.

Estado gasoso

A separação entre os átomos ou moléculas de uma substância no estado gasoso é muito maior em comparação às moléculas dos sólidos e dos líquidos, sendo praticamente nula a força de ligação entre essas partículas. Por esse motivo, elas se movimentam livremente em todas as direções, fazendo com que os gases não apresentem forma definida e ocupem o volume total do recipiente em que estão contidos. A intensidade do movimento desordenado (movimento térmico) durante os choques das partículas entre si e com as paredes do recipiente depende da temperatura da substância.

Plasma

Além dos estados sólido, líquido e gasoso, um quarto estado da matéria costuma ser incorporado nas referências mais atualizadas. Trata-se do plasma, estado no qual as partículas que constituem o material se apresentam em forma de íons. Para que esse estado seja alcançado, um gás, por exemplo, deve ser superaquecido, o que rompe as ligações entre os elétrons e o núcleo. Esse processo fará com que uma fração significativa do material seja ionizado. O Sol e outras estrelas são constituídos por plasma. O plasma pode ser criado e confinado em laboratório, em reatores de fusão nuclear do tipo Tokamak.

Além das mudanças de estado que podem ocorrer com uma substância e que vamos estudar a seguir, na **figura 4.6** podemos comparar a distribuição e a separação dos átomos (ou moléculas) nos quatro estados. No estado sólido as moléculas estão muito próximas umas das outras e seu único movimento é o de vibração. No estado líquido as moléculas podem vibrar e trocar de lugar umas com as outras se aglomerando conforme a força externa aplicada. Já no estado gasoso, as moléculas estão muito distantes entre si e se movem em alta velocidade. No estado de plasma as moléculas estão separadas em íons e por isso há portadores de carga no material, o que o torna eletricamente condutor.

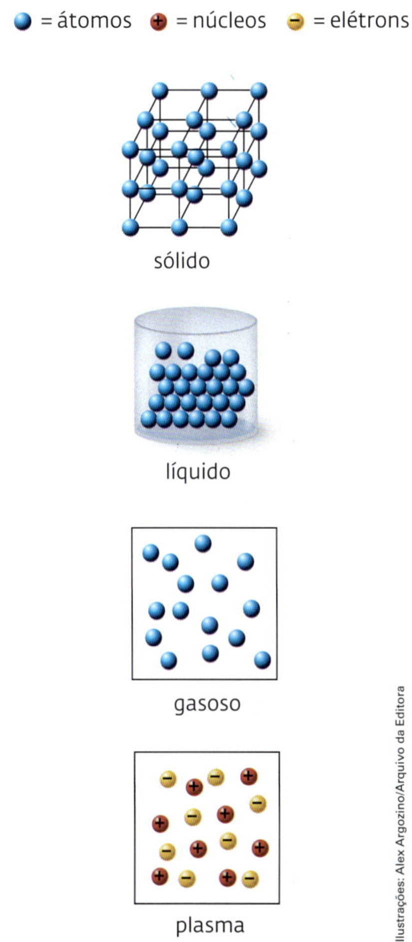

Figura 4.6. Modelos da estrutura interna de um sólido, de um líquido, de um gás e do plasma. Observe a organização e a separação das moléculas em cada caso.

Mudanças de estado

Quando fornecemos calor a um objeto e sua temperatura se eleva, já sabemos que há um aumento na energia de agitação de seus átomos. Esse aumento de agitação faz com que a força de ligação entre os átomos seja alterada, podendo acarretar modificações na organização e separação desses átomos. Em outras palavras, a absorção de calor por um objeto pode provocar nele uma mudança de fase. Naturalmente, a retirada de energia térmica deverá provocar efeitos inversos aos que são observados quando calor é cedido à substância.

As mudanças de estado que podem ocorrer com uma substância recebem denominações especiais, como ilustra a **figura 4.7**, e que citaremos a seguir:

Fusão — passagem de sólido para líquido

Solidificação – passagem de líquido para sólido

Vaporização – passagem de líquido para gás

Condensação (ou liquefação) — passagem de gás para líquido

Sublimação – passagem direta de sólido para gás

Ressublimação ou sublimação inversa – passagem direta de gás para sólido (sem passar pelo estado líquido)

Ionização – passagem de um gás para plasma, por aquecimento

Recombinação – passagem do plasma para gás

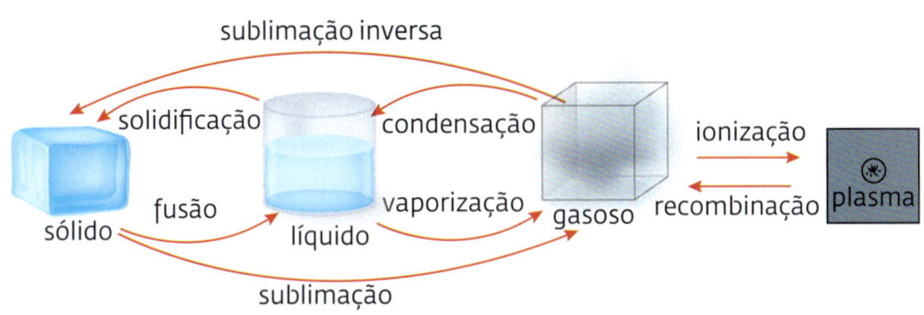

As ilustrações desta página estão representadas sem escala e em cores fantasia.

Figura 4.7. Denominações que recebem as passagens de um estado físico para outro.

VERIFIQUE O QUE APRENDEU

1. Responda no caderno.

a) Quais são as grandezas que determinam em qual fase uma substância se apresenta?

b) Cite duas maneiras de fazer com que um líquido passe para o estado gasoso.

2. Responda no caderno.

a) Por que os sólidos apresentam forma própria, enquanto isso não ocorre com os líquidos?

b) O que ocorre com a estrutura de um sólido cristalino quando ele passa para o estado líquido?

c) Por que um gás tende a ocupar todo o volume do recipiente que o contém, enquanto isso não ocorre com um líquido?

FÍSICA NO CONTEXTO

MATERIAIS DE ESTRUTURA POUCO COMUM

As imagens desta página estão representadas fora de proporção.

CRISTAIS LÍQUIDOS

Os cristais líquidos são substâncias cujas moléculas se escoam, umas sobre as outras, como ocorre nos líquidos, mas que, em certas situações, o arranjo de suas moléculas permanece ordenado como nos cristais. Esse fato, embora aparente ser uma contradição, costuma ocorrer na própria natureza.

Há cerca de um século, um fato estranho foi observado por Friedrich Reinitzer com o benzoato de colesterol: ao ser aquecido e fundir-se, a 135 °C, observou-se um líquido viscoso e turvo. Ao atingir 178 °C, esse líquido tornava-se transparente e perdia a viscosidade. Ao se resfriar, as mesmas duas fases eram observadas até que a substância se solidificasse. Essa constatação permaneceu, durante muito tempo, como uma curiosidade de laboratório. Entretanto, um conhecimento mais profundo da estrutura de substâncias como o colesterol permitiu perceber que elas possuíam propriedades interessantes, que poderiam ser usadas em novas aplicações úteis.

As forças moleculares que mantêm suas estruturas são muito fracas, sendo, então, facilmente afetadas por tensões mecânicas e campos eletromagnéticos aplicados ao material e por variações de temperatura. Esses conhecimentos só se fizeram possíveis nas décadas de 1940 e 1950.

Hoje em dia, são conhecidas centenas de materiais orgânicos sólidos, naturais ou produzidos sinteticamente, que, ao se fundir, apresentam duas ou mais fases intermediárias. Essas são chamadas **fases mesomórficas**, e as substâncias que as apresentam são denominadas **cristais mesomórficos** ou **cristais líquidos**.

Todas as substâncias que apresentam essas fases possuem moléculas em forma de um bastão alongado, que tendem a se colocar paralelamente entre si (sendo a espessura de cada bastão de uma ou duas moléculas apenas), formando camadas nas quais as moléculas podem apresentar-se ordenada ou desordenadamente. Isso faz com que os cristais líquidos, ao contrário dos líquidos comuns, sejam anisotrópicos, isto é, tenham propriedades que dependem da direção. A viscosidade, por exemplo, nos cristais líquidos é menor na direção paralela às moléculas fazendo com que seja mais fácil para as moléculas com forma de bastões moverem-se ao longo dos eixos principais do que perpendicularmente. Os arranjos das moléculas dos cristais líquidos podem ser classificados em **fase esmética** (figura 4.8.a), **fase nemática** (figura 4.8.b) e **fase colestérica** (figura 4.8.c). A agitação térmica tende a desorientar as moléculas e, assim, a estrutura real que o cristal líquido apresenta dependerá do equilíbrio entre a tendência natural de ordenação e a tendência à desordem, provocada por aquela agitação.

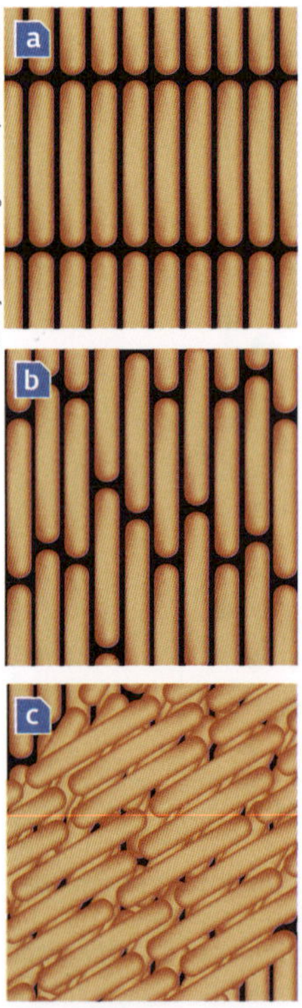

Ilustrações: Alex Argozino/Arquivo da editora

Figura 4.8. Representação (sem escala e em cores fantasia) de diferentes arranjos dos cristais líquidos. Na fase esmética as moléculas se alinham e formam camadas (**a**). Na fase nemática as moléculas ficam juntas e na mesma direção, com uma defasagem em relação às demais (**b**). Na fase colestérica as moléculas se apresentam como camadas ordenadas em ângulos diferentes (**c**).

A baixas temperaturas predomina a ordenação, pois a agitação térmica é pequena e o material apresenta estrutura cristalina. Quando a temperatura aumenta (ou uma voltagem é aplicada ao cristal), as moléculas tendem à desordem, aproximando-se da estrutura líquida. Enquanto essa mudança ocorre, várias fases intermediárias são percebidas nos cristais líquidos, ao contrário do que ocorre com as substâncias comuns, como a água, que passam bruscamente da fase sólida para a líquida.

Os cristais líquidos tornaram-se populares quando começaram a ser utilizados nas telas de TV, computadores e telefones celulares, conhecidas como telas de LCD (*Liquid Crystal Display*). Atualmente, esse material tem se destacado como biossensor, sensor que permite a detecção e análise quantitativa direta de agentes biológicos, enzimas ou certos tipos de DNA em tempo real. Os biossensores permitem, por exemplo, o diagnóstico e o monitoramento intensivo de pacientes. Em 2014, pesquisadores da Universidade de Kent, no Reino Unido, criaram "sensores biológicos ativos", em que bactérias vivas interagem com moléculas de cristal líquido, chamados biossensores ativos (figura 4.9), que permitirão monitorar processos biológicos tais como o crescimento de cânceres ou infecções.

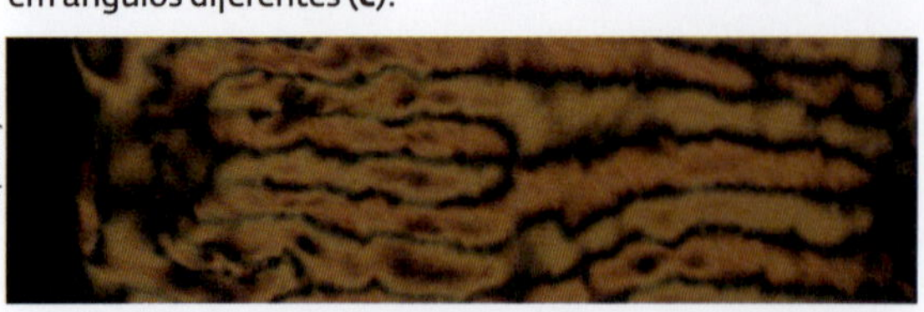

Reprodução/PNAS

Figura 4.9. Com um microscópio polarizador é possível visualizar a trilha deixada por uma única bactéria, com apenas 24 nanômetros de espessura.

4.2 Fusão e solidificação

Fusão

Consideremos um sólido cristalino, recebendo calor, cujo modelo é mostrado na **figura 4.10**. A energia recebida pelo sólido provoca um aumento na agitação dos átomos na rede cristalina, ou seja, provoca uma elevação na temperatura do objeto. Quando a temperatura alcança um determinado valor, a agitação térmica atinge um grau de intensidade que é suficiente para desfazer a rede cristalina. Então, a organização interna desaparece, a força entre átomos ou moléculas torna-se menor e, consequentemente, essas partículas terão maior liberdade de movimentação **(figura 4.10)**. Em outras palavras, ao atingir aquela temperatura, o objeto passa para o estado líquido, isto é, ocorre a **fusão** do sólido.

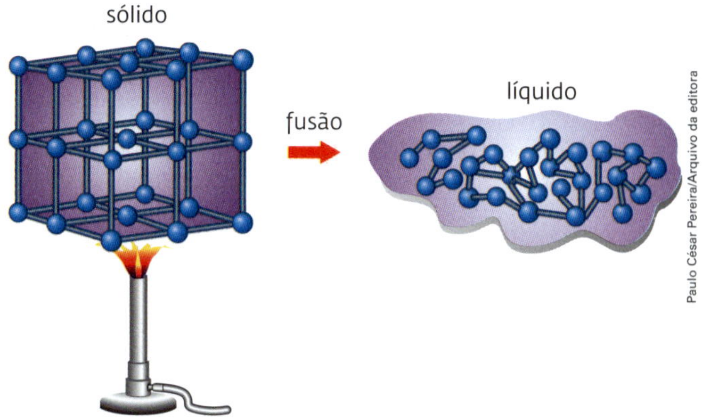

Figura 4.10. A estrutura cristalina de um sólido se desfaz quando ele passa para o estado líquido. Representação sem escala e em cores fantasia.

Regularidades da fusão

A experiência nos mostra que os cristais, ao se fundirem, apresentam comportamentos semelhantes, podendo-se, então, observar regularidades que caracterizam a fusão desses sólidos. Essas três regularidades são as seguintes:

1) **A uma dada pressão, a temperatura na qual ocorre a fusão (ponto de fusão) é bem determinada para cada substância.**

   Assim, quando submetidos à pressão de 1 atm, o gelo se funde a 0 °C, o chumbo a 327 °C, o mercúrio a −39 °C, etc.

2) **Se um sólido se encontra em sua temperatura de fusão, é necessário fornecer calor a ele para que ocorra a mudança de estado. A quantidade de calor que deve ser fornecida, por unidade de massa, é denominada calor latente de fusão, que é característico de cada substância.**

Na **tabela 4.1**, que apresenta calores latentes de fusão de algumas substâncias, vemos que o calor de fusão do chumbo, por exemplo, vale 5,8 cal/g. Isso significa que, para fundir um bloco de chumbo que se encontra no seu ponto de fusão (327 °C), devemos fornecer 5,8 cal de calor **a cada grama** do bloco.

Tabela 4.1

Pontos de fusão e calores de fusão (à pressão de 1 atm)			
Substância	**Ponto de fusão** (°C)	**Calor de fusão** (J/kg)	**Calor de fusão** (cal/g)
Platina	1775	$114 \cdot 10^3$	27
Prata	961	$105 \cdot 10^3$	21
Chumbo	327	$23 \cdot 10^3$	5,8
Enxofre	119	$54 \cdot 10^3$	13
Água	0	$335 \cdot 10^3$	80
Mercúrio	−39	$11 \cdot 10^3$	2,8
Álcool etílico	−115	$105 \cdot 10^3$	25
Nitrogênio	−210	$26 \cdot 10^3$	6,1

Calor latente

O calor latente está relacionado com a quantidade de calor que é necessária para modificar o estado físico de um grama de uma substância. Então, podemos expressá-lo por

$$\Delta Q = mL.$$

em que L é o calor latente de uma substância, ΔQ a quantidade de calor fornecida ou cedida e m a massa da substância. Note que, quanto maior for a massa da substância, maior a quantidade de calor fornecida para que a mudança de estado ocorra.

3) Durante a fusão, a temperatura do sólido permanece constante.

Isso acontece porque o calor que é fornecido ao sólido para ele se fundir é usado para aumentar a separação entre seus átomos, o que rompe a rede cristalina, sem gerar variação na agitação térmica desses átomos. Assim, no exemplo da fusão de um bloco de chumbo, sua temperatura permanece em 327 °C, embora estejamos fornecendo 5,8 cal para cada grama que se funde. O líquido que resulta da fusão se encontra, também, a 327 °C.

Essas regularidades são observadas apenas nos sólidos cristalinos, que, ao se fundirem, passam diretamente do estado sólido para o líquido. Os sólidos amorfos, como o vidro, sofrem um processo diferente, pois sua fusão é gradual, passando por estados intermediários, nos quais ficam pastosos antes de se tornar líquidos.

Exemplo

Durante uma festa, um cubo de gelo, de massa $m = 10$ g, foi retirado do congelador à temperatura de −8 °C e colocado em um copo. Porém, foi esquecido lá, ficando em contato com o ar do meio ambiente (figura 4.11). Depois de algum tempo, alguém se lembrou do gelo e foi buscar o copo; havia 10 g de água a uma temperatura invariável de 20 °C. Descreva os processos que ocorreram com o gelo até ser atingida essa situação final.

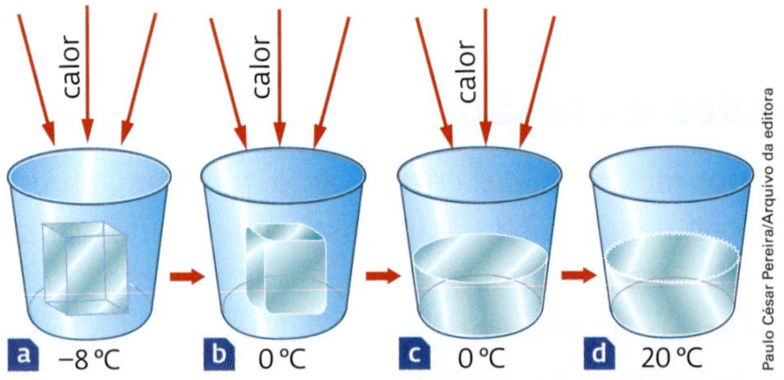

Figura 4.11. Para o exemplo da seção 4.2. Representação sem escala e em cores fantasia.

Como a temperatura final da água permanece invariável em 20 °C, concluímos que ela está em equilíbrio térmico com o ambiente, isto é, a temperatura do ambiente é de 20 °C. Então, na situação inicial (figura 4.11.a), o ambiente está cedendo calor ao gelo, cuja temperatura se elevará até atingir 0 °C, que é seu ponto de fusão (figura 4.11.b). Se, nesse momento, fosse interrompido o fluxo de calor para o gelo, ele não se fundiria, permanecendo sólido a 0 °C.

Entretanto, como o ambiente continua a fornecer calor, o gelo começa a se fundir. Na tabela 4.1, vemos que é necessário fornecer 80 cal para fundir 1 g de gelo. Portanto, após o bloco ter atingido 0 °C, como sua massa é de 10 g, ele terá de receber 800 cal do ambiente para fundir-se completamente. Recebendo essa quantidade de calor, o bloco se transforma em 10 g de água a 0 °C (figura 4.11.c). Essa água, estando ainda em temperatura inferior à do ambiente, continuará a receber calor, e sua temperatura vai se elevando, até que seja atingido o equilíbrio térmico, a 20 °C (figura 4.11.d).

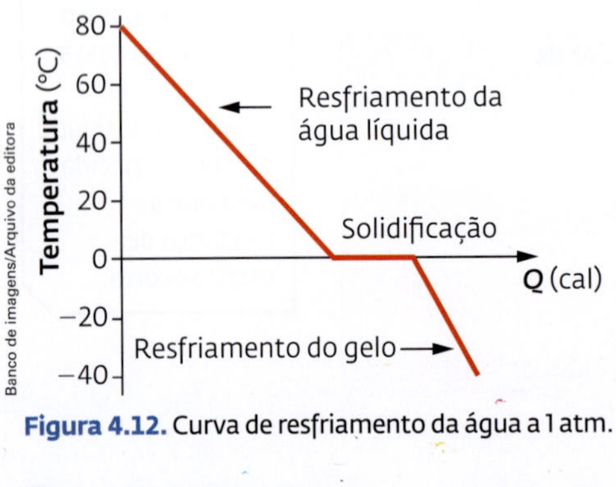

Figura 4.12. Curva de resfriamento da água a 1 atm.

Solidificação

Na solidificação, os processos ocorrem em sentido inverso ao da fusão. Então, se uma porção de água a temperatura de 80 °C, por exemplo, fosse colocada em um *freezer* até que o gelo atingisse a temperatura de −40 °C, os processos ocorreriam em sentido inverso, conforme estão representados no gráfico da figura 4.12.

Note que a água permanecerá no estado líquido até atingir 0 °C, onde ocorrerá o processo de solidificação (patamar do gráfico) até que não exista mais água no estado líquido. Quando tivermos apenas gelo, a temperatura começará a baixar até atingir −40 °C.

Durante a solidificação, a temperatura permanece constante e devemos retirar do líquido a mesma quantidade de calor, por unidade de massa, que fornecemos para que ocorra a fusão. Em outras palavras, o calor latente de solidificação é igual ao calor latente de fusão. Assim, no exemplo da **figura 4.13**, se a água fosse colocada no *freezer*, quando a temperatura atingisse 0 °C, a água ainda se encontraria no estado líquido e só depois de ceder 800 cal (80 cal por grama) ao ambiente ela se transformaria em gelo a 0 °C.

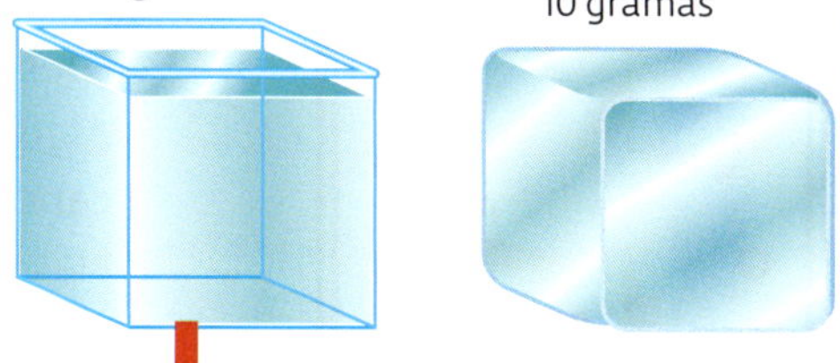

Figura 4.13. Deve-se retirar 80 cal por grama da água no estado líquido, a 0 °C, para que ela se transforme em gelo, também a 0 °C. Representação sem escala e em cores fantasia.

VERIFIQUE O QUE APRENDEU

3. Considere uma moeda de prata de 100 g.

a) Ao ser atingido o ponto de fusão, qual a mínima quantidade de calor que deve ser cedida à moeda para que se funda totalmente?

b) Enquanto a moeda recebe calor, durante a fusão, o que ocorre com sua temperatura?

c) Logo após ser fornecido o calor calculado em **a**, qual será a temperatura da prata líquida resultante da fusão?

4. Uma pedra de enxofre, de massa igual a 200 g, encontra-se à temperatura de 119 °C. Consulte a **tabela 4.1** e responda no caderno:

a) Se fornecermos 650 cal de calor a essa pedra, qual será a massa de enxofre que se fundirá?

b) Então, qual será a temperatura final do enxofre sólido? E do líquido?

5. Um recipiente refratário, contendo 10 g de platina líquida, é retirado de um forno a 2 000 °C e colocado em contato com o ar ambiente, cuja temperatura é de 25 °C, passando, então, a perder calor.

a) Em qual temperatura a platina começará a se solidificar?

b) Enquanto a platina está se solidificando, sua temperatura aumenta, diminui ou permanece constante?

c) Enquanto a platina está se solidificando, ela continua a ceder calor para o ambiente?

4.3 Vaporização, condensação e calefação

Vaporização

A passagem do estado líquido para o estado gasoso pode ocorrer de três maneiras:

1) por **evaporação** — quando ocorre lentamente, a qualquer temperatura. Uma roupa molhada, por exemplo, torna-se seca em virtude da evaporação da água.

2) por **ebulição** — quando ocorre rapidamente, a uma temperatura bem determinada para cada líquido. A água em uma panela só começa a ferver, isto é, só entra em ebulição, quando sua temperatura atinge um determinado valor.

3) por **calefação** – quando a passagem se faz muito rapidamente a uma temperatura muito acima da temperatura de ebulição. Uma gota de água quando cai sobre a superfície aquecida do ferro de passar roupa, por exemplo, é convertida em vapor em poucos instantes.

Evaporação

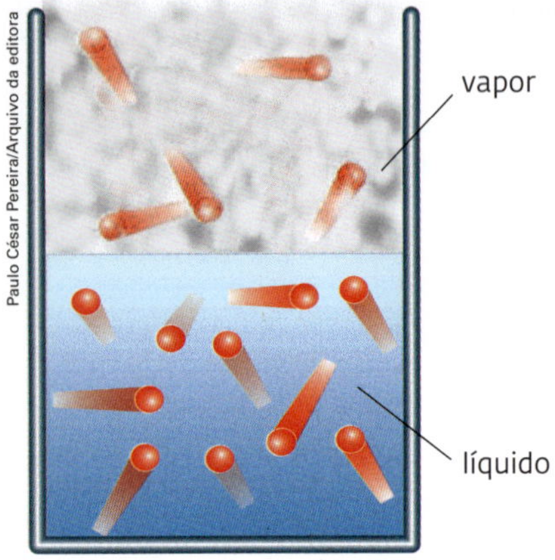

Figura 4.14. Grande número de moléculas de um líquido, em virtude de sua constante agitação, consegue escapar através da superfície do líquido, passando para o estado gasoso.

Sabemos que as moléculas de um líquido, a qualquer temperatura, encontram-se em constante agitação, movendo-se em todas as direções, com velocidades variáveis, desde zero até valores muito grandes. Algumas moléculas, com velocidades suficientemente elevadas, ao alcançarem a superfície, conseguem escapar do líquido. Após escaparem, elas passam a uma situação em que se encontram muito afastadas entre si, de modo que a força eletromagnética entre elas é praticamente nula, isto é, encontram-se no estado gasoso **(figura 4.14)**.

Velocidade de evaporação

A velocidade com que um líquido evapora depende de alguns fatores, que examinaremos a seguir:

1) **Temperatura**, pois, quando aumentamos a temperatura de um líquido, a energia cinética média de suas moléculas aumenta. Geralmente, ao sair de uma piscina (ou do mar), sentimos mais frio que dentro da água. Essa sensação é uma consequência da evaporação da água aderida à pele.
2) **Superfície de contato do líquido com o ambiente**. Na **figura 4.15**, observa-se que o líquido contido no recipiente representado em **b** evapora muito mais rapidamente do que o líquido contido no recipiente representado em **a**, pois, quanto maior for essa área, maior será o número de moléculas que poderão atingir a superfície e escapar. Assim, para que uma roupa molhada seque mais depressa, devemos colocá-la estendida, de modo que a área de evaporação da água seja aumentada.
3) **Número de moléculas no estado de vapor**, pois, se muitas moléculas voltarem para a fase líquida, a velocidade de evaporação será pequena. Por esse motivo, em um dia úmido (grande quantidade de vapor de água na atmosfera), roupas molhadas demoram mais tempo para secar. Por outro lado, removendo-se o vapor do líquido que vai se formando próximo à sua superfície (por exemplo, se soprarmos o ar nas proximidades do líquido), a velocidade de evaporação aumenta. Por isso, uma roupa molhada seca mais depressa se estiver ventando.

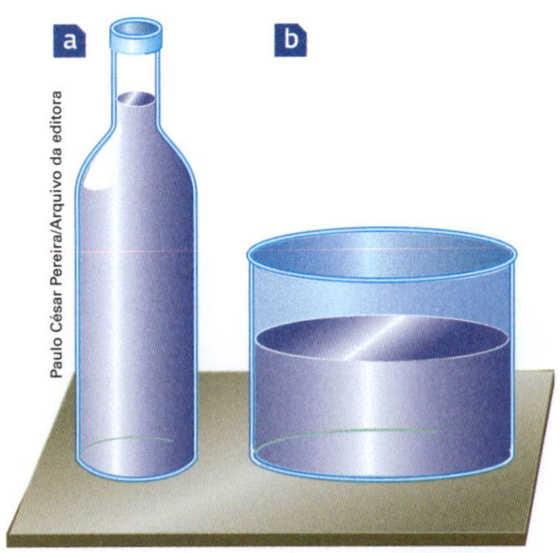

Figura 4.15. A velocidade de evaporação de um líquido é tanto maior quanto maior for a área de sua superfície livre.

As ilustrações desta página estão representadas sem escala e em cores fantasia.

Ebulição

Conforme dissemos, quando a temperatura de um líquido atinge determinado valor, observa-se uma formação rápida e tumultuosa de vapores, isto é, o líquido entra em **ebulição**. Experimentalmente, verifica-se que o processo de ebulição apresenta regularidades semelhantes àquelas que estudamos para a fusão, que são as seguintes:

1) A uma dada pressão, a temperatura na qual ocorre a ebulição (ponto de ebulição) é bem determinada para cada substância.

2) Se um líquido se encontra em seu ponto de ebulição, é necessário fornecer calor a ele para que o processo seja mantido. A quantidade de calor que deve ser fornecida, por unidade de massa, é denominada calor latente de vaporização, característico de cada substância.

Para a água, por exemplo, à pressão de 1 atm, o ponto de ebulição é de 100 °C. A **tabela 4.2** apresenta os pontos de ebulição de várias substâncias.

Nela, vemos que o calor de vaporização da água é 540 cal/g, isto é, a cada 1 g de água que se encontra em seu ponto de ebulição, devemos fornecer 540 cal de calor para que ela se vaporize.

Tabela 4.2

Pontos de ebulição e calores de vaporização (à pressão de 1 atm)			
Substância	**Ponto de ebulição** (°C)	**Calor de vaporização** (J/kg)	**Calor de vaporização** (cal/g)
Mercúrio	357	$0{,}27 \cdot 10^6$	65
Iodo	184	$0{,}10 \cdot 10^6$	24
Água	100	$2{,}50 \cdot 10^6$	540
Álcool etílico	78	$0{,}85 \cdot 10^6$	204
Bromo	59	$0{,}18 \cdot 10^6$	44
Nitrogênio	−196	$0{,}20 \cdot 10^6$	48
Hélio	−269	$0{,}025 \cdot 10^6$	6

3) Durante a ebulição, apesar de se fornecer calor ao líquido, sua temperatura permanece constante e o vapor que se forma encontra-se à mesma temperatura do líquido.

Retomemos o exemplo da seção anterior em que tínhamos um cubo de gelo que foi aquecido até se transformar em água a temperatura de 80 °C. Se continuarmos aquecendo a água até 120 °C, veremos que ao atingir 100 °C (ponto de ebulição) ela entrará em ebulição **(figura 4.16)**. Dessa forma, no patamar de 100 °C, a água estará tanto no estado líquido quanto no estado gasoso e a sua temperatura não aumentará até que toda ela se transforme em vapor. Quando tivermos apenas vapor, a temperatura continuará a subir (no nosso exemplo, até atingir 120 °C).

A **figura 4.17** ilustra a vaporização, por ebulição, de 10 g de água. Observe que os dados apresentados nessa figura estão de acordo com as regularidades que acabamos de estudar.

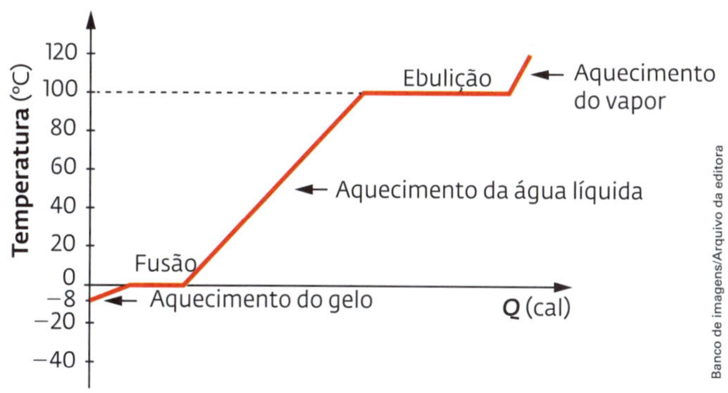

Banco de imagens/Arquivo da editora

Figura 4.16 Curva de aquecimento da água a 1 atm.

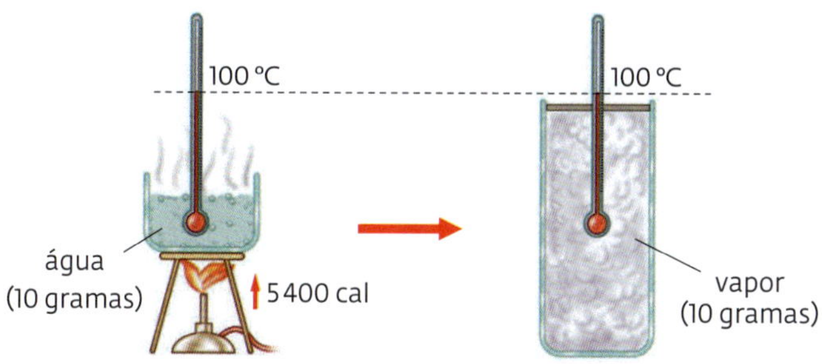

Paulo César Pereira/Arquivo da editora

Figura 4.17. Deve-se fornecer 540 cal a cada grama de água no estado líquido, a 100 °C, para que ela se transforme em vapor, também a 100 °C. Representação sem escala e em cores fantasia.

Condensação

Retirando-se calor do vapor de uma substância que esteja a uma temperatura superior ao seu ponto de ebulição, a temperatura do vapor diminuirá e, quando ela atingir o valor no qual ocorreu a ebulição, o vapor começará a se **condensar** (liquefazer), ou seja, o ponto de condensação é igual ao ponto de ebulição. Sendo a condensação um processo inverso à vaporização, o vapor deverá liberar calor para se liquefazer, sendo o calor latente de condensação igual ao calor latente de vaporização.

Assim, quando 1 g de vapor de água, que se encontra a 100 °C, condensa-se, libera 540 cal. A água que se origina da condensação estará também a 100 °C.

Exemplo

Qual é a quantidade de calor que devemos fornecer a 20 g de gelo a 0 °C para transformá-lo em vapor de água, superaquecido, a 200 °C?

No intervalo de 0 °C a 200 °C, teremos duas mudanças de estado: o gelo se funde a 0 °C, e a água entra em ebulição a 100 °C. Em virtude disso, o cálculo da quantidade de calor pedida deve ser feito em etapas, da seguinte maneira:

1) para fundir o gelo — como o calor de fusão do gelo é de 80 cal/g **(tabela 4.1)**, para fundir 20 g devemos fornecer uma quantidade de calor dada por:

$$\Delta Q_1 = 80 \cdot 20$$
$$\Delta Q_1 = 1{,}6 \cdot 10^3 \text{ cal}$$

2) para elevar a temperatura da água resultante da fusão de 0 °C para 100 °C — a quantidade de calor necessária, nesse processo, é dada por:

$$\Delta Q_2 = mc\Delta T = 20 \cdot 1{,}0 \cdot 100$$
$$\Delta Q_2 = 2{,}0 \cdot 10^3 \text{ cal}$$

3) para transformar a água a 100 °C em vapor a 100 °C — como o calor de vaporização da água é 540 cal/g **(tabela 4.2)**, para vaporizar 20 g devemos fornecer uma quantidade de calor:

$$\Delta Q_3 = 540 \cdot 20$$
$$\Delta Q_3 = 10{,}8 \cdot 10^3 \text{ cal}$$

4) para elevar a temperatura do vapor de 100 °C a 200 °C — tratando-se de um processo em que há apenas elevação de temperatura, teremos, como na etapa (2), $\Delta Q_4 = mc\Delta T$. O valor de c (calor específico do vapor de água) é fornecido pela **tabela 3.1**: $c = 0{,}50$ cal/g · °C. Então:

$$\Delta Q_4 = mc\Delta T = 20 \cdot 0{,}50 \cdot 100$$
$$\Delta Q_4 = 1{,}0 \cdot 10^3 \text{ cal}$$

Logo, a quantidade total de calor, ΔQ, necessária para transformar 20 g de gelo a 0 °C em vapor a 200 °C será:

$$\Delta Q = \Delta Q_1 + \Delta Q_2 + \Delta Q_3 + \Delta Q_4$$
$$\Delta Q = 15{,}4 \cdot 10^3 \text{ cal}$$

Verifique o que aprendeu

6. Costuma-se soprar sobre a superfície de um líquido quente para que ele esfrie mais rapidamente.

a) Quando se faz isso, o que acontece com a velocidade de evaporação do líquido?

b) Explique, então, por que, procedendo dessa maneira, conseguimos fazer com que o líquido esfrie mais depressa.

7. Certa quantidade de mercúrio, à temperatura ambiente, é aquecida por meio de uma chama. Consulte a **tabela 4.2** e responda, no caderno:

a) Em que temperatura o mercúrio entrará em ebulição?

b) Continuando-se a fornecer calor ao mercúrio, o que ocorrerá com sua temperatura enquanto ele estiver em ebulição?

c) Verifica-se que foi necessário fornecer $3{,}9 \cdot 10^4$ cal de calor, durante a ebulição, para vaporizar totalmente o mercúrio. Calcule, então, o valor da massa desse líquido.

d) Logo após ser fornecido ao líquido o calor mencionado em **c**, qual será a temperatura do vapor de mercúrio resultante da vaporização?

8. a) É comum observarmos que, em dias de chuva, ao fechar os vidros de um automóvel, eles se tornam embaçados. Explique.

b) Para desembaçar o para-brisa, alguns automóveis possuem um ventilador (desembaçador). Explique por que esse processo é eficaz.

4.4 Influência da pressão

Verifica-se experimentalmente que, se variarmos a pressão exercida sobre uma substância, a temperatura na qual ela muda de fase sofrerá alterações. Assim, quando dissemos que o gelo se funde a 0 °C e a água entra em ebulição a 100 °C, destacamos que isso ocorre se a pressão for de 1 atm. Nesta seção, vamos analisar essa influência da variação de pressão nas temperaturas de mudanças de fase.

Influência da pressão na temperatura de fusão

Quando uma substância se funde, geralmente ela aumenta de volume. Para uma substância que tenha esse comportamento, observa-se que **um aumento na pressão exercida sobre ela acarreta aumento em sua temperatura de fusão** (e, consequentemente, em sua temperatura de solidificação).

Assim, o chumbo, por exemplo, que aumenta de volume ao se fundir, tem seu ponto de fusão em 327 °C à pressão de 1 atm. Submetendo-o a uma pressão mais elevada, ele vai se fundir a uma temperatura mais alta. A **figura 4.18.a** representa um bloco de chumbo que atinge uma temperatura superior a 327 °C, porque a pressão sobre ele é maior do que 1 atm. Reciprocamente, a uma pressão inferior a 1 atm o chumbo se fundirá abaixo de 327 °C **(figura 4.18.b)**.

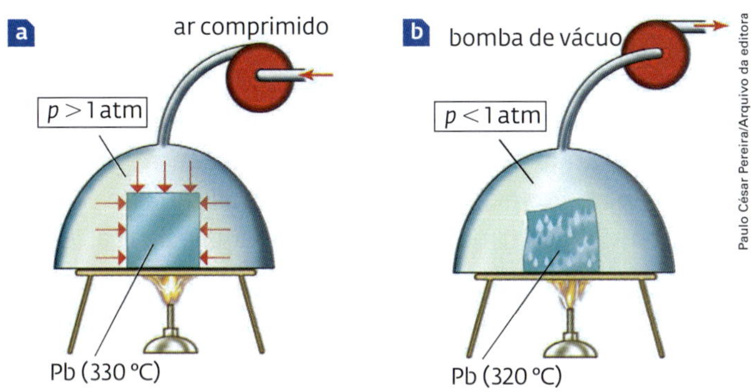

Figura 4.18. Em **a** o aumento na pressão eleva o valor da temperatura de fusão do chumbo. Em **b** a diminuição da pressão baixa o valor desta temperatura. Representação sem escala e em cores fantasia.

Figura 4.19. A água das chuvas penetra em frestas existentes nas rochas, ficando aí acumulada. Em países de clima frio, como o Canadá, é comum haver o rompimento dessas rochas, quando a água congela.

A água é uma exceção

Algumas poucas substâncias, entre elas a água, fogem do comportamento geral, pois diminuem de volume ao se fundirem. Portanto, o volume de dada massa de água aumenta quando ela se transforma em gelo. É por esse motivo que uma porção de água submetida a baixa temperatura empurra a superfície quando a água se solidifica **(figura 4.19)**.

Para essas substâncias, **um aumento na pressão acarreta uma diminuição na temperatura de fusão**. O gelo se funde a 0 °C somente se a pressão sobre ele for de 1 atm. Se aumentarmos essa pressão, ele se fundirá a uma temperatura **inferior** a 0 °C; reciprocamente, a uma pressão inferior a 1 atm, seu ponto de fusão será superior a 0 °C. Uma ilustração para esse fênomeno é representada na **figura 4.20**: o gelo sob a lâmina da bota do patinador (pressão muito grande) se funde, apesar de sua temperatura ser inferior a 0 °C, permitindo que a pessoa deslize facilmente sobre a pista. Assim que o patinador acaba de passar, a pressão retorna a 1 atm e a água volta ao estado sólido, pois sua temperatura é inferior a 0 °C.

Figura 4.20. Na prática de patinação no gelo, quando o patinador desliza as lâminas dos seus patins, provoca a fusão do gelo devido à pressão sobre ele. Assim, o gelo derrete no local em que há aumento da pressão, facilitando o deslizamento.

As ilustrações desta página estão representadas sem escala e em cores fantasia.

Influência da pressão na temperatura de ebulição

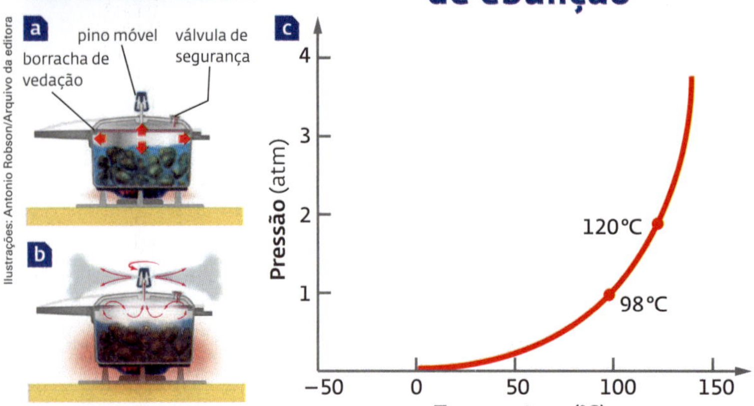

Figura 4.21. Em uma panela de pressão, a água atinge temperaturas superiores a 100 °C, permanecendo no estado líquido.

A maioria das substâncias, ao se vaporizar, aumenta de volume. Assim, por dificultar a vaporização, **um aumento na pressão acarreta um aumento na temperatura de ebulição**.

Esse fato pode ser verificado com o uso das panelas de pressão. Em uma panela aberta, com pressão de 1 atm, a água entra em ebulição a 100 °C, e sua temperatura não ultrapassa esse valor. Ao tamparmos uma panela de pressão, os vapores formados são impedidos de escapar devido ao pino, que é pesado e móvel, se manter para baixo. A movimentação do pino se dá quando a pressão do vapor da água no interior da panela aumenta, podendo a pressão total atingir cerca de 2 atm. Com isso, a água entrará em ebulição a uma temperatura próxima de 120 °C, fazendo com que os alimentos sejam cozidos mais rapidamente. Nesse momento, a pressão de 2 atm é suficiente para compensar a pressão externa e o peso do pino, permitindo que vapores sejam liberados pela válvula **(figura 4.21)**.

Por outro lado, uma diminuição na pressão provoca um abaixamento na temperatura de ebulição. Reduzindo-se gradualmente a pressão sobre a superfície da água, sua temperatura de ebulição torna-se cada vez menor, podendo-se obter água em ebulição mesmo a temperaturas muito baixas. Por exemplo, se com uma bomba de vácuo reduzirmos a pressão a 17 mmHg, poderemos fazer a água ferver a 20 °C **(figura 4.22)**.

Por isso, em locais situados acima do nível do mar, onde a pressão atmosférica é menor do que 76 cmHg, a água entra em ebulição a uma temperatura inferior a 100 °C **(figura 4.23)**. No alto do Monte Everest, por exemplo, cuja altitude é de 8 848 m, e a pressão atmosférica é de apenas 231 mmHg, a água entra em ebulição a 72 °C.

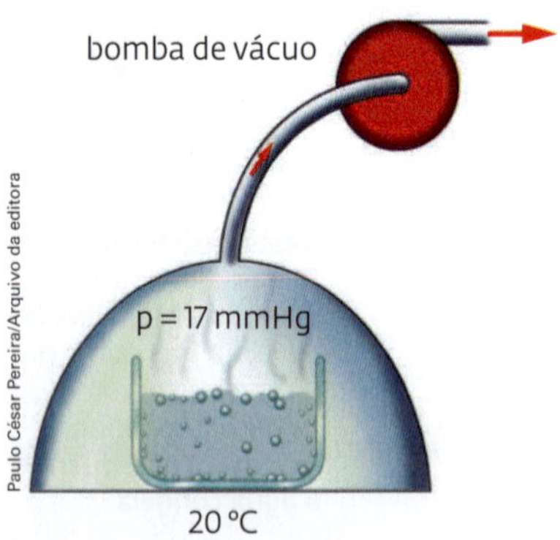

Figura 4.22. É possível fazer a água entrar em ebulição a temperaturas relativamente baixas, reduzindo-se a pressão.

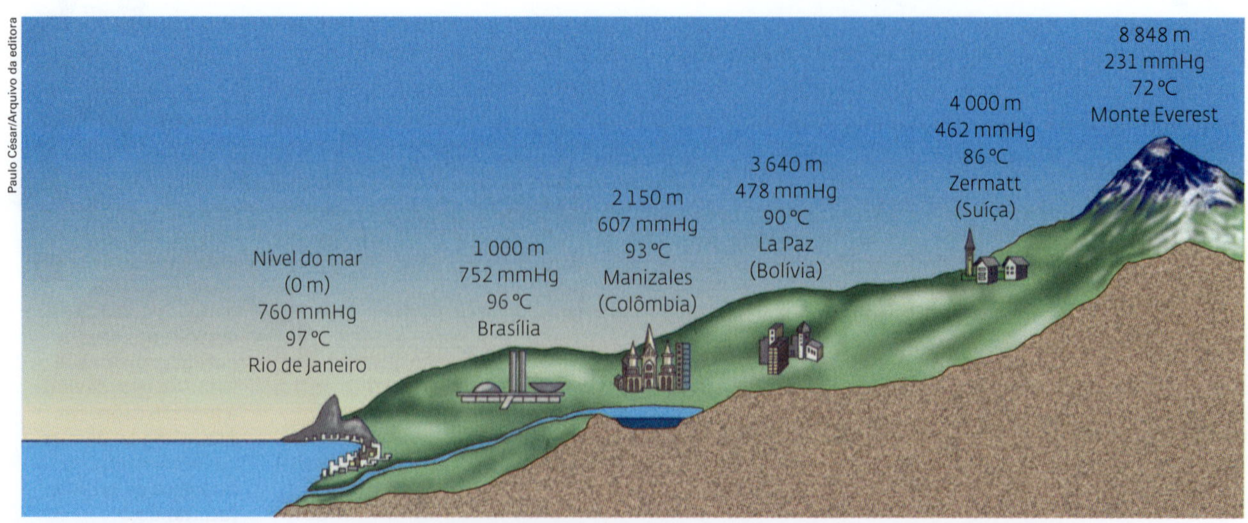

Figura 4.23. Quanto maior a altitude (menor pressão atmosférica), menor é a temperatura de ebulição da água.

VERIFIQUE O QUE APRENDEU

9. Sabe-se que o ferro, como a maioria das substâncias, ao se fundir tem comportamento igual ao do chumbo. Baseando-se nessa informação, responda:

a) Uma barra de ferro, ao se fundir, aumenta ou diminui de volume?

b) Então, o ferro líquido tem densidade maior ou menor do que o ferro sólido?

c) Assim, uma barra de ferro sólido, colocada em ferro líquido, afunda ou flutua?

10. O ponto de fusão do ferro é de 1 535 °C sob pressão de 1 atm. Aquecendo-se uma barra de ferro que está submetida à pressão de 5000 atm, a fusão vai ocorrer abaixo ou acima de 1 535 °C?

11. a) Em sua cidade, a pressão atmosférica é maior, menor ou igual a 76 cmHg?

b) Então, o ponto de fusão do gelo, em sua cidade, é maior, menor ou igual a 0 °C?

12. a) A **tabela 4.2** nos informa que o álcool entra em ebulição a 78 °C. Será possível aquecer uma quantidade de álcool até 100 °C sem que ele entre em ebulição? Como?

b) Verifica-se que, em uma cidade, a água colocada em uma panela aberta entra em ebulição a 96 °C. Qual é a altitude dessa cidade? (Consulte a **figura 4.23**.)

4.5 Sublimação – Diagrama de fases

Sublimação

Há alguns anos as donas de casa colocavam uma bola de naftalina em armários e gavetas. Elas faziam isso porque sabiam que baratas e traças são repelidas pelos vapores exalados da naftalina. A naftalina, em estado sólido, passa para o estado gasoso sem passar pelo estado líquido, isto é, **sublima**. Pouco se utiliza a naftalina hoje em dia, pois os vapores exalados por ela são tóxicos tanto para os insetos quanto para os seres humanos.

A sublimação também ocorre com o CO_2 sólido e, por isso, ele é denominado **gelo-seco** (**figura 4.24**). Outro exemplo é o iodo. Embora sejam poucas as substâncias que se sublimam nas condições ambientes, verifica-se que esse fenômeno pode ocorrer com qualquer substância, dependendo da temperatura e da pressão a que ela for submetida.

O estudo do **diagrama de fases**, que faremos a seguir, nos permitirá definir em que condições a sublimação de uma substância poderá ocorrer.

Eduardo Santaliestra/Estúdio Paulista

Figura 4.24. Uma porção de gelo-seco se sublima. Observe o vapor desprendendo diretamente do sólido.

Diagrama de fases

Como dissemos na seção 4.1, uma dada substância pode se apresentar em diferentes estados, dependendo de sua temperatura e da pressão exercida sobre ela. Em um laboratório é possível determinar, para cada substância, os valores de p e T correspondentes a cada um desses estados. Com base neles podemos construir um gráfico, denominado **diagrama de fases**, que tem aspecto semelhante ao da **figura 4.25**. Observe que esse diagrama está dividido em três regiões, indicadas por S, L e V. Se nos forem fornecidos os valores da pressão e da temperatura em que certa substância se encontra, o seu diagrama de fases nos permitirá determinar o estado que ela está. Para isso, devemos localizar, nesse diagrama, o ponto correspondente ao par de valores de p e T fornecidos. Se esse ponto estiver localizado na região S, a substância estará na fase sólida (por exemplo, o ponto A da **figura 4.25**); se estiver na região L, estará na fase líquida; e se estiver na região V, na fase gasosa.

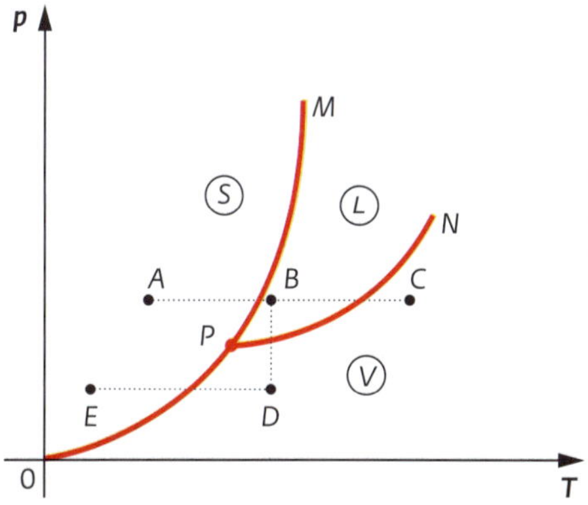

Banco de imagens/Arquivo da editora

Figura 4.25. Diagrama de fases de uma substância. Conhecendo sua pressão e temperatura, esse diagrama nos permite determinar o estado em que ela se encontra.

Figura 4.26. À pressão de 4,6 mmHg e à temperatura de 0,01 °C é possível encontrar a água nos estados sólido, líquido e gasoso, simultaneamente.

Ponto triplo

As linhas que aparecem no diagrama de fases e que o dividem nas regiões *S*, *L* e *V* correspondem a valores de *p* e *T* nos quais podemos encontrar a substância, simultaneamente, em dois estados. Assim, na **figura 4.25**, qualquer ponto da linha *PM* corresponde a um par de valores de *p* e *T* no qual a substância se apresenta, simultaneamente, nos estados sólido e líquido. A linha *PN* corresponde ao equilíbrio entre líquido e vapor, e a linha *OP*, entre sólido e vapor. O ponto de encontro dessas três linhas (ponto *P* da **figura 4.25**) nos fornece os valores da pressão e da temperatura nos quais a substância pode se apresentar, simultaneamente, nos três estados. Esse ponto é denominado **ponto triplo** da substância. A água, por exemplo, à pressão de 4,6 mmHg e à temperatura de 0,01 °C, pode ser encontrada, simultaneamente, nos estados sólido, líquido e gasoso **(figura 4.26)**; portanto, esses valores correspondem ao seu ponto triplo.

Comentário

Consideremos uma substância com pressão e temperatura correspondentes ao ponto *A* da **figura 4.25**. Essa substância se encontra no estado sólido. Já sabemos que, mantendo constante a pressão e aumentando a temperatura, ocorrerá a fusão desta substância em certo valor de *T*. No diagrama, esse processo corresponde a um deslocamento ao longo da linha *AB* e a fusão ocorre quando essa linha cruzar a curva *PM*.

No ponto *B*, a substância está no estado líquido. Já vimos que temos duas maneiras principais para fazer um líquido se vaporizar (entrar em ebulição): aumentando sua temperatura a pressão constante ou reduzindo sua pressão a temperatura constante. Observe que, no diagrama, o primeiro processo corresponde a um deslocamento ao longo de *BC*, e o segundo, ao longo de *BD*. Em ambos os casos, a vaporização ocorre no cruzamento dessas linhas com a curva *PN*.

Consideremos, agora, uma substância no estado sólido, na situação correspondente ao ponto *E*, no qual sua pressão é inferior à pressão do ponto triplo. O diagrama nos mostra que, mantendo constante a pressão e aumentando a temperatura (deslocamento ao longo de *ED*), a substância passa diretamente do estado sólido para o estado de vapor, isto é, ela se sublima. Observe, então, no diagrama, que, se uma substância sólida estiver submetida a uma pressão inferior à pressão de seu ponto triplo, ela, ao ser aquecida, passará diretamente para o estado de vapor. Logo, um sólido só poderá se sublimar se a pressão a que ele estiver submetido for inferior à pressão de seu ponto triplo.

VERIFIQUE O QUE APRENDEU

Os exercícios de **13** a **15** se referem ao diagrama de fases do CO_2, que está representado na figura destes exercícios (o gráfico não foi construído em escala uniforme).

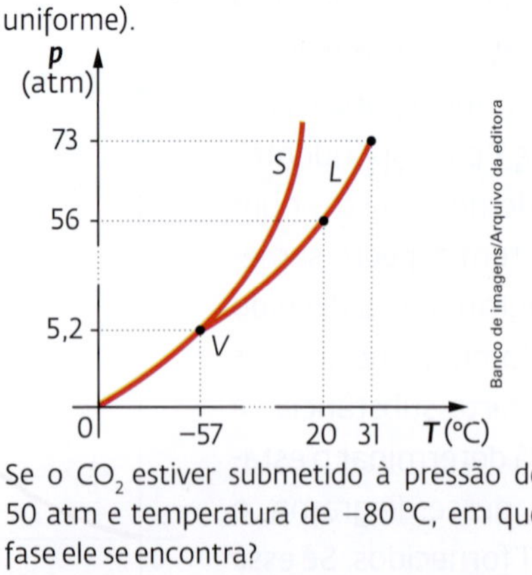

13. a) Se o CO_2 estiver submetido à pressão de 50 atm e temperatura de −80 °C, em que fase ele se encontra?

b) Certa massa de CO_2, nas condições de temperatura e pressão de sua sala de aula (aproximadamente 1 atm e 20 °C), em que fase se apresentará?

14. a) Em um tanque, tem-se CO_2 líquido, submetido à pressão de 56 atm. Aquecendo-se esse líquido e mantendo-se constante a pressão sobre ele, em que temperatura o CO_2 começará a se vaporizar?

b) A que pressão e temperatura devemos submeter o CO_2 para que seja possível encontrá-lo, simultaneamente, nas três fases?

15. Um recipiente contém uma mistura de CO_2 nos estados sólido, líquido e gasoso, em equilíbrio.

a) Mantém-se constante a temperatura e aumenta-se a pressão sobre a mistura. Em que fase, então, se apresentará toda a massa de CO_2?

b) Responda à questão **a**, supondo que a pressão foi mantida constante, e a temperatura aumentada.

c) O que deveria ser feito para que o CO_2 passasse totalmente para o estado líquido?

APLICAÇÕES DA FÍSICA

Aquecimento global do planeta

Atualmente existe um esforço da comunidade científica para compreender melhor a elevação da temperatura média global do planeta, assim como suas consequências imediatas e a longo prazo. Estudos realizados por cientistas do Painel Intergovernamental sobre Mudança Climática (IPCC), que reúne os maiores especialistas do mundo nesse ramo de pesquisa, consideram esse aquecimento consequência do acúmulo de gases-estufa com o advento da Revolução Industrial, no século XVIII. Como a atividade industrial vem se intensificando nos últimos dois séculos, cada vez mais dióxido de carbono (CO_2), metano e óxido nitroso (N_2O) são lançados na atmosfera anualmente. Para se ter uma ideia, antes da Revolução Industrial, as emissões de origem humana somavam 290 ppm (partes por milhão) de CO_2, agora chegam a cerca de 400 ppm.

O acompanhamento das alterações na temperatura média global do planeta é feito por instrumentos precisos, como satélites e sondas flutuantes nos oceanos, que fornecem dados em tempo real. Além das informações técnicas, a principal evidência da alteração da temperatura é o derretimento do gelo, especialmente na calota norte, no Ártico, junto com o degelo das camadas glaciais dos continentes. Em consequência disso, os cientistas apontam a elevação do nível dos mares e oceanos como a principal consequência a médio e a longo prazo.

a

Regiões costeiras do mar do Norte e Báltico – 2011

b

Regiões costeiras do mar do Norte e Báltico – simulação de aumento do nível do mar

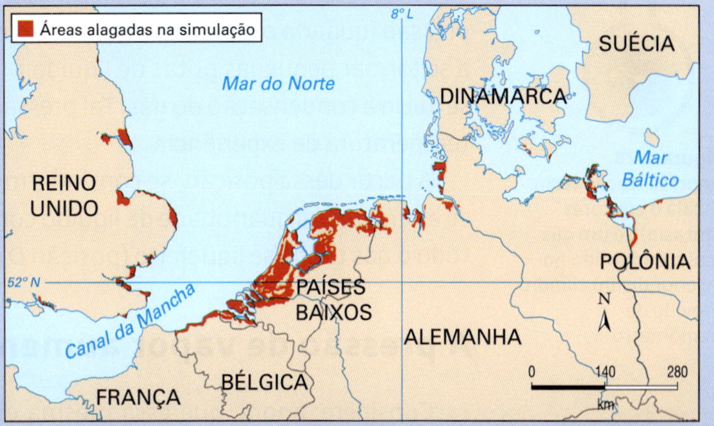

Disponível em: <http://climate.nasa.gov/ClimateTimeMachine/climateTimeMachine.cfm>. Acesso em: 19 jan. 2016.

Figura 4.27. Em **a**, região próxima à costa ao sul do mar do Norte em 2011. Em **b**, simulação mostrando as regiões costeiras (em vermelho) que seriam alagadas considerando a elevação de 1 metro no nível dos mares e oceanos. Simulação elaborada com base em informações da Nasa.

Existem opiniões divergentes quanto ao valor exato que a elevação das águas pode atingir. A previsão mais pessimista considera que 2% de todas as geleiras derreterão até 2100, ocasionando um aumento de 1,2 metro no nível do mar. Se esse valor chegar ao limite máximo alguns países perderão parte de seu território. Um exemplo seriam os Países Baixos, pois 40% das suas áreas costeiras estão abaixo do nível do mar **(figura 4.27)**.

QUESTÕES

1. Em um país como o Brasil, cuja população concentrada no litoral é numerosa, o impacto do aumento do nível dos oceanos será extremamente grande. Supondo um aumento de 1,2 m, discuta quais seriam os impactos na economia do país e na vida da população brasileira.
2. Além da vida humana, a vida animal será fortemente afetada por essas alterações no meio ambiente. Pesquise sobre o possível impacto do aquecimento global no ciclo de vida dos ursos-polares e de peixes de regiões frias, como o salmão, e explique como essas alterações físicas podem impactar esses animais.

4.6 Pressão de vapor

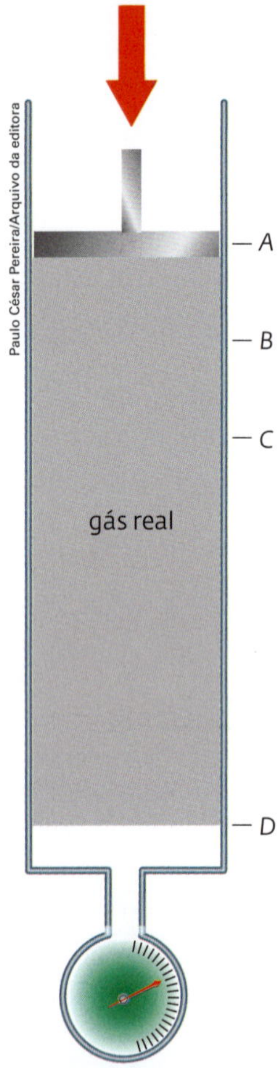

Figura 4.28. Representação (sem escala e em cores fantasia) de um gás real comprimido no interior de um cilindro provido de manômetro.

No capítulo 2, ao estudarmos o comportamento de um gás ideal, vimos que ele obedece a lei de Boyle e a lei de Gay-Lussac, que podem ser sintetizadas pela equação $pV = nRT$. Vimos que os gases existentes na natureza, isto é, os gases reais (O_2, N_2, He, H_2, etc.), comportam-se como um gás ideal quando submetidos a pressões baixas e temperaturas elevadas, ou seja, quando sua densidade é pequena.

Vejamos como os gases reais podem, em determinadas condições, se afastar do comportamento ideal e se transformar em líquido.

Suponha que um gás real esteja confinado em um cilindro provido de pistão e de manômetro, permitindo-nos ler os valores de sua pressão, como mostra a **figura 4.28**.

Mantendo constante a temperatura do gás, vamos comprimi-lo a partir da posição *A* do pistão, quando sua pressão é, ainda, relativamente baixa. Durante a compressão, verifica-se que, inicialmente, o gás real se comporta como um gás ideal, isto é, seus valores de *p*, *V* e *T* satisfazem à equação $pV = nRT$.

Entretanto, após o pistão atingir certa posição (por exemplo, a posição *B* da **figura 4.28**), na qual a pressão é um pouco mais elevada, observa-se que o gás real deixa de se comportar como um gás ideal. Seu comportamento torna-se mais complexo, exigindo, para descrevê-lo, equações mais sofisticadas do que a equação de estado de um gás ideal.

Prosseguindo na compressão do gás, ao ser alcançado um determinado valor da pressão (quando o pistão atingir, por exemplo, a posição *C*), percebe-se que começam a se formar pequenas gotas de líquido no interior do cilindro, isto é, naquela pressão se inicia a condensação do gás. Tal pressão é denominada **pressão de vapor** do gás na temperatura da experiência.

A partir dessa posição, se continuarmos a empurrar o pistão, a pressão do gás não se altera, mas a quantidade de líquido condensado aumenta gradativamente, até que todo o gás tenha se liquefeito (posição *D*, por exemplo).

A pressão de vapor aumenta com a temperatura

Considere, agora, que essa mesma experiência seja repetida, estando, porém, o gás a uma temperatura um pouco mais elevada. Durante a compressão, verificaremos que todas as situações observadas na experiência anterior se repetirão. Entretanto, uma mudança importante será constatada: o valor da pressão na qual o gás começa a se condensar torna-se mais elevado. Em outras palavras, a pressão de vapor do gás apresenta, agora, um valor maior.

Realizando novas experiências, com o gás a diversas temperaturas, chegaremos à conclusão de que o resultado anterior é geral: a pressão de vapor de um gás é tanto maior quanto maior for a sua temperatura. Assim, quanto mais aquecido estiver um gás, maior deverá ser a pressão que teremos de exercer sobre ele para condensá-lo.

Temperatura crítica de um gás

O que acabamos de afirmar sobre a condensação de um gás é válido até que ele atinja certa temperatura. De fato, se o gás se encontrar nessa temperatura, ou em valores superiores a ela, não conseguiremos liquefazê-lo, por maior que seja a pressão exercida sobre ele.

Essa temperatura denomina-se **temperatura crítica**, T_c, do gás. Portanto, só é possível liquefazer um gás, por aumento de pressão, se ele estiver a uma temperatura inferior à sua temperatura crítica. Acima dessa temperatura só é possível encontrar a substância no estado gasoso.

É costume, entre certos autores, fazer distinção entre os termos **gás** e **vapor**. Quando uma substância se encontra no estado gasoso, em temperatura inferior a T_c, diz-se que ela é um **vapor**; se sua temperatura for superior a T_c, diz-se que ela é um **gás** **(figura 4.29)**.

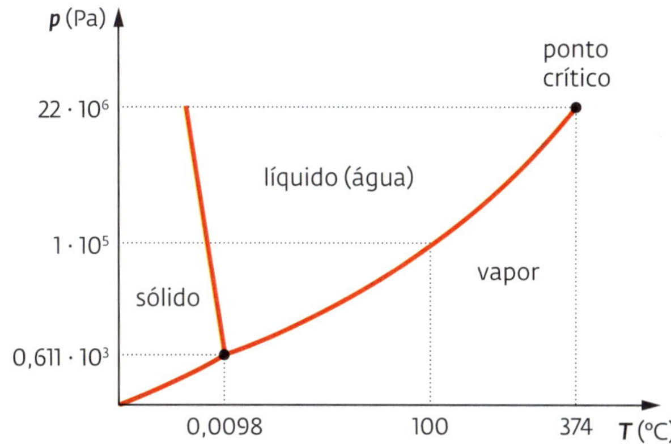

Banco de imagens/Arquivo da editora

Figura 4.29. Diagrama de fase para a água. Destacamos o ponto crítico; após essa temperatura não é possível liquefazer o gás. Esse gráfico tem valores aproximados e não se encontra em escala.

Dois exemplos de temperaturas críticas: do oxigênio e do anidrido carbônico

O valor da temperatura crítica é característico de cada substância. Assim, a temperatura crítica do oxigênio (O_2) é $T_c = -118$ °C. Então, para obter oxigênio líquido, devemos, antes de mais nada, reduzir sua temperatura para um valor inferior a -118 °C e, em seguida, exercer sobre ele uma pressão igual à sua pressão de vapor. Acima de -118 °C será impossível fazer o oxigênio se condensar. De acordo com a nomenclatura citada anteriormente, o oxigênio, no estado gasoso, em temperatura inferior a -118 °C, seria um vapor; acima dessa temperatura, seria um gás.

Para o anidrido carbônico (CO_2), a temperatura crítica é $T_c = 31$ °C. Portanto, tomando-se uma certa quantidade de O_2 e CO_2 do ar ambiente, em um dia no qual a temperatura seja cerca de 20 °C, o CO_2 poderá ser condensado se o comprimirmos convenientemente (pressão de vapor), mas o O_2 permanecerá sempre no estado gasoso, qualquer que seja a pressão sobre ele. Em um dia muito quente (acima de 31 °C), nem mesmo o CO_2 poderá ser condensado, pelo aumento da pressão que atua sobre ele.

Vapor de água na atmosfera

O ar atmosférico é uma mistura de alguns gases, tais como o oxigênio, o nitrogênio, o anidrido carbônico e o vapor de água. A quantidade de vapor de água existente em um dado volume de ar é um fator importante para a nossa vida, pois está relacionada com a ocorrência das chuvas, com o clima em geral e até mesmo com a sensação de conforto que experimentamos em determinados ambientes (o desconforto é causado tanto por excesso quanto por baixo percentual de vapor na atmosfera). Para caracterizar a quantidade de vapor existente em uma dada massa de ar, define-se uma grandeza chamada **umidade absoluta**, u_a, da atmosfera **(figura 4.30)**. Considerando m a massa de vapor presente em um volume V de ar, temos:

$$u_a = \frac{m}{V}$$

Essa grandeza é pouco usada, porque os técnicos e cientistas preferem trabalhar com o conceito de **umidade relativa**, que analisaremos a seguir.

Ilustrações: João X. de Campos/Arquivo da editora

Figura 4.30. Quando uma pessoa transpira, se seu suor evaporar, haverá absorção de calor de sua pele e ela sentirá mais conforto. Isso ocorre, por exemplo, em lugares de clima quente e seco (baixa umidade). Se a umidade do ar, entretanto, for elevada, a evaporação do suor será mais lenta, fazendo com que as pessoas tenham uma sensação mais desagradável, mesmo que o clima não seja muito quente.

A pressão atmosférica é a soma das pressões exercidas por todos os gases presentes no ar. A pressão que cada um desses gases exerce isoladamente é denominada pressão parcial do gás. A pressão parcial que o vapor de água exerce é, em geral, muito baixa, estando situada em torno de alguns mmHg.

Para uma dada temperatura, a pressão parcial do vapor de água não pode ser maior do que a sua pressão de vapor, pois, como vimos, nessas condições o vapor se condensaria. Quando a pressão parcial se iguala à pressão de vapor (ele está prestes a se condensar), dizemos que o vapor está **saturado** e, quando ela é inferior a esse valor, o vapor é denominado **vapor seco** ou **não saturado**. A **umidade relativa**, u_r, do ar é definida da seguinte maneira:

$$u_r = \frac{\text{pressão parcial do vapor de água}}{\text{pressão de vapor da água na mesma temperatura}}$$

Tabela 4.3

PRESSÃO DE VAPOR DE ÁGUA	
Temperatura (°C)	**Pressão de vapor** (mmHg)
0	4,6
5	6,5
10	8,9
15	12,6
20	17,5
40	55,1
60	150
80	355
100	760
120	1490
140	2710

Vejamos um exemplo: suponhamos que em um ambiente, à temperatura de 20 °C, a pressão parcial do vapor de água fosse de 10 mmHg. A **tabela 4.3** nos mostra que a pressão de vapor de água a essa temperatura é 17,5 mmHg (isto é, o vapor estaria saturado se sua pressão tivesse esse valor). Então, a umidade relativa do ambiente seria:

$$u_r = \frac{10}{17{,}5} = 0{,}57$$

Usualmente o valor de u_r é representado sob forma percentual, isto é:

$$u_r = 100 \cdot 0{,}57 \quad \text{ou} \quad u_r = 57\%$$

Se o vapor no ambiente estivesse saturado, sua umidade relativa seria $u_r = 100\%$ e se não houvesse vapor presente na atmosfera, teríamos $u_r = 0$. Como vimos na seção 4.3, nessa última situação a velocidade de evaporação da água colocada em um recipiente aberto seria muito alta e no primeiro caso ($u_r = 100\%$) a água não evaporaria.

A medida da umidade relativa do ar é feita por meio de aparelhos denominados **higrômetros** **(figura 4.31)**. Um modelo muito simples de higrômetro pode ser construído se dispusermos de um termômetro e de um recipiente metálico liso (ou até mesmo de um copo de vidro comum).

Colocando-se água no recipiente e acrescentando-se a ela, lentamente, pequenos pedaços de gelo, sua temperatura decrescerá gradualmente. Em certo momento observaremos que a superfície externa do recipiente ficará embaçada, em virtude da condensação, sobre essa superfície, do vapor de água existente na atmosfera. A temperatura em que isso ocorre é denominada **ponto de orvalho**.

Islandstock/Alamy/Latinstock

Figura 4.31. Higrômetro para medir a umidade relativa e a temperatura do ambiente.

Suponha que essa condensação tenha ocorrido quando a temperatura do recipiente atingiu 10 °C. A **tabela 4.3** nos fornece o valor da pressão de vapor de água a 10 °C, que é de 8,9 mmHg. Sabe-se que o vapor se condensa quando sua pressão parcial se iguala à pressão de vapor. Logo, a pressão parcial de vapor de água na atmosfera é igual a 8,9 mmHg. Outro termômetro nos fornece a temperatura do ar ambiente. Supondo que ela seja de 20 °C, obtemos a pressão de vapor a essa temperatura: 17,5 mmHg **(tabela 4.3)**. Temos assim os dados que nos permitem obter a umidade relativa do ar:

$$u_r = \frac{8{,}9}{17{,}5} = 0{,}51 \quad \text{ou} \quad u_r = 51\%$$

VERIFIQUE O QUE APRENDEU

As ilustrações desta página estão representadas sem escala e em cores fantasia.

16. Um botijão de gás de cozinha, hermeticamente fechado, contém gás liquefeito em equilíbrio com seu vapor. Veja a seguir.

Paulo César Pereira/ Arquivo da editora

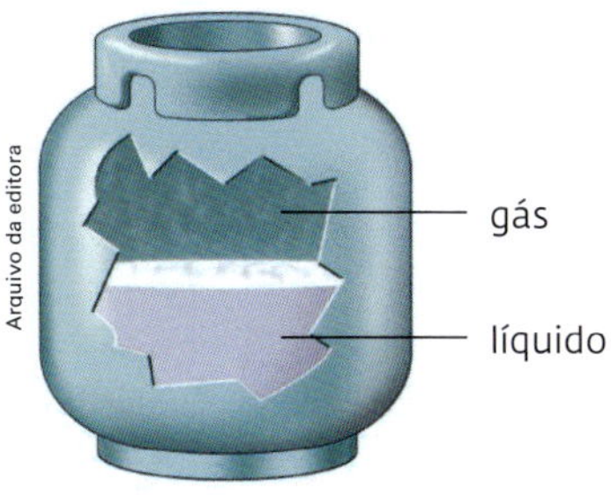

a) A pressão do gás do botijão é maior, menor ou igual à sua pressão de vapor?

b) Abre-se a válvula do botijão e deixa-se escapar certa massa de gás. Fechando-se novamente a válvula, a pressão do gás no interior do botijão será maior, menor ou igual ao valor da pressão inicial? Explique o que ocorreu.

17. Durante muitos anos, os cientistas tentaram liquefazer o gás hélio, sem sucesso. Procure apontar a causa dessa dificuldade, sabendo que a temperatura crítica do hélio é de −268 °C, ou seja, 5 K (a temperatura crítica mais baixa entre todas as substâncias).

18. A temperatura crítica da água é de 374 °C. Se tivermos água em ebulição em uma panela aberta, devemos dizer que dela se desprende em **vapor de água** ou **gás de água**?

19. Uma sala, a 40 °C, contém vapor de água à pressão parcial de 12,6 mmHg.

a) Para que valor deveria ser reduzida a temperatura da sala, a fim de que esse vapor se condensasse (ponto de orvalho)?

b) Mantendo-se a temperatura a 40 °C e aumentando-se a umidade da sala, qual seria o valor da pressão parcial quando o ambiente estivesse saturado de vapor?

20. Qual seria o valor da umidade relativa do ar na sala do exercício anterior, nas condições mencionadas na questão **a**? E na questão **b**?

21. Determine a umidade relativa do ar na sala do exercício 20, nas condições iniciais ali fornecidas.

PRATIQUE FÍSICA

EM EQUIPE

ATENÇÃO!
Realize esta atividade sob a supervisão do professor. Tome cuidado para evitar queimaduras.

1. De acordo com as teorias da Física, quando um sistema sofre uma transição de fase, mudando de um estado para outro da matéria, sua temperatura permanece constante. Neste experimento, vamos verificar esse fenômeno em duas situações: na fusão do gelo e na ebulição da água.

Cada grupo vai precisar de um termômetro que meça temperaturas num intervalo abaixo de 0 °C até pouco mais de 100 °C.

Enquanto estiver observando a fusão do gelo, responda às seguintes perguntas:

a) A temperatura da fusão do gelo permaneceu a 0 °C até todo o gelo ter derretido?

b) Na realização desse experimento é possível observar variações na temperatura, obtendo temperaturas ligeiramente mais altas na água derretida. Como você explica essa variação? E como fazer para evitar que isso aconteça?

Agora, enquanto estiver observando a ebulição da água, responda às seguintes perguntas:

c) A temperatura de ebulição da água permaneceu constante? Qual foi o valor que seu grupo encontrou durante a ebulição da água?

d) A partir da temperatura encontrada para a ebulição da água, estime a altitude aproximada de sua cidade e discuta por que acontece essa variação.

2. Coloque um pouco de água em um recipiente e aqueça-o até que a água entre em ebulição. Retire a fonte de calor e verifique que a ebulição se interrompe imediatamente.

Tome uma seringa de injeção e, puxando o êmbolo, deixe que um pouco dessa água quente penetre em seu interior, como mostra a figura (**a**) desta experiência.

Tampe perfeitamente o bico da seringa, para impedir qualquer entrada de ar (por exemplo, pressionando-o firmemente contra uma borracha, sobre uma mesa). Em seguida, puxe o êmbolo até a extremidade da seringa, como mostra a figura (**b**). Observe que, então, a água na seringa entrará novamente em ebulição.

Lembrando-se do que você estudou na seção 4.4, procure explicar por que isso acontece.

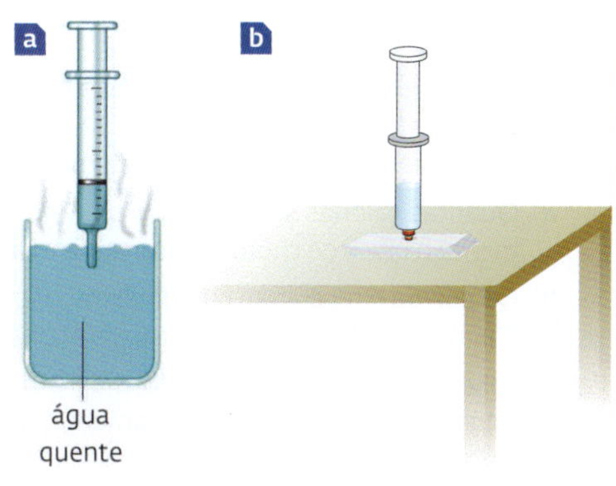

Ilustrações: Paulo César Pereira/Arquivo da editora

As ilustrações desta página estão representadas sem escala e em cores fantasia.

3. Tome um bloco de gelo, apoiando-o sobre uma superfície horizontal. Passe sobre o gelo um arame bem fino e resistente (de preferência de aço). Puxe firme e lentamente as extremidades do arame, como mostra a figura desta experiência.

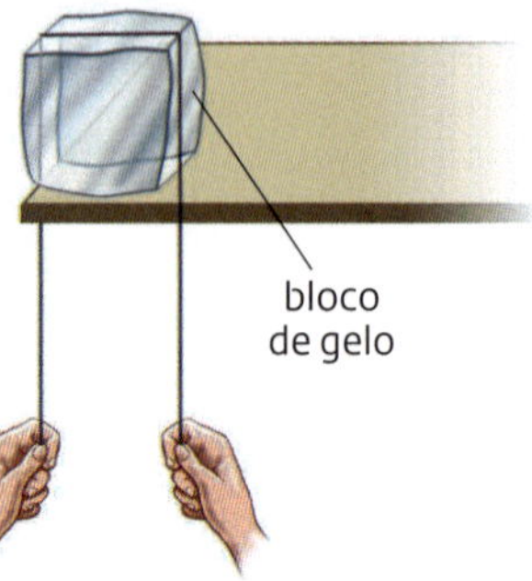

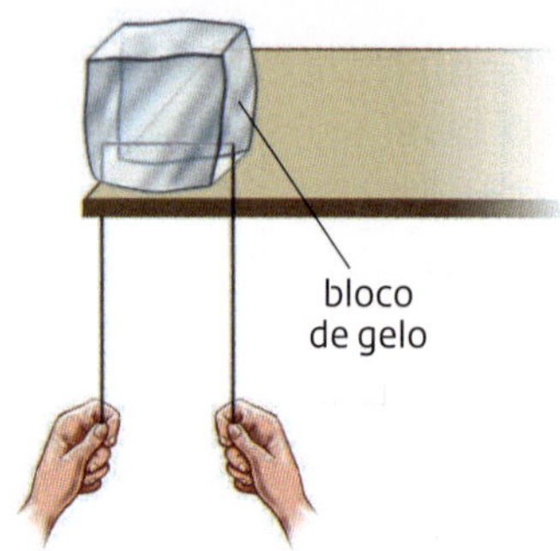

Ilustrações: Paulo César Pereira/Arquivo da editora

a) Em virtude da pressão exercida pelo arame, o gelo sob ele se funde, permitindo que o arame penetre no bloco. Por que o gelo se funde sob a pressão do arame?

b) Verifique que, embora o arame tenha penetrado no bloco, este não apresenta fenda, isto é, a água resultante da fusão torna a se congelar após a passagem do arame. Explique.

c) Continuando a puxar cuidadosamente o arame, você poderá conseguir fazer com que ele atravesse totalmente o bloco, sem parti-lo. Tente obter esse resultado.

4. Despeje água mineral com gás em um copo e procure observar de onde saem as bolhas de gás. Após observar tente explicar as bolhas levando em conta as perguntas a seguir:
Surgem do interior do líquido ou da superfície do copo? A cada momento elas saem de um lugar diferente ou existem locais preferenciais? Se elas dão preferência por surgir em determinados lugares, o que esses lugares possuem em comum? Faz diferença o copo ser de vidro, de papel, de plástico ou de alumínio? E se esse copo possuir arranhões? Qual o efeito de impurezas como grãozinhos de açúcar, sal ou areia jogados no interior do copo?

PROBLEMAS E TESTES

1. Diga se cada uma das afirmativas seguintes está certa ou errada:

a) Sempre que uma substância absorve calor, sua temperatura aumenta.

b) Quando uma substância muda de fase, ela absorve ou cede calor.

c) Sempre que uma substância absorve calor, seu volume aumenta.

2. a) A quantidade de calor necessária para elevar a temperatura de certa massa de gelo, de 0 °C até 10 °C, é maior, menor ou igual à quantidade de calor necessária para elevar a mesma massa de água também de 0 °C até 10 °C?

b) Baseando-se na resposta à questão **a**, responda: para esfriar uma bebida, seria mais eficaz colocar nela água a 0 °C ou uma massa igual de gelo também a 0 °C?

3. Um bloco de chumbo, de massa igual a 100 g, encontra-se no estado sólido à temperatura de 327 °C (seu ponto de fusão), e fornece-se a ele 1 300 cal de calor.

a) Quantas calorias serão usadas para fundir completamente o bloco de chumbo? (Consulte a **tabela 4.1**.)

b) Qual será a temperatura final do chumbo líquido formado? (O calor específico do chumbo líquido é 0,036 cal/g · °C.)

Para resolver os problemas **4** a **6**, considere cinco barras de massas iguais, construídas, respectivamente, de platina, alumínio, ouro, prata e chumbo.

O quadro abaixo apresenta constantes físicas desses metais.

Metal	**Calor específico** (cal/g °C)	**Calor de fusão** (cal/g)	**Ponto de fusão** (°C)	**Coeficiente de dilatação linear** ($°C^{-1}$)
Platina (Pt)	0,032	27	1 775	$9 \cdot 10^{-6}$
Alumínio (Al)	0,22	77	659	$23 \cdot 10^{-6}$
Ouro (Au)	0,031	16	1 063	$13 \cdot 10^{-6}$
Prata (Ag)	0,056	21	961	$17 \cdot 10^{-6}$
Chumbo (Pb)	0,031	5,8	327	$29 \cdot 10^{-6}$

4. Aquecendo-se cada uma das barras de 20 °C até 700 °C, aquelas que não vão se fundir serão as construídas de:

a) Pt. b) Al. c) Au. d) Ag. e) Pb.

5. Se todas as barras forem aquecidas de 20 °C até 300 °C, aquela que absorverá maior quantidade de calor será a de:

a) Pt. b) Al. c) Au. d) Ag. e) Pb.

6. Cada uma das barras, inicialmente a 120 °C, é colocada em contato com um grande bloco de gelo a 0 °C, provocando a fusão de parte do bloco, até entrar em equilíbrio térmico com ele. Qual das barras causará a fusão de maior quantidade de gelo?

a) Pt. b) Al. c) Au. d) Ag. e) Pb.

7. O gráfico abaixo representa a temperatura de 50 g de uma substância, inicialmente no estado líquido, a 0 °C, em função do calor por ela absorvido.

Examine o diagrama e indique no caderno, entre as afirmativas seguintes, aquela que está errada:

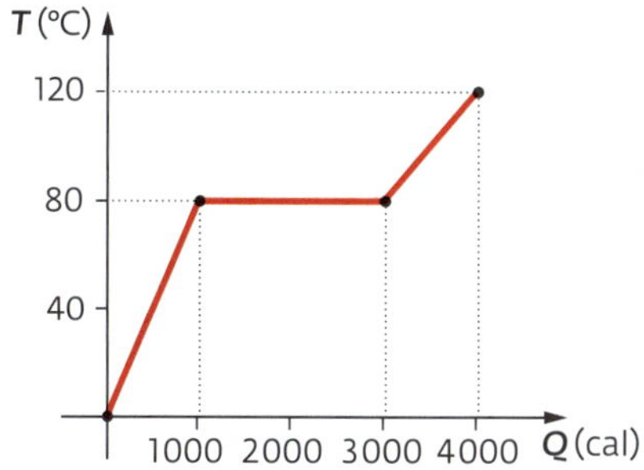

Banco de imagens/Arquivo da editora

a) A temperatura de ebulição do líquido é 80 °C.

b) O calor específico do líquido vale 0,25 cal/ g · °C.

c) O calor de vaporização da substância é igual a 1 000 cal.

d) O calor específico da substância, no estado gasoso, é 0,50 cal/g · °C.

e) A substância absorve 2 000 cal desde o início da ebulição até vaporizar-se totalmente.

8. **(UEG-GO)** DESCOBERTO SEXTO ESTADO DA MATÉRIA

Os três estados da matéria (sólido, líquido e gasoso) são bem conhecidos. O quarto, o plasma, já não é novidade e poucos conhecem o quinto estado: o Condensado de Bose-Einstein. Agora, pesquisadores da Universidade do Colorado e do Instituto Nacional de Padrões e Tecnologia (Nist), nos EUA, acabam de descobrir o sexto estado da matéria: o condensado fermiônico. Os pesquisadores empregaram feixes de laser *para aprisionar uma pequena nuvem de átomos de potássio, aplicando um campo magnético e resfriando-os a uma temperatura de apenas 50 bilionésimos de um grau acima do zero absoluto (−273,16 °C). A nova descoberta será útil para entender melhor o fenômeno da supercondutividade.*

PHYSICAL REVIEW LETTERS, v. 92, n. 4, de 30 de janeiro, artigo número 040403 (http://prl.aps.org). Disponível em: <http://prl.aps.org >. Acesso em: 11 set. 2007. [Adaptado].

Com base na teoria dos estados da matéria, é **INCORRETO** afirmar:

a) A luz *laser* consiste em ondas que apresentam um comprimento de onda específico que corresponde à distância entre dois máximos e dois mínimos, medida na direção em que a onda está se movimentando.

b) As substâncias podem mudar de estado físico (sólido, líquido, gasoso, etc.) e esse fenômeno depende exclusivamente da temperatura a que estão expostas.

c) O zero absoluto é um conceito no qual um corpo, classicamente, não conteria energia alguma. Todavia, as leis da Termodinâmica mostram que esta temperatura continua experimentalmente inatingível.

d) A supercondutividade é um fenômeno que se manifesta em alguns materiais que se tornam capazes de transportar corrente elétrica sem nenhuma resistência abaixo de certa temperatura.

9. **(UFF-RJ)** Quando se retira uma garrafa de vidro com água de uma geladeira, depois de ela ter ficado lá por algum tempo, veem-se gotas de água se formando na superfície externa da garrafa.

Isso acontece graças, principalmente, à

a) condensação do vapor de água dissolvido no ar ao encontrar uma superfície à temperatura mais baixa.

b) diferença de pressão, que é maior no interior da garrafa e que empurra a água para seu exterior.

c) porosidade do vidro, que permite a passagem de água do interior da garrafa para sua superfície externa.

d) diferença de densidade entre a água no interior da garrafa e a água dissolvida no ar, que é provocada pela diferença de temperatura.

e) condução de calor através do vidro, facilitada por sua porosidade.

10. **(Vunesp-SP)** A liofilização é um processo de desidratação de alimentos que, além de evitar que seus nutrientes saiam junto com a água, diminui bastante sua massa e seu volume, facilitando o armazenamento e o transporte. Alimentos liofilizados também têm seus prazos de validade aumentados, sem perder características como aroma e sabor.

Reprodução/UNESP, 2013

Reprodução/UNESP, 2013

O processo de liofilização segue as seguintes etapas:

I O alimento é resfriado até temperaturas abaixo e 0 °C para que a água contida nele seja solidificada.

II Em câmaras especiais, sob baixíssima pressão (menores do que 0,006 atm), a temperatura do alimento é elevada, fazendo com que a água sólida seja sublimada. Dessa forma, a água sai do alimento sem romper suas estruturas moleculares, evitando perdas de proteínas e vitaminas.

O gráfico mostra parte do diagrama de fases da água e cinco processos de mudança de fase, representados pelas setas numeradas de 1 a 5.

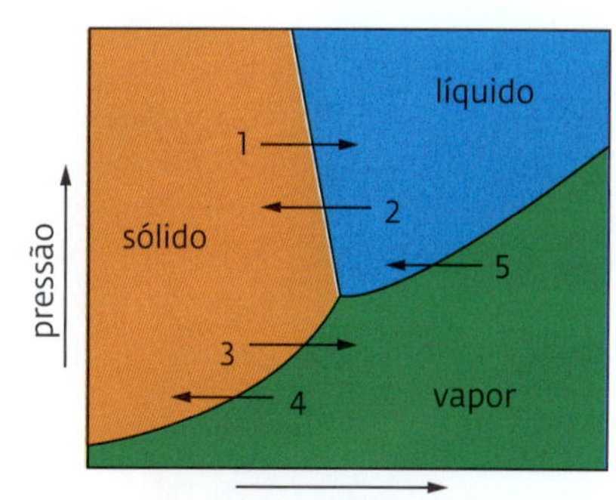

Banco de imagens/Arquivo da editora

A alternativa que melhor representa as etapas do processo de liofilização, na ordem descrita, é

a) 4 e 1. b) 2 e 1. c) 2 e 3. d) 1 e 3. e) 5 e 3.

INFOGRÁFICO

O infográfico desta unidade apresenta as principais informações sobre o funcionamento de uma refinaria de petróleo. Antes de responder às questões, faça a leitura deste infográfico observando como os textos e as imagens se relacionam e permitem a compreensão das informações referentes à temperatura e ao calor, dois temas abordados nesta unidade.

1. Qual a função básica de uma refinaria de petróleo?

2. Qual o papel da destilação no processo de refinamento do petróleo?

3. Como o petróleo extraído chega às refinarias?

4. O que acontece com o petróleo ao chegar à caldeira?

5. Explique o que acontece com o petróleo na torre de destilação.

6. Como cada subproduto do petróleo é separado na torre de destilação?

7. Qual a função do tanque de purificação?

COMO FUNCIONA UMA REFINARIA DE PETRÓLEO?

O petróleo extraído no Brasil segue até as refinarias quase sempre por meio de oleodutos. Ao chegar à refinaria, ele é guardado em **tanques de armazenamento**, de onde parte para ser processado.

O refino começa com o petróleo seguindo por dutos até uma espécie de **caldeira**. Lá, ele é aquecido a cerca de 370 °C e é parcialmente transformado em vapor. O que sai da caldeira é uma mistura de vapor com o que sobrou de petróleo na forma líquida.

Fonte de dados: <http://mundoestranho.abril.com.br/materia/como-funciona-uma-refinaria-de-petroleo>. Acesso em: 19 jan. 2016.

Ao longo da torre há vários "andares" com pratos, um tipo de grade perfurada. Ao subir, partes do vapor de petróleo esfriam e transformam-se em líquido de novo. Quando isso ocorre, as gotas caem em cima dos pratos, que represam parte do óleo.

O vapor de cada subproduto do petróleo, como a gasolina e o *diesel*, liquefazem numa certa temperatura, atingida em "andares" diferentes da torre. Ou seja, cada subproduto enche uma panela específica.

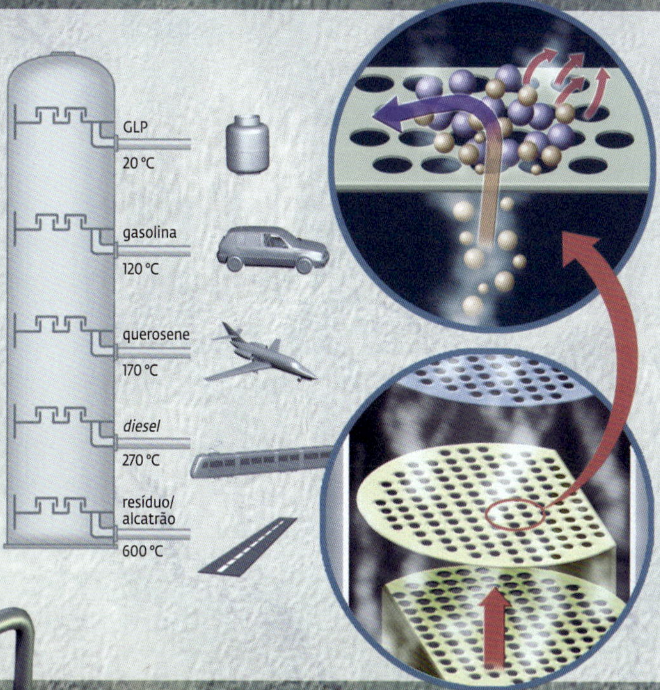

Os pratos só retêm uma pequena parte do líquido formado, o excesso transborda e escorre até um recipiente chamado panela. A parte do petróleo acumulada em cada panela é bombeada e segue para fora da torre por meio de dutos.

Paulo Manzi/Arquivo da editora

Os novos vapores que estão subindo passam pelos buracos dos pratos. Ao entrarem em contato com a parte do petróleo já líquida, eles perdem calor. Assim, mais moléculas gasosas resfriam-se e são condensadas.

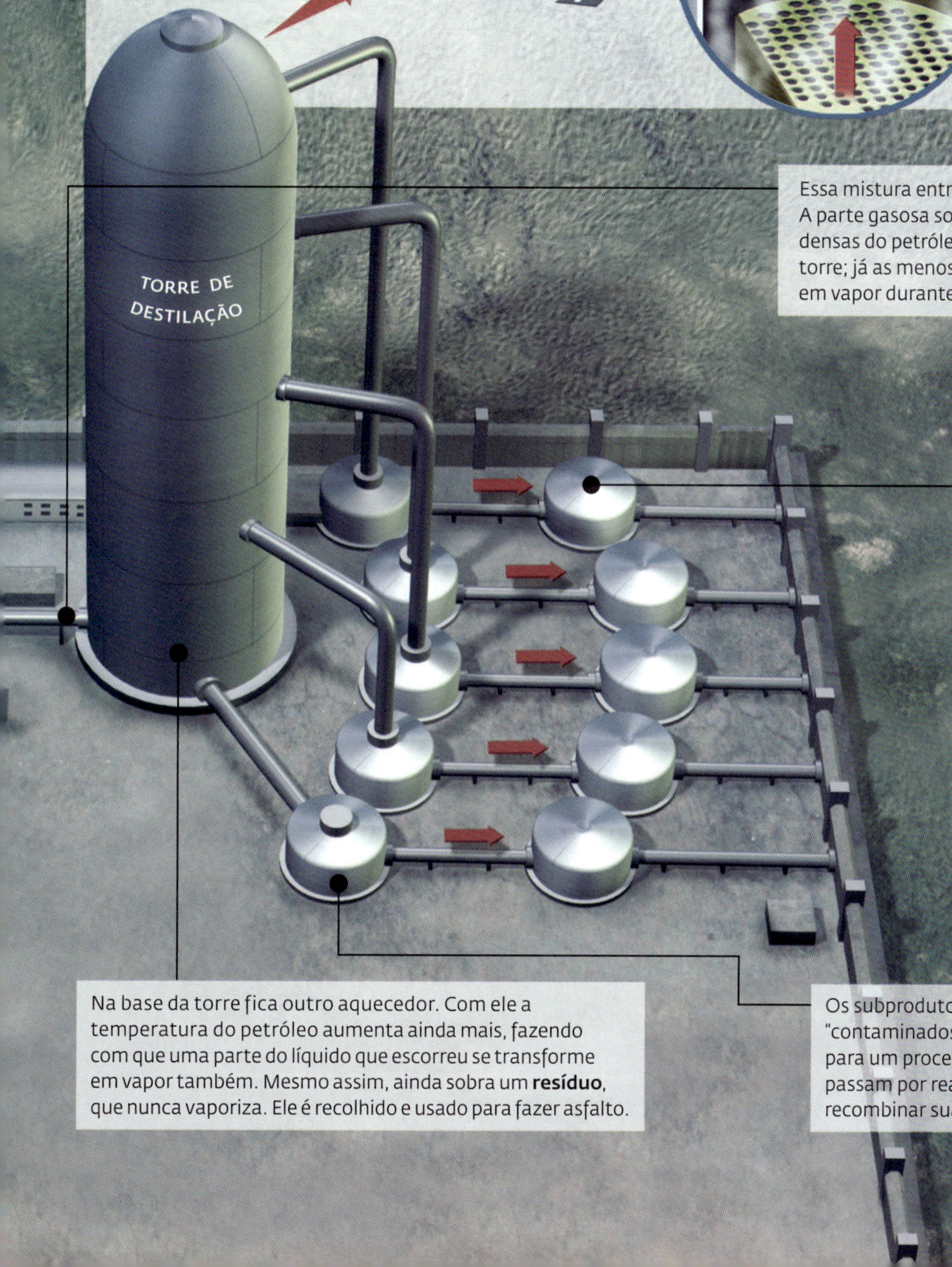

Essa mistura entra numa **torre de destilação**. A parte gasosa sobe e a líquida desce. As partes mais densas do petróleo líquido caem até o fundo da torre; já as menos densas podem até transformar-se em vapor durante a queda e começar a subir.

Os subprodutos obtidos ficam em outros **tanques de armazenagem**. Da refinaria, eles saem por oleodutos até as indústrias petroquímicas (que usam o GLP para fazer plásticos, por exemplo) ou rumo às distribuidoras de combustível.

Na base da torre fica outro aquecedor. Com ele a temperatura do petróleo aumenta ainda mais, fazendo com que uma parte do líquido que escorreu se transforme em vapor também. Mesmo assim, ainda sobra um **resíduo**, que nunca vaporiza. Ele é recolhido e usado para fazer asfalto.

Os subprodutos saem da torre ainda um pouco "contaminados" uns pelos outros. Todos vão para um processo de **purificação**; em **tanques**, passam por reações químicas para quebrar e recombinar suas moléculas até ficarem puros.

UNIDADE 3

Óptica e ondas

A escultura *Cloud Gate*, apelidada de "feijão", é uma obra do artista britânico Anish Kapoor e encontra-se no Millenium Park em Chicago, Estados Unidos. Inspirada em uma gota de mercúrio líquido, a parte de cima da escultura é praticamente um espelho convexo que possibilita ver uma imagem direita e com tamanho reduzido da cidade.

É uma obra que estabelece um diálogo entre os espelhos que a constituem e o entorno. Há uma interatividade com o espectador, que acaba se tornando parte da escultura ao ser refletido pelos espelhos, que jogam com a óptica e a percepção do observador.

Os fenômenos e os elementos envolvidos para obter efeitos como o visualizado na escultura fazem parte dos assuntos que serão apresentados nesta unidade.

Parte central da *Cloud Gate*. A escultura que parece um "grande feijão" é composta de 168 placas de aço inoxidável, com dimensões de 10 m × 13 m × 20 m. Fotografia de 2014.

Zoonar GmbH/Alamy/Latinstock

Vista de uma cidade com destaque para os valores do albedo, o coeficiente de reflexão da luz. Uma superfície que reflete perfeitamente a luz solar terá um albedo próximo de 1,0 e quanto maior a reflexão, menor será o calor acumulado.

CAPÍTULO 5

Reflexão da luz

Desde 1984, o satélite americano Landsat-5 orbita a Terra. Sua função é recolher dados de impactos geológicos e mudanças ambientais por meio de sensoriamento remoto, isto é, adquirir informações a distância.

Para obter esses dados, o satélite se vale do fenômeno denominado "óptica da reflexão da luz". Ao receber luz do Sol, parte dela é refletida pela superfície da Terra, e outra parte é absorvida. A parte absorvida é reemitida em um novo comprimento de onda, e os sensores, avaliando os feixes de luz incidentes e refletidos, permitem a determinação de um índice de refletividade (albedo).

Por exemplo, no telhado das moradias ocorre incidência e reflexão de luz solar. Em valores aproximados, as telhas vermelhas ou marrons possuem albedo entre 0,10 e 0,35, enquanto nas coberturas brancas esse índice fica entre 0,5 e 0,9. Ou seja, as telhas vermelhas absorvem de 65% a 90% da luz incidente, enquanto as coberturas pintadas de branco absorvem de 10% a 50%. Isso ajuda a explicar os fenômenos climáticos de grandes cidades, conhecidos como "ilhas de calor".

PARA INICIAR A CONVERSA

Exposta à mesma quantidade de radiação, qual superfície reflete mais luz: um telhado vermelho ou um branco? Qual das superfícies esquenta mais?

Como se caracteriza a reflexão da luz?

Explique o que são "ilhas de calor", por que elas se formam e quais são suas principais consequências. Seria possível reduzir seus efeitos?

5.1 Conceitos iniciais

Neste capítulo, iniciaremos o estudo da Óptica, isto é, o estudo da luz e dos fenômenos luminosos em geral. Entre nossos sentidos, a visão é o que mais colabora para o conhecimento do mundo à nossa volta; provavelmente por isso, o campo de estudo da Óptica desperta o interesse dos pensadores desde a Antiguidade.

Filósofos gregos, como Platão e Aristóteles, já se preocupavam em responder a perguntas do tipo: Por que vemos um objeto? O que é a luz? Platão, por exemplo, supunha que nossos olhos emitiam pequenas partículas que, ao atingir um objeto, tornavam-no visível. Aristóteles considerava a luz um fluido imaterial que se propagava entre o olho e o objeto visto.

Além de Platão e Aristóteles, outros físicos notáveis como Newton **(figura 5.1)**, Huygens, Young e Maxwell, tentaram explicar a natureza da luz. Em nosso curso, teremos oportunidade de apresentar algumas dessas ideias, mas, antes disso, vamos estudar alguns fenômenos ópticos, as leis experimentais que descrevem o comportamento da luz e algumas de suas aplicações.

Everett Historical/Shutterstock

Figura 5.1. Isaac Newton observando a propagação retilínea de um feixe de luz que penetra por uma fresta da janela. Gravura do século XIX.

Propagação retilínea da luz

Observando os objetos que nos rodeiam, verificamos que alguns deles emitem luz, isto é, são fontes de luz, tais como o Sol, uma lâmpada acesa, a chama de uma vela, etc. Outros não emitem luz, mas podem ser vistos porque são iluminados pela luz proveniente de alguma fonte.

Um dos fatos que podemos observar sobre o comportamento da luz é que, quando ela se propaga em um meio homogêneo, sua propagação é retilínea. Isso pode ser constatado quando a luz do Sol passa através das árvores em uma floresta **(figura 5.2.a)**. Sabendo que a luz se propaga em linha reta, podemos determinar o tamanho e a posição da sombra de um objeto sobre um anteparo.

Na **figura 5.2.b**, por exemplo, o Sol emite luz, que se propaga em linha reta em todas as direções. Um objeto opaco interrompe a passagem de parte dessa luz, originando a sombra.

a

Slooff/Shutterstock/Glow Images

b

lazyllama/Shutterstock

Figura 5.2. (**a**) Imagem da luz penetrando em uma floresta. Sua difusão em partículas suspensas no ar permite que se averigue seu trajeto retilíneo. (**b**) Formação da sombra de pessoas, ao serem iluminadas por raios solares.

FÍSICA NO CONTEXTO

ECLIPSE DO SOL E DA LUA

Desde a Antiguidade existem, por todo o planeta, numerosos relatos de ocorrências de eclipses solares e lunares. O mais antigo relato é de 2137 a.C., na China.

Os antigos gregos já conheciam o fenômeno e podiam prever os eclipses através do ciclo de Saros. Nesse ciclo, a cada 18 anos e 11,3 dias, a configuração Terra-Sol-Lua se repete de forma idêntica e os eclipses acontecem na mesma ordem que foram observados no ciclo anterior.

Os eclipses ao longo da história causaram temor e admiração em muitos povos, mas também possibilitaram grandes avanços da Ciência, em particular a Astronomia. O estudo dos eclipses possibilitou estimar as dimensões e as distâncias entre a Terra, a Lua e o Sol e determinar com precisão as datas dos equinócios.

A configuração do eclipse, total ou parcial, depende das posições relativas entre a Terra, a Lua e o Sol.

Quando a Lua passa entre o Sol e a Terra, sua sombra é projetada sobre uma região da Terra que deixa, então, de receber a luz solar. Como o Sol é uma fonte extensa, a sombra da Lua não é bem definida, apresentando uma região totalmente escura, envolvida por uma penumbra, como vemos na **figura 5.3.a**. Para uma pessoa situada na região totalmente escura, ocorre um eclipse total do Sol (o disco solar é totalmente coberto pela Lua). A visão que essa pessoa tem do fenômeno é mostrada na **figura 5.3.b**. Outra pessoa, situada na região de penumbra, veria apenas parte do Sol eclipsada pela Lua (eclipse parcial do Sol). Na **figura 5.3.c** tem-se a combinação de fotos em momentos diferentes do eclipse solar.

A **figura 5.3.d** representa o que ocorre quando a Terra se interpõe entre o Sol e a Lua: nesse caso a Lua não recebe diretamente a luz solar (está situada na sombra da Terra), isto é, acontece um eclipse da Lua. No entanto, a Lua pode ser vista por um observador na Terra devido aos raios solares que, ao tangenciarem a borda da Terra, são desviados pela atmosfera terrestre, atingindo a superfície lunar.

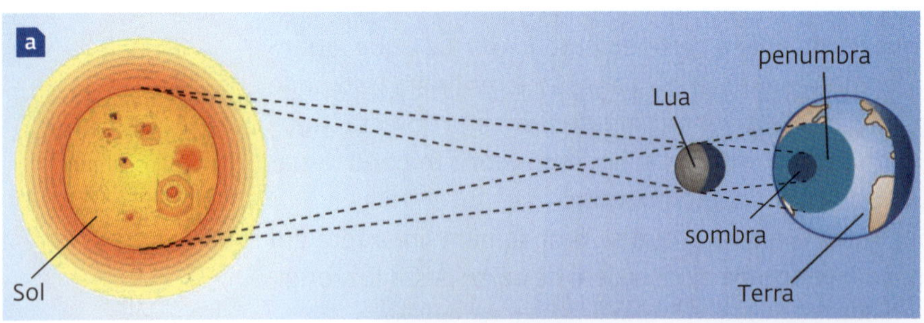

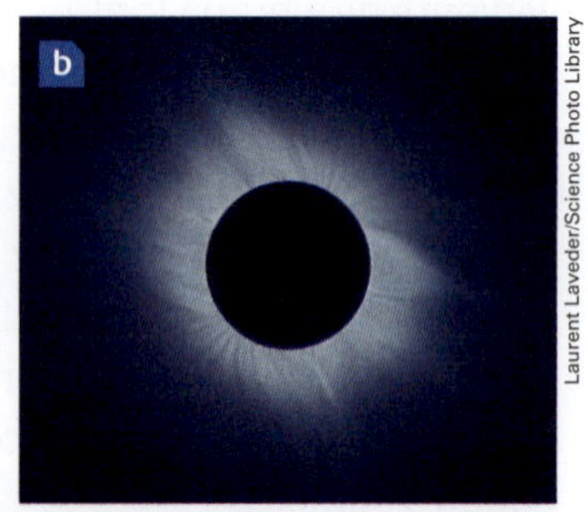

Figura 5.3. Observe as diferentes configurações que a Terra, o Sol e a Lua assumem em cada um dos eclipses. Representações sem escala e em cores fantasia (**a**) e (**d**).

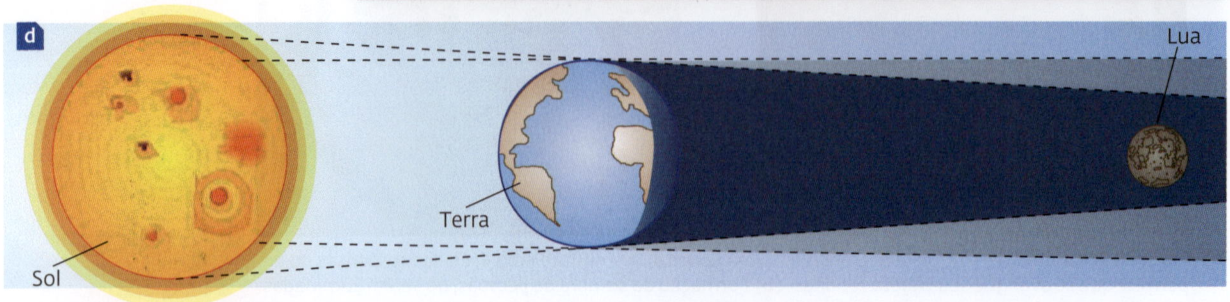

Raios e feixes de luz

As ilustrações desta página estão representadas sem escala e em cores fantasia.

Consideremos uma fonte que emite luz em todas as direções. As direções em que a luz se propaga podem ser indicadas por meio de linhas retas, como mostra a **figura 5.4**. Essas linhas são denominadas **raios de luz**.

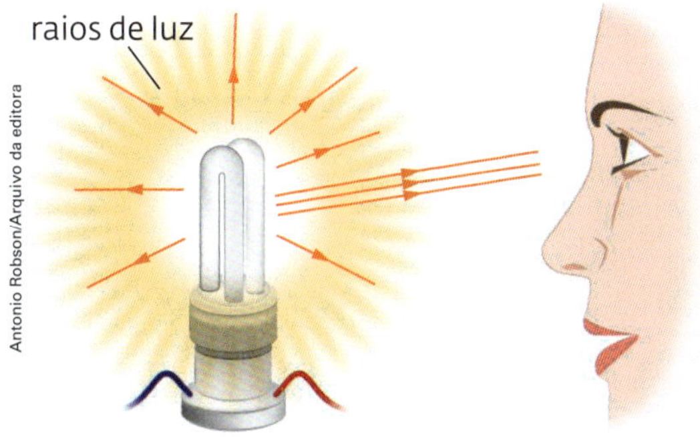

Figura 5.4. Raios de luz se propagando em linha reta, da lâmpada até os olhos do observador.

Na **figura 5.5.a** representamos uma parte dos raios de luz que são emitidos por uma fonte. Esse conjunto de raios constitui um **feixe luminoso divergente**. Esse feixe divergente, depois de passar por alguns processos (que veremos oportunamente), pode se transformar em um **feixe convergente**, como mostrado na **figura 5.5.b**, ou em um **feixe de raios paralelos**, como o da **figura 5.5.c**.

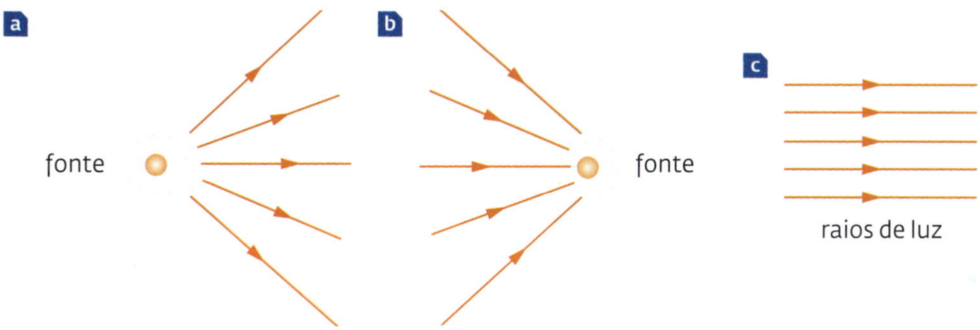

Figura 5.5. Os feixes luminosos podem ser constituídos por raios divergentes (**a**), convergentes (**b**) ou paralelos (**c**).

O feixe de luz emitido por um ponto luminoso é sempre divergente, mas, em um farol, por exemplo, o feixe que sai da lâmpada sofre modificações, transformando-se em um feixe de raios praticamente paralelos **(figura 5.6)**. O feixe que nos atinge, proveniente de uma fonte de luz muito afastada, é também constituído de raios praticamente paralelos (por exemplo, a luz do Sol que chega à Terra **(figura 5.7)**).

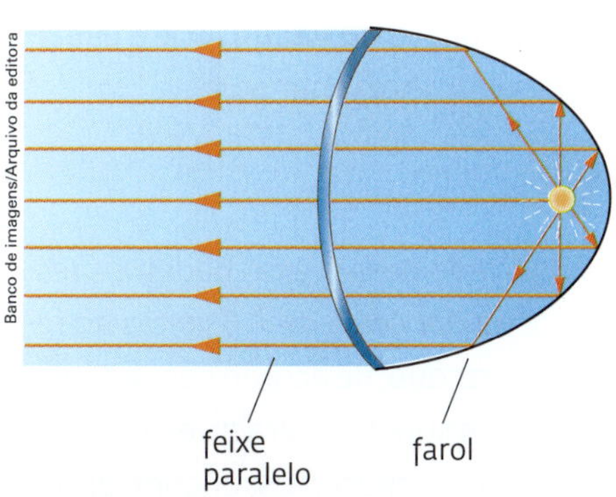

Figura 5.6. Em um farol, um feixe luminoso divergente se transforma em um feixe de raios paralelos.

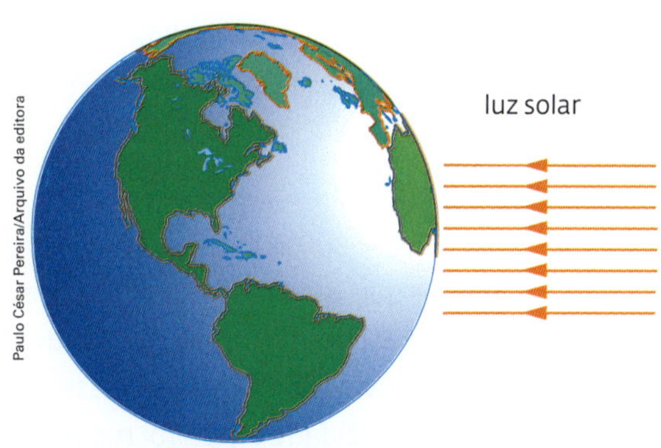

Figura 5.7. Um feixe de luz solar que atinge a Terra é constituído de raios luminosos praticamente paralelos.

Uma importante propriedade da luz é a independência que se observa na propagação dos raios ou feixes luminosos. Após dois feixes se cruzarem, eles seguem as mesmas trajetórias que iriam seguir se não tivessem se interceptado, isto é, um feixe não perturba a propagação do outro (figura 5.8). Por esse motivo, vários observadores em uma sala enxergam nitidamente os objetos lá existentes, apesar de os raios luminosos que levam as imagens a seus olhos estarem se cruzando.

zhykova/Shutterstock

Figura 5.8. O fato de dois raios luminosos que se cruzam não afetar suas direções de propagação é comumente utilizado na iluminação do palco em *shows* e espetáculos.

A velocidade da luz

Durante muito tempo pensou-se que a luz se transmitia instantaneamente de um ponto a outro. Entretanto, experiências cuidadosas, realizadas durante os séculos XVIII e XIX, vieram mostrar que, na realidade, a velocidade de propagação da luz é muito grande, mas não infinita. Na seção 5.7, apresentada no final deste capítulo, estão descritas algumas experiências, realizadas por cientistas, nas quais foi obtido, com boa precisão, o valor da velocidade da luz. Esse valor desempenha um papel muito importante no desenvolvimento da Física e, em várias ocasiões, teremos oportunidade de trabalhar com ele.

De acordo com medidas atuais, o valor da velocidade da luz **no vácuo**, que é usualmente representado por c, é 299 792 458 m/s. Costuma-se aproximar por:

$$c = 3{,}00 \cdot 10^8 \text{ m/s}$$

isto é, c = 300 000 km/s. Para se ter uma ideia do significado desse valor, podemos ressaltar que, se um objeto possuísse tal velocidade, poderia dar cerca de 7,5 voltas ao redor da Terra em apenas 1 segundo. Aliás, devemos observar que, de acordo com a teoria da relatividade de Einstein, esse valor representa um limite superior para a velocidade.

A velocidade da luz foi medida, também, em vários meios materiais, encontrando-se sempre um valor **inferior** a c. Por exemplo, na água, a luz se propaga com uma velocidade v = 220 000 km/s; no diamante, com v = 120 000 km/s.

VERIFIQUE O QUE APRENDEU

As ilustrações desta página estão representadas sem escala e em cores fantasia.

1. Responda no caderno:

a) É correto afirmar que a Lua é fonte de luz?

b) Então, por que podemos enxergar a Lua?

2. A figura abaixo mostra um objeto *AB*, colocado em frente a uma pequena lâmpada acesa. Atrás dele existe um anteparo opaco, situado paralelamente a *AB*.

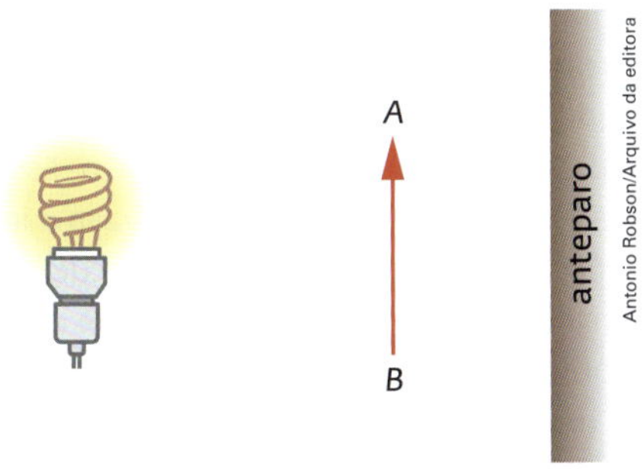

Antonio Robson/Arquivo da editora

a) Desenhe, em uma cópia da figura ao caderno, a sombra *A'B'* do objeto, projetada sobre o anteparo.

b) Indique, na cópia da figura, a região do espaço que fica escura, isto é, que não recebe luz da fonte.

c) Se o objeto for aproximado da fonte, o tamanho de sua sombra aumentará, diminuirá ou não se modificará?

3. No exercício anterior, suponha que o objeto permanecesse na posição mostrada, mas a fonte fosse deslocada, para a esquerda, até uma posição muito afastada do objeto. Nessas condições:

a) Como seria o feixe de raios luminosos, provenientes da fonte, que alcançariam o objeto?

b) Desenhe, na cópia da figura em seu caderno, a sombra do objeto sobre o anteparo. Ela é maior, menor ou igual ao objeto?

4. O **ano-luz** é uma unidade de comprimento muito usada em Astronomia. Seu valor é igual à distância que a luz percorre, no vácuo, durante o tempo de um ano.

a) Sabendo-se que em um ano temos $3{,}2 \cdot 10^7$ s, calcule, em metros, o valor de 1 ano-luz.

b) Considere uma estrela situada a 20 anos-luz da Terra. Então, quantos anos a luz dessa estrela leva para chegar até nós?

c) Qual é, em quilômetros, a distância dessa estrela à Terra?

5. A luz do Sol gasta cerca de 8 minutos para chegar à Terra. Imaginando que o espaço entre o Sol e a Terra fosse totalmente cheio de água, o tempo que a luz solar gastaria para chegar até nós seria maior, menor ou igual a este tempo?

6. Duas pequenas fontes luminosas, F_1 e F_2, estão situadas em frente a um objeto opaco *AB*, como mostra a figura a seguir.

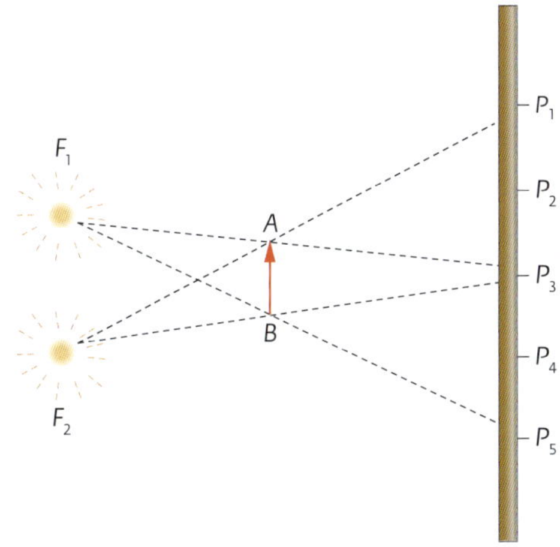

Banco de imagens/Arquivo da editora

Lembrando-se da propagação retilínea da luz e considerando os pontos assinalados no anteparo, responda no caderno:

a) Quais deles estão recebendo luz das duas fontes?

b) Qual deles recebe luz apenas da fonte F_1?

c) Qual deles recebe luz apenas da fonte F_2?

d) Qual deles não recebe luz de nenhuma das duas fontes?

7. A figura ilustra uma pessoa lendo um livro sob a luz de um abajur, única fonte de luz do ambiente. Reproduza a figura no caderno e, nesta cópia, desenhe um dos raios de luz que permite à pessoa enxergar o livro.

João Xavier de Campos/Arquivo da editora

8. A figura ilustra dois raios de luz correspondentes às cores vermelha e azul. Reproduza a figura em seu caderno e, nesta cópia, desenhe a continuidade destes raios de luz, em cores, após o ponto de cruzamento.

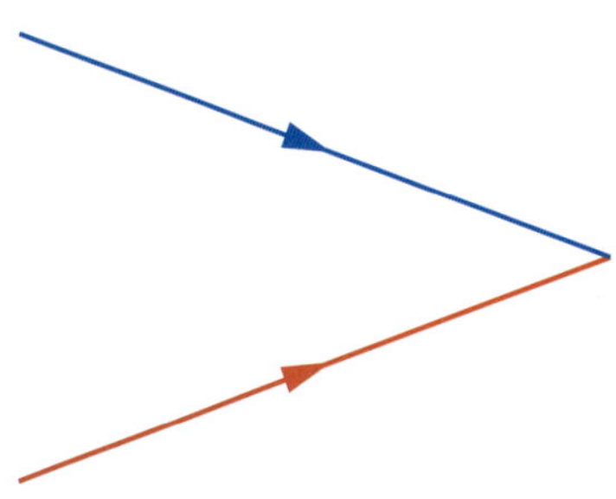

Banco de imagens/Arquivo da editora

FÍSICA NO CONTEXTO

CÂMARA ESCURA DE ORIFÍCIO

Na sociedade atual é comum uma pessoa fotografar e ser fotografada. Através da fotografia é possível registrar os momentos pessoais marcantes da vida de uma pessoa, bem como o desenvolvimento tecnológico de uma sociedade.

Na época em que a fotografia foi inventada, ela não era bem-aceita por parte da sociedade, pois era vista como uma ameaça à pintura, dado o grau de realismo das cenas fotografadas.

A fotografia foi oficialmente inventada no século XIX, por Joseph Nicéphore Niépce, e surgiu a partir do desenvolvimento das câmaras escuras de orifício. Essas câmaras foram estudadas desde a época de Aristóteles (300 a.C.), em que ele observava a imagem do Sol produzida pela passagem da luz em um orifício de uma planta. Entre os séculos XV e XVII, Leonardo da Vinci e Johannes Kepler descreveram detalhadamente a utilização de uma câmara escura.

Uma câmara escura de orifício, muito simples, consiste de uma caixa fechada na qual uma das faces laterais é feita de um papel semitransparente (papel vegetal ou de seda, por exemplo). Na face oposta é feito um pequeno orifício, com uma agulha ou alfinete (veja a **figura 5.9**). Com esse dispositivo, pode-se obter a imagem de um objeto, usando o fato de que a luz se propaga em linha reta.

As ilustrações desta página estão representadas sem escala e em cores fantasia.

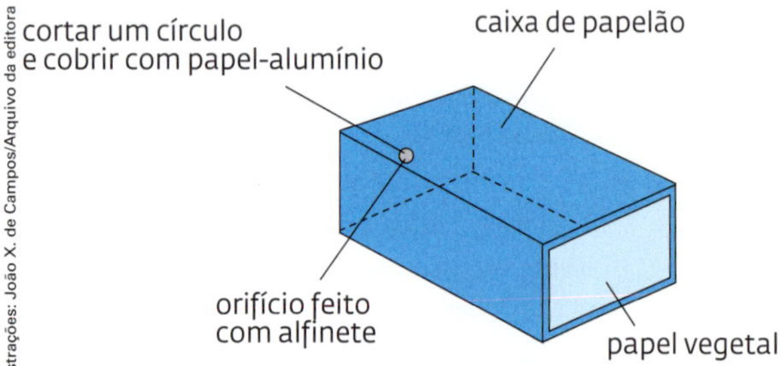

Ilustrações: João X. de Campos/Arquivo da editora

Figura 5.9. Uma câmara escura de orifício pode ser facilmente construída.

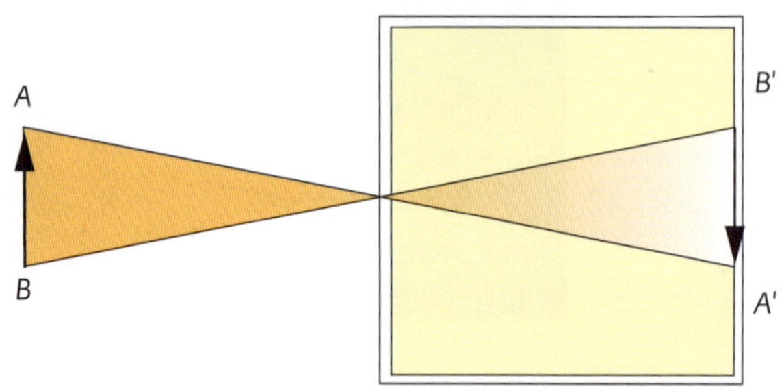

Figura 5.10. *A'B'* é a imagem do objeto *AB* fornecida por uma câmara escura de orifício muito pequeno.

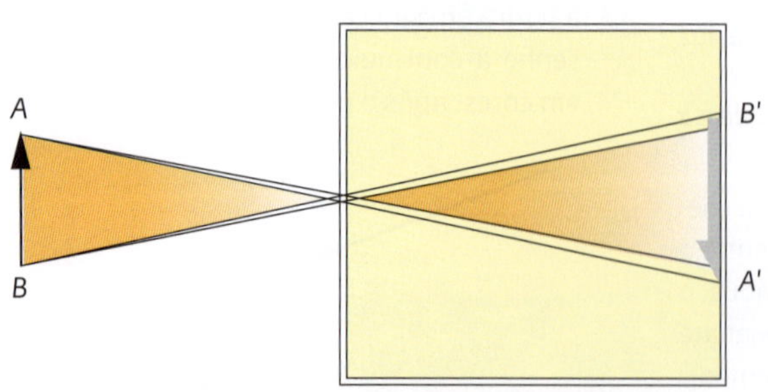

Figura 5.11. Aumentando-se o tamanho do orifício, a imagem apresenta-se com maior luminosidade, mas com menor nitidez.

Para que você entenda como isso ocorre, observe a **figura 5.10**, que representa um objeto *AB* colocado em frente ao orifício de uma câmara escura. Cada ponto do objeto, como o ponto *A*, emite luz em todas as direções. Um estreito feixe que parte de *A* passa através do orifício e incide na parede oposta, dando origem a uma pequena mancha luminosa *A'*. De modo semelhante, o feixe que sai do ponto *B* e passa pelo orifício dará origem à mancha *B'*. Qualquer outro ponto do objeto corresponderá sobre a parede semitransparente a uma pequena mancha luminosa. Assim, o objeto é reproduzido ponto por ponto, dando origem sobre aquela parede a uma imagem *A'B'* semelhante a ele.

Com uma caixa de papelão e orientando-se pela **figura 5.9**, você poderá construir uma câmara escura. Se usar como objeto a chama de uma vela e realizar a experiência em um quarto escurecido, a imagem projetada sobre a parede semitransparente será visível com clareza.

Quando o orifício da câmara é muito pequeno, a imagem obtida pode ser bastante nítida, mas como os feixes de luz que passam através dele são bastante estreitos, a imagem apresenta pouca luminosidade. Para que ela seja percebida, o objeto precisa estar fortemente iluminado.

Um recurso para aumentar a luminosidade da imagem seria aumentar a área do orifício. Entretanto, nesse caso, como vemos na **figura 5.11**, cada ponto do objeto dará origem a uma mancha luminosa de dimensões maiores (que não poderá ser assimilada a um ponto), prejudicando, então, a nitidez da imagem.

Nas câmaras que fornecem imagens nítidas e de luminosidade razoável, a parede semitransparente poderá ser fechada e em seu interior ser adaptado um filme fotográfico. Nessas condições e com um tempo suficiente de exposição, é possível obter boas fotos de um objeto. Tente!

5.2 Reflexão da luz

Reflexão

As ilustrações desta página estão representadas sem escala e em cores fantasia.

Consideremos um feixe luminoso que se propaga no ar e incide na superfície lisa de um bloco de vidro **(figura 5.12.a)**. Em virtude de o vidro ser transparente, parte dessa luz penetra no bloco, mas outra parte volta a se propagar no ar. Dizemos que a porção do feixe que voltou a se propagar no ar sofreu **reflexão**, ou seja, parte da luz se **refletiu** ao encontrar a superfície lisa do vidro. O feixe de luz que se dirige para a superfície é denominado **feixe incidente** e o feixe devolvido pela superfície refletora é o **feixe refletido** **(figura 5.12.a)**.

Quando o feixe incidente encontra uma superfície lisa, o feixe refletido é bem definido, como na **figura 5.12.b**. Quando isso ocorre, dizemos que a reflexão é **especular**, porque esse fenômeno é observado quando a luz é refletida em um espelho.

Figura 5.12. (**a**) Representação de um feixe luminoso sofrendo reflexão ao encontrar uma superfície lisa. (**b**) Reflexão especular da vegetação nas águas paradas de um lago (Bonito-MT). Fotografia de 2011.

Difusão da luz

Suponha que um feixe de luz incida em uma superfície irregular **(figura 5.13.a)**. Nesse caso, cada pequena porção da superfície reflete a luz em uma determinada direção e, consequentemente, o feixe refletido não é bem definido, observando-se o espalhamento da luz em todas as direções. Dizemos, então, que ocorreu uma **reflexão difusa** ou, em outras palavras, houve **difusão** da luz pela superfície **(figura 5.13.b)**.

A maioria dos objetos reflete difusamente a luz que incide sobre eles. Assim, essa folha de papel, uma parede, um móvel de uma sala, etc. são objetos que difundem a luz que recebem, espalhando-a em todas as direções.

Figura 5.13. (**a**) Representação de um feixe luminoso sofrendo reflexão ao encontrar uma superfície irregular. (**b**) Reflexão difusa do pico Cabeza del Condor (5 648 m) nas águas de um lago no Vale do Condoriri, Bolívia (fotografia de 2010). Devido à rugosidade da superfície do lago, a luz é refletida em várias direções.

As ilustrações desta página estão representadas sem escala e em cores fantasia.

Quando essa luz penetra em nossos olhos, enxergamos o objeto **(figura 5.14.a)**. Se ele não difundisse a luz, não seria possível vê-lo. Como, na difusão, a luz se espalha em todas as direções, várias pessoas podem enxergar um objeto, mesmo se situadas em posições diferentes em torno dele **(figura 5.14.b)**.

João X. de Campos/Arquivo da editora

Acervo do autor/Arquivo da editora

Figura 5.14. **(a)** Um objeto só pode ser visto quando a luz que ele emite ou reflete atinge nossos olhos. **(b)** Formação rochosa no solo da Caverna Santana, Parque Estadual e Turístico do Alto Ribeira, Iporanga (SP), 2009. As rochas difundem a luz que recebem, podendo, então, ser vistas de várias posições diferentes.

Outro exemplo de difusão da luz pode ser mostrado quando acendemos uma lanterna em um quarto escuro. A trajetória do feixe luminoso, que sai da lanterna, não poderá ser percebida a não ser que haja partículas em suspensão no ar. Nesse caso, as partículas difundem a luz, permitindo que percebamos o feixe quando nossos olhos recebem a luz espalhada **(figura 5.15)**.

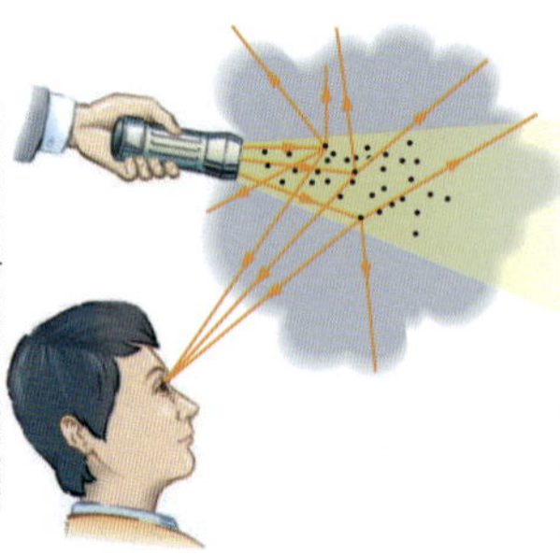

Paulo César Pereira/Arquivo da editora

Figura 5.15. As partículas presentes no ar difundem a luz, tornando visível o feixe luminoso.

Um fato semelhante ocorre com a luz solar, que é difundida pelas partículas da atmosfera terrestre. O céu apresenta-se totalmente claro, durante o dia, em virtude desse espalhamento. Se a Terra não possuísse atmosfera, o céu seria totalmente negro, exceto nas posições ocupadas pelo Sol e pelas estrelas. Como a Lua não possui atmosfera, é este o aspecto do "céu lunar" que será observado por um astronauta situado na superfície de nosso satélite **(figura 5.16)**.

SPL/Latinstock

Figura 5.16. "Céu" visto da superfície da Lua com a Terra ao fundo. Fotografia obtida pelos astronautas da Apollo 11, julho de 1969.

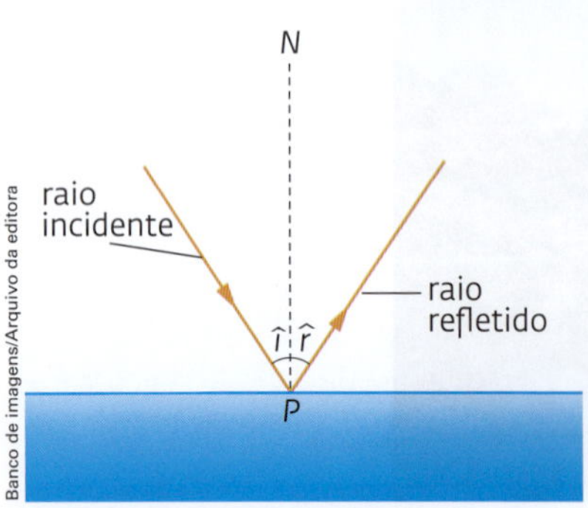

Banco de imagens/Arquivo da editora

Figura 5.17. Representação de um raio luminoso ao incidir e refletir sobre uma superfície lisa.

As leis da reflexão

Na **figura 5.17** representamos um raio de luz que incide no ponto *P* de uma superfície refletora. Traçando a normal, reta perpendicular a essa superfície no ponto *P* (*NP*), vemos que ela e o raio incidente determinam um plano. Nesse caso, o plano é o da folha de papel. A experiência nos mostra que a reflexão ocorre de tal maneira que o raio refletido está sempre contido nesse mesmo plano. Portanto, o raio refletido, assim como o raio incidente e a normal *NP*, estarão todos situados no plano da folha de papel. Essa observação experimental é conhecida como a **1ª lei da reflexão**.

O ângulo $\hat{i}$, que o raio incidente forma com a normal, é denominado **ângulo de incidência** e o ângulo $\hat{r}$, formado pela normal e pelo raio refletido, é o **ângulo de reflexão**. Foi possível verificar, por meio de experiências de reflexão, que as medidas desses ângulos são sempre iguais entre si. Esta conclusão de que, na reflexão da luz, tem-se $\hat{i} = \hat{r}$, é conhecida como a **2ª lei da reflexão**.

Temos, então, em resumo:

As leis da reflexão

1ª) o raio incidente, a normal à superfície refletora no ponto de incidência e o raio refletido estão situados em um mesmo plano.

2ª) o ângulo de incidência é igual ao ângulo de reflexão ($\hat{i} \times \hat{r}$).

As ilustrações desta página estão representadas sem escala e em cores fantasia.

Exemplo

Uma pessoa que está em frente a um espelho plano decide apontar uma lanterna na direção do espelho, de modo que um feixe luminoso incida perpendicularmente à superfície do espelho (figura 5.18).

a) Qual é o valor do ângulo de incidência?

Como o ângulo de incidência é formado pelo raio incidente e a normal, temos $\hat{i} = 0$, pois o feixe está incidindo ao longo da normal.

b) Qual é a direção do feixe refletido?

Na reflexão da luz, temos sempre $\hat{i} = \hat{r}$, portanto, nesse caso, $\hat{r} = 0$. Isso significa que o feixe refletido voltará dirigido também ao longo da normal.

c) Onde o feixe de luz é refletido?

O ângulo de incidência é igual ao de reflexão e a direção de propagação do feixe será ao longo da normal. Assim, o feixe voltará para a lanterna, atingindo-a no mesmo ponto em que foi emitido.

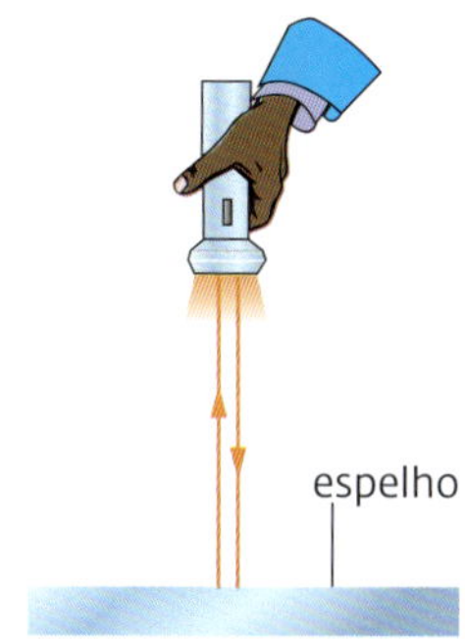

Figura 5.18. Representação de um feixe luminoso incidindo perpendicularmente ao espelho; ele se reflete na mesma direção.

Verifique o que aprendeu

9. a) A maioria dos objetos que nos rodeiam (paredes, árvores, pessoas, etc.) não é fonte de luz. No entanto, podemos enxergá-los qualquer que seja nossa posição em torno deles. Por quê?

b) Um astronauta, na Lua, vê o céu escuro, mesmo com o Sol acima do horizonte (isto é, quando é "dia", na Lua). Na Terra, durante o dia o céu se apresenta totalmente claro. Explique a causa dessa diferença.

c) Mesmo não havendo atmosfera na Lua, a região próxima à Terra permanece iluminada, permitindo perceber sua superfície e outros objetos aí existentes. Explique.

10. A figura abaixo mostra um raio de luz incidindo em uma superfície refletora (*NP* é normal à superfície).

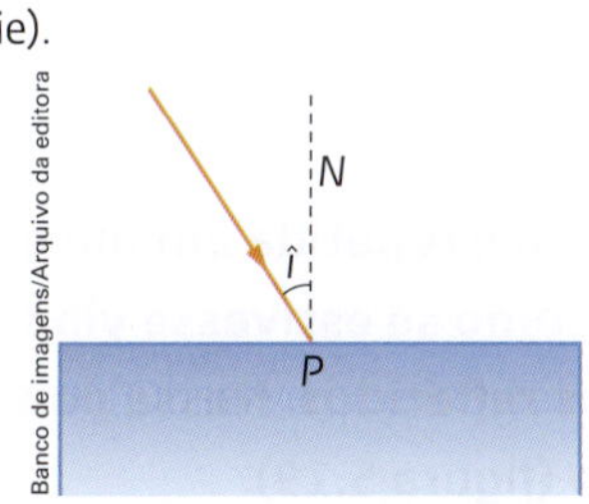

a) Trace, em seu caderno, uma cópia da figura e a posição aproximada do raio refletido.

b) Mostre, em seu desenho, o ângulo de reflexão $\hat{r}$.

c) Se $\hat{i} = 32°$, qual é o valor de $\hat{r}$?

11. Considere um raio luminoso que incide sobre uma superfície refletora da maneira indicada na figura.

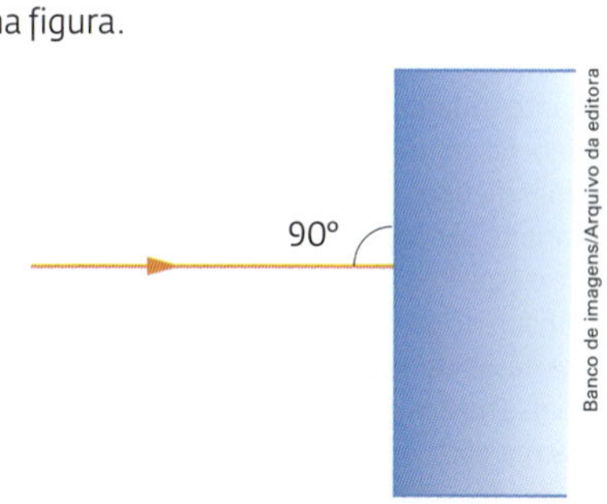

a) Trace, no caderno, uma cópia da figura e a normal à superfície no ponto de incidência.

b) Qual é o valor do ângulo de incidência?

c) Qual será o valor do ângulo de reflexão?

d) Desenhe, então, na cópia da figura do caderno, a direção do raio refletido.

5.3 Espelho plano

Espelho plano

Uma superfície lisa e plana, que reflete especularmente a luz, é denominada **espelho plano**. Consideremos um pequeno objeto luminoso (ou um objeto que esteja difundindo luz), representado por *O* na **figura 5.19**, colocado em frente a um espelho plano *EE'*. A luz que sai do objeto e incide na superfície do espelho é refletida. Tracemos, a partir de *O*, alguns raios luminosos incidentes no espelho.

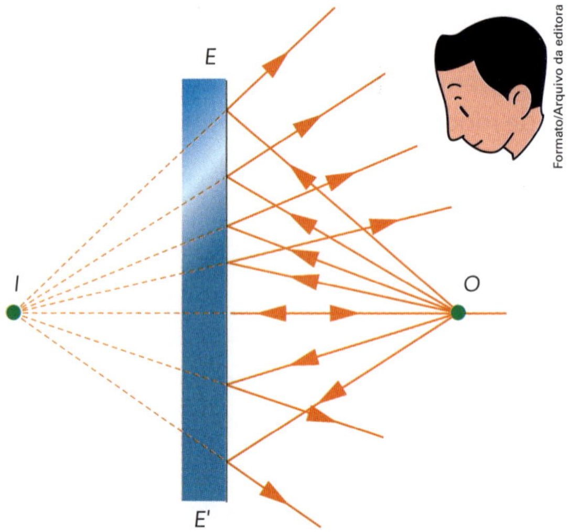

Figura 5.19. Representação (sem escala e em cores fantasia) da formação da imagem virtual de um objeto em um espelho plano.

Usando as leis da reflexão, podemos desenhar os raios refletidos correspondentes, como foi feito na **figura 5.19**, verificando que esses raios formam um feixe divergente. Entretanto, traçando o prolongamento dos raios refletidos, veremos que todos eles passarão pelo mesmo ponto *I*. Assim, a luz, após ser refletida pelo espelho plano, diverge como se estivesse sendo emitida do ponto *I*, situado atrás do espelho.

Imagem virtual

Suponha um observador, situado em frente ao espelho, recebendo em seus olhos uma certa parte do feixe refletido **(figura 5.19)**. Esse feixe, como vimos, parece ter sido emitido do ponto *I*, isto é, tudo se passa como se, em *I*, existisse um objeto emitindo aquele feixe[1]. Por esse motivo dizemos que o observador enxerga, naquele ponto, uma **imagem** do objeto *O*. Observe que a imagem *I* está situada atrás do espelho, no ponto de encontro dos **prolongamentos** dos raios refletidos. Dizemos que *I* é uma **imagem virtual** do objeto *O*.

Se formos para trás do espelho, a imagem não estará lá. Ela só existe no espaço virtual. Para vê-la, temos que nos situar em frente ao espelho, de modo a receber a luz refletida por ele. Assim, em resumo:

A luz emitida por um objeto e refletida em um espelho plano chega aos olhos de um observador como se estivesse vindo do ponto de encontro dos prolongamentos dos raios refletidos. Nesse ponto o observador vê uma imagem virtual do objeto (figura 5.19).

[1] O nosso cérebro, ao perceber que um ponto luminoso emite um feixe de luz divergente, ao receber o feixe refletido na superfície do espelho, tem a ilusão de que ele provém de um ponto situado atrás do espelho, no ponto onde esses raios refletidos se encontrariam, se não houvesse o espelho. A imagem fornecida é, pois, uma ilusão da ação conjunta dos nossos olhos e do nosso cérebro, que costuma ser denominada "ilusão de óptica". Toda imagem virtual que percebemos é consequência de um processo como esse, uma percepção ilusória do nosso cérebro.

Distância da imagem ao espelho

Para determinar a posição da imagem virtual de um pequeno objeto, colocado em frente a um espelho plano, será suficiente traçar apenas dois raios luminosos que partem do objeto e se refletem no espelho. Isso foi feito na **figura 5.20.a**, onde foram traçados os raios incidentes *OA*, perpendicular ao espelho, e *OB*, cujo ângulo de incidência é $\hat{i}$.

Os raios refletidos correspondentes, traçados de acordo com as leis da reflexão, são *AO* e *BC*. A posição da imagem virtual, *I*, é encontrada prolongando-se esses raios refletidos.

As ilustrações desta página estão representadas sem escala e em cores fantasia.

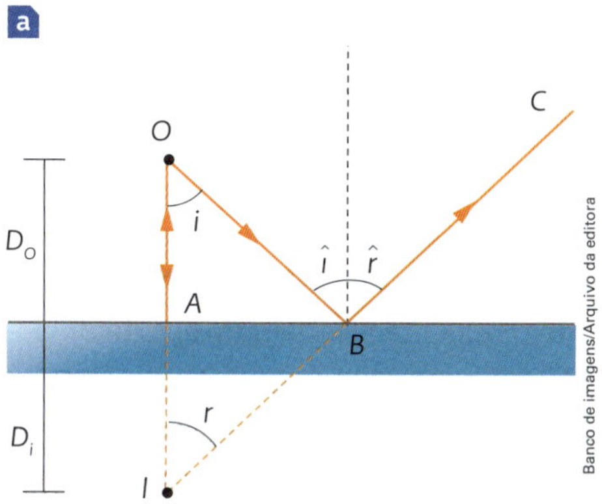

Figura 5.20. (**a**) Em um espelho plano, a distância da imagem ao espelho é igual à distância do objeto a esse espelho.
(**b**) Quando uma superfície refletora (no caso, a água) forma uma imagem virtual de um objeto, tudo se passa como se os raios que dão origem à imagem estivessem sendo emitidos dela, resultando no efeito mostrado nesta fotografia.

Sejam D_O e D_i, respectivamente, as distâncias do objeto e da imagem até o espelho **(figura 5.20.a)**. Como $\hat{r} = \hat{i}$, concluímos que os triângulos *OAB* e *IAB* são iguais entre si. Logo, teremos $D_i = D_O$. Então, a imagem de um pequeno objeto, em um espelho plano, é simétrica em relação ao espelho, isto é, está situada sobre a perpendicular do espelho, e as distâncias da imagem e do objeto até o espelho são iguais. Dessa maneira, se você colocar uma lâmpada a uma distância de 30 cm de um espelho plano, sua imagem se formará atrás do espelho e também a 30 cm de distância dele.

A formação de imagem dos objetos extensos, como o da **figura 5.20.b**, será estudada a seguir.

Outro exemplo ocorre quando uma superfície refletora, como a água, forma uma imagem virtual de um objeto **(figuras 5.12.b e 5.13.b)**. Neste caso, tudo se passa, para a pessoa que recebe a imagem, como se os raios que dão origem à imagem estivessem sendo emitidos dela.

Imagem de um objeto extenso

Suponhamos, agora, que se deseje determinar a imagem de um objeto extenso, como a seta *AB* da **figura 5.21**, situado em frente a um espelho plano. Essa imagem será obtida determinando-se a imagem de cada ponto do objeto.

Assim, a imagem *A'*, do ponto *A*, será localizada traçando-se, de *A*, a perpendicular ao espelho e tomando-se *A'M* = *AM*. Da mesma forma, podemos localizar as imagens dos demais pontos do objeto. A seta *A'B'* **(figura 5.21)** é, então, a imagem de *AB*. Observe que essa imagem é do mesmo tamanho que o objeto e simétrica a ele em relação ao espelho. Como o espelho plano é um objeto de nosso uso diário, esses fatos já devem ter sido observados por você.

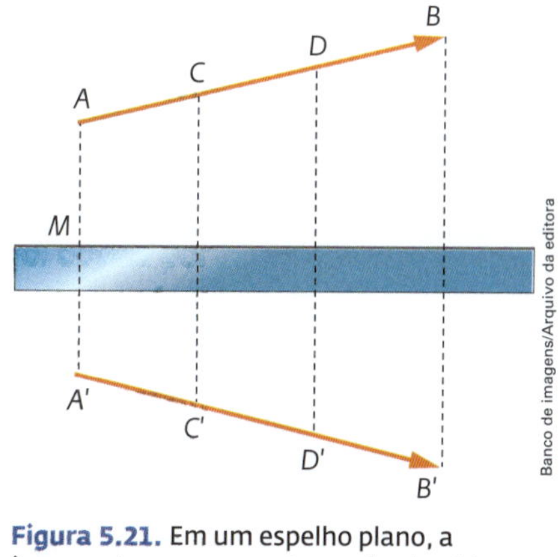

Figura 5.21. Em um espelho plano, a imagem tem o mesmo tamanho do objeto e é simétrica à dele em relação ao espelho.

Ilustrações: Antonio Robson/Arquivo da editora

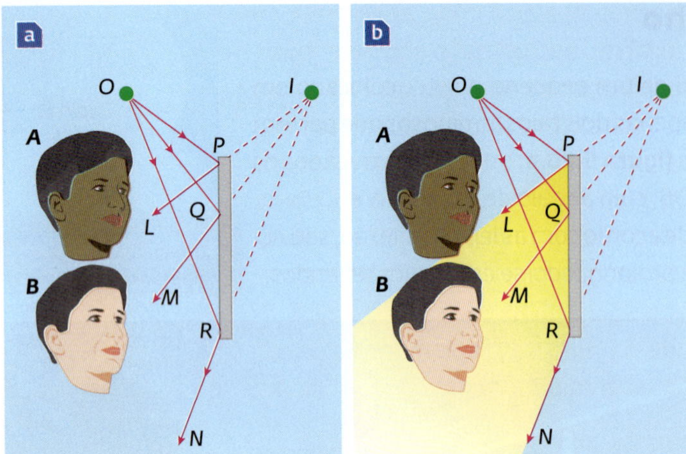

Figura 5.22. Em um espelho plano a distância do objeto *O* ao espelho é igual à distância da imagem *I* ao espelho (**a**). O campo visual é a região (em destaque) entre as retas que partem da imagem e tangenciam as bordas do espelho (**b**).

Exemplo

Um objeto *O* e dois observadores, *A* e *B*, estão situados nas proximidades de um espelho plano, como mostram as figuras 5.22.a e 5.22.b. Esses observadores poderão ver a imagem do objeto através do espelho?

Para que um observador possa ver a imagem de um objeto, ele deverá receber um feixe de luz, proveniente do objeto, depois de refletido pelo espelho e estar localizado na região do campo visual **(figura 5.22.b)**. A distância do objeto *O* ao espelho é igual à distância da imagem *I* ao espelho. Para determinar o campo visual deve-se traçar retas que partem da imagem *I* e tangenciam as bordas do espelho, ou seja, as retas *PL* e *RN*. Observe que, traçando o raio *OP*, que atinge a extremidade do espelho, obteremos um raio refletido *PL*, que não atinge os olhos do observador *A*. O mesmo acontece com os raios *OQ* e *OR*, que incidem no espelho e refletem-se abaixo de *PL*. Assim, o observador *A* não poderá ver a imagem do objeto *O*, pois está fora do campo visual do espelho. Como o observador *B* está situado abaixo do raio limite *PL*, ou seja, está dentro do campo visual do espelho, haverá um feixe de luz refletido que atingirá o olho desse observador. Assim, *B* verá a imagem de *O*, localizada no ponto de encontro dos prolongamentos dos raios refletidos pelo espelho.

VERIFIQUE O QUE APRENDEU

12. Suponha que você esteja em frente a um espelho plano, segurando uma pequena lâmpada acesa situada a 50 cm do espelho.

a) O que ocorre com o feixe de luz emitido pela lâmpada ao atingir o espelho?

b) O feixe refletido é convergente ou divergente?

c) Ao chegar a seus olhos, de que ponto parece estar vindo o feixe refletido pelo espelho?

d) Então, o que você vê nesse ponto?

e) Faça no caderno uma figura ilustrando suas respostas.

13. A figura abaixo mostra um espelho plano *EE'* e os pares de pontos *AA'*, *BB'*, *CC'* e *DD'*. Entre esses pares de pontos, quais os que podem estar representando um pequeno objeto e sua imagem?

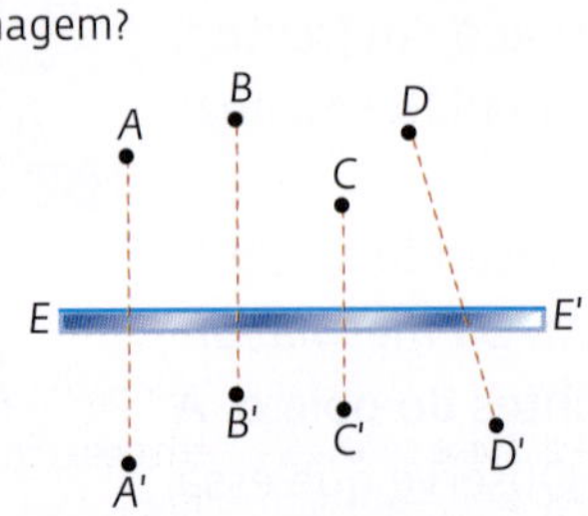

14. a) Uma pessoa está situada a uma distância de 2 m de um espelho plano. Qual é a distância da pessoa à sua imagem?

b) Se a pessoa se aproximar do espelho, o tamanho de sua imagem aumentará, diminuirá ou não variará?

15. Faça uma cópia de cada uma das figuras abaixo no caderno e desenhe a imagem *A'B'* do objeto *AB*, fornecida pelo espelho *EE'*.

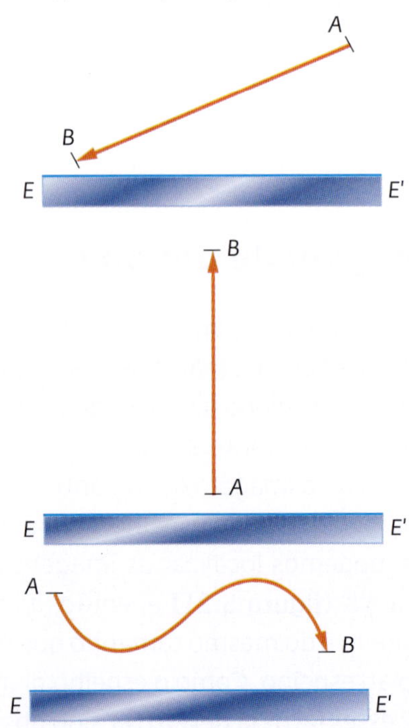

Ilustrações técnicas: Banco de imagens/Arquivo da editora

As ilustrações desta página estão representadas sem escala e em cores fantasia.

APLICAÇÕES DA FÍSICA

Reflexão em câmeras fotográficas

Um dos papéis da fotografia no século XX foi ser instrumento de conservação de fatos históricos de uma sociedade **(figura 5.23)**. Como consequência, os registros fotográficos tornaram-se uma forma de informação, principalmente em jornais e revistas. Esse papel central nos meios de comunicação foi facilitado pelo desenvolvimento de câmeras fotográficas mais leves, de fácil manuseio e transporte.

Um dos momentos mais importantes ao se tirar uma fotografia consiste em observar pela câmera aquilo que será fotografado. Para isso, é importante que o visor mostre com a maior fidelidade possível a imagem que será registrada, tanto do ponto de vista do enquadramento – aquilo que efetivamente será registrado – como as cores e o contraste.

Entre as câmeras fotográficas, encontramos as digitais e as analógicas. Nas câmeras digitais, que utilizam um visor de cristal líquido, o enquadramento é bem resolvido, mostrando exatamente o que será captado por um sensor. Todavia, como a reprodução das cores no visor não é totalmente fiel, isso se torna um problema **(figura 5.24)**. Nas câmeras analógicas mais simples utilizava-se um sensor óptico separado, que permitia uma fidelidade de cor e contraste muito grande, mas, como estava separada da lente que focalizava a imagem no filme, o enquadramento observado não era o mesmo que seria capturado pelo filme, especialmente quando a distância entre a câmera e o objeto era pequena.

Esses problemas não afetam de modo significativo quem fotografa por diversão. Todavia, para a fotografia profissional, utiliza-se outro tipo de câmera, conhecida por câmera SLR ou DSLR (do inglês *Single Lens Reflex* ou *Digital Single Lens Reflex*, reflexão em lente única). Nesse sistema, o visor óptico permite a observação da imagem pela mesma lente que tirará a fotografia. Para que isso seja possível, a luz precisa entrar na câmera pela lente e ser desviada até o visor, que se localiza acima do filme ou do sensor digital **(figura 5.25)**.

Ao passar pela lente, a luz é refletida inicialmente por um espelho móvel. Após essa reflexão, ela é direcionada para um pentaprisma – um prisma com cinco faces –, utilizado para desviar a luz de um ângulo de 90°. Neste, a luz sofre duas reflexões e então é direcionada para o olho do fotógrafo, permitindo que ele observe exatamente o que será captado pela câmera. No momento da fotografia, o espelho móvel é deslocado, permitindo a passagem da luz até o filme ou o sensor digital, que se encontram logo acima e atrás dele.

As imagens desta página estão representadas fora de proporção.

Arquivo/Agência Estado

Figura 5.23. Vista do viaduto do Chá e do vale do Anhangabaú, em São Paulo (SP), em 1918.

Digital Genetics/Shutterstock/Glow Images

Figura 5.24. Câmera digital comum.

a

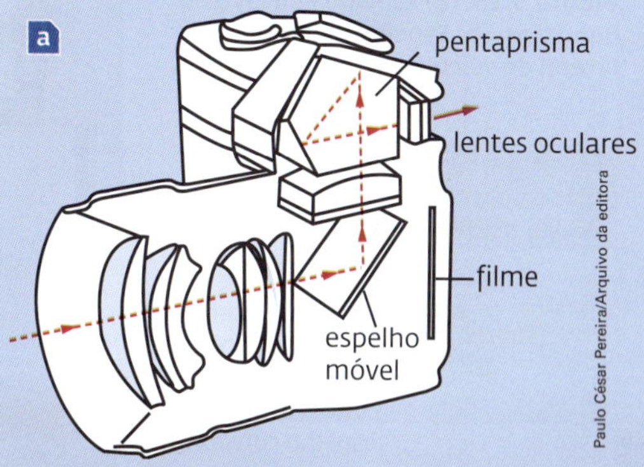

Paulo César Pereira/Arquivo da editora

b

Kletr/Shutterstock/Glow Images

Figura 5.25. (a) Representação esquemática (sem escala e em cores fantasia) do funcionamento de uma câmera SLR, indicando o caminho que a luz faz até chegar aos olhos do fotógrafo. **(b)** Câmara profissional SLR.

QUESTÕES

1. São diversas as aplicações da fotografia, inclusive na ciência. Entretanto, alguns detalhes técnicos melhoraram muito com a utilização da tecnologia digital. Pesquise quais características técnicas são fundamentais para auxiliar os pesquisadores a obterem imagens ricas em detalhes.

2. Atualmente as pessoas utilizam o celular para fazer fotografias. É possível utilizar o celular para substituir uma câmera fotográfica profissional?

As imagens desta página estão representadas fora de proporção.

5.4 Espelhos esféricos

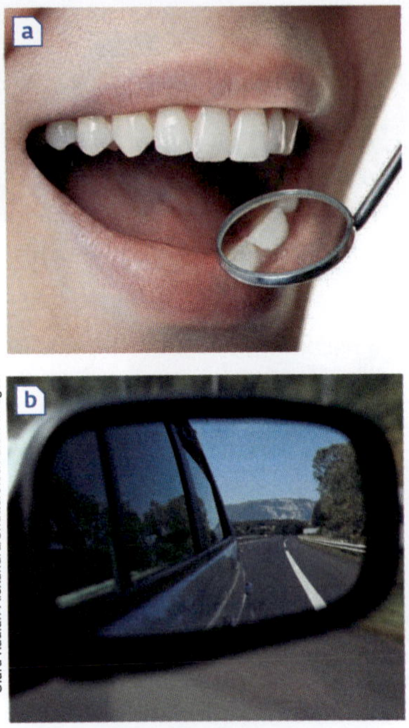

Robert Kneschke/Shutterstock/Glow Images

Olaru Radian-Alexandru/Shutterstock/Glow Images

Figura 5.26. (**a**) Espelho côncavo de dentistas. (**b**) Espelho convexo lateral de veículos.

Introdução

Espelhos esféricos, côncavos e convexos, estão presentes em nosso cotidiano. O espelho utilizado pelo dentista **(figura 5.26.a)**, fornece imagens ampliadas dos dentes, auxiliando-o na localização de cáries. Já o retrovisor lateral dos automóveis **(figura 5.26.b)** nos fornece uma imagem diminuída dos veículos que estão vindo atrás, porém amplia o campo de visão do motorista.

Espelhos côncavos e convexos

Uma superfície lisa, de forma esférica, que reflete especularmente a luz, é um **espelho esférico**. Se a luz estiver se refletindo na superfície interna, como na **figura 5.27.a**, dizemos que o espelho é **côncavo**; se a reflexão ocorrer na superfície externa **(figura 5.27.b)**, dizemos que o espelho é **convexo**.

As ilustrações desta página estão representadas sem escala e em cores fantasia.

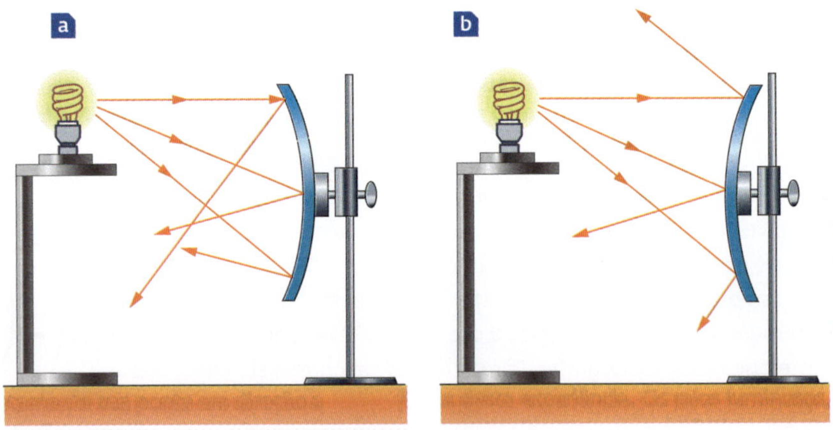

Ilustrações: Antonio Robson/Arquivo da editora

Figura 5.27. Representação de raios luminosos se refletindo em um espelho côncavo (**a**) e em um espelho convexo (**b**).

Alguns elementos importantes dos espelhos esféricos estão mostrados nas **figuras 5.28.a** e **5.28.b**.

- o ponto *V* (centro da superfície refletora), denominado **vértice** do espelho;
- o ponto *C* (centro de curvatura da esfera), denominado **centro** do espelho;
- a reta *CV*, denominada **eixo** do espelho;
- o raio *R*, do espelho (raio de curvatura da esfera).

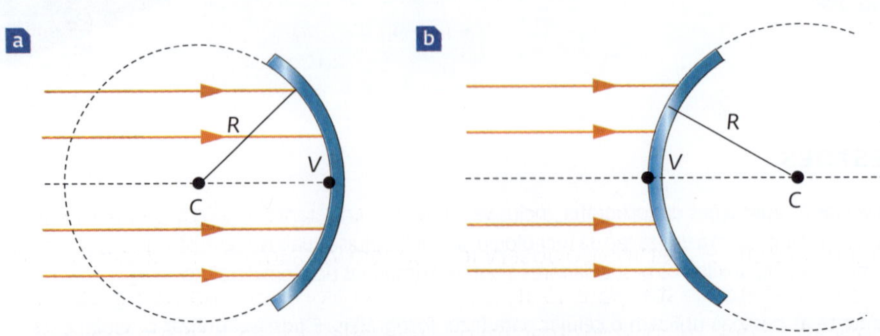

Ilustrações técnicas: Banco de imagens/Arquivo da editora

Figura 5.28. Representação de vértice, *V*, centro de curvatura, *C*, e raio, *R*, de um espelho côncavo (**a**) e de um espelho convexo (**b**).

Imagem real

Suponha que um pequeno objeto *O* seja colocado sobre o eixo do espelho côncavo, como mostra a **figura 5.29**. Parte da luz que é emitida por *O* incide no espelho e será refletida por ele de acordo com as leis da reflexão.

Tracemos um raio incidindo no espelho no ponto *A* (raio *OA* da **figura 5.29**). A normal ao espelho, nesse ponto, é *CA*, pois sabemos que o raio de uma superfície esférica é sempre perpendicular a ela.

Assim, determinamos o ângulo de incidência, $\hat{i}$, e podemos traçar o raio refletido *AI*, bastando lembrar que $\hat{r} = \hat{i}$. Repetindo esse procedimento com o raio incidente *OB*, verificamos que o raio refletido correspondente, *BI*, também passará pelo ponto *I*, e isto ocorrerá com qualquer outro raio que incida na região do espelho que obedeça às condições de Gauss (que veremos a seguir).

Se um observador se colocar em frente ao espelho, na posição mostrada na **figura 5.29**, os raios refletidos, após passarem todos por *I*, divergem e alcançam seus olhos. Tudo se passa, então, como se em *I* existisse um objeto enviando luz para os olhos do observador.

Por esse motivo, ele **verá** em *I* uma imagem do objeto *O*, fornecida pelo espelho côncavo. Lembre-se de que a imagem virtual é vista no ponto de encontro dos raios refletidos, enquanto a imagem *I* é vista, pelo observador, em um ponto onde realmente passam os raios refletidos. Por isso, essa imagem é denominada **imagem real**. Assim, podemos destacar:

Quando um feixe de luz emitido por um objeto se reflete em um espelho côncavo, de modo a convergir para um ponto, teremos, nesse ponto, a formação de uma imagem real do objeto.

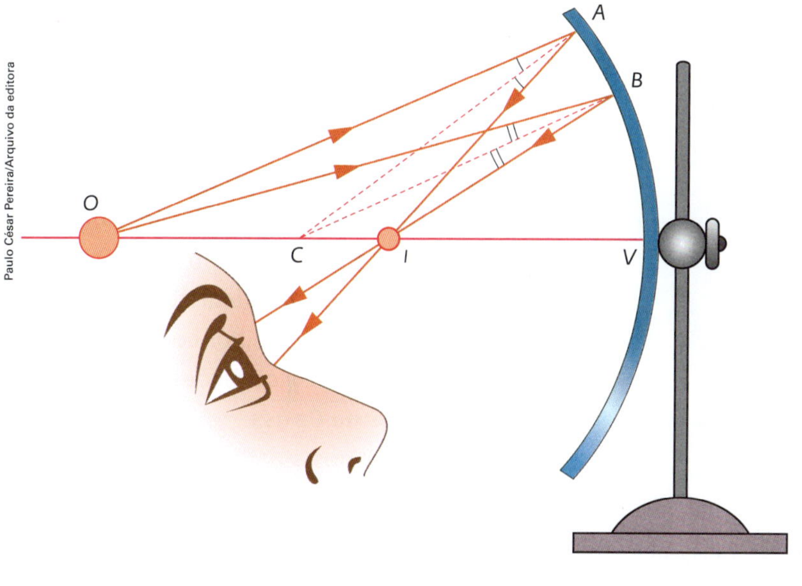

Figura 5.29. Representação (sem escala e em cores fantasia) da formação de uma imagem real (*I*) de um objeto (*O*) por um espelho côncavo.

Como na posição onde se forma a imagem real passam raios luminosos, se colocarmos aí um anteparo, observaremos a imagem projetada sobre ele (o que não ocorre, com a imagem virtual). Entretanto, o observador poderá ver a imagem real mesmo sem se utilizar do anteparo. Basta, para tanto, que ele se coloque, como na **figura 5.29**, em uma posição tal que seus olhos recebam os raios refletidos após terem convergido no ponto *I*.

Foco de um espelho

A **figura 5.30.a** ao lado mostra um feixe de raios luminosos incidindo em um espelho côncavo, paralelamente ao seu eixo. Usando as leis da reflexão, podemos traçar os raios refletidos, verificando, então, que eles convergem em um ponto *F*, denominado **foco do espelho**. Por esse motivo, é costume dizer que o espelho côncavo é um **espelho convergente**.

Por outro lado, fazendo um feixe de raios incidir paralelamente ao eixo de um espelho convexo, observamos que eles divergem após a reflexão **(figura 5.30.b)**. Entretanto, os prolongamentos dos raios refletidos passam pelo ponto *F*, que é o foco do espelho convexo. Assim, tudo se passa como se o feixe divergente fosse emitido de *F*. O espelho convexo costuma, então, ser denominado **espelho divergente**.

Ilustrações técnicas desta página: Banco de imagens/Arquivo da editora

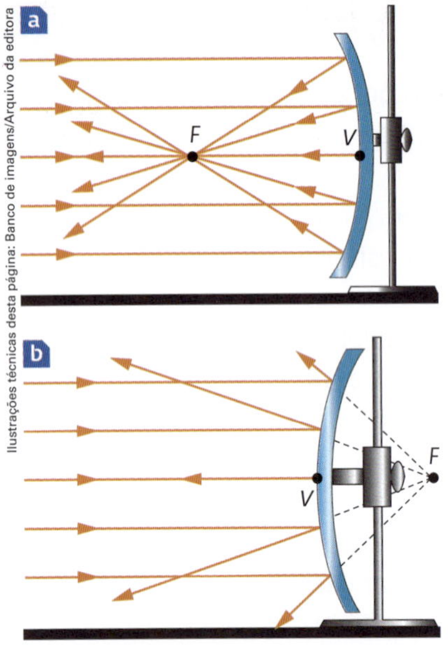

Figura 5.30. Representação de foco de um espelho côncavo (**a**) e de um espelho convexo (**b**).

Devemos notar que, no espelho côncavo, raios paralelos ao eixo, após se refletirem, passam realmente por *F* e, por isso, o foco do espelho côncavo é um **foco real** (encontra-se no espaço a que temos acesso). Já no espelho convexo, o foco é **virtual**, está situado no ponto de encontro dos prolongamentos dos raios refletidos, pois encontra-se em um espaço a que não temos acesso **(figura 5.31)**.

As ilustrações desta página estão representadas sem escala e em cores fantasia.

Em resumo:

Um feixe de raios luminosos, incidindo paralelamente ao eixo de um espelho côncavo, é refletido convergindo para um foco real; incidindo em um espelho convexo, diverge, após a reflexão, como se fosse emitido de um foco virtual.

Andrew Lambert Photography/Science Photo Library

Sciencephotos/Alamy/Latinstock

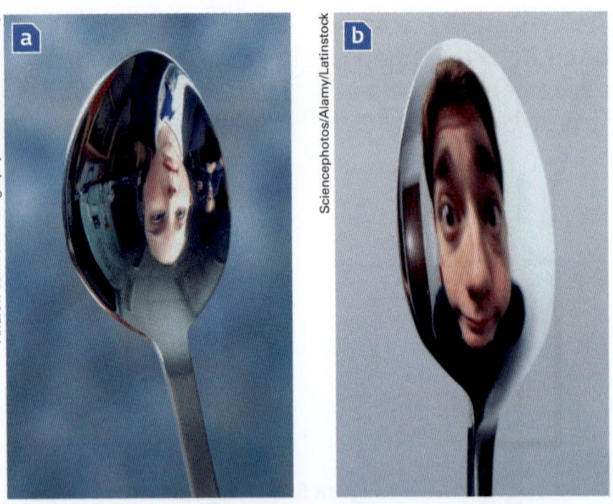

Figura. 5.31. Em colheres de metal, a parte interna (**a**) é um espelho côncavo em que a imagem refletida é real, menor e invertida em relação ao objeto. O lado externo da colher (**b**) é um espelho convexo em que a imagem produzida é virtual, maior e direita.

Observa-se experimentalmente que essa afirmação é verdadeira quando se utilizam **feixes de raios paralelos ao eixo** de espelhos esféricos côncavos ou convexos que **incidem próximo ao vértice**. Isso quer dizer que o foco é bem definido quando o ângulo de abertura do espelho é pequeno, até cerca de 10° **(figura 5.32)**. Quem primeiro observou esse fato foi o físico e matemático alemão Carl Friedrich Gauss (1777-1855). Por isso, dizemos que espelhos com até cerca de 10° de abertura obedecem às **condições de Gauss** e são chamados **espelhos de Gauss**.

À medida que nos afastamos dessas condições, fazendo incidir sobre espelhos esféricos feixes de raios relativamente afastados do vértice, o foco passa a ser uma mancha, não mais um ponto, e as imagens por eles formadas perdem a nitidez.

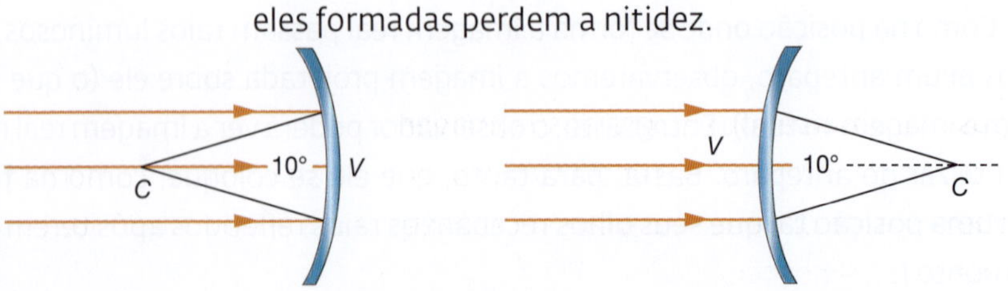

Figura 5.32. Os espelhos esféricos obedecem às condições de Gauss nas regiões próximas ao seu vértice, até uma abertura angular de 10°.

FÍSICA NO CONTEXTO

O FORNO SOLAR

No decorrer do século XX a demanda por energia elétrica cresceu devido à expansão demográfica e à industrialização dos centros urbanos. Esse cenário levou as civilizações a buscar novas fontes de energias renováveis, como o forno solar de Odeillo **(figura 5.33.a)** localizado em Perpignan, nos Pireneus Orientais (França). Esse equipamento tem potência térmica de 1 000 W/m^2, e é dotado de 63 espelhos planos (heliostatos) **(figura 5.33.b)** que acompanham, automaticamente, a inclinação dos raios solares concentrando a luz em um refletor. O refletor é formado por 9 500 espelhos planos individuais, distribuídos em um edifício de oito andares. Sua função é focalizar os raios solares no coletor que está localizado na torre em frente ao refletor, fazendo-o alcançar temperatura da ordem de 4 000 °C.

Como a distância do Sol à Terra é muito grande, o feixe de luz solar que nos atinge é constituído de raios praticamente paralelos. Então, ao se refletirem no espelho, os raios desse feixe convergem para seu foco. Nesse foco haverá uma grande concentração de energia, tanto luminosa quanto térmica (as radiações térmicas se comportam como a luz). Assim, no foco do espelho há uma considerável elevação de temperatura e, nesse ponto, é colocado o dispositivo que vai utilizar a energia concentrada.

Alex Bartel/SPL/Latinstock

Reprodução/<http://imeder.org/>

As imagens desta página estão representadas fora de proporção.

Figura 5.33. (**a**) Espelho convergente, construído na França, para ser usado como "forno solar". (**b**) Heliostatos automáticos que direcionam a luz para o refletor do forno solar de Odeillo.

O telescópio e o holofote

Os espelhos côncavos são utilizados em alguns telescópios, permitindo-nos observar (ou fotografar) estrelas e galáxias, mesmo aquelas que não podem ser vistas a olho nu. Como os corpos celestes se encontram mais afastados da Terra do que o Sol, a luz que chega até nós, emitida por eles, também é constituída de raios praticamente paralelos. Essa luz, sendo recebida pelo espelho côncavo de um telescópio, converge para o seu foco, formando-se aí uma imagem real do astro que está sendo observado. Embora seja muito pequena a intensidade da luz que chega à Terra, proveniente de uma estrela, por exemplo, a concentração de luz provocada pelo espelho côncavo torna possível observar ou fotografar sua imagem.

Quanto mais afastado se encontrar um corpo celeste, mais fraca será a luz que dele recebemos e maior deverá ser o tamanho do espelho, a fim de coletar luz suficiente para que ele possa ser observado.

Figura 5.34. Telescópio FAST, em Pingtang, China. Fotografia de 2016.

Na figura 5.34 mostramos o espelho côncavo com 500 m² do telescópio chinês FAST (do inglês *Five hundred meter Aperture Spherical Telescope*). Os espelhos desse telescópio, bem como os espelhos côncavos de qualquer telescópio, não são esféricos, e sim parabólicos, pois com eles obtém-se maior nitidez nas imagens de objetos distantes. O FAST será o maior telescópio do mundo, sendo formado por 4 400 painéis de alumínio triangulares que juntos formam um espelho parabólico com aproximadamente 300 m. Um telescópio que ficou famoso é o telescópio espacial Hubble, que, apesar de possuir um espelho de apenas 2,40 m de diâmetro, permitiu uma grande melhoria na obtenção das imagens do espaço. Ele está em órbita a cerca de 600 quilômetros de altitude (figura 5.35). O telescópio Hubble foi lançado para o espaço no dia 24 de abril de 1990, e sua substituição está prevista para 2018. O Hubble será substituído pelo telescópio espacial James Webb (figura 5.36), que tem um espelho maior, com 6,5 m de diâmetro, e deverá ficar em uma órbita situada a cerca de 1,5 milhão de quilômetros da Terra.

Figura 5.35. Telescópio espacial Hubble, em órbita a cerca de 600 km da superfície terrestre.

As imagens desta página estão representadas fora de proporção.

Figura 5.36. Concepção artística do telescópio James Webb.

Os holofotes são dispositivos capazes de nos fornecer um feixe de raios luminosos paralelos. Isso é possível porque um holofote é constituído, basicamente, de um espelho côncavo com uma lâmpada situada no seu foco (figura 5.37).

Um feixe de luz que incide paralelamente ao eixo de um espelho côncavo converge em seu foco. No holofote, a luz segue o caminho inverso, isto é, o feixe divergente que sai do foco torna-se paralelo após ser refletido. O holofote permite melhor iluminação de objetos distantes porque os feixes de luz que ele emite são praticamente paralelos, não se espalhando em várias direções, como acontece com a luz emitida por uma fonte luminosa comum.

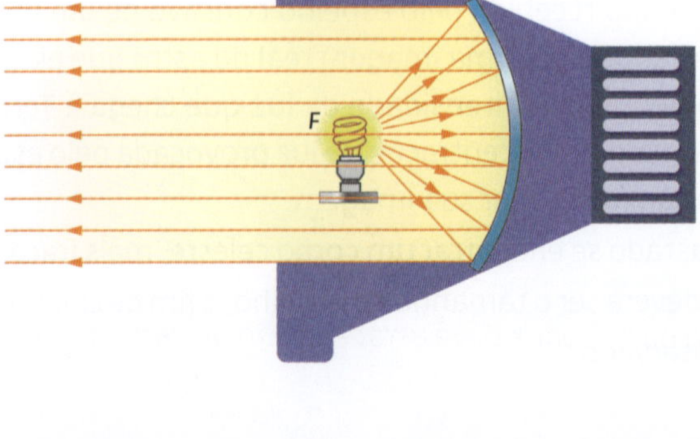

Figura 5.37. Em um holofote, a lâmpada deve ficar no foco do espelho côncavo, para que o feixe refletido seja constituído de raios paralelos.

As ilustrações desta página estão representadas sem escala e em cores fantasia.

Distância focal

Na **figura 5.30** mostramos os focos de um espelho côncavo e de um espelho convexo. A distância *FV*, entre o foco e o vértice, é denominada **distância focal**, *f*, do espelho.

Vamos procurar obter uma relação entre a distância focal, *f*, e o raio, *R*, do espelho. Para isso, consideremos um raio luminoso, paralelo ao eixo de um espelho côncavo, incidindo nesse espelho no ponto *M* **(figura 5.38)**.

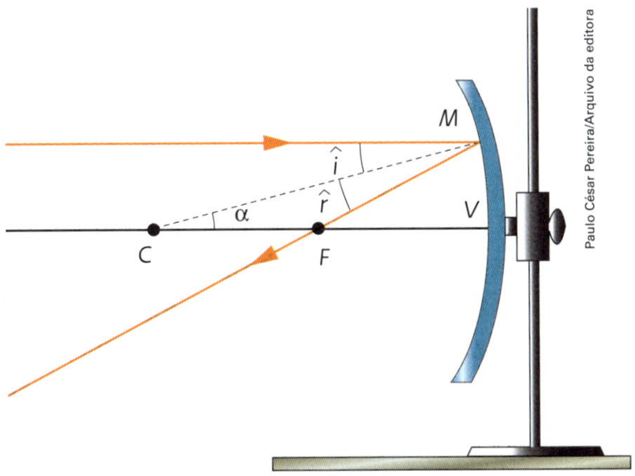

Figura 5.38. A distância focal de um espelho esférico é igual à metade de seu raio de curvatura ($f = R/2$). Representação sem escala e em cores fantasia.

Sendo C o centro de curvatura, sabemos que *CM* é a normal ao espelho em *M*. Assim, podemos traçar o raio refletido, formando com a normal um angulo $\hat{r}$ igual ao ângulo de incidência $\hat{i}$. O ponto em que esse raio corta o eixo *CV* é o foco, *F*, do espelho. Analisando a figura, percebe-se que $\hat{\alpha} = \hat{i}$, porque são ângulos alternos internos. Assim, $\hat{r} = \hat{\alpha}$, levando à conclusão de que o triângulo *CFM* é isósceles. Logo, $CF = FM$.

Vamos considerar, daqui por diante, os raios luminosos que incidem no espelho próximos ao seu vértice. Como essas condições obedecem à condição de Gauss para ângulos pequenos, podemos considerar que $FM = FV$. Então $CF = FV$, ou seja, $FV = CV/2$. Mas *CV* é o raio, *R*, do espelho, e *FV* é a sua distância focal *f*. Logo, temos $f = R/2$. É possível demonstrar que esse resultado é válido, também, para um espelho convexo. Então, podemos destacar:

A distância focal, *f*, de um espelho esférico é aproximadamente igual à metade do seu raio de curvatura, *R*, isto é, $f = R/2$. Em outras palavras, o foco de um espelho esférico está situado no meio da distância entre o centro e o vértice do espelho.

Exemplo

O espelho côncavo do farol de um automóvel tem um raio de curvatura R = 20 cm. Qual é a distância entre o filamento da lâmpada do farol e o vértice desse espelho?

A lâmpada de um farol (holofote) deve estar situada no foco do espelho côncavo, para que o farol emita um feixe de raios luminosos paralelos. Então, a distância da lâmpada de um farol ao vértice do espelho deve ser igual à distância focal, *f*, desse espelho. Como vimos, $f = R/2$, e, em nosso caso,

$$f = \frac{R}{2} = \frac{20\,\text{cm}}{2} = 10\,\text{cm}$$

Assim, o filamento da lâmpada deve estar a 10 cm do vértice do espelho.

VERIFIQUE O QUE APRENDEU

16. Vários objetos que apresentam uma superfície polida podem se comportar como espelhos. Diga se cada um dos objetos seguintes se comporta como espelho côncavo, convexo, convergente ou divergente:

a) Superfície interna de uma colher.
b) Calota de um automóvel.
c) Bola espelhada de árvore de Natal.
d) Espelho do farol de um automóvel.

17. Desenhe, em seu caderno, um espelho côncavo de raio $R = 6{,}0$ cm. Nele, indique:

a) a posição do vértice V do espelho.
b) o eixo do espelho.
c) a posição do centro, C, do espelho.
d) onde está localizado o foco, F, do espelho.

18. Responda às questões do exercício anterior para o espelho convexo, de raio $R = 6{,}0$ cm.

19. Suponha que o espelho côncavo de um telescópio tenha um raio $R = 5{,}0$ m e que esteja sendo usado para fotografar uma certa estrela.

a) Como é o feixe de raios luminosos, proveniente da estrela, que chega ao telescópio?
b) A que distância do vértice do espelho se forma a imagem da estrela?
c) Essa imagem é real ou virtual?

20. Considere os espelhos côncavos, I e II, representados na figura a seguir.

a) Para qual deles o valor do raio R é maior?
b) Então, qual deles possui menor distância focal?

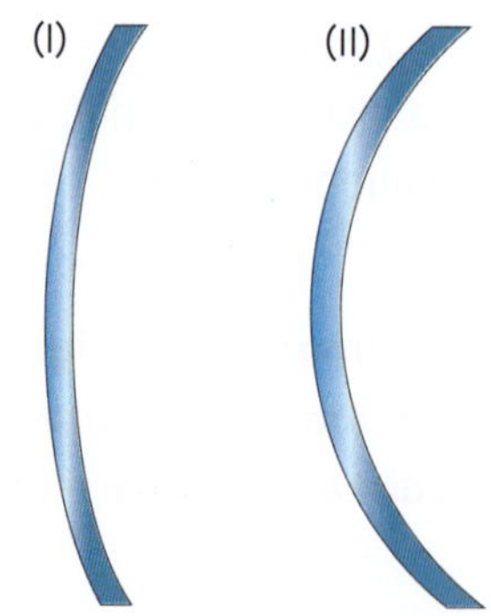

Ilustrações técnicas: Banco de imagens/Arquivo da editora

As ilustrações desta página estão representadas sem escala e em cores fantasia.

21. A figura representa um espelho côncavo, o seu centro C e dois raios luminosos que incidem no espelho paralelamente ao eixo CV.

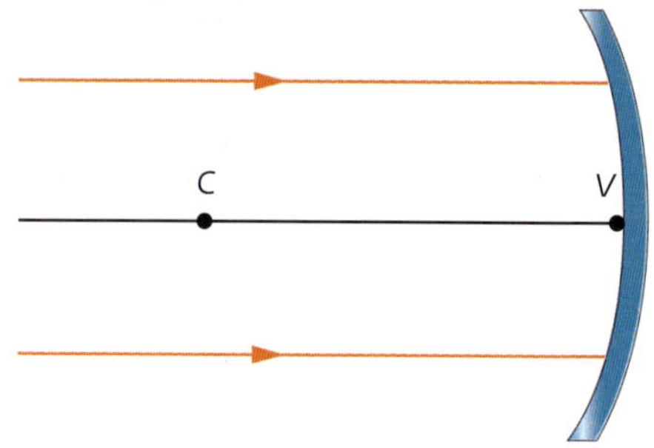

a) Mostre, em uma cópia da figura no caderno, onde se localiza o foco do espelho.
b) Esse foco é real ou virtual?
c) Trace, em sua cópia do desenho no caderno, a trajetória dos raios após serem refletidos pelo espelho.
d) Diga se o espelho é convergente ou divergente.

22. Responda às questões do exercício anterior para o espelho convexo representado na figura:

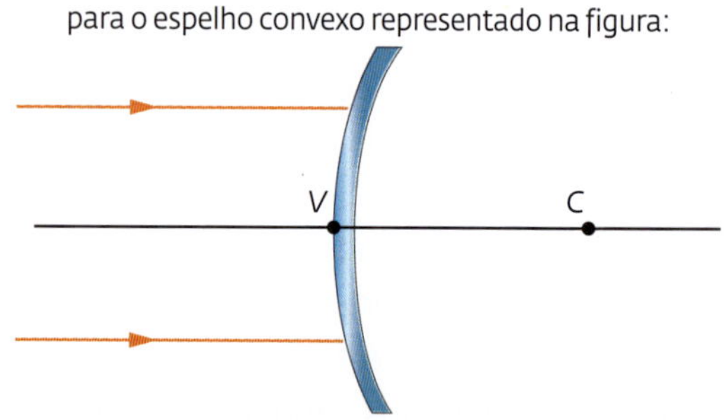

23. Observando a figura 5.29, responda:

a) O feixe de luz, proveniente do objeto, logo após ser refletido pelo espelho, é convergente ou divergente?
b) O feixe de luz que penetra no olho do observador é convergente ou divergente?
c) Para o observador, tudo se passa como se o feixe que penetra em seus olhos estivesse sendo emitido de que ponto?
d) Então, o que o observador vê nesse ponto?

5.5 Imagem de um objeto extenso

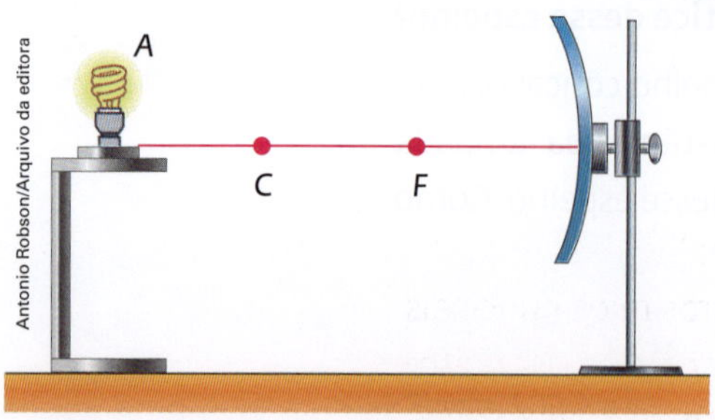

Antonio Robson/Arquivo da editora

Figura 5.39. Representação de um objeto extenso situado em frente a um espelho côncavo.

Até aqui analisamos apenas a formação de imagens de pequenos objetos (objetos puntuais) nos espelhos esféricos. Consideremos um objeto não puntual, como a lâmpada mostrada na **figura 5.39**, colocado em frente a um espelho esférico. Para localizar a imagem desse objeto, deveríamos determinar a posição da imagem de cada um de seus pontos. Entretanto, localizando-se apenas a imagem da extremidade A, será possível visualizar a imagem de todo o objeto, como vamos mostrar nesta seção.

Raios principais

Podemos localizar a posição da imagem de um ponto nos espelhos esféricos fazendo uso de determinados raios luminosos, denominados **raios principais**.

1º) Um raio luminoso que incide em um espelho côncavo, paralelamente ao seu eixo, reflete-se passando pelo foco **(figura 5.40.a)**.

Um raio luminoso que incide em um espelho convexo, paralelamente ao seu eixo, reflete-se de tal modo que seu prolongamento passa pelo foco **(figura 5.40.b)**.

As ilustrações desta página estão representadas sem escala e em cores fantasia.

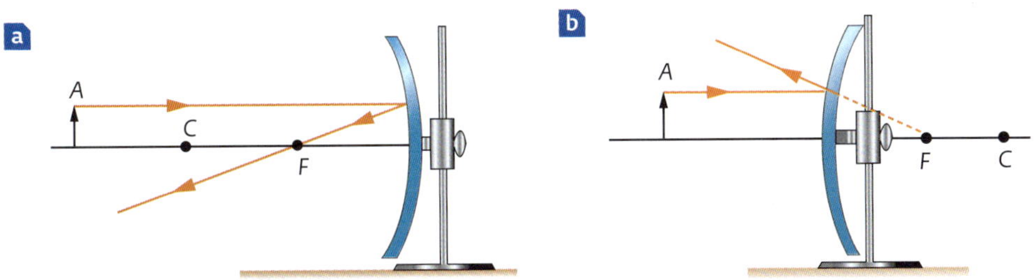

Figura 5.40. Representação da reflexão de um raio luminoso que incide paralelamente ao eixo em um espelho côncavo (**a**) e um espelho convexo (**b**).

2º) Um raio luminoso que incide em um espelho côncavo, passando por seu foco, reflete-se paralelamente ao eixo do espelho **(figura 5.41.a)**.

Um raio luminoso que incide em um espelho convexo, de tal maneira que sua direção passe pelo foco, reflete-se paralelamente ao eixo do espelho **(figura 5.41.b)**.

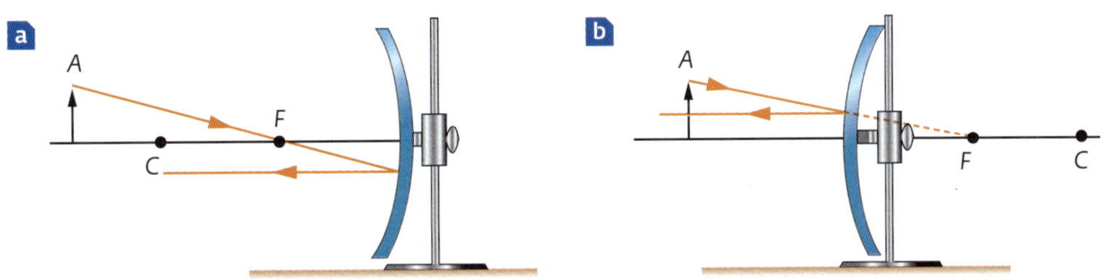

Figura 5.41. Representação da reflexão de um raio luminoso, que incide em um espelho côncavo (**a**) e em um espelho convexo (**b**), de tal modo que sua direção passe pelo foco desses espelhos.

3º) Um raio luminoso que incide em um espelho côncavo, passando pelo seu centro de curvatura, reflete-se sobre si mesmo (esse raio incide perpendicularmente ao espelho – **figura 5.42.a**).

Um raio luminoso que incide em um espelho convexo, de tal maneira que sua direção passe pelo centro de curvatura do espelho, reflete-se sobre si mesmo **(figura 5.42.b)**.

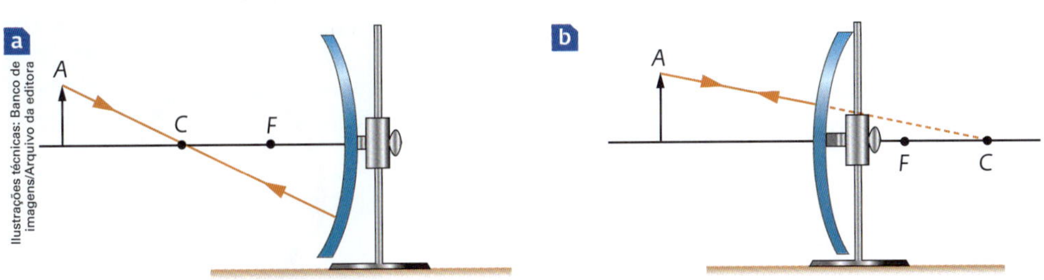

Ilustrações técnicas: Banco de imagens/Arquivo da editora

Figura 5.42. Representação da reflexão de um raio luminoso que incide em um espelho côncavo (**a**) e em um espelho convexo (**b**), de tal modo que sua direção passe pelo centro de curvatura desses espelhos.

A partir de agora, sempre que quisermos localizar a posição da imagem de um ponto (situado fora do eixo do espelho), usaremos apenas os **dois** primeiros raios principais que são emitidos pelo ponto. Nos exemplos seguintes mostraremos o uso desse método para localizar a imagem de um ponto da extremidade de um objeto extenso. A localização da imagem desse ponto nos permitirá representar a imagem de todo o objeto.

Exemplo 1

O objeto *AB* da figura 5.43 encontra-se em frente a um espelho côncavo, a uma distância dele maior do que o seu raio. Localize a imagem desse objeto.

Como as posições do centro *C* e do foco *F* foram fornecidas na **figura 5.43**, podemos localizar a posição da imagem do ponto *A* usando dois dos raios principais. Observe que traçamos, a partir de *A*, um raio paralelo ao eixo do espelho, o qual se reflete passando pelo foco, e outro passando pelo foco, que se reflete paralelamente ao eixo do espelho. Os raios refletidos se cruzam em *A'*; nesse ponto, portanto, está localizada a imagem (real) de *A*. Como o objeto *AB* é perpendicular ao eixo do espelho, sua imagem também o será, de modo que a imagem de *B* estará em *B'* (sobre o eixo), determinando assim a imagem *A'B'*, como representado na figura. Observe que, nesse caso, a imagem do objeto *AB*, fornecida pelo espelho côncavo, é real, menor do que o objeto e invertida em relação a ele **(figura 5.44)**.

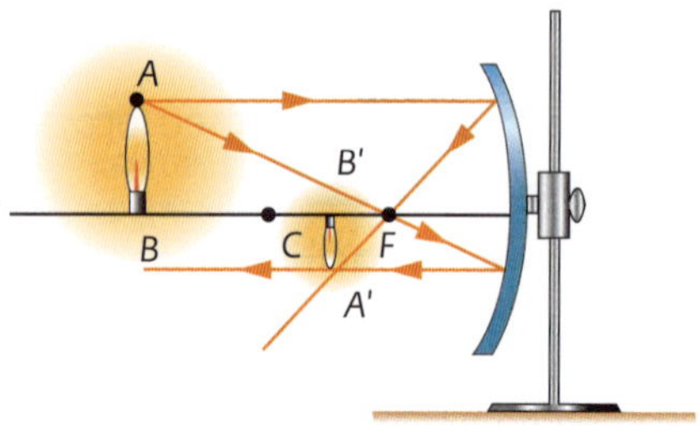

Ilustrações: Paulo César Pereira/ Arquivo da editora

As ilustrações desta página estão representadas sem escala e em cores fantasia.

Figura 5.43. Para o exemplo 1.

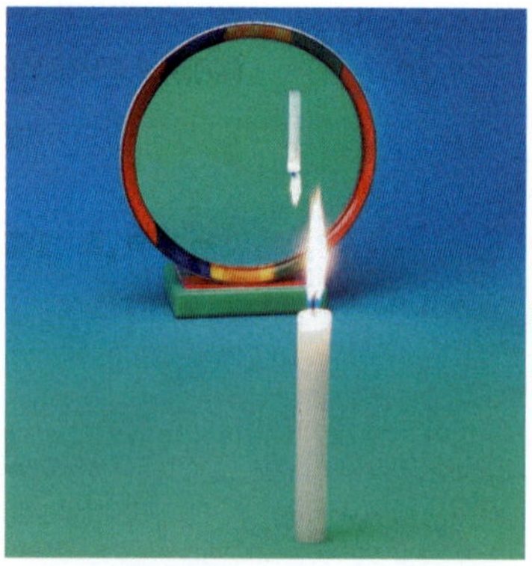

Fotos: Eduardo Santaliestra/Estúdio Paulista

Figura 5.44. Imagem real e invertida de uma vela, colocada em frente a um espelho côncavo, a uma distância maior que o raio do espelho.

Exemplo 2

Suponha que o objeto *AB* do exemplo anterior fosse colocado entre o foco e o vértice do mesmo espelho, como mostra a figura 5.45. Localize a imagem do objeto.

Para localizar a imagem do ponto *A*, usaremos os mesmos raios principais do exemplo anterior. O raio que parte de *A*, paralelamente ao eixo, reflete-se passando pelo foco. O segundo raio que parte de *A* e incide no espelho tem sua direção passando pelo foco, como mostra a **figura 5.45**. Tudo se passa, então, como se ele tivesse sido emitido do foco e, portanto, será refletido paralelamente ao eixo do espelho. Observamos, agora, que os raios refletidos não se cruzam (a imagem de *A* não será real). Entretanto, os prolongamentos desses raios refletidos se cruzam em *A'* que será, então, a imagem virtual de *A*. Tirando uma perpendicular de *A'* sobre o eixo, determinamos a imagem *B'* do ponto *B* e, assim, teremos localizado a imagem *A'B'* do objeto *AB*. Vemos que, nesse caso, o espelho côncavo fornece uma imagem virtual, maior do que o objeto e direita **(figura 5.46)**.

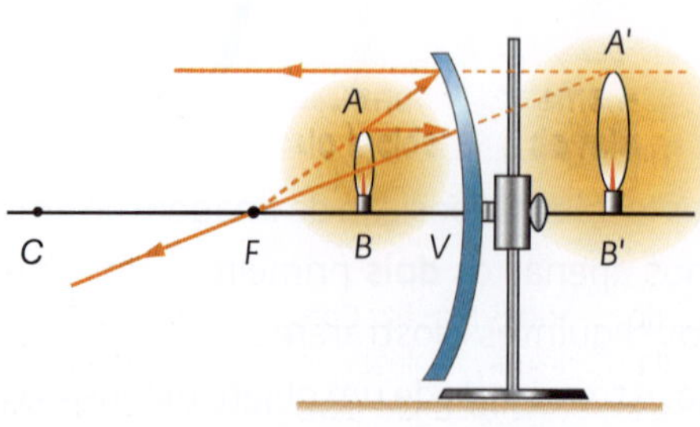

Figura 5.45. Para o exemplo 2.

Figura 5.46. Imagem virtual de uma vela situada entre o foco e o vértice do espelho côncavo.

Exemplo 3

Consideremos um objeto *AB* diante de um espelho convexo, como mostra a figura 5.47. Como será a sua imagem?

Traçando a partir do ponto *A* dois raios principais: um paralelo ao eixo, que se reflete de tal modo que seu prolongamento passa pelo foco; o outro, que incide no espelho de tal maneira que sua direção passa pelo foco e se reflete paralelamente ao eixo. Vemos, pela **figura 5.47**, que, também nesse caso, os raios refletidos não se cruzam, mas os seus prolongamentos se encontram em *A*'. Em *A*'*B*' temos a imagem do objeto *AB*. Essa imagem é virtual, menor do que o objeto e direita **(figura 5.48)**.

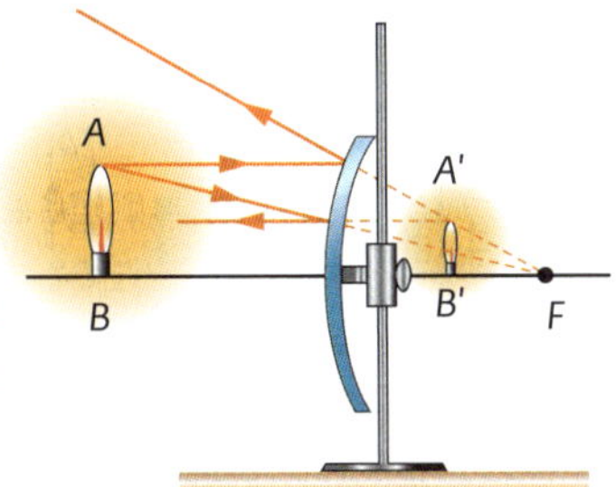

Figura 5.47. Para o exemplo 3.

Figura 5.48. A imagem da vela, fornecida pelo espelho convexo, é virtual, direita e menor que o objeto.

Nos dois últimos exemplos, observe que a imagem fornecida pelos espelhos é virtual e direita. Isto é uma regularidade, tanto para os espelhos côncavos como para os convexos, ou seja, a imagem virtual é sempre direita.

Verifique o que aprendeu

As ilustrações desta página estão representadas sem escala e em cores fantasia.

24. a) Orientando-se pelos exemplos resolvidos nesta seção, faça um diagrama no caderno para localizar a imagem do objeto *AB*, colocado em frente a um espelho côncavo, na posição mostrada na figura abaixo.

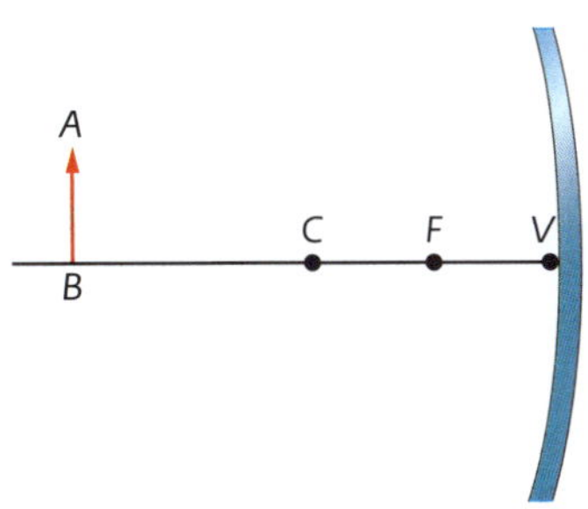

b) Aproxime, do espelho, o objeto *AB* da questão **a**, colocando-o entre o centro e o foco. Faça um novo diagrama, no caderno, para localizar a imagem do objeto nessa nova posição.

25. Suponha que o objeto *AB* do exercício 24 seja colocado sobre o foco *F* do espelho. Nessas condições, não se formará uma imagem do objeto. Por quê?

26. Em uma das pinturas do holandês Maurits Cornelis Escher, mostrada na figura, o pintor se autorretrata como se estivesse olhando para um espelho esférico suspenso em sua mão.

***Mão com esfera refletora*, litografia de M. C. Escher, 1935.**

a) O espelho esférico desta pintura é côncavo ou convexo?

b) A imagem que o espelho forma de Escher é real ou virtual?

c) A mão que sustenta o espelho de Escher é a esquerda, porém a imagem "dentro" do espelho parece ser a mão direita. Trata-se de um erro do pintor?

5.6 A equação dos espelhos esféricos

Aumento produzido pelos espelhos

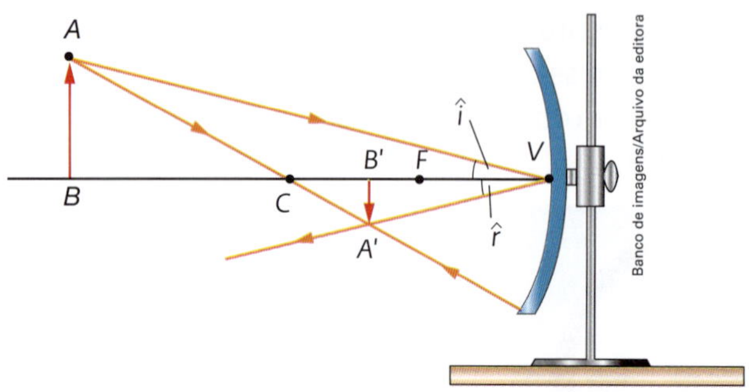

Figura 5.49. Nessa figura, o triângulo ***ABV*** é semelhante ao triângulo ***A'B'V*** e o triângulo ***ABC*** é semelhante ao triângulo ***A'B'C***. Representação sem escala e em cores fantasia.

Vimos, nos exemplos da seção anterior, que a imagem de um objeto pode ser maior ou menor do que ele, dependendo da posição do objeto e do tipo de espelho que produziu a imagem.

A relação entre o tamanho da imagem, *A'B'*, e o tamanho do objeto, *AB*, é denominada aumento ou ampliação obtida pelo espelho, isto é,

$$\text{aumento} = \frac{\text{tamanho da imagem}}{\text{tamanho do objeto}} = \frac{A'B'}{AB}$$

Note que um aumento menor do que 1 indica que a imagem é menor do que o objeto. Para obter uma maneira de calcular esse aumento, vamos analisar a **figura 5.49**.

Nessa figura, a imagem, *A'B'*, do objeto *AB* foi localizada usando o raio principal que passa pelo centro, sendo, então, refletido sobre si mesmo, e o raio *AV*, que incide no vértice do espelho, refletido de tal modo que $\hat{i} = \hat{r}$. Dessa maneira, os triângulos retângulos *ABV* e *A'B'V* são semelhantes, e podemos escrever:

$$\frac{A'B'}{AB} = \frac{B'V}{BV}$$

Mas *B'V* é a distância da imagem ao espelho, que designaremos por D_i, e *BV* é a distância do objeto ao espelho, que vamos designar por D_O. Logo,

$$\frac{A'B'}{AB} = \frac{D_i}{D_O}$$

Assim, o aumento produzido por um espelho pode ser obtido dividindo-se a distância da imagem ao espelho pela distância do objeto ao espelho. Esse processo pode ser usado para calcular o aumento tanto no espelho côncavo quanto no convexo.

A equação dos espelhos esféricos

Analisando ainda a **figura 5.49**, poderemos obter uma equação muito importante, relacionando D_O, D_i e a distância focal, *f*, do espelho.

Os triângulos retângulos *ABC* e *A'B'C* são semelhantes, pois os ângulos opostos pelo vértice, em C, são iguais.

Assim, temos:

$$\frac{A'B'}{AB} = \frac{B'C}{BC}$$

Mas, pela **figura 5.49**, vemos que:

$$B'C = CV - B'V = R - D_i = 2f - D_i$$

$$BC = BV - CV = D_O - R = D_O - 2f$$

Lembrando que $\frac{A'B'}{AB} = \frac{D_i}{D_O}$, virá:

$$\frac{D_i}{D_O} = \frac{2f - D_i}{D_O - 2f} \therefore D_iD_O - 2fD_i = 2fD_O - D_iD_O$$

ou

$$2D_iD_O = 2fD_i + 2fD_O$$

Dividindo todos os termos dessa igualdade por $2fD_iD_O$, obtemos:

$$\frac{1}{f} = \frac{1}{D_O} + \frac{1}{D_i}$$

Essa relação é denominada **equação dos espelhos esféricos**.

Ela nos permite calcular a que distância do espelho a imagem se formará quando conhecemos a distância focal do espelho e a distância do objeto a ele.

Exemplo

Um objeto é colocado a 10 cm do vértice de um espelho côncavo, cuja distância focal é de 20 cm.

a) A que distância do espelho se formará a imagem do objeto?

A equação $\frac{1}{f} = \frac{1}{D_O} + \frac{1}{D_i}$ nos permitirá calcular o valor de D_i, pois conhecemos os valores de D_O e f. Como sabemos, D_O é sempre positivo, isto é, $D_O = 10$ cm; como se trata de um espelho côncavo, f também é positivo, ou seja, $f = 20$ cm. Então, temos:

$$\frac{1}{20} = \frac{1}{10} + \frac{1}{D_i} \therefore \frac{1}{D_i} = \frac{1}{20} - \frac{1}{10} \therefore D_i = -20 \text{ cm}$$

Como encontramos, para D_i, um valor negativo, concluímos que a imagem é virtual e, portanto, não é invertida, estando situada a 20 cm atrás do espelho.

b) Mostre, em um diagrama, a formação da imagem do objeto.

A situação descrita no enunciado corresponde ao diagrama da **figura 5.50**. Observe que o diagrama confirma os resultados que encontramos algebricamente: a imagem é virtual, direita e está situada atrás do espelho. Em problemas como esse, o traçado do diagrama de formação da imagem nos ajuda a visualizar a solução algébrica; por isso, recomendamos que ele sempre seja feito.

c) Qual será o aumento produzido pelo espelho?

Como vimos, o aumento é dado por:

$$\frac{A'B'}{AB} = \frac{D_i}{D_O},$$

$$\text{Logo: } \frac{A'B'}{AB} = \frac{20}{10} \text{ ou } \frac{A'B'}{AB} = 2$$

Esse resultado significa que a imagem é duas vezes maior do que o objeto, como pode ser confirmado pela **figura 5.50**. (Observe que, no cálculo do aumento, não é necessário considerar o sinal de D_i.)

Convenção de sinais

A equação $\frac{1}{f} = \frac{1}{D_O} + \frac{1}{D_i}$ foi deduzida para a situação mostrada na **figura 5.49**, isto é, um espelho côncavo formando uma imagem real de um objeto. Entretanto, ela poderá ser usada também quando a imagem for virtual ou quando o espelho for convexo, desde que seja obedecida a seguinte convenção de sinais para as distâncias D_O, D_i e f:

1ª) a distância D_O é sempre positiva;

2ª) a distância D_i será positiva se a imagem for real e negativa se for virtual;

3ª) a distância focal será positiva quando o espelho for côncavo (foco real) e negativa quando for convexo (foco virtual).

Resumindo, podemos destacar que:

A imagem de um objeto colocado a uma distância D_O de um espelho esférico de distância focal f forma-se a uma distância D_i do espelho tal que:

$$\frac{1}{f} = \frac{1}{D_O} + \frac{1}{D_i}$$

Nessa equação, D_O é sempre positivo, f é positivo para o espelho côncavo e negativo para o convexo e D_i é positivo para uma imagem real e negativo para uma imagem virtual.

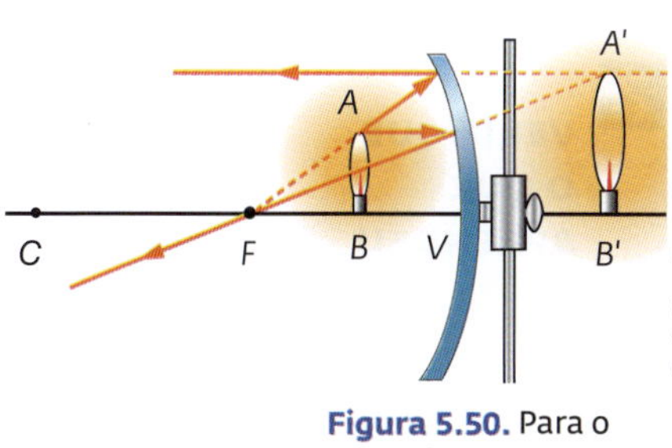

Paulo César Pereira/Arquivo da editora

Figura 5.50. Para o exemplo. Representação sem escala e em cores fantasia.

FÍSICA NO CONTEXTO

O espelho de Arquimedes

O cientista e inventor grego Arquimedes viveu no século III a.C., na cidade de Siracusa, na Sicília (sul da Itália). Uma preocupação constante do rei de Siracusa era a proteção de sua cidade contra as ameaças de invasão pelas esquadras romanas. Por isso, ele contratou Arquimedes para projetar e construir dispositivos de guerra, destinados a defender e contra-atacar o inimigo.

Granger/Glow Images

Figura 5.51. Conta-se que Arquimedes incendiou uma esquadra romana usando espelhos côncavos para concentrar os raios solares sobre os navios. Gravura do século XIX.

Entre as armas que Arquimedes teria preparado para defender Siracusa, contam os historiadores que havia grandes espelhos côncavos para fazer convergir os raios solares sobre os navios da esquadra romana **(figura 5.51)**. A concentração da luz solar provoca uma grande elevação de temperatura e, assim, teria sido possível incendiar a esquadra inimiga.

Alguns historiadores têm dúvidas sobre se realmente Arquimedes conseguiu realizar essa façanha. Tentando mostrar que haveria possibilidades práticas para que ela pudesse ter acontecido, um engenheiro grego, em 1973, procurou reproduzi-la. Colocou 70 espelhos planos (cada um com cerca de 1,5 m × 1 m) dispostos em um semicírculo, de modo que convergissem os raios solares sobre um barco de madeira, situado a 50 m da costa (o conjunto de espelhos planos atuava como um espelho convergente). Procedendo dessa maneira, em um dia ensolarado, o engenheiro conseguiu incendiar o barco, que em poucos segundos foi consumido pelas chamas!

Os espelhos de Arquimedes podem ter servido de inspiração para os fornos solares ou pirelióforos que surgiram na transição do século XIX e XX. O pirelióforo consistia em um conjunto de espelhos parabólicos refletores que convergiam a radiação solar para um ponto podendo atingir temperaturas da ordem de 3 500 °C. Apenas em 1976 os fornos solares seriam utilizados na produção de energia elétrica.

VERIFIQUE O QUE APRENDEU

27. Suponha que, na figura (sem escala e em cores fantasia), a distância focal do espelho côncavo seja $f = 10$ cm e que o objeto esteja situado a uma distância $D_o = 60$ cm do vértice do espelho.

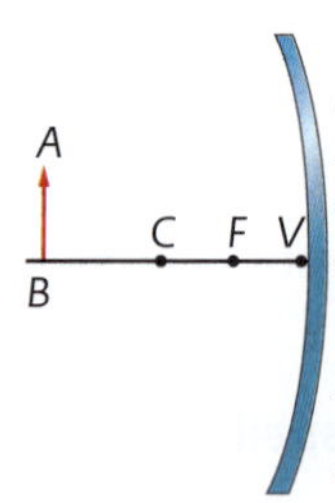

Banco de imagens/Arquivo da editora

a) Usando a equação dos espelhos esféricos, determine a distância, D_i, da imagem ao espelho.

b) Tendo em vista o resultado encontrado na questão **a**, você conclui que a imagem é real ou virtual?

c) Calcule o aumento fornecido pelo espelho. Qual o significado desse resultado?

d) Os resultados que você encontrou neste exercício estão de acordo com o diagrama traçado no item **a** do exercício 24?

28. Um objeto é colocado à distância de 36 cm do vértice de um espelho convexo, cuja distância focal vale 12 cm.

a) Usando a equação dos espelhos esféricos (lembre-se da convenção de sinais), determine D_i.

b) Tendo em vista o resultado encontrado na questão **a**, você conclui que a imagem é real ou virtual?

c) Calcule o aumento fornecido pelo espelho.

d) Então, se o tamanho do objeto é $AB = 4$ cm, qual é o tamanho, $A'B'$, da imagem?

29. Trace, no caderno, o diagrama de formação da imagem na situação correspondente ao exercício anterior. Verifique se ele está em concordância com os resultados que você encontrou.

5.7 A velocidade da luz

Galileu tenta medir a velocidade da luz

Até meados do século XVII acreditava-se, de maneira geral, que a velocidade da luz era infinita, isto é, que ela se transmitia instantaneamente de um ponto a outro. Essa crença foi duramente criticada por Galileu, que julgava falhos os argumentos apresentados pelos defensores daquela ideia.

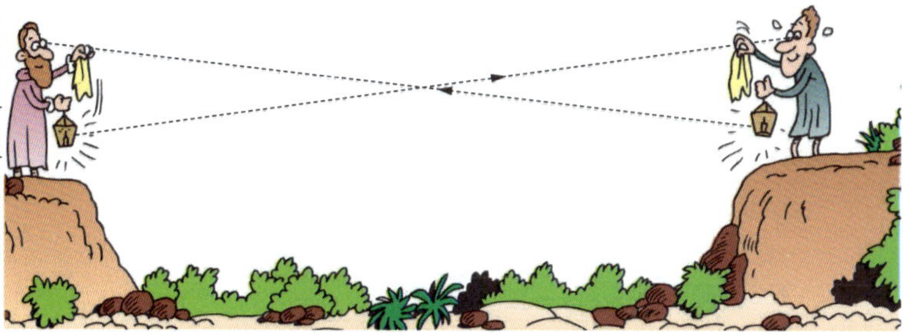

João X. de Campos/Arquivo da editora

Figura 5.52. Galileu tentou medir o valor da velocidade da luz, mas não foi bem-sucedido.

Procurando obter elementos para esclarecer a questão, Galileu realizou várias experiências, tentando obter o valor da velocidade da luz. Basicamente, seu procedimento consistia em se colocar, com um assistente, sobre duas colinas a uma distância de 2 km, cada um munido de uma lanterna **(figura 5.52)**. Galileu descobria sua lanterna e seu assistente, ao perceber a luz enviada por ela, descobria a própria lanterna. Então, Galileu tentava medir o intervalo de tempo decorrido entre o instante em que descobria sua lanterna e o instante em que percebia a luz proveniente da lanterna de seu assistente.

Em outras palavras, Galileu procurava medir o tempo que a luz gastava para efetuar o percurso de ida e volta entre as duas colinas. Conhecendo esse tempo e a distância entre as duas colinas, ele poderia determinar o valor da velocidade da luz.

Apesar de, em princípio, o método empregado por Galileu estar correto, ele não obteve êxito em sua experiência. Como sabemos atualmente, a velocidade da luz é muito grande ($c = 300\,000$ km/s) e, assim, nessa experiência, a luz gastava cerca de 10^{-5} s para efetuar o percurso de ida e volta entre as duas colinas. Esse tempo, extremamente pequeno, era impossível de ser medido com os aparelhos de que Galileu dispunha, sendo essa a causa do fracasso de sua experiência.

Este foi um dos exemplos em que Galileu preferiu o teste experimental a aceitar afirmações indiscutíveis. Galileu se tornou conhecido, também, por defender o teste experimental como passo fundamental para aceitação ou rejeição de hipóteses científicas.

A tentativa de se medir experimentalmente a velocidade da luz é apenas uma, entre muitas outras tentativas, ora fracassadas, ora bem-sucedidas, desse cientista, que sempre reforçou o caminho da experimentação como aliado ao raciocínio e à intuição.

Reprodução/Arquivo da editora

OLE ROEMER (1644-1710)

Astrônomo dinamarquês que se tornou conhecido por suas observações dos eclipses de um dos satélites de Júpiter, com as quais foi possível concluir que a velocidade da luz não é infinita. Essas observações foram realizadas durante o período em que Roemer trabalhava no Observatório Real de Paris, onde viveu durante nove anos. Retornando à Dinamarca, além de continuar com suas atividades no campo da Astronomia, ele exerceu algumas funções públicas, chegando ao cargo de prefeito de Copenhague.

A velocidade da luz não é infinita

A primeira evidência de que a luz não se propaga instantaneamente foi obtida por meio das observações do astrônomo dinamarquês Ole Roemer, alguns anos após a morte de Galileu. Roemer, ainda no século XVII, determinou um valor para a velocidade da luz ($c = 200\,000$ km/s) que difere do valor que conhecemos atualmente, mas a ordem de grandeza é a mesma. Entretanto, suas observações foram uma constatação experimental do que Galileu havia sugerido, de que a luz não tinha velocidade infinita. Outro cientista que mediu a velocidade da luz com bastante precisão ($c = 3{,}13 \cdot 10^8$ m/s) foi o francês Hippolyte Fizeau (1819-1896), em 1849.

SPL/Latinstock

LÉON FOUCAULT (1819-1868)

Cientista francês e físico experimental. Um de seus trabalhos mais conhecidos foi demonstrar experimentalmente a rotação da Terra em torno de seu eixo (pêndulo de Foucault). Por esse trabalho, recebeu um prêmio da Real Academia de Ciências de Londres.

Além deles, Léon Foucault conseguiu medir a velocidade da luz com bastante precisão, medindo o tempo que um feixe luminoso levava para incidir em um espelho rotativo fixo em um determinado ângulo no qual ele era refletido, sendo dirigido para um espelho estacionário distante **(figura 5.53)**. Após se refletir, o raio voltava, passando novamente no espelho estacionário, e sua trajetória formava um ângulo θ com o raio incidente. Conhecendo-se o número de rotações que o espelho efetuava, Focault, em 1862, conseguiu medir o valor da velocidade da luz igual a $c = 2,98 \cdot 10^8$ m/s, bastante próximo do valor conhecido hoje.

Ainda com o método dos espelhos rotativos, Focault conseguiu medir a velocidade da luz em meios materiais. Ele verificou que a luz se desloca na água com velocidade $v = 2,23 \cdot 10^8$ m/s, valor este inferior a c.

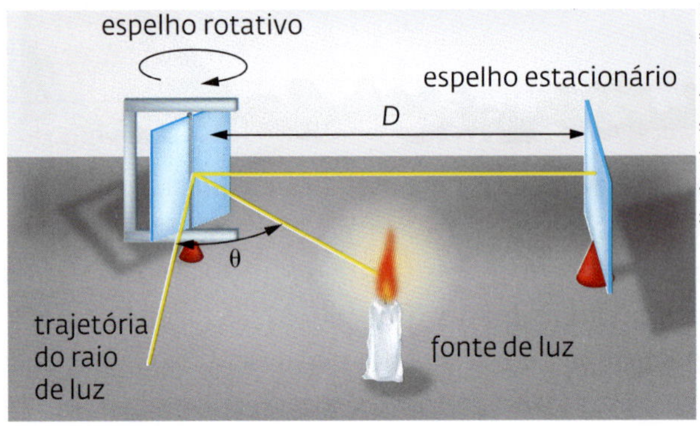

Alex Argozino/Arquivo da editora

Figura 5.53. Representação esquemática (sem escala e em cores fantasia) do dispositivo utilizado por Foucault para medir a velocidade da luz.

SPL/Latinstock

ALBERT MICHELSON (1852-1931)

Físico, especializou-se em métodos de medidas ópticas de alta precisão. As experiências que realizou com seu colega Edward Morley, além de fornecer valores altamente precisos para a velocidade da luz, serviram de base para a teoria da relatividade.

Após os trabalhos de Foucault, vários cientistas, em diversos países, usando outras técnicas de medida, dedicaram-se à tarefa de determinar a velocidade da luz, procurando obter valores cada vez mais precisos. Entre eles devemos destacar o cientista americano A. Michelson, que, durante cerca de 50 anos, realizou as mais cuidadosas experiências com esse objetivo. O resultado das últimas medidas realizadas por Michelson, $c = 2,9977 \cdot 10^8$ m/s, publicado postumamente em 1932, mostra a grande precisão alcançada por ele em suas experiências.

Graças à continuidade desses trabalhos, a velocidade da luz é um dos valores que se conhece com maior precisão no campo da Física. Analisando cuidadosamente os trabalhos dos inúmeros cientistas que se dedicaram à medida dessa grandeza, os físicos chegaram à conclusão de que, atualmente, o melhor valor para representar a velocidade da luz é:

$$c = 2,997925 \cdot 10^8 \text{ m/s}$$

Esses números são fornecidos a título de ilustração; não devemos nos preocupar em memorizá-los. Entretanto, para a maioria das situações em que o valor da velocidade da luz deve ser usado, é suficiente considerar $c = 3,00 \cdot 10^8$ m/s.

É importante ter em mente que todas as tentativas de medir a velocidade da luz desempenharam importante papel no entendimento dos conceitos de física da época, pois além dos resultados obtidos confirmarem a teoria ondulatória da luz (contrária à teoria proposta por Newton e vigente naquele momento), os resultados viriam a contribuir para o trabalho de Albert Einstein, afinal a velocidade da luz é essencial para o desenvolvimento da teoria da relatividade, que estudaremos mais adiante. E, sem a teoria da relatividade, o sistema de posicionamento global mais utilizado no mundo, conhecido como GPS (*Global Positioning System*), por exemplo, não indicaria com precisão a localização do usuário.

As enormes dimensões do Universo

A velocidade da luz é usada na definição de uma unidade de comprimento, denominada ano-luz, muito empregada na medida de distâncias astronômicas. O valor de 1 ano-luz é definido como sendo a distância que a luz percorre, no vácuo, em 1 ano (essa distância vale cerca de 10^{13} km).

Para que você tenha uma ideia das enormes dimensões do Universo conhecido pelo ser humano, vejamos alguns exemplos de distâncias entre corpos celestes:

- Para percorrer a distância da Lua até a Terra, a luz gasta praticamente 1 s; assim, podemos dizer que essa distância é cerca de 1 segundo-luz.
- Para vir do Sol à Terra, a luz gasta cerca de 8 minutos; podemos, então, dizer que a distância Terra-Sol é de 8 minutos-luz. Isso significa que, quando ocorre uma explosão na superfície do Sol, somente após 8 minutos os astrônomos podem observá-la aqui, na Terra.
- A estrela visível a olho nu **mais próxima** da Terra é a estrela Próxima do Centauro, assim chamada por estar localizada na constelação do Centauro. Sua distância até a Terra é de 4,2 anos-luz. Sendo assim, quando olhamos para essa estrela, nós a estamos vendo como ela era há 4,2 anos.
- Os astrônomos verificaram que as estrelas encontram-se agrupadas em enormes aglomerações, denominadas **galáxias**. Cada uma dessas galáxias é constituída por muitos bilhões de estrelas. O Sistema Solar, por exemplo, pertence à galáxia denominada **Via Láctea**, cujo diâmetro vale cerca de 100 mil anos-luz **(figura 5.54)**.
- O número de galáxias já observadas pelos cientistas é muito grande (avalia-se que existem mais galáxias no Universo que habitantes na Terra). A galáxia mais próxima da Via Láctea é a galáxia de Andrômeda **(figura 5.55)**, que fica a uma distância de, aproximadamente, 2 milhões de anos-luz. Portanto, se subitamente todas as estrelas dessa galáxia se extinguissem, somente após 2 milhões de anos esse fato seria percebido aqui da Terra.
- Usando aparelhagem e métodos atualizados, os astrônomos têm conseguido localizar novas galáxias, muito mais afastadas do que Andrômeda. Existem galáxias, como as mostradas nas **figuras 5.56** e **5.57**, que se encontram a uma distância de dezenas (ou centenas) de milhões de anos-luz. Galáxias afastadas de nós cerca de 13 bilhões de anos-luz já foram fotografadas pelo telescópio espacial Hubble, que está cerca de 600 km de distância da Terra, mostrando que o Universo tem dimensões extraordinariamente grandes.

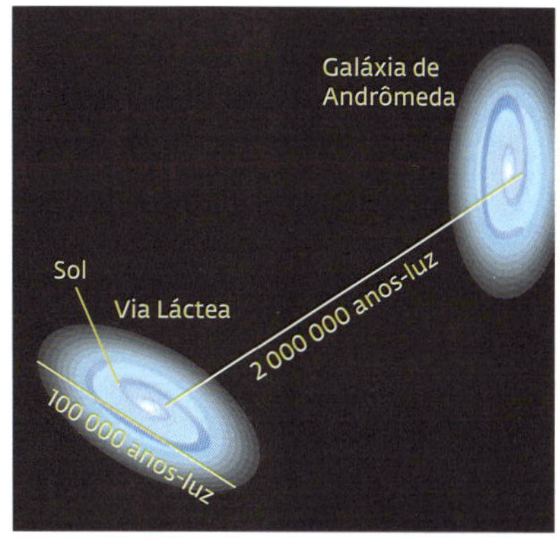

Paulo César Pereira/Arquivo da editora

Figura 5.54. A galáxia mais próxima de nós está situada a uma distância de 2 milhões de anos-luz, isto é, a luz emitida por ela gasta 2 milhões de anos para chegar à Terra. Representação sem escala e em cores fantasia.

Robert Gendler/SPL/Latinstock

Figura 5.55. Galáxia de Andrômeda, a galáxia mais próxima da Terra.

Robert Gendler/SPL/Latinstock

Figura 5.56. A chamada Galáxia do Cata-vento situa-se a 22 milhões de anos-luz da Terra.

S. Beckwith & the HUDF Working Group/STScI/HST/ESA/Nasa

Figura 5.57. Imagem de campo profundo feita pelo telescópio espacial Hubble mostrando galáxias a cerca de 13 bilhões de anos-luz, formadas quando o Universo tinha apenas 5% da sua idade atual.

As imagens desta página estão representadas fora de proporção.

VERIFIQUE O QUE APRENDEU

30. Calcule a diferença percentual entre o valor obtido por Fizeau para a velocidade da luz e o valor $c = 3,00 \cdot 10^8$ m/s, obtido em medidas mais precisas, realizadas posteriormente.

31. As experiências de Michelson, além de fornecer um valor muito preciso para c, estão relacionadas com um fato importante para o desenvolvimento da Física. Qual é esse fato? (Veja o quadro sobre Michelson no tópico 5.7.)

32. A galáxia de Andrômeda se encontra a 2 milhões de anos-luz da Terra. Todas as alternativas apresentam conclusões corretas a partir dessa informação, **exceto**:

a) A idade da galáxia Andrômeda é de 2 milhões de anos.

b) A luz gasta 2 milhões de anos para percorrer a distância entre Andrômeda e a Terra.

c) Um foguete que partisse da Terra gastaria mais de 2 milhões de anos para chegar a Andrômeda.

d) Uma explosão que ocorra hoje, em Andrômeda, só será percebida na Terra daqui a 2 milhões de anos.

e) Uma fotografia de Andrômeda, hoje, forneceria informações sobre como era a galáxia há 2 milhões de anos.

33. Os quasares, objetos astronômicos semelhantes às estrelas, são os corpos celestes mais distantes já observados. A ordem de grandeza da distância da Terra a um quasar é 10^{26} m.

a) Qual é, em anos-luz, a ordem de grandeza dessa distância? (A ordem de grandeza de 1 ano-luz, em km, foi fornecida no texto.)

b) Escreva no caderno, na língua materna, a ordem de grandeza do tempo que a luz de um quasar gasta para chegar à Terra.

34. A luz possui velocidade elevada, possibilitando que as imagens observadas diariamente ao nosso redor cheguem quase instantaneamente aos nossos olhos. Mas, ao observarmos corpos celestes no espaço sideral, as imagens nos mostram o que aconteceu há muito tempo. Por exemplo, ao observar o Sol, a imagem é de oito minutos atrás, e a imagem de Alfa-Centauro é de 4,2 anos atrás. Apesar de parecer estranha, tal situação é comum. Procure identificar outras situações do cotidiano em que uma informação demora a ir de um ponto a outro por causa da velocidade com que viaja. Discuta com seus colegas e professor como os meios de comunicação se tornaram mais eficientes fazendo uso da velocidade da luz.

PRATIQUE FÍSICA

EM EQUIPE

1. Siga as instruções abaixo e avalie a formação de imagens em superfícies planas e polidas.

1º) Tome um lápis ou uma caneta e desloque lentamente sua ponta em direção a uma superfície metálica plana e bem polida (fechadura, objetos de inox, etc.), observando a imagem da ponta fornecida pela superfície. Quando a ponta encostar na superfície, observe qual é a distância entre ela e sua imagem.

2º) Repita o procedimento anterior, deslocando agora a ponta em direção a um espelho plano de vidro (espelho comum). Observe a distância entre a ponta e sua imagem quando ela estiver encostada na superfície do vidro do espelho.

Baseando-se naquilo que você observou, responda:

a) Qual a causa da diferença entre as observações feitas nos dois espelhos?

b) Onde está localizada a superfície refletora em um espelho de vidro comum?

c) Se o vidro de um espelho tiver espessura de 2 mm, qual será a distância entre a imagem e a ponta quando essa estiver encostada no espelho?

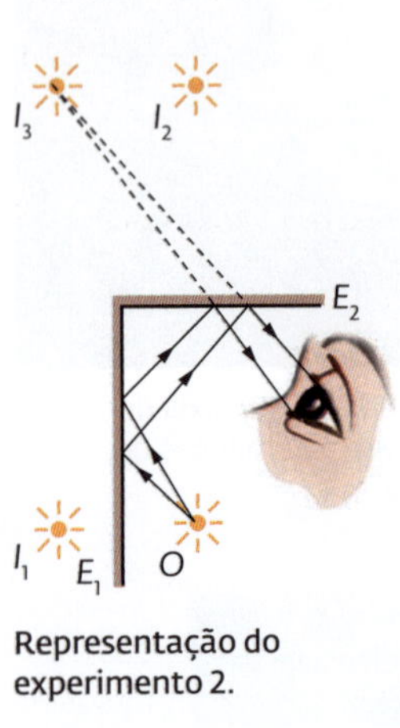

Representação do experimento 2.

2. Suponha que dois espelhos planos, E_1 e E_2, sejam colocados em ângulo reto e que um objeto O esteja situado entre eles, como mostra a figura desta experiência. Os raios luminosos, que partem do objeto, ao se refletirem em E_1, darão origem à imagem I_1 e, ao se refletirem em E_2, darão origem à imagem I_2. Entretanto, parte dos raios luminosos emitidos pelo objeto sofre duas reflexões, pois, após se refletirem em um dos espelhos, eles encontram o outro, sendo novamente refletidos. Para um observador que receba esses raios após a segunda reflexão, tudo se passa como se eles estivessem vindo do ponto I_3, isto é, o observador verá, em I_3, uma terceira imagem do objeto O (veja a figura à esquerda).

1º) Disponha dois espelhos planos em ângulo reto. Coloque entre eles um objeto qualquer (um lápis, por exemplo) e procure observar as três imagens fornecidas pelos dois espelhos.

2º) Reduza o valor do ângulo entre os espelhos e verifique que o número de imagens do objeto se torna cada vez maior. Quando os espelhos estiverem paralelos (o ângulo entre eles é nulo), observe as ima-

As ilustrações desta página estão representadas sem escala e em cores fantasia.

gens formadas. Você será capaz de contá-las?

3º) As múltiplas imagens fornecidas por espelhos planos que formam entre si um ângulo menor do que 90° são utilizadas na construção de caleidoscópios. Procure saber como é construído um caleidoscópio e verifique que sua montagem é muito simples. Construa um para observar as belas e interessantes figuras que neles se formam.

3. Para determinarmos experimentalmente algumas características da imagem fornecida por um espelho plano, vamos fazer a experiência mostrada na figura abaixo.

Uma vela acesa é colocada em frente a uma placa de vidro semitransparente (ou semiescurecida), que funciona como um espelho plano, dando origem a uma imagem dessa vela.

Peça a um colega que desloque outra vela, apagada, igual à primeira, na região atrás da placa. Você verá, então, a imagem da vela acesa e também a vela apagada nas mãos de seu colega. Orientando-o, faça com que ele consiga colocar a vela apagada coincidindo com a imagem da vela acesa (nessa posição, você terá a impressão de que a vela apagada está acesa).

Realizando essa experiência, você poderá chegar a quais conclusões?

Eduardo Santaliestra/Estúdio Paulista

A imagem virtual, fornecida por um espelho plano, é do mesmo tamanho que o objeto e simétrica a ele em relação ao espelho.

4. A formação da imagem por reflexão em dois espelhos é utilizada na construção dos periscópios, amplamente empregados nos submarinos, quando submersos, para observar objetos na superfície da água.

Na figura mostramos o esquema de um periscópio simples, que poderá ser construído por você: basta fixar dois espelhos planos, E_1 e E_2, no interior de um tubo cilíndrico (de papelão, por exemplo), no qual são feitas duas aberturas, como mostra a figura. Com o aparelho que você construiu, tente observar alguns objetos não acessíveis diretamente à sua vista.

Ilustrações: Paulo César Pereira/Arquivo da editora

5. Escreva, em uma folha de papel, a palavra AMBULÂNCIA e, colocando-a diante de um espelho plano vertical, observe como se apresenta no espelho a imagem da palavra (identifique as letras cujas imagens são iguais à própria letra).

Coloque, agora, diante do espelho, o diagrama mostrado na figura e leia a palavra formada por sua imagem. Você consegue, então, explicar por que esse diagrama é comumente visto na parte dianteira das ambulâncias?

6. Suponha que uma pessoa, *P*, situada em uma sala, deseje ver um objeto, *O*, localizado em outra sala, em uma posição tal que não possa ser visto diretamente pela pessoa (veja a figura a seguir). Ela conseguirá seu intento usando dois espelhos planos, E_1 e E_2, dispostos da maneira mostrada na figura.

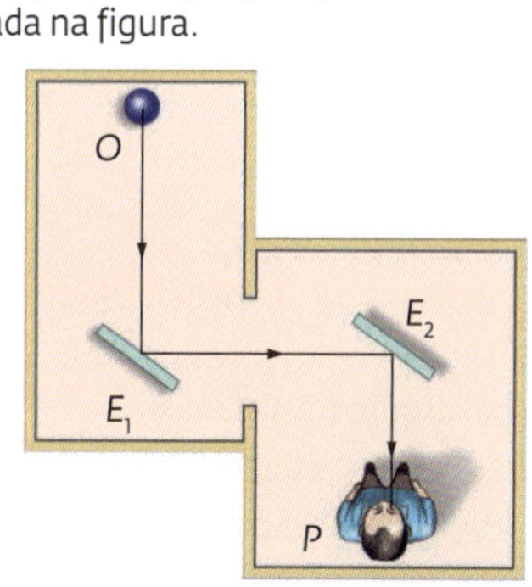

Responda no caderno:

a) A imagem obtida em E_2 é real ou virtual?

b) Ela apresenta inversão da direita com a esquerda, como acontece em um espelho plano qualquer?

PROBLEMAS E TESTES

1. Um objeto opaco *O* está colocado diante de duas pequenas lâmpadas, como mostra a figura abaixo. A lâmpada *V* é vermelha e a lâmpada *A* é azul. Sobre um anteparo situado atrás do objeto, formam-se duas regiões sombreadas coloridas, *CD* e *C'D'*, uma delas azul e a outra vermelha. Qual das sombras é vermelha? Qual é azul?

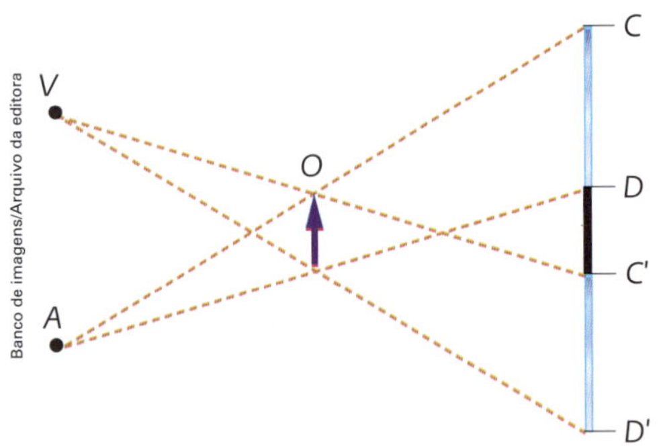

2. É desejável que, ao se barbear, uma pessoa possa perceber maiores detalhes em seu rosto. Para isso, ela deveria usar um espelho côncavo, convexo ou plano? Explique.

3. **(Unifesp)** Dentro de uma casa uma pessoa observa, por meio de um espelho plano *E*, uma placa com a inscrição VENDO colocada fora da casa, ao lado de uma janela aberta. A janela e o espelho têm as dimensões horizontais mínimas para que o observador consiga ver a placa em toda sua extensão lateral. A figura 1 representa o espelho e a janela vistos de dentro da casa. A figura 2 representa uma visão de cima da placa, do espelho plano *E*, do observador *O* e de dois raios de luz emitidos pela placa que atingem, depois de refletidos em *E*, os olhos do observador.

Figura 1

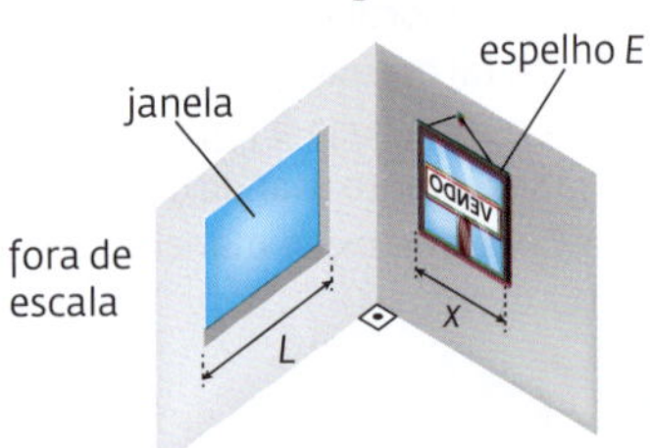

Figura 2

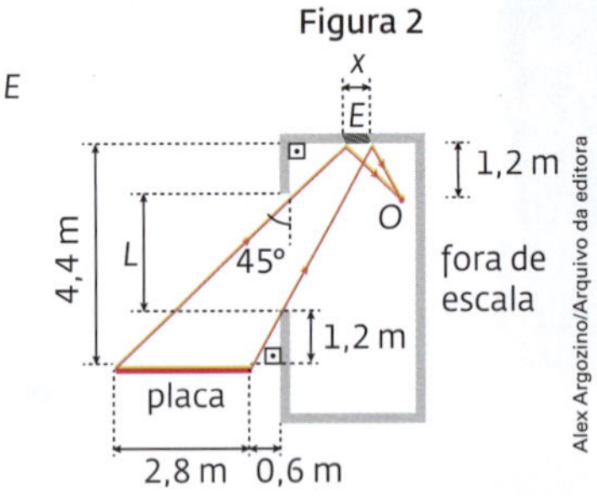

Considerando as medidas indicadas na figura 2, calcule, em metros:

a) a largura (*L*) da janela.

b) a largura mínima (*x*) do espelho *E* para que o observador possa ver por inteiro a imagem da placa conjugada por ele.

4. Quando a Lua se coloca entre o Sol e a Terra, ela intercepta parte da luz solar, projetando sobre a Terra um cone de sombra (veja a figura deste problema). Nessas condições, em certa região da Terra haverá eclipse total do Sol, isto é, para um observador nessa região o Sol ficará totalmente encoberto pela Lua. Em outras regiões haverá eclipse parcial do Sol (o observador verá a Lua encobrindo parte do Sol) e nas demais regiões da Terra não se observará nenhum tipo de eclipse do Sol. Considerando os observadores *A*, *B* e *C* na figura abaixo, responda:

a) Qual deles observará um eclipse total do Sol?

b) Para qual deles o Sol será parcialmente eclipsado?

c) Qual deles poderá enxergar totalmente o disco solar?

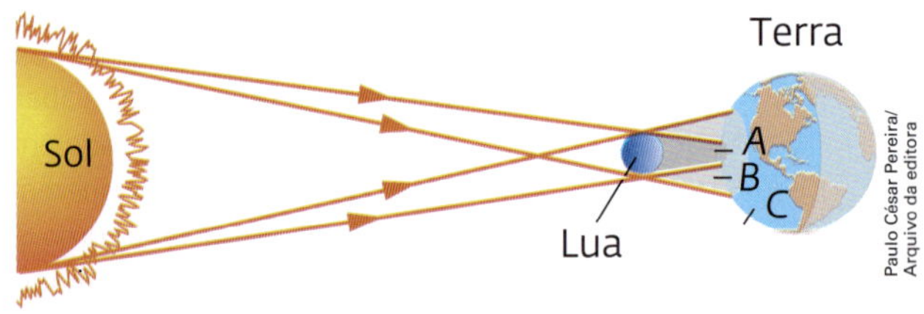

5. **(FGV-SP)** O vendedor de churros havia escolhido um local muito próximo a um poste de iluminação. Pendurado no interior do carrinho, um lampião aceso melhorava as condições de iluminação.

As ilustrações desta página estão representadas sem escala e em cores fantasia.

Admitindo que o centro de todos os elementos da figura, exceto as finas colunas que suportam o telhado do carrinho, estão no mesmo plano vertical, considerando apenas as luzes emitidas diretamente do poste e do lampião, e tratando-os como os extremos de uma única fonte extensa de luz, a base do poste, a lixeira e o banquinho, nessa ordem, estariam inseridos em regiões classificáveis como:

a) luz, sombra e sombra.

b) luz, penumbra e sombra.

c) luz, penumbra e penumbra.

d) penumbra, sombra e sombra.

e) penumbra, penumbra e penumbra.

6. **(UPE)** Em relação aos espelhos esféricos, analise as proposições que se seguem:

(1) A reta definida pelo centro de curvatura e pelo vértice do espelho é denominada de eixo secundário.

(3) O ponto de encontro dos raios refletidos ou de seus prolongamentos, devido aos raios incidentes paralelos ao eixo principal, é denominado de foco principal.

(5) O espelho côncavo tem foco virtual, e o espelho convexo, foco real.

(7) Todo raio de luz que incide passando pelo foco, ao atingir o espelho, é refletido paralelo ao eixo principal.

(9) Quando o objeto é posicionado entre o centro de curvatura e o foco do espelho côncavo, conclui-se que a imagem é real, invertida e maior do que o objeto.

A soma dos números entre parênteses que correspondem aos itens corretos é igual a

a) 25
b) 18
c) 19
d) 10
e) 9

7. Considere um espelho convexo cujo valor da distância focal é de 5 cm. Um objeto é colocado diante desse espelho, sucessivamente, às seguintes distâncias dele: $D_O = 12$ cm, $D_O = 5$ cm e $D_O = 2$ cm.

a) Trace diagramas para localizar a imagem do objeto em cada uma das posições citadas.
b) Tendo em vista os diagramas traçados, qual a conclusão que você pode tirar sobre a natureza e o tamanho da imagem fornecida por um espelho convexo?

8. Um raio luminoso *RO* incide sobre um espelho plano colocado na posição *EO* mostrada na figura abaixo.

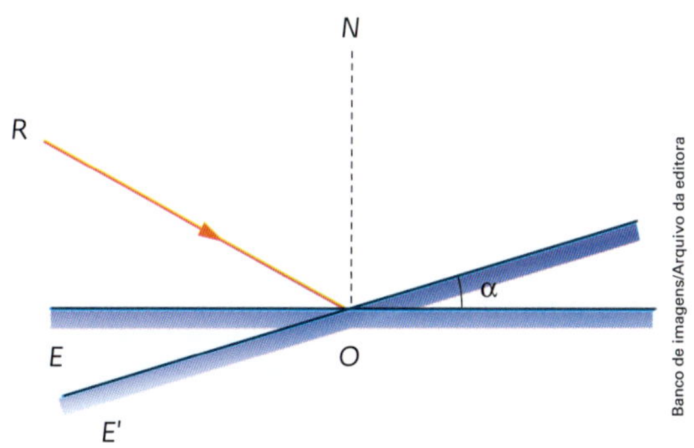

Sendo *ON* a normal a esse espelho:

a) Trace, cuidadosamente, em uma cópia da figura em seu caderno, o raio refletido *OR*' (use um transferidor para medir os ângulos).
b) O espelho foi girado de um ângulo $\alpha = 15°$, passando para a nova posição *E'O* (veja a figura). Desenhe a normal *ON*' nessa posição do espelho.
c) Considerando o mesmo raio incidente, trace o raio refletido, *OR*", para a posição *E'O* do espelho.
d) Meça com o transferidor o ângulo β, formado pelo raio refletido ao passar da posição *OR*' para *OR*".
e) Pode-se demonstrar que $\beta = 2\alpha$, isto é, quando o espelho plano gira de um certo ângulo, o raio refletido gira de um ângulo duas vezes maior. Suas medidas estão de acordo com esse resultado?

9. Vimos que o aumento da imagem produzido por um espelho é dado pela relação: aumento $= D_i / D_O$.

a) Usando-a, determine o aumento fornecido por um espelho plano.
b) O que significa o resultado encontrado na questão **a**?
c) Esse resultado está de acordo com o que você aprendeu ao estudar o espelho plano?

10. **(CPS-SP)** Um menino de 1,5 m de altura produz uma sombra de 50 cm. No mesmo instante, um prédio próximo ao menino produz uma sombra de 20 m. A altura do prédio, em metros, é:

a) 20.
b) 30.
c) 50.
d) 60.
e) 80.

As ilustrações desta página estão representadas sem escala e em cores fantasia.

Texto para as questões 11 e 12

Na figura abaixo, *E* representa um espelho plano que corta perpendicularmente a página, e *O* representa um pequeno objeto colocado no plano da página.

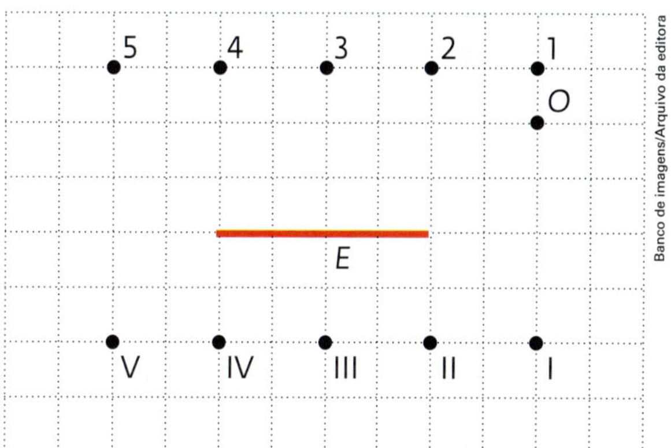

Na figura também estão representadas duas sequências de pontos. A sequência I, II, III, IV e V está localizada atrás do espelho, região de formação da imagem do objeto *O* pelo espelho *E*. A sequência 1, 2, 3, 4 e 5 indica as posições de cinco observadores. Considere que todos os pontos estão no plano da página.

11. **(UFRGS-RS)** Qual é o ponto que melhor representa a posição da imagem do objeto *O* formada pelo espelho plano *E*?

a) I.
b) II.
c) III.
d) IV.
e) V.

12. **(UFRGS-RS)** Quais observadores podem ver a imagem do objeto *O* formada pelo espelho plano *E*?

a) Apenas 1.
b) Apenas 4.
c) Apenas 1 e 2.
d) Apenas 4 e 5.
e) Apenas 2, 3 e 4.

Galileu com seu telescópio mostrou que a superfície da Lua era irregular, semelhante à da Terra, o que contrariava o modelo aristotélico, segundo o qual todos os corpos celestes eram esferas perfeitas. Obra de Henry-Julien Detouche, cerca de 1900.

CAPÍTULO 6

Refração da luz

Galileu Galilei (1564-1642), matemático e astrônomo italiano, é frequentemente lembrado por ter apontado uma luneta para o céu e contribuído para a defesa do sistema heliostático de Nicolau Copérnico (1473-1543) e a formulação de uma nova Física.

Em 1610, Galileu observou sistematicamente o céu e publicou suas conclusões na obra denominada *Sidereus Nuncius* (O mensageiro das estrelas). Ao observar a Lua, viu nela crateras e montanhas, concluindo que o relevo do nosso satélite lembrava o do planeta Terra. Viu também que Júpiter possuía luas (conseguindo identificar as quatro maiores) e que elas giravam ao redor daquele planeta. Entre suas realizações há ainda a constatação de manchas no Sol, das fases de Vênus, dos anéis de Saturno (que ele acreditou serem duas luas) e de que a Via Láctea era constituída por inúmeras estrelas.

Tudo isso utilizando apenas um simples instrumento formado por duas lentes de vidro e um tubo. Nas lentes, uma convergente e outra divergente, ocorre o fenômeno de refração, cujas leis só seriam descobertas dez anos mais tarde.

PARA INICIAR A CONVERSA

Por que o telescópio desenvolvido por Galileu revolucionou a Ciência?

Qual é a função das lentes convergente e divergente na luneta?

No desenvolvimento desse instrumento, Newton sugeriu a substituição, para a mesma função, de uma das lentes por um espelho côncavo. Qual das lentes foi substituída no telescópio newtoniano?

6.1 Refração da luz

O que é refração

No capítulo anterior, estudamos a reflexão de um feixe de luz que, propagando-se no ar, atinge a superfície de um bloco de vidro. Agora vamos analisar o que acontece quando parte desse feixe de luz é refletida e parte penetra no bloco e passa a se propagar no vidro. Alguns fenômenos, como o da figura 6.1, ocorrem quando a luz passa de um meio material para outro.

Figura 6.1. Na imagem, o pato está parcialmente submerso aparentando estar dividido em duas partes. Na realidade, isto acontece porque os raios de luz mudam de direção quando passam da água para o ar, provocando a ilusão de ótica.

Verifica-se experimentalmente que esse feixe se propaga em uma direção diferente daquela do feixe incidente, isto é, a direção de propagação da luz é alterada quando ela passa do ar para o vidro, como mostra a figura 6.2. Quando isso acontece, dizemos que a luz sofreu uma **refração**, ou seja, a luz se **refrata** ao passar do ar para o vidro[1].

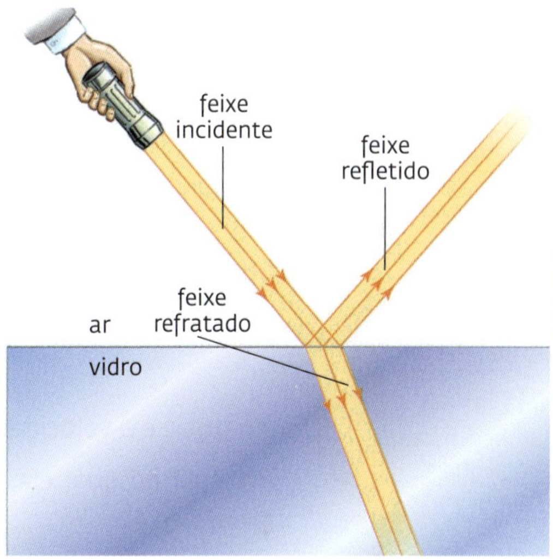

Figura 6.2. Quando um feixe de luz, propagando-se no ar, incide em um bloco de vidro, parte dele é refletida e parte se refrata ao penetrar no vidro. Representação sem escala e em cores fantasia.

[1] Do latim *refractus*, que significa 'girado para o lado' ou 'quebrado'.

De modo geral, a refração ocorre quando a luz passa de um meio para outro, nos quais ela se propaga com velocidades diferentes. Assim, por exemplo, a luz se refrata ao passar da água para o vidro porque sua velocidade de propagação na água é diferente de sua velocidade de propagação no vidro.

Resumindo:

O fenômeno da refração consiste na mudança da direção do feixe de luz em virtude da mudança da sua velocidade de propagação ao passar de um meio para outro.

As leis da refração

Quando um raio luminoso atinge a superfície de separação entre dois meios materiais diferentes, parte da energia luminosa é refletida, enquanto parte penetra no segundo meio, conforme representado na figura 6.3. A normal é a reta perpendicular à superfície de separação no ponto de incidência. O ângulo θ_1, formado pelo raio incidente e a normal, é denominado **ângulo de incidência**, e o plano definido entre eles é chamado **plano de incidência**.

Os ângulos θ_1 e θ_2 não são iguais entre si. O ângulo de refração, θ_2, será menor que o ângulo de incidência, θ_1, se a velocidade da luz no meio 2 for menor do que no meio 1; nessa situação observa-se que o raio refratado se aproxima da reta normal.

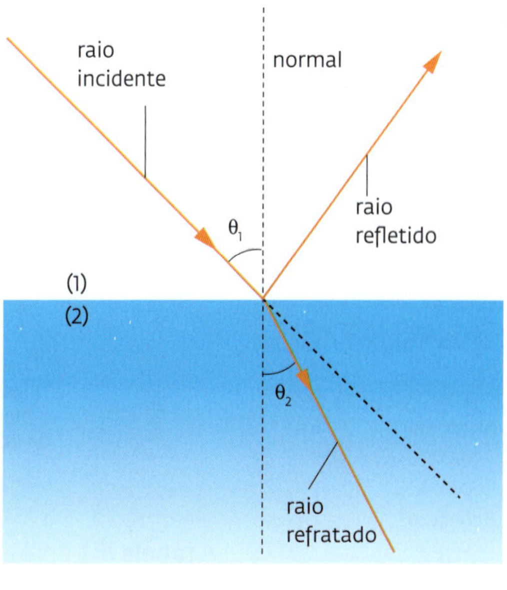

Figura 6.3. Raio incidente, que se propaga no meio 1, atingindo a interface plana entre os meios 1 e 2.

Durante muitos séculos, tentou-se descobrir uma relação entre esses ângulos. Finalmente, em 1620, o matemático holandês Snell, analisando um grande número de medidas de ângulos de incidência e de refração, chegou à conclusão de que havia uma relação constante entre os senos desses ângulos. Em outras palavras, Snell verificou que, quando a luz se refrata ao passar de um meio (1) para um meio (2), tem-se:

$$\frac{\text{sen } \theta_1}{\text{sen } \theta_2} = \text{constante}$$

Essa constante é característica dos dois meios e, portanto, para cada par de meios ela tem um valor diferente. Usando conhecimentos do movimento ondulatório, podemos mostrar que o valor dessa constante é igual à razão, v_1/v_2, entre as velocidades da luz nos dois meios.

O ângulo refratado θ_2 depende da relação entre as velocidades de propagação nos meios 1 e 2 e do ângulo de incidência.

$$\frac{\text{sen } \theta_1}{\text{sen } \theta_2} = \frac{v_1}{v_2}$$

WILLEBRÖD SNELL (1591--1626)
Matemático e astrônomo holandês que, além de descobrir a lei da refração, desenvolveu um método para medir o raio da Terra. A lei de Snell da refração, apesar de ter sido descoberta em 1620, só veio a ser amplamente divulgada pela obra *Dioptrica*, publicada em 1703 pelo físico, também holandês, C. Huyghens.

Índice de refração

Consideremos um caso particular no qual um raio luminoso, propagando-se no vácuo, sofre refração ao penetrar em um meio material qualquer **(figura 6.4)**. Para esse caso, teremos:

$$\frac{\text{sen } \theta_1}{\text{sen } \theta_2} = \frac{c}{v}$$

em que c é a velocidade da luz no vácuo ($c = 3 \cdot 10^8$ m/s) e v é a velocidade no meio material no qual ela penetra. O quociente $\frac{c}{v}$ denomina-se **índice de refração** do meio, isto é:

O índice de refração, *n*, de um meio é o quociente entre a velocidade da luz no vácuo, *c*, e a velocidade da luz, *v*, nesse meio, ou seja:

$$n = \frac{\text{velocidade da luz no vácuo}}{\text{velocidade da luz no meio}} \text{ ou } n = \frac{c}{v}$$

Todo meio transparente é caracterizado por um índice de refração. O valor de n é maior do que 1 para qualquer meio material, uma vez que a velocidade da luz no vácuo ($3{,}0 \cdot 10^8$ m/s) é maior do que em qualquer meio. Para o ar, podemos considerar $n = 1{,}0$, pois a velocidade da luz no ar é aproximadamente igual a $3{,}0 \cdot 10^8$ m/s.

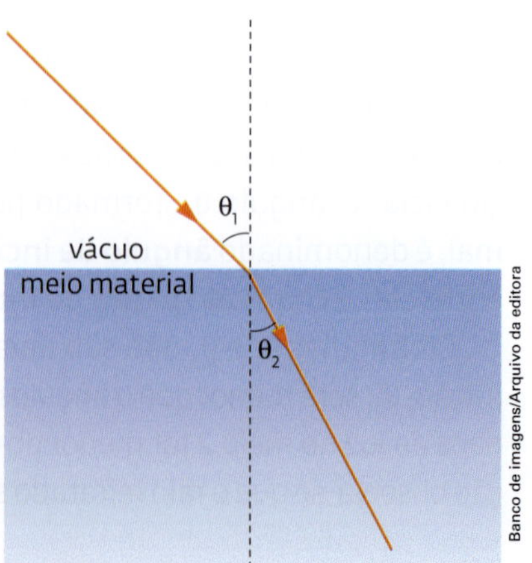

Figura 6.4. O índice de refração de um meio é o quociente entre a velocidade da luz no vácuo e a velocidade da luz no meio, isto é, $n = \frac{c}{v}$.

Tabela 6.1

ÍNDICES DE REFRAÇÃO	
Substância	***n***
Gelo	1,31
Sal de cozinha	1,54
Quartzo	1,54
Zircônio	1,92
Diamante	2,42
Rutilo	2,80
Vidro	1,50
Álcool etílico	1,36
Água	1,33
Glicerina	1,47
Bissulfeto de carbono	1,63

A **tabela 6.1** apresenta os valores do índice de refração para diversos meios.

Retomando a expressão

$$\frac{\text{sen}\,\theta_1}{\text{sen}\,\theta_2} = \frac{v_1}{v_2}$$

vamos escrevê-la da seguinte maneira:

$$\frac{1}{v_1}\,\text{sen}\,\theta_1 = \frac{1}{v_2}\,\text{sen}\,\theta_2$$

Multiplicando ambos os membros dessa igualdade por c, temos:

$$\frac{c}{v_1}\,\text{sen}\,\theta_1 = \frac{c}{v_2}\,\text{sen}\,\theta_2$$

Mas $\frac{c}{v_1}$ é n_1 (índice de refração do meio 1) e $\frac{c}{v_2}$ é n_2 (índice de refração do meio 2). Então:

$$n_1\,\text{sen}\,\theta_1 = n_2\,\text{sen}\,\theta_2$$

em que θ_1 é o ângulo de incidência e θ_2 é o ângulo de refração.

Essa equação é uma das formas mais comuns de se apresentar a lei de Snell e descreve matematicamente, de maneira geral, o fenômeno da refração. Devemos, então, destacar que:

Quando a luz passa de um meio, cujo índice de refração é n_1, para outro meio, cujo índice de refração é n_2, tem-se sempre:

$$n_1\,\text{sen}\,\theta_1 = n_2\,\text{sen}\,\theta_2$$

em que θ_1 é o ângulo de incidência e θ_2 é o ângulo de refração.

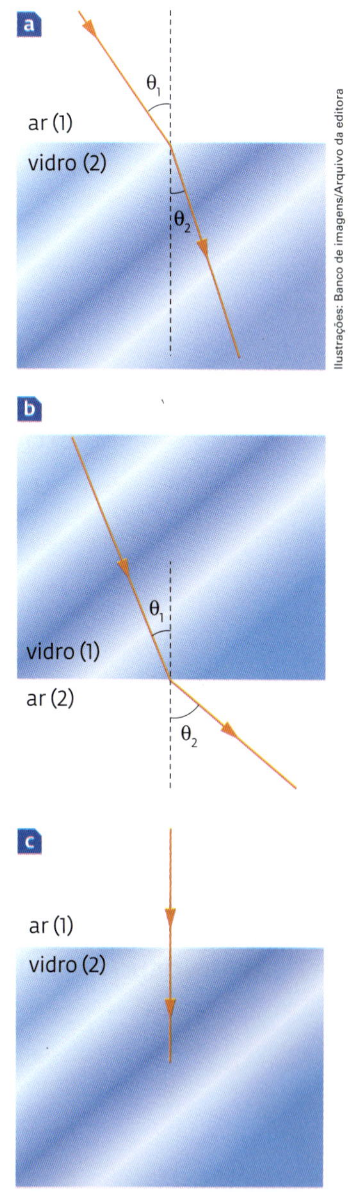

Figura 6.5. Em **a**, dizemos que o raio refratado se aproximou da normal e, em **b**, que ele se afastou da normal. Em **c**, o raio luminoso não se desvia porque o ângulo de incidência é nulo.

Comentário

Consideremos um raio luminoso passando de um meio (1) para um meio (2) tal que o índice de refração do meio (1) seja menor do que o do meio (2), isto é, $n_1 < n_2$. Esses meios poderiam ser, por exemplo, o ar ($n_1 = 1{,}0$) e o vidro ($n_2 = 1{,}5$), como na figura 6.5.a. Então, como $n_1 < n_2$, e devemos ter $n_1\,\text{sen}\,\theta_1 = n_2\,\text{sen}\,\theta_2$, concluímos que:

$$\text{sen}\,\theta_1 > \text{sen}\,\theta_2 \quad \therefore \quad \theta_1 > \theta_2$$

Portanto, quando um raio luminoso se refrata, passando de um meio para outro, de maior índice de refração, o ângulo de refração é menor do que o de incidência; em outras palavras, o raio refrata-se aproximando-se da normal, como mostra a figura 6.5.a.

Um raciocínio análogo nos mostra que, ao passar de um meio para outro cujo índice de refração é menor, o raio luminoso se refrata, afastando-se da normal, como na figura 6.5.b.

Observe, entretanto, que, quaisquer que sejam os valores de n_1 e n_2, se um raio luminoso incidir com um ângulo $\theta_1 = 0°$, teremos, pela lei de Snell ($n_1\,\text{sen}\,\theta_1 = n_2\,\text{sen}\,\theta_2$), também $\theta_2 = 0°$. Ou seja, nesse caso o raio luminoso não sofre nenhum desvio ao passar de um meio para o outro (figura 6.5.c).

Exemplo

Um estudante, sabendo que é possível medir a velocidade de propagação da luz em um meio a partir do desvio sofrido pelo feixe de luz incidente, decidiu tentar medir essa velocidade dentro de um bloco de vidro. Para isso, ele fez incidir um feixe de luz fino, com um ângulo de 30°, encontrando o ângulo de refração igual a 19° dentro do bloco de vidro, como mostra a figura 6.6.

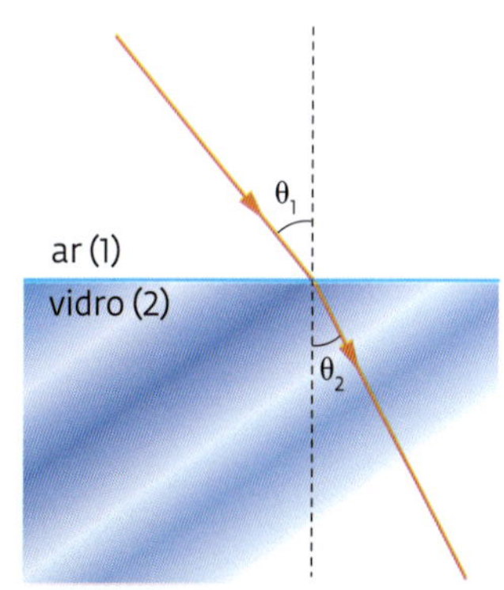

Figura 6.6. Para o exemplo da seção 6.1.

a) Qual é o valor do índice de refração do vidro usado na experiência?

Vimos que, na refração, $n_1 \text{ sen } \theta_1 = n_2 \text{ sen } \theta_2$. Como, em nosso caso, a luz está passando do ar para o vidro, n_1 será o índice de refração do ar, isto é, $n_1 = 1{,}0$, e n_2 será o índice de refração do vidro, que designaremos por n_v. Então:

$$1{,}0 \cdot \text{sen } 30° = n_v \cdot \text{sen } 19°$$

$$n_v = \frac{\text{sen } 30°}{\text{sen } 19°}$$

Consultando uma tabela de funções trigonométricas e efetuando os cálculos, encontramos $n_v = 1{,}5$.

b) Qual é o valor da velocidade de propagação da luz nesse vidro?

Pela definição de índice de refração, podemos escrever:

$$n_v = \frac{\text{velocidade da luz no vácuo}}{\text{velocidade da luz no vidro}} \quad \text{ou} \quad n_v = \frac{c}{v_v}$$

Logo:

$$v_v = \frac{c}{n_v} = \frac{3{,}0 \cdot 10^8 \text{ m/s}}{1{,}5}$$

$$v_v = 2{,}0 \cdot 10^8 \text{ m/s}$$

VERIFIQUE O QUE APRENDEU

1. Resolva em seu caderno.

a) Sabe-se que a luz se propaga em um certo cristal com velocidade $v = 1{,}5 \cdot 10^8$ m/s. Qual é o valor do índice de refração desse cristal?

b) Consultando a **tabela 6.1**, calcule a velocidade de propagação da luz no diamante.

2. Observe os valores dos índices de refração da **tabela 6.1**. Em qual dos meios ali relacionados a luz se propaga:

a) com maior velocidade?

b) com menor velocidade?

3. Um raio luminoso, propagando-se no ar, refrata-se ao passar desse meio para a glicerina. O ângulo de incidência do raio luminoso é de 30°.

a) Considere a lei de Snell e diga, para a situação descrita, quanto valem n_1, θ_1 e n_2. (Consulte a **tabela 6.1.**)

b) Determine o valor do ângulo de refração θ_2. (Consulte a tabela de funções trigonométricas no final deste volume.)

c) Usando um transferidor, faça um desenho no caderno mostrando corretamente as direções do raio incidente e do raio refratado.

4. A figura a seguir mostra um raio luminoso incidindo na superfície de separação de dois meios (1) e (2). Mostre, em uma cópia da figura no caderno, a direção aproximada do raio refratado, supondo que:

a) $n_2 > n_1$.

b) $n_2 < n_1$.

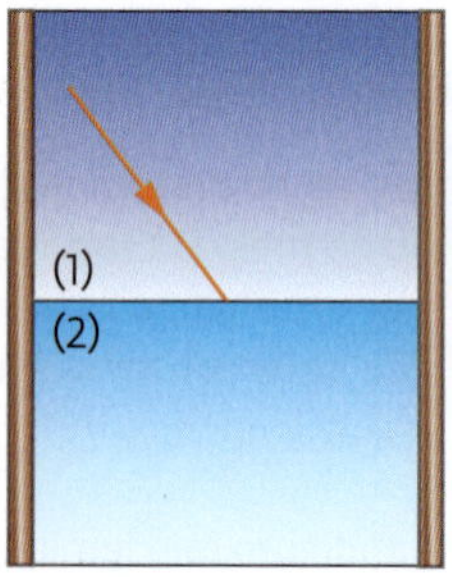

Ilustrações: Antonio Robson/Arquivo da editora

5. Um raio luminoso, ao passar de um meio *A* para um meio *B*, refrata-se da maneira mostrada na figura abaixo.

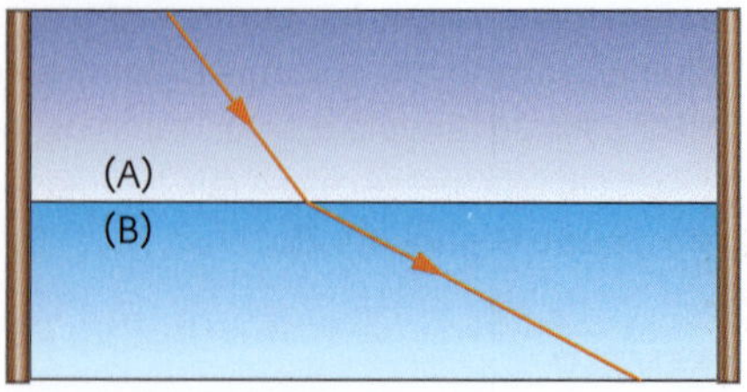

a) O raio, ao se refratar, aproxima-se ou afasta-se da normal?

b) Então, o ângulo de incidência, θ_1, é maior ou menor do que o ângulo de refração θ_2?

c) Qual dos dois meios tem maior índice de refração?

d) Em qual dos dois meios a luz se propaga mais rapidamente?

6.2 Formação de imagem por refração

A refração da luz é responsável por muitos fenômenos que podem ser observados em nossa vivência diária. Vamos descrever alguns deles e procurar analisá-los tomando como base as leis da refração que estudamos na seção anterior.

Formação de imagem por refração

A **figura 6.7** mostra um pequeno peixe *O*, colocado a certa profundidade, dentro da água. Os raios luminosos que são emitidos pelo peixe, ao passarem da água para o ar, sofrem refração, afastando-se da normal. Esses raios refratados constituem um feixe divergente e atingem o olho de um observador como se tivessem sido emitidos do ponto *I*. Por isso, o observador **não** verá o peixe. Na realidade, o que ele enxerga **é uma imagem do peixe**, na posição *I*, situada acima da posição ocupada pelo peixe. Essa imagem **é virtual**, porque está localizada no ponto de encontro dos **prolongamentos** dos raios refratados.

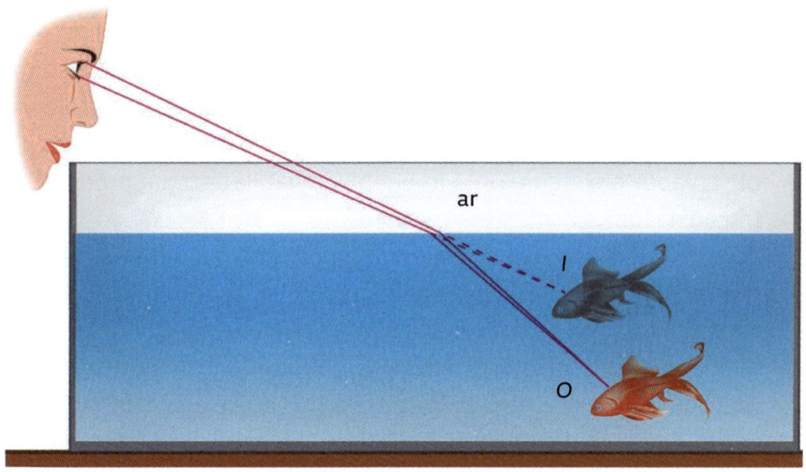

Antonio Robson/Arquivo da editora

Figura 6.7. Imagem virtual de um peixe situado dentro da água.

As ilustrações desta página estão representadas sem escala e em cores fantasia.

Fenômenos da refração

Quando estamos na beira de uma piscina de águas tranquilas, observando um mergulhador dentro da água, ele nos parece estar em uma posição mais rasa do que na realidade está **(figura 6.8)**. Isso ocorre porque não estamos vendo o mergulhador, mas sua imagem, elevada em relação ao fundo, em virtude da refração dos raios luminosos (que saem do fundo da piscina) ao passarem para o ar. Da mesma forma, quando um mergulhador que está dentro da água observa uma pessoa na beira da piscina, ele vê sua imagem deslocada da posição original.

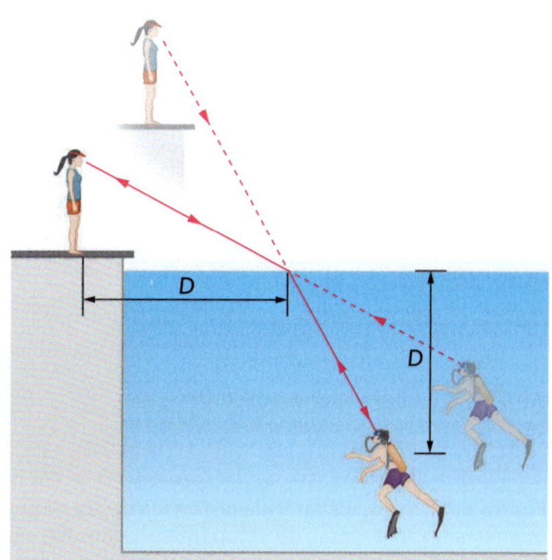

Antonio Robson/Arquivo da editora

Figura 6.8. Imagem virtual de um mergulhador dentro da água.

Quando parte de um lápis é mergulhada, obliquamente, dentro da água, ele parece estar quebrado. A **figura 6.9** esclarece por que isso ocorre: a parte mergulhada não é vista por nós, mas sua imagem virtual, situada acima da posição real do objeto.

a

Sérgio Dotta Jr./Arquivo da editora

b

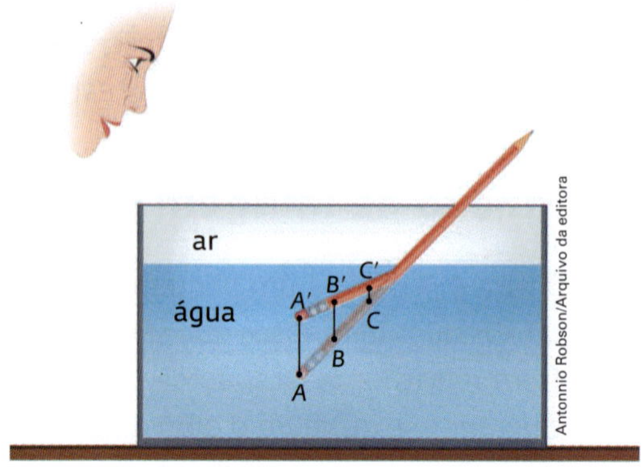

Antonnio Robson/Arquivo da editora

Figura 6.9. Em **a**, a refração da luz faz com que um lápis mergulhado na água pareça estar quebrado. Em **b**, a vista lateral (representação) demonstra a formação da imagem virtual em relação à posição de um lápis mergulhado na água.

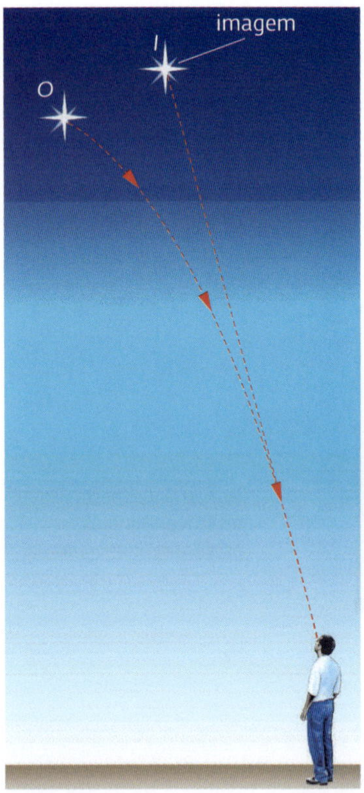

Paulo César Pereira/Arquivo da editora

Figura 6.10. A luz proveniente de uma estrela se refrata ao atravessar a atmosfera terrestre.

Outra situação em que ocorre o fenômeno da refração é quando a luz proveniente de uma estrela penetra na atmosfera terrestre. Ela encontra camadas de ar cada vez mais densas e, consequentemente, com índices de refração cada vez maiores. Em virtude disso, essa luz sofre refrações sucessivas, aproximando-se da normal, como mostra a **figura 6.10**.

Então, quando um observador recebe a luz da estrela, tudo se passa como se tal luz fosse proveniente do ponto *I*, situado no prolongamento do raio refratado recebido pelo observador. Em outras palavras, o que o observador enxerga é uma imagem virtual da estrela, produzida pela refração da luz na atmosfera terrestre.

Um fenômeno idêntico a esse se passa com a luz solar. Ao anoitecer, mesmo depois que o Sol está abaixo da linha do horizonte, continuamos a ver a sua imagem (e a receber a sua luz) em virtude da refração na atmosfera, como mostra a **figura 6.11.a**. Da mesma forma, ao amanhecer, começamos a ver uma imagem do Sol antes que ele alcance a linha do horizonte. Dessa maneira, se não existisse atmosfera, o dia terrestre seria um pouco mais curto.

As ilustrações desta página estão representadas sem escala e em cores fantasia.

a

Acervo do autor/Arquivo da editora

b

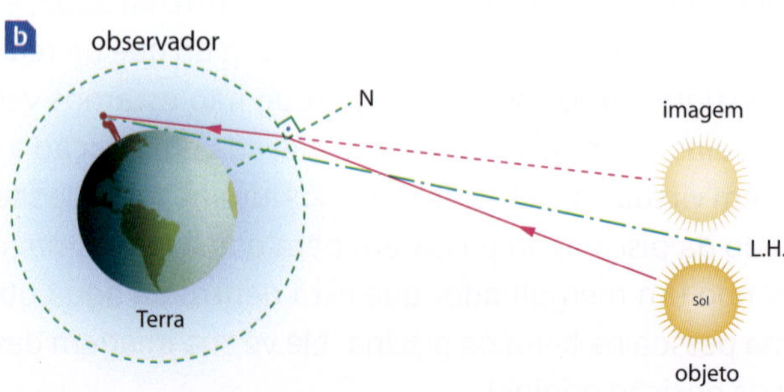

Antonnio Robson/Arquivo da editora

Figura 6.11. Em **a**, a aparência distorcida do Sol no pôr do sol sobre o mar é produzida pela refração da imagem do Sol na atmosfera quando a luz solar passa do vácuo (meio menos refringente) para a atmosfera (meio mais refringente). Em **b** (representação), o fenômeno de refração solar faz com que o observador veja o Sol deslocado.

Reflexão total

Consideremos dois meios, 1 e 2, tais que $n_1 > n_2$, como a água (meio 1) e o ar (meio 2) **(figura 6.12)**. Um objeto luminoso, *O*, situado no meio 1, emite um raio *OA*, que, ao passar para o meio 2, refrata-se, afastando-se da normal, pois $n_1 > n_2$. Nessas condições, pela equação n_1 sen $\theta_1 = n_2$ sen θ_2, temos que quanto maior for o ângulo de incidência, maior será o ângulo de refração.

Então, um raio como *OB*, após refratado, se afastará mais da normal do que *OA*. Como o ângulo de refração se mantém sempre maior do que o de incidência ($n_1 > n_2$), um determinado raio incidente *OC* apresentará um raio refratado tangente à superfície de separação dos dois meios, isto é, o ângulo de refração correspondente a esse raio é de 90°. O ângulo de incidência do raio que se refrata dessa maneira é denominado **ângulo-limite**, *L*, como está indicado na **figura 6.12**.

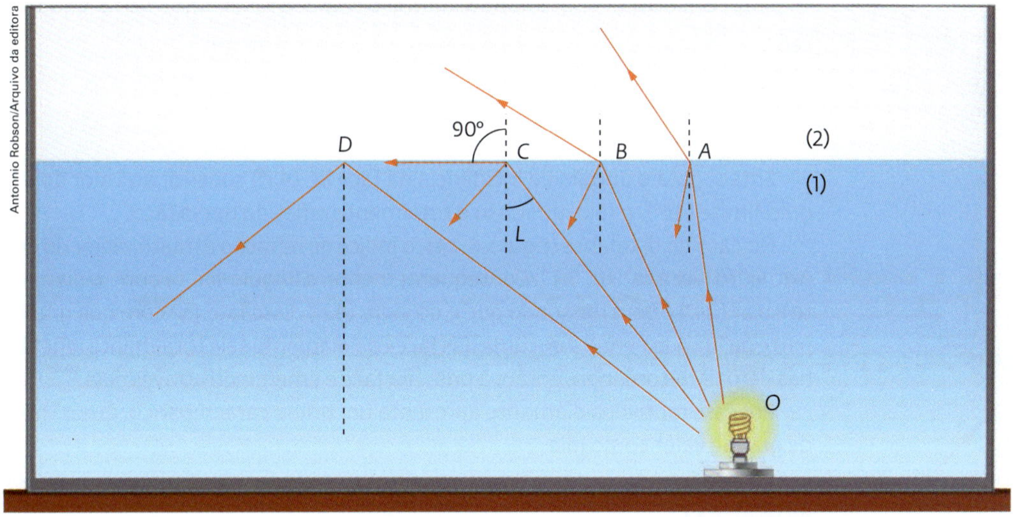

Figura 6.12. Os raios *OA*, *OB* e *OC* são parcialmente refletidos e parcialmente refratados. O raio *OC* é refratado tangente à superfície formando o ângulo-limite. O raio *OD* é totalmente refletido. Representação sem escala e em cores fantasia.

Para ângulos de incidência maiores do que *L*, não existe raio refratado. O raio é **totalmente refletido**, voltando a se propagar no meio 1. Esse fenômeno é denominado **reflexão total** porque, nessas condições, a totalidade da luz incidente é refletida, o que não acontece nem mesmo nos melhores espelhos, os quais, ao refletirem a luz, absorvem uma pequena fração do feixe incidente.

Usando a lei de Snell, n_1 sen $\theta_1 = n_2$ sen θ_2, podemos calcular o valor do ângulo-limite *L*. A **figura 6.12** nos mostra que, para o raio *OC*, temos $\theta_1 = L$ e $\theta_2 = 90°$. Logo:

$$n_1 \text{ sen } L = n_2 \text{ sen } 90° \quad \therefore \quad \text{sen } L = \frac{n_2}{n_1}$$

Assim, concluímos que:

Um raio luminoso, propagando-se em um meio 1 e incidindo na superfície de separação desse meio com um meio 2, tal que $n_1 > n_2$, sofrerá reflexão total se o seu ângulo de incidência for maior do que o ângulo-limite *L*. O valor de *L* é dado por:

$$\textbf{sen } L = \frac{n_2}{n_1}$$

FÍSICA NO CONTEXTO

APLICAÇÕES DA REFRAÇÃO

As ilustrações desta página estão representadas sem escala e em cores fantasia.

PRISMA

Ilustrações: Banco de imagens/Arquivo da editora

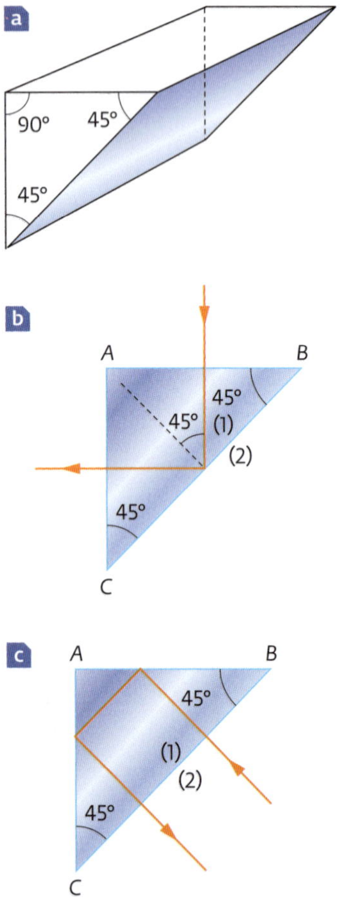

Figura 6.13. Em **a**, um prisma como o da figura pode ser usado para substituir, com vantagens, os espelhos, porque reflete totalmente a luz. Em **b**, o raio que incide em um dos catetos do prisma é totalmente refletido uma vez. E, em **c**, o raio que incide na hipotenusa do prisma é totalmente refletido duas vezes.

Um prisma de vidro, como o da figura 6.13.a, cuja seção é um triângulo retângulo isósceles, é usado para refletir totalmente a luz, substituindo os espelhos em alguns instrumentos ópticos. A figura 6.13.b mostra, em corte, um raio de luz que penetra perpendicularmente à face *AB*, encontra a face *BC* com um ângulo de incidência de 45°, sofrendo reflexão total nessa face e saindo perpendicularmente à face *AC*, o que corresponde a uma rotação de 90°. Na figura 6.13.c, quando o raio incide perpendicularmente à face *BC* do prisma, a luz é totalmente refletida nas duas superfícies, *AB* e *AC*, o que corresponde a uma rotação de 180°.

Para calcular o ângulo-limite entre o vidro e o ar, usamos a equação $\text{sen}\,L = \frac{n_2}{n_1}$; daí temos: $n_2 = 1{,}0$ (ar) e $n_1 = 1{,}5$ (vidro). Assim:

$$\text{sen}\,L = \frac{1{,}0}{1{,}5} = 0{,}67 \quad \therefore \quad L = 42°$$

Então, para o ângulo de incidência na face *BC* (45°) superior ao valor do ângulo-limite (42°), o raio luminoso é totalmente refletido nessa face.

No caso do diamante (figura 6.14), o índice de refração é muito maior do que o do vidro (ver a **tabela 6.1**). Consequentemente, o ângulo-limite entre o diamante e o ar (24°) é bem menor do que o do vidro (42°). Esse fato faz com que grande parte da luz que penetra em uma das faces do diamante seja totalmente refletida nas demais, retornando, então, à primeira face e emergindo através dela.

Por esse motivo, o diamante apresenta um brilho característico, que o torna de grande valor como joia.

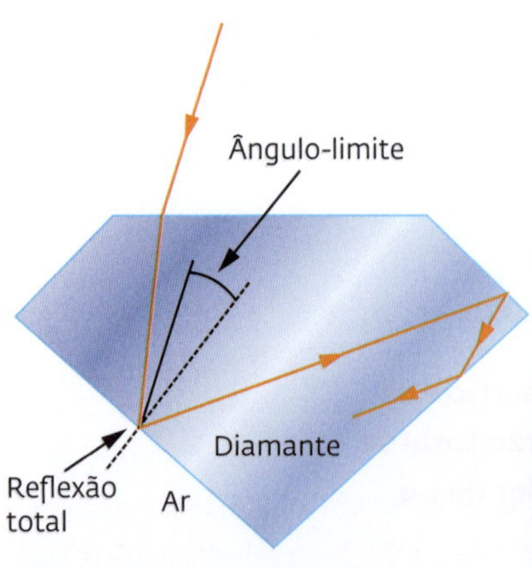

Figura 6.14. O brilho dos diamantes deve-se às várias reflexões sofridas pelos raios incidentes.

MIRAGEM

Em dias quentes, quando viajamos em uma estrada asfaltada, olhando ao longo do asfalto, temos às vezes a impressão de que ele está molhado. Isso ocorre porque, estando o asfalto muito aquecido, as camadas de ar próximas a ele apresentam densidade menor e, por causa disso, menor índice de refração do que as camadas situadas um pouco mais acima. Assim, a luz solar incidente sofre sucessivas refrações nas camadas de ar com índices de refração diferentes, alcançando as camadas mais baixas com incidência superior ao ângulo-limite e, portanto, sofrendo reflexão total antes de atingir o solo.

Essa luz refletida nos dá a impressão de que o asfalto está molhado. Esse mesmo fenômeno causa as miragens, vistas pelos viajantes nos desertos, quando julgam existir água sobre a areia aquecida (figura 6.15).

Maksim Loskutnikov/Dreamstime/Isuzu Imagens

Figura 6.15. Em dias quentes, o observador tem a impressão de que o chão está molhado.

Fibra óptica

A fibra óptica é uma guia de luz feita de vidro ou polímero que transporta sinais ópticos de um local para outro. A propagação de luz no interior da fibra óptica deve-se ao fenômeno de reflexão total, que é possível devido ao núcleo ser revestido com uma capa de material de índice de refração menor do que o índice de refração do núcleo ($n_{\text{núcleo}} \geqslant n_{\text{revestimento}}$) **(figura 6.16.a)**.

Isso faz com que as diversas reflexões sofridas pelos raios luminosos dentro da fibra óptica permaneçam confinadas no núcleo da fibra óptica, pois formam ângulos maiores que o ângulo-limite **(figura 6.16.c)**. Para proteger da umidade e evitar que a fibra óptica sofra danos físicos, ao redor do núcleo e da casca há uma proteção plástica.

Os principais usos da fibra óptica são encontrados na Medicina e em comunicação (televisão e telefone). Na Medicina, é usada nos endoscópios, que são aparelhos que facilitam o exame de órgãos internos, ou em cirurgias **(figura 6.17.a)**. São usados dois feixes de fibras ópticas, introduzidos através da garganta do paciente. Um leva o sinal luminoso, e o outro traz a imagem do órgão para o médico, por meio de uma câmera. A fonte de luz utilizada nesses casos é a de *laser*, por sua grande potência mesmo quando transmitida por meio de feixes muito finos.

Na comunicação, a fibra óptica é usada para transmitir sinais por meio de pulsos de radiações eletromagnéticas (quase sempre luz ou radiação infravermelha), substituindo os cabos submarinos na transmissão telefônica a grandes distâncias, que costuma ser feita por corrente elétrica, através de fios de cobre. A fibra óptica permite transmitir informações com maior eficiência e maior economia do que os fios de cobre (pode, nas mesmas condições de espessura e comprimento, enviar 100 000 vezes mais informações) **(figura 6.17.b)**.

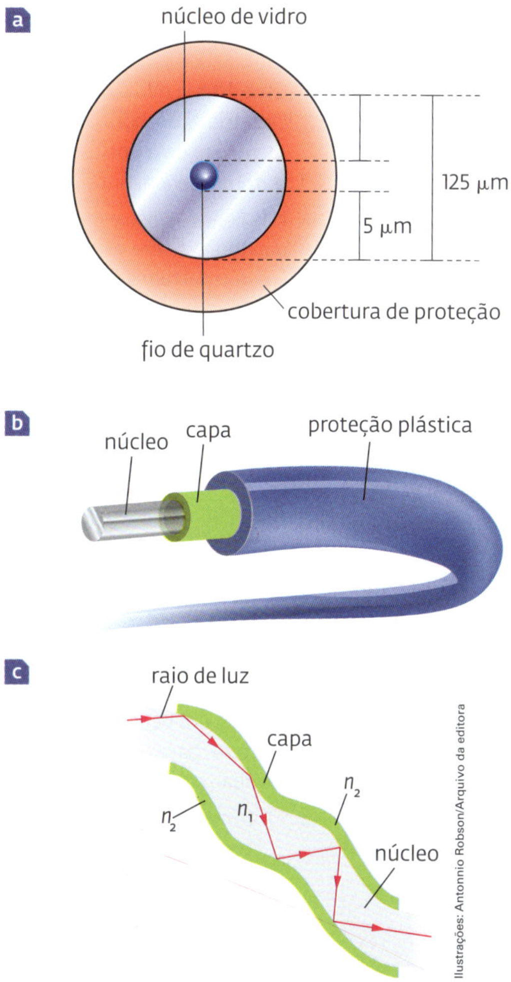

Figura 6.16. Em **a**, vista frontal da estrutura interna de uma fibra óptica. Em **b**, representação da vista lateral do interior da fibra. E, em **c**, o raio incidente atinge as paredes internas da fibra óptica com um ângulo maior do que o ângulo-limite, sofrendo reflexão total ao longo do comprimento da fibra óptica. Representação sem escala e em cores fantasia.

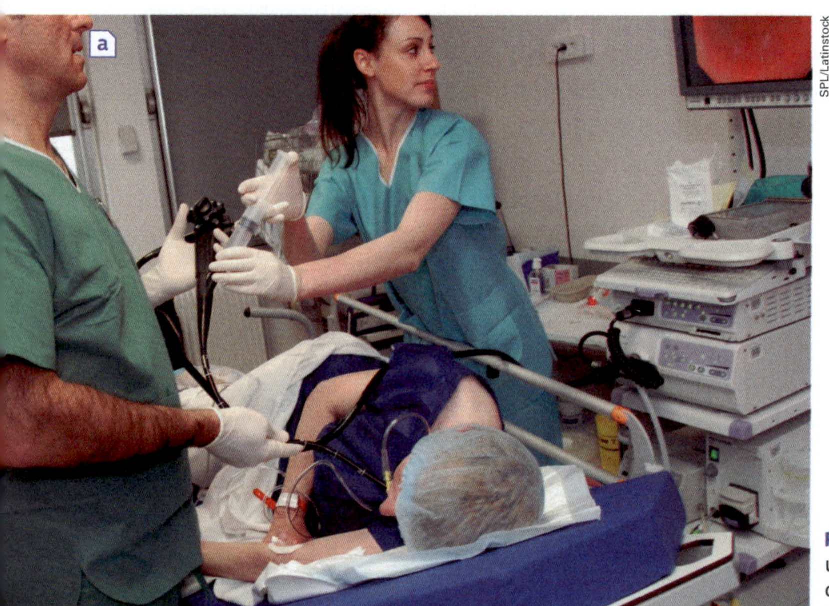

Figura 6.17. Em **a**, exame de endoscopia utilizando um par de fibras ópticas. Em **b**, feixe de fibras ópticas com vários fios para área de telecomunicação. Observe a proteção externa que envolve o cabo.

VERIFIQUE O QUE APRENDEU

As ilustrações desta página estão representadas sem escala e em cores fantasia.

6. Uma estrela é vista, no céu, em uma certa posição acima do horizonte. A estrela está realmente em uma posição mais afastada ou mais próxima do horizonte?

7. Um pequeno peixe encontra-se dentro de um aquário. A figura abaixo mostra raios luminosos que partem do peixe e se refratam ao passar da água para o ar.

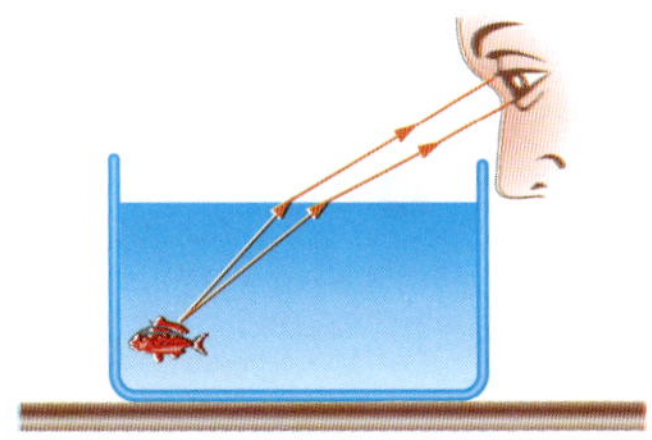

a) Mostre, em uma cópia da figura no caderno, onde está situada a imagem do peixe vista pelo observador.

b) Essa imagem é real ou virtual? Explique.

c) Se o observador desejasse alvejar o peixe com um pequeno arpão, ele deveria apontá-lo para um ponto situado acima ou abaixo da posição onde ele vê o peixe?

8. a) Consultando a **tabela 6.1**, determine o valor do ângulo-limite, L, para um raio de luz que passa do vidro para a água.

b) Copie a figura abaixo no caderno e complete-a, mostrando o que ocorre com os raios *OA*, *OB* e *OC* após incidirem na superfície de separação entre o vidro e a água.

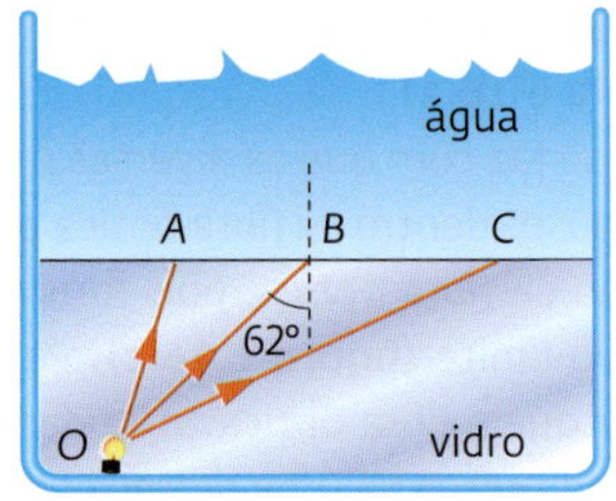

Ilustrações: Paulo César Pereira/Arquivo da editora

9. Com base no valor do ângulo-limite calculado no exercício anterior, podemos afirmar que o raio luminoso, mostrado na figura abaixo, será totalmente refletido? Explique.

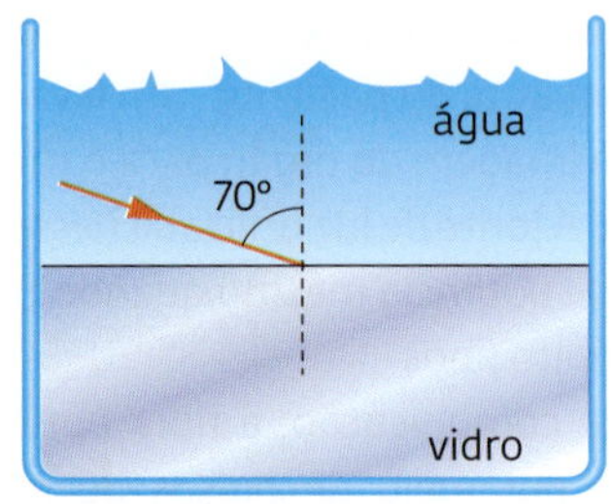

6.3 Dispersão da luz

O índice de refração varia com a cor da luz

Em uma experiência, quando incidimos um raio de luz vermelha sobre um bloco de vidro com ângulo de incidência θ_1, obtemos um ângulo de refração θ_2 **(figura 6.18)**. Repetindo a experiência, fazendo incidir sobre o mesmo bloco, com o mesmo ângulo de incidência θ_1, um raio de luz verde, veremos que esse raio se refrata com um ângulo de refração θ_3 **ligeiramente menor** do que θ_2 **(figura 6.18)**. Repetindo novamente a experiência para um raio de luz azul, obtemos um raio refratado com um ângulo de refração θ_4.

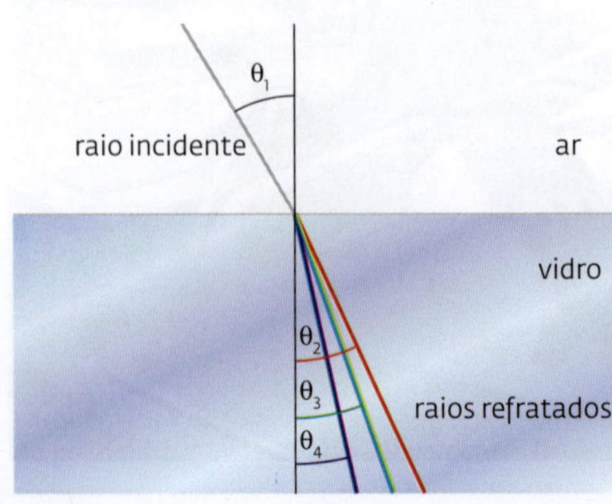

Banco de imagens/Arquivo da editora

Figura 6.18. O índice de refração do vidro, para a luz azul, é maior do que para a luz vermelha e para a luz verde.

Podemos concluir que a luz azul, ao se refratar, sofre maior desvio, aproximando-se mais da normal do que a luz verde e a luz vermelha. Esse fato indica que o vidro apresenta um índice de refração maior para a luz azul do que para a luz verde e a luz vermelha. Essas diferenças, entretanto, são muito pequenas, como se pode ver pela **tabela 6.2**. Qualquer meio material (água, plástico, etc.) apresenta comportamento semelhante ao do vidro, isto é, tem um índice de refração diferente para cada cor.

Tabela 6.2

ÍNDICE DE REFRAÇÃO DO VIDRO "CROWN[1]" PARA DIVERSAS CORES

Cor	n
Vermelho	1,513
Amarelo	1,517
Verde	1,519
Azul	1,528
Violeta	1,532

[1] O vidro Crown possui sais de potássio ou bário em sua composição química, em vez de sais de sódio, que são comuns aos demais vidros.

Quando estudamos as formas de transferência de calor, vimos que a luz visível é um exemplo de onda eletromagnética que compõe o espectro eletromagnético e que existem outros tipos de onda que o compõem, como, por exemplo, os raios X. O que diferencia os vários tipos de onda eletromagnética é a frequência e o comprimento de onda.

A velocidade de uma onda eletromagnética propagando-se em um meio é dada por $v = \lambda f$, em que λ é o comprimento de onda e f a frequência. Cada cor no espectro de luz visível **(figura 6.19)** é caracterizada por uma frequência e um comprimento de onda específico.

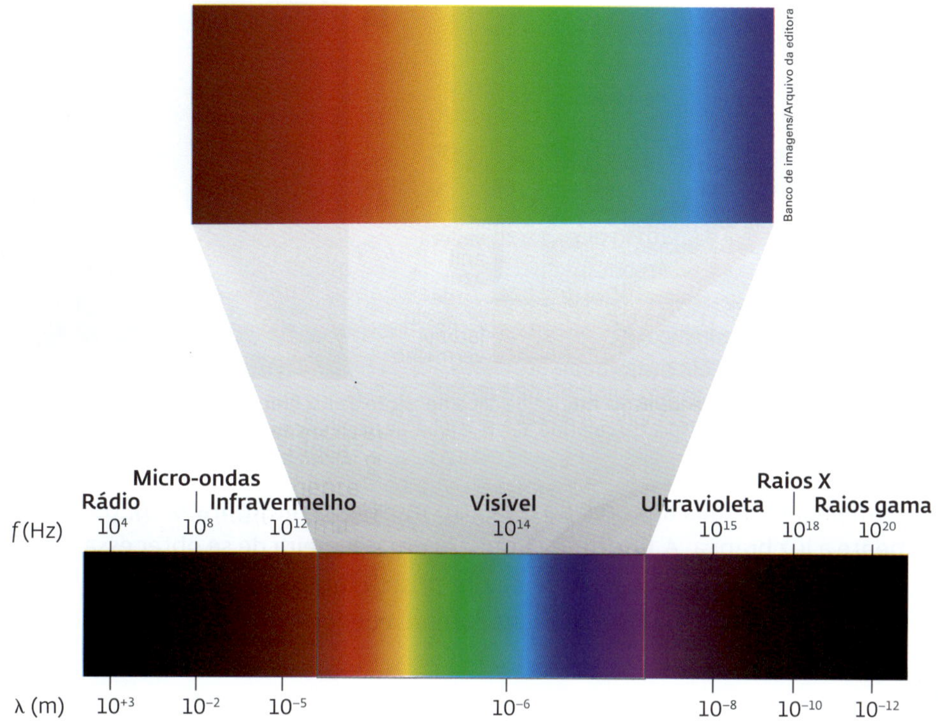

Figura 6.19. Espectro da luz visível.

De modo geral, podemos afirmar que o índice de refração, n, de um meio varia com o comprimento de onda (e, portanto, com a frequência):

$$n = \frac{c}{v}$$

$$n = \frac{c}{\lambda f}$$

em que c é a velocidade da luz no vácuo ($3{,}0 \cdot 10^8$ m/s) e v a velocidade da luz no meio. A partir desta relação, podemos concluir, então, que o índice de refração diminui à medida que o comprimento de onda ou a frequência aumentam.

Dispersão da luz branca

Quando um estreito feixe de luz branca, como a luz solar, incide em um prisma de vidro, observa-se que essa luz branca refrata-se em várias cores, cada qual com uma frequência diferente. A cor vermelha é a que sofre menor desvio, e a violeta é a mais desviada de todas (figura 6.20.a).

Essa experiência nos mostra que a luz branca, ao refratar, se dispersa nas cores que a constituem. Esse fenômeno deve-se ao fato de que a luz se propaga com velocidade diferente da velocidade da luz incidente quando está dentro do prisma. E, quando o índice de refração é maior, a velocidade da luz é menor, conforme discutimos anteriormente. Esse fenômeno, no qual a luz branca se separa em várias cores, é denominado **dispersão da luz**.

Podemos conseguir uma dispersão mais acentuada da luz branca se fizermos o feixe passar por duas refrações sucessivas. Isso ocorre quando se faz um feixe de luz branca incidir em um prisma de vidro, como mostra a figura 6.20.b. O feixe se refrata ao penetrar no prisma e, novamente, ao emergir dele, o que provoca maior separação das cores. Esse conjunto de cores, denominado espectro da luz branca, ou espectro visível, pode ser observado em um anteparo.

Ilustrações: Formato/Arquivo da editora

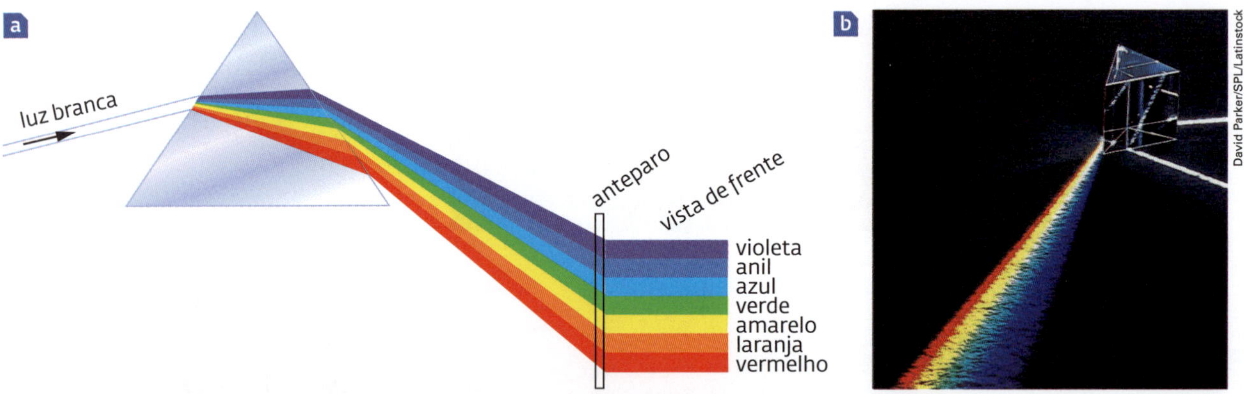

David Parker/SPL/Latinstock

Figura 6.20. Em **a**, representação esquemática da decomposição da luz branca ao atravessar um prisma de vidro, dando origem a um espectro colorido. Em **b**, o feixe de luz branca se decompõe no espectro de luz visível.

Recombinando todas as cores do espectro mostrado na figura 6.20, obteremos novamente a luz branca. A figura 6.21 mostra uma maneira de se obter essa recomposição: o feixe colorido, que emerge de um prisma, atravessa um segundo prisma invertido, provocando a superposição das cores e regenerando a luz branca.

As ilustrações desta página estão representadas sem escala e em cores fantasia.

Figura 6.21. Podemos obter luz branca recombinando as cores do espectro.

Se a luz de uma determinada cor, obtida no espectro da luz branca, atravessar um prisma, ela **não** será decomposta em outras cores, isto é, cada cor do espectro é uma cor pura (ou simples). Por isso, dizemos que cada feixe colorido do espectro é constituído de luz **monocromática**, ou seja, de uma radiação que está na mesma frequência, manifestando assim a mesma cor.

A cor de um objeto

Ao nos referirmos à cor de um objeto, estamos supondo que ele esteja sendo iluminado com luz branca (luz solar ou luz de uma lâmpada comum). Lembrando que a luz branca é constituída pela superposição das cores do espectro, podemos concluir que um objeto se apresenta vermelho, por exemplo, porque reflete a luz vermelha, absorvendo quase totalmente as demais cores, ou seja, ele envia para nossos olhos apenas luz vermelha. Do mesmo modo, um objeto verde é aquele que reflete a luz verde e absorve todas as outras cores, podendo-se dizer o mesmo de um objeto azul, amarelo, etc. Quando a bola é iluminada por luz branca, que contém todas as cores do espectro visível, a bola reflete sua cor natural, o vermelho **(figura 6.22.a)**. Mas, quando a mesma bola vermelha é iluminada por uma luz vermelha **(figura 6.22.b)**, a bola vermelha parece vermelho-escuro, pois reflete toda a radiação vermelha incidente. E, quando a bola vermelha é iluminada por luz verde **(figura 6.22.c)**, ela se parece negra, pois não há reflexão de luz.

Um objeto é branco (quando iluminado com luz branca) porque reflete todas as cores que recebe, não absorvendo praticamente nenhuma luz; assim, envia a luz branca para nossos olhos. Por outro lado, um objeto preto absorve toda a luz (de todas as cores) que incide sobre ele, não enviando nenhuma luz para nossos olhos.

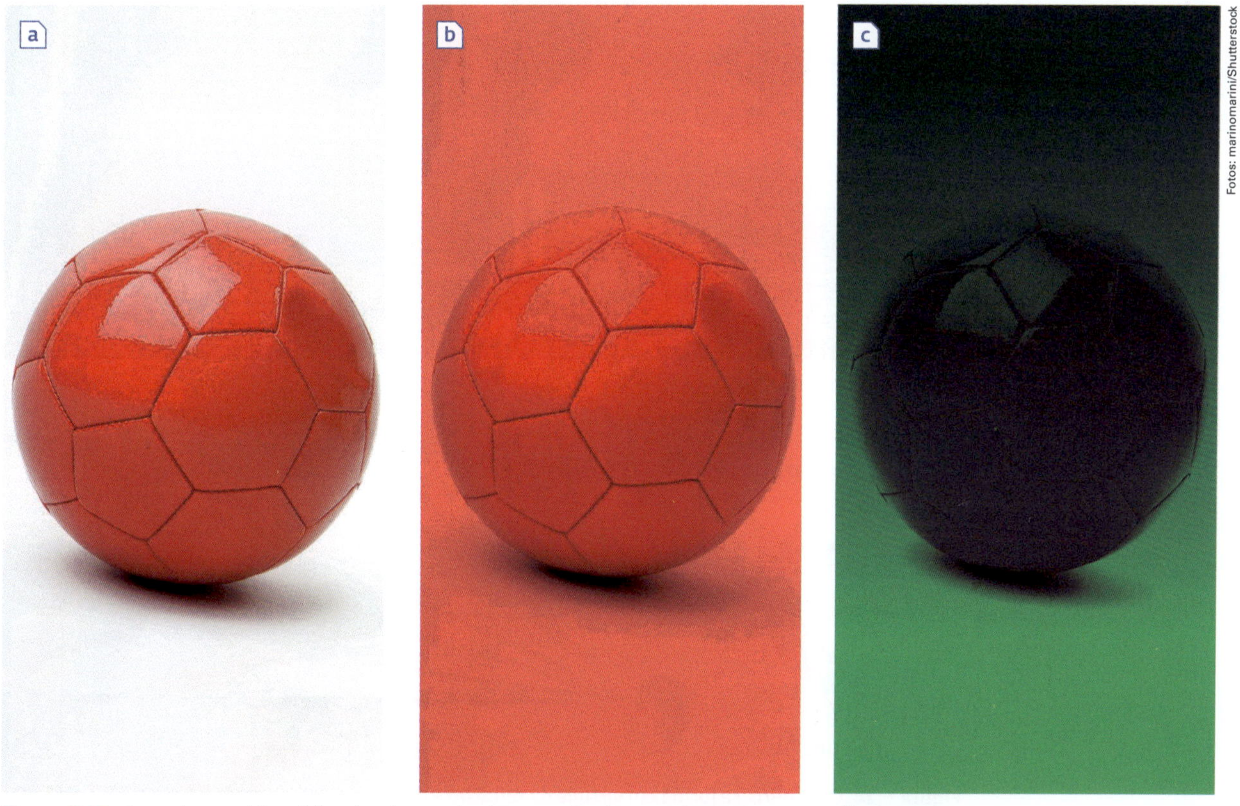

Fotos: marinomarini/Shutterstock

Figura 6.22. Quando um objeto é iluminado com luz branca, ele absorve algumas cores e reflete outras.

FÍSICA NO CONTEXTO

O ARCO-ÍRIS

A impressão em cores e as telas coloridas das TVs e computadores são aplicações que só foram possíveis após os cientistas aprenderem a separar a luz em suas cores constituintes. Na natureza, entretanto, essa separação acontece e é observada no fenômeno de dispersão da luz com a formação do arco-íris, que se forma quando a luz do Sol incide em gotículas de água em suspensão na atmosfera, durante ou após a chuva **(figura 6.23)**.

Quando um raio de luz solar (luz branca) penetra em uma gota, ele se refrata, sofrendo dispersão. O feixe colorido é refletido na superfície interna da gota, como mostra a **figura 6.24.a**, e, ao emergir, refrata-se novamente, o que causa maior separação das cores.

Evidentemente, essa dispersão ocorre em todas as gotas que estiverem recebendo a luz do Sol. Entretanto, um observador situado na superfície da Terra não recebe todas as cores provenientes de uma só gota, pois essas cores, ao atingir o solo, estão muito separadas umas das outras. Como se pode ver pelas **figuras 6.24.b** e **6.24.c**, a luz vermelha que chega ao observador é proveniente de gotas mais altas, e a luz violeta, de gotas mais baixas. As outras cores do espectro, naturalmente, provêm de gotas situadas entre esses extremos.

Salomon Cytrynowicz/Olhar Imagem

Figura 6.23. Arco-íris na cidade de Brasília, DF.

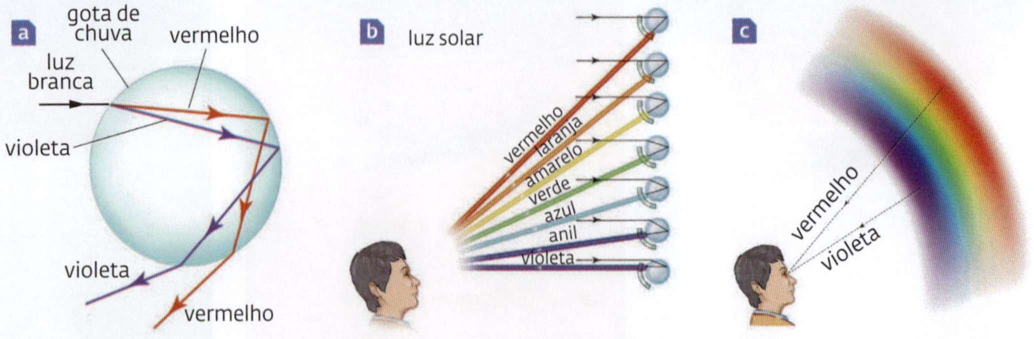

Ilustrações: Paulo César Pereira/Arquivo da editora

Figura 6.24. O arco-íris se forma em virtude da refração e da reflexão da luz solar, ao encontrar gotículas de água na atmosfera. Representação sem escala e em cores fantasia.

Exemplo 1

Um objeto que se apresenta branco, quando exposto à luz solar, é colocado em um quarto escuro. Qual será a cor desse objeto:

a) Se acendermos, no quarto, uma luz monocromática amarela?

Se o objeto é branco quando exposto à luz solar, isso indica que ele tem a propriedade de refletir todas as cores. No quarto, esse objeto estará recebendo apenas luz amarela e só poderá refletir essa cor **(figura 6.25.a)**. Então, nessas condições, o objeto será visto com cor amarela.

b) Se acendermos, no quarto, uma luz monocromática azul?

Se o objeto reflete todas as cores e está recebendo apenas o azul, ele refletirá essa cor e se apresentará com a cor azul **(figura 6.25.b)**.

Concluímos, assim, que a cor de um objeto depende não apenas dele (cores que ele é capaz de refletir), mas também da cor da luz que o ilumina. De fato, como vimos, um objeto branco (que reflete todas as cores) pode se apresentar com outras cores, conforme a cor da luz que incide sobre ele.

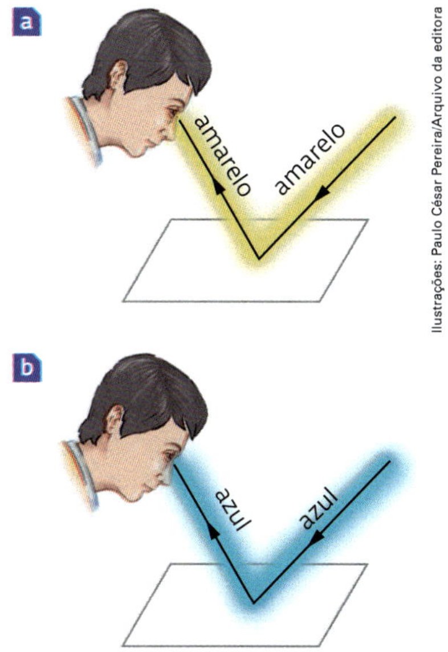

Figura 6.25. Para o exemplo 1.

Exemplo 2

Um objeto que se apresenta amarelo quando exposto à luz solar é colocado em um quarto escuro. Qual será sua cor se acendermos, no quarto, uma luz monocromática azul?

Esse objeto tem a propriedade de refletir apenas a luz amarela e absorve as demais cores do espectro da luz branca. Ao receber apenas luz azul, ele a absorverá **(figura 6.26)**. Assim, o objeto não enviará nenhuma luz para nossos olhos, apresentando-se escuro.

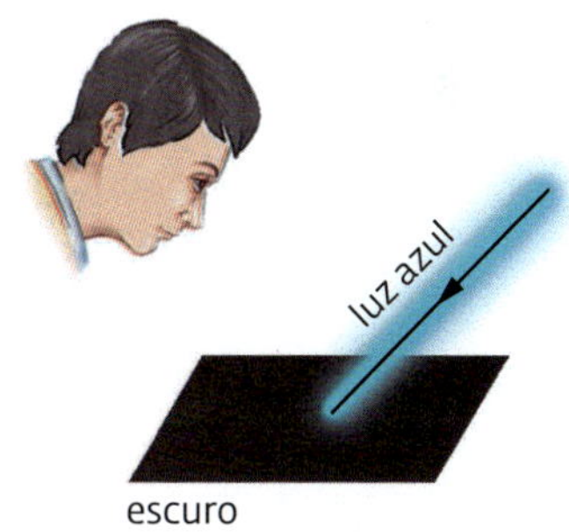

Figura 6.26. Para o exemplo 2.

Verifique o que aprendeu

10. Como vimos, a luz que incide em uma gota de água em suspensão na atmosfera sofre dispersão, emergindo dela um feixe colorido. Na figura abaixo estão mostrados os raios externos do feixe que emerge da gota de água.

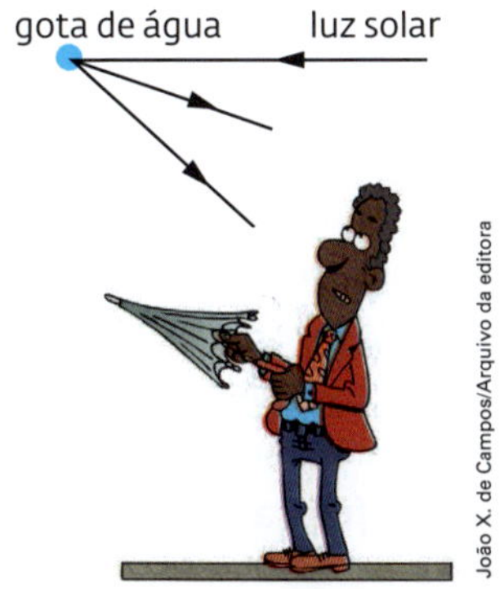

Orientando-se pela **figura 6.24**, responda:

a) Qual é a cor do raio luminoso que está incidindo no olho do observador?

b) Se o observador está vendo um arco-íris, a gota que envia luz violeta para seus olhos está situada abaixo ou acima da gota mostrada na figura?

11. Um feixe de luz branca, propagando-se no ar, incide obliquamente na superfície de um bloco de vidro, refratando-se e sofrendo dispersão.

a) Qual a cor que sofre maior desvio?

b) Para qual cor o ângulo de refração é maior?

c) Para qual cor o índice de refração do vidro é maior?

12. Suponha que a bandeira do Brasil seja colocada em um quarto escuro e iluminada com luz monocromática amarela. Diga a cor com a qual se apresentarão as seguintes partes da bandeira:

a) o círculo central;

b) o losango;

c) a faixa do círculo central e as estrelas;

d) o restante da bandeira.

As ilustrações desta página estão representadas sem escala e em cores fantasia.

6.4 Lentes esféricas

O que é uma lente

As lentes são dispositivos empregados em um grande número de instrumentos muito conhecidos, como óculos, máquinas fotográficas, microscópios, lunetas, entre outros. Uma lente é constituída por um meio transparente limitado por faces curvas, geralmente esféricas. Esse meio é, em geral, o vidro ou um plástico, mas poderia ser, até mesmo, a água, o ar, etc. As lentes esféricas possuem faces côncavas ou convexas, podendo uma delas ser plana, como representado na **figura 6.27**. Quando as duas faces de uma lente são convexas, dizemos que se trata de uma lente biconvexa; quando ambas são côncavas, a lente é bicôncava, e assim por diante.

As ilustrações desta página estão representadas sem escala e em cores fantasia.

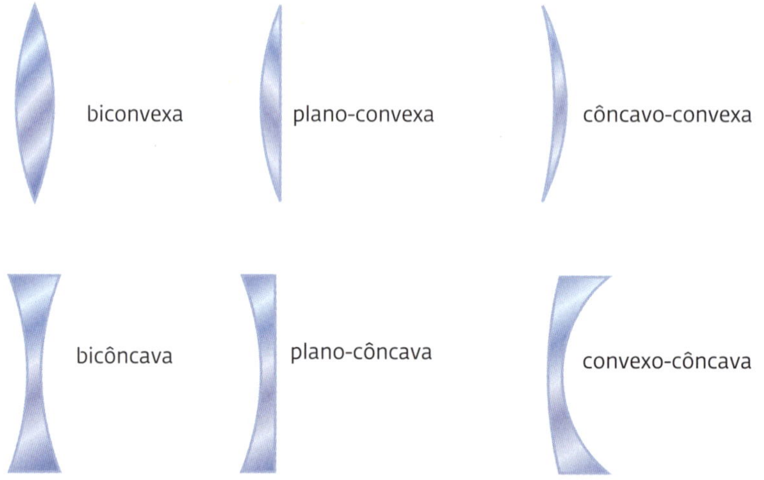

Figura 6.27. Diversos tipos de lentes.

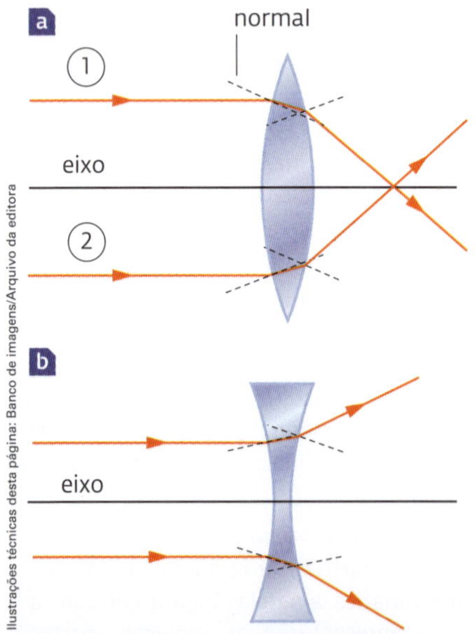

Figura 6.28. Em **a**, temos uma lente convergente e, em **b**, uma lente divergente. As lentes convergentes apresentam extremidades mais finas do que a parte central, e as divergentes, extremidades mais espessas.

Lentes convergentes e divergentes

Uma reta perpendicular a ambas as faces de uma lente é denominada **eixo da lente**. Na **figura 6.28.a**, representamos o eixo de uma lente biconvexa; na **figura 6.28.b**, o eixo de uma lente bicôncava.

Considere o raio 1, da **figura 6.28.a**, incidindo na lente biconvexa, paralelamente ao seu eixo. Ao penetrar na lente, esse raio se refrata, aproximando-se da normal; ao emergir dela, torna a se refratar, afastando-se da normal. Então, o raio se desvia cortando o eixo em um determinado ponto. O raio 2, também paralelo ao eixo, atravessa a lente de maneira semelhante ao raio 1, desviando-se de tal modo a cortar o eixo naquele mesmo ponto. Qualquer raio que incidir na lente paralelamente ao seu eixo terá um comportamento análogo e, portanto, essa lente **converge** para um ponto de seu eixo os raios luminosos que nela incidem paralelamente a ele. Por esse motivo, a lente mostrada na **figura 6.28.a** é denominada **lente convergente**.

A **figura 6.28.b** mostra o que acontece com os raios que incidem paralelamente ao eixo de uma lente bicôncava. Nesse caso, os raios são desviados de modo a se tornarem **divergentes**. Por isso mesmo, dizemos que a lente bicôncava é uma **lente divergente**.

De modo geral, é possível verificar que:

As lentes que apresentam as extremidades mais finas do que a parte central (como a lente biconvexa) são convergentes, e as que apresentam as extremidades mais espessas do que a parte central (como a lente bicôncava) são divergentes.

As lentes costumam ser representadas da maneira indicada na **figura 6.29**. Na **figura 6.29.a**, temos uma lente convergente, com as setas indicando que ela é mais fina nas extremidades. Na **figura 6.29.b**, as setas estão invertidas, representando que a lente é mais espessa nas extremidades (lente divergente).

As ilustrações desta página estão representadas sem escala e em cores fantasia.

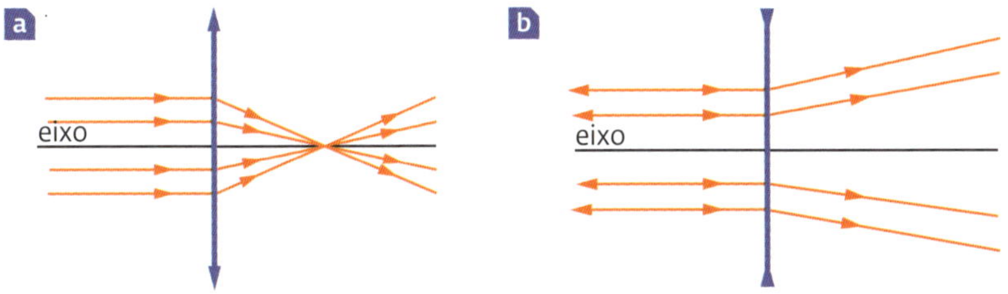

Figura 6.29. Representação esquemática de lentes convergentes e divergentes. Em **a**, as setas indicam que as lentes convergentes apresentam extremidades mais finas; nas divergentes, em **b**, as setas indicam extremidades mais espessas.

Focos de uma lente convergente

Em nosso estudo, vamos tratar apenas de lentes de pequena espessura, isto é, lentes finas ou delgadas. Assim, para simplificar o traçado dos diagramas, deixaremos de mostrar o trajeto real dos raios luminosos no interior da lente: traçaremos esses raios substituindo as duas refrações causadas pela lente por um único desvio em seu interior, como mostra a **figura 6.30**.

Na **figura 6.30.a**, mostramos um feixe de luz, paralelo ao eixo, incidindo em uma lente convergente. Esse feixe, após atravessá-la, converge para um ponto do eixo. Esse ponto, F_1, é denominado **1º foco da lente**. A distância de F_1 à lente (a qualquer uma de suas faces, pois ela é delgada) é denominada **distância focal**, f, da lente.

Se fizermos, agora, um feixe de raios paralelos incidir na outra face da lente, como mostra a **figura 6.30.b**, verificaremos que o feixe convergirá no ponto F_2, situado sobre o eixo, à mesma distância f da lente. O ponto F_2 é denominado **2º foco da lente**. Logo, uma lente convergente possui dois focos, ambos situados à mesma distância, f, da lente.

Se colocarmos uma fonte de luz em qualquer um dos focos da lente **(figura 6.30.c)**, os raios luminosos seguirão o caminho inverso, isto é, partindo do foco, atravessarão a lente e emergirão paralelamente ao seu eixo. A **figura 6.31** apresenta o caminho percorrido pelos raios de luz após passar em uma lente convergente.

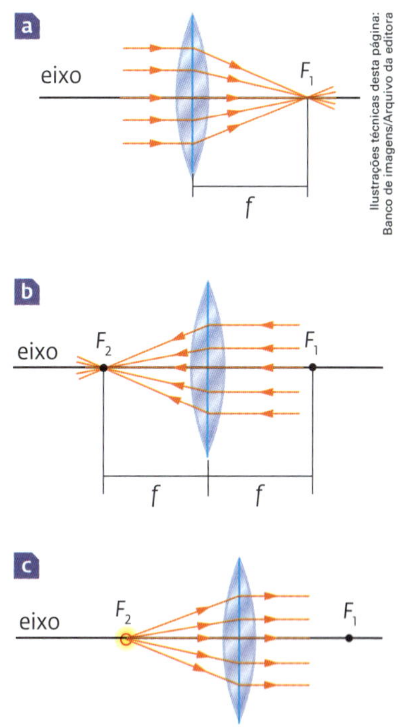

Ilustrações técnicas desta página: Banco de imagens/Arquivo da editora

Figura 6.30. Raios paralelos ao eixo de uma lente convergente, após atravessá-la, convergem para o foco (F_1 em **a** e F_2 em **b**). Os raios luminosos provenientes de um foco, após atravessar a lente, tornam-se paralelos ao eixo (**c**).

David Parker/SPL/Latinstock

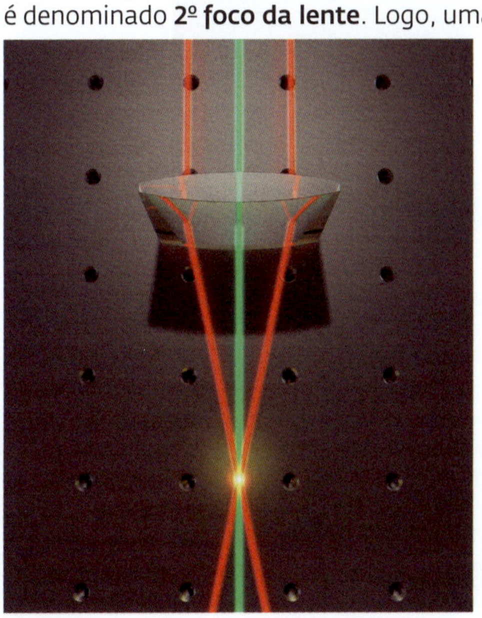

Figura 6.31. Essa fotografia ilustra os diagramas da figura 6.30.

Focos de uma lente divergente

Quando um feixe de luz incide em uma lente divergente, paralelamente ao seu eixo, os raios luminosos, após atravessá-la, divergem, e seus prolongamentos se encontram sobre um ponto F_1 do eixo **(figura 6.32.a)**. O ponto F_1 é o **1º foco da lente** divergente, e sua distância a ela é a **distância focal**, *f*, da lente. Se o feixe de raios paralelos incidir na outra face da lente **(figura 6.32.b)**, teremos raios emergentes que divergem, e seus prolongamentos se encontram no ponto F_2. Esse ponto é o **2º foco da lente** divergente e está situado sobre o seu eixo a uma distância da lente também igual a *f*.

Na **figura 6.32.c** representamos um feixe luminoso incidindo em uma lente divergente, de tal modo que os prolongamentos dos raios incidentes passem pelo foco F_2. Esses raios estão seguindo um caminho inverso ao dos raios da **figura 6.32.b**. Portanto, após atravessar a lente, eles emergem paralelamente ao seu eixo. Esse mesmo resultado seria obtido se os prolongamentos dos raios incidentes passassem pelo foco F_1, caminho inverso ao dos raios da **figura 6.32.a**.

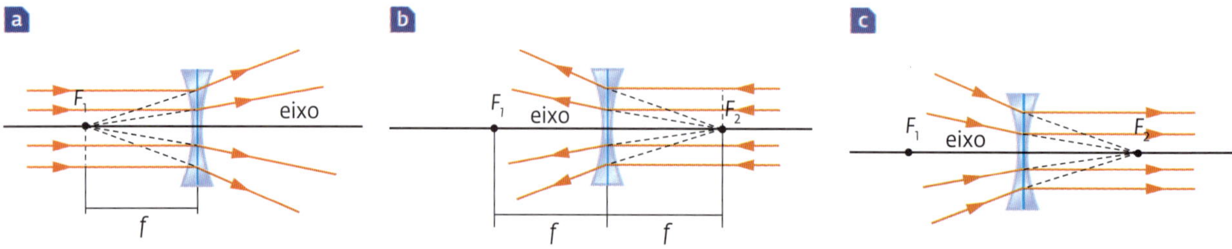

Ilustrações: Banco de imagens/ Arquivo da editora

Figura 6.32. Raios paralelos ao eixo de uma lente divergente, após atravessá-la, divergem de modo que seus prolongamentos passem pelo foco (F_1 em **a** e F_2 em **b**). Raios cujos prolongamentos passam por um foco, após atravessar a lente, tornam-se paralelos ao eixo (**c**).

A **figura 6.33** apresenta o caminho percorrido pelos raios de luz após passar em uma lente divergente.

As ilustrações desta página estão representadas sem escala e em cores fantasia.

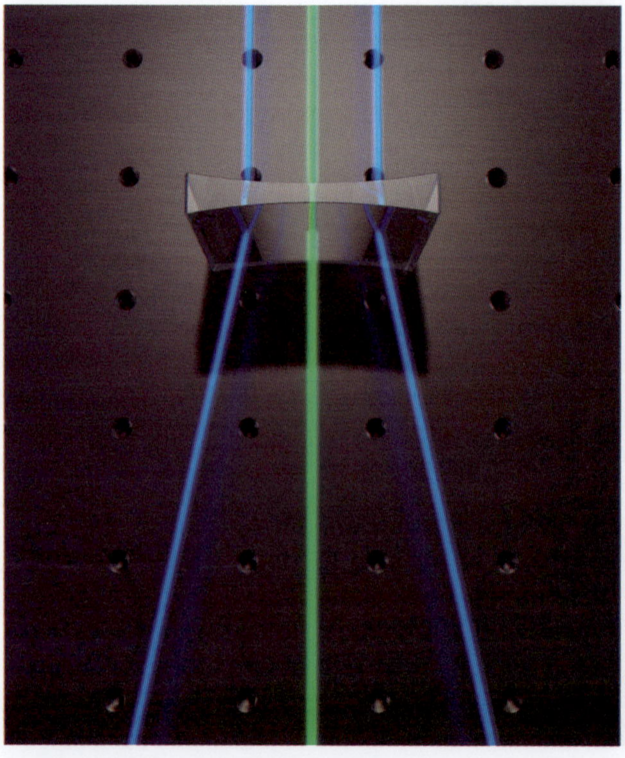

David Parker/SPL/Latinstock

Figura 6.33. Essa fotografia ilustra os diagramas da figura 6.32.

A distância focal depende do meio que envolve a lente

As lentes que estudamos, até agora, estavam imersas no ar. Vamos examinar, agora, o que ocorrerá quando a lente estiver mergulhada em outro meio material transparente qualquer.

Consideremos uma lente convergente, construída com um vidro de índice de refração $n = 1{,}5$ e que, mergulhada no ar ($n = 1{,}0$), apresenta uma distância focal f **(figura 6.34.a)**.

Suponha essa lente mergulhada em um meio cujo índice de refração é maior do que o do ar e menor do que o do vidro, como a água ($n = 1{,}3$). Nesse caso, os raios luminosos sofrerão menor desvio do que se a lente estivesse no ar, pois o índice de refração da água é mais próximo do índice de refração do vidro. Assim, os raios luminosos paralelos ao eixo vão convergir em um ponto mais afastado da lente, como mostra a **(figura 6.34.b)**. Em outras palavras, quando uma lente de vidro está mergulhada na água, sua distância focal é **maior** do que quando está no ar.

Se a lente estiver imersa em um meio de índice de refração igual ao do vidro (a glicerina, por exemplo), os raios luminosos não se refratam ao atravessar o vidro, pois tudo se passa como se eles estivessem se propagando em um mesmo meio. Logo, um feixe de raios paralelos ao eixo, que incide na lente, não sofre desvio **(figura 6.34.c)**, isto é, a distância focal da lente torna-se infinitamente grande.

Se a lente estiver envolvida por um outro meio com índice de refração **maior** do que o do vidro, como o bissulfeto de carbono ($n = 1{,}6$), observaremos, então, que um feixe de raios luminosos, paralelos ao eixo, irá divergir ao atravessar a lente **(figura 6.34.d)**. Portanto, uma lente que é convergente, quando imersa no ar, torna-se **divergente** ao ser mergulhada em um meio cujo índice de refração é **maior** do que o do material da lente.

Efeitos semelhantes são observados se uma lente divergente (no ar) for mergulhada em outros meios materiais.

As ilustrações desta página estão representadas sem escala e em cores fantasia.

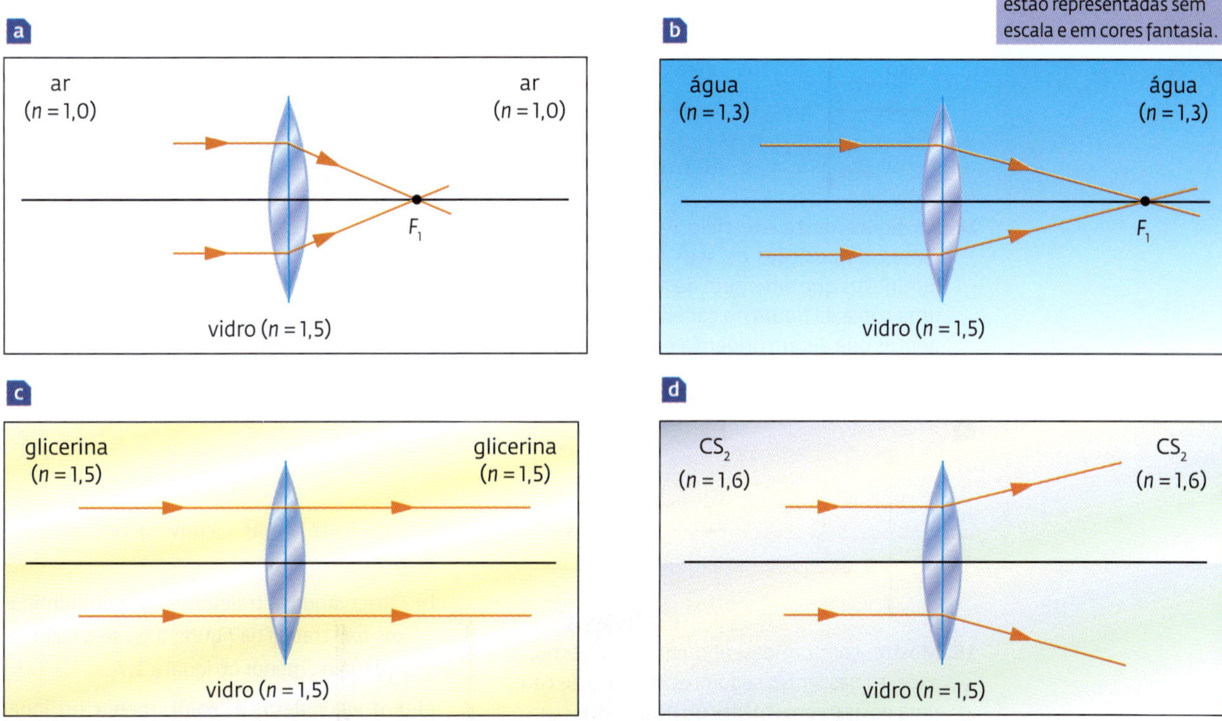

Ilustrações: Banco de imagens/Arquivo da editora

Figura 6.34. A distância focal de uma lente depende do meio no qual ela está mergulhada.

Exemplo

Suponha que, no interior de um bloco de vidro, exista uma bolha de ar, de faces convexas, como mostra a figura 6.35. Se fizermos um feixe de luz atravessar a bolha, ela se comportará como uma lente. Essa "lente de ar" biconvexa é convergente ou divergente?

Sabemos que uma lente biconvexa de vidro, no ar, é convergente. Em nosso caso, temos uma situação inversa: uma lente de ar envolvida por vidro, isto é, uma lente biconvexa mergulhada em um meio cujo índice de refração é maior do que o da própria lente. Nessas condições, a lente biconvexa se torna divergente. Assim, a bolha de ar, envolvida por vidro, se comportará como uma lente divergente (**figura 6.35**).

As ilustrações desta página estão representadas sem escala e em cores fantasia.

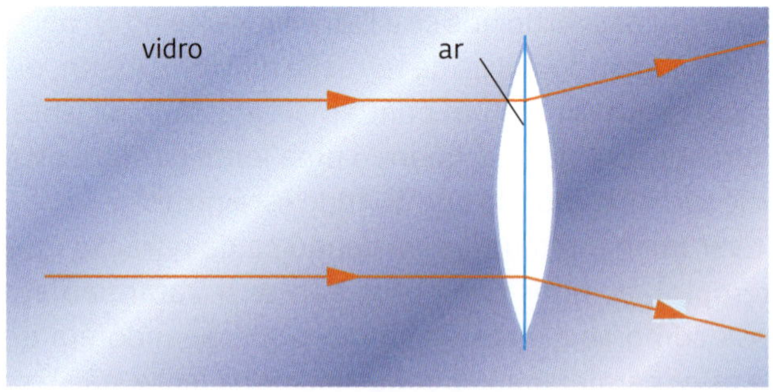

Figura 6.35. Para o exemplo da seção 6.4.

VERIFIQUE O QUE APRENDEU

13. Copie as figuras abaixo no caderno e complete-as, desenhando as trajetórias dos raios luminosos mostrados após atravessarem as lentes. A distância focal de ambas é igual a 5 cm.

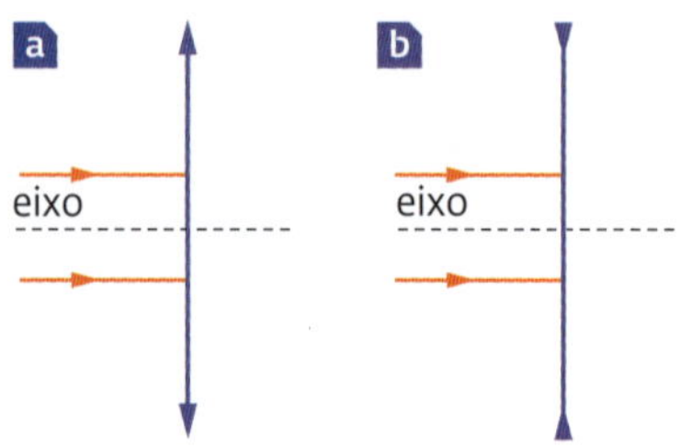

14. Na figura deste exercício mostramos duas lentes, as posições de seus focos e os raios luminosos que emergem delas. Desenhe, em uma cópia da figura no caderno, os raios incidentes que deram origem a esses raios emergentes.

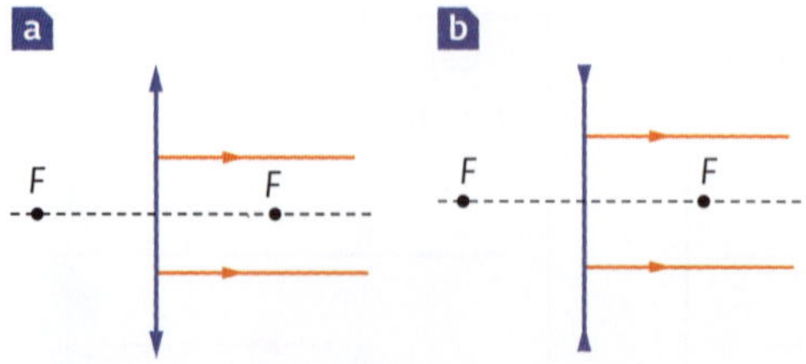

15. Mostre, com um desenho em seu caderno, o aspecto das lentes seguintes, dizendo se cada uma delas é convergente ou divergente:

a) lente plano-convexa

b) lente bicôncava

c) lente côncavo-convexa

16. Na figura abaixo, mostramos uma lente de plástico, cujo índice de refração é $n = 1,7$, mergulhada em dois meios de índices de refração, n_1 e n_2.

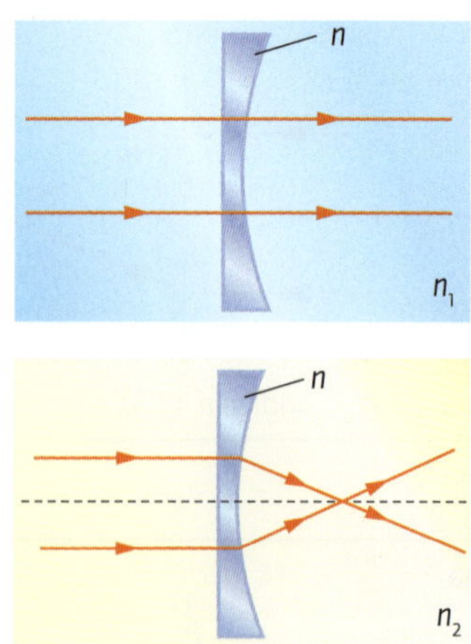

Ilustrações técnicas desta página: Banco de imagens/Arquivo da editora

a) Essa lente, no ar, é convergente ou divergente?

b) Observando as trajetórias dos raios luminosos mostrados na figura, diga se o valor de n_1 é maior, menor ou igual a 1,7.

c) E o valor de n_2 é maior, menor ou igual a 1,7?

6.5 Formação de imagens nas lentes

De modo semelhante aos espelhos, as lentes formam imagens reais ou virtuais de objetos que são colocados diante delas. O estudo da formação dessas imagens pode ser feito através de diagramas ou equações, como fizemos para os espelhos esféricos. Para a construção dos diagramas usaremos os raios principais, que nos permitem localizar com maior facilidade a posição da imagem de um ponto.

As ilustrações desta página estão representadas sem escala e em cores fantasia.

Raios principais nas lentes

Para localizar a imagem de um ponto precisamos conhecer a trajetória de apenas **dois** raios luminosos que são emitidos por ele.

1º) Um raio luminoso que incide em uma lente convergente, paralelamente ao seu eixo, refrata-se passando pelo 1º foco F_1 **(figura 6.36.a)**.

Um raio luminoso que incide em uma lente divergente, paralelamente ao seu eixo, refrata-se de tal modo que o seu prolongamento passa pelo 1º foco F_1 **(figura 6.36.b)**.

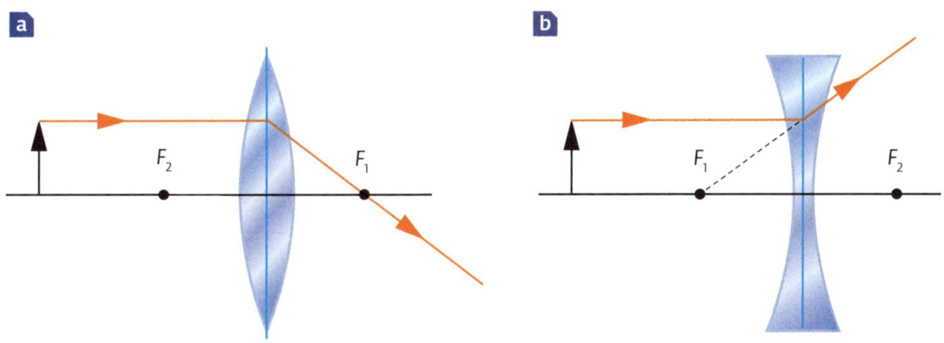

Figura 6.36. Raio luminoso, paralelo ao eixo, incidindo em uma lente convergente (**a**) e em uma lente divergente (**b**).

2º) Um raio luminoso que incide em uma lente convergente e cuja direção passa pelo 2º foco, F_2, emerge da lente paralelamente ao seu eixo **(figura 6.37.a)**.

Um raio luminoso que incide em uma lente divergente, de tal modo que o seu prolongamento passe pelo 2º foco, F_2, emerge da lente paralelamente ao seu eixo **(figura 6.37.b)**.

Nos exemplos seguintes, usaremos esses dois raios principais para localizar a imagem de um objeto fornecida por uma lente.

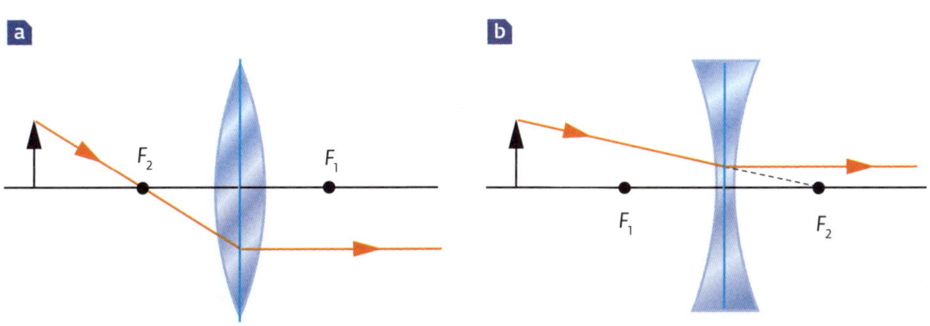

Figura 6.37. Raio luminoso que emerge paralelamente ao eixo, após atravessar uma lente convergente (**a**) e uma lente divergente (**b**).

Ilustrações técnicas desta página: Banco de imagens/Arquivo da editora

Exemplo 1

O objeto AB da figura 6.38 encontra-se em frente a uma lente convergente, cujos focos estão localizados em F_1 e F_2. A distância do objeto à lente é maior do que o dobro de sua distância focal. Localize a imagem do objeto.

As ilustrações desta página estão representadas sem escala e em cores fantasia.

Para localizar a imagem do ponto A (extremidade do objeto) traçamos, a partir desse ponto, os dois raios principais: um deles, paralelo ao eixo da lente, que se refrata passando pelo foco F_1, e o outro, passando pelo foco F_2, que emerge da lente paralelamente ao seu eixo. Os dois raios refratados se encontram em A' e, então, para um observador situado na posição mostrada na figura 6.38, tudo se passa como se esses raios refratados estivessem sendo emitidos de A'. Assim, o observador enxerga, em A', uma imagem real do ponto A. Estando o objeto AB colocado perpendicularmente ao eixo da lente, percebemos que sua imagem estará em $A'B'$, também perpendicular ao eixo. Concluímos, então, que a imagem do objeto AB, formada pela lente, é real, invertida e menor do que o objeto. Poderíamos receber essa imagem em um anteparo colocado na posição $A'B'$.

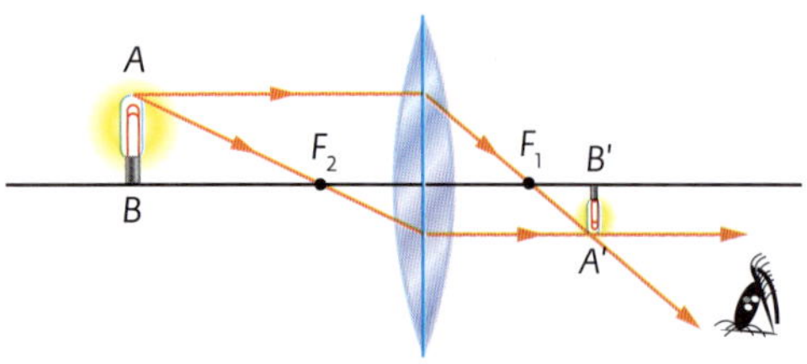

Figura 6.38. Para o exemplo 1.

Exemplo 2

Suponha que o objeto AB do exemplo anterior fosse colocado, agora, entre o foco e a lente, como mostra a figura 6.39. Localize a imagem do objeto.

Tracemos, a partir de A, os dois raios principais: o primeiro, paralelo ao eixo, que se refrata passando pelo foco F_1; o segundo, cuja direção passa por F_2 e, portanto, emerge da lente paralelamente ao seu eixo. Observe que esses raios refratados não se cruzam, mas seus prolongamentos se encontram em A'. Então, o observador que recebe o feixe refratado enxerga, em A', a imagem virtual do ponto A. A imagem de todo o objeto AB se formará em $A'B'$ (perpendicular ao eixo), sendo, portanto, virtual, direta e maior do que o objeto (figura 6.39).

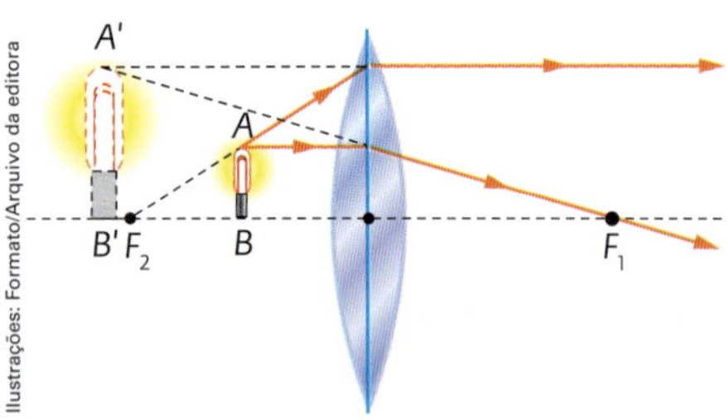

Ilustrações: Formato/Arquivo da editora

Figura 6.39. Para o exemplo 2.

Exemplo 3

Considere o objeto AB diante de uma lente divergente, como mostra a figura 6.40. Como será a sua imagem?

Observe na figura 6.40 os raios principais que partem de A: o primeiro, paralelo ao eixo, refrata-se de modo que o seu prolongamento passe pelo foco F_1; o segundo, cujo prolongamento passa pelo foco F_2, emerge paralelamente ao eixo da lente. Vemos que, também nesse caso, os raios refratados não se cruzam. Seus prolongamentos se encontram em A', onde o observador verá a imagem virtual do ponto A. A imagem de todo o objeto estará em $A'B'$, que, como mostra a figura 6.40, é virtual, direta e menor do que o objeto.

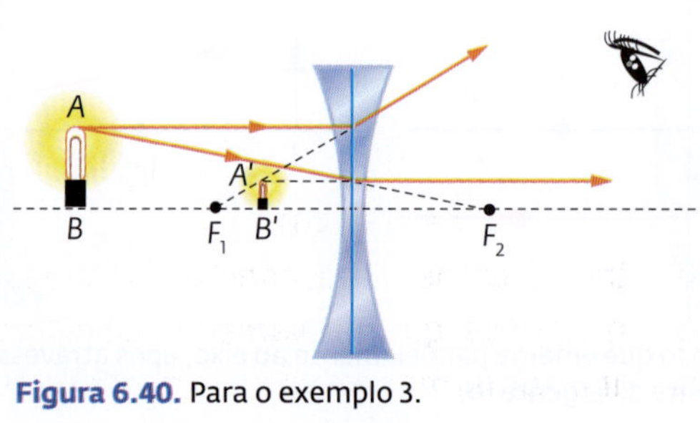

Figura 6.40. Para o exemplo 3.

A equação das lentes

Com raciocínio semelhante ao desenvolvido no capítulo anterior, é possível demonstrar que as relações estabelecidas para os espelhos esféricos, na seção 5.6, são válidas também para as lentes. Portanto, podemos afirmar que:

Se um objeto de tamanho *AB* está situado a uma distância D_o de uma lente e se sua imagem, de tamanho *A'B'*, forma-se a uma distância D_i da lente (figura 6.41), o aumento produzido pela lente é dado por:

$$\frac{A'B'}{AB} = \frac{D_i}{D_o}$$

Da mesma forma, D_o, D_i e f (distância focal da lente) estão relacionadas pela equação elaborada por Gauss:

$$\frac{1}{f} = \frac{1}{D_o} + \frac{1}{D_i}$$

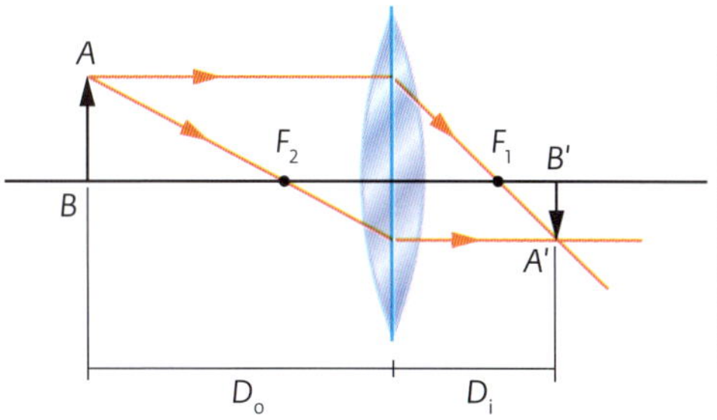

Figura 6.41. A equação $\frac{1}{f} = \frac{1}{D_o} + \frac{1}{D_i}$ é válida também para as lentes. Representação sem escala e em cores fantasia.

Essa equação poderá ser aplicada tanto para lentes convergentes como divergentes e para imagens reais e virtuais, desde que seja obedecida a seguinte convenção de sinais:

1º) a distância D_o é sempre positiva;

2º) a distância D_i será positiva se a imagem for real e negativa se for virtual;

3º) f será positiva quando a lente for convergente e negativa quando for divergente.

Exemplo 4

Suponha que o tamanho de um objeto seja $AB = 15$ cm e que ele esteja situado a uma distância $D_o = 30$ cm de uma lente. Verificando-se que a lente forma uma imagem virtual do objeto, cujo tamanho é $A'B' = 3,0$ cm, pergunta-se:

a) Qual é a distância, D_i, da imagem à lente?

Substituindo os valores de *A'B'*, *AB* e D_o na relação que nos fornece o aumento:

$$\frac{A'B'}{AB} = \frac{D_i}{D_o} \text{ ou } \frac{3,0}{15} = \frac{D_i}{30} \quad \therefore \quad D_i = 6,0 \text{ cm}$$

Logo, a imagem está situada a 6,0 cm da lente.

b) Qual é a distância focal da lente?

A equação $\frac{1}{f} = \frac{1}{D_o} + \frac{1}{D_i}$ nos permitirá calcular f, pois conhecemos D_o e D_i. Ao substituir os valores numéricos nessa equação, não podemos nos esquecer de levar em conta a convenção de sinais: teremos, então, $D_o = 30$ cm (sempre positivo) e $D_i = -6,0$ cm (a imagem é virtual). Assim,

$$\frac{1}{f} = \frac{1}{D_o} + \frac{1}{D_i} \quad \therefore \quad \frac{1}{f} = \frac{1}{30} + \frac{1}{(-6,0)} \quad \therefore \quad \frac{1}{f} = -\frac{4,0}{30}$$

$$f = -7,5 \text{ cm}$$

Como obtivemos uma distância focal negativa, concluímos que a lente é divergente. A situação desse exemplo corresponde, qualitativamente, ao diagrama da figura 6.40: uma lente divergente formando uma imagem virtual, menor do que o objeto.

Equação dos fabricantes de lentes

Na seção 6.4 analisamos, de maneira qualitativa, a influência do meio que envolve a lente no valor de sua distância focal. O estudo quantitativo dessa influência e do efeito dos raios de curvatura das superfícies que limitam a lente pode ser feito por meio de uma equação, denominada "equação dos fabricantes de lentes", que será apresentada a seguir.

Considere uma lente de faces esféricas, de raios R_1 e R_2, de índice de refração n_2, envolvida por um meio de índice de refração n_1 (veja a **figura 6.42**).

As ilustrações desta página estão representadas sem escala e em cores fantasia.

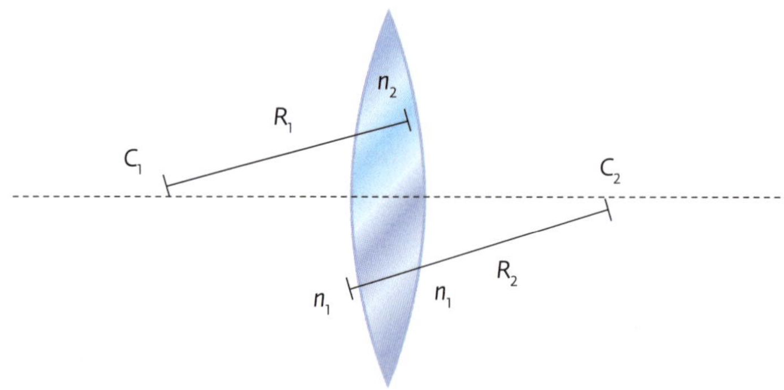

Figura 6.42. A "equação dos fabricantes de lentes" fornece a distância focal de uma lente.

Usando as leis da refração, é possível mostrar que a distância focal dessa lente é dada pela seguinte equação:

$$\frac{1}{f} = \left(\frac{n_2}{n_1} - 1\right)\left(\frac{1}{R_1} + \frac{1}{R_2}\right)$$

que é a equação mencionada. Ela pode ser usada para determinar a distância focal de qualquer tipo de lente esférica (bicôncava, plano-convexa, côncavo-convexa, etc.), desde que seja adotada a seguinte convenção de sinais:

- o sinal do raio de curvatura R será positivo quando a superfície externa que limita a lente for convexa e negativo quando ela for côncava;
- o sinal da distância focal, $\pm$, será positivo quando a lente for convergente e negativo quando ela for divergente.

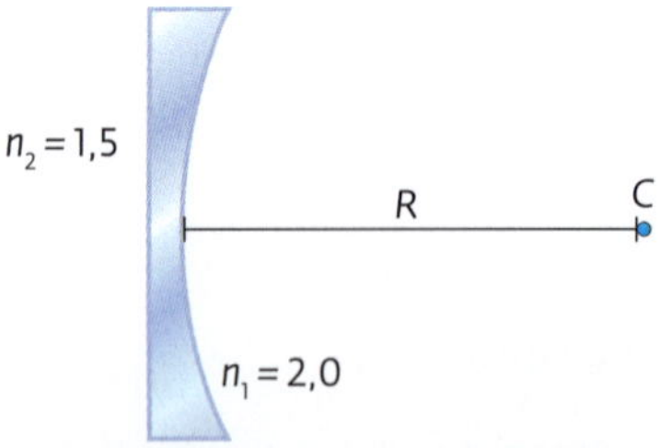

Figura 6.43. A distância focal dessa lente pode ser calculada pela "equação dos fabricantes de lentes".

Exemplo 5

Considere uma lente plano-côncava, de índice de refração $n_2 = 1,5$ e cuja face curva tenha raio $R = 50$ cm, mergulhada em um líquido de índice de refração $n_1 = 2,0$. Qual é a distância focal dessa lente?

Uma lente desse tipo está representada na **figura 6.43**. Como a face curva é côncava, devemos, ao usar a fórmula, considerar o valor de R negativo. Por outro lado, sendo a outra face plana, o seu raio é infinito. Então, teremos:

$$\frac{1}{f} = \left(\frac{1,5}{2,0} - 1\right)\left(\frac{1}{\infty} - \frac{1}{50}\right) = (0,75 - 1)(0 - 0,02)$$

$$\frac{1}{f} = 0,0050 \quad \therefore \quad f = 200 \text{ cm}$$

Observe que, apesar de essa lente ter as extremidades (os bordos) mais espessas do que sua parte central, ela é convergente (f é positivo). Isso ocorre porque seu índice de refração é menor do que o índice do meio que a envolve, conforme já havíamos mencionado ao fazer o estudo qualitativo desse assunto.

VERIFIQUE O QUE APRENDEU

17. A figura abaixo mostra um objeto AB, afastado de uma lente convergente, e as posições dos focos dessa lente.

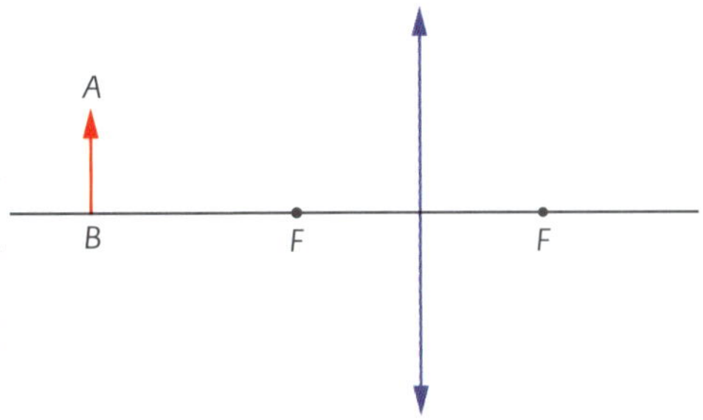

Banco de imagens/Arquivo da editora

a) Trace, em uma cópia da figura no caderno, o diagrama que lhe permite localizar a imagem desse objeto fornecida pela lente.

b) A imagem obtida é real ou virtual? É direta ou invertida? É maior ou menor do que o objeto?

18. Suponha que o objeto do exercício anterior fosse aproximado da lente, sendo colocado a uma distância D_o, compreendida entre f e $2f$.

a) Trace o diagrama (no caderno), localizando a imagem do objeto.

b) Então, à medida que um objeto é aproximado de uma lente convergente (não ultrapassando o foco), sua imagem permanece real? Aproxima-se ou afasta-se da lente? Aumenta ou diminui de tamanho?

19. No exercício 17, suponha que a distância focal da lente seja $f = 4$ cm e que o objeto AB esteja situado a uma distância $D_o = 12$ cm.

a) Usando a equação das lentes, determine a distância, D_i, da imagem à lente.

b) Qual o aumento fornecido pela lente?

c) Qual o significado da resposta à questão **b**?

d) Suas respostas desse exercício concordam com o diagrama traçado no exercício 17?

20. Um objeto AB encontra-se diante de uma lente divergente, como mostra a figura.

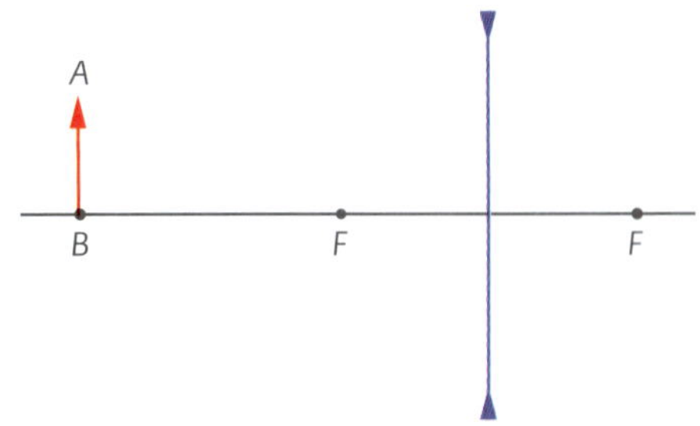

Banco de imagens/Arquivo da editora

a) Construa um diagrama em seu caderno para obter a imagem desse objeto e descreva as características dessa imagem.

b) Aproxime o objeto, colocando-o entre o foco e a lente. Trace o diagrama, localize a imagem e descreva suas características.

c) Observando os diagramas que você traçou em **a** e **b**, qual a conclusão que pode ser tirada sobre a natureza e o tamanho da imagem fornecida por uma lente divergente?

21. Na figura do exercício anterior, suponha que a distância focal da lente seja de 4 cm e que o objeto esteja a 12 cm dela.

a) Calcule a distância D_i da imagem à lente.

b) Determine o aumento fornecido pela lente.

c) Se o tamanho do objeto é $AB = 10$ cm, qual é o tamanho da imagem $A'B'$?

6.6 Instrumentos ópticos

Nesta seção, vamos analisar o funcionamento de alguns instrumentos ópticos mais simples, usando os conhecimentos que adquirimos sobre a formação de imagens nas lentes. Iniciaremos com o estudo simplificado do olho humano, que é um instrumento óptico muito importante para nós.

O olho humano

De maneira simplificada, podemos considerar que o olho humano é constituído de uma lente biconvexa, denominada **cristalino** (ou lente) situada na região anterior do globo ocular **(figura 6.44)**. No fundo desse globo está localizada a retina, que funciona como um anteparo sensível à luz. As sensações luminosas recebidas pela retina são levadas ao cérebro pelo **nervo óptico**.

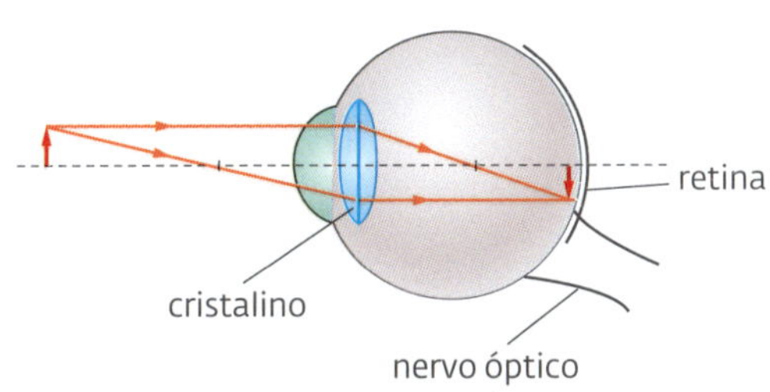

Paulo César/Arquivo da editora

Figura 6.44. Representação esquemática (sem escala e em cores fantasia) da formação da imagem no olho humano.

Quando olhamos para um objeto, o cristalino (lente convergente) forma uma imagem real e invertida desse objeto, localizada exatamente sobre a retina **(figura 6.44)**; nessas condições, enxergamos nitidamente o objeto. O cérebro interpretará a imagem invertida, obtida pelo cristalino, fazendo com que enxerguemos o objeto em sua posição correta.

Conseguimos enxergar nitidamente um objeto quer ele esteja mais próximo ou mais afastado de nosso olho. Isso acontece porque a imagem está se formando sempre sobre a retina, qualquer que seja a distância do objeto ao nosso olho. Em outras palavras, a distância, D_i, da imagem ao cristalino (lente) fica constante, enquanto varia a distância, D_o, do objeto a ele. Para que isso ocorra, a distância focal do cristalino deve ser diferente para cada posição do objeto. Esse efeito é produzido pela ação dos músculos do olho, que, atuando sobre o cristalino, provocam alterações em sua curvatura. Essa propriedade do olho é denominada **acomodação visual**.

Para muitas pessoas, a imagem de um objeto não se forma exatamente sobre a retina; assim, essas pessoas não enxergam nitidamente o objeto. Isso pode ocorrer devido a alguma deformação do globo ocular ou a uma acomodação defeituosa do cristalino. Pode-se resolver esse problema com o uso de óculos ou lentes de contato.

Em pessoas com miopia, a imagem se forma na frente da retina **(figura 6.45.a)**. Para que se tenha a imagem do objeto formada sobre a retina, a pessoa com miopia deve usar óculos com lentes **divergentes** **(figura 6.45.b)**.

As ilustrações desta página estão representadas sem escala e em cores fantasia.

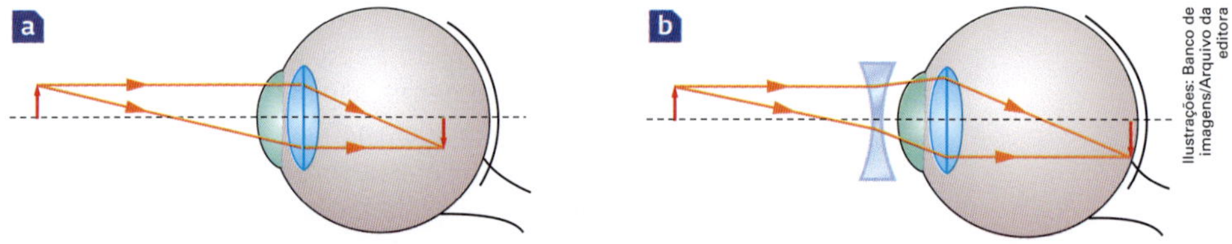

Figura 6.45. Representação esquemática da formação da imagem em um olho humano com miopia (**a**) e a correção por meio do uso de lentes divergentes (**b**).

Atualmente, há técnicas eficientes de procedimentos cirúrgicos para corrigir a miopia, utilizando *laser*, por exemplo, ao invés de bisturi como era feito na década de 1970. O procedimento Lasik (do inglês *Laser-assisted in situ keratomileusis*) é um dos tratamentos mais populares para correção ocular. Com um feixe de *laser*, o oftalmologista modela a lente da córnea modificando seu raio de curvatura, de modo que a imagem do olho míope passe a se formar na retina.

Em pessoas com hipermetropia os raios luminosos convergem depois da retina **(figura 6.46.a)**. Isso ocorre porque essas pessoas têm um globo ocular mais curto do que o normal ou uma perda da capacidade de acomodação do olho com a idade, também chamada de "vista cansada". Esse defeito é corrigido usando-se óculos com lentes **convergentes** **(figura 6.46.b)**.

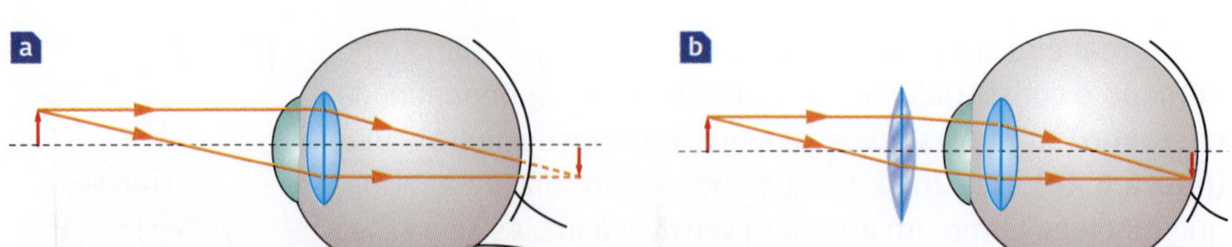

Figura 6.46. Representação esquemática da formação da imagem em um olho humano com hipermetropia (**a**) e a correção por meio do uso de lentes convergentes (**b**) .

A máquina fotográfica

A **figura 6.47** mostra esquematicamente a formação da imagem em uma máquina fotográfica analógica, que faz uso de filme. Esse instrumento funciona de maneira muito semelhante ao olho humano. Um sistema de lentes, denominado **objetiva** da máquina, comporta-se como uma lente convergente formando uma imagem real e invertida do objeto a ser fotografado. Para focalizar um objeto, isto é, para que sua imagem se forme nitidamente sobre o filme, existem dispositivos especiais que nos permitem afastar ou aproximar a lente do filme, ou do sensor, no caso das máquinas digitais. Quando a focalização não é bem-feita, a imagem não se forma exatamente sobre o filme, ou sensor, e a fotografia obtida não é nítida.

A luz que vem do objeto, ao incidir no filme, provoca nele certas reações químicas que fazem com que a imagem fique aí gravada. Se você tiver a oportunidade de observar um filme fotográfico, após ter sido revelado, vai observar a imagem em negativo, isto é, as reações químicas são tais que as partes do filme que recebem mais luz (proveniente das partes mais claras do objeto) tornam-se escuras, e vice-versa.

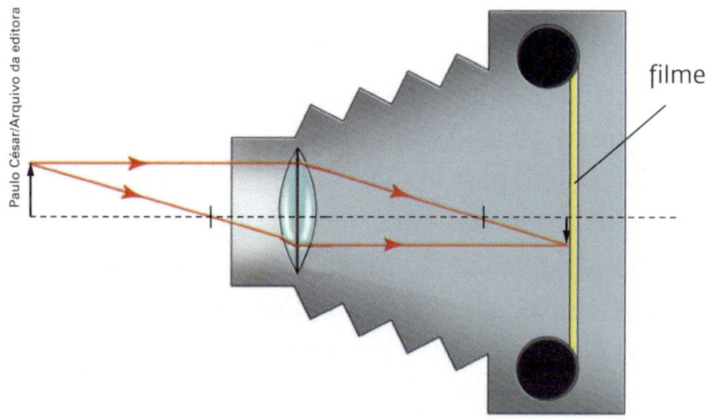

Figura 6.47. Na máquina fotográfica analógica, a imagem real de um objeto se forma sobre o filme. Representação sem escala e em cores fantasia.

A lupa

Quando um objeto é colocado entre uma lente convergente e o seu foco, obtém-se uma imagem virtual e maior do que o objeto **(figura 6.39)**. Quanto menor for a distância focal da lente convergente, maior será a ampliação que é possível obter com ela. Quando uma lente convergente é usada nessas condições, produzindo uma imagem virtual aumentada, dizemos que ela é uma **lupa** ou, como se diz popularmente, uma **lente de aumento** **(figura 6.48)**.

Figura 6.48. Usando uma lupa, podemos ver uma imagem virtual e aumentada dos objetos.

O microscópio

Para observar objetos muito pequenos, necessitando de um aumento maior do que o fornecido pelas lupas, usamos o **microscópio**. Apesar de serem aparelhos complexos, eles podem, simplificadamente, ser considerados constituídos de dois sistemas de lentes, que funcionam como duas lentes convergentes. A lente que fica mais próxima do objeto é denominada **objetiva** e aquela através da qual a pessoa observa a imagem ampliada é denominada **ocular** (figura 6.49).

As ilustrações desta página estão representadas sem escala e em cores fantasia.

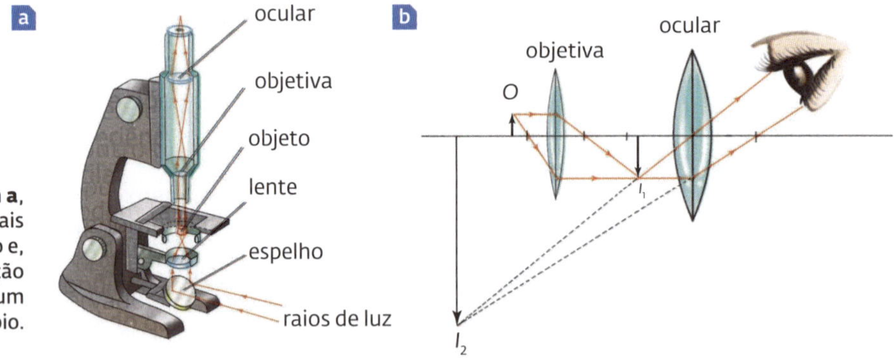

Ilustrações: Paulo César Pereira/Arquivo da editora

Figura 6.49. Em **a**, representação das principais partes de um microscópio e, em **b**, esquema da formação da imagem em um microscópio.

O objeto é colocado próximo ao foco da objetiva, que forma uma primeira imagem, I_1, real e ampliada, como mostra a figura 6.49.b. Essa imagem I_1 forma-se entre a ocular e o seu foco, funcionando como um objeto para essa lente. Então, a ocular fornece uma imagem final, I_2, virtual, ainda mais ampliada. A ocular atua como uma lupa, ampliando a imagem fornecida pela objetiva, que já era ampliada em relação ao objeto. Por exemplo, se a objetiva amplia 50 vezes o objeto, e a ocular provoca um aumento de 10 vezes, a ampliação total fornecida pelo microscópio será de $50 \times 10 = 500$ vezes.

O telescópio

Para observar objetos muito distantes usamos um telescópio. A imagem criada por um telescópio está mais próxima do observador do que o objeto. O telescópio é similar ao microscópio e possui duas lentes convergentes: uma objetiva, que forma uma imagem real, invertida; e uma ocular, utilizada como lente de aumento para observar a imagem que é formada pela objetiva. A imagem formada pela objetiva é menor do que o objeto porque a distância do objeto é maior do que a distância focal da objetiva (figura 6.50.a).

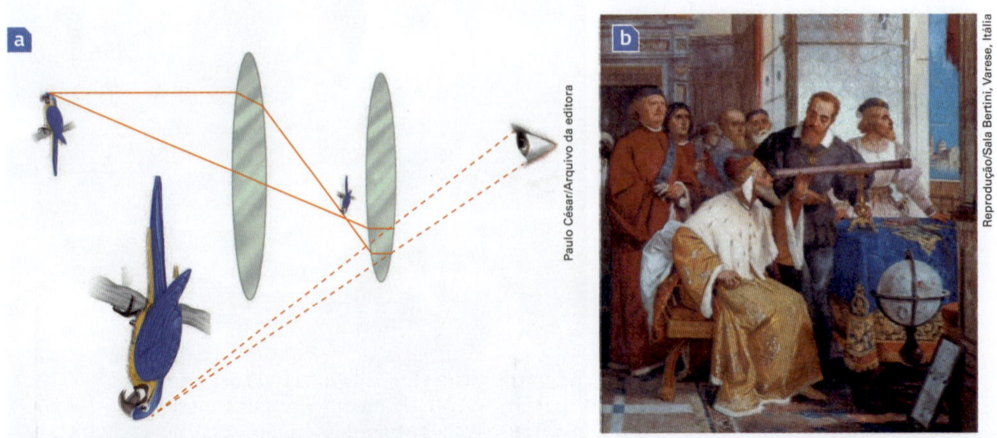

Figura 6.50. Em **a**, esquema de formação da imagem em um telescópio astronômico. Em **b**, o afresco de Giuseppe Bertini representa Galileu Galilei apresentando o telescópio ao duque Leonardo Donati (1858).

APLICAÇÕES DA FÍSICA

Microscopia moderna

Com o microscópio que acabamos de analisar, costumeiramente chamado de **microscópio óptico**, o máximo aumento que se consegue é cerca de 2000 vezes. Consequentemente, não podemos usar esse tipo de microscópio para examinar, com nitidez, objetos de dimensões inferiores a 4000 Å (1 Å = 1 angstrom = 0,0000000001 m = 10^{-10} m). Como a maioria das células vivas tem dimensões superiores a esse valor, o microscópio óptico pode ser usado para seu estudo.

Existem, entretanto, muitas estruturas que são bem menores que 4000 Å, como as moléculas complexas que formam a matéria viva. Para tornar possível a observação dessas estruturas, os cientistas criaram um aparelho, denominado **microscópio eletrônico**, que utiliza feixes de elétrons (em lugar de feixes luminosos) para formar a imagem daquelas minúsculas estruturas. Esses feixes de elétrons são focalizados (desviados) por dispositivos que criam campos elétricos ou magnéticos, funcionando como uma espécie de lente. Com o microscópio eletrônico, é possível obter aumentos de até 1 milhão de vezes, permitindo, então, que sejam observadas estruturas da ordem de 10 Å, como um vírus, por exemplo o da Aids **(figura 6.51.a)**, ou uma grande molécula.

Uma tecnologia ainda mais recente de geração de imagens é o chamado **microscópio de tunelamento**. Utilizando uma propriedade da Física contemporânea, o chamado tunelamento de partículas, é dotado de uma ponta extremamente fina que troca elétrons com a amostra. Com isso, é possível ter acesso a átomos individuais, o que permite a manipulação de estruturas nanométricas, podendo se escrever ou desenhar utilizando os próprios átomos como tinta **(figura 6.51.b)**.

QUESTÕES

1. A Física muitas vezes aumentou a percepção da humanidade em relação ao mundo. Com o microscópio, foi possível compreender toda a riqueza de estruturas distintas que existiam nos materiais e nos objetos que já nos eram familiares, ampliando nossa compreensão do mundo vivo. Escreva sobre o quanto a Física influencia a nossa visão de mundo e discuta os pontos positivos e negativos dessa influência.
2. Uma das aplicações mais importantes dos microscópios hoje em dia é na Medicina forense, na investigação de crimes e acidentes, ajudando a compreender as circunstâncias nas quais eles aconteceram. Pesquise sobre a importância da microscopia nesse tipo de atividade e apresente suas conclusões.

As imagens desta página estão representadas fora de proporção.

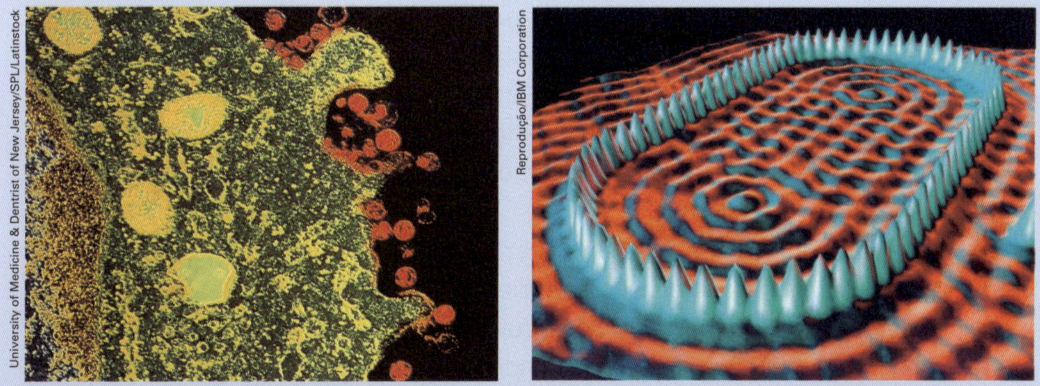

Figura 6.51. Em **a**, imagem do vírus da Aids (pequenas esferas vermelhas), fornecida por um microscópio eletrônico. A área verde é o citoplasma de um linfócito infectado pelo vírus. Em **b**, a imagem obtida em um microscópio de tunelamento (STM), chamada de currais quânticos, criados por meio da manipulação de átomos individuais de ferro (cones azuis) depositados sobre uma superfície de cobre (em vermelho). É uma técnica que desperta grande interesse para a fabricação de dispositivos eletrônicos na escala atômica.

VERIFIQUE O QUE APRENDEU

22. Uma pessoa não consegue ver nitidamente os objetos porque suas imagens se formam entre o cristalino e a retina.

a) Como se chama o defeito de visão que essa pessoa tem?

b) Para corrigir esse defeito, a pessoa deverá usar óculos com lentes convergentes ou divergentes?

23. Suponha que você esteja observando nitidamente um objeto distante. Logo depois, você passa a observar, também nitidamente, um objeto próximo. Na acomodação de seu olho, a distância focal do cristalino aumentou ou diminuiu?

24. Considerando a **figura 6.48**, responda:

a) A lupa que a pessoa está usando é constituída de uma lente convergente ou divergente?

b) O animal, observado através da lupa, está situado a uma distância da lente maior, menor ou igual a sua distância focal?

c) A imagem, vista pelo observador, é real ou virtual?

25. a) No microscópio, o objeto é geralmente colocado muito próximo da objetiva **(figura 6.49)**. A distância do objeto a essa lente, entretanto, deve ser maior, menor ou igual a distância focal? Por quê?

b) Qual é o objeto para a ocular de um microscópio?

c) A imagem final, fornecida pela ocular do microscópio, é real ou virtual?

d) A imagem final, vista por um observador em um microscópio, é direta ou invertida em relação ao objeto colocado diante da objetiva?

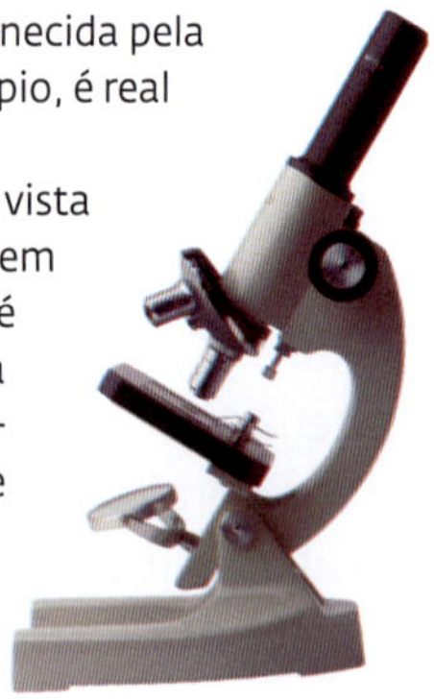

Dynamic Graphics/Arquivo da editora

Pixtal/Arquivo da editora

CHRISTIAN HUYGHENS (1629-1695)

Filho de uma conhecida família holandesa, estudou na Universidade de Leiden, morou vários anos em Paris e foi membro fundador da Academia de Ciências da França. Astrônomo, matemático e físico, entre seus trabalhos podemos destacar o estabelecimento da teoria ondulatória da luz, uma série de observações astronômicas dos anéis de Saturno e várias contribuições à dinâmica dos objetos.

6.7 A natureza da luz

Embora os trabalhos de Newton relacionados com a Mecânica tenham sido aqueles que lhe deram renome, os estudos e as teorias que ele elaborou no campo da Óptica foram também muito importantes. Em sua obra, *Opticks*, publicada em 1704, Newton desenvolveu um estudo bastante amplo sobre os fenômenos luminosos. Duas das ideias defendidas por Newton nesse tratado serão apresentadas e comentadas a seguir: sua concepção sobre a natureza da luz e a teoria das cores dos objetos.

Origem da polêmica Newton × Huyghens

Desde a Antiguidade, alguns filósofos gregos acreditavam que a luz fosse constituída de pequenas partículas, propagando-se em linha reta com velocidade muito grande. Essas ideias prevaleceram durante vários séculos até que, por volta de 1500, Leonardo da Vinci, percebendo a semelhança entre a reflexão da luz e o fenômeno do eco, levantou a hipótese de que a luz, como o som, poderia ser um tipo de movimento ondulatório.

Essas duas concepções sobre a natureza da luz deram origem, no século XVII, a duas grandes correntes do pensamento científico: uma delas, liderada por Newton, favorável à ideia de que a luz era constituída de partículas (modelo corpuscular da luz), e a outra, tendo à frente o físico holandês C. Huyghens, defendendo a hipótese de que a luz seria uma onda (modelo ondulatório da luz). Essa divisão de opiniões provocou uma intensa polêmica entre esses dois eminentes cientistas. Um esclarecimento para essa disputa só veio a ser alcançado no século XIX, muitos anos após a morte de Huyghens e de Newton.

O modelo corpuscular da luz

Tentando justificar o seu modelo corpuscular, Newton chamou a atenção para o fato de que pequenas esferas, colidindo elasticamente contra uma superfície lisa, são refletidas de tal modo que o ângulo de incidência é igual ao ângulo de reflexão, exatamente como acontece com a luz. Portanto, em relação ao fenômeno da reflexão, é válido considerar um feixe de luz como constituído por um conjunto de partículas que se refletem elasticamente ao encontrar uma superfície lisa **(figura 6.52)**.

As ilustrações desta página estão representadas sem escala e em cores fantasia.

Ilustrações: Alex Argozino/Arquivo da editora

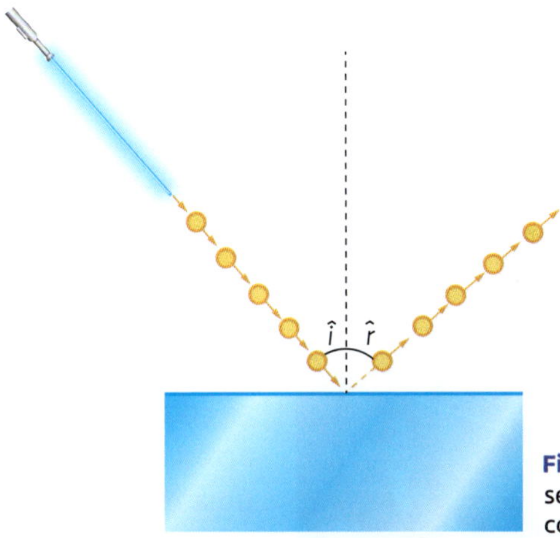

Figura 6.52. Reflexão da luz segundo o modelo corpuscular de Newton.

Para descrever como Newton explicava o fenômeno da refração, consideremos a **figura 6.53**. Nessa figura, um feixe luminoso, propagando-se no ar (meio 1), refrata-se ao penetrar na água (meio 2), aproximando-se da normal. Segundo Newton, isso ocorre porque as partículas que constituem o feixe, ao se aproximarem da água, seriam solicitadas por uma força de atração, que provocaria uma mudança na direção do movimento delas **(figura 6.53)**. Portanto, a ação dessa força sobre as partículas seria responsável pela refração do feixe luminoso.

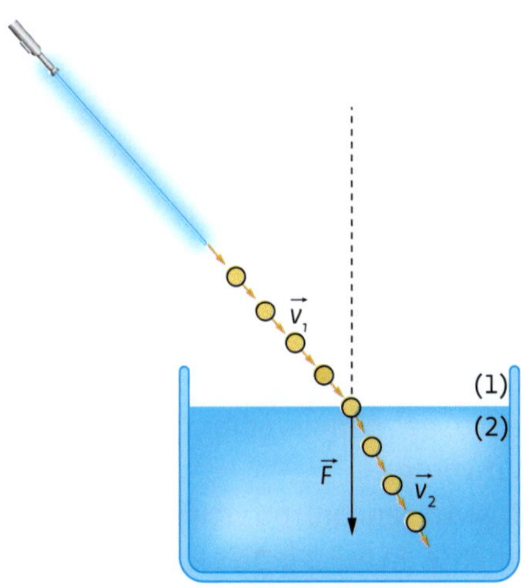

Figura 6.53. De acordo com a teoria corpuscular, a velocidade da luz na água deveria ser maior do que no ar.

Observe que, como consequência dessa ação, as partículas teriam sua velocidade aumentada ao penetrar na água, isto é, deve-se ter $v_2 > v_1$ na **figura 6.53**. Em outras palavras, de acordo com o modelo corpuscular de Newton, a velocidade da luz na água deveria ser maior do que no ar. Naquela época não foi possível verificar se essa conclusão era correta, pois não eram conhecidos métodos capazes de medir a velocidade da luz com precisão suficiente.

Newton observa a dispersão da luz branca

O primeiro trabalho científico publicado por Newton (em 1672) apresentava suas ideias sobre a natureza das cores. A interpretação dada por ele, nesse trabalho, sobre a dispersão da luz branca e sua teoria sobre as cores dos objetos permanecem aceitas até os dias atuais, ao contrário do que ocorreu com seu modelo corpuscular da luz.

Muito antes de Newton, já era conhecido o fato de que a luz branca, ao atravessar um prisma de vidro, dava origem a um feixe colorido. Acreditava-se, naquela época, que a luz branca (proveniente do Sol) era uma luz pura e que as cores apareciam em razão das impurezas que o feixe recebia ao atravessar o vidro.

Trabalhando no polimento de algumas peças de vidro para estudos de Óptica, Newton conseguiu obter um prisma triangular e interessou-se em realizar a famosa experiência da dispersão da luz branca **(figura 6.54)**.

Science Photo Library/Latinstock

Figura 6.54. Newton usou um prisma de vidro, construído por ele próprio, para observar a dispersão da luz branca.

Newton usou, então, pela primeira vez, a palavra latina *spectrum* para denominar esse conjunto de cores. Como não estivesse de acordo com a ideia de que as cores são produzidas por impurezas acrescentadas à luz branca, ele realizou uma experiência que mostrou ser falsa essa antiga teoria: deixando apenas uma das cores do espectro passar através de um segundo prisma, Newton verificou que esse feixe luminoso emergia do prisma sem sofrer qualquer alteração. Concluiu, então, que um prisma nada acrescenta a um feixe luminoso que passa através dele.

Procurando uma explicação adequada para o fenômeno, ele lançou a hipótese de não ser a luz branca uma cor pura, como se pensava até então. Ao contrário, ela seria o resultado da superposição ou mistura de todas as cores do espectro. Ao passar pelo prisma, a luz branca se decompõe, porque cada cor se refrata sob um ângulo diferente. Essas ideias de Newton são até hoje consideradas corretas. No mesmo trabalho em que apresentou essa ideia sobre a composição da luz branca, Newton desenvolveu um estudo sobre as cores dos objetos. A teoria proposta por ele é exatamente aquela que analisamos também na seção 6.3.

Ou seja, um objeto iluminado com luz branca se apresenta verde, por exemplo, porque absorve grande parte das demais cores que constituem a luz branca, refletindo preferencialmente a luz verde.

A teoria das cores de Newton encontrou violenta oposição por parte de vários cientistas da época, especialmente do físico inglês R. Hooke. Essas objeções causaram tamanhos dissabores a Newton que ele, para evitar envolver-se em outras polêmicas, resolveu não mais divulgar seus trabalhos. Isso fez com que permanecesse vários anos em quase completo isolamento. Somente catorze anos mais tarde, por insistência de seu amigo E. Halley, Newton decidiu publicar a sua famosa obra *Princípios matemáticos da Filosofia natural*. Entretanto, para publicar o seu tratado *Opticks*, com suas teorias sobre as propriedades da luz, ele aguardou a morte de Hooke. De fato, Hooke faleceu em 1703, e essa obra de Newton só veio a ser editada em 1704.

Observações experimentais favorecem o modelo ondulatório da luz

O modelo ondulatório, defendido por Huyghens, também conseguia explicar satisfatoriamente a reflexão e a refração da luz. Como veremos no capítulo seguinte, uma onda qualquer se reflete e se refrata seguindo as mesmas leis da reflexão e da refração de um feixe luminoso. Assim, as duas teorias sobre a natureza da luz apresentavam-se igualmente válidas, e era muito difícil optar por uma delas.

Entretanto, no início do século XIX, foi possível observar, com a luz, o fenômeno de **interferência**. Como a interferência é um fenômeno característico do movimento ondulatório, o fato de ser possível observá-lo com feixes luminosos apresenta-se como uma evidência extremamente favorável ao modelo ondulatório. Apesar disso, em virtude do grande prestígio de Newton, o modelo corpuscular continuava a ser aceito por uma significativa parcela da comunidade científica da época, principalmente na Inglaterra.

Em 1862, um acontecimento importante dava fim a essa disputa que vinha se prolongando por mais de 150 anos. Nesse ano o físico francês Foucault conseguiu medir a velocidade da luz na água, verificando que seu valor era menor do que no ar. A teoria corpuscular de Newton, ao explicar a refração, previa exatamente o contrário. Dessa maneira, as ideias de Newton sobre a natureza da luz tiveram de ser definitivamente abandonadas, pois elas levavam a conclusões que estavam em desacordo com os resultados experimentais.

VERIFIQUE O QUE APRENDEU

26. Qual foi a comparação feita por Leonardo da Vinci que o levou a sugerir que a luz poderia ter uma natureza ondulatória?

27. Explique, sucintamente, a origem da polêmica entre Newton e Huyghens.

28. De acordo com o modelo corpuscular, a velocidade da luz:

a) Na água deveria ser maior, menor ou igual a sua velocidade no ar?

b) No vidro deveria ser maior, menor ou igual a sua velocidade na água?

29. A figura abaixo representa um feixe de luz sofrendo refração ao passar do meio *A* para o meio *B*.

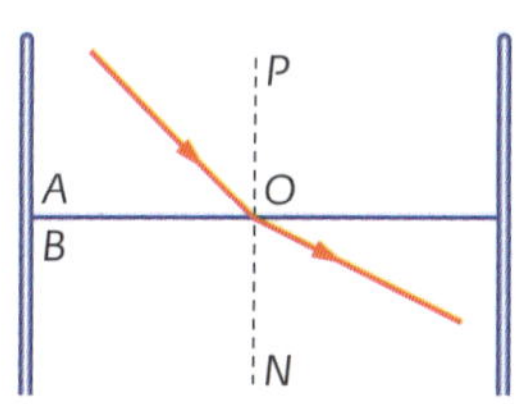

Banco de imagens/Arquivo da editora

a) De acordo com o modelo corpuscular da luz, a força que atua nas partículas do feixe luminoso, ao passar de *A* para *B*, estaria dirigida de *O* para *P* ou de *O* para *N*?

b) Tendo em vista a resposta da questão **a**, o modelo corpuscular iria prever que a velocidade da luz em *B* seria maior, menor ou igual à sua velocidade em *A*?

c) De acordo com o estudo feito neste capítulo, medidas experimentais da velocidade da luz em *A* e *B* confirmariam a resposta da questão **b**?

30. Por que a experiência de Foucault, descrita no capítulo anterior, fez com que fosse definitivamente abandonado o modelo corpuscular da luz?

31. Descreva a experiência realizada por Newton, na qual ficou evidenciado que um prisma de vidro não acrescenta impurezas à luz que passa através dele.

32. Faça uma pesquisa procurando descobrir por que Newton usou a palavra "espectro" para designar o que observou ao realizar a experiência da dispersão da luz branca em um prisma (consulte um dicionário etimológico, por exemplo).

33. O modelo newtoniano para explicar as cores foi muito bem aceito, sofrendo críticas mais fortes somente cerca de um século depois, no período classificado romântico, com os trabalhos do filósofo alemão Johann Wolfgang von Goethe. Converse com o professor de História sobre esse período, em especial sobre como os filósofos e literatos românticos se sentiam em relação à Ciência. Essa percepção dos românticos tem alguma similaridade com nosso período atual?

IMAGEM E O SENTIDO DA VISÃO

Dos nossos cinco sentidos, pode-se dizer que a visão é o que mais se destaca na nossa interação com o mundo. Afinal, é muito comum tomarmos decisões baseados em imagens que ela nos fornece (figura 6.55). Daí chegarmos a acreditar que até dependemos mais da visão do que dos outros sentidos. Mas será que realmente enxergamos o que olhamos?

Andre Dib/Pulsar Imagens

Figura 6.55. A visão nos fornece as imagens do mundo a nossa volta. Mirante no Baixão das Andorinhas, Parque Nacional da Serra da Capivara, São Raimundo Nonato (PI). Fotografia de 2013.

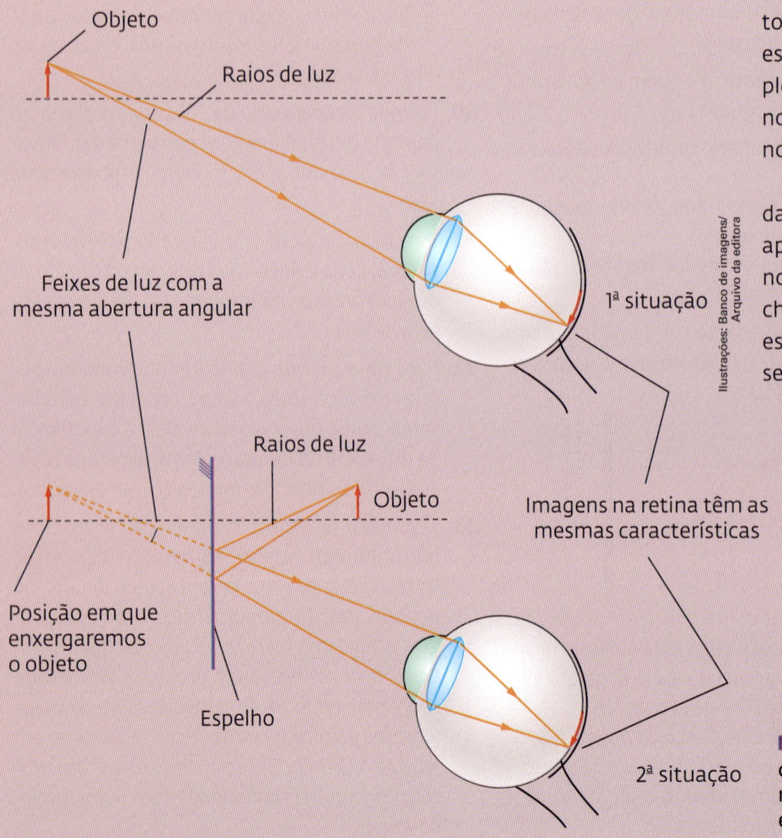

Ilustrações: Banco de imagens/Arquivo da editora

Figura 6.56. Exemplo de situação em que os objetos vistos são iguais e estão no mesmo lugar. Representação sem escala e em cores fantasia.

Apesar de terem significados muito próximos, os verbos *olhar* e *enxergar* são distintos: *olhar* é "dirigir os olhos a"; e *enxergar* é "perceber pela visão, ver".

Nesta unidade aprendemos um pouco sobre a visão e a formação de imagens na retina (releia o tópico O *olho humano*). Dissemos que a "mensagem" da imagem projetada no fundo do olho (na retina) é levada ao cérebro para que enxerguemos o que estamos olhando. Chamaremos, então, de **objeto olhado** aquele para o qual dirigimos o nosso olhar e de **objeto visto** a imagem criada por nosso cérebro do objeto que olhamos.

Mas, para responder à questão inicial deste texto, precisamos nos aprofundar um pouco mais no assunto. Imagine duas situações: na primeira, o olho recebe a luz que saiu de um objeto, projetando a imagem desse objeto na retina; na segunda, *não há um objeto*, mas chega ao olho um feixe de luz com as mesmas características (intensidade, cor, etc.) e também com a mesma abertura angular do feixe de luz da primeira situação. Por mais surpreendente que possa parecer, nessa segunda situação, a imagem projetada na retina terá as mesmas características da primeira, fazendo com que os objetos vistos nos dois casos sejam iguais e pareçam estar posicionados no mesmo lugar. Um exemplo concreto desse fenômeno foi apresentado no capítulo 5, quando estudamos espelhos planos, e está representado na figura 6.56.

Esse fenômeno sugere que a imagem formada pelo sentido da visão (objeto visto) depende apenas das características da **luz** que chega aos nossos olhos: se, na ausência do objeto, a luz chega da mesma forma que chegaria se o objeto estivesse presente, enxergamos o objeto como se ele realmente estivesse presente.

Mas por que a imagem vista só depende da luz?

A luz que sai de um objeto transporta consigo as informações que caracterizam visualmente esse objeto: seu tamanho, seu formato, sua cor, etc. Como vimos, essa luz é focalizada para formar a imagem projetada no fundo do olho. Na retina estão presentes os cones e os bastonetes, dois tipos de células que contêm proteínas sensíveis à luz. Essas células costumam ser chamadas de *células fotorreceptoras*, ou simplesmente *fotorreceptores*. Nelas, o "aparato" bioquímico presente permite que a informação trazida pela luz seja transformada em um tipo de informação que pode ser transmitida por impulsos nervosos até o cérebro. Portanto, a função dos fotorreceptores é captar a informação codificada na luz e transformá-la em informação eletroquímica a ser transmitida por impulsos nervosos. Assim, podemos pensar nos fotorreceptores como "conversores", isto é, eles "convertem" as "mensagens" que recebem. Se receberem feixes idênticos de luz, farão a mesma "conversão". É por esse motivo que aquilo que enxergamos depende apenas da luz incidente em nossa retina.

Mas como o objeto visto se forma a partir da imagem projetada na retina?

As informações visuais captadas na retina são convertidas em impulsos nervosos até uma região posterior do cérebro (o córtex visual) por meio de um nervo chamado *nervo óptico*. O córtex visual é a região que recebe os impulsos nervosos dos olhos e os encaminha para outras regiões do cérebro. Finalmente, por mecanismos ainda não completamente compreendidos, o cérebro interpreta as informações transmitidas pelos impulsos nervosos e elabora a imagem do objeto olhado. Só então que tomamos consciência daquilo que olhamos, ou seja, nesse momento forma-se o objeto visto. A figura 6.57 é um esquema simplificado dos estágios descritos acima.

Preste atenção a alguns pontos desse mecanismo que lhe ajudarão a responder à pergunta inicial:

- O único elemento que sai do objeto e que utilizamos para enxergá-lo é a luz.
- As informações que dizem respeito ao objeto, transmitidas pela luz, são transformadas pelos fotorreceptores na retina e transmitidas por impulsos nervosos até o cérebro.
- O cérebro é responsável por interpretar essas informações e recriar a imagem que havia sido projetada na retina.
- Essa é a imagem final, que tomamos consciência: o objeto visto.

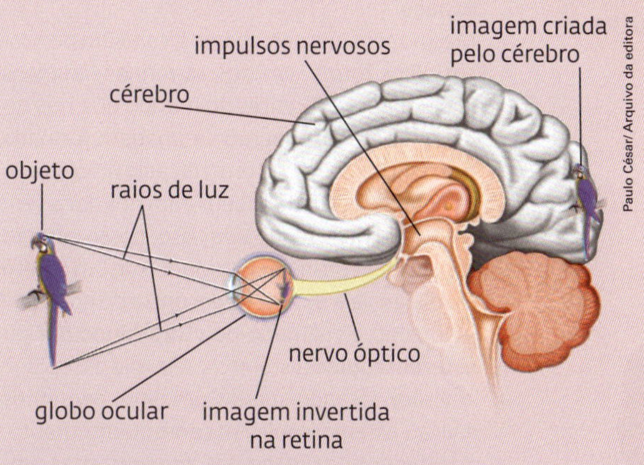

Figura 6.57. Mecanismo biofísico da visão. Representação sem escala e em cores fantasia.

Com isso, concluímos que:

- o objeto visto é resultado de um processo bastante complexo;
- quando as pessoas olham para o mesmo objeto, ainda que atribuam o mesmo nome àquilo que estão enxergando, não há como garantir que os objetos vistos sejam iguais, pois todo o sistema físico-químico de formação e interpretação de imagem – desde os componentes do olho aos fotorreceptores até o cérebro – é único para cada um de nós. Quando duas pessoas olham para uma mesma cadeira, por exemplo, o objeto olhado é o mesmo, mas o objeto visto é único para cada uma delas. Desse modo, apesar de as cadeiras olhadas serem iguais, não há como saber se as cadeiras vistas também são iguais.

Pesquise e responda

1. Pesquise na internet:

- as diferenças entre cones e bastonetes;
- a cor predominantemente captada por cada um dos três tipos de cones.

2. No estudo sobre a radiação emitida por um corpo (capítulo 3), vimos que, à temperatura ambiente, qualquer objeto do nosso cotidiano emite radiação infravermelha. Vimos que essa radiação, assim como a luz visível, é formada por ondas eletromagnéticas. Com base no texto e na pesquisa feita, procure entender por que, dentre esses dois tipos de ondas eletromagnéticas que saem do objeto, apenas a faixa delimitada entre o vermelho e o violeta é chamada de *luz visível*.

PRATIQUE FÍSICA

EM EQUIPE

1. **Como percebemos as três dimensões no espaço**

Mesmo sem que percebamos, cada um de nossos olhos forma, em nossas retinas, imagens ligeiramente diferentes do mundo que nos rodeia. O cérebro superpõe a imagem formada pelo olho esquerdo à formada pelo olho direito e combina as duas imagens para nos dar a sensação tridimensional. Com isso, nosso cérebro consegue determinar o tamanho de um objeto e a distância a que ele se encontra de nós. Esse fenômeno é chamado de **visão binocular** ou **estereoscópica** (estéreo = relevo e escópio = = visão). Usando apenas um olho, perdemos a visão estereoscópica e, consequentemente, a tridimensionalidade das imagens, mas ainda é possível obter um alto nível de profundidade em razão das sombras, da geometria e da posição relativa entre os objetos.

As experiências seguintes são muito interessantes e lhe permitirão verificar esse fenômeno.

a) Feche um dos olhos e aponte com um dedo um objeto situado do outro lado da sala onde você está. Sem mexer a mão, feche o olho aberto e abra aquele que estava fechado.

b) Coloque sua mão verticalmente, a cerca de 10 cm de seu nariz, perpendicularmente a seu rosto. Feche o olho direito e observe que lado de sua mão você está vendo. Feche, então, o olho esquerdo e abra o direito. Que lado de sua mão você vê?

c) Enrole uma folha de papel, formando um tubo de aproximadamente 25 cm. Ponha o tubo diante de seu olho direito (veja a figura **b**). Coloque sua mão aberta, com a palma voltada para você, ao lado do tubo (encostada nele). Aproxime lentamente a mão de seus olhos. O que você vê?

Ilustrações: Paulo César Pereira/Arquivo da editora

a

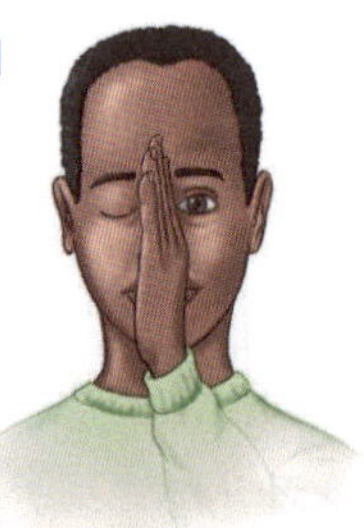

b

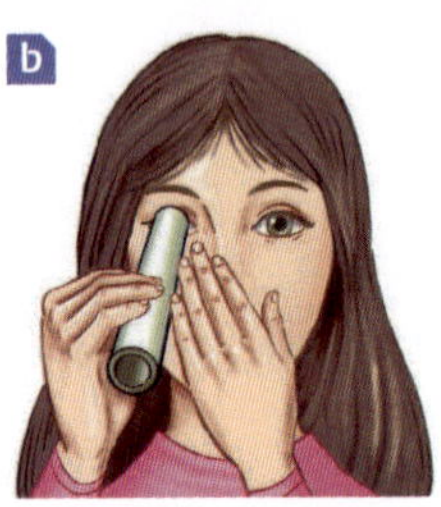

c

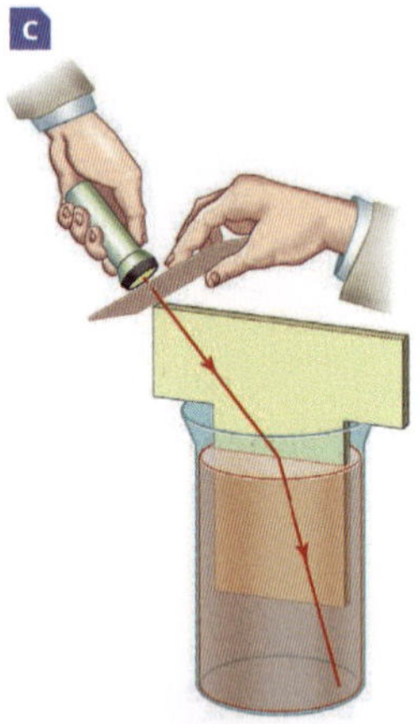

d

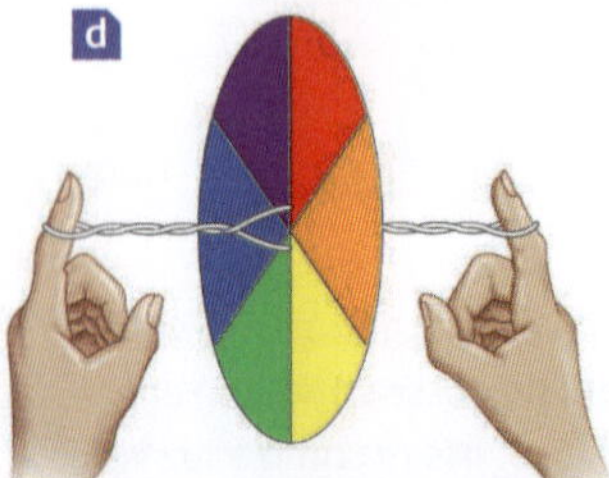

As ilustrações desta página estão representadas sem escala e em cores fantasia.

2. Você poderá observar a refração de um feixe luminoso reproduzindo a montagem mostrada na figura dessa experiência. Encha um copo com água e introduza nele um cartão, ou uma cartolina branca, cortado e apoiado no recipiente da maneira mostrada na figura **c**.

Usando uma lanterna e, diante dela, um anteparo com uma fenda, você obterá um estreito feixe de luz. Faça esse feixe incidir ao longo do cartão, procurando torná-lo o mais bem definido possível (para isso, gire a lanterna, ajuste o anteparo até conseguir a melhor posição e realize a experiência em local escurecido). Observe, sobre o cartão, a trajetória do feixe luminoso antes e depois de penetrar na água. Faça variar o ângulo de incidência e verifique que, quando o feixe incide perpendicularmente à superfície da água, ele não muda a direção e que, quanto maior for o ângulo de incidência, mais acentuada será a refração.

Se você dispuser de um bloco de vidro ou de outros líquidos, procure repetir essa experiência usando esses materiais.

3. Nesta experiência você vai determinar a distância focal de uma lente convergente usando dois processos diferentes.

1º) Faça um feixe de luz solar (feixe de raios paralelos) passar através da lente e receba o feixe convergente sobre um anteparo. Desloque lentamente a lente (ou o anteparo) até que a mancha clara que se forma sobre o anteparo se reduza a um círculo de menor tamanho possível.
Nessas condições, o anteparo estará situado no foco da lente. Meça, então, a distância focal dessa lente e anote o seu valor.

2º) Em um ambiente escurecido, coloque uma vela acesa diante da lente de tal maneira que a imagem da chama possa ser recebida sobre um anteparo. Deslocando cuidadosamente a lente (ou o anteparo) procure obter, sobre o anteparo, uma imagem da chama o mais nítida possível.

Meça as distâncias da chama e de sua imagem à lente, isto é, os valores de D_o e D_i. Usando a equação das lentes e conhecendo esses valores, calcule o valor da distância focal, *f*, da lente.

Os dois processos de medida forneceram resultados razoavelmente concordantes para a distância focal dessa lente? Caso isso não aconteça, repita a experiência, procurando realizá-la com mais cuidado.

4. Nossos olhos, ao serem sensibilizados pela luz proveniente de um objeto, conservam essa imagem durante cerca de 0,1 s. Então, quando duas ou mais imagens se superpõem na retina, com intervalo igual ou inferior a esse, temos a sensação de continuidade (é graças a essa propriedade que, ao receber no cinema imagens sucessivas de um acontecimento, projetadas na tela, temos a sensação de que há movimento). A experiência seguinte está relacionada a isso.

Para comprovar que a luz branca é uma mistura de várias cores, tome um disco de cartão branco, faça dois furos no cartão e enfie nele um cordão, formando um brinquedo denominado corrupio (veja a figura **d**). Colorindo os diversos setores do corrupio com cores diversas, como está mostrado (vermelho, alaranjado, amarelo, verde, azul e violeta) e girando-o, você verá o disco tornar-se praticamente branco. Tente analisar o que está acontecendo, baseando-se no fenômeno da retenção da imagem na retina.

PROBLEMAS E TESTES

1. Sabe-se que a luz do Sol gasta 500 s para chegar à Terra. Supondo que o espaço entre o Sol e a Terra fosse totalmente preenchido com um vidro de índice de refração $n = 1,5$, responda:

a) A velocidade da luz nesse vidro é quantas vezes menor do que a velocidade da luz no vácuo?

b) Então, nesse caso, qual seria o tempo que a luz solar gastaria para chegar à Terra?

2. A figura abaixo mostra a fotografia de um estreito feixe de luz se refratando ao passar do ar para o vidro.

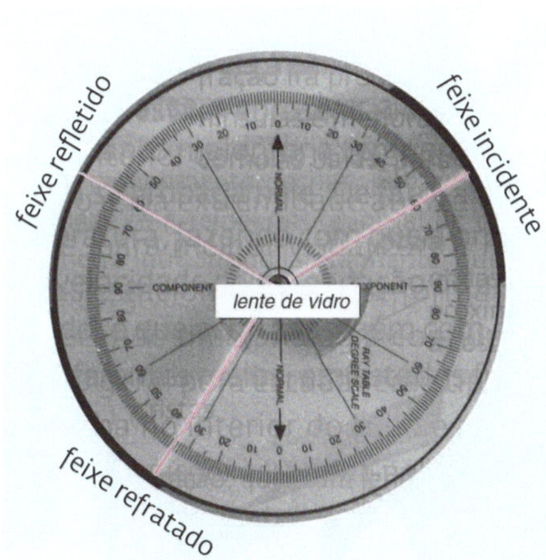

Prof.ª Dr.ª Marisa A. Cavalcante/Gopef/PUC-SP

a) Qual é o valor do ângulo de incidência, θ_1, para esse feixe? E do ângulo de refração θ_2?

b) A partir dos valores obtidos em **a**, determine o índice de refração daquele vidro.

3. Um raio de luz, propagando-se no ar, incide no ponto *O* de um bloco de vidro, como mostra a figura. Esse raio, após se refratar, terá sua trajetória no interior do vidro mais bem representada pelo raio:

a) *OA*.

b) *OB*.

c) *OC*.

d) *OD*.

e) *OE*.

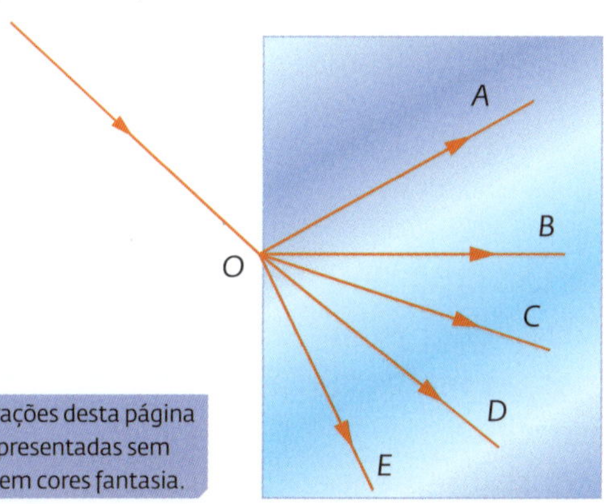

As ilustrações desta página estão representadas sem escala e em cores fantasia.

4. Um raio de luz solar incide no ponto *O* de uma gota de chuva esférica, em suspensão no ar (o ponto *C* é o centro da gota). A figura a seguir mostra cinco trajetórias, desenhadas por um estudante, tentando representar o percurso seguido por esse raio luminoso ao atravessar a gota. Apenas uma dessas trajetórias está correta. Qual delas?

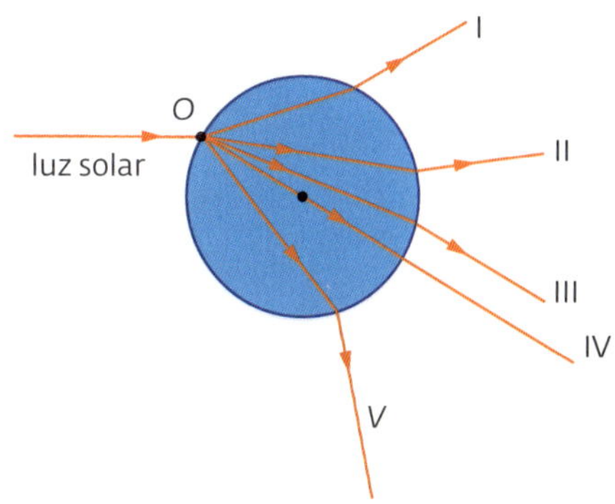

Ilustrações técnicas desta página: Banco de imagens/Arquivo da editora

5. Um feixe luminoso, de raios paralelos, incide sobre uma lente, cuja distância focal vale 20 cm, convergindo no ponto *F* (veja a figura). Em qual dos pontos indicados na figura devemos colocar uma lente divergente, de 5,0 cm de distância focal, para que o feixe luminoso, após atravessá-la, seja paralelo ao eixo do sistema? (Sabe-se que $CD = DE = EF = FG = 5,0$ cm.)

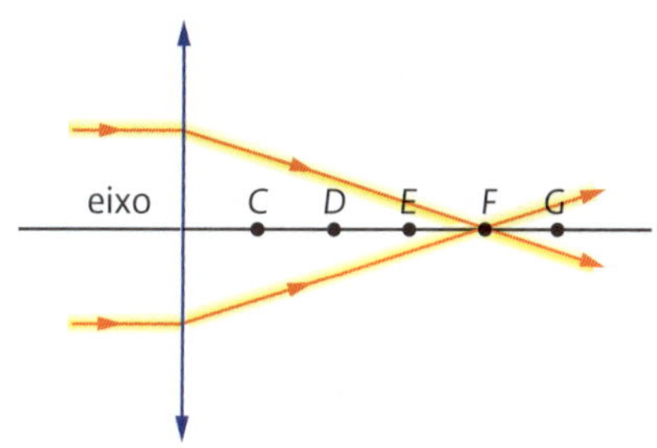

6. (**Enem**) Alguns povos indígenas ainda preservam suas tradições realizando a pesca com lanças, demonstrando uma notável habilidade. Para fisgar um peixe em um lago com águas tranquilas o índio deve mirar abaixo da posição em que enxerga o peixe. Ele deve proceder dessa forma porque os raios de luz:

a) refletidos pelo peixe não descrevem uma trajetória retilínea no interior da água.

b) emitidos pelos olhos do índio desviam sua trajetória quando passam do ar para a água.

c) espalhados pelo peixe são refletidos pela superfície da água.

d) emitidos pelos olhos são espalhados pela superfície da água.

e) refletidos pelo peixe desviam sua trajetória quando passam da água para o ar.

7. (**UFSM-RS**) Na pesca com lança, os índios sabem que, jogando a lança na direção do rabo de um peixe em repouso, podem acertar a cabeça. Por trás desse conhecimento empírico, está o conceito físico de:

a) refração.

b) reflexão.

c) difração.

d) interferência.

e) polarização.

Músicos tocando violinos.
Manaus (AM). Fotografia de 2014.

Capítulo 7

Movimento ondulatório

Produzir som é simples, mas fazer música não é tão fácil. Uma nota musical não é um som qualquer. Para produzir som instrumental, por exemplo, o músico deve fazer as cordas, as membranas ou o ar do instrumento vibrar de forma bem específica.

Por isso, os instrumentos musicais devem ser constantemente afinados, para que não emitam sons que destoem da melodia. A essência da afinação de um instrumento é que ele seja capaz de reproduzir sons iguais ao padrão das notas musicais.

O sucesso de uma apresentação solo ou de uma orquestra se deve ao talento individual de cada músico, associado à intensidade, à altura e ao timbre do som que os instrumentos proporcionam.

PARA INICIAR A CONVERSA

Identifique no texto que acabou de ler palavras que se relacionam com o tema "ondas".

A audição humana está limitada a ouvir sons em quais valores de frequência?

Por que, na afinação de um violão, para tornar o som mais agudo, devemos apertar a tarraxa, aumentando assim a força tensora da corda?

7.1 Movimento harmônico simples

É comum observarmos fenômenos naturais ou situações do cotidiano em que objetos ficam oscilando ou balançando de um lado para o outro, como o movimento de um balanço no parque de diversões, galhos de árvores ou o vaivém do pêndulo de um relógio. Instrumentos musicais produzem sons pela vibração de cordas – como o violão e o violino –, de membranas ou lâminas e colunas de ar – como o tambor e a flauta. Neste capítulo, vamos nos dedicar a estudar esses fenômenos, caracterizando-os a partir de suas propriedades gerais.

O que é um movimento harmônico simples

Vamos imaginar que um bloco, apoiado sobre uma superfície horizontal, sem atrito, esteja preso na extremidade de uma mola com constante elástica k, como mostra a **figura 7.1.a**. A outra extremidade da mola está fixada em uma parede, e o ponto O representa a posição de equilíbrio do bloco, isto é, nessa posição a mola não exerce força sobre ele, pois ela não está deformada, ou seja, nem comprimida ou esticada.

Ao começarmos a empurrar o bloco, comprimindo a mola de uma distância A até a posição B **(figura 7.1.b)**, a mola passará a exercer sobre o bloco uma força $\vec{F}$, dirigida para a posição de equilíbrio. Quando soltarmos o bloco, ele será acelerado por essa força, e sua velocidade crescerá à medida que ele se aproximar do ponto O **(figura 7.1.c)**. A força $\vec{F}$ é proporcional à deformação, x, da mola e dada pela lei de Hooke, $F = kx$, em que k é a constante elástica da mola. Assim, à medida que o bloco se afasta de B, o valor de $\vec{F}$ diminui, anulando-se quando ele atinge o ponto O.

Quando o bloco ultrapassa a posição de equilíbrio, a mola está esticada e passa a exercer uma força dirigida para o ponto O de sentido contrário à velocidade do bloco **(figura 7.1.d)**. O movimento é, então, retardado e, no ponto B', simétrico a B, a velocidade do bloco se anula **(figura 7.1.e)**. Partindo de B', o bloco é novamente acelerado para O, ultrapassa esse ponto, sendo, então, retardado pela mola até alcançar o ponto B. Como não há atrito nem resistência do ar, esse movimento, conhecido como oscilador massa-mola, mantém o movimento de vaivém, entre os pontos B e B', indefinidamente.

Quando um objeto executa um movimento como esse, indo e voltando sobre uma mesma trajetória, dizemos que ele está **vibrando** ou **oscilando** entre os pontos B e B'. No caso mostrado na **figura 7.1**, no qual a força que atua no objeto é proporcional a sua distância até a posição de equilíbrio ($F = kx$), o movimento oscilatório é denominado **movimento harmônico simples**.

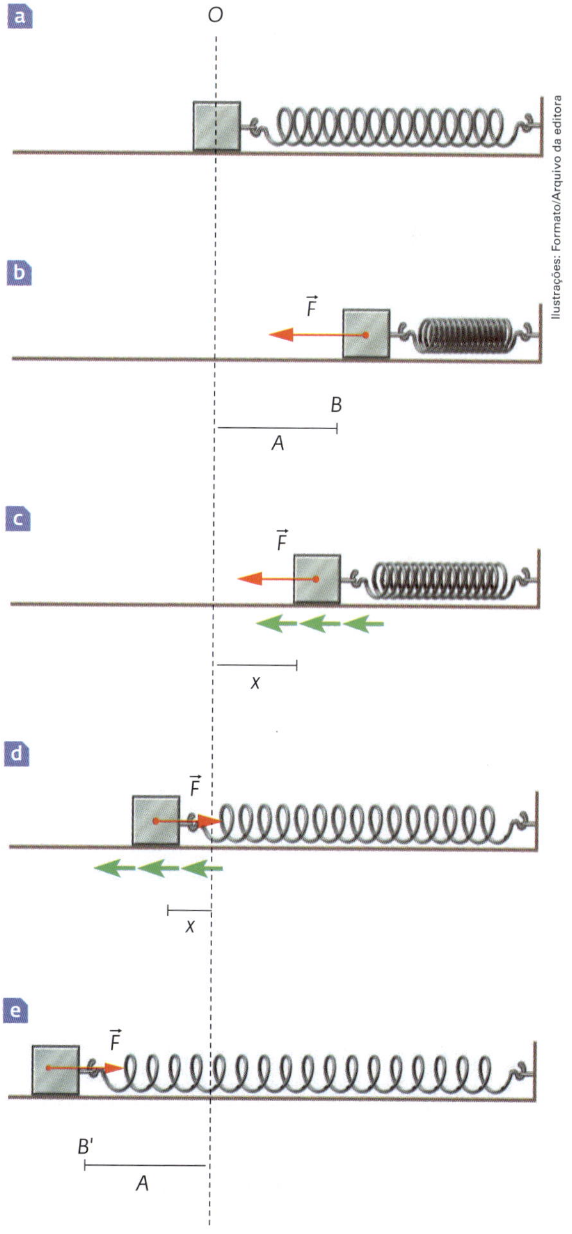

Figura 7.1. Um bloco, preso à extremidade de uma mola, oscila executando um movimento harmônico simples. Representação sem escala e em cores fantasia.

Amplitude, frequência e período

No nosso dia a dia, podemos encontrar várias outras situações em que um objeto executa um movimento vibratório (ou oscilatório): uma pessoa sobre uma plataforma vibratória em uma academia **(figura 7.2.a)**, um ponto de uma corda esticada posta a oscilar **(figura 7.2.b)**, uma criança em um balanço **(figura 7.2.c)**, etc. Em todos esses casos, o objeto que oscila, ao ser afastado de sua posição de equilíbrio, fica sujeito à ação de uma força que tende a trazê-lo de volta para essa posição. Por esse motivo, essa força que faz o objeto oscilar é denominada **força restauradora**.

A distância entre a posição de equilíbrio e a posição extrema ocupada por um objeto que oscila é denominada amplitude, *A*, do movimento.

Goran Bogicevic/Shutterstock

Andrii Muzyka/Shutterstock

CroMary/Shutterstock

Figura 7.2. É comum encontrarmos situações em que um objeto executa movimento oscilatório.

Na **figura 7.1**, mostramos a amplitude, *A*, do bloco que oscila preso à mola. Quando não há atrito, a amplitude do movimento oscilatório se mantém constante, mas se o atrito não é desprezível, a amplitude diminui gradativamente até que o bloco pare. Nessas condições, o movimento é denominado **movimento harmônico amortecido**.

Quando o objeto vai de uma posição extrema a outra e retorna à posição inicial, dizemos que ele efetuou uma **oscilação completa** ou um **ciclo**.

O tempo que o objeto demora para efetuar uma oscilação completa é denominado período, *T*, do movimento. O número de oscilações completas que o objeto efetua por unidade de tempo é denominado frequência, *f*, do movimento.

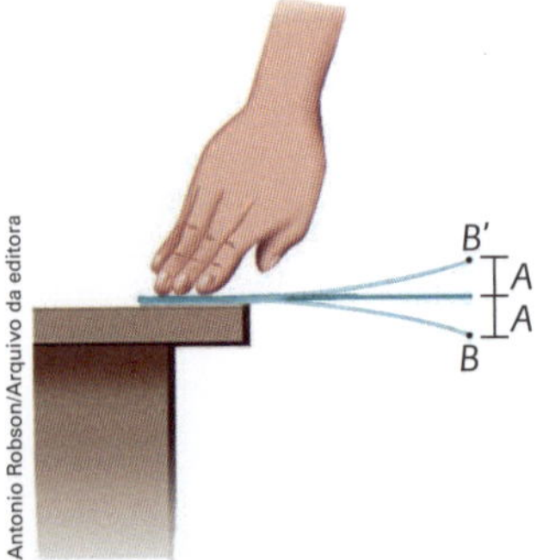

Antonio Robson/Arquivo da editora

Figura 7.3. Representação (sem escala e em cores fantasia) de uma lâmina vibrando.

Por exemplo, considere uma lâmina muito fina sendo segura por uma pessoa na ponta de uma mesa conforme a **figura 7.3**. Sabendo que a extremidade da lâmina da figura vai de *B* a *B'* e retorna a *B* 5 vezes em 1 segundo, a frequência desse movimento é:

$$f = 5 \text{ oscilações/s} \quad \text{ou} \quad f = 5 \text{ ciclos/s}$$

Logo, a frequência da lâmina é $f = 5$ hertz.

Se a lâmina executa 5 oscilações em 1 segundo, o tempo que ela gasta para efetuar 1 oscilação é de 0,2 s, ou seja, seu período *T* é:

$$T = \frac{1}{5} \text{ s ou } T = 0{,}2 \text{ s}$$

Generalizando, podemos dizer que:

Se um objeto oscila com uma frequência *f*, o seu período de oscilação, *T*, é dado por:

$$T = \frac{1}{f}$$

Dessa relação, podemos concluir que, quanto maior for a frequência com que um objeto oscila, menor será o seu período e vice-versa.

Período do movimento harmônico simples

Aplicando-se a 2ª lei de Newton a um objeto que executa movimento harmônico simples, do tipo massa-mola, como o da **figura 7.4**, é possível estabelecer uma relação entre o período T, do movimento, a massa m, do objeto, e a constante elástica k, da mola. Por meio de cálculos matemáticos (os quais não vamos nos preocupar em desenvolver aqui), podemos chegar à seguinte relação:

$$T = 2\pi\sqrt{\frac{m}{k}}$$

Essa equação nos permite calcular o período T do movimento harmônico simples quando conhecemos os valores de m e k. Analisando essa expressão, vemos que:

1) Quanto maior for a massa do objeto, maior será o seu período de oscilação, isto é, um objeto de maior massa oscila com menor frequência, mais lentamente.
2) Quanto maior for a constante da mola (mola mais dura), menor será o período de oscilação, ou seja, maior será a frequência com que o objeto oscila.
3) A amplitude A não aparece na expressão $T = 2\pi\sqrt{m/k}$. Logo, o período **não** depende da amplitude. Apesar de ser um resultado anti-intuitivo, ele pode ser verificado experimentalmente. Por exemplo, se prendermos um objeto em uma mola e colocarmos o sistema para oscilar com uma amplitude de $A = 5$ cm e, em seguida, com uma amplitude de $A = 10$ cm, verificaremos que o período de oscilação é o mesmo em ambos os casos.

Figura 7.4. Pêndulo massa-mola.

As ilustrações desta página estão representadas sem escala e em cores fantasia.

O pêndulo simples

Suponha que uma pequena esfera, de massa m, esteja presa na extremidade de um fio de massa desprezível, cujo comprimento é L, oscilando em um plano vertical, como mostra a **figura 7.5**. Esse dispositivo constitui um **pêndulo simples** em oscilação. A força restauradora que mantém a esfera em oscilação é a componente de seu peso tangente à trajetória mg sen θ.

Para ângulo de oscilação (θ) pequeno a trajetória curva, BB', descrita pela esfera que oscila, pode ser considerada um segmento de reta horizontal. Com essa simplificação, é possível demonstrar que a força restauradora é proporcional à distância da esfera à posição de equilíbrio, isto é, para pequenas amplitudes o pêndulo executa um movimento harmônico simples. Nessas condições, podemos chegar à seguinte expressão, que permite calcular o período de oscilação do pêndulo simples:

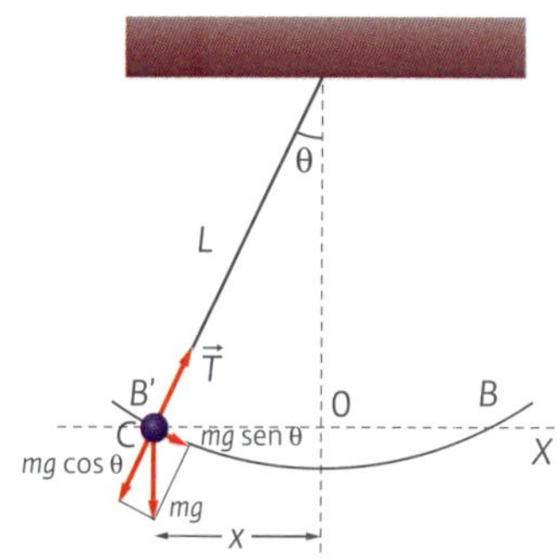

Figura 7.5. Uma esfera pendurada em um fio de comprimento L, oscilando com ângulo θ muito pequeno, executa um movimento harmônico simples.

$$T = 2\pi\sqrt{\frac{L}{g}}$$

Essa expressão nos mostra que:

1) Quanto maior for o comprimento do pêndulo, maior será o seu período **(figura 7.6)**.
2) Quanto maior for o valor da aceleração da gravidade no local onde o pêndulo oscila, menor será o seu período.
3) O período do pêndulo **não** depende nem de sua massa nem da amplitude de oscilação (desde que ela seja pequena), por isso essas grandezas não aparecem na expressão de T **(figura 7.7)**.

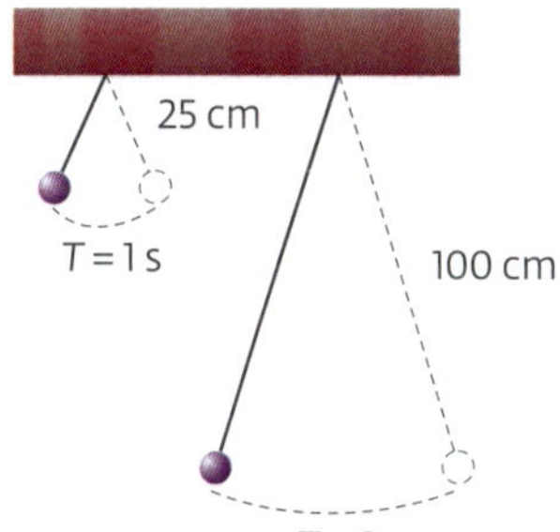

Figura 7.6. O período de um pêndulo é tanto maior quanto maior for seu comprimento. Na realidade, T é proporcional à raiz quadrada de L: quando o comprimento é multiplicado por 4, o período torna-se 2 vezes maior (pois $\sqrt{4} = 2$).

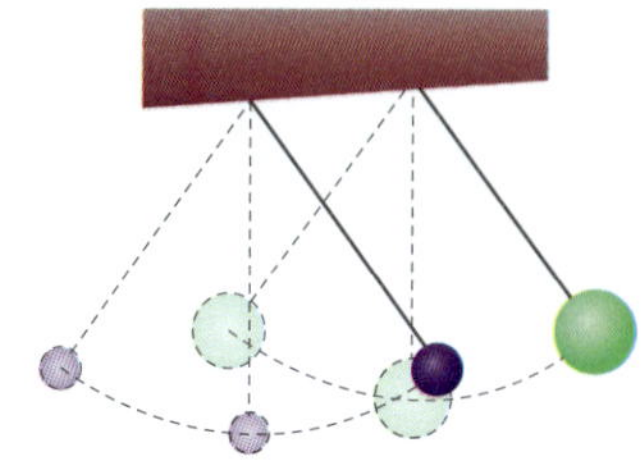

Figura 7.7. Os dois pêndulos da figura têm o mesmo comprimento, mas suas massas são diferentes. Procura-se ilustrar que, partindo juntos da mesma altura, eles oscilam juntos, isto é, ambos têm o mesmo período.

Exemplo

Em uma experiência com um pêndulo simples, como o da figura 7.5, verificou-se que a esfera suspensa, saindo de *B*, deslocava-se até *B'* e retornava a *B* 20 vezes em 10 s.

a) Qual é o período desse pêndulo?

O período do pêndulo é o tempo que ele leva para ir de *B* a *B'* e retornar a *B*, isto é, o tempo necessário para executar uma oscilação completa. Como o pêndulo executou 20 oscilações completas em 10 s, seu período vale:

$$T = \frac{10\text{ s}}{20} \quad \text{ou} \quad T = 0{,}50\text{ s}$$

b) Qual é a frequência de oscilação do pêndulo?

Tendo o pêndulo executado 20 oscilações em 10 s, o número de oscilações que ele executa em 1 s, ou seja, a sua frequência, será:

$$f = \frac{20\text{ oscilações}}{10\text{ s}} = 2{,}0\text{ oscilações/s} \quad \text{ou} \quad f = 2{,}0\text{ hertz}$$

Esse mesmo resultado pode ser obtido a partir da relação $T = 1/f$, da qual tiramos:

$$f = \frac{1}{T} = \frac{1}{0{,}50} \quad \text{ou} \quad f = 2{,}0\text{ hertz}$$

c) Se a experiência fosse realizada com um pêndulo de comprimento 4 vezes maior, qual seria o seu período?

A expressão $T = 2\pi\sqrt{L/g}$ nos mostra que *T* é proporcional à raiz quadrada de *L*. Então, multiplicando *L* por 4, *T* fica multiplicado por $\sqrt{4} = 2$. Assim, o período desse pêndulo será 2 vezes maior do que o do pêndulo da primeira experiência, isto é:

$$T = 2 \cdot 0{,}50\text{ s} \quad \text{ou} \quad T = 1{,}0\text{ s}$$

VERIFIQUE O QUE APRENDEU

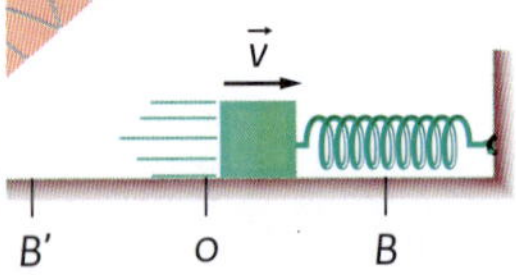

Formato/Arquivo da editora

1. Um bloco, preso a uma mola, oscila (sem atrito) entre os pontos *B* e *B'* mostrados na figura ao lado (sem escala e em cores fantasia). O ponto O representa a posição de equilíbrio do bloco. Para o instante em que ele passa pela posição indicada na figura, deslocando-se para a direita, responda no caderno:

a) Qual é o sentido da força restauradora que a mola exerce no bloco?

b) Então, qual é o sentido da aceleração que o bloco possui?

c) O movimento do bloco é acelerado ou retardado?

2. Considerando o movimento do bloco do exercício anterior, diga em que ponto (ou quais pontos):

a) O módulo da força que atua no bloco é máximo.

b) A força que atua no bloco é nula.

c) O módulo da velocidade do bloco é máximo.

d) A velocidade do bloco é nula.

e) A força que atua no bloco muda de sentido.

3. a) Suponha que o bloco do exercício 1, em um dado instante, passasse por O dirigindo-se para *B*, voltasse a *B'* e retornasse a O. Poderíamos dizer que o bloco efetuou uma oscilação completa (1 ciclo)?

b) Um estudante, observando o movimento do bloco, verificou que ele, após passar pelo ponto O, em certo instante, tornou a passar 100 vezes consecutivas por esse mesmo ponto. Quantos ciclos o bloco completou?

c) Considerando que o bloco tivesse gasto 100 s para efetuar os ciclos mencionados no item anterior, qual seria a frequência desse movimento?

d) Então, qual seria o valor do período do movimento do bloco?

4. a) Suponha que, na **figura 7.3**, a distância *BB'* seja igual a 10 cm. Então, qual é o valor da amplitude de oscilação da extremidade da lâmina?

b) Qual é a distância que a extremidade da esfera percorre durante um intervalo de tempo igual a 2 períodos?

5. Um objeto executa um movimento harmônico simples, preso à extremidade de uma mola. Diga se o tempo que o objeto leva para efetuar uma oscilação completa aumentará, diminuirá ou não sofrerá alteração em cada um dos seguintes casos:

a) O objeto é substituído por outro, de massa menor.

b) A mola é substituída por outra, mais macia.

c) O objeto é colocado em oscilação com uma amplitude menor.

FÍSICA NO CONTEXTO

O PÊNDULO DE FOUCAULT

Em uma experiência, realizada em 1851, o cientista francês Léon Foucault utilizou um pêndulo para demonstrar, de modo convincente, que a Terra está em rotação.

Para você entender a experiência do "pêndulo de Foucault", considere a **figura 7.8**, que ilustra um pêndulo oscilando exatamente no polo norte da Terra. Sabe-se que um pêndulo, ao oscilar livremente, tende a se manter sempre no mesmo plano vertical no qual ele foi posto a oscilar. Foucault percebeu que, em virtude da rotação da Terra, para uma pessoa em repouso em sua superfície, o plano fixo no qual o pêndulo oscila estaria aparentemente girando em sentido contrário ao da rotação terrestre — o pêndulo deve ser suspenso de tal maneira que oscile livremente, isto é, que a rotação da Terra não seja transmitida a ele por meio da suspensão.

Suponha que o pêndulo da **figura 7.8** seja colocado a oscilar ao longo da linha BB' **(figura 7.9)**. A pessoa na Terra veria, portanto, essa linha de oscilação do pêndulo girar gradualmente, de modo que, após algumas horas, ele estaria oscilando ao longo da linha CC'. Depois de 6 horas, por exemplo, como a Terra efetuou 1/4 de volta em torno de seu eixo, a pessoa passaria a ver o pêndulo oscilar na direção DD' (perpendicularmente à direção inicial, BB'). Após 12 horas (a Terra completou 1/2 volta de sua rotação completa), o pêndulo estaria oscilando novamente na direção BB'.

Tendo essas ideias em mente, Foucault construiu um grande pêndulo sustentado por um fio de aço com cerca de 70 m de comprimento. Esse pêndulo foi suspenso na cúpula do famoso Panthéon de Paris **(figura 7.10)**. A altura do saguão desse prédio permitia a instalação de um pêndulo com comprimento tão grande. Consta que Foucault dirigiu um convite a autoridades e colegas cientistas para "presenciarem a Terra em rotação".

Foi com grande surpresa e admiração que os presentes constataram a alteração no plano de oscilação do pêndulo, no decorrer de algumas horas de observação.

Modernos museus de ciência em vários países do mundo apresentam réplicas da experiência de Foucault, que sempre atraem a atenção dos visitantes.

Paulo César Pereira/Arquivo da editora

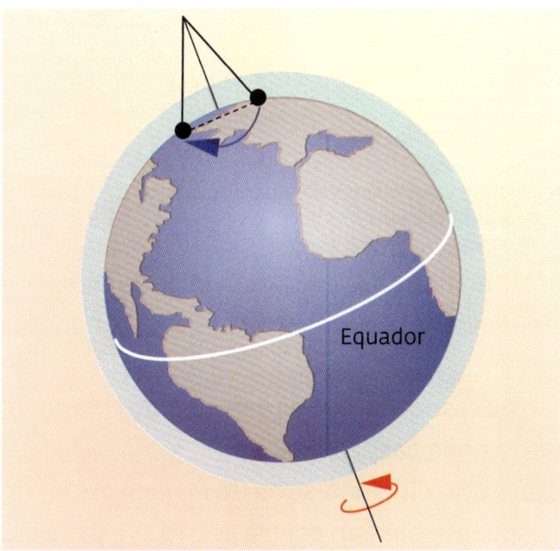

Figura 7.8. Representação (sem escala e em cores fantasia) de um pêndulo posto a oscilar no polo norte da Terra.

Banco de imagens/Arquivo da editora

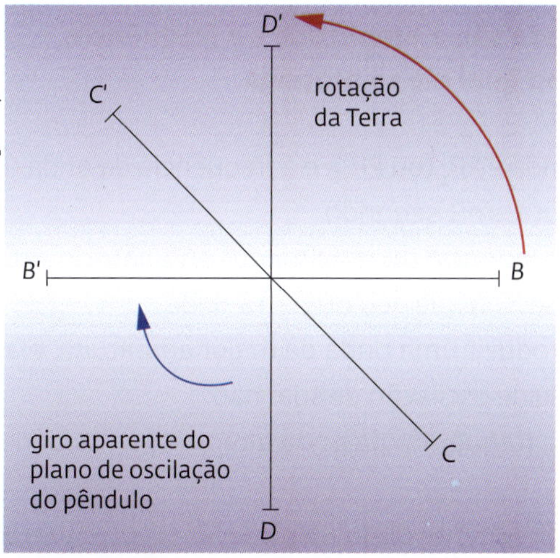

Figura 7.9. Em virtude da rotação da Terra, o plano de oscilação de um pêndulo parece girar em sentido contrário a essa rotação.

imageBROKER/Alamy/Latinstock

Figura 7.10. Pêndulo de Foucault no Panthéon em Paris.

7.2 Ondas

O que é uma onda

Imaginemos que uma pessoa, ao segurar uma corda, deslocasse sua mão continuamente para cima e para baixo da posição inicial. Nesse caso, teríamos uma série de pulsos, produzidos alternadamente para cima e para baixo, propagando-se ao longo da corda, como mostra a **figura 7.11**.

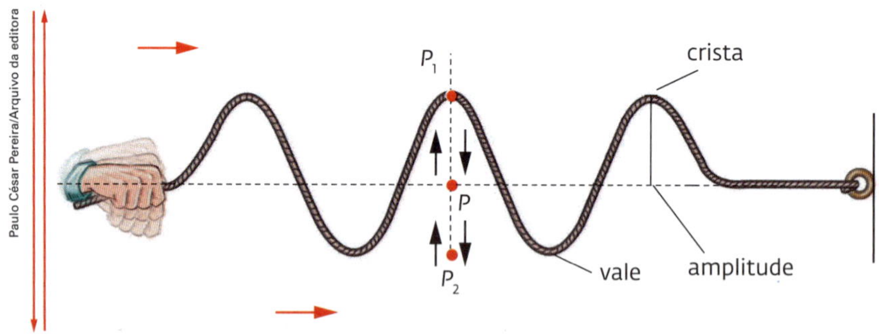

Figura 7.11. Uma onda é constituída de cristas e vales que se propagam ao longo da corda. Representação sem escala e em cores fantasia.

Dizemos que essa série de pulsos constitui uma **onda** propagando-se na corda.

Os pontos mais altos dos pulsos são denominados cristas da onda, e os pontos mais baixos são os vales da onda.

Um ponto qualquer do meio material (no caso, a corda), ao ser atingido pela onda, inicia um movimento oscilando enquanto a onda passa por ele.

Por exemplo, o ponto *P* da **figura 7.11** oscila, dirigindo-se de *P* a P_1, indo até P_2, retornando a *P*, e assim sucessivamente, enquanto passam por ele as cristas e os vales.

A amplitude e a frequência de oscilação desse ponto definem a amplitude e a frequência da onda, isto é:

A amplitude e a frequência de uma onda são a amplitude e a frequência das oscilações de um ponto do meio no qual ela se propaga.

Assim, na **figura 7.11**, a amplitude da onda é PP_1 (ou PP_2), e a frequência da onda é o número de oscilações que o ponto *P* executa em 1 segundo.

Deve-se observar que a amplitude e a frequência do movimento ondulatório são determinadas pelo movimento da mão da pessoa que deu origem à onda.

Isso significa que, se a pessoa desejar produzir uma onda de maior amplitude, ela deverá simplesmente aumentar a amplitude de oscilação de sua mão.

Do mesmo modo, ela pode fazer variar a frequência da onda alterando a frequência com que sua mão oscila.

Em qualquer situação, a frequência do movimento ondulatório será sempre igual à frequência com que a mão da pessoa está oscilando.

Sendo *T* o período da onda (período de oscilação de um ponto do meio) e *f* a sua frequência, é válida, também aqui, a relação $f = 1/T$.

Comentários

1) Vimos que qualquer ponto da corda da **figura 7.11** executa um movimento oscilatório quando os pulsos passam por ele. No entanto, eles não são carregados pela onda, ou seja, uma onda não transporta matéria.

2) Um ponto da corda qua ainda não recebeu um pulso está em repouso, assim, não possui energia cinética. Contudo, quando o pulso o atinge, ele inicia um movimento oscilatório, o que mostra que recebeu energia do pulso.

3) Os dois fatos mencionados acima nos permitem afirmar que, para qualquer tipo de onda: uma onda transmite energia sem transportar matéria.

As ilustrações desta página estão representadas sem escala e em cores fantasia.

Onda transversal e onda longitudinal

No movimento ondulatório representado na **figura 7.11**, os pontos da corda oscilam para cima e para baixo enquanto a onda se propaga, para a direita, ao longo da corda.

Uma onda como essa, em que a oscilação dos pontos se faz em direção perpendicular à direção de propagação, é denominada **onda transversal**.

Podemos fazer uma onda como essa se propagar não apenas em uma corda, mas também em uma mola esticada, em uma mangueira, etc. **(figura 7.12)**.

Ilustrações: Paulo César Pereira/Arquivo da editora

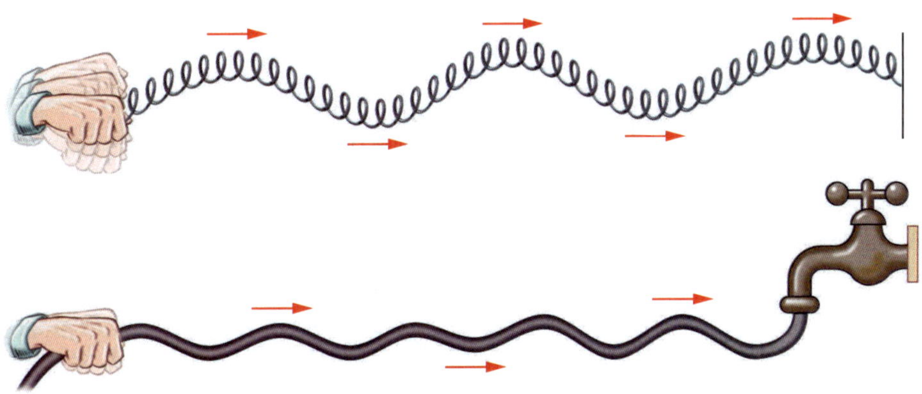

Figura 7.12. Onda transversal se propagando em uma mola e em uma mangueira. Suponha que a onda esteja atingindo o ponto fixo da direita no momento mostrado (a onda ainda não se refletiu).

Entretanto, se uma pessoa movimentar para a frente e para trás a extremidade de uma mola esticada, dando a essa extremidade um movimento oscilatório na direção da própria mola, verificaremos que um distúrbio, constituído por uma série de compressões e rarefações, propaga-se ao longo da mola **(figura 7.13)**. Uma perturbação como essa propagando-se na mola é denominada **onda longitudinal**.

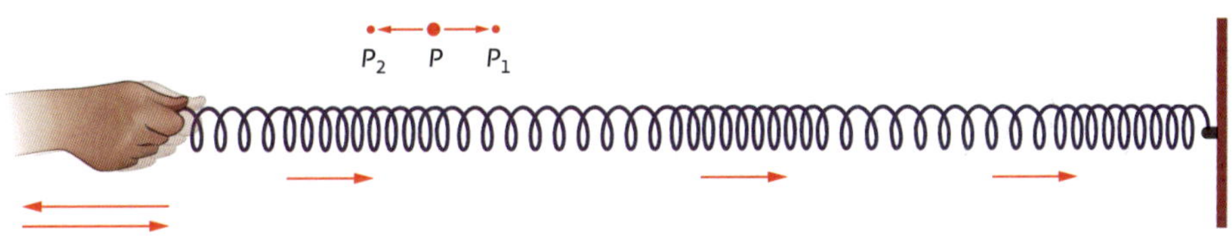

Antonio Robson/Arquivo da editora

Figura 7.13. Onda longitudinal propagando-se em uma mola.

Quando um ponto P da mola é atingido pela onda longitudinal, ele oscila entre P_1 e P_2 **(figura 7.13)**, isto é, sua oscilação se faz na mesma direção em que a onda está se propagando. Em resumo:

Em uma onda transversal, os pontos do meio no qual ela se propaga oscilam perpendicularmente à direção de propagação da onda. Em uma onda longitudinal, os pontos do meio no qual ela se propaga oscilam paralelamente à direção de propagação da onda.

Velocidade de propagação de uma onda

Ilustrações: Paulo César Pereira/Arquivo da editora

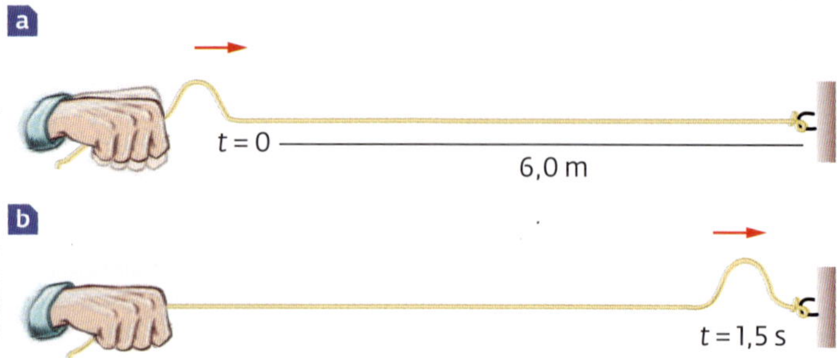

Figura 7.14. Nessa corda, a velocidade de propagação do pulso foi $v = 4{,}0$ m/s.

A velocidade de uma onda em um meio é a velocidade com que os pulsos da onda se propagam nesse meio.

Para uma corda, por exemplo, verifica-se que quanto mais grossa ela for (maior massa por unidade de comprimento), menor será a velocidade do deslocamento de sua onda. Essa velocidade também depende da tensão a que a corda está submetida: quanto mais esticada estiver, maior será a velocidade de propagação da onda nessa corda.

Por exemplo, se uma pessoa produzir um pulso na extremidade de uma corda, cujo comprimento é de 6,0 m **(figura 7.14.a)**, e o pulso atingir a outra extremidade, conforme **figura 7.14.b**, depois de 1,5 s a velocidade de propagação da onda nessa corda será de:

$$v = \frac{\Delta S}{\Delta t} = \frac{6{,}0 \text{ m}}{1{,}5 \text{ s}} \therefore v = 4 \text{ m/s}$$

Comprimento de onda

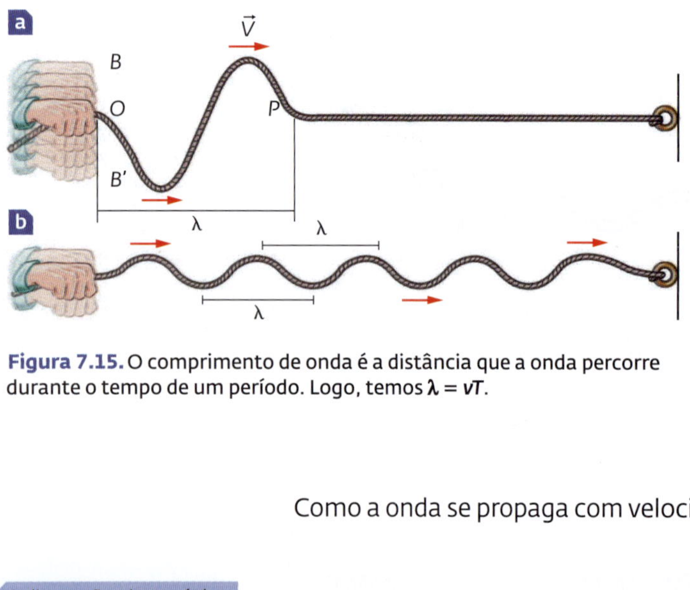

Figura 7.15. O comprimento de onda é a distância que a onda percorre durante o tempo de um período. Logo, temos $\lambda = vT$.

Suponha que uma pessoa, segurando a extremidade de uma corda esticada, faça sua mão executar uma oscilação completa; isto é, partindo de *O*, na **figura 7.15.a**, eleve sua mão até *B*, desça até *B'* e retorne a *O*. O intervalo de tempo dessa oscilação é o período *T* da onda. Durante esse tempo, a onda se propaga na corda, com uma velocidade constante *v*, percorrendo certa distância *OP*, como mostra a **figura 7.15.a**. Essa distância que a onda percorre durante um período *T* é denominada **comprimento de onda** e é representada pela letra grega λ (lambda), como na **figura 7.15**.

Como a onda se propaga com velocidade *v* constante, podemos escrever:

$$\lambda = vT,$$

$$\text{e como } T = \frac{1}{f}$$

$$\text{vem} \quad \lambda = \frac{v}{f}$$

As ilustrações desta página estão representadas sem escala e em cores fantasia.

Assim, podemos destacar que:

O comprimento de onda λ é a distância que a onda percorre durante um período *T*. Sendo *v* a velocidade de propagação da onda e *f* a sua frequência, tem-se $\lambda = vT$ ou $v = \lambda \cdot f$.

Se, na **figura 7.15.a**, a pessoa continuar a oscilar sua mão, uma série de cristas e vales se propagarão na corda. A distância entre duas cristas sucessivas, ou entre dois vales sucessivos, é também igual ao comprimento de onda, λ **(figura 7.15.b)**.

Em um meio qualquer, a velocidade de propagação de uma onda é constante e característica daquele meio. Por outro lado, a frequência da onda pode ser alterada arbitrariamente pela pessoa que produz o pulso. Então, na relação $v = \lambda f$, como v é fixo para o meio, e λ é inversamente proporcional a f, isto é, se a pessoa produzir uma onda de alta frequência, obterá uma onda com λ pequeno e vice-versa **(figura 7.16)**.

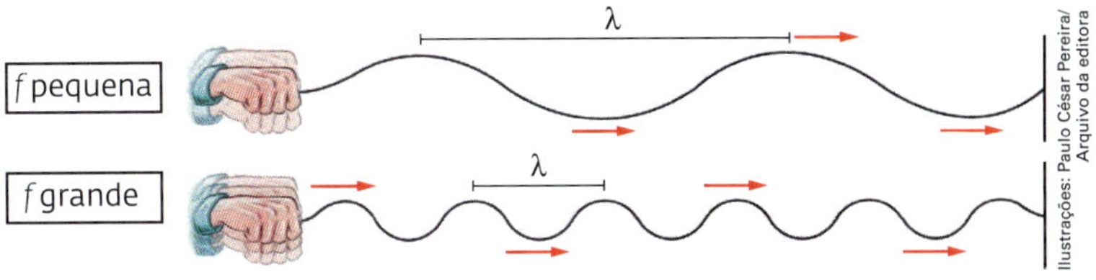

Figura 7.16. Em um dado meio, quanto maior for a frequência da onda produzida, menor será o seu comprimento de onda.

Ondas em uma dimensão

A **figura 7.17.a** representa uma corda presa em uma de suas extremidades e esticada horizontalmente por uma pessoa. Se essa pessoa movimentar sua mão para cima e, em seguida, para baixo, retornando à posição inicial, verifica-se que uma perturbação, ou **pulso**, propaga-se ao longo da corda, em uma dimensão, com certa velocidade, como procuramos representar na **figura 7.17.b**.

Fixando nossa atenção em um ponto qualquer da corda (marcando o ponto com tinta ou giz, por exemplo), poderemos perceber que ele se desloca para cima e para baixo, reproduzindo o movimento da mão enquanto o pulso passa por ele **(figura 7.17.d)**. Dessa forma, é apenas o pulso (a perturbação) que se desloca ao longo da corda, enquanto seus pontos sobem e descem à medida que o pulso passa por eles.

Os pulsos se propagam em um meio numa velocidade constante, transportando energia, sem haver o transporte da matéria que constitui o meio **(figura 7.18)**.

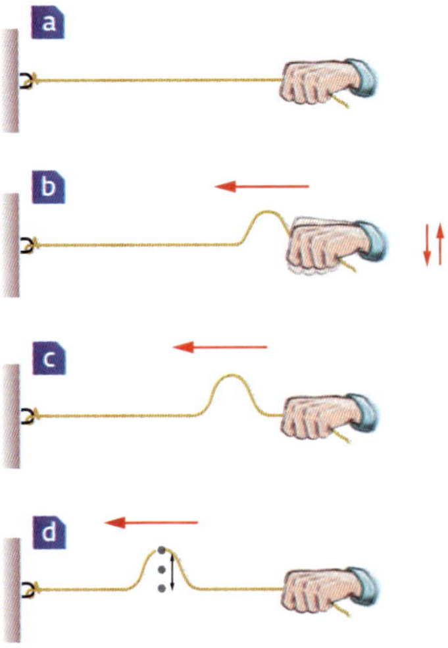

Figura 7.17. Propagação de um pulso ao longo de uma corda esticada.

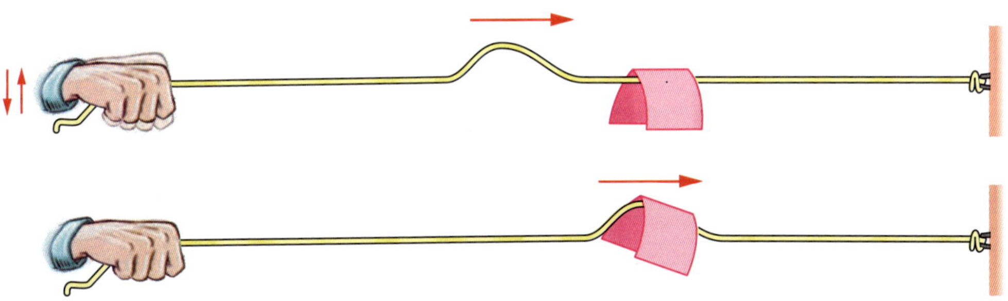

Figura 7.18. Um pulso produzido numa corda pode transportar energia e movimentar um papelzinho dobrado. No entanto não existe matéria sendo transportada ao longo da corda.

Quando os torcedores em um estádio de futebol, por exemplo, fazem a "ola", eles levantam e abaixam, simulando um pulso que se propaga ao longo da arquibancada **(figura 7.19)**.

As ilustrações desta página estão representadas sem escala e em cores fantasia.

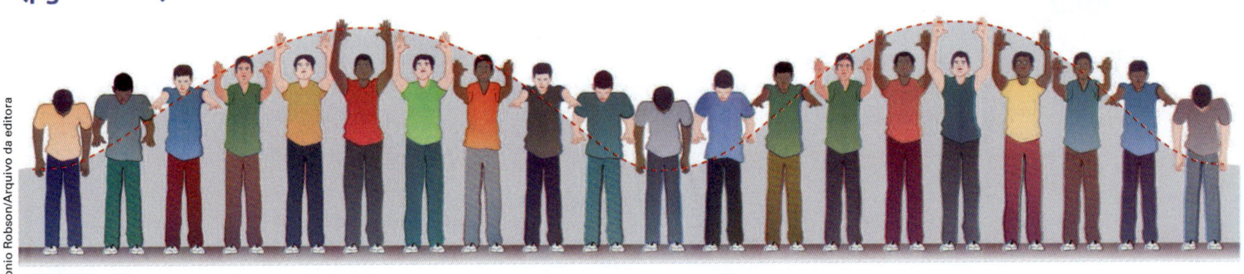

Figura 7.19. Propagação de uma onda, a "ola", comum nos estádios de futebol.

Ondas em duas dimensões

Ilustrações: Paulo César Pereira/Arquivo da editora

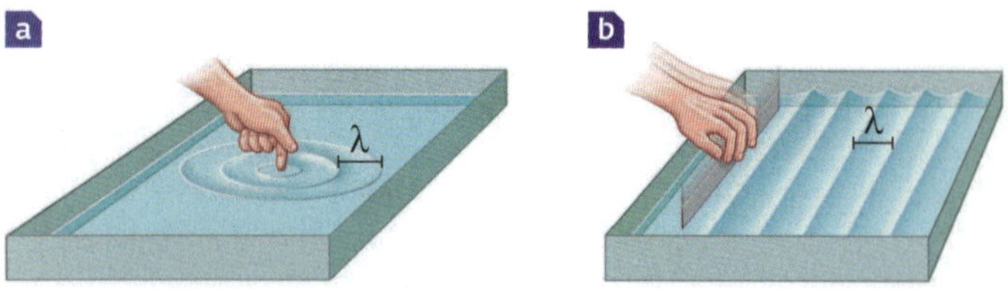

Figura 7.20. Batendo na superfície de um líquido, podemos produzir pulsos circulares ou pulsos retos.

Quando uma pessoa bate periodicamente em um ponto da superfície de um líquido, uma onda, constituída de pulsos circulares, passa a se propagar nessa superfície **(figura 7.20.a)**. De maneira semelhante, podemos produzir uma onda de pulsos retos, batendo periodicamente com uma régua na superfície do líquido, como mostra a **figura 7.20.b**. Essas ondas estão se propagando em duas dimensões na superfície do líquido. As cristas da onda da **figura 7.21** formam as frentes de ondas (círculos concêntricos) estudadas por Christian Huygens.

Julián Rovagnati/Dreamstime/Izusu Imagens

Figura 7.21. A onda propaga-se a partir do ponto onde caiu a gota.

Do mesmo modo que para as ondas de uma corda, temos:

1º) A velocidade de propagação v da onda na superfície de um líquido depende do meio. Assim, teremos, em líquidos diferentes (água, óleo, mercúrio, etc.), velocidades de propagação diferentes.

2º) A distância entre duas cristas sucessivas é o comprimento de onda λ **(figura 7.20)**.

3º) A frequência f da onda, isto é, a frequência de oscilação dos pontos da superfície do líquido, é igual à frequência da fonte que deu origem à onda.

4º) As grandezas v, f e λ estão relacionadas pela equação $\lambda = v/f$, e, portanto, como v é constante para um dado meio, quanto maior for f, menor será o valor de λ nesse meio.

Na **figura 7.22** representamos as ondas na superfície de um líquido. Observe que, nessa representação, são traçadas apenas as cristas da onda. Nessa figura estão também traçados os **raios da onda**, que são retas indicando as direções de propagação. Quando a onda é circular, os pulsos se propagam em todas as direções do plano, e cada raio indica uma delas **(figura 7.22.a)**. A onda de pulsos retos se propaga em uma única direção; consequentemente, seus raios são paralelos entre si, como mostra a **figura 7.22.b**.

Ilustrações técnicas desta página: Banco de imagens/Arquivo da editora

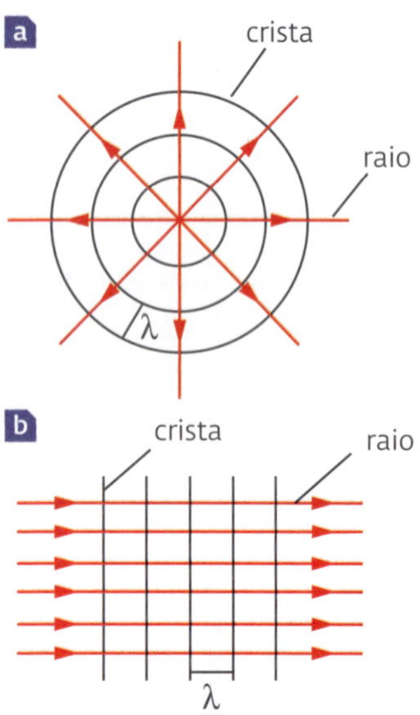

Figura 7.22. Representação esquemática de uma onda de pulsos circulares (**a**) e de pulsos retos (**b**).

As ilustrações desta página estão representadas sem escala e em cores fantasia.

VERIFIQUE O QUE APRENDEU

6. A figura abaixo mostra uma onda se propagando para a direita ao longo de uma corda. No instante mostrado na figura, a velocidade do ponto P é mais bem representada por uma das alternativas abaixo. Indique em seu caderno qual é a correta:

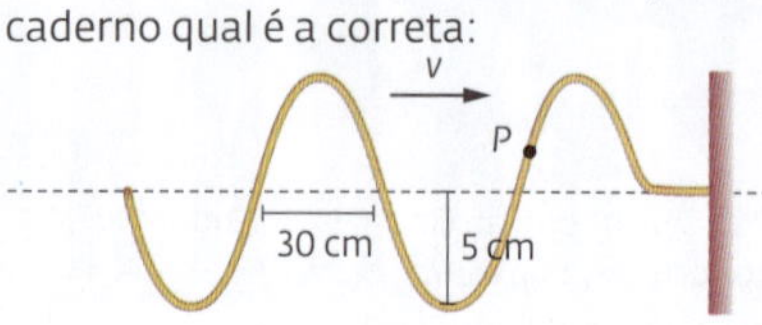

a) → b) ↑ c) ↗ d) ↘ e) ↓

7. Sabe-se que a frequência da onda do problema anterior é $f = 2{,}0$ hertz. Então, quais das afirmações seguintes estão corretas?

a) O período da onda é de 0,50 s.

b) A amplitude da onda é igual a 5 cm.

c) O comprimento de onda dessa onda vale 60 cm.

d) A velocidade de propagação da onda é de 120 cm/s.

7.3 Fenômenos de reflexão e refração em uma onda

Reflexão

Como vimos no estudo da reflexão da luz, o raio incidente é perpendicular à onda incidente e forma com a normal à barreira o ângulo de incidência ($\hat{\imath}$). Do mesmo modo, o raio refletido formará o ângulo de reflexão ($\hat{r}$) com a normal. Segundo a lei da reflexão, quando uma onda se reflete em uma barreira, o ângulo de incidência é igual ao ângulo de reflexão (veja **figura 7.25**).

Foi a partir de coincidências como esta, que os físicos do século XVII começaram a suspeitar que a luz poderia ter um comportamento ondulatório.

Para o estudo desse fenômeno em ondas de uma dimensão, vamos supor que uma pessoa aplique um pulso em uma corda com uma de suas extremidades fixa, conforme **figura 7.23.a**. À medida que o pulso se propaga ao longo da corda, da esquerda para a direita, a corda se deforma e, em seguida, volta à posição inicial (deformação elástica). Quando o pulso encontrar o obstáculo na extremidade ocorrerá o fenômeno de reflexão da onda. Como a extremidade da corda está fixa, o pulso refletido será invertido em relação ao pulso incidente, conforme **figura 7.23.b**.

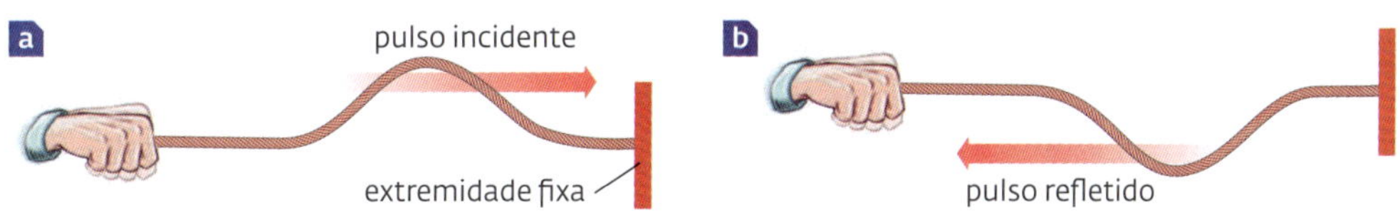

Ilustrações: Paulo César Pereira/Arquivo da editora

Figura 7.23. (**a**) Pulso aplicado em uma corda com extremidade fixa; (**b**) ao encontrar o obstáculo, o pulso é refletido e invertido em relação ao pulso incidente.

Por outro lado, se um pulso for aplicado a uma corda com extremidade livre **(figura 7.24.a)**, o pulso se refletirá no obstáculo mantendo a mesma forma do pulso incidente, conforme **figura 7.24.b**.

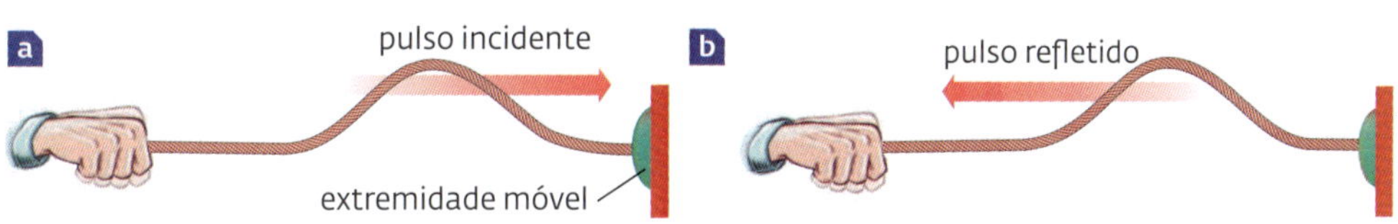

Figura 7.24. (**a**) Pulso aplicado em uma corda com extremidade móvel; (**b**) ao encontrar um obstáculo, o pulso é refletido e é igual ao pulso incidente.

Para observar a reflexão em onda de duas dimensões, vamos supor que, em um tanque de água, seja produzida uma onda de pulsos retos, que se propaga em direção a uma barreira (um pedaço de madeira, por exemplo) colocada no tanque **(figura 7.25)**. Verificamos que, quando essa onda atinge a barreira, ela se reflete, dando origem a uma onda refletida, também constituída de pulsos retos.

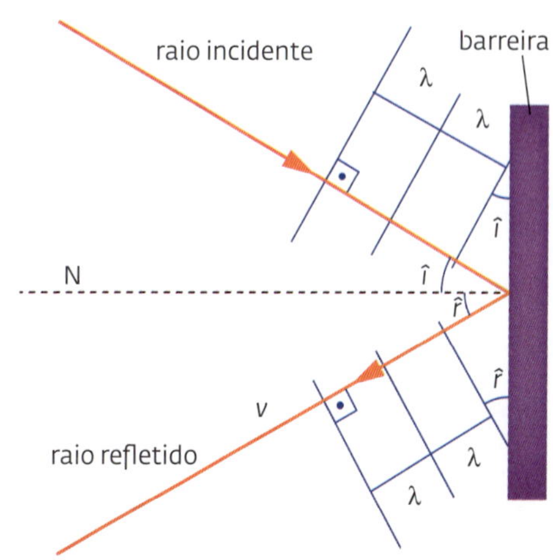

Banco de imagens/Arquivo da editora

Figura 7.25. Quando uma onda se reflete em uma barreira, o ângulo de incidência é igual ao ângulo de reflexão.

As ilustrações desta página estão representadas sem escala e em cores fantasia.

Refração

Uma onda sofre refração ao passar de um meio para outro, nos quais ela se propaga com velocidades diferentes.

As ilustrações desta página estão representadas sem escala e em cores fantasia.

Passagem de uma onda de um meio para outro

Ilustrações: Paulo César Pereira/ Arquivo da editora

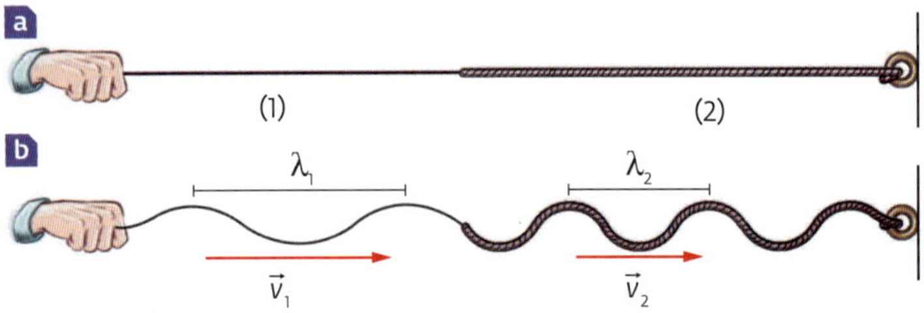

Figura 7.26. Quando uma onda passa de um meio para outro, sua frequência não se altera.

Consideremos a **figura 7.26.a** que representa uma corda esticada, constituída de uma parte mais fina ligada a outra, mais grossa. Temos então dois meios diferentes, (1) e (2); assim, a velocidade de propagação de uma onda na parte mais fina é maior do que na parte mais grossa ($v_1 > v_2$).

Fazendo oscilar a extremidade da corda fina, uma onda se propaga ao longo dela e, ao atingir a corda grossa, passa a se propagar também nessa corda, isto é, a onda é transmitida da corda fina para a corda grossa **(figura 7.26.b)**.

Se a corda fina estiver oscilando, por exemplo, com uma frequência de 10 oscilações/s, teremos 10 pulsos por segundo, chegando ao ponto de união das duas cordas; consequentemente, 10 pulsos por segundo irão se propagar na corda grossa. Concluímos, então, que:

A frequência de uma onda não se altera quando ela é transmitida de um meio para outro.

À medida que o pulso se propaga na corda, ocorrerá o fenômeno de refração **(figura 7.27.a)** no instante em que a onda passar da corda fina para a corda grossa. Parte do pulso é refratado ou transmitido e parte é refletido **(figura 7.27.b)**.

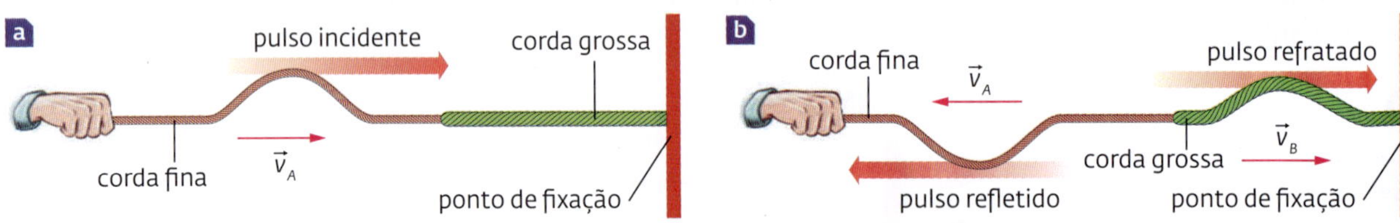

Ilustrações: Antonio Robson/ Arquivo da editora

Figura 7.27. Pulso aplicado em duas cordas diferentes ligadas entre si.

Esse mesmo fenômeno pode ser observado em onda de duas dimensões em um tanque com água, onde se pode observar uma região (1) mais profunda e outra (2) mais rasa. Quando uma onda se propaga na superfície da água desse tanque, a velocidade da onda na região mais profunda é maior do que na região mais rasa ($v_1 > v_2$). Assim, essas duas regiões se comportam como dois meios diferentes para a propagação da onda.

Paulo César Pereira/Arquivo da editora

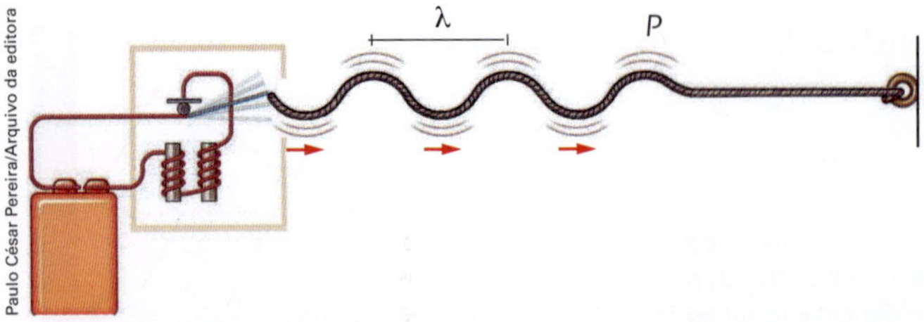

Figura 7.28. Para o exemplo 1.

Exemplo 1

A lâmina de oscilação de uma campainha elétrica está presa à extremidade de uma corda esticada. Ligando-se a campainha, a lâmina passa a se movimentar, executando 10 oscilações/s, dando origem a uma onda que se propaga na corda com uma velocidade $v = 5{,}0$ m/s (figura 7.28).

a) Quanto tempo a onda demora para atingir um ponto *P*, situado à distância $\Delta S = 10$ m da lâmina?

Designando por *t* esse tempo, e sendo constante a velocidade de propagação da onda na corda, podemos escrever que:

$$\Delta S = vt \Rightarrow t = \frac{\Delta S}{v} = \frac{10}{5{,}0} \quad \therefore \quad t = 2{,}0 \text{ s}$$

b) Qual é a frequência com que o ponto *P* oscila enquanto a onda passa por ele?

A frequência de oscilação de cada ponto do meio onde uma onda se propaga é igual à frequência do dispositivo que deu origem a essa onda. Então, como a lâmina está executando 10 oscilações/s, o ponto *P* também oscilará com 10 oscilações/s, ou seja, a frequência da onda é $f = 10$ hertz.

c) Qual é a distância entre duas cristas sucessivas dessa onda?

Essa distância é o comprimento de onda λ **(figura 7.28)**, que é dado por:

$$v = \lambda f \Rightarrow 5 = \lambda \cdot 10 \quad \therefore \quad \lambda = 0{,}50 \text{ m} = 50 \text{ cm}$$

d) Se a frequência da lâmina for aumentada para $f = 20$ hertz, o que acontecerá com os valores da velocidade de propagação e do comprimento de onda?

Como não houve alterações no meio (a corda é a mesma e a tensão a que ela está submetida não foi alterada), a velocidade de propagação da onda não se modificará, continuando com o mesmo valor $v = 5{,}0$ m/s. Entretanto, o comprimento de onda será menor (porque *f* aumentou), passando a valer:

$$v = \lambda f \Rightarrow 5 = \lambda \cdot 2 \quad \therefore \quad \lambda = 0{,}25 \text{ m} = 25 \text{ cm}$$

A lei da refração de uma onda

A **figura 7.29** representa um pulso *AB* no instante em que sua extremidade *A* atinge a linha de separação dos meios (1) e (2) e esse mesmo pulso após um intervalo de tempo Δt, quando a extremidade *B* atinge essa linha de separação. Ou seja, nesse intervalo de tempo, *B* se deslocou para *C*, e *A* para *D*. Conclui-se, então, que:

$$AD = v_2 \Delta t \quad \text{e} \quad BC = v_1 \Delta t$$

Sabemos que θ_1 é o ângulo de incidência e θ_2 é o ângulo de refração da onda. Na **figura 7.29**, vemos que o ângulo $B\hat{A}C$ é igual a θ_1 (lados respectivamente perpendiculares) e o ângulo $A\hat{C}D$ é igual a θ_2 (pelo mesmo motivo). Assim, temos:

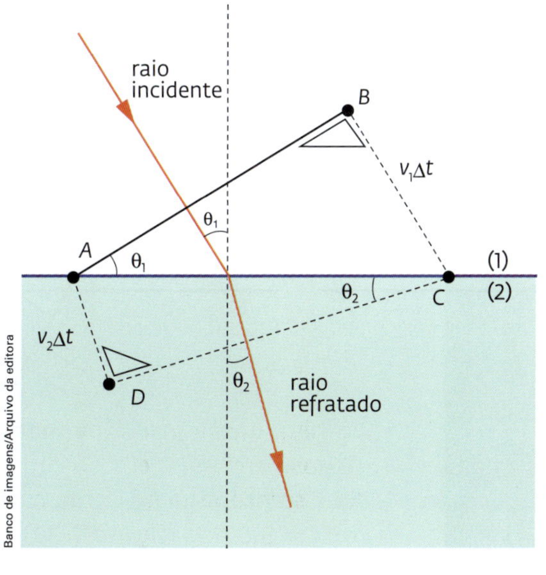

Figura 7.29. Analisando essa figura, podemos demonstrar que, na refração de uma onda, temos sen θ_1/sen $\theta_2 = v_1/v_2$.

- no triângulo retângulo *ABC*: $\text{sen }\theta_1 = \frac{BC}{AC}$
- no triângulo retângulo *ADC*: $\text{sen }\theta_2 = \frac{AD}{AC}$

Dividindo membro a membro essas igualdades, teremos:

$$\frac{\text{sen }\theta_1}{\text{sen }\theta_2} = \frac{BC}{AC} \cdot \frac{AC}{AD} \text{ ou } \frac{\text{sen }\theta_1}{\text{sen }\theta_2} = \frac{BC}{AD}$$

Lembrando que $BC = v_1\Delta t$ e $AD = v_2\Delta t$, obtemos:

$$\frac{\text{sen }\theta_1}{\text{sen }\theta_2} = \frac{v_1}{v_2}$$

Para dois determinados meios, os valores de v_1 e v_2 são fixos. Logo, v_1/v_2 é constante e, assim, quando uma onda se refrata, passando de um desses meios para o outro, os ângulos de incidência e de refração são tais que:

$$\frac{\text{sen }\theta_1}{\text{sen }\theta_2} = \text{constante}$$

Snell foi o primeiro a chegar experimentalmente a esse resultado, estudando a refração da luz.

O estudo que fizemos da reflexão e da refração das ondas nos permite, então, dizer que:

O fato de uma onda se refletir e se refratar, obedecendo às mesmas leis observadas na reflexão e na refração da luz, é uma evidência de que a luz tem comportamento ondulatório.

Exemplo 2

Uma onda, propagando-se na superfície de um líquido, em uma região (1), com velocidade v_1, incide na linha de separação dessa região com uma região (2), na qual sua velocidade de propagação é v_2 (figura 7.30.a). Sabendo-se que $v_2 > v_1$, analise o que acontece com a onda quando ela passa a se propagar no meio (2).

Sendo $v_2 > v_1$, a equação $\text{sen }\theta_1/\text{sen }\theta_2 = v_1/v_2$ nos mostra que teremos $\theta_2 > \theta_1$. Portanto, os raios da onda vão se afastar da normal. Além disso, como a frequência é a mesma nas duas regiões, a relação $V = \lambda f$ nos permite concluir que teremos $\lambda_2 > \lambda_1$. Assim, a passagem da onda da região (1) para a região (2) pode ser representada, esquematicamente, da maneira mostrada na **figura 7.30.b**.

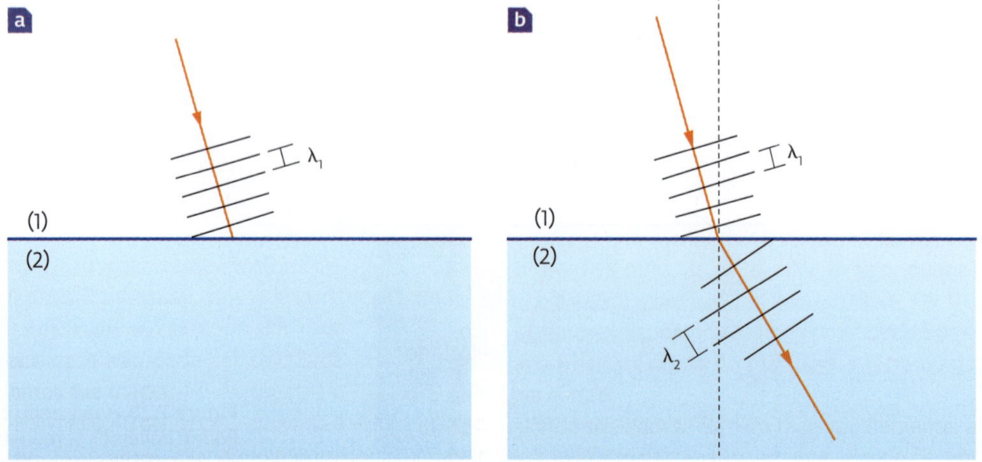

Ilustrações técnicas desta página: Banco de imagens/Arquivo da editora

Figura 7.30. Para o exemplo 2.

FÍSICA NO CONTEXTO

AS ONDAS DO MAR AO LONGO DA COSTA

A refração é a mudança da velocidade de uma onda causada pela troca do meio em que a onda se propaga. Quando as ondas do mar entram em águas rasas, elas ficam mais lentas e sofrem mudança de direção (**figura 7.31.a**) incidindo quase que paralelas à costa. Na **figura 7.31.a** vemos ondas do mar vindo com alta velocidade em direção à praia formando certa angulação com ela. À medida que as ondas vão se aproximando da praia, uma das extremidades da onda atinge águas rasas antes da outra. Isso faz com que a extremidade da onda que está em águas rasas desacelere, enquanto a extremidade que está em águas profundas continue viajando com a velocidade original. Note que esse fenômeno da refração faz com que a onda se curve, de forma a ficar mais paralela à costa. Como o litoral não é uma linha reta (**figura 7.31.b**), a refração irá produzir padrões de ondas complexos, produzindo maior impacto das ondas nas penínsulas e menores em baías. O entendimento deste fenômeno permite escolher áreas seguras, como as baías, para a construção dos portos.

As ilustrações desta página estão representadas sem escala e em cores fantasia.

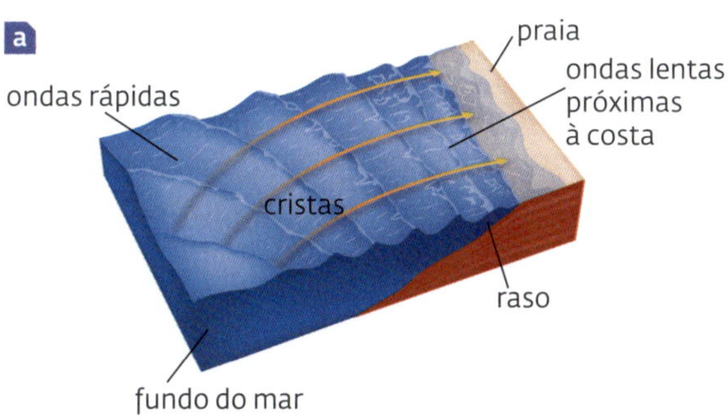

Alex Argozino/Arquivo da editora

Rubens Chaves/Pulsar Imagens

Figura 7.31. As ondas do mar sofrem refração até chegarem à costa (**a**). Note que isso acontece quando as ondas passam de um ponto mais profundo do oceano para um ponto mais raso (**b**) (Guarujá – SP, fotografia de 2014).

VERIFIQUE O QUE APRENDEU

Os exercícios 8 e 9 se referem à **figura 7.26**, que, como vimos, mostra uma onda se propagando em uma corda (1), mais fina, e sendo transmitida para uma corda (2), mais grossa.

8. Sabendo-se que na corda (1) a velocidade de propagação da onda é $v_1 = 1{,}5$ m/s e que o comprimento de onda vale $\lambda_1 = 30$ cm, responda:

a) Qual é a frequência com que um ponto qualquer da corda (1) está oscilando?

b) Qual é o tempo que a mão da pessoa gasta para efetuar uma oscilação completa?

c) Quantas oscilações por segundo efetua o ponto de união das duas cordas?

d) Qual é a frequência da onda que se propaga na corda (2)?

9. Sendo $v_2 = 1{,}0$ m/s a velocidade de propagação da onda na corda (2), determine a distância entre duas cristas consecutivas nessa corda.

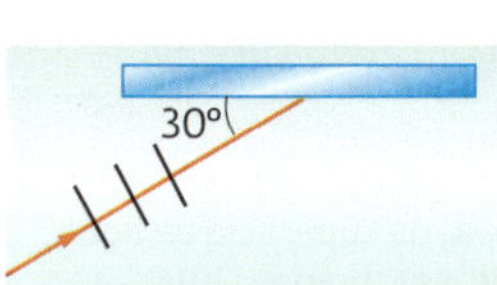

Banco de imagens/Arquivo da editora

10. A figura ao lado representa as cristas de uma onda propagando-se na superfície de um líquido em direção a uma barreira.

a) Qual é o valor do ângulo de incidência dessa onda sobre a barreira?

b) E o valor do ângulo de reflexão?

c) Desenhe, em uma cópia da figura, no caderno, o raio refletido correspondente ao raio incidente mostrado.

d) Desenhe, no caderno, as cristas da onda refletida.

e) O comprimento de onda aumenta, diminui ou não varia após a reflexão? Explique.

11. Uma rolha de cortiça está flutuando na água contida em um tanque. Bate-se com uma régua, na superfície da água, de 0,20 s em 0,20 s, de modo a produzir uma onda de pulsos retos tais que a distância entre duas cristas consecutivas seja de 5,0 cm.

a) Qual é o período da onda?

b) Descreva o movimento da rolha enquanto a onda passa por ela.

c) Quantas oscilações por segundo a rolha efetua em seu movimento?

d) Qual é a velocidade de propagação da onda?

7.4 Difração

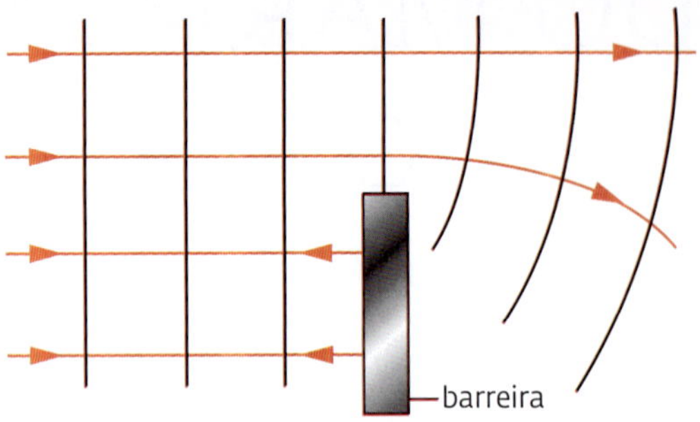

Figura 7.32. Quando uma onda plana encontra um obstáculo, ela o contorna e sua propagação deixa de ser retilínea.

Difração de uma onda

Consideremos que uma onda plana, propagando-se na superfície de um líquido, encontre uma barreira que afeta sua propagação, como mostra a **figura 7.32**. Parte da onda é absorvida e parte é refletida pelo obstáculo.

Observamos que a parte da onda que não foi interrompida não se mantém na direção inicial de propagação, pois os pulsos, ao passarem pela barreira, contornam o obstáculo, da maneira indicada. Quando isso acontece, dizemos que houve **difração** da onda em torno do obstáculo. Assim:

A difração é a propriedade que uma onda possui de contornar um obstáculo ao ser parcialmente interrompida por ele.

João X. de Campos/Arquivo da editora

Figura 7.33. Difração de uma onda sonora em torno de um muro.

A difração é um fenômeno que ocorre com qualquer tipo de onda. Por exemplo: uma pessoa *A*, ao lado de um muro, pode ser ouvida por uma pessoa *B*, situada atrás do muro, porque as ondas sonoras, emitidas por *A*, em virtude da difração, contornam o obstáculo, alcançando a orelha de *B* **(figura 7.33)**.

Difração por um orifício

As ilustrações desta página estão representadas sem escala e em cores fantasia.

O *Traité de la lumière* (Tratado sobre a Luz) é um dos trabalhos mais conhecido de Christiaan Huygens e foi apresentado pela primeira vez para a Academia de Ciências em 1678. Segundo Huygens, os pontos de uma frente de onda, em um instante inicial, comportam-se como fontes puntiformes que geram nova frente de onda em um instante seguinte, conforme representado na **figura 7.34**. Cada ponto da frente de onda tem mesma fase.

Para uma onda se propagando em direção a um orifício, constituído por duas barreiras, a difração é bastante acentuada, pois a onda, ao passar pelo orifício, contorna os dois obstáculos, espalhando-se visivelmente. A **figura 7.35** é uma fotografia que mostra a difração de ondas ao atravessar um orifício formado por duas barreiras.

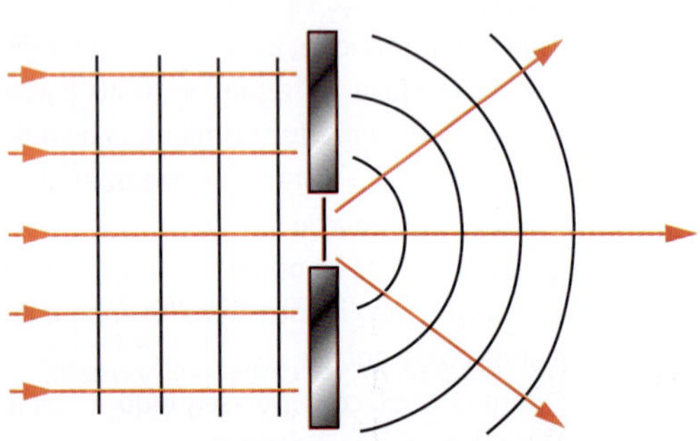

Ilustrações técnicas desta página: Banco de imagens/Arquivo da editora

Figura 7.34. Difração de uma onda ao atravessar um orifício.

Reprodução/<http://www.spain-grancanaria.com/>

Figura 7.35. Fotografia mostrando uma onda, na superfície da água, sofrendo difração ao passar por um orifício. Ilhas Canárias, 2014.

Os efeitos da difração podem ser mais ou menos acentuados de acordo com as dimensões do obstáculo que será contornado ou a largura do orifício que será atravessado pela onda. Se o comprimento de onda (λ) for grande em comparação ao tamanho da abertura do orifício, a difração será acentuada, conforme representado nas **figuras 7.34** e **7.35**.

Por outro lado, se o comprimento de onda for pequeno (maior frequência) em comparação às dimensões do orifício, a difração dessa onda será menos acentuada **(figuras 7.36** e **7.37)**.

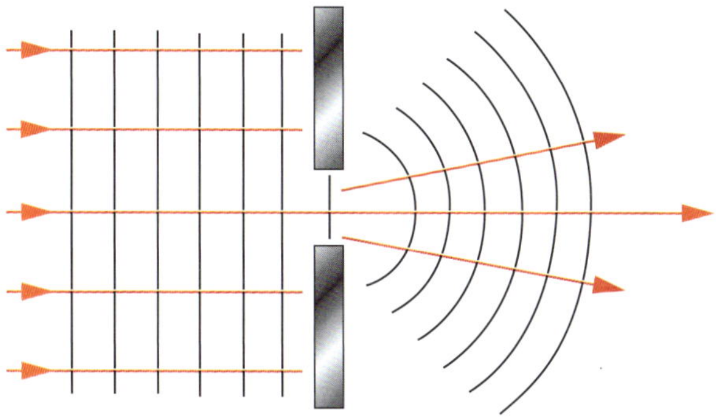

Banco de imagens/Arquivo da editora

Figura 7.36. Quanto menor for o valor de λ, menos acentuada será a difração da onda. Representação sem escala e em cores fantasia.

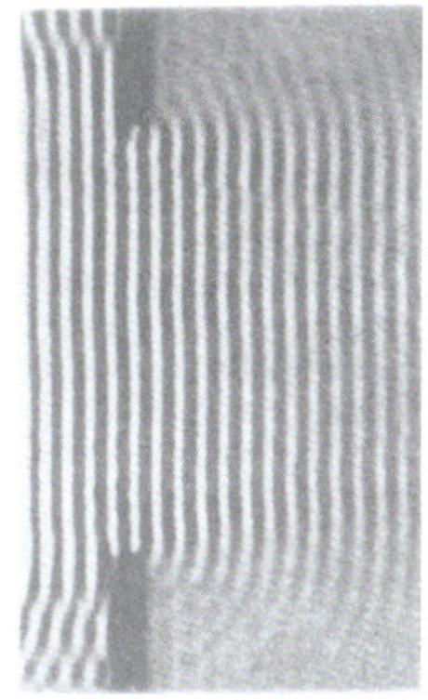

Reprodução/Arquivo da editora

Figura 7.37. Uma onda praticamente não se difrata ao passar por um orifício cuja largura é muito maior que seu comprimento de onda.

Resumindo o que foi analisado, temos:

Pode-se acentuar a difração de uma onda, através de um orifício, aumentando-se o seu comprimento de onda ou diminuindo-se a largura do orifício.

As imagens desta página estão representadas fora de proporção.

Difração da luz

Na seção anterior foram destacadas algumas evidências de que a luz tem um comportamento ondulatório, uma vez que a luz e uma onda se refletem e se refratam de maneiras semelhantes. Vamos analisar, agora, se a luz pode também se difratar, ao passar por um orifício, pois isso ocorre com qualquer tipo de onda.

Quando a luz passa por um orifício, como o buraco de uma fechadura, observa-se que não há difração, pois ela continua a se propagar na mesma direção inicial, após atravessar o orifício **(figura 7.38)**. Da mesma forma, na **figura 7.33**, embora a pessoa *B* possa ouvir a pessoa *A* (em virtude da difração do som), ela não poderá ver essa pessoa, pois a luz emitida por *A* não contorna o muro, isto é, não se difrata, como acontece com a onda sonora.

nulinukas/Shutterstock

Figura 7.38. Não se percebe difração da luz quando ela passa através de orifícios, como, por exemplo, o buraco de uma fechadura.

A difração é mais perceptível nas ondas sonoras, porque elas têm comprimento de onda grande em relação às dimensões de grande parte dos orifícios. No ar, por exemplo, o λ das ondas sonoras varia entre 1,7 cm e 17 m, enquanto a ordem de grandeza do comprimento de onda da luz é 10^{-7} m. Logo, na situação apresentada na **figura 7.38**, o fenômeno de difração não é perceptível, devido ao comprimento de onda da luz ser muito menor do que o diâmetro do buraco da fechadura.

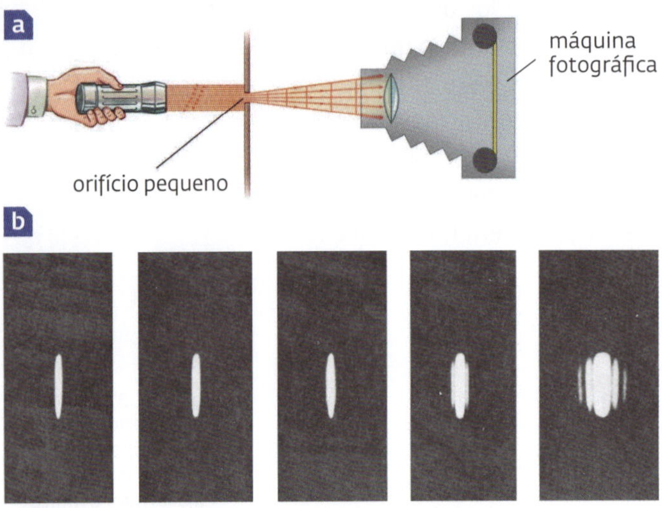

Figura 7.39. Em **a**, representação da luz difratando-se quando passa através de orifícios muito pequenos. Em **b**, é possível observar na sequência de imagens que a difração é tanto mais acentuada quanto menor for a dimensão do orifício por onde passa a luz.

Isso é confirmado por meio da seguinte experiência: faz-se um feixe de luz paralelo passar por um pequeno orifício e registra-se o feixe emergente. Com a difração da luz, como está representado na **figura 7.39.a**, as dimensões do orifício no registro parecerão maiores do que são na realidade. Na **figura 7.39.b**, apresentamos figuras obtidas da maneira descrita. A primeira figura é de uma fenda cuja largura é de 1,5 mm. Nas seguintes, a abertura da fenda foi reduzida, sucessivamente, para 0,7 mm, 0,4 mm, 0,2 mm e 0,1 mm. Observando as imagens, vemos que **houve difração da luz**, pois as dimensões não correspondem às dimensões reais das fendas citadas. Justamente na última imagem, que corresponde à fenda mais estreita, a difração é mais acentuada.

As ilustrações desta página estão representadas sem escala e em cores fantasia.

As imagens desta página estão representadas fora de proporção.

Assim, o fato de observarmos a difração da luz através de pequenos orifícios é mais uma evidência de que:

A luz tem um comportamento ondulatório e seu comprimento de onda é muito pequeno.

VERIFIQUE O QUE APRENDEU

12. Quando um feixe luminoso passa por um orifício de 1 cm de diâmetro, não se pode perceber qualquer evidência de que a luz esteja se difratando. Então, o comprimento de onda da luz deve ser muito maior, muito menor ou aproximadamente igual a 1 cm?

13. a) Copie a figura deste exercício no caderno e complete-a, desenhando a trajetória seguida pela onda após passar pela barreira, supondo que não existisse o fenômeno da difração.

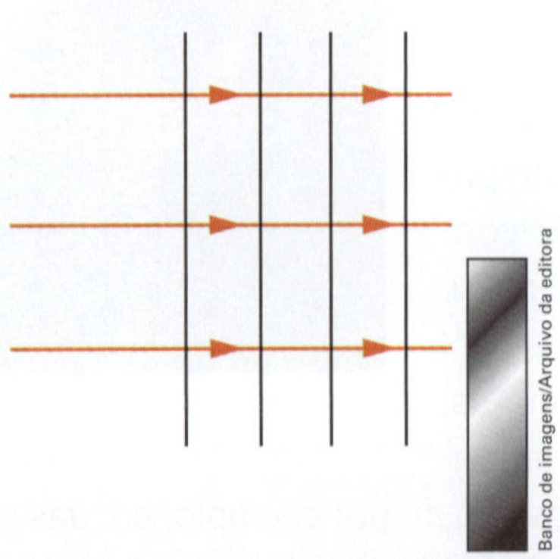

b) Lembrando-se de que a onda se difrata, faça outro desenho no caderno mostrando o que ocorre quando ela passa pela barreira.

14. Considerando a difração da onda mostrada na fotografia a seguir, diga se essa difração seria mais acentuada ou menos acentuada nos seguintes casos:

a) Se a abertura do orifício fosse menor.

b) Se a frequência da onda fosse maior.

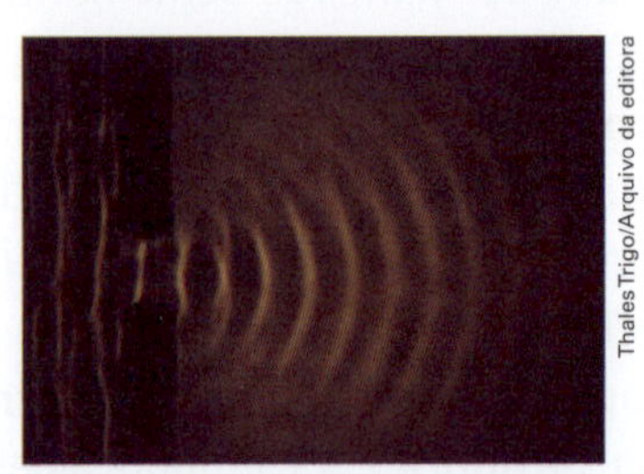

15. As fotografias abaixo mostram feixes luminosos emergindo de quatro orifícios existentes em um anteparo opaco. Na fotografia **b**, os orifícios possuem diâmetros menores do que em **a**. Então, por que os tamanhos dos orifícios parecem ser maiores em **b**?

7.5 Interferência

Interferência de ondas em uma dimensão

O fenômeno de interferência acontece quando, por exemplo, dois pulsos produzidos em extremidades opostas de uma corda se cruzam no ponto *P* **(figura 7.40.a)**. No cruzamento ocorre superposição entre os dois pulsos, ou seja, uma soma algébrica das amplitudes de cada onda.

Quando a crista de uma onda está em fase com a crista da outra onda, produzindo uma onda resultante com amplitude igual à soma das amplitudes das ondas combinadas, temos **interferência construtiva (figura 7.40.b)**. Após o cruzamento das ondas, cada pulso continua seu trajeto mantendo suas características originais **(figura 7.40.c)**.

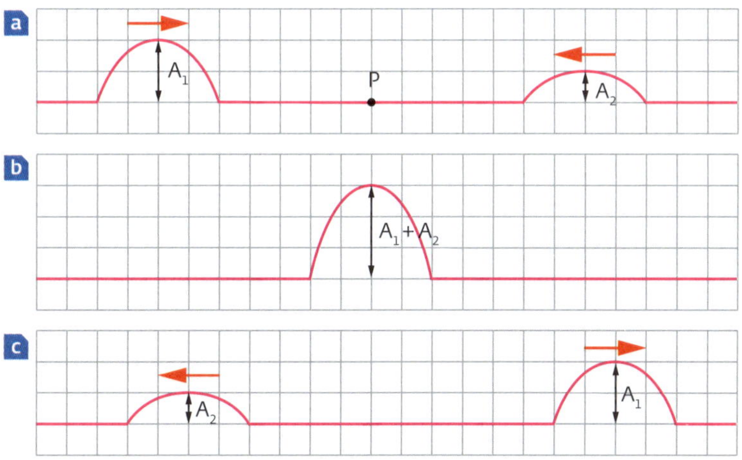

Figura 7.40. Dois pulsos em fase são aplicados em extremidades diferentes de uma mesma corda (**a**). Durante a intersecção das ondas temos sobreposição das cristas, que se somam aumentando a amplitude da onda (**b**). Após a intersecção, as ondas continuam seu trajeto com as características iniciais (**c**).

Quando são produzidos dois pulsos em oposição de fase a crista de uma onda cruza com o vale de outra onda no ponto *P* **(figura 7.41.a)** produzindo uma onda resultante com amplitude dada pela subtração das amplitudes das ondas superpostas. Neste caso, temos **interferência destrutiva (figura 7.41.b)**. Após o cruzamento, cada onda continua seu trajeto inicial mantendo as características iniciais **(figura 7.41.c)**.

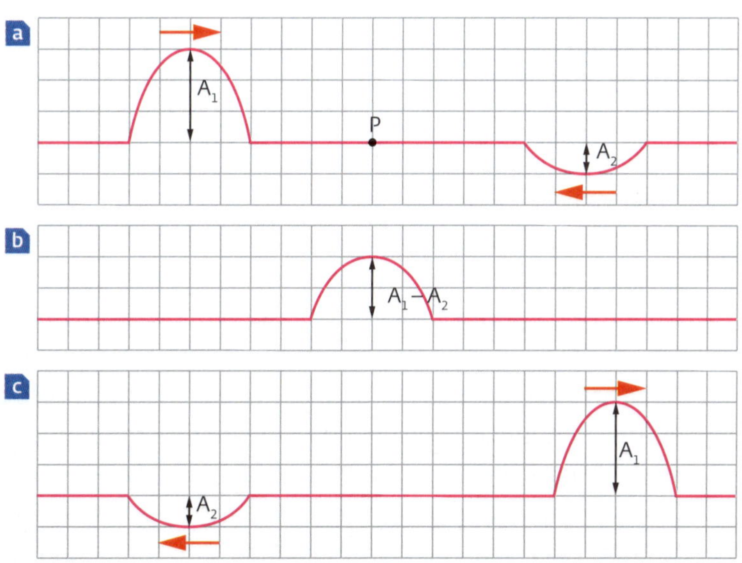

Figura 7.41. Dois pulsos em oposição de fase são aplicados em extremidades diferentes de uma mesma corda (**a**). Durante a intersecção das ondas temos sobreposição da crista de uma das ondas com o vale da outra onda no ponto *P*, onde ocorre a subtração das amplitudes das ondas (**b**). Após a intersecção, as ondas continuam seu trajeto com as características iniciais (**c**).

Figura 7.42. Superposição de duas ondas num lago, produzidas balançando-se ritmicamente um rodo de limpeza com duas latinhas de alumínio.

Figura 7.43. Fotografia da figura de interferência produzida pela superposição de duas ondas em fase se propagando na superfície da água.

Figura de interferência em duas dimensões

Batendo-se periodicamente com dois pequenos objetos na superfície de um líquido, duas ondas circulares se propagarão por ele, como mostra a **figura 7.42**. Vamos chamar de F_1 e F_2 as fontes que dão origem a essas ondas. Quando essas fontes oscilam com a mesma frequência e batem simultaneamente no líquido, isto é, no instante em que a fonte produz uma crista, a outra também gera uma crista; quando uma produz um vale, a outra também o faz. Nessas condições, dizemos que as duas fontes estão **em fase**. Além disso, vamos supor que as ondas produzidas pelas duas fontes tenham a mesma amplitude.

Ao se propagar, as duas ondas, originadas pelas fontes F_1 e F_2, irão se superpor na superfície do líquido. Em virtude dessa superposição, a superfície do líquido adquire o aspecto representado na **figura 7.43**. Essa configuração é o que denominamos **figura de interferência**, ou, em outras palavras, dizemos que as duas ondas **interferiram**, dando origem à configuração apresentada na **figura 7.43**.

Podemos observar, na figura de interferência, algo parecido com linhas que divergem a partir do ponto médio entre as fontes, separando cristas e vales que se propagam, afastando-se dessas fontes.

Por que se forma uma figura de interferência

Analisemos as linhas divergentes que aparecem na figura de interferência. Se um pequeno objeto fosse colocado flutuando em um ponto qualquer dessas linhas, como o ponto *P* da **figura 7.44**, observaríamos que o objeto ficaria em repouso, mostrando que **esse ponto não está oscilando**. Isso ocorre porque as duas ondas alcançam o ponto *P* se opondo uma à outra (a crista de uma chega ao ponto junto com o vale da outra) e, assim, o ponto *P* não se movimenta. Dizemos, então, que as duas ondas **interferiram destrutivamente** em *P*, ponto que é denominado **nó**. Todos os pontos das linhas *A*, *A'*, *B*, *B'*, etc. são **nós** e, por esse motivo, essas linhas são denominadas **linhas nodais**[1].

[1] Essas linhas são, na verdade, curvas denominadas hipérboles, com focos em F_1 e F_2. Longe das fontes as hipérboles tendem a se tornar retilíneas, como ilustrado na figura 7.44.

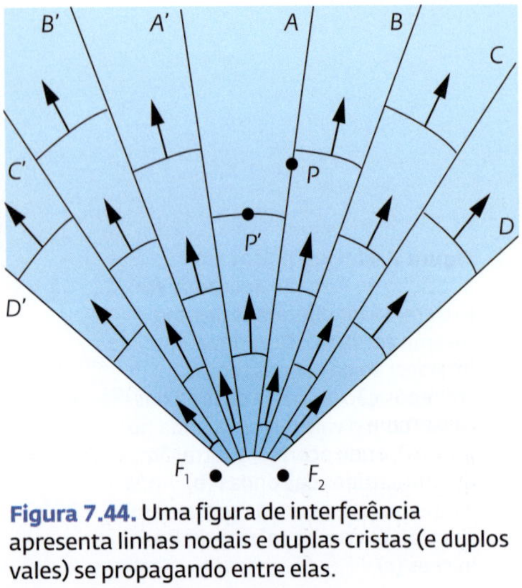

Figura 7.44. Uma figura de interferência apresenta linhas nodais e duplas cristas (e duplos vales) se propagando entre elas.

Suponhamos, agora, que o pequeno objeto fosse colocado a flutuar em um ponto situado entre duas linhas nodais, como o ponto *P'* da **figura 7.44.** Nesse caso, verificaríamos que o objeto **oscila** com uma amplitude duas vezes maior do que se fosse atingido apenas por uma das ondas. Isso acontece porque as duas ondas chegam a *P'* reforçando-se mutuamente (a crista de uma onda chega a *P'* junto com a crista da outra, originando uma dupla crista e, logo depois, chegam a esse ponto os vales das duas ondas, originando um duplo vale, etc.).

Dizemos que, em P', há uma **interferência construtiva** das duas ondas. Essa **interferência construtiva** ocorre em todos os pontos médios situados entre duas linhas nodais, observando-se a propagação de duplas cristas e duplos vales entre essas linhas. Em resumo, temos:

Em uma figura de interferência, observam-se linhas nodais, constituídas por pontos permanentemente em repouso (interferência destrutiva), e duplas cristas e duplos vales (interferência construtiva) propagando-se entre as linhas nodais.

Comentário

O fenômeno de interferência é típico dos movimentos ondulatórios. Assim, é possível obter a formação de linhas nodais com qualquer tipo de onda realizando-se uma experiência semelhante à que foi descrita.

Podemos obter interferência com ondas sonoras, por exemplo, da seguinte maneira: dois alto-falantes, F_1 e F_2, separados por certa distância, como mostra a **figura 7.45**, emitem ondas sonoras de mesma amplitude e em fase. Essas duas ondas, propagando-se no ar, vão se superpor, originando regiões onde há interferência destrutiva (linhas nodais) e regiões onde há interferência construtiva (duplas cristas e duplos vales). Assim, se uma pessoa deslocar-se através da configuração de interferência, da maneira mostrada na **figura 7.45** (linha pontilhada), ela não perceberá som algum ao cruzar as regiões nodais C, B, A, A', etc. Entretanto, ao passar entre essas regiões, a pessoa escutará um som que, no ponto médio, é muito intenso, pois aí estarão chegando duplas cristas e duplos vales em sua orelha.

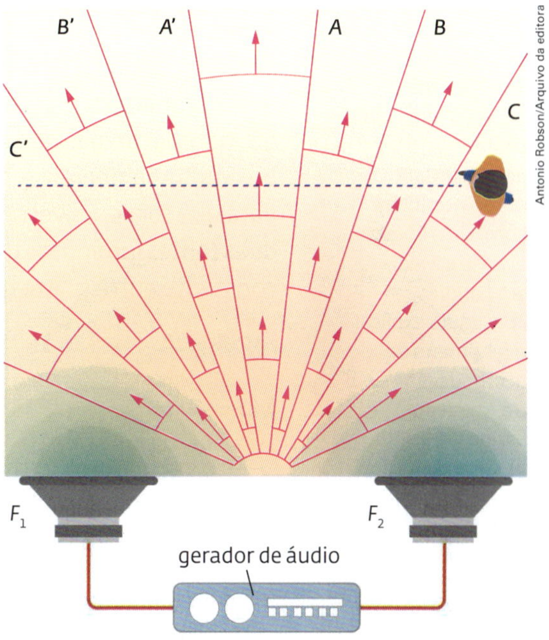

Figura 7.45. O fenômeno de interferência pode ser observado com qualquer tipo de onda, inclusive com as ondas sonoras.

As ilustrações desta página estão representadas sem escala e em cores fantasia.

Verifique o que aprendeu

16. Os círculos mostrados na figura a seguir representam, em um certo instante, as cristas de duas ondas produzidas na superfície de um líquido pelas fontes F_1 e F_2. Considere os pontos A, B e C assinalados na figura.

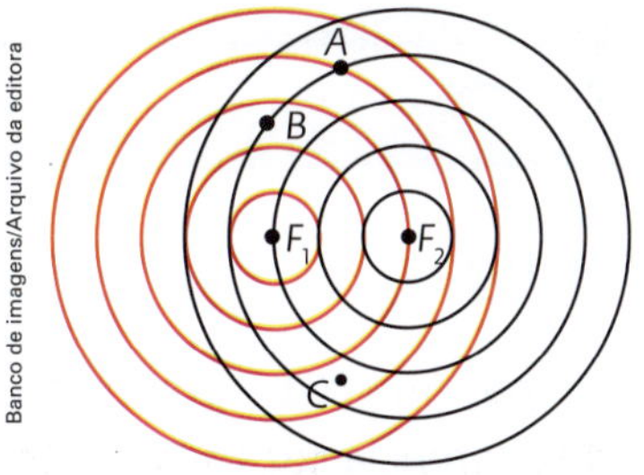

a) Ao ponto A estão chegando, naquele instante, duas cristas, dois vales ou uma crista e um vale?

b) E ao ponto B?

c) E ao ponto C?

17. Considerando os pontos A, B e C do exercício anterior, diga em qual deles tem-se (no instante mostrado na figura):

a) Uma dupla crista.

b) Um duplo vale.

c) Um nó.

18. Suponha que as ondas na superfície do líquido do exercício 16 se formem em um recipiente de profundidade constante. Suponha ainda que as ondas sejam idênticas e que tenham períodos de 0,2 s e comprimento de onda de 4 cm. Determine:

a) a velocidade de propagação dessas ondas;

b) a frequência dessas ondas;

c) o período de oscilação do ponto A.

d) o período de oscilação do ponto B.

7.6 Interferência com a luz

Podemos obter interferência com a luz

Na seção 7.4 vimos que a luz é uma onda cujo valor de λ é muito pequeno. Logo, como o fenômeno de interferência pode ser observado com qualquer tipo de onda, deve ser possível obter interferência com a luz.

Entretanto, ao tentarmos obter uma figura de interferência usando holofotes, como representado na **figura 7.46**, **não** teremos êxito em nossa experiência: colocando um anteparo em frente às fontes, ele se apresentará uniformemente iluminado, sem regiões claras e escuras.

Nas experiências de interferência analisadas anteriormente, as fontes utilizadas estavam oscilando **em fase**. Acrescentamos, agora, que figuras de interferência semelhantes podem ser obtidas se as fontes mantiverem, entre si, uma diferença de fase constante. Acontece que os holofotes da **figura 7.46** **não** satisfazem nenhuma dessas condições, pois as ondas luminosas são emitidas aleatoriamente pelos átomos, do material do gás que as constitui, sendo impossível manter as duas fontes em fase, ou com uma diferença de fase constante e essas fontes não são puntiformes. Assim, para que seja possível obter uma figura de interferência com a luz, devemos conseguir duas fontes luminosas que possam ser mantidas em fase ou com uma diferença de fase constante entre si. A seguir, veremos como esse problema foi resolvido.

Sheila Terry/SPL/Latinstock

THOMAS YOUNG (1773-1829)

Médico e físico inglês, conhecido sobretudo pelo fato de ter conseguido obter interferência com a luz. Enquanto exercia a Medicina, em Londres, conseguiu explicar o fenômeno da acomodação visual e a causa do astigmatismo, passando, então, a se interessar pelo estudo dos fenômenos luminosos. Foi ele o primeiro a propor que as ondas luminosas deviam ser transversais, e não longitudinais, como pensavam outros cientistas. Além de seus trabalhos no campo da Física, notabilizou-se como egiptólogo, tendo contribuído decisivamente para decifrar a antiga escrita dos egípcios (hieróglifos).

James Steidl/123RF/Easypix

Figura 7.46. Usando holofotes como fontes luminosas distintas, não se consegue obter uma figura de interferência com as ondas luminosas.

A experiência de Young

O cientista inglês Thomas Young, em 1801, apresentou seu trabalho com os resultados de experimentos sobre interferência para a Royal Society. Nessas experiências, Young fez um feixe de luz atravessar dois pequenos orifícios construídos em papel grosso e obteve, pela primeira vez, uma figura de interferência luminosa composta de faixas claras e escuras alternadamente.

A **figura 7.47** representa a luz de uma fonte monocromática se difratando ao passar pelo pequeno orifício *O*. A onda luminosa difratada se propaga em direção aos orifícios F_1 e F_2, equidistantes de *O*. Nesses orifícios, a luz se difrata novamente e tudo se passa como se tivéssemos duas fontes luminosas em F_1 e F_2. Qualquer modificação que ocorra na onda proveniente de *O* manifesta-se simultaneamente em F_1 e em F_2 e, assim, essas duas fontes permanecerão constantemente em fase.

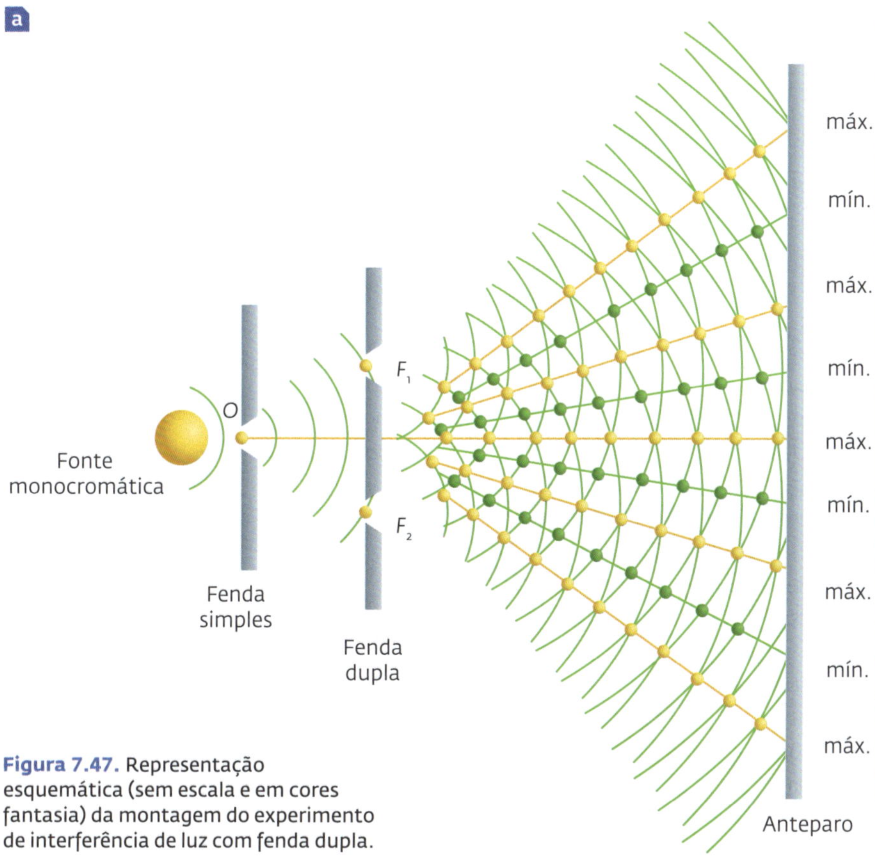

Figura 7.47. Representação esquemática (sem escala e em cores fantasia) da montagem do experimento de interferência de luz com fenda dupla.

Nessas condições, a superposição das ondas emitidas em F_1 e em F_2 dará origem a uma figura de interferência. De fato, colocando-se um anteparo para receber essas ondas luminosas, como na **figura 7.47.a**, observaremos, nesse anteparo, a existência de regiões claras e escuras, alternadas **(figura 7.47.b)**. As regiões escuras correspondem a regiões nodais da figura de interferência, isto é, regiões onde as ondas luminosas se interferem destrutivamente. As regiões claras são aquelas atingidas por duplas cristas e duplos vales, ou seja, regiões onde as ondas luminosas se interferem construtivamente. As faixas claras e escuras vistas nessa figura são denominadas **franjas de interferência**.

O resultado do experimento de Young foi bastante criticado pela comunidade científica, pois se opunha à ideia vigente na época, de que a luz teria um comportamento corpuscular. Pelo mesmo motivo, outro cientista que foi criticado pela comunidade científica por suas teorias foi Augustin Jean Fresnel. Fresnel formulou toda a matemática para os princípios de Huygens e o fenômeno da interferência, que atualmente é conhecido como **princípio de Huygens-Fresnel**. A teoria sobre o comportamento ondulatório da luz viria a ser reforçada, muitos anos depois, com o resultado das medições da velocidade da luz por Armand Hippolyte Louis Fizeau (1849) e por Jean Bernard Léon Foucault (1850).

Interferência e a relação com o comprimento de onda

Repetindo a sua experiência, da fenda dupla, com luz de cores diferentes, Young verificou que a separação entre as franjas de interferência variava conforme a cor utilizada.

Consideremos um feixe luminoso que incide em um ponto P, localizado a uma altura Δx, fazendo um ângulo θ em relação à horizontal **(figura 7.48.a)**. Esse feixe parte da fenda F_1 e percorrerá um espaço S_1, enquanto o feixe luminoso que chega nesse mesmo ponto, partindo da fenda F_2, percorrerá o espaço S_2, que é maior que S_1.

Dada a distância d entre as duas fontes F_1 e F_2, muito menor do que a distância entre o anteparo e as duas fendas, ou seja, $d << L$, os feixes S_1 e S_2 podem ser considerados paralelos entre si **(figura 7.48.b)**. Neste caso, a diferença ΔS entre os dois feixes é dada por:

$$\Delta S = S_2 - S_1 = d \text{ sen } \theta$$

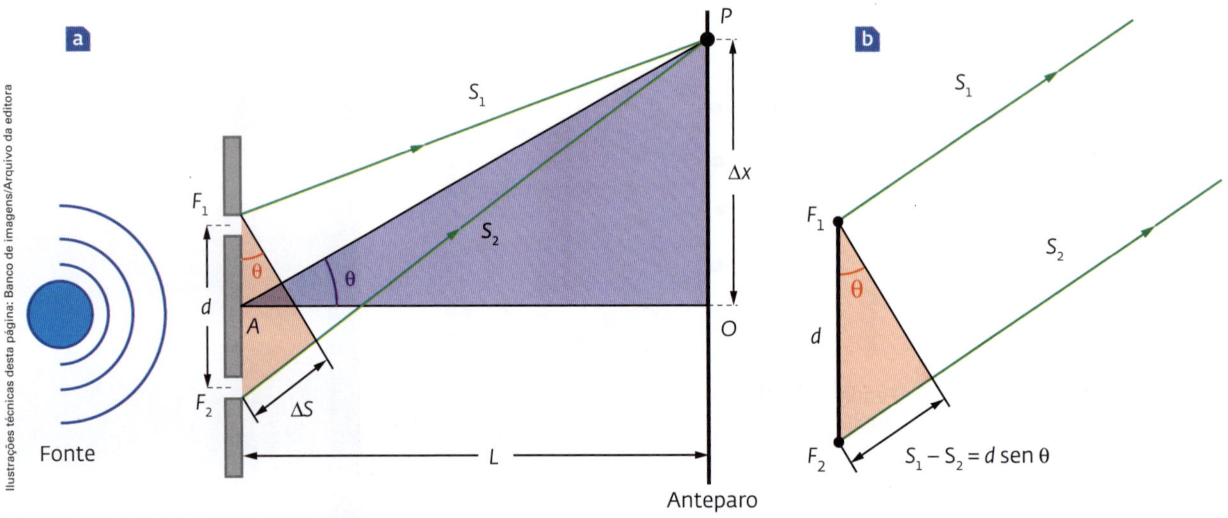

Figura 7.48. Em **a**, interferência da experiência de Young para determinar o comprimento de onda de luz utilizada como fonte. Em **b**, detalhe da geometria do arranjo considerando $d << L$, ou seja, S_1 e S_2 são paralelos entre si.

No triângulo AOP da **figura 7.48.a**, se considerarmos Δx menor que L, teremos que o ângulo θ também será muito pequeno. Neste caso, o sen θ pode ser aproximado por:

$$\text{sen } \theta \approx \text{tg } \theta = \frac{\Delta x}{L}$$

e

$$\frac{\Delta S}{d} = \frac{\Delta x}{L}$$

Medindo, cuidadosamente, em suas experiências, os valores de Δx, L e d, Young pôde determinar a relação entre a separação Δx de duas linhas nodais consecutivas **(figura 7.48.a)** e o comprimento de onda, λ, utilizado no experimento.

$$\Delta x = \frac{L\lambda}{d}$$

A partir dos experimentos que realizou, Young concluiu que as franjas claras (valores de máximo na **figura 7.47**) aparecerão no anteparo quando as duas ondas estiverem em fase ao chegar no anteparo, somando-se construtivamente, ou seja, $\Delta S = n\lambda$ ($n = 0, 1, 2, 3, 4, ...$). Por outro lado, as franjas escuras (valores de mínimo na **figura 7.47**) aparecerão quando as ondas estiverem em oposição de fase ao chegar no anteparo, subtraindo-se, ou seja, $\Delta S = (2n + 1)\frac{\lambda}{d}$ ($n = 0, 1, 2, 3, 4, ...$).

A **tabela 7.1** apresenta o comprimento de onda das cores no ar. A luz vermelha é aquela que possui maior comprimento de onda e o menor valor de λ corresponde à luz violeta. Esses valores são:

$$\lambda\,(\text{vermelho}) = 6{,}5 \cdot 10^{-7}\ \text{m} \quad \text{e} \quad \lambda\,(\text{violeta}) = 4{,}5 \cdot 10^{-7}\ \text{m}$$

As luzes das demais cores têm comprimentos de onda compreendidos entre esses extremos. Observe que esses valores encontrados para λ são muito pequenos.

Tabela 7.1

Comprimento de onda da luz para diferentes cores (no ar)	
Cor	**λ (m)**
Vermelho	$6{,}5 \cdot 10^{-7}$
Amarelo	$5{,}7 \cdot 10^{-7}$
Verde	$5{,}4 \cdot 10^{-7}$
Azul	$4{,}8 \cdot 10^{-7}$
Violeta	$4{,}5 \cdot 10^{-7}$

Cor e frequência da luz

As experiências de Young foram feitas no ar, portanto, os valores de λ a que nos referimos correspondem à luz se propagando nesse meio. Como conhecemos a velocidade de propagação da luz no ar, aproximadamente o mesmo valor da sua velocidade no vácuo ($v = 3{,}0 \times 10^8$ m/s), podemos usar a relação conhecida, $v = \lambda f$, para calcular as frequências correspondentes a cada cor. Para o vermelho e o violeta obtemos:

$$f\,(\text{vermelho}) = 4{,}6 \cdot 10^{14}\ \text{hertz}$$
$$f\,(\text{violeta}) = 6{,}7 \cdot 10^{14}\ \text{hertz}$$

Tabela 7.2

Frequência da luz para diferentes cores	
Cor	**f(Hz)**
Vermelho	$4{,}6 \cdot 10^{14}$
Amarelo	$5{,}3 \cdot 10^{14}$
Verde	$5{,}6 \cdot 10^{14}$
Azul	$6{,}3 \cdot 10^{14}$
Violeta	$6{,}7 \cdot 10^{14}$

Ao violeta corresponde a maior frequência (menor λ) e, ao vermelho, a menor frequência (maior λ). A **tabela 7.2** apresenta os valores das frequências para as mesmas cores da **tabela 7.1** (observe que são bem elevados).

A cor de um feixe de luz monocromática não se altera quando esse feixe passa de um meio transparente para outro. Por exemplo: um feixe de luz vermelha, no ar, continua com essa cor ao penetrar na água ou no vidro. Quando isso acontece, o comprimento de onda e a velocidade da onda se modificam, mas sua frequência permanece a mesma. Por isso, a cor de um feixe de luz é caracterizada por sua frequência, não por seu comprimento de onda, pois o valor de λ varia quando a luz passa de um meio para outro, enquanto a cor da luz e sua frequência não se modificam nessas condições.

Podemos, pois, destacar que:

A luz é um fenômeno ondulatório cujas frequências são muito elevadas (compreendidas entre 10^{14} hertz e 10^{15} hertz). A cada cor do espectro da luz branca corresponde uma frequência diferente, e a ordem crescente dessas frequências é a mesma ordem de distribuição das cores no espectro eletromagnético (capítulo 6): vermelho, laranja, amarelo, verde, azul, anil e violeta.

Após conhecermos as evidências do caráter ondulatório da luz, vamos aprender sobre a natureza de uma onda luminosa. Em outras palavras, vamos responder à seguinte pergunta: o que está oscilando quando uma onda luminosa se propaga?

Young e os físicos de sua época não souberam dar uma resposta satisfatória para essa questão, porém, posteriormente, com o desenvolvimento do eletromagnetismo, foi possível compreender o comportamento da luz. Com a síntese desenvolvida pelo físico escocês James C. Maxwell, no final do século XIX, foi possível determinar que a luz é uma onda eletromagnética, da mesma natureza de outras que conhecemos hoje em dia, como as ondas de rádio, de TV, de celulares, de micro-ondas e diversas outras.

Exemplo

Um estudante repetiu a experiência de Young usando luz monocromática. Verificou que a separação entre os orifícios F_1 e F_2 era $d = 0{,}02$ cm e que a distância deles ao anteparo era $L = 130$ cm. Medindo a separação entre duas franjas escuras, ele encontrou $\Delta x = 0{,}35$ cm.

a) **Qual o comprimento de onda da luz usada na experiência?**

Da expressão $\Delta x = L\lambda/d$, obtemos:

$$\lambda = \frac{d \cdot \Delta x}{L} = \frac{0{,}02 \cdot 0{,}35}{130} \quad \therefore \quad \lambda = 5{,}4 \cdot 10^{-5}\ \text{cm} \quad \text{ou} \quad \lambda = 5{,}4 \cdot 10^{-7}\ \text{m}$$

b) **Calcule a frequência dessa luz e identifique a sua cor.**

A relação $v = \lambda f$ nos fornece $f = v/\lambda$. Em nosso caso, temos $v = 3{,}0 \cdot 10^8$ m/s (velocidade da luz no ar) e $\lambda = 5{,}4 \cdot 10^{-7}$ m. Assim:

$$f = \frac{v}{\lambda} = \frac{3{,}0 \cdot 10^8}{5{,}4 \cdot 10^{-7}} \quad \therefore \quad f = 5{,}6 \cdot 10^{14}\ \text{hertz}$$

Consultando a **tabela 7.2**, verificamos que essa frequência corresponde à cor verde, isto é, o estudante realizou sua experiência usando luz verde.

c) **Se a luz usada pelo estudante, propagando-se no ar, penetrasse em um bloco de vidro, quais seriam sua frequência e sua cor no interior do bloco?**

Quando um feixe de luz monocromática passa de um meio para outro, tanto a sua frequência quanto a sua cor permanecem inalteradas. Então, dentro do bloco de vidro, a luz será ainda verde e com uma frequência $f = 5{,}6 \cdot 10^{14}$ hertz.

d) **Sabendo-se que, no bloco de vidro, a velocidade de propagação da luz é $v = 2{,}0 \cdot 10^8$ m/s, qual será o comprimento de onda da luz verde no interior do bloco?**

Conhecendo os valores de v e f para a luz verde ao se propagar no vidro, a relação $v = \lambda f$ nos fornecerá:

$$\lambda = \frac{v}{f} = \frac{2{,}0 \cdot 10^8}{5{,}6 \cdot 10^{14}} \quad \therefore \quad \lambda = 3{,}6 \cdot 10^{-7}\ \text{m}$$

Observe que o comprimento de onda diminui quando a luz passa do ar para o vidro.

VERIFIQUE O QUE APRENDEU

19. Responda no caderno:

a) Em uma sala existem duas lâmpadas, ambas projetando luz sobre uma mesma parede. Observaremos franjas de interferência sobre essa parede? Por quê?

b) Por que Young conseguiu obter franjas de interferência em sua experiência?

20. Sabe-se que a velocidade de propagação da luz, no vácuo, tem o mesmo valor para qualquer cor. Considere dois feixes luminosos, sendo um amarelo e o outro azul, propagando-se no vácuo.

a) Qual deles tem maior comprimento de onda?

b) Então, qual dos dois feixes tem maior frequência? Por quê?

21. Considere feixes luminosos monocromáticos com as seguintes cores: verde, amarelo, azul, violeta e vermelho. Coloque-os em ordem crescente de frequência.

22. Em uma repetição da experiência de Young, usando luz monocromática, os dois orifícios estão separados de $d = 0{,}10$ mm, e as franjas de interferência são observadas em um anteparo situado a uma distância $L = 20$ cm dos orifícios. Observa-se que a separação entre duas franjas escuras consecutivas é $\Delta x = 1{,}3$ mm.

a) Calcule o comprimento de onda da luz usada na experiência.

b) Determine a frequência dessa luz.

c) Usando uma das tabelas apresentadas nesta seção, identifique a cor dessa luz.

FÍSICA NO CONTEXTO

Polarização da luz

As ilustrações desta página estão representadas sem escala e em cores fantasia.

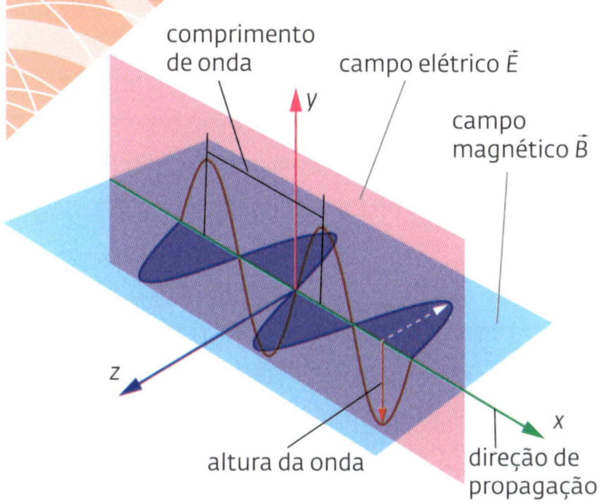

Ilustrações: Antonio Robson/Arquivo da editora

Figura 7.49. Onda eletromagnética composta por campos elétricos e magnéticos que oscilam perpendicularmente entre si.

Quando estudamos as formas de transferência de calor e o fenômeno de refração vimos que a luz visível é um exemplo de onda que compõe o espectro eletromagnético. Uma onda eletromagnética é, por definição, uma onda transversal constituída por campos elétricos ($\vec{E}$) e magnéticos ($\vec{B}$), que oscilam perpendicularmente entre si na direção de propagação da onda **(figura 7.49)**.

Na maioria dos casos, a luz não está polarizada, mas é composta por ondas que se propagam em diversas direções. Na **figura 7.50.a** estão representados alguns planos de propagação de uma fonte de luz não polarizada. A luz solar e as lâmpadas fluorescentes podem ser citadas como exemplos de fontes de luz não polarizadas.

A polarização da luz ocorre quando os campos oscilam em uma única direção. Dizemos que, neste caso, a luz está polarizada em um determinado plano. Dessa forma, na **figura 7.50.b**, vemos que a luz está polarizada no plano vertical.

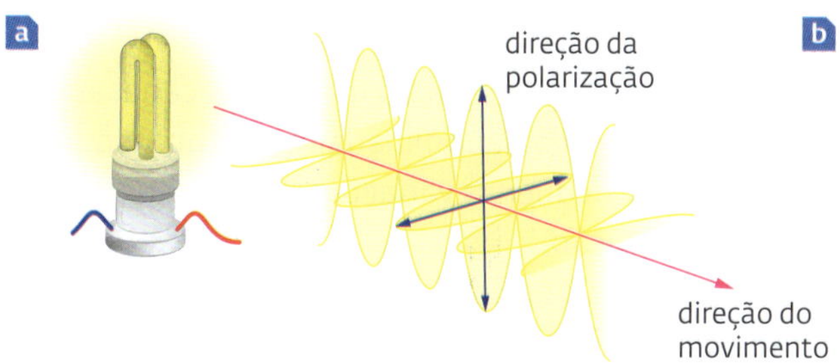

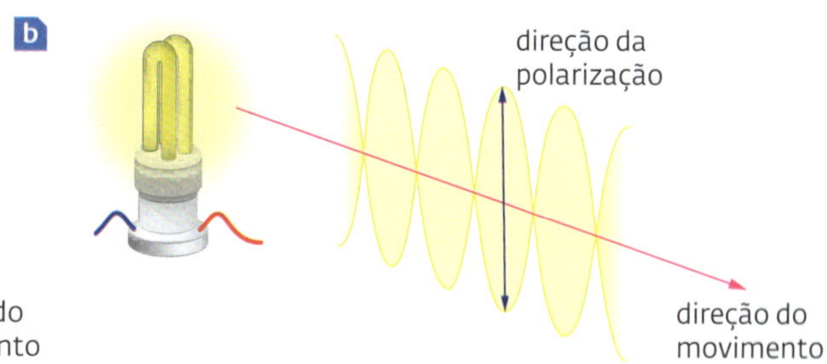

Figura 7.50. Luz não polarizada em **a** e luz polarizada em **b**.

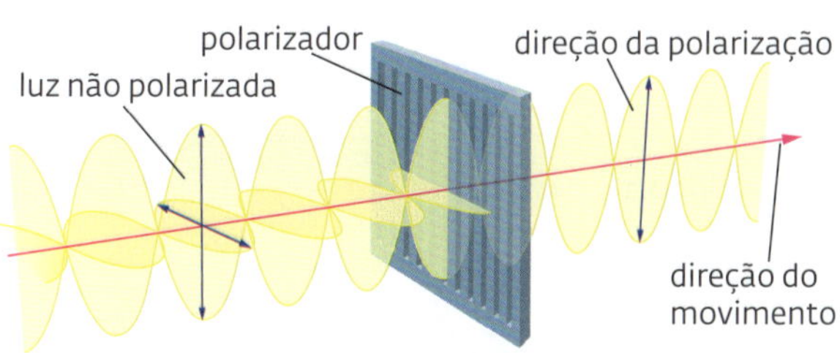

Figura 7.51. O filtro polarizador impede que a luz oscile em todas as direções. Neste exemplo, o polarizador seleciona deixando passar apenas a luz que oscila paralelamente às suas fendas.

Quando se quer selecionar uma determinada direção da luz, pode-se empregar um polarizador **(figura 7.51)**. Os polarizadores são filtros que, quando aplicados em câmeras fotográficas **(figura 7.52)**, por exemplo, removem o excesso de luz provocado pelo espalhamento dos raios solares. Outros dispositivos, como telas de celulares, monitores LCD e lentes de óculos, empregam a polarização para melhorar a qualidade da imagem.

Ditty_about_summer/Shutterstock

NicoElNino/Shutterstock

Figura 7.52. Na fotografia **a** foi usada uma lente comum; a fotografia **b** foi feita com um filtro polarizador.

7.7 Ondas sonoras

O que é o som

Os fenômenos sonoros estão relacionados com as oscilações dos "objetos materiais". Sempre que escutamos um som, há um "objeto material" que oscila, produzindo esse som. Por exemplo: quando uma pessoa fala, o som que ela emite é produzido pelas oscilações de suas pregas vocais; quando batemos na pele de um tambor, em um pedaço de madeira ou de metal, esses "objetos" oscilam e emitem som; as cordas de um piano ou de um violoncelo também emitem som quando estão oscilando; a palheta fixa na boquilha de um clarinete ou de um saxofone oscila e emite som quando o músico sopra através dela.

No caso da fala, a caixa craniana amplifica as oscilações das pregas vocais e o som emitido pela boca propaga-se de forma mais intensa. Quanto aos instrumentos musicais apenas acústicos (não eletrônicos), suas "caixas" ou "tubos" são os amplificadores das oscilações, produzidas em cordas, membranas ou lâminas.

Todos esses "objetos" são fontes sonoras que, ao oscilar, produzem ondas que se propagam no meio material (sólido, líquido ou gasoso) situado entre elas e a nossa orelha. Ao penetrar na orelha externa, essas ondas provocam oscilações que nos causam as sensações sonoras.

Como vemos na **figura 7.53**, a maior parte do aparelho auditivo está localizada no interior da cabeça.

As ondas sonoras, ao atingir a orelha, são dirigidas para o interior do canal auditivo, na extremidade do qual existe uma membrana denominada membrana timpânica. A membrana é tão delicada e sensível que pequenas variações de pressão da onda sonora são suficientes para colocá-la em vibração.

Essas vibrações são comunicadas a um pequeno osso chamado martelo, que, por sua vez, aciona outro osso (a bigorna), o qual, finalmente, faz oscilar um terceiro osso, denominado estribo (observe, na **figura 7.53**, sua forma). Com esse processo, as oscilações são sucessivamente ampliadas (ou amplificadas), tornando nossa orelha capaz de perceber sons de intensidade muito baixa.

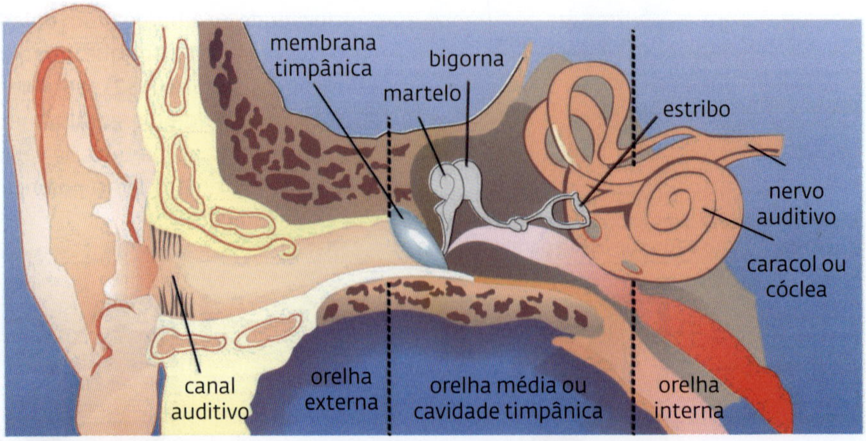

Figura 7.53. A orelha humana é subdividida em três partes: orelha externa, orelha média e orelha interna. Representação sem escala e em cores fantasia.

Finalmente, as oscilações amplificadas chegam à orelha interna. A cóclea é revestida por pelos muito pequenos e, em seu interior, existe um líquido que facilita a propagação do som. As ondas sonoras, na cóclea, colocam os pequenos pelos em movimento, estimulando células nervosas que, por meio do nervo auditivo, enviam os sinais ao cérebro. Dessa maneira, a pessoa tem a percepção do som.

Analisemos a situação representada na **figura 7.54**. Uma lâmina, colocada em oscilação, provoca no ar compressões e rarefações sucessivas que se propagam nesse meio, de maneira semelhante ao que acontece em uma mola quando ela oscila longitudinalmente (como foi mostrado na **figura 7.13**). Quando uma molécula do ar, situada em P **(figura 7.54)**, é atingida por essa onda de compressões e rarefações, ela oscila entre os pontos P_1 e P_2 na mesma direção em que a onda se propaga. Logo, somos levados a concluir que a onda emitida pela lâmina em oscilação é uma **onda longitudinal**.

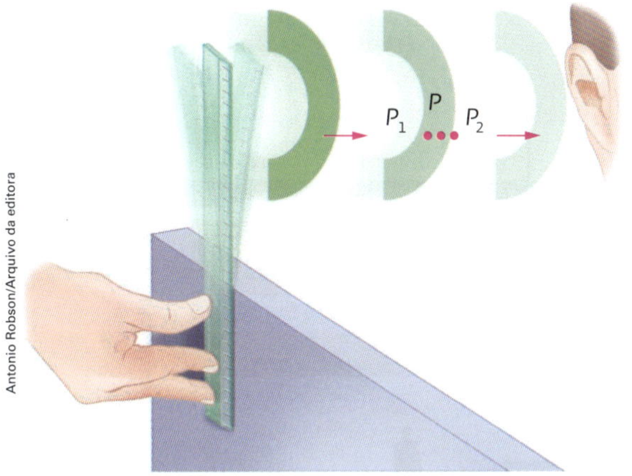

Figura 7.54. As ondas sonoras são ondas longitudinais que se propagam em um meio material. Representação sem escala e em cores fantasia.

Se a lâmina estiver oscilando com uma frequência menor do que 20 hertz, ou maior do que 20 000 hertz, verifica-se que, ao atingir a orelha de uma pessoa, a onda não provocará nenhuma sensação sonora. Para que a pessoa perceba a sensação sonora, é necessário que a frequência da onda esteja compreendida entre aqueles limites.

Para sermos mais precisos, as frequências audíveis não estão situadas rigorosamente entre 20 hertz e 20 000 hertz, pois esses limites variam um pouco de uma pessoa para outra. Chegamos, então, à conclusão seguinte:

O som é uma onda longitudinal que se propaga em um meio material (sólido, líquido ou gasoso), cuja frequência está compreendida, aproximadamente, entre 20 hertz e 20 000 hertz.

Observe que o som pode se propagar em um meio material qualquer: ar, água, ferro, etc. Entretanto, ao contrário do que acontece com a luz, o som não se propaga no vácuo, isto é, uma pessoa não perceberá som algum se não existir um meio material entre o objeto em oscilação e sua orelha **(figura 7.55)**.

Figura 7.55. No vácuo o som não se propaga. Cena do filme *Gravidade*, direção de Alfonso Cuarón, 2013.

Infrassom e ultrassom

Uma onda longitudinal propagando-se em um meio material, com frequência inferior a 20 hertz, é denominada **infrassom** e, se sua frequência for superior a 20 000 hertz, ela é denominada **ultrassom**. Essas ondas **não** provocam sensação sonora ao atingir a orelha de uma pessoa. Entretanto, sabe-se que alguns animais são capazes de perceber os ultrassons. Na **figura 7.56** estão apresentados os intervalos de frequência sonora percebidos por alguns animais.

As ilustrações desta página estão representadas sem escala e em cores fantasia.

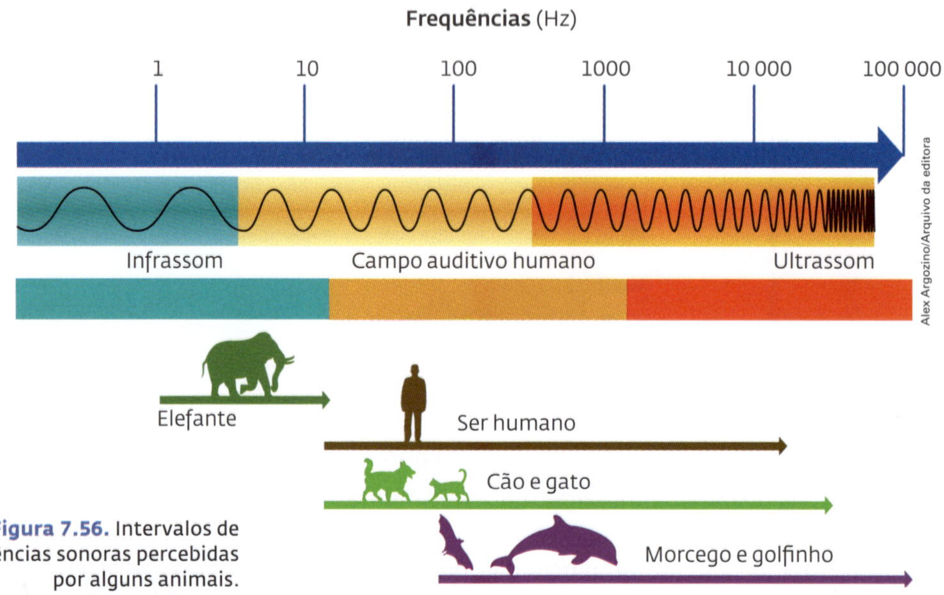

Figura 7.56. Intervalos de frequências sonoras percebidas por alguns animais.

Ilustrações: Paulo César Pereira/Arquivo da editora

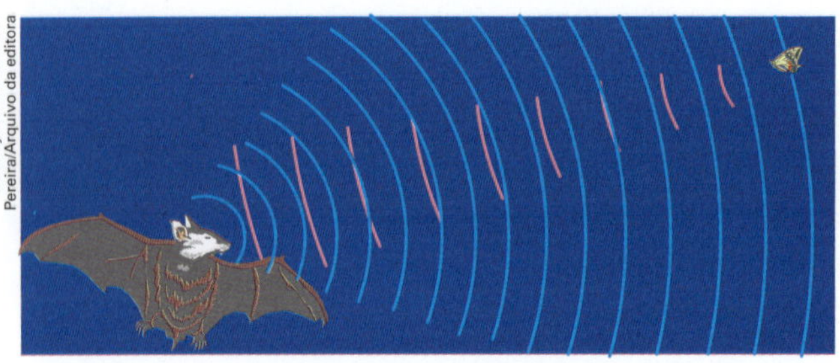

Figura 7.57. O morcego emite uma onda de ultrassom que, após ser refletida por um inseto e voltar para ele, possibilita a localização desse inseto.

Experiências recentes mostraram que cachorros, por exemplo, são capazes de perceber ultrassons cujas frequências alcancem até 50 000 hertz. É por isso que cães adestrados atendem a apitos de ultrassom que uma pessoa não consegue perceber. Os morcegos, mesmo no escuro, podem voar sem colidir com obstáculos, porque emitem ultrassons que são captados por suas orelhas após se refletir nesses obstáculos (eco) **(figura 7.57)**. As frequências do ultrassom que os morcegos emitem e ouvem podem chegar a 120 000 hertz.

Para que os morcegos percebam o eco eles devem estar a uma distância do obstáculo tal que o tempo de ida e volta da onda sonora seja maior do que a duração dela. Caso o intervalo de tempo não seja suficiente para distinguir entre o eco e o som emitido, temos um efeito chamado de **reverberação**.

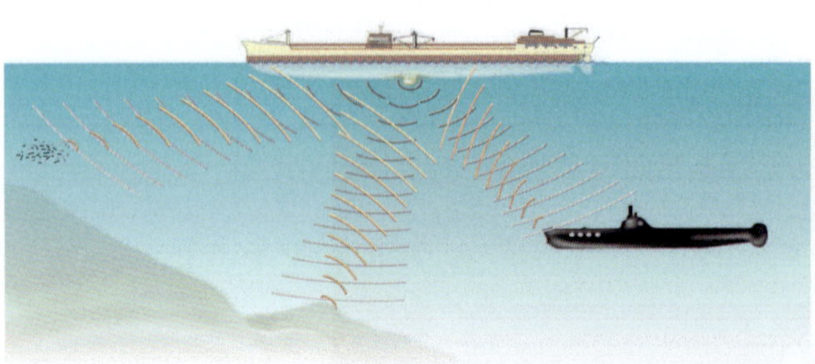

Figura 7.58. O sonar é um dispositivo que utiliza os ultrassons para localizar a posição de objetos e conhecer o relevo do fundo do mar.

Em um dispositivo denominado **sonar**, os ultrassons são utilizados para localizar objetos e medir a distância até eles, de modo semelhante ao que é feito pelos morcegos. Por exemplo: um cardume de peixes, um submarino ou um objeto no fundo do mar podem ser localizados ao refletir os ultrassons emitidos pelo sonar de um navio **(figura 7.58)**.

Velocidade do som

Durante uma tempestade, embora o relâmpago e o trovão sejam produzidos no mesmo instante, só ouvimos o trovão certo tempo após termos visto o relâmpago. Isso ocorre devido à velocidade de propagação da luz no ar ser muito grande (300 000 km/s) comparada à velocidade de propagação do som (340 m/s). O intervalo entre a percepção do relâmpago e a do trovão representa o tempo que a onda sonora leva para chegar até nós.

Um experimento que reproduz um fenômeno semelhante a esse foi realizado por cientistas do século XVII para determinar a velocidade do som no ar: uma pessoa detonava um canhão e, à distância de aproximadamente 20 km, outra pessoa media o tempo entre a percepção do clarão e a do som produzidos pelo tiro. Com este procedimento, Pierre Gassendi, em 1685, obteve o valor de 450 m/s para velocidade do som no ar.

Medidas mais recentes, realizadas com maior precisão, mostram que essa velocidade é de 340 m/s, se o ar estiver a 20 °C. Essa especificação é necessária porque se verifica que, quanto maior for a temperatura de um gás, maior a velocidade com que a onda sonora se propaga nele. De fato, a agitação das moléculas de um gás aumenta com a temperatura, fazendo com que a propagação da onda sonora seja mais rápida.

Assim, a velocidade de propagação de uma onda depende do meio no qual ela está se propagando, o que ocorre também com o som. A **tabela 7.3** apresenta a velocidade do som em diferentes meios, em estados físicos diversos.

Comentário

Com exceção da polarização, que é um fenômeno exclusivo das ondas transversais e, consequentemente, não pode ocorrer para ondas sonoras, que são ondas longitudinais, todos os fenômenos que estudamos para as ondas em geral acontecem também com as ondas sonoras (inclusive os infrassons e os ultrassons). Assim, uma onda sonora se **reflete** de tal modo que o ângulo de incidência é igual ao ângulo de reflexão, o que explica, por exemplo, fenômenos como o eco. O fenômeno da **refração** também ocorre com o som, isto é, quando uma onda sonora passa obliquamente de um meio para outro, ela tem sua direção de propagação alterada, sendo válida, também aqui, a lei de Snell. Como já vimos, a **difração** e a **interferência** são fenômenos observados com as ondas sonoras, assim como acontece com qualquer tipo de onda. Além disso, a relação $v = \lambda f$ é válida para as ondas sonoras, e a frequência de um som não se altera quando ele passa de um meio para outro.
Observando a **tabela 7.3**, temos que a velocidade de propagação do som é maior nos meios sólidos, seguido dos meios líquidos e, por último, nos meios gasosos. Pode-se concluir, então, que para ondas sonoras se propagando: $v_{sólido} > v_{líquido} > v_{gás}$.

Tabela 7.3

Velocidade do som

Meio	v (m/s)
Borracha	54
O_2 (0 °C)	317
Ar (20 °C)	340
H_2 (0 °C)	1 300
Água	1 450
Ferro	5 100
Granito	6 000

Intensidade do som

Quando um rádio está ligado com seu volume máximo, dizemos que o som emitido por ele é de alta **intensidade**. Por outro lado, o tique-taque de um relógio é um som de baixa intensidade.

A intensidade é uma propriedade do som que está relacionada com a energia de oscilação da fonte que emite a onda sonora. Ao se propagar, a onda transporta essa energia, distribuindo-a em todas as direções. Quanto maior for a quantidade de energia (por unidade de tempo) que a onda sonora transportar até nossa orelha, maior será a intensidade do som que perceberemos.

Mas, para todos os fenômenos ondulatórios, quanto maior a quantidade de energia transportada pela onda, maior sua **amplitude**. Então, podemos concluir que:

A intensidade de um som é tanto maior quanto maior for a amplitude da onda sonora.

Hulton Archive/Getty Images

GRAHAM BELL (1847-1922)

Cientista escocês que desenvolveu trabalhos no campo da telegrafia. Seus estudos culminaram com a invenção do telefone, que ele patenteou em 1876. Em 1877, D. Pedro II instalou uma linha telefônica no palácio da Quinta da Boa Vista. Nos anos seguintes, várias outras linhas telefônicas foram instaladas, incluindo linhas interurbanas, o que levou o Brasil a ser um país pioneiro nesse setor.

Nível de intensidade sonora

Vimos que a intensidade do som está relacionada com a energia que é transportada pela onda sonora. Quantitativamente, define-se intensidade I de uma onda da seguinte maneira:

Seja ΔE a energia que essa onda transporta através de uma área A, em um intervalo de tempo Δt. Tem-se, por definição,

$$I = \frac{\Delta E}{A \cdot \Delta t}$$

No Sistema Internacional, a unidade para a medida de I será:

$$1\ \frac{\text{J}}{\text{m}^2 \cdot \text{s}} = \frac{\text{J/s}}{\text{m}^2} = 1\ \text{W/m}^2$$

Existe um valor mínimo da intensidade sonora capaz de sensibilizar o aparelho auditivo. Esse valor depende da frequência do som, variando também de uma pessoa para outra. Para uma frequência aproximada de 1 000 hertz e para uma orelha normal, esse limite mínimo é cerca de 10^{-12} W/m^2. Para você perceber como esse valor é muito pequeno, saiba que essa intensidade corresponde a uma amplitude de vibração de 10^{-9} cm (menor do que o raio de um átomo). Vemos, então, que nossa orelha é um detector extraordinariamente sensível, capaz de perceber um deslocamento dessa ordem de grandeza.

Por outro lado, ondas sonoras cujas intensidades têm valores próximos de 1 W/m^2 podem chegar a causar dores e danos à orelha interna. Essa intensidade corresponde a uma amplitude de oscilação da ordem de 0,01 mm.

O valor 10^{-12} W/m^2 é usualmente representado por I_0 e tomado como referência para comparações da intensidade dos diversos sons, como veremos a seguir ($I_0 = 10^{-12}$ W/m^2).

Os pesquisadores que estudaram os fenômenos relacionados com a intensidade do som perceberam que a "sensação" produzida em nossa orelha, pelo som de certa intensidade I, **não** varia proporcionalmente a essa intensidade. Por exemplo, um som de intensidade $I_2 = 2I_1$ **não** produz, em nossa orelha, uma "sensação" duas vezes mais intensa do que aquela produzida por I_1. Na realidade, os cientistas verificaram que essa sensação varia **com o logaritmo** da intensidade sonora.

Por essa razão, para medir essa característica da nossa orelha, foi definida uma grandeza, β, denominada **nível de intensidade**, da seguinte maneira:

$$\beta = \log \frac{I}{I_0}$$

em que I é a intensidade da onda sonora e $I_0 = 10^{-12}$ W/m^2.

A unidade para medida dessa grandeza foi denominada 1 bel = 1 B em homenagem a Graham Bell. Observe, então, que:

- Se $I = I_0$, temos $\beta = \log \frac{I_0}{I_0} = \log 1 \quad \therefore \quad \beta = 0$
- Se $I = 10I_0$, temos $\beta = \log \frac{10I_0}{I_0} = \log 10 \quad \therefore \quad \beta = 1\ \text{B}$
- Se $I = 100I_0$, temos $\beta = \log \frac{100I_0}{I_0} = \log 100 \quad \therefore \quad \beta = 2\ \text{B}$
- Se $I = 1\,000I_0$, temos $\beta = \log \frac{1\,000I_0}{I_0} = \log 1\,000 \quad \therefore \quad \beta = 3\ \text{B}$ e assim sucessivamente.

Logo, o som de 1 B possui intensidade 10 vezes maior do que o som de intensidade I_0; o de 2 B possui intensidade 100 vezes maior do que o de I_0, etc.

Como dissemos, a unidade mais usada para a medida de β é 1 dB = 0,1 B. Assim, os valores acima seriam β = 1 B = 10 dB, β = 2 B = 20 dB e β = 3 B = 30 dB.

Uma pessoa com audição normal é capaz de perceber sons de frequências compreendidas entre 20 hertz e 20 000 hertz. Deve-se observar, entretanto, que para cada uma dessas frequências há um nível mínimo de intensidade, abaixo do qual o som não é percebido. No gráfico da **figura 7.59**, a curva denominada **limiar de audição** nos mostra esses valores mínimos. Por exemplo, se um som de 100 hertz tiver um nível de intensidade de 20 dB, ele não será audível, pois o ponto correspondente a esses valores está abaixo da curva mencionada, que fornece os limites da audição.

O gráfico mostra que o som com essa frequência só se torna audível com um nível de intensidade superior a, aproximadamente, 30 dB. Já um som de 2 000 hertz pode ser ouvido (observe o gráfico) mesmo que seu nível de intensidade seja negativo ($\beta < 0$ ou $I < 10^{-12}$ W/m^2).

Na **figura 7.59**, vemos ainda a curva que indica o limiar da sensação dolorosa para as diversas frequências audíveis. Observe que esse limiar é aproximadamente constante e vale cerca de 120 dB para qualquer frequência. A **tabela 7.4** mostra os limites de exposição a ruído contínuo.

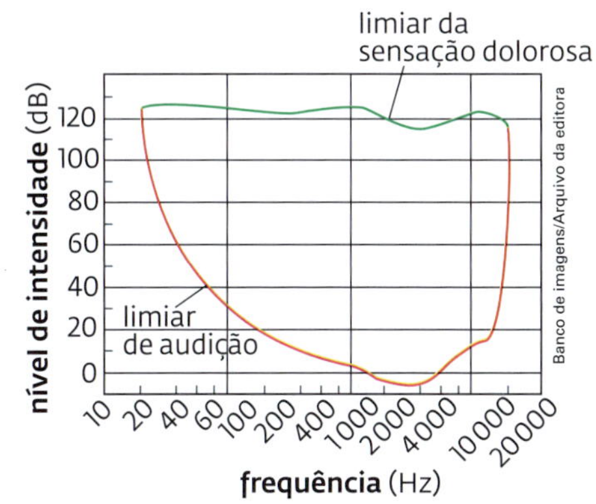

Figura 7.59. Níveis de intensidade necessários para a percepção das diversas frequências audíveis, para uma pessoa com audição normal.

Conforme dissemos, o gráfico da **figura 7.59** refere-se à orelha normal. Entretanto, as curvas ali apresentadas podem variar bastante de uma pessoa para outra, principalmente em função da idade.

Na **figura 7.60** apresentamos a intensidade de alguns sons, em decibéis.

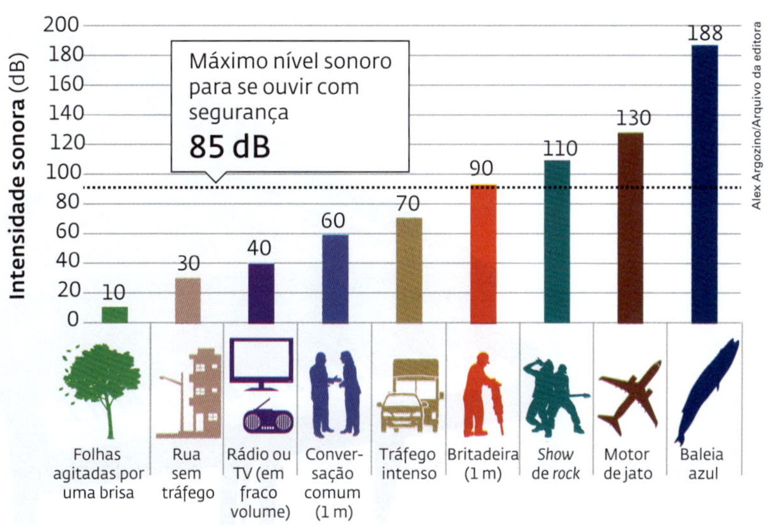

Figura 7.60. Intensidade sonora. Ilustrações representadas sem escala e em cores fantasia.

[1](Norma Regulamentadora nº 15 (NR-15), da Portaria do Ministério do Trabalho nº 3.214/1978, Brasil, 1978).

Tabela 7.4

LIMITES DE EXPOSIÇÃO A RUÍDO CONTÍNUO[1]	
Nível de ruído (dB)	**Máxima exposição diária permitida**
85	8 horas
86	7 horas
87	6 horas
88	5 horas
89	4 horas e 30 minutos
90	4 horas
91	3 horas e 30 minutos
92	3 horas
93	2 horas e 30 minutos
94	2 horas
95	1 horas e 45 minutos
98	1 hora e 15 minutos
100	1 hora
102	45 minutos
104	35 minutos
105	30 minutos
106	25 minutos
108	20 minutos
110	15 minutos
112	10 minutos
114	8 minutos
115	7 minutos

Fonte de dados: Ministério da Saúde, Secretaria de Atenção à Saúde, Departamento de Ações Programáticas Estratégicas. Brasília: Editora do Ministério da Saúde, 2006

Altura do som

Altura é a qualidade do som que nos permite classificá-lo como **grave** (baixa frequência) ou **agudo** (frequência elevada). De modo geral, os homens têm voz grave ("grossa") e as mulheres têm voz aguda ("fina"). Em linguagem musical, diz-se também que um som agudo é **alto** e um som grave é **baixo**. Observe que, na linguagem comum, os termos "alto" e "baixo" costumam ser usados referindo-se à intensidade do som, portanto, com um significado diferente do explicado neste tópico, o que implica adequar o significado ao contexto no qual os termos estão sendo empregados.

Analisando como um som está relacionado com a **frequência** f da onda sonora, quanto mais agudo ele for, maior será sua **frequência**. Assim, podemos concluir que a frequência da voz masculina é, em geral, menor do que a frequência da voz feminina (as pregas vocais dos homens oscilam com frequência menor do que as das mulheres). Em resumo, temos:

A frequência de um som caracteriza sua percepção como grave ou agudo. Um som de pequena frequência é grave (baixo), e um som de grande frequência é agudo (alto).

As notas musicais também são caracterizadas por sua frequência, isto é, quando um instrumento musical emite notas diferentes, ele está emitindo sons de **frequências diferentes**. Em um piano **(figura 7.62)**, por exemplo, cada tecla corresponde a um som de uma dada frequência. As teclas à esquerda do pianista correspondem às notas de frequências menores (sons graves), e as da direita, às notas de frequências mais elevadas (sons agudos). Observe, na **figura 7.61**, a representação do teclado de um piano, no qual estão indicadas as frequências de algumas notas.

Os cantores de música clássica são classificados de acordo com as frequências das notas que são capazes de emitir: os **baixos** (voz grave – homem), os **tenores** (voz aguda – homem), as **contraltos** (voz grave – mulher), as **sopranos** (voz aguda – mulher), etc. As frequências das notas que esses cantores são capazes de emitir variam desde cerca de 100 hertz (baixo) até cerca de 1 200 hertz (soprano).

Formato/Arquivo da editora

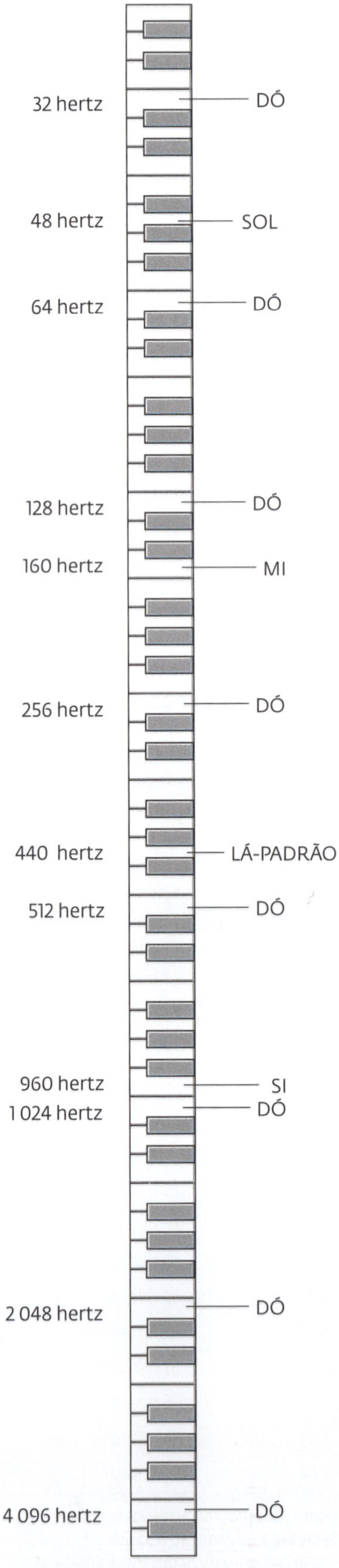

Figura 7.61. Frequências de algumas notas da escala musical.

Bob Orsillo/Shutterstock/Glow Images

Figura 7.62. As teclas de um piano são ligadas a cordas de tamanhos diferentes que, ao vibrarem, emitem frequências também diferentes.

Timbre

Se tocarmos certa nota de um piano e se essa mesma nota (mesma frequência) for emitida, com a mesma intensidade, por um violino, seremos capazes de distinguir uma da outra, isto é, saberemos dizer qual nota foi emitida pelo piano e qual foi emitida pelo violino. Dizemos que elas têm **timbres** diferentes.

Isso acontece porque a nota emitida pelo piano resulta da superposição das oscilações não só da corda acionada, mas também de várias outras partes do instrumento (madeira, colunas de ar, outras cordas, etc.), que vibram com ela. Dizemos, então, que a onda sonora emitida terá uma forma própria, característica do piano. De modo semelhante, a onda emitida pelo violino é o resultado das oscilações características desse instrumento, apresentando, por isso, uma **forma diferente** da onda emitida pelo piano. Observando a forma resultante de uma onda sonora, cuja frequência é 440 hertz, emitida por um violino e, a mesma nota (440 hertz) emitida pelo piano, vemos que representam sons diferentes, porque sons de mesma frequência, mas de timbres diferentes, correspondem a ondas sonoras cujas formas são diferentes. Portanto, podemos dizer que:

Nossa orelha é capaz de distinguir dois sons, de mesma frequência e mesma intensidade, desde que as formas das ondas sonoras correspondentes a eles sejam diferentes. Dizemos que os dois sons têm timbres diferentes.

O que dissemos para o violino e o piano se aplica aos demais instrumentos musicais: a onda sonora resultante que cada um emite, correspondente a uma dada nota, tem uma forma própria, característica do instrumento. Isto é, cada um possui o seu próprio timbre **(figura 7.63)**. A voz de uma pessoa também tem um timbre próprio, porque a forma da onda sonora que a pessoa emite é determinada por características pessoais. É por esse motivo que podemos identificar as pessoas por sua voz.

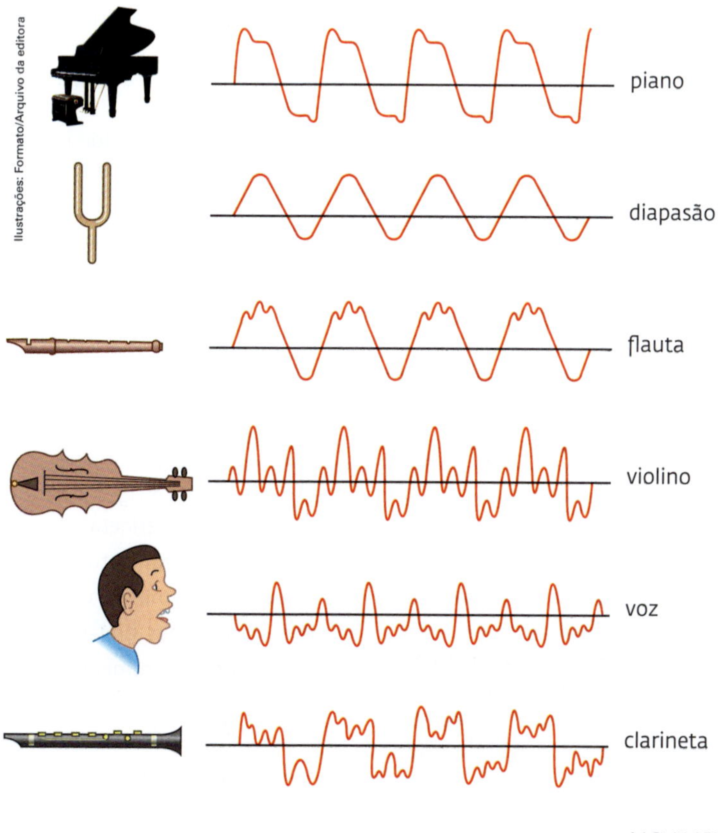

Figura 7.63. A forma das ondas sonoras é característica de cada instrumento. Representação sem escala e em cores fantasia.

FÍSICA NO CONTEXTO

A Fala Humana

A voz emitida pelo ser humano tem sua origem nas oscilações de duas membranas, denominadas pregas vocais **(figura 7.64.a)**, localizadas na posição mostrada na **figura 7.64.b**.

As pregas vocais entram em oscilação quando o ar, proveniente dos pulmões, é forçado a passar pela fenda existente entre elas. Podemos controlar a frequência do som que emitimos modificando a tensão nas pregas vocais. As oscilações dessas cordas são comunicadas ao ar existente nas diversas cavidades da boca, da garganta e do nariz, e aos músculos próximos a elas. A combinação de todas essas oscilações determina o timbre da voz, que é característico de cada pessoa.

Ilustrações: Osni de Oliveira/Arquivo da editora

a

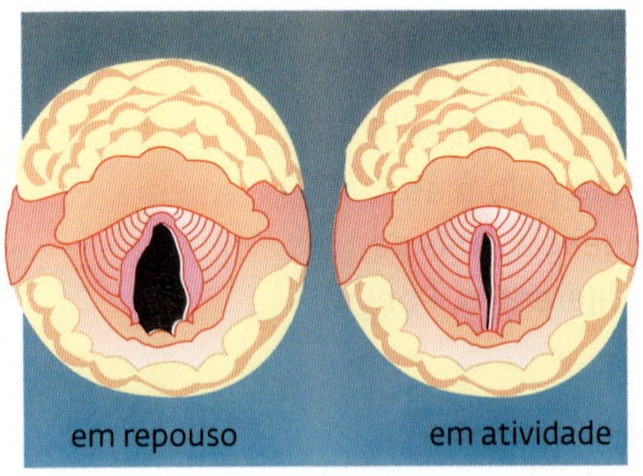

b

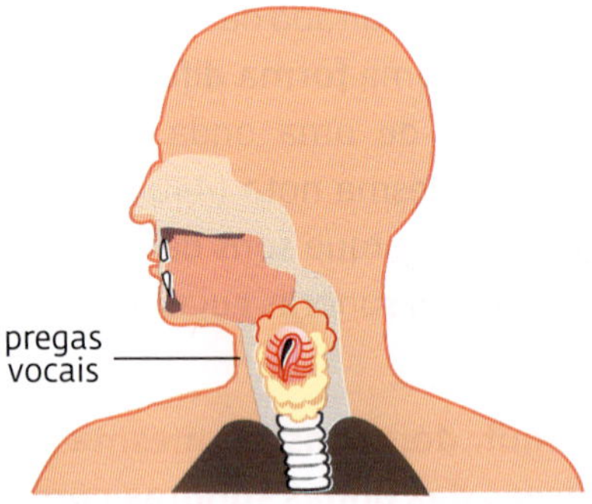

Figura 7.64. Em **a**, vista superior das duas pregas vocais. Em **b**, um esquema do aparelho vocal humano. Representação sem escala e em cores fantasia.

VERIFIQUE O QUE APRENDEU

23. a) Qual é, no ar, o comprimento de onda do som mais agudo que a orelha humana pode perceber?

b) E o do som mais grave?

c) Uma onda longitudinal, no ar, com $\lambda = 10$ mm, seria um infrassom, um som ou um ultrassom?

24. Uma pessoa pressiona a tecla de um piano que corresponde ao **lá** padrão. Consultando a **figura 7.62** e a **tabela 7.3**, responda às questões a seguir, no caderno.

a) Qual é o comprimento de onda desse som no ar?

b) Qual é a frequência desse som ao atingir a orelha de uma pessoa mergulhada em uma piscina próxima ao piano?

c) Qual é o comprimento de onda desse som na água?

25. a) A sucessão das notas **dó**, **ré**, **mi**, **fá**, **sol**, **lá**, **si** constitui uma escala musical. Observando a **figura 7.62**, diga quantas vezes a frequência da nota **dó** de uma escala é maior do que a frequência da nota **dó** da escala imediatamente anterior.

b) Sabe-se que o resultado encontrado em **a** é válido para qualquer outra nota. Então, qual é a frequência da nota lá imediatamente anterior ao lá padrão? E a frequência da nota lá da escala seguinte?

26. Em uma orquestra, a flauta está emitindo um som bastante agudo, enquanto a tuba está emitindo um som grave.

a) Qual desses instrumentos está emitindo som de menor comprimento de onda?

b) Então, qual das duas ondas sonoras sofrerá difração mais acentuada ao contornar um obstáculo?

c) Portanto, qual dos dois instrumentos será mais bem ouvido por uma pessoa situada atrás do obstáculo?

27. Uma flauta e uma clarineta estão emitindo sons de mesma altura, sendo a amplitude do som da clarineta maior do que a amplitude do som da flauta. Considere uma pessoa situada à mesma distância dos dois instrumentos.

a) Qual dos dois sons será percebido, pela pessoa, com maior intensidade?

b) A frequência do som emitido pela flauta é maior, menor ou igual à frequência do som emitido pela clarineta?

c) Os dois instrumentos estão emitindo a mesma nota musical ou notas diferentes?

d) As formas das ondas sonoras emitidas pelos dois instrumentos são iguais ou diferentes?

e) A pessoa perceberá sons de mesmo timbre ou de timbres diferentes?

7.8 O efeito Doppler

O que é o efeito Doppler

Considere uma pessoa nas proximidades de uma ambulância parada, cuja sirene esteja emitindo um som de frequência f_0. Essa pessoa, estando também parada, perceberá um som de certa altura, caracterizado pela frequência f_0. Em outras palavras, o número de pulsos sonoros, por segundo, que chegará à orelha da pessoa será igual a f_0 **(figura 7.65)**.

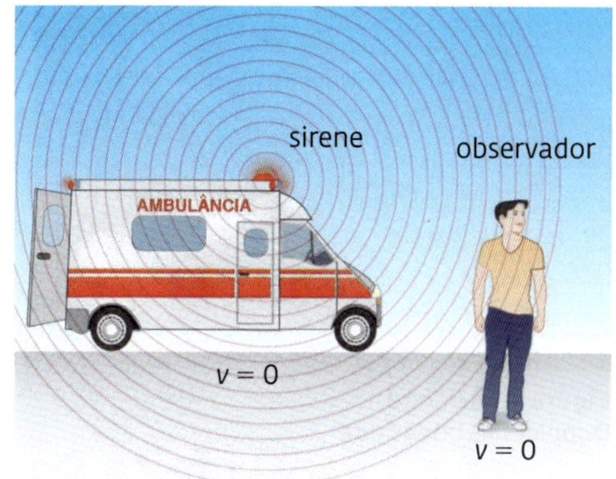

Ilustrações: Antonio Robson/Arquivo da editora

Figura 7.65. Representação das ondas sonoras emitidas por uma ambulância em repouso ($v = 0$) e um observador também em repouso ($v = 0$).

Suponha, agora, que a pessoa passe a se movimentar em direção a ela, que continua parada e com a sirene ligada, como mostra a **figura 7.66**. Nessas condições, o número de pulsos que irá chegar à orelha da pessoa, por segundo, será maior do que f_0. Então, a pessoa perceberá um som de frequência maior do que f_0, isto é, ela terá a sensação de que o som da sirene tornou-se mais agudo.

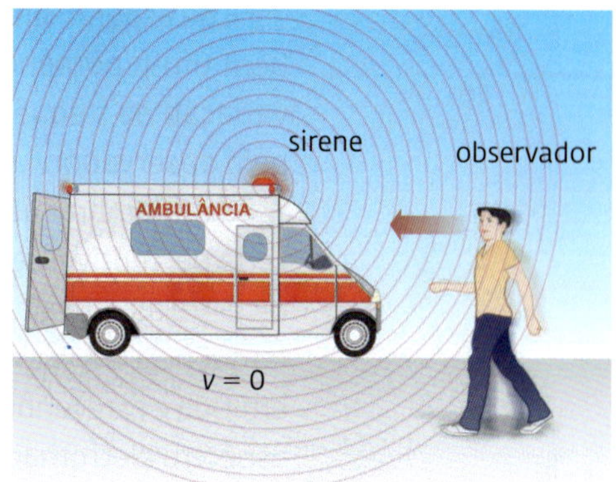

Figura 7.66. O som de uma fonte sonora parece mais agudo para um observador que se movimenta em direção a ela.

Caso a pessoa estivesse se afastando do veículo, o número de pulsos que iria chegar a sua orelha, por segundo, seria menor do que f_0, e, assim, a pessoa perceberia um som mais grave (frequência menor).

Essa variação da frequência de uma onda, causada pelo movimento da pessoa que a recebe (ou da fonte, como veremos a seguir), foi analisada, no século XIX, pelo físico austríaco Christian Doppler e, por isso, esse fenômeno é denominado **efeito Doppler**. Esse efeito pode ser percebido quando ouvimos a sirene de uma ambulância em movimento, aproximando-se e, em seguida, afastando-se.

Fonte em movimento e observador em repouso

O efeito Doppler pode também ser causado pelo movimento da fonte que emite a onda sonora, enquanto o observador permanece em repouso. No caso, por exemplo, de uma ambulância com a sirene ligada e em movimento, os pulsos da onda sonora que ela emite tornam-se mais próximos uns dos outros à frente do veículo, e mais separados na região situada atrás do veículo **(figura 7.67)**.

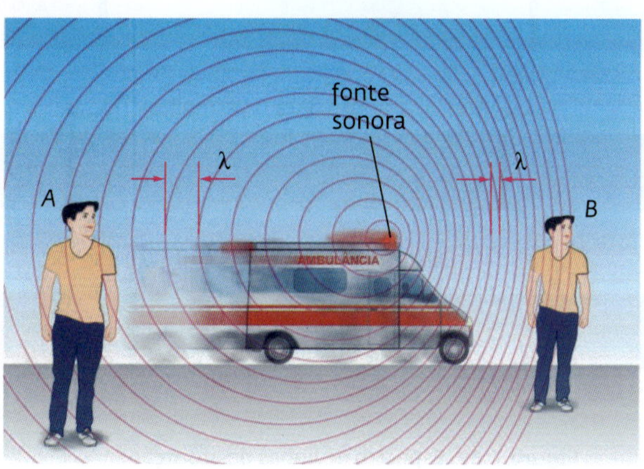

As ilustrações desta página estão representadas sem escala e em cores fantasia.

Figura 7.67. Quando uma fonte sonora se movimenta, a frequência do som percebida pelo observador é diferente da frequência real emitida pela fonte.

David Lyons/Alamy/Lantistock

Figura 7.68. Efeito Doppler nas ondas que se propagam na superfície de um líquido. Flórida, EUA.

Analisando a **figura 7.67** concluímos, então, que se um observador estiver à frente do veículo, ele receberá uma onda sonora de menor comprimento de onda (maior frequência), isto é, um som mais agudo. E, se estiver situado atrás do veículo, receberá uma onda sonora de maior comprimento de onda – portanto, um som mais grave (menor frequência).

A **figura 7.68** representa esse fato, mostrando embarcações em movimento provocando ondas na superfície de um líquido.

O efeito Doppler ocorre também com a luz

É possível perceber o efeito Doppler não apenas com o som, mas também com qualquer outro tipo de onda, como uma onda na superfície de um líquido.

É de esperar, então, que o efeito Doppler possa ser percebido com a luz, que é também um fenômeno ondulatório. Nesse caso, o efeito Doppler, consistindo em uma variação de frequência, manifestar-se-ia como uma mudança na cor da luz recebida pelo observador.

Cabe lembrar que, como a velocidade da luz é muito elevada ($3 \cdot 10^8$ m/s), o efeito só seria perceptível se a fonte de luz tivesse uma velocidade muito grande, como é o caso de estrelas ou galáxias que se afastam da Terra. Quando a fonte de luz se aproxima, a frequência da luz recebida pelo observador é aparentemente maior que a frequência emitida e este fenômeno é conhecido como *blue shift* ou desvio para o azul ou violeta (no espectro eletromagnético visível a luz violeta é a de maior frequência). Quando a fonte de luz se afasta, a luz recebida pelo observador tem frequência aparentemente menor que a frequência emitida. Nesse caso, temos um *red shift* ou um desvio para o vermelho (no espectro visível a luz vermelha é a de menor frequência). Na **figura 7.69** temos um espectro de linhas de absorção **(figura 7.69.b)** que permite identificar quando uma estrela, por exemplo, se afasta **(figura 7.69.c)** ou se aproxima **(figura 7.69.d)** da Terra. Nesse caso as linhas do espectro terão comprimentos de onda diferentes da posição em que estariam se o objeto estivesse parado em relação à Terra **(figura 7.69.a)**.

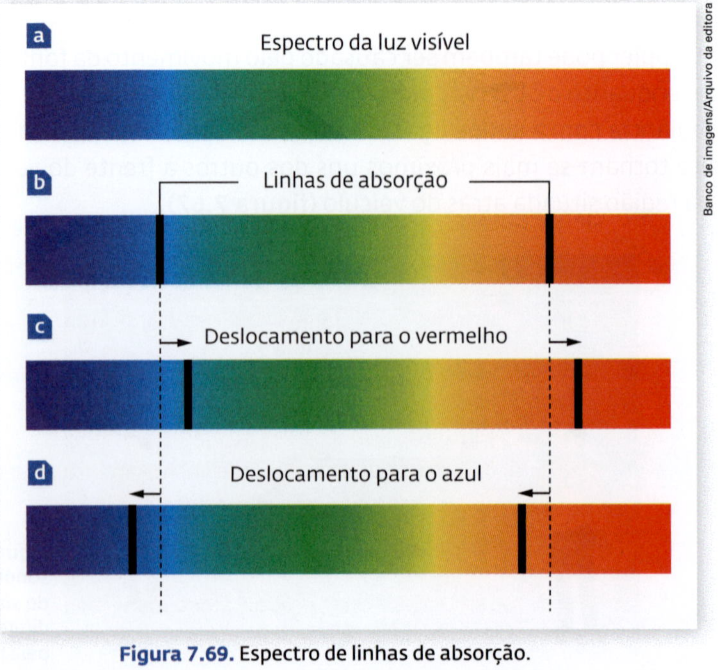

Figura 7.69. Espectro de linhas de absorção.

FÍSICA NO CONTEXTO

A EXPANSÃO DO UNIVERSO

Em certas observações astronômicas, os cientistas encontraram uma das mais notáveis situações na qual foi possível detectar o efeito Doppler com a luz. Analisando o espectro da luz emitida pelas estrelas, os astrônomos conseguem identificar as substâncias que fazem parte da constituição dessas estrelas (veja os espectros de alguns gases no exercício 30 da seção *Verifique o que aprendeu* e observe o espectro de algumas fontes de luz, construindo você mesmo um espectroscópio, como na atividade 5 do *Pratique física*.

No entanto, ao analisar os espectros da luz proveniente de estrelas situadas em galáxias distantes, emitida por uma dada substância, em um certo estado de excitação térmica, eles verificaram que sua frequência era menor do que a frequência emitida pela mesma substância aqui na Terra, no mesmo estado de excitação. Concluíram que essa variação de frequência só poderia ser causada pelo efeito Doppler. E, uma vez que era constatada uma diminuição na frequência, a fonte de luz, isto é, a galáxia, devia estar se afastando de nós.

O astrônomo Edwin Hubble (1889-1953) observou esse fenômeno para várias galáxias cujas distâncias eram conhecidas e descobriu, em 1929, que, quanto mais distante estava a galáxia, mais rápida, proporcionalmente, era sua velocidade de afastamento. Esse resultado levou os cientistas a concluir que o Universo está em expansão, isto é, as galáxias estão se afastando de nós (ou melhor, umas das outras) com velocidades muito grandes, sendo tais velocidades tanto maiores quanto mais distantes elas se encontrarem.

Para compreender por que um universo em expansão leva determinado observador a achar que as galáxias ao seu redor estão se afastando com uma velocidade proporcional à distância, veja a **figura 7.70**. Nela, para facilitar, substituímos o espaço tridimensional em que vivemos pelo espaço bidimensional da superfície de um balão. Cada pinta na superfície do balão representa uma galáxia. Escolha o observador numa determinada galáxia (pinta), seu universo estando restrito à superfície bidimensional do balão. Se o balão estiver sendo inflado, o observador achará que as galáxias (outras pintas) em sua volta estão se afastando dele. Para entender melhor, considere, por exemplo, uma primeira pinta, afastada 1 cm do observador, e uma segunda, afastada 2 cm. Se, depois de determinado intervalo de tempo, o balão esticar em 10%, a primeira pinta sofrerá um afastamento de 0,1 cm, enquanto a segunda pinta afastará 0,2 cm, por intervalo de tempo. Ou seja, a velocidade de afastamento é proporcional à distância, como observou Edwin Hubble no caso das galáxias.

Ilustrações: João X. de Campos/Arquivo da editora

Figura 7.70. Um modelo simples, em que o espaço tridimensional em que vivemos é representado pela superfície bidimensional de um balão sendo continuamente inflado. Ele pode auxiliar na compreensão do afastamento das galáxias em relação a nós. Para cada pinta no balão, são as outras pintas que dela se afastam. Além disso, extrapolando para o passado, esse modelo sugere ter havido um instante em que todas as pintas estavam juntas.

Outra conclusão que se pode tirar dessa expansão é que, se voltarmos no tempo, existiu um momento em que todas as galáxias estavam juntas, quando houve algo como uma grande explosão. A partir das velocidades de afastamento, estima-se hoje que esse momento aconteceu há cerca de 14 bilhões de anos. Esse acontecimento primordial, em que todo o Universo estava extremamente comprimido – e, em consequência, extremamente quente –, é conhecido pelo nome inglês *big-bang*. A partir do *big-bang*, o Universo se expandiu violentamente, esfriou e, aos poucos, a gravidade juntou a matéria em nuvens de gás e poeira, formando as estrelas, que constituíram as galáxias, as quais ainda mantêm o movimento de afastamento, originado naquele acontecimento primordial.

VERIFIQUE O QUE APRENDEU

28. Um carro está parado a certa distância de um sinal luminoso de trânsito (semáforo), que, em certo instante, torna-se verde. O motorista arranca rapidamente, mas não consegue perceber nenhuma alteração na cor verde do sinal, em razão do efeito Doppler. Por quê?

29. Você sabe que é possível observar, na Terra, o efeito Doppler com a luz emitida por uma galáxia. A velocidade dessa galáxia poderia ser cerca de:

a) 300 m/s (velocidade do som)?

b) 30 000 km/h (velocidade de um foguete moderno)?

c) 30 000 km/s (10% da velocidade da luz)?

30. O espectro da luz emitida por uma substância gasosa, a alta temperatura, é constituído por várias linhas coloridas, como as mostradas na figura a seguir. Supondo que a substância estivesse emitindo aquela luz em uma galáxia distante, as linhas de seu espectro, quando sua luz é recebida aqui na Terra, estariam na mesma posição da figura, deslocadas para a direita ou deslocadas para a esquerda?

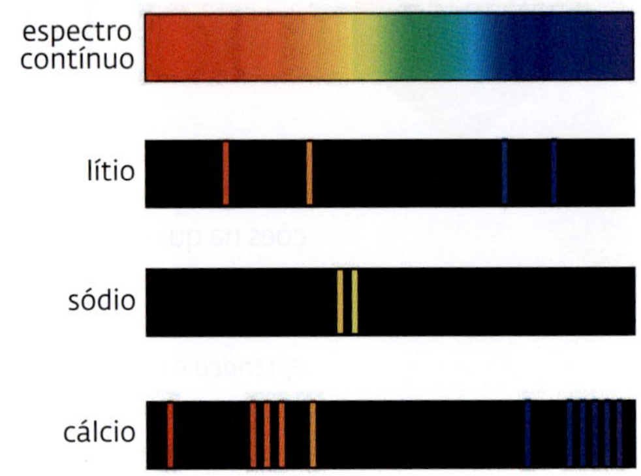

31. Analisando a luz emitida pelas galáxias, os astrônomos costumam dizer que se observa, no espectro dessa luz, um "deslocamento para o vermelho". Por que os astrônomos usam essa expressão?

32. Observa-se que a luz emitida por certas estrelas da Via Láctea apresenta um "deslocamento para o violeta".

a) Que conclusão se pode tirar acerca do movimento dessas estrelas em relação à Terra?

b) Essas estrelas poderiam pertencer a outra galáxia? Explique.

PRATIQUE FÍSICA

EM EQUIPE

1. O pêndulo simples que vocês irão montar foi um instrumento muito importante na história da ciência, permitindo realizar as primeiras medidas da aceleração da gravidade. Utilizando um barbante fino e resistente e objetos pesados e de pequenas dimensões, cada grupo estudará o comportamento de um pêndulo, medindo seu período de oscilação e utilizando três comprimentos distintos e duas massas diferentes. Os grupos devem apresentar seu trabalho em sala de aula, respondendo às seguintes perguntas:

a) Como você construiu seu pêndulo? E como fez para realizar as medidas do período de oscilação?

b) Quando você variou o comprimento do barbante, como variou o período de oscilação do pêndulo? Essa variação está de acordo com a expressão $T = 2\pi\sqrt{L/g}$?

c) A variação da massa causou alguma variação no período de oscilação? Por quê?

d) A partir dos dados obtidos, calcule o valor da aceleração da gravidade no local onde o experimento foi realizado. Como você poderia melhorar o valor dessa medida?

2. Como vimos na seção 7.1, o período de um objeto em movimento harmônico simples em um sistema massa-mola é dado por $T = 2\pi\sqrt{m/k}$, e, dessa forma, não depende da amplitude de oscilação. Para testar se de fato um sistema massa-mola se comporta de acordo com essa equação, vocês deverão providenciar dois ou mais objetos e algumas molas de plástico, daquelas utilizadas para encadernar papéis, desde as mais finas até aquelas de maior espessura. Cada grupo deve realizar as seguintes atividades:

a) Prendam a mola de plástico no teto ou embaixo de uma mesa, com fita adesiva, e coloquem um objeto na outra extremidade, de modo que ele possa oscilar na direção vertical. Observem quanto tempo leva para ele completar um ciclo (período). Agora aumentem a amplitude utilizada anteriormente. O período sofreu alguma alteração?

b) Substituam o objeto por outro, mais pesado, e coloquem o sistema para oscilar novamente na direção vertical. A variação que vocês observaram no período está de acordo com o que foi dito no começo do enunciado deste experimento?

As ilustrações desta página estão representadas sem escala e em cores fantasia.

c) Utilizando o mesmo objeto, troquem a mola por uma de espessura diferente e observem o que acontece com o período de oscilação. A seguir, diminuam pela metade o comprimento da mola e observem o que acontece com o período de oscilação. Com base nessas observações, digam se houve alteração na constante elástica k das molas. Se houve, foi para mais ou para menos?

3. Suspendam um objeto metálico – uma colher ou um cabide, por exemplo – por meio de um cordão. Coloquem cuidadosamente as duas extremidades do cordão em suas orelhas, mantendo-as nessa posição com seus dedos. Curvando-se para a frente, deixem o objeto metálico colidir várias vezes contra um obstáculo rígido, como uma parede ou uma mesa. As oscilações do metal, geradas nas colisões, propagam-se até suas orelhas através do cordão, produzindo ondas sonoras no ar existente no canal de suas orelhas externas.
Vocês ouvirão, então, belos sons, semelhantes ao badalar de um sino distante. Repitam a experiência sem colocar o cordão em suas orelhas e comparem os sons que vocês percebem nas duas situações. Procurem uma explicação para a diferença percebida.

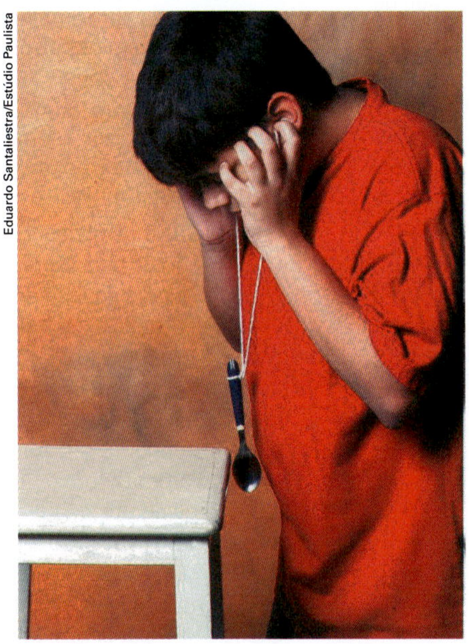
Eduardo Santaliestra/Estúdio Paulista

4. Façam um "telefone" com dois copos descartáveis, unidos por uma linha esticada, como ilustrado na figura. A função da linha é direcionar a onda sonora do primeiro copo para o segundo. Caso essa onda estivesse se propagando no ar, sua energia seria espalhada por uma área cada vez maior, reduzindo muito a intensidade percebida pelo ouvinte. Um copo capta as vibrações sonoras no ar, produzidas pela pessoa que fala, e as transmite para a linha. O outro copo faz o inverso, gerando o som escutado pelo ouvinte.

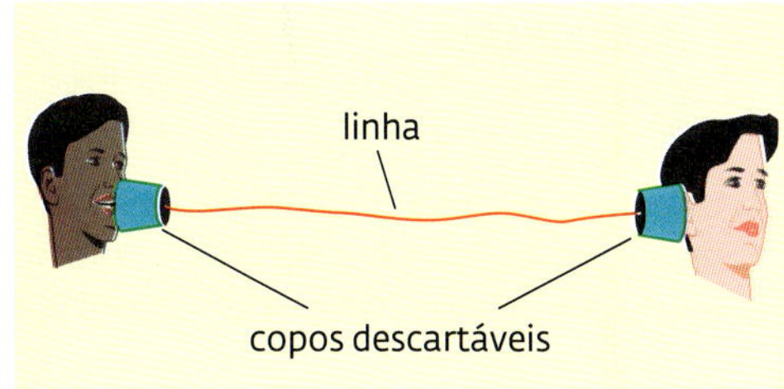

Antonio Robson/Arquivo da editora

5. Construam um espectroscópio, nome que se dá a um instrumento que permite analisar as cores do espectro da luz emitida por uma fonte qualquer. Com ele, vocês poderão visualizar espectros como os mostrados no exercício 30 da seção *Verifique o que aprendeu*. Em especial, sugerimos que analisem o espectro de uma lâmpada incandescente, de uma lâmpada fluorescente e de lâmpadas de vapor de mercúrio e de vapor de sódio, usadas na iluminação pública. Analisem também o espectro de linha emitido pela luz amarelada, resultante da queima de sal de cozinha ao ser polvilhado sobre a chama de fogão a gás, à noite, com a luz apagada.
O espectroscópio pode ser facilmente construído usando-se um disco de CD sem a cobertura metálica, que propicia uma excelente rede de difração, capaz de decompor a luz de maneira mais eficiente que um prisma. Com cuidado vocês podem retirar a cobertura metálica de um CD regravável ou utilizar os dois CDs transparentes que costumam vir protegendo as duas extremidades dos estojos de CDs regraváveis. Além disso, vocês vão necessitar de um tubo comprido de papelão, fechado numa extremidade por um disco de papelão com uma fenda estreita. O objetivo do tubo é colimar o feixe de luz. A fenda deve estar na mesma orientação das trilhas do CD, como mostrado na figura abaixo. É conveniente que o interior do tubo seja pintado de negro fosco, para evitar reflexos. Quanto mais estreita a fenda e mais comprido o tubo, maior será a capacidade do espectroscópio em distinguir as linhas de um espectro descontínuo.

Espectroscópio

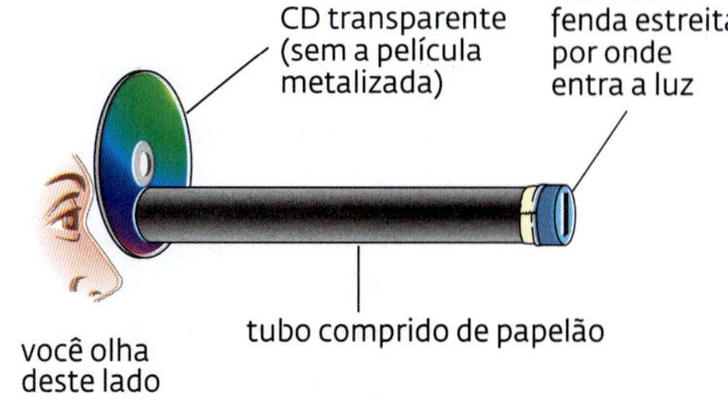

Paulo César Pereira/Arquivo da editora

PROBLEMAS E TESTES

1. Um objeto de massa $m = 400$ g está oscilando, sem atrito, preso à extremidade de uma mola cuja constante elástica vale $k = 160$ N/m. A amplitude do movimento é $A = 10$ cm.

a) Calcule o período de oscilação do objeto.

b) Determine a frequência desse movimento.

c) Qual seria o período do movimento se sua amplitude fosse reduzida para 5 cm?

2. (UFRGS-RS) Assinale a alternativa que preenche corretamente as lacunas do enunciado abaixo, na ordem em que aparecem.

A luz é uma onda eletromagnética formada por campos elétricos e magnéticos que variam no tempo e no espaço e que, no vácuo, são .... entre si. Em um feixe de luz polarizada, a direção da polarização é definida como a direção .... da onda.

a) paralelos – do campo elétrico

b) paralelos – do campo magnético

c) perpendiculares – de propagação

d) perpendiculares – do campo elétrico

e) perpendiculares – do campo magnético

3. Uma estação de rádio emite uma onda eletromagnética de frequência $f = 1\,500$ kHz. Sabe-se que a velocidade de propagação dessa onda, no ar, é igual à velocidade da luz. Calcule o valor de λ para essa onda de rádio.

4. (UFG-GO) Baseado nas propriedades ondulatórias de transmissão e reflexão, as ondas de ultrassom podem ser empregadas para medir a espessura de vasos sanguíneos. A figura a seguir representa um exame de ultrassonografia obtido de um homem adulto, onde os pulsos representam os ecos provenientes das reflexões nas paredes anterior e posterior da artéria carótida.

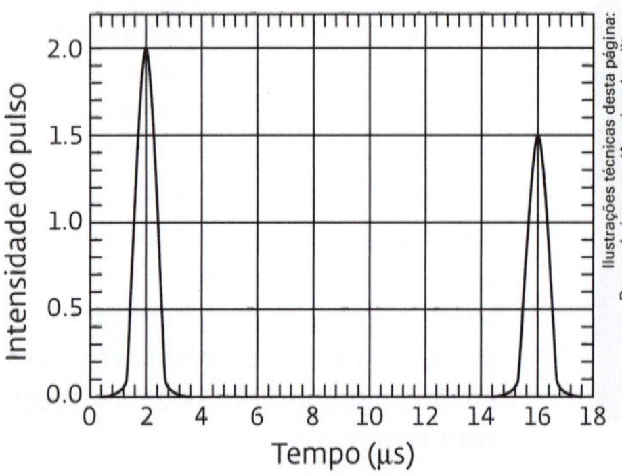

Ilustrações técnicas desta página: Banco de imagens/Arquivo da editora

Suponha que a velocidade de propagação do ultrassom seja de 1 500 m/s. Nesse sentido, a espessura e a função dessa artéria são, respectivamente:

a) 1,05 cm – transportar sangue da aorta para a cabeça.

b) 1,05 cm – transportar sangue dos pulmões para o coração.

c) 1,20 cm – transportar sangue dos pulmões para o coração.

d) 2,10 cm – transportar sangue da cabeça para o pulmão.

e) 2,10 cm – transportar sangue da aorta para a cabeça.

5. Uma onda, ao passar de uma região (1) para outra região, (2), sofreu refração, aproximando-se da normal. Para representar essa refração, um estudante traçou o diagrama mostrado na figura abaixo. Há um erro nesse diagrama. Analise a figura e diga qual é o erro.

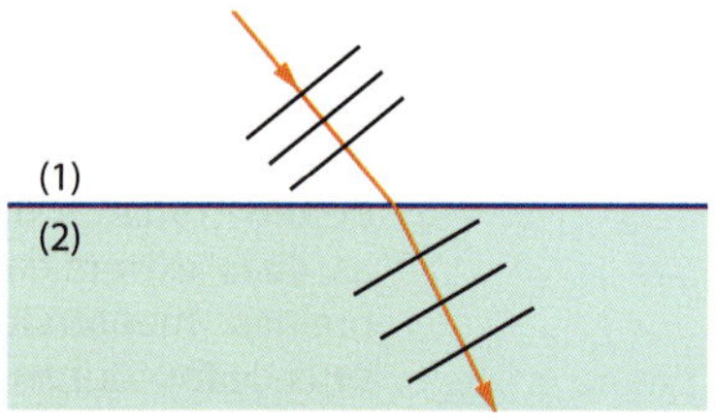

6. Uma onda de pulsos retos se propaga, na superfície de um líquido, em direção a um orifício formado por duas barreiras (veja a figura).

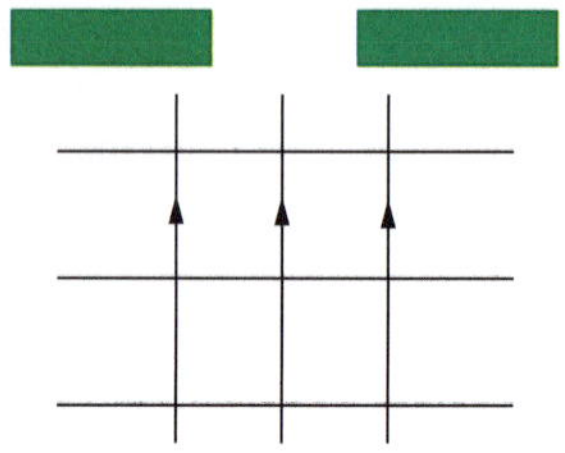

a) Sabendo-se que o comprimento de onda e a largura do orifício são aproximadamente iguais, complete a figura, mostrando os pulsos e os raios da onda após passar pelo orifício (desenhe no caderno uma cópia da figura).

b) Suponha, agora, que o comprimento de onda seja muito menor do que a largura do orifício e faça outro diagrama no caderno, mostrando o que ocorre quando a onda passa por ele.

7. (Fuvest-SP) O nível de intensidade sonora β, em decibéis (dB), é definido pela expressão $\beta = 10 \log_{10} (I / I_0)$, na qual I é a intensidade do som em W/m^2 e $I_0 = 10^{-12}$ W/m^2 é um valor de referência. Os valores de nível de intensidade sonora $\beta = 0$ e $\beta = 120$ dB correspondem, respectivamente, aos limiares de audição e de dor para o ser humano. Como exposições prolongadas a níveis de intensidade sonora elevados podem acarretar danos auditivos, há uma norma regulamentadora (NR–15) do Ministério do Trabalho e Emprego do Brasil, que estabelece o tempo máximo de 8 horas para exposição ininterrupta a sons de 85 dB e especifica que, a cada acréscimo de 5 dB no nível da intensidade sonora, deve-se dividir por dois o tempo máximo de exposição. A partir dessas informações, determine:

a) a intensidade sonora I correspondente ao limiar de dor para o ser humano;

b) o valor máximo do nível de intensidade sonora β, em dB, a que um trabalhador pode permanecer exposto por 4 horas seguidas;

c) os valores da intensidade I e da potência P do som no tímpano de um trabalhador quando o nível de intensidade sonora é 100 dB.

Note e adote:

$\pi = 3$

Diâmetro do tímpano = 1 cm

8. a) No ar, dois sons que chegam a uma pessoa só podem ser percebidos distintamente se alcançarem a sua orelha separados por um intervalo de tempo de, no mínimo, 0,1 s. Então, se uma pessoa consegue perceber o eco de um som que ela emitiu, qual é a mínima distância que deve existir entre a pessoa e o anteparo que produziu o eco?

b) Um pulso de sonar é emitido verticalmente, de um submarino, em direção ao fundo do mar. Se o eco desse pulso é recebido após um intervalo de 2 s, a que distância o submarino se encontra do fundo do mar? (A velocidade de propagação dos ultrassons é igual à do som e, na água do mar, vale cerca de 1 500 m/s.)

9. Uma pessoa em P_1 emite um som que alcança a orelha de outra pessoa, situada em P_2, no fundo de uma piscina. Indique no seu caderno qual dos caminhos mostrados na figura poderia representar a trajetória seguida pela onda sonora de P_1 até P_2.

João X. de Campos/Arquivo da editora

a) P_1AP_2

b) P_1BP_2

c) P_1CP_2

d) P_1DP_2

e) P_1EP_2

10. A figura abaixo representa o pulso de uma onda (frente de onda) refratando-se ao passar de um meio (1) para um meio (2). Sabe-se que os comprimentos de onda nos dois meios são $\lambda_1 = 6{,}0$ cm e $\lambda_2 = 10{,}0$ cm.

a) Qual é o ângulo de incidência da onda?

b) Calcule o ângulo de refração da onda no meio (2).

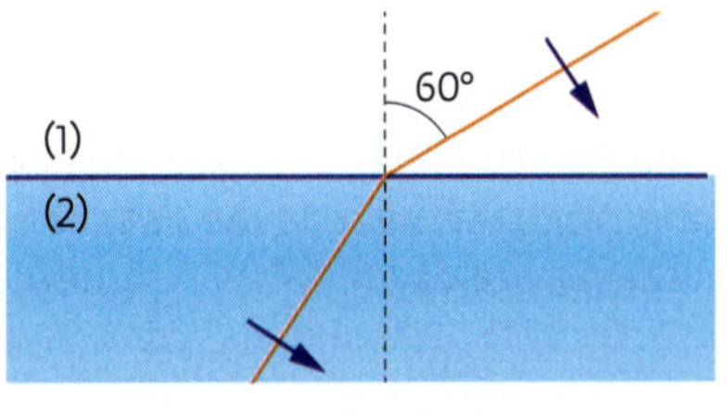

11. A figura a seguir mostra um feixe luminoso se refratando ao passar do meio *A* para o meio *B*. Indique em seu caderno quais das afirmativas seguintes estão corretas.

a) O índice de refração de *A* é maior do que o de *B*.

b) A frequência da onda luminosa tem o mesmo valor nos dois meios.

c) A velocidade da luz é menor em *A* do que em *B*.

d) O comprimento de onda da luz é menor em *A* do que em *B*.

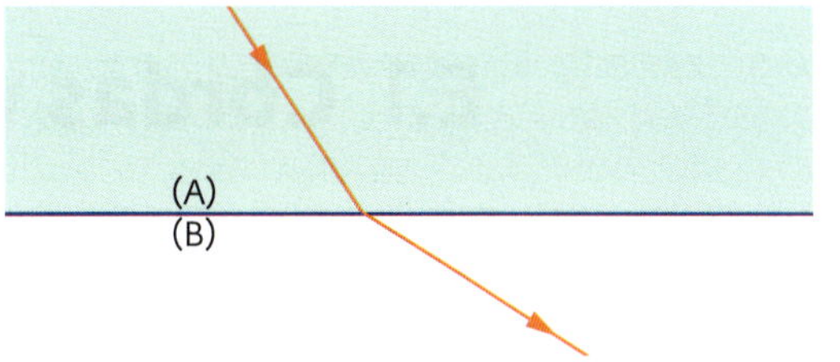

12. Um objeto de massa *m* executa um movimento harmônico simples preso à extremidade de uma mola cuja constante elástica é *k*. Qual deve ser o comprimento *L* de um pêndulo simples para que ele oscile com um período igual ao do objeto preso à mola?

13. Dois pequenos objetos, F_1 e F_2, batem em fase na superfície de um líquido, produzindo ondas de mesmo comprimento de onda λ. Considerando um ponto *P* qualquer na superfície do líquido, diga se nesse ponto haverá interferência construtiva ou destrutiva em cada um dos seguintes casos:

a) $PF_1 = PF_2$

b) $PF_1 - PF_2 = \lambda$

c) $PF_1 - PF_2 = \lambda/2$

14. Duas pessoas, *A* e *B*, estavam interessadas em medir a velocidade do som no ar. Elas se colocaram a 40 m de um paredão e a 60 m uma da outra (veja a figura). O observador *B* ouviu um monossílabo emitido por *A* e 1/8 s depois ouviu o seu eco produzido pelo paredão. Baseando-se nessas medidas, qual o valor que as pessoas obtiveram para a velocidade do som?

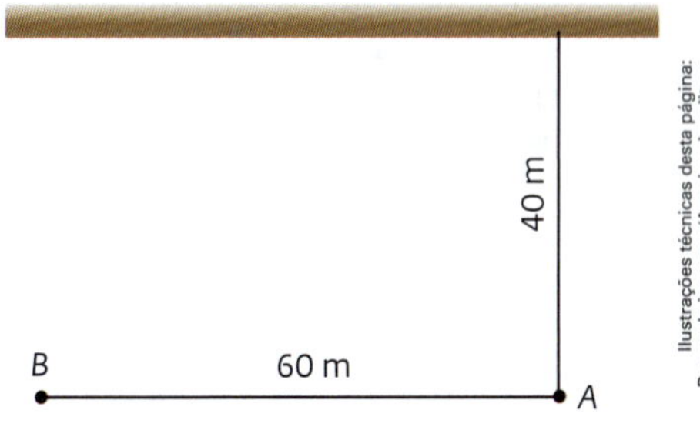

Ilustrações técnicas desta página: Banco de imagens/Arquivo da editora

15. Uma mola, de comprimento igual a 10,0 cm, está suspensa verticalmente, em um ponto fixo, por uma de suas extremidades. Prende-se, em sua extremidade livre, um objeto de massa $m = 100$ g, verificando-se que, na posição de equilíbrio, seu comprimento atinge 15,0 cm. Puxando em seguida o objeto, até que o comprimento da mola seja de 20,0 cm, e abandonando-o, ele passa a executar um movimento harmônico simples. Determine (tome $g = 10$ m/s^2):

a) O valor da constante elástica da mola.

b) A amplitude do movimento efetuado pelo objeto.

c) O período e a frequência desse movimento.

16. Um bloco, de massa $m = 180$ g, está executando um movimento harmônico simples sobre uma superfície horizontal sem atrito, preso a uma mola, também horizontal, cuja constante elástica é $k = 50$ N/m. Sabendo-se que a energia total do bloco vale $E = 0{,}36$ J, calcule:

a) A amplitude do movimento harmônico simples executado pelo bloco.

b) A velocidade máxima do bloco e onde ela ocorre.

Apêndice E

E.1 Cordas vibrantes e tubos sonoros

Velocidade de propagação da onda em uma corda

Ao estudarmos a propagação de ondas em cordas esticadas, dissemos que sua velocidade depende de dois fatores: da tensão, T, na corda e de sua massa por unidade de comprimento, μ. Assim, se m é a massa total da corda e L, seu comprimento, temos $\mu = m/L$.

É possível mostrar, por meio de cálculos, que não vamos aqui desenvolver, que

$$v = \sqrt{\frac{T}{\mu}}$$

Essa expressão mostra que v é tanto maior quanto maior for T e tanto menor quanto maior for μ, em concordância com a informação fornecida na seção 7.2.

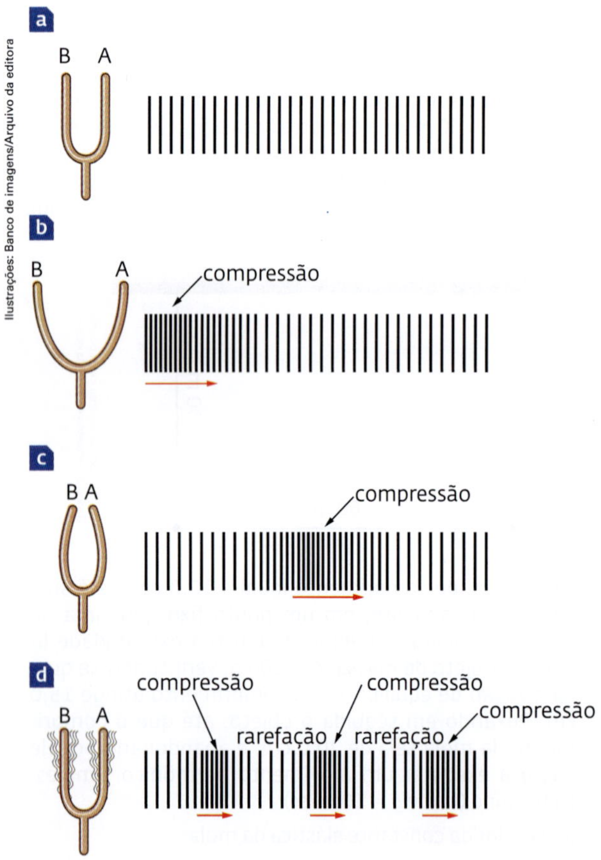

Figura E.1. Propagação de ondas longitudinais no ar provocadas por um diapasão oscilando. Representação sem escala e em cores fantasia.

Emissão de som por uma corda oscilando

Cordas esticadas, como as de um violão ou de um violino, emitem sons quando são postas em oscilação. Isso ocorre porque a corda, ao oscilar, provoca compressões e rarefações no ar similares as que um diapasão exerce sobre o ar ao seu redor. Na **figura E.1.a** temos um diapasão no ar. O diapasão é um dispositivo utilizado para auxiliar na afinação de instrumentos musicais. Quando o diapasão é posto a oscilar, sua forquilha se movimenta abrindo **(figura E.1.b)** e fechando **(figura E.1.c)** formando regiões de baixa e alta pressão, ou seja, regiões de rarefação e compressão do ar **(figura E.1.d)**. Essas rarefações e compressões se propagam no ar constituindo-se em uma onda longitudinal que, conforme o valor de sua frequência, poderá sensibilizar a nossa orelha.

Suponha, agora, uma corda em repouso de comprimento L que está fixa em ambas as extremidades, como as cordas de um violão. Se esta corda for posta para oscilar, a propagação e reflexão dessas ondas formam **ondas estacionárias** com nós (pontos que não oscilam) nas extremidades. Essas ondas são chamadas de estacionárias porque a energia de oscilação delas fica sempre confinada no espaço entre dois nós, não se propagando através desses pontos. A frequência da onda sonora é determinada pela frequência da corda, sendo igual a ela. Portanto, a corda oscilante é a fonte geradora do som produzido.

Os modos de vibração da corda, representados na **figura E.2**, ocorrem em virtude da superposição das ondas incidentes e refletidas nas extremidades fixas *A* e *B* da corda. Ela pode oscilar tanto da maneira apresentada na **figura E.2.a** quanto na **figura E.2.b** ou na **figura E.2.c**, etc., apresentando alguns pontos que não oscilam e que constituem os chamados **nós** das ondas. Esses pontos, além dos pontos fixos da corda *A* e *B*, que não poderiam oscilar, são indicados na **figura E.2** por *C*, *D* e *E*. O ponto médio entre dois nós oscila sempre com amplitude máxima (em relação à amplitude dos demais pontos da corda) e é denominado **ventre** (ou **antinó**).

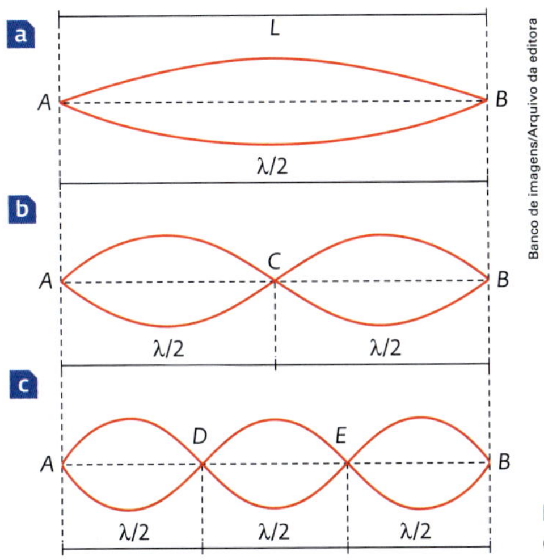

Figura E.2. Modos de oscilação de uma corda fixa em suas extremidades (1º, 2º e 3º harmônicos).

Frequências dos sons emitidos pela corda oscilante

Quando a corda oscila do modo representado na **figura E.2.a**, ela está oscilando com a menor frequência entre os modos possíveis que pode apresentar. Essa frequência, que vamos designar por f_1, é denominada **frequência fundamental** da corda, e esse modo de oscilação é chamado **1º harmônico**.

Sendo λ_1 o comprimento de onda correspondente a esse modo, temos, na **figura E.2.a**:

$$\frac{\lambda_1}{2} = L \quad \therefore \quad \lambda_1 = 2L$$

Como $f_1 = v/\lambda_1$, vem:

$$f_1 = \frac{v}{2L} \quad \text{ou} \quad f_1 = \frac{1}{2L}\sqrt{\frac{T}{\mu}}$$

O modo de oscilação representado na **figura E.2.b** é denominado **2º harmônico**. Para esse caso, temos $\lambda_2 = L$. Então:

$$f_2 = \frac{v}{\lambda_2} = \frac{v}{L} \quad \text{ou} \quad f_2 = 2f_1$$

De maneira semelhante, dizemos que o modo de oscilação da **figura E.2.c** é o **3º harmônico**. Temos:

$$3\left(\frac{\lambda_3}{2}\right) = L \text{ ou } \lambda_3 = \frac{2L}{3}$$

Então,

$$f_3 = \frac{v}{\lambda_3} = 3\left(\frac{v}{2L}\right) \quad \therefore \quad f_3 = 3f_1$$

A corda pode apresentar, também, outros modos, denominados **4º harmônico**, **5º harmônico**, etc., cujas frequências são $f_4 = 4f_1$, $f_5 = 5f_1$, etc.

Jeff Cadge/Getty Images

Figura E.3. As cordas de uma harpa possuem comprimentos diferentes para emitir notas diferentes.

Eduardo Santaliestra/Estúdio Paulista

Figura E.4. Na fotografia podem ser identificados os três fatores que fazem variar a frequência dos sons emitidos pelas cordas de um violão.

Comentários

1) Observando a expressão que fornece a frequência f_1 do som fundamental emitido por uma corda, vemos que ela depende de três fatores: T, μ e L. Podemos, assim, entender como um instrumento de corda (violão, violino, piano, etc.) pode emitir sons de diferentes frequências, isto é, diferentes notas musicais **(figura E.3)**. No violão, por exemplo, ao girarmos uma cravelha, estamos procurando variar a tensão T na corda, de modo que ela emita um som de determinada altura. Diferentes cordas **(figura E.4)** apresentam diâmetros diferentes, o que leva a diferentes valores de μ; portanto, mesmo que elas tenham comprimentos iguais e estejam sob a mesma tensão, emitirão notas diferentes (frequências diferentes).

Quanto mais fina for a corda, mais agudo será o som, pois a densidade será menor neste caso. Isso ocorre, pois, a frequência é inversamente proporcional à raiz quadrada da densidade, conforme a expressão:

$$f_1 = \frac{1}{2L}\sqrt{\frac{T}{\mu}}$$

em que L, T e μ correspondem, respectivamente, ao comprimento da corda, à força de tração e à densidade. Observe que, com uma mesma corda, o músico consegue obter notas diferentes, prendendo-a em pontos diferentes do seu comprimento, de modo a fazê-la oscilar com diferentes valores de L.

2) De maneira geral, quando uma corda é posta em oscilação, ela oscila com uma forma determinada, que é o resultado da superposição dos diversos harmônicos que pode emitir. A forma da onda é característica do timbre do som emitido. Assim, o timbre do som é também caracterizado pelos harmônicos presentes na oscilação.

Exemplo 1

A montagem mostrada na figura E.5 costuma ser usada para se obter a medida da velocidade de propagação da onda em uma corda, pela formação de ondas estacionárias. Em uma das extremidades da corda é adaptado um oscilador cuja frequência f é conhecida. Na outra extremidade é suspenso um peso cujo valor pode variar até que uma onda estacionária seja estabelecida na corda. Suponha que a frequência do oscilador seja $f = 36$ hertz e que, ao ser estabelecida a onda estacionária, verificou-se que a distância entre dois nós consecutivos era de 5,0 cm. Qual é a velocidade da onda na corda?

Paulo César Pereira/Arquivo da editora

Figura E.5. Para o exemplo 1.

A distância entre dois nós consecutivos é $\lambda/2$.

Logo:

$$\frac{\lambda}{2} = 5{,}0 \Rightarrow \lambda = 10 \text{ cm}$$

Então:

$$v = f\lambda = 36 \cdot 10 \quad \text{ou} \quad v = 360 \text{ cm/s}$$

Tubo sonoro fechado

De maneira semelhante ao que acontece em uma corda, é possível estabelecer ondas estacionárias longitudinais no ar contido no interior de um tubo qualquer. Por isso, os tubos podem ser usados como fontes sonoras em instrumentos musicais, como: órgão, flauta, clarineta, etc. Esses tubos possuem sempre uma de suas extremidades aberta, na qual um jato de ar é introduzido (soprado), provocando oscilações que se propagam na coluna de ar, no interior do tubo. A **figura E.6** representa um modelo usado em certos tipos de órgão, em que *A* é a extremidade aberta do tubo. Vamos supor que a outra extremidade, *B*, esteja fechada. Então, nessa extremidade, as partículas de ar não podem oscilar e, assim, *B* é sempre um nó da onda estacionária que se forma no interior do tubo. A extremidade aberta, em que o ar é soprado, será um ventre.

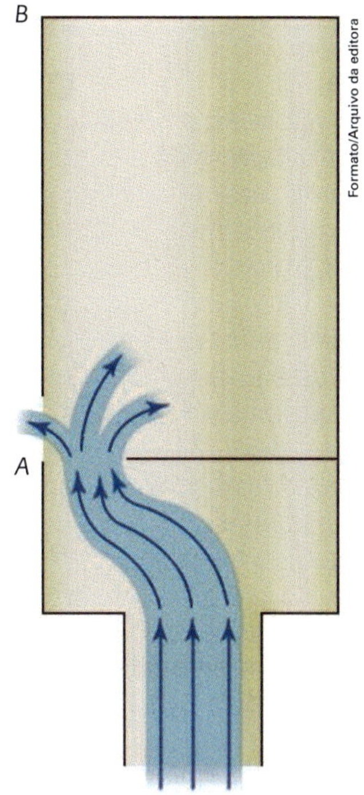

Figura E.6. Fluxo de ar que origina ondas estacionárias em um tubo sonoro fechado. Representação sem escala e em cores fantasia.

Na **figura E.7** estão representados modos de oscilação possíveis da coluna de ar no interior do tubo. Observe que na extremidade fechada temos sempre um nó e, na extremidade aberta, sempre um ventre. É importante ressaltar que, para melhor visualizar os modos de oscilação, representamos as ondas estacionárias que se formam no ar contido no tubo **(figura E.7)** estabelecendo uma analogia com uma corda em oscilação. Trata-se de um modelo geral para estudar esse tipo de fenômeno, uma vez que não há corda alguma no interior do tubo e as oscilações que ali estão presentes são longitudinais, executadas pelas partículas de ar dentro do tubo.

A frequência fundamental emitida por um tubo sonoro fechado, de comprimento *L*, correspondente ao 1º harmônico, é tal que **(figura E.7.a)**:

$$L = \frac{\lambda_1}{4} \quad \therefore \quad \lambda_1 = 4L$$

Então, sendo *v* a velocidade do som no ar, temos:

$$f_1 = \frac{v}{\lambda_1} \quad \text{ou} \quad f_1 = \frac{v}{4L}$$

Para o harmônico representado na **figura E.7.b**, temos:

$$L = 3\left(\frac{\lambda_2}{4}\right) \quad \therefore \quad \lambda_2 = \frac{4L}{3}$$

Então:

$$f_2 = \frac{v}{\lambda_2} = 3\left(\frac{v}{4L}\right) \quad \text{ou} \quad f_2 = 3f_1$$

De modo semelhante, para o harmônico representado na **figura E.7.c**, vem:

$$L = 5\left(\frac{\lambda_3}{4}\right) \quad \therefore \quad \lambda_3 = \frac{4L}{5}$$

Então:

$$f_3 = \frac{v}{\lambda_3} = 5\left(\frac{v}{4L}\right) \quad \text{ou} \quad f_3 = 5f_1$$

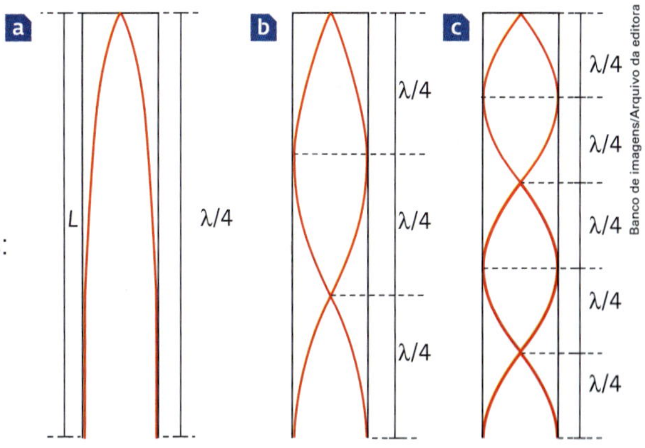

Figura E.7. Modos de oscilação da coluna de ar em um tubo sonoro fechado.

O tubo poderá apresentar, também, outros modos de oscilação, cujas frequências são $f_4 = 7f_1$, $f_5 = 9f_1$, etc. Observe, então, que no som emitido por um tubo sonoro fechado não aparecem os harmônicos de frequências $2f_1$, $4f_1$, $6f_1$, etc., isto é, esse tubo só pode emitir os harmônicos de ordem ímpar.

Tubo sonoro aberto

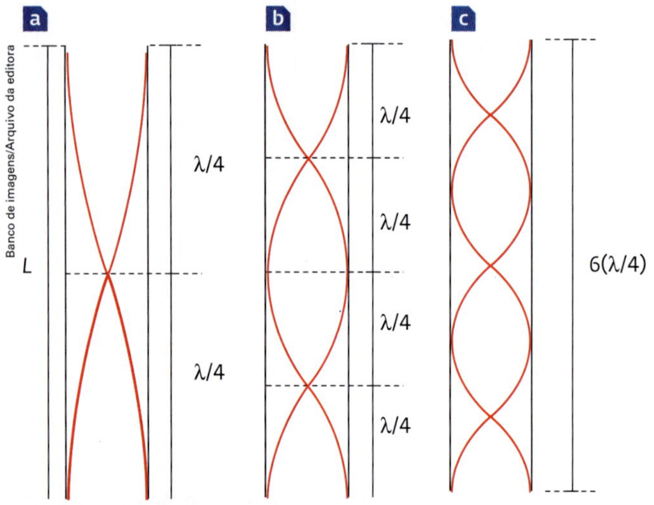

Figura E.8. Modos de oscilação da coluna de ar em um tubo sonoro aberto.

Esse tipo de tubo apresenta ambas as extremidades abertas. Assim, quando o ar é soprado no tubo, as ondas estacionárias que se formam devem apresentar ventres em ambas as extremidades, como representado na **figura E.8**. Na **figura E.8.a** está representado o 1º harmônico, no qual a coluna de ar está oscilando com a frequência fundamental f_1. Temos, observando a figura:

$$L = 2\left(\frac{\lambda_1}{4}\right) \quad \therefore \quad \lambda_1 = 2L$$

Então:

$$f_1 = \frac{v}{\lambda_1} \quad \text{ou} \quad \boxed{f_1 = \frac{v}{2L}}$$

Para o 2º harmônico **(figura E.8.b)**, temos:

$$L = 4\left(\frac{\lambda_2}{4}\right) \quad \therefore \quad \lambda_2 = L$$

Então:

$$f_2 = \frac{v}{\lambda_2} = \frac{v}{L} \text{ ou } f_2 = 2f_1$$

De maneira semelhante, para o 3º harmônico **(figura E.8.c)**, vem:

$$L = 6\left(\frac{\lambda_3}{4}\right) \quad \therefore \quad \lambda_3 = \frac{2L}{3}$$

Então:

$$f_3 = \frac{v}{\lambda_3} = 3\left(\frac{v}{2L}\right) \quad \text{ou} \quad f_3 = 3f_1$$

O tubo poderá apresentar, também, outros modos de oscilação (4º harmônico, 5º harmônico, etc.), cujas frequências são $f_4 = 4f_1$, $f_5 = 5f_1$, etc. Vimos, assim, que todos os harmônicos podem ser emitidos por um tubo aberto.

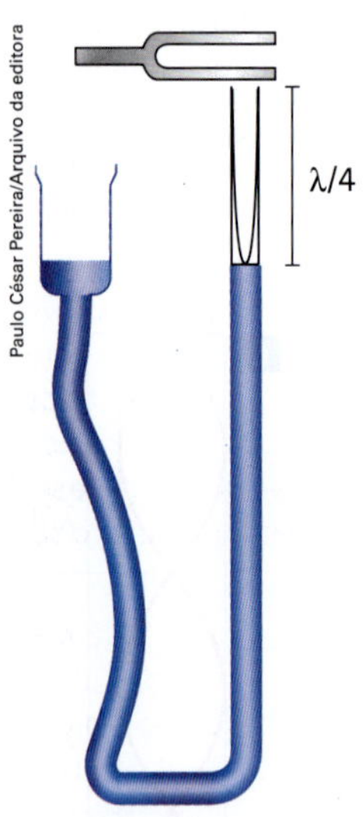

Figura E.9. Para o exemplo 2. Representação sem escala e em cores fantasia.

Exemplo 2

Na figura E.9 representamos um dispositivo que permite medir a velocidade do som no ar: um diapasão em oscilação, colocado próximo a um tubo ligado a um reservatório com água. Pode-se variar o nível da água no tubo suspendendo ou abaixando o reservatório. Suponha que, com o diapasão oscilando com uma frequência $f = 245$ hertz, o nível da água no tubo foi abaixado gradualmente, a partir da extremidade superior do tubo, até que se observasse um reforço na intensidade do som. Nesse momento, a distância entre a extremidade aberta do tubo e o nível da água foi medida, encontrando-se o valor $L = 35$ cm[1]. Qual é o valor da velocidade do som no ar que se obtém com esses dados?

O reforço na intensidade do som se deve ao fato de ter sido possível a formação de uma onda estacionária no ar existente no trecho L do tubo. Esse trecho funciona como um tubo sonoro fechado, cuja coluna de ar entra em oscilação pela ação das oscilações do diapasão. Sendo assim, a onda estacionária tem a mesma frequência do diapasão. Como se trata do primeiro reforço observado no som, concluímos que a coluna de ar está oscilando com a menor frequência possível, isto é, com a frequência fundamental f_1, como representado na **figura E.9**. Para o tubo fechado tem-se $f_1 = v/4L$. Então:

$$v = 4Lf_1 = 4 \cdot 0{,}35 \cdot 245 \quad \therefore \quad v = 343 \text{ m/s}$$

Essa é a velocidade do som obtida na experiência descrita.

[1] Neste valor estamos supondo incluída a pequena correção devida ao fato de se observar, experimentalmente, que o ventre da onda estacionária está localizado um pouco acima da extremidade aberta do tubo.

Instrumentos de percussão

Os instrumentos de percussão estão presentes em orquestras ou em conjuntos musicais e sempre foram usados, desde as culturas ancestrais. Os sons por eles emitidos podem ter sua origem na oscilação de membranas (diversos tipos de tambores), hastes e superfícies metálicas (címbalos, marimbas, xilofones, triângulos, sinos, gongos, etc.).

Esses instrumentos se comportam de maneira muito diferente uns dos outros, não sendo possível, geralmente, estabelecer um padrão para eles, como pôde ser feito para os instrumentos de corda e de sopro. Por isso, não serão estudados em nosso curso.

VERIFIQUE O QUE APRENDEU

1. Uma corda, de 60 cm de comprimento e massa de 0,45 g, está submetida a uma tensão de 15 N.
a) Qual é a densidade linear dessa corda, em g/cm e em kg/m?
b) Qual é a frequência do som que ela está emitindo, supondo que esteja vibrando no modo correspondente ao seu 1º harmônico?
c) Qual é a frequência de vibração correspondente ao seu 2º harmônico? E ao seu 5º harmônico?

2. Suponha que uma das cordas de um piano esteja vibrando e emitindo a nota **dó**, de 512 hertz (veja a **figura 7.61**). Para essa corda emitir a nota **dó** da escala imediatamente superior:
a) variando-se apenas o seu comprimento, ele deverá ser aumentado ou diminuído? Quantas vezes?
b) variando-se apenas a tensão à qual ela está submetida, essa tensão deve ser aumentada ou diminuída? Quantas vezes?

3. Duas cordas de violão têm o mesmo comprimento e estão submetidas à mesma tensão, mas a frequência do som emitido por uma delas é o dobro da frequência emitida pela outra. Sabendo-se que cada uma está oscilando com sua frequência fundamental e que são feitas do mesmo material, responda:
a) A corda que emite o som mais grave é a mais grossa ou a mais fina? Explique.
b) Quantas vezes a área da seção reta de uma das cordas é maior que a da outra?

4. Para a corda apresentada na **figura E.2**:
a) Faça no caderno um desenho mostrando o modo de vibração correspondente ao 5º harmônico.
b) Analisando o desenho feito em **a**, determine o valor de λ_5 em função de L para o 5º harmônico.
c) Usando a resposta da questão **b**, obtenha a relação entre a frequência f_5 e a frequência fundamental f_1.

5. Um tubo sonoro fechado emite um som fundamental de 500 hertz à temperatura de 20 °C.
a) Qual é o comprimento desse tubo?
b) Entre as frequências seguintes, assinale aquelas que esse tubo não é capaz de emitir: 250 hertz, 1 000 hertz, 1 500 hertz, 2 000 hertz e 2 500 hertz.

6. Para o tubo da **figura E.8**:
a) Faça um desenho mostrando o modo de vibração correspondente ao 4º harmônico.
b) Analisando o desenho feito em **a**, determine o valor de λ_4, em função de L, para o 4º harmônico.
c) Usando a resposta da questão **b**, obtenha a relação entre a frequência f_4 e a frequência fundamental f_1.

7. Suponha que na **figura E.9** (exemplo 2, resolvido nesta seção), o nível da água no tubo continuasse a ser abaixado, lentamente, a partir da posição em que houve o primeiro reforço do som emitido pelo diapasão. De quanto deve ser abaixado o nível da água para que ocorra o segundo reforço nesse som?

8. Dois tubos sonoros, em um órgão, têm o mesmo comprimento, sendo um deles aberto e o outro fechado. Se ambos estão emitindo o som fundamental, qual deles emite a nota mais aguda?

9. Um dispositivo, denominado **apito de Galton**, consiste em um tubo fechado em uma de suas extremidades, podendo essa ser deslocada, de modo a variar o comprimento, L, do tubo. Assim, usando esse apito, é possível a emissão de sons de diversas frequências (alturas). Para responder às questões **a** e **b**, suponha que o som referido em cada caso seja o de frequência fundamental.
a) Diminuindo continuamente o comprimento de um apito de Galton, à medida que se está soprando nele, determine o valor aproximado de L, para o qual uma pessoa de audição normal deixa de escutar o som emitido.
b) Suponha que esse apito tivesse sido acionado com um comprimento de 2,5 mm. Ele seria ouvido por uma pessoa? E por um cachorro?

E.2 As equações do efeito Doppler

Na seção 7.8 analisamos o efeito Doppler, isto é, as variações da frequência de uma onda qualquer (sonora, luminosa, na água, etc.) causadas pelo movimento da fonte emissora ou do receptor da onda. Mostraremos aqui como é possível obter equações que nos permitem calcular essas variações de frequência para o caso de ondas mecânicas.

Fonte em repouso e receptor em movimento

Consideremos a situação representada na **figura 7.66**, na qual uma fonte, emitindo um som de frequência f_0, está em repouso, e o receptor (uma pessoa, por exemplo) se aproxima dela com velocidade v_R. Se o receptor estivesse em repouso, ele iria receber, por segundo, um número de pulsos igual a f_0, sendo $f_0 = v/\lambda$, em que v é a velocidade da onda e λ é o seu comprimento de onda. Em virtude de seu movimento, o receptor percorre, em um segundo, uma distância numericamente igual a v_R, e uma análise da situação descrita pode mostrar que o número de pulsos da onda contido nessa distância é v_R/λ. Então, o número de pulsos por segundo que o receptor irá receber, isto é, a frequência f que será detectada por ele, será:

$$f = f_0 + \frac{v_R}{\lambda} = f_0 + \frac{v_R}{v/f_0} = f_0\left(1 + \frac{v_R}{v}\right) \quad \text{ou} \quad f = f_0\left(\frac{v + v_R}{v}\right)$$

Vemos, então, que a frequência recebida, f, é maior do que f_0, em concordância com o que havíamos salientado na seção 7.8. Se o receptor estiver se afastando da fonte, com raciocínio semelhante, pode-se mostrar que:

$$f = f_0\left(\frac{v - v_R}{v}\right)$$

isto é, nesse caso, f será menor do que f_0.

Essas duas equações podem ser apresentadas sob a forma única seguinte:

$$f = f_0\left(\frac{v \pm v_R}{v}\right)$$

em que o sinal + corresponde à situação em que o receptor se aproxima da fonte, e o sinal −, ao seu afastamento da fonte.

Fonte em movimento e receptor em repouso

Na **figura 7.67** temos uma fonte em movimento, com velocidade v_F, aproximando-se de um receptor em repouso. Sendo f_0 a frequência da fonte, em um segundo ela emite f_0 pulsos. Se a fonte estivesse em repouso, esses pulsos estariam distribuídos em uma distância numericamente igual a v, e o comprimento de onda (de cada pulso) seria $\lambda = v/f_0$. Como a fonte possui uma velocidade v_F, em um segundo teremos os f_0 pulsos distribuídos, no sentido do movimento, em uma distância numericamente igual a $v - v_F$. O comprimento de onda será então menor e dado por $\lambda' = (v - v_F)/f_0$. Esse comprimento de onda, λ', corresponderá, então, a uma frequência f, que será aquela a ser detectada pelo receptor e cujo valor será $f = v/\lambda'$ ou $\lambda' = v/f$. Assim:

$$\frac{v}{f} = \frac{v - v_F}{f_0} \quad \therefore \quad f = f_0\left(\frac{v}{v - v_F}\right)$$

Observe que temos f maior que f_0, resultado que está de acordo com o que já havíamos visto, para o caso em que a fonte se aproxima do receptor parado.

Para o caso em que a fonte está se afastando de um receptor em repouso, a frequência por ele detectada será menor e dada por $f = f_0\left(\frac{v}{v + v_F}\right)$.

As duas equações obtidas podem também ser colocadas sob uma forma única:

$$f = f_0\left(\frac{v}{v \pm v_F}\right)$$

Quando o receptor e a fonte sonora se movimentam simultaneamente (ao longo de uma mesma reta), a frequência que será detectada pelo receptor dependerá das velocidades de ambos; e, nesse caso, ela será dada por:

$$f = f_0\left(\frac{v \pm v_R}{v \pm v_F}\right)$$

Observe que os sinais + no numerador e − no denominador correspondem a um aumento de frequência (aproximação entre a fonte e o receptor). Por outro lado, os sinais − no numerador e + no denominador correspondem a uma diminuição da frequência (afastamento entre a fonte e o receptor).

As equações anteriores, embora tenham sido deduzidas para ondas mecânicas, podem ser aplicadas também para ondas luminosas, desde que as velocidades da fonte e do receptor sejam muito menores do que a velocidade da luz no vácuo. Se a fonte e/ou receptor apresentarem velocidades próximas à da luz, as equações sofrem alterações em virtude de efeitos relativísticos.

FÍSICA NO CONTEXTO

Medidas de velocidade por efeito Doppler

As medidas de frequência, em geral, podem ser realizadas com grande precisão. Em virtude disso é possível, usando-se o efeito Doppler, detectar velocidades muito pequenas de fontes ou receptores sonoros em movimento. Um exemplo de aplicação dessas ideias é a medida da velocidade do sangue nas artérias, cujo valor máximo é de apenas 0,4 m/s. Essa medida é feita dirigindo-se um feixe de ultrassom, de frequência conhecida, para uma artéria e medindo-se a frequência desse feixe após ser refletido pelas células sanguíneas em movimento. Observe que tais células, por estarem em movimento, recebem o feixe de ultrassom com uma frequência alterada. Por sua vez, ao refletir o ultrassom, o sangue comporta-se como uma fonte em movimento, introduzindo uma nova alteração na frequência do feixe. Comparando-se o valor da frequência emitida com a do feixe refletido, obtém-se a velocidade do sangue na artéria.

Outra aplicação importante do efeito Doppler na medicina é a técnica auxiliar de diagnóstico de problemas cardíacos denominada Eco-Doppler. Um feixe de ultrassom de frequência conhecida é direcionado ao coração do paciente, detectando o eco refletido por suas paredes. De modo semelhante ao que foi discutido no item anterior, a velocidade com que as paredes do coração se movem, aproximando-se ou afastando-se, fazem com que a frequência do sinal de ultrassom recebida aumente ou diminua. Assim, a partir da determinação das velocidades, pode-se descrever precisamente o movimento do coração.

A medida da velocidade de um automóvel, usualmente feita pela polícia de trânsito, utilizando o radar, baseia-se em método semelhante ao que acabamos de descrever. Entretanto, nesse caso, a onda usada é de natureza eletromagnética (micro-onda). Essas ondas são emitidas por aparelhagem especial e detectadas após serem refletidas pelo automóvel em movimento. Observe que também aqui teremos duas alterações no valor da frequência emitida (veja a **figura E.10**).

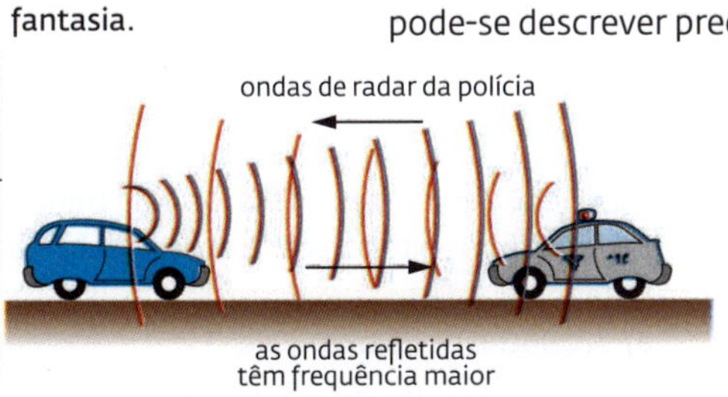

Paulo César Pereira/Arquivo da editora

Figura E.10. O radar utilizado pela polícia determina a velocidade de um automóvel por meio do efeito Doppler. Representação sem escala e em cores fantasia.

EXEMPLO 3

A frequência do apito de uma locomotiva é de 1 000 hertz.

a) A locomotiva, apitando, está se aproximando, com velocidade de 40 m/s, de uma pessoa parada na estação. Qual a frequência do apito que a pessoa ouvirá?

Trata-se do efeito Doppler correspondente à situação em que a fonte se aproxima de um receptor em repouso. Temos, então, considerando a velocidade do som $v = 340$ m/s:

$$f = f_0\left(\frac{v}{v - v_F}\right) = 1000\left(\frac{340}{340 - 40}\right) \quad \therefore \quad f = 1132 \text{ hertz}$$

b) Suponha, agora, que a locomotiva, ainda apitando, esteja parada e que a pessoa, em um automóvel, se aproxime dela com velocidade de 40 m/s. Qual será, nesse caso, a frequência que a pessoa escutará?

Temos, para esse caso, em que a fonte está em repouso e o receptor se aproxima dela, a seguinte expressão para a frequência detectada:

$$f = f_0\left(\frac{v + v_R}{v}\right) = 1000\left(\frac{340 + 40}{340}\right) \quad \therefore \quad f = 1117 \text{ hertz}$$

Observe que, em ambos os casos, a pessoa ouvirá sons de frequências superiores a 1 000 hertz. Entretanto, a alteração na frequência é diferente para cada caso. Embora as velocidades relativas entre a fonte e o receptor sejam iguais, para os dois casos, as situações físicas correspondentes são diferentes, como se pode observar analisando as **figuras 7.66** e **7.67**.

VERIFIQUE O QUE APRENDEU

10. No exemplo 3, resolvido nesta seção, determine a frequência que seria ouvida pela pessoa supondo que:

a) Na questão **a**, a locomotiva esteja se afastando dela.

b) Na questão **b**, a pessoa esteja se afastando da locomotiva.

11. Um apito, que emite um som de 500 hertz (quando em repouso), é colocado em rotação em um círculo horizontal de 1,0 m de raio (veja a figura ao lado). Uma pessoa, situada a certa distância do apito, ouve o som por ele emitido com uma frequência variável, ora superior, ora inferior a 500 hertz.

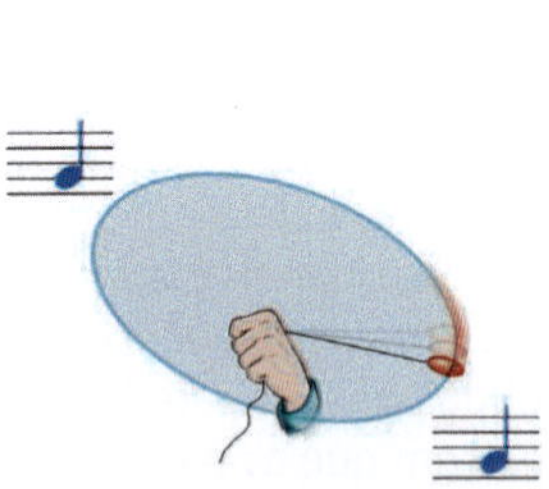

Paulo César Pereira/ Arquivo da editora

a) Sabendo-se que a frequência máxima que a pessoa escuta é de 515 hertz, determine o número de voltas por segundo que o apito está efetuando.

b) Qual é o valor da frequência mínima que a pessoa irá detectar?

12. Consultando a **tabela 7.2**, determine a velocidade que um automóvel deveria estar desenvolvendo para que seu motorista pudesse justificar o avanço de um sinal vermelho, dizendo que o enxergou com a cor verde. Expresse sua resposta em porcentagem da velocidade da luz (considere válidas, para esse caso, as equações deduzidas nesta seção para as ondas mecânicas).

13. Analisando o espectro da luz proveniente de certa galáxia distante, os cientistas mediram o comprimento de onda de uma dada radiação desse espectro, encontrando o valor $\lambda = 4\,360 \cdot 10^{-8}$ cm.

Sabendo que o comprimento de onda da radiação, se a galáxia estivesse em repouso em relação à Terra, seria $\lambda_0 = 4\,340 \cdot 10^{-8}$ cm, eles puderam calcular a velocidade da galáxia. Responda:

a) Tendo em vista as informações fornecidas, você pode concluir que a galáxia está se afastando ou se aproximando da Terra? Explique.

b) Qual é o valor da velocidade da galáxia em relação à Terra? (Use as equações obtidas nesta seção.)

c) A que porcentagem da velocidade da luz corresponde o valor calculado em **b**? Você acha, então, razoável usar as equações obtidas para ondas mecânicas, nesse caso de efeito Doppler, com a luz?

14. Imagine que a locomotiva de um trem-bala japonês passe apitando pela plataforma de uma estação. Uma pessoa, nessa plataforma, ouve o apito do trem se aproximando com frequência de 450 hertz. Após a passagem do trem, a frequência do apito parece cair para 300 hertz. Determine:

a) A velocidade do trem-bala.

b) A frequência do apito que a pessoa escutaria se o trem estivesse parado.

PROBLEMAS E TESTES

1. (Udesc) Dois tubos sonoros de um órgão têm o mesmo comprimento, um deles é aberto e o outro fechado. O tubo fechado emite o som fundamental de 500 Hz à temperatura de 20 °C e à pressão atmosférica. Dentre as frequências abaixo, indique a que esse tubo não é capaz de emitir.

a) 1 500 Hz

b) 4 500 Hz

c) 1 000 Hz

d) 2 500 Hz

e) 3 500 Hz

2. (UFSM-RS) Um concertista, ao tocar seu violão, executa as notas musicais com as durações e frequências que caracterizam a música tocada. As pessoas que estão na plateia, tanto as mais próximas quanto as mais distantes, escutam as mesmas notas, com as mesmas durações e frequências, ou seja, a mesma música. Esse fato pode ser atribuído

a) à qualidade acústica da sala de concertos.

b) à afinação do instrumento.

c) ao fato de a velocidade do som ter o mesmo módulo para todas as frequências sonoras.

d) ao fenômeno da reverberação.

e) ao fenômeno da ressonância.

3. (UFPR) Um instrumento musical de cordas possui cordas metálicas de comprimento L. Uma das cordas possui diâmetro d, densidade ρ e, quando sujeita a uma tensão T, vibra com uma frequência fundamental de 420 Hz. Suponha que um músico troque essa corda por outra de mesmo material e comprimento, mas com a metade do diâmetro da corda original. Considere que as cordas estão fixas nas suas extremidades. Faça o que se pede, justificando suas respostas.

a) Encontre a expressão para a velocidade de propagação da onda na corda em função das grandezas T, d e ρ.

b) Determine a velocidade da onda na nova corda, quando sujeita a uma tensão quatro vezes superior à primeira, em função da velocidade na corda original.

c) Calcule a frequência fundamental nessa nova situação.

4. (Enem) Para que uma substância seja colorida ela deve absorver luz na região do visível. Quando uma amostra absorve luz visível, a cor que percebemos é a soma das cores restantes que são refletidas ou transmitidas pelo objeto. A figura 1 mostra o espectro de absorção para uma substância e é possível observar que há um comprimento de onda em que a intensidade de absorção é máxima. Um observador pode prever a cor dessa substância pelo uso da roda de cores (figura 2): o comprimento de onda correspondente à cor do objeto é encontrado no lado oposto ao comprimento de onda da absorção máxima.

Brown, T. *Química: a ciência central*. 2005 (adaptado).

Figura 1

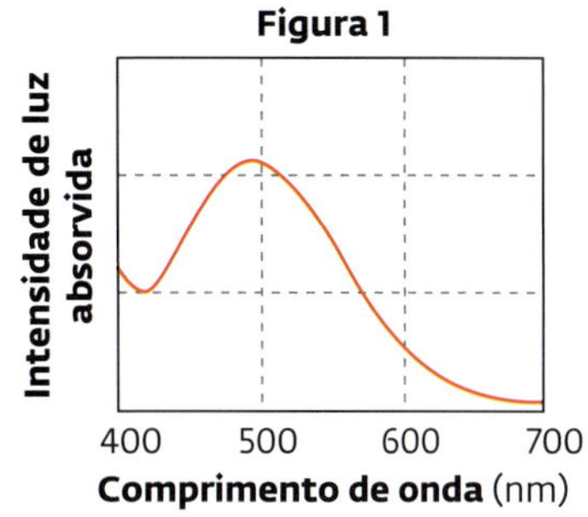

Ilustrações técnicas desta página: Banco de imagens/Arquivo da editora

Figura 2

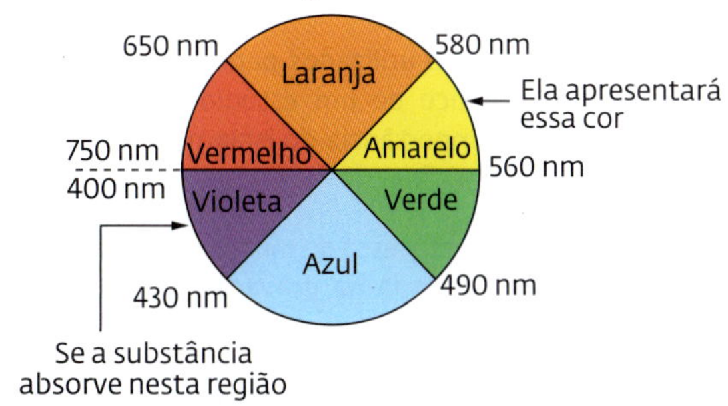

Qual a cor da substância que deu origem ao espectro da figura 1?

a) Azul.

b) Verde.

c) Violeta.

d) Laranja.

e) Vermelho.

5. (Enem) Sabe-se que o olho humano não consegue diferenciar componentes de cores e vê apenas a cor resultante, diferentemente do ouvido, que consegue distinguir, por exemplo, dois instrumentos diferentes tocados simultaneamente. Os raios luminosos do espectro visível, que têm comprimento de onda entre 380 nm e 780 nm, incidem na córnea, passam pelo cristalino e são projetados na retina. Na retina, encontram-se dois tipos de fotorreceptores, os cones e os bastonetes, que convertem a cor e a intensidade da luz recebida em impulsos nervosos. Os cones distinguem as cores primárias: vermelho, verde e azul, e os bastonetes diferenciam apenas níveis de intensidade, sem separar comprimentos de onda. Os impulsos nervosos produzidos são enviados ao cérebro por meio do nervo óptico, para que se dê a percepção da imagem. Um indivíduo que, por alguma deficiência, não consegue captar as informações transmitidas pelos cones, perceberá um objeto branco, iluminado apenas por luz vermelha, como:

a) um objeto indefinido, pois as células que captam a luz estão inativas.

b) um objeto rosa, pois haverá mistura da luz vermelha com o branco do objeto.

c) um objeto verde, pois o olho não consegue diferenciar componentes de cores.

d) um objeto cinza, pois os bastonetes captam luminosidade, porém não diferenciam cor.

e) um objeto vermelho, pois a retina capta a luz refletida pelo objeto, transformando-a em vermelho.

INFOGRÁFICO

O infográfico desta unidade apresenta como é realizada a gravação de uma música. Antes de responder às questões, faça a leitura deste infográfico observando como os textos e as imagens se relacionam e permitem a compreensão das informações referentes ao som e à música, dois temas abordados nesta unidade.

1. O que é o processo de equalização durante a gravação de uma música?

2. Que procedimento é utilizado para o artista marcar o ritmo da música?

3. Quais materiais são utilizados para o revestimento acústico de um estúdio de música? Qual a importância do isolamento acústico do estúdio?

4. Em que consiste o processo de mixagem e qual a sua importância na gravação de uma música?

5. Como é obtido o efeito estéreo na gravação?

6. Qual a função da masterização e quais os produtos obtidos ao seu final?

COMO É FEITA A GRAVAÇÃO DE UMA MÚSICA?

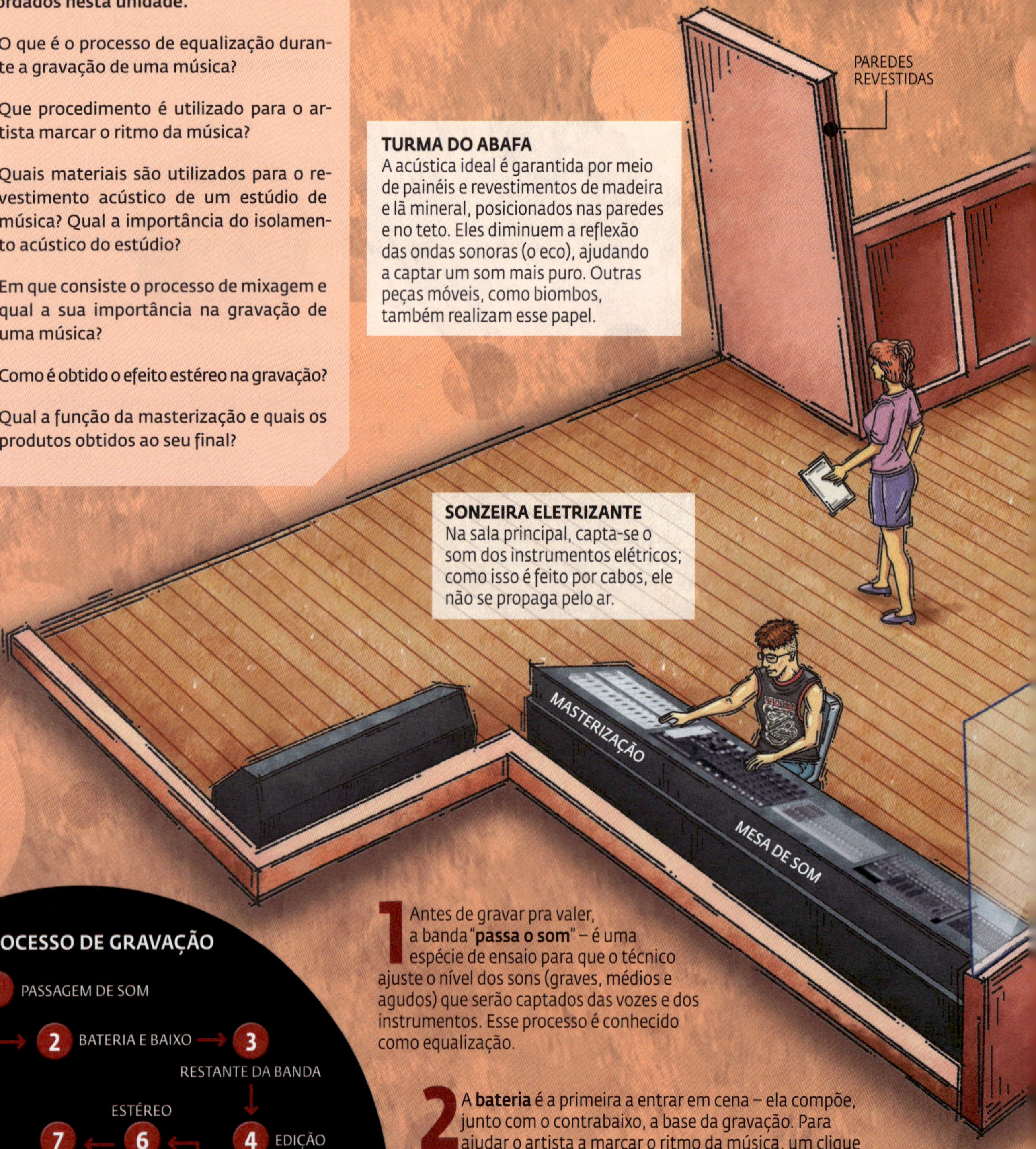

TURMA DO ABAFA
A acústica ideal é garantida por meio de painéis e revestimentos de madeira e lã mineral, posicionados nas paredes e no teto. Eles diminuem a reflexão das ondas sonoras (o eco), ajudando a captar um som mais puro. Outras peças móveis, como biombos, também realizam esse papel.

SONZEIRA ELETRIZANTE
Na sala principal, capta-se o som dos instrumentos elétricos; como isso é feito por cabos, ele não se propaga pelo ar.

1 Antes de gravar pra valer, a banda "**passa o som**" – é uma espécie de ensaio para que o técnico ajuste o nível dos sons (graves, médios e agudos) que serão captados das vozes e dos instrumentos. Esse processo é conhecido como equalização.

2 A **bateria** é a primeira a entrar em cena – ela compõe, junto com o contrabaixo, a base da gravação. Para ajudar o artista a marcar o ritmo da música, um clique fica pulsando constantemente no retorno (fone de ouvido pelo qual os músicos ouvem o que todos estão tocando).

PROCESSO DE GRAVAÇÃO

1 PASSAGEM DE SOM → 2 BATERIA E BAIXO → 3 RESTANTE DA BANDA → 4 EDIÇÃO → 5 MIXAGEM → 6 ESTÉREO → 7 MASTERIZAÇÃO

3 O **resto da banda** pode gravar junto ou após a base. Depois de captado, o som passa por um pré-amplificador e chega à interface, aparelho que faz a digitalização da música antes de mandá-la ao computador.

4 No processo de **edição**, o produtor e o técnico podem manipular o som graficamente por meio de *softwares*, fazendo ajustes de afinação, além de "recortar" e juntar os melhores trechos de cada sessão para, assim, montar uma versão ideal da música.

5 O som chega separadamente a cada um dos mais de 90 canais da mesa de som. Na **mixagem**, são programados, canal por canal, efeitos e variações de volume que dão mais dinâmica à música (isso é feito com a ajuda de equalizadores e outros aparelhos).

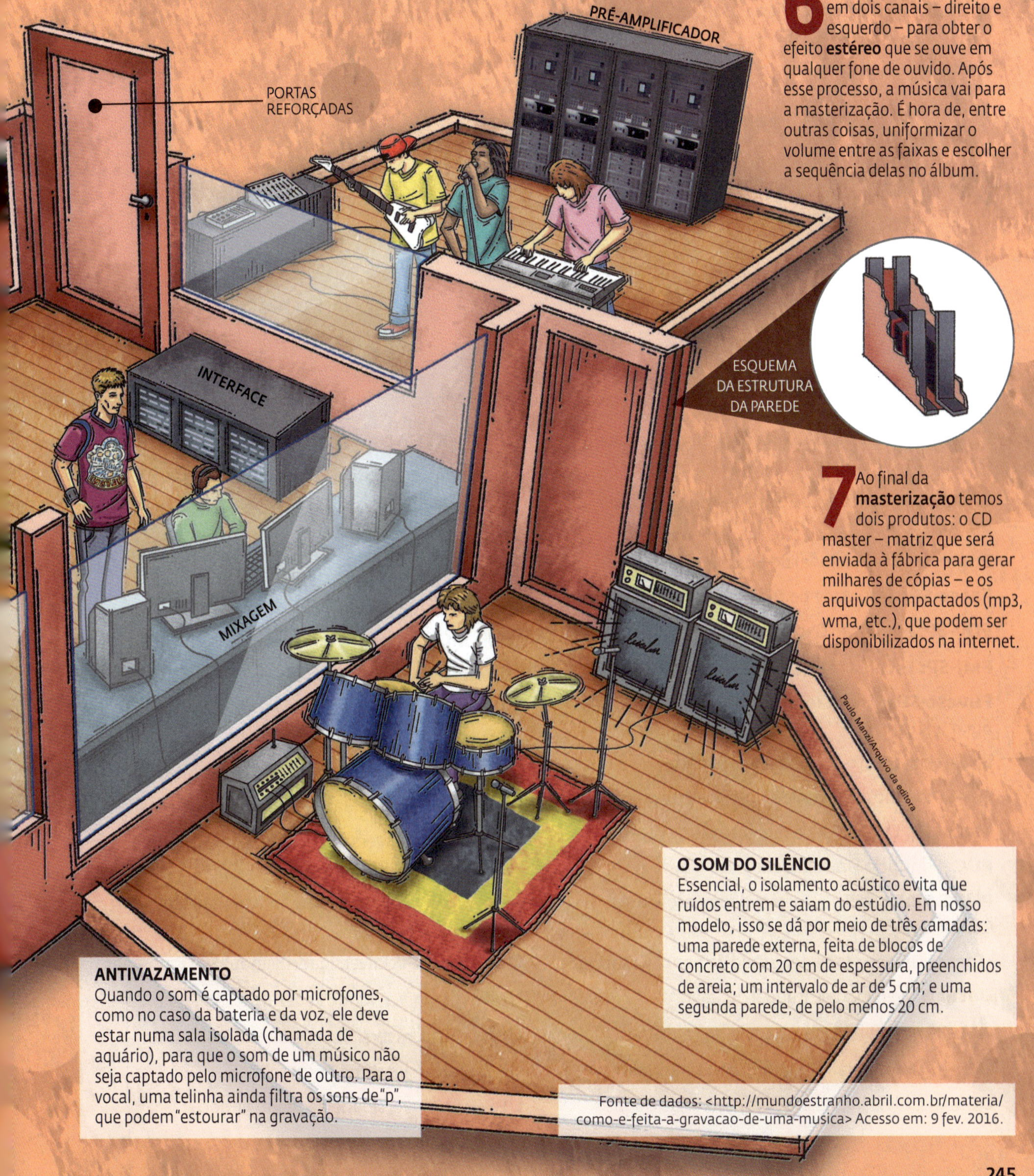

6 A música toda é condensada em dois canais – direito e esquerdo – para obter o efeito **estéreo** que se ouve em qualquer fone de ouvido. Após esse processo, a música vai para a masterização. É hora de, entre outras coisas, uniformizar o volume entre as faixas e escolher a sequência delas no álbum.

7 Ao final da **masterização** temos dois produtos: o CD master – matriz que será enviada à fábrica para gerar milhares de cópias – e os arquivos compactados (mp3, wma, etc.), que podem ser disponibilizados na internet.

O SOM DO SILÊNCIO

Essencial, o isolamento acústico evita que ruídos entrem e saiam do estúdio. Em nosso modelo, isso se dá por meio de três camadas: uma parede externa, feita de blocos de concreto com 20 cm de espessura, preenchidos de areia; um intervalo de ar de 5 cm; e uma segunda parede, de pelo menos 20 cm.

ANTIVAZAMENTO

Quando o som é captado por microfones, como no caso da bateria e da voz, ele deve estar numa sala isolada (chamada de aquário), para que o som de um músico não seja captado pelo microfone de outro. Para o vocal, uma telinha ainda filtra os sons de "p", que podem "estourar" na gravação.

Fonte de dados: <http://mundoestranho.abril.com.br/materia/como-e-feita-a-gravacao-de-uma-musica> Acesso em: 9 fev. 2016.

Exercícios de aprofundamento e revisão

Sumário

Organize e amplie as ideias

Enem e vestibulares

Siglas de vestibular e Enem

A seguir, encontram-se questões do Exame Nacional do Ensino Médio (Enem) e dos seguintes vestibulares:

EBMSP-BA: Escola Bahiana de Medicina e Saúde Pública

EFOMM-RJ: Escola de Formação de Oficiais da Marinha Mercante

Enem: Exame Nacional do Ensino Médio

Fatec-SP: Faculdade de Tecnologia

FGV-SP: Fundação Getúlio Vargas

FMJ-SP: Faculdade de Medicina de Jundiaí

Fuvest-SP: Fundação Universitária para o Vestibular

IME-RJ: Instituto Militar de Engenharia

ITA-SP: Instituto Tecnológico de Aeronáutica

Mack-SP: Universidade Presbiteriana Mackenzie

PUC: Pontifícia Universidade Católica

PUCC-SP: Pontifícia Universidade Católica de Campinas

Udesc: Universidade do Estado de Santa Catarina

Uece: Universidade Estadual do Ceará

UEL-PR: Universidade Estadual de Londrina

Uema: Universidade Estadual do Maranhão

UEMG: Universidade Estadual de Minas Gerais

UEPG-PR: Universidade Estadual de Ponta Grossa

Uerj: Universidade do Estado do Rio de Janeiro

Uern: Universidade do Estado do Rio Grande do Norte

Ufes: Universidade Federal do Espírito Santo

UFG-GO: Universidade Federal de Goiás

UFJF-MG: Universidade Federal de Juiz de Fora

UFMG: Universidade Federal de Minas Gerais

UFRGS-RS: Universidade Federal do Rio Grande do Sul

UFSC: Universidade Federal de Santa Catarina

UFSM-RS: Universidade Federal de Santa Maria

UFTM-MG: Universidade Federal do Triângulo Mineiro [antiga FMTM-MG]

Unesp-SP: Universidade Estadual Paulista "Júlio de Mesquita Filho"

Unicamp-SP: Universidade Estadual de Campinas

Unifesp: Universidade Federal de São Paulo

Unisc-RS: Universidade de Santa Cruz do Sul

UPE: Universidade de Pernambuco

UPF-RS: Universidade de Passo Fundo

Organize e amplie as ideias

Capítulo 1 – Temperatura e dilatação

1. O que você entende por estado de equilíbrio térmico?

2. Cite alguns tipos de termômetros apresentados neste capítulo. Para cada um deles, indique qual a grandeza cuja variação é usada na medida da temperatura.

3. Descreva, resumidamente, como se deve proceder para graduar um termômetro na escala Celsius.

4. a) O que você entende por zero absoluto? Qual o valor dessa temperatura na escala Celsius?

b) Como é definida a escala absoluta de temperatura (escala Kelvin)?

c) Qual a expressão matemática que relaciona a temperatura Kelvin, T, de um objeto com sua temperatura Celsius, T_C?

5. Analise a figura 1.12 e procure explicar por que um sólido se dilata quando aquecido.

6. a) Escreva a expressão matemática que nos permite calcular a dilatação linear de um sólido. Explique o significado de cada um dos símbolos que aparecem nessa expressão.

b) Escreva as expressões matemáticas que nos permitem calcular a dilatação superficial e a dilatação volumétrica de um objeto. Explique o significado de cada símbolo que aparece nessas expressões.

7. Conhecendo-se o coeficiente de dilatação linear de um sólido, como procedemos para determinar o seu coeficiente de dilatação superficial? E o seu coeficiente de dilatação volumétrica?

8. O que ocorre com a densidade de um sólido quando sua temperatura aumenta? Explique.

9. a) O que você entende por dilatação aparente de um líquido?

b) Por que a dilatação aparente, em geral, não é igual à dilatação real do líquido?

10. a) Descreva o que ocorre com o volume de certa massa de água quando aquecida de 0 °C até 100 °C.

b) Em qual temperatura a água apresenta densidade máxima?

c) Explique por que esse fato é fundamental para a preservação da fauna e da flora nos lagos e rios de países cujo inverno é rigoroso.

11. Quando o bulbo de um termômetro é aquecido por uma chama, o nível da coluna de Hg inicialmente desce para, logo em seguida, subir acima do nível inicial. Explique por que isso acontece.

12. As rolhas de vidro, de frascos também de vidro, costumam ajustar-se ao gargalo impedindo que o frasco seja aberto. É possível retirar a rolha aquecendo-se apenas o gargalo do recipiente? Explique.

13. Você acha que podemos medir temperaturas muito altas ou muito baixas usando um termômetro de Hg? Entre que limites de temperatura ele poderia ser usado? Explique.

14. Uma lâmina bimetálica é constituída de duas folhas de metais diferentes (aço e zinco, por exemplo), unidas firmemente, como mostra a figura deste problema. Suponha que essa lâmina seja aquecida. Consultando a tabela 1.2, procure descrever o que acontecerá com a lâmina em virtude da dilatação dos dois metais. Faça um desenho mostrando o aspecto da lâmina após o aquecimento (esse dispositivo costuma ser usado para fechar o circuito elétrico de um alarme contra incêndio).

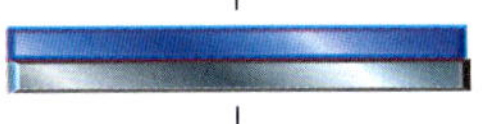

15. Um objeto cujo coeficiente de dilatação volumétrica é γ possui, a 0 °C, volume V_0 e densidade ρ_0. Aquecendo-o até a temperatura T °C, mostre que, nessa temperatura:

a) seu volume será dado por $V = V_0(1 + \gamma T)$;

b) sua densidade será dada por $\rho = \rho_0/(1 + \gamma T)$.

16. Os valores atribuídos às temperaturas de referência das escalas termométricas são totalmente arbitrários. Suponha, então, que uma pessoa tenha construído uma escala X na qual a temperatura do gelo fundente corresponda ao valor −20 °X, e a temperatura da água em ebulição corresponda ao valor 180 °X.

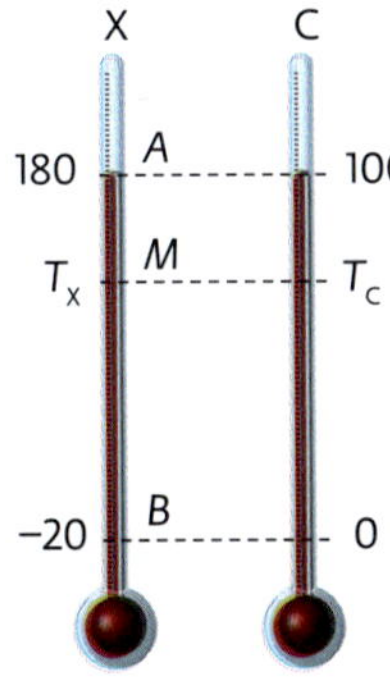

a) Quantos graus X há no intervalo AB, mostrado na figura?

b) Considerando uma temperatura T_X qualquer, quantos graus X há no intervalo MB?

c) Qual é a temperatura T_X correspondente a 60 °C?

17. Um tipo de vodca é basicamente uma mistura de 50% de álcool etílico e 50% de água. Se um comerciante compra essa bebida a 0 °C e a revende a 25 °C, qual a porcentagem de lucro que esse fato lhe proporciona? (O coeficiente de dilatação volumétrica da água é igual a $2{,}1 \cdot 10^{-4}$ °C^{-1}, e o do álcool, $7{,}5 \cdot 10^{-4}$ °C^{-1}.)

18. Suponha que uma pessoa resolva construir um termômetro Celsius usando a água como líquido termométrico.

a) Faça um desenho mostrando de maneira aproximada como seria a escala desse termômetro entre 0 °C e 8 °C.

b) Qual a principal inconveniência que você percebe no uso desse termômetro, nesse intervalo?

19. A figura deste problema mostra uma placa retangular de lados a_0 e b_0, à temperatura T_0. Submetendo essa placa a uma elevação de temperatura ΔT, ela se dilata, sendo Δa e Δb os acréscimos em seus lados.

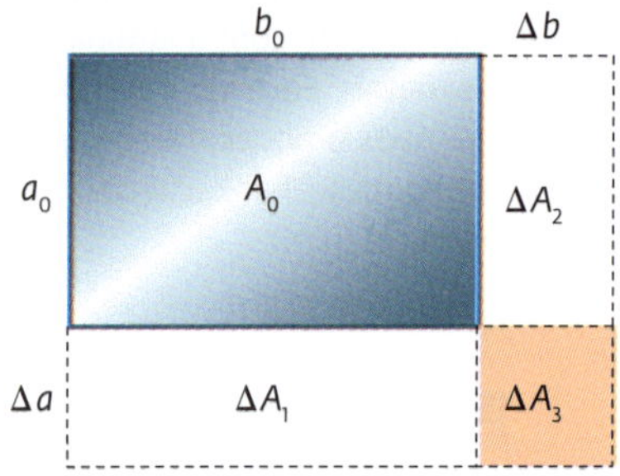

a) Calcule, em função de α, A_0 e T, os acréscimos de área ΔA_1, ΔA_2 e ΔA_3 experimentados pela placa (veja a figura).

b) Lembrando que o acréscimo total de área ΔA, da placa, é dado por $\Delta A = \Delta A_1 + \Delta A_2 + \Delta A_3$ e que α^2 é desprezível em relação a α, demonstre que $\beta = 2\alpha$.

20. Uma estrada de ferro está sendo construída com trilhos de aço, cujo coeficiente de dilatação é $\alpha = 10 \cdot 10^{-6}\ °C^{-1}$. Os trilhos estão sendo instalados em um dia frio, à temperatura de 10 °C, com juntas de dilatação de 1,0 cm. Sabendo-se que em dias quentes de verão a temperatura dos trilhos pode chegar a 60 °C, qual deve ser o comprimento máximo de cada trilho, para que não haja riscos de danos à linha férrea?

21. Um disco metálico sofreu um aumento de temperatura ΔT, observando-se um aumento de 0,20% em seu diâmetro. Qual foi a variação percentual observada:

a) na espessura do disco?

b) na área de uma das faces do disco?

c) no volume do disco?

d) na massa do disco?

22. No problema anterior, suponha que a elevação de temperatura do disco tenha sido $\Delta T = 100$ °C. Determine o coeficiente de dilatação do metal de que é feito o disco.

23. Uma barra de metal, A, com 30,0 cm de comprimento, dilata-se em 0,075 cm quando sua temperatura é elevada de 0 °C para 100 °C. Outra barra, B, de um metal diferente e do mesmo comprimento que A, dilata-se em 0,045 cm quando sofre a mesma elevação de temperatura. Uma terceira barra, também com 30,0 cm de comprimento, é construída com pedaços de comprimentos L_A e L_B das barras A e B. Essa barra se dilata em 0,065 cm para uma elevação de temperatura de 100 °C. Determine os valores de L_A e L_B.

Capítulo 2 – Comportamento dos gases

1. Explique, com suas palavras, o significado de cada uma das seguintes expressões:

a) estado de um gás;

b) transformação de um gás;

c) gás ideal;

d) gás real.

2. a) O que é uma transformação isotérmica?

b) Enuncie e expresse matematicamente a lei de Boyle.

c) Faça um desenho mostrando o aspecto do gráfico $p \times V$ para a transformação isotérmica de um gás ideal.

d) Se a temperatura de uma amostra gasosa permanece constante, que tipo de relação existe entre sua densidade ρ e sua pressão p?

3. a) O que é uma transformação isobárica?

b) O que Gay-Lussac observou sobre o coeficiente de dilatação dos gases à pressão constante?

4. Considere uma amostra de gás ideal sofrendo uma transformação isobárica.

a) Faça um desenho mostrando o aspecto do gráfico $V \times t$ (volume × temperatura Celsius) para essa amostra.

b) Em que ponto esse gráfico corta o eixo das temperaturas? Qual seria o valor do volume do gás nesse ponto?

c) Mostre como seria o gráfico $V \times T$ (volume × temperatura absoluta) para essa amostra.

d) Qual é a relação matemática entre o volume V e a temperatura absoluta T dessa amostra? E entre a densidade ρ e a temperatura T?

5. a) Enuncie a lei de Avogadro.

b) Descreva a experiência analisada no texto que comprova a lei de Avogadro.

c) O que é o número de Avogadro? Qual é o seu valor?

d) Qual é a relação entre a densidade, ρ, de um gás e sua massa molecular, M?

6. a) Escreva a equação de estado de um gás ideal, dizendo o que representa cada símbolo que consta nela.

b) Como se calcula o número de mols, n, de uma amostra, quando se conhece sua massa, m, e sua massa molecular, M?

c) O valor de R varia de um gás para outro? Varia conforme as unidades usadas?

d) Para uma dada massa gasosa, se escolhemos arbitrariamente os valores de duas das grandezas p, V e T, não será possível escolher o valor da terceira, pois ele já está definido. Por quê?

7. a) Explique, com suas palavras, o que se entende por modelo cinético de um gás.

b) De acordo com o modelo cinético de um gás, qual equação nos permite calcular a pressão exercida por ele? Diga o que representa cada símbolo que aparece nessa equação.

8. a) Qual é a equação que relaciona a energia cinética média $\bar{E}_c$ das moléculas de um gás com sua temperatura absoluta T?

b) Como se define a constante de Boltzmann, k, na equação solicitada em **a**?

9. Os gráficos a seguir se referem a transformações de uma dada massa gasosa. Entre as alternativas, assinale aquela que classifica corretamente as três transformações.

a) I é isotérmica, II é isobárica e III é isovolumétrica.
b) I é isovolumétrica, II é isotérmica e III é isobárica.
c) I é isobárica, II é isovolumétrica e III é isotérmica.
d) I é isotérmica, II é isovolumétrica e III é isobárica.
e) I é isobárica, II é isotérmica e III é isovolumétrica.

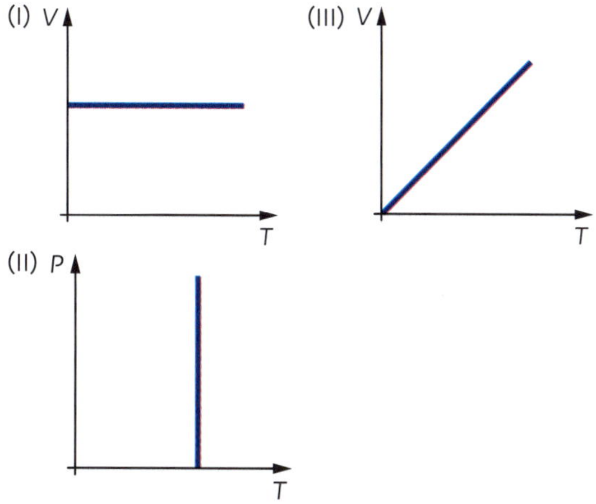

10. Certa massa gasosa vai de um estado *A* a um estado *F* pela transformação *ABCDEF* e retorna ao estado *A* pela transformação *FNMA*.

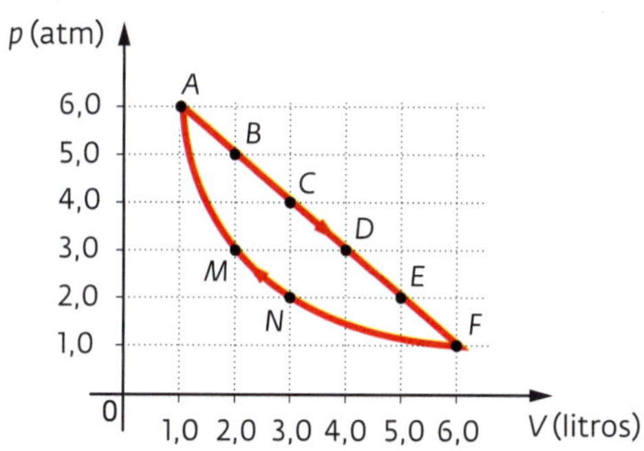

Assinale entre as alternativas seguintes, aquelas que estão corretas.

a) A temperatura do gás em *C* é menor do que em *A*.
b) As temperaturas em *C* e *D* são iguais.
c) A temperatura do gás em *B* é maior do que em *M*.
d) A temperatura do gás em *N* é menor do que em *M*.
e) A transformação *ABCDEF* é isotérmica.
f) A transformação *FNMA* é isotérmica.

11. Os resultados experimentais sobre o comportamento dos gases, obtidos por Boyle, Gay-Lussac e Charles, estão contidos na equação de estado de um gás ideal. Para comprovar essa afirmação, pela equação $pV = nRT$, mostre que, quando uma dada massa gasosa passa de um estado (1) para outro estado (2):

a) se *T* for constante, $p_1V_1 = p_2V_2$ (lei de Boyle).
b) se *V* for constante, $p_1/T_1 = p_2/T_2$ (lei de Charles).
c) se *p* for constante, $V_1/T_1 = V_2/T_2$ (lei de Gay-Lussac).

12. Um recipiente, de volume constante e igual a 1 L, contém 1 mol de um gás ($6 \cdot 10^{23}$ moléculas), à pressão de 1 atm. Suponha que, ligando-se ao recipiente uma bomba de alto vácuo e mantendo-se constante a temperatura, conseguíssemos reduzir a pressão até 10^{-13} atm (pressão correspondente aos melhores vácuos obtidos nos grandes laboratórios de pesquisa).

a) Nessas condições, qual seria o número de moléculas ainda existentes no recipiente?
b) Esse número de moléculas é quantas vezes maior do que a população do mundo? (Considere-a igual a 5 bilhões de habitantes.)

13. Dois recipientes, de mesmo volume, contêm 2*N* moléculas de um gás *A* e *N* moléculas de um gás *B*, cuja massa molecular é maior do que a de *A*.

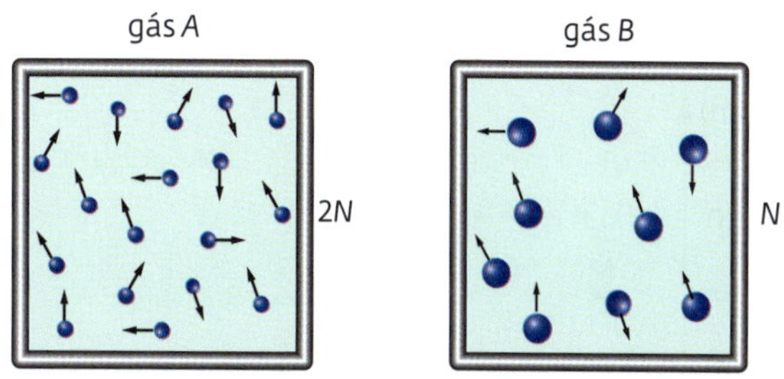

Sabendo que *A* e *B* estão à mesma temperatura, analise as afirmativas seguintes e assinale aquelas que são corretas.

a) A energia cinética média das moléculas de *A* é igual à energia cinética média das moléculas de *B*.
b) A velocidade média das moléculas de *A* é igual à velocidade média das moléculas de *B*.
c) A pressão exercida pelo gás *A* é duas vezes maior do que a pressão exercida pelo gás *B*.
d) A energia cinética total das moléculas de *A* é igual à energia cinética total das moléculas de *B*.

14. a) Para um gás ideal, qual é o aspecto do gráfico $\bar{E}_c \times T$ (energia cinética média das moléculas em função da temperatura absoluta do gás)?
b) Qual é o valor da inclinação desse gráfico?

15. Mostre que a expressão $p = (1/3)\,(N/V)\,m\overline{v^2}$ pode ser escrita sob a seguinte forma: $p = (1/3)\,\rho\overline{v^2}$, em que ρ é a densidade do gás.

16. a) Se um objeto fosse lançado para cima com uma velocidade de 11 km/s, ele se afastaria indefinidamente da Terra, isto é, escaparia da atração gravitacional terrestre (essa velocidade é denominada velocidade de escape). Baseando-se nessa informação, procure explicar por que os gases de pequenas massas moleculares (hidrogênio, hélio, etc.) são mais raros em nossa atmosfera.
b) Sabe-se que o valor da velocidade de escape na Lua é bem menor do que na Terra. Esse fato poderia ser uma justificativa para a inexistência de atmosfera na Lua?

17. Um recipiente contém *n* mols de um gás ideal. Esse gás sofre uma transformação, verificando-se que sua pressão reduziu-se à metade, seu volume quadruplicou e sua temperatura absoluta triplicou. Qual a fração do número de mols que escapou do recipiente durante essa transformação?

18. O valor da relação pV/T:

a) para um dado gás ideal, depende de sua massa?

b) varia quando a temperatura de uma dada massa de certo gás ideal se altera?

c) tem o mesmo valor para uma dada massa de gases ideais diferentes?

19. O gráfico deste problema representa transformações sofridas por 88 g de CO_2.

a) Classifique as transformações *AB* e *BC*.

b) Determine a temperatura do gás em *A*.

c) A isoterma desse gás, que passa pelo ponto *A*, em que ponto corta *BC*? Desenhe na figura a forma aproximada dessa isoterma.

d) Poderia uma dada isoterma de outro gás qualquer passar pelos pontos *A* e *C*?

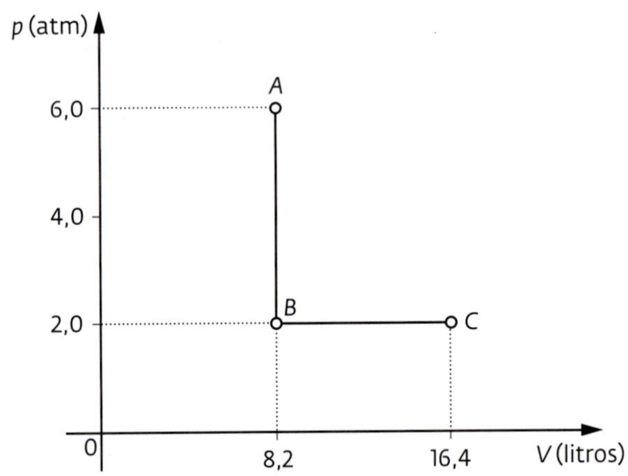

20. Um gás está contido em um cilindro provido de um pistom de peso $P = 200$ N e área da seção reta $A = 100$ cm^2. Inicialmente o sistema está em equilíbrio nas condições mostradas na figura abaixo. Invertendo-se o cilindro de modo que o pistom passe a comprimir o gás, qual será a nova altura que ele ocupará dentro do cilindro? Suponha que a temperatura foi mantida constante e que a pressão atmosférica local seja $1{,}0 \cdot 10^5$ N/m^2.

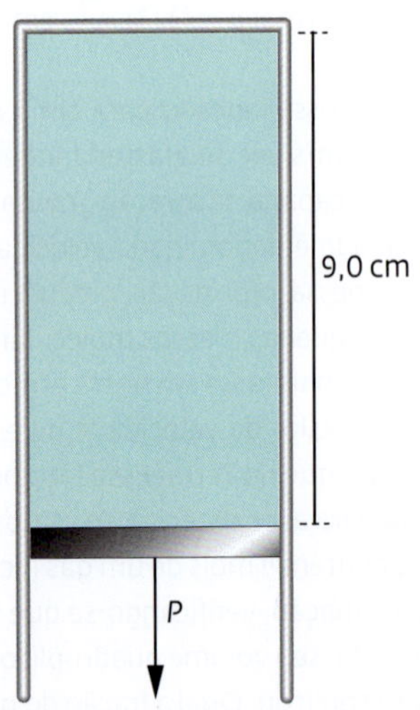

21. Uma determinada massa de um gás ideal sofre as transformações *AB* e *BC* mostradas na figura deste problema. Represente essas transformações:

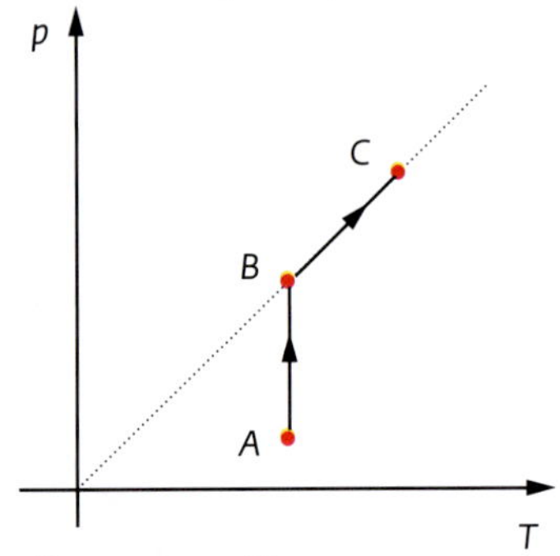

a) em um diagrama $p \times V$;

b) em um diagrama $V \times T$.

22. Dois balões esféricos de raios R_1 e $R_2 = 4\,R_1$ contêm massas iguais de oxigênio e hidrogênio, respectivamente, e estão na mesma temperatura. Qual a razão entre as pressões exercidas por esses gases nas paredes dos balões?

23. Um gás ideal, contido em um recipiente, experimenta uma elevação de temperatura de 300 K para 1 200 K. Suponha que a velocidade média das moléculas desse gás tenha passado de um valor $\bar{v}_1$ para $\bar{v}_2$. Qual o valor da relação $\bar{v}_2/\bar{v}_1$?

24. Dois gases ideais, G_1 e G_2, estão contidos em recipientes rígidos, ligados por um tubo longo, de seção reta igual a 3,0 cm^2 (veja a figura deste problema). Os gases, que inicialmente têm volumes iguais a 1 000 cm^3 e temperaturas iguais a 27 °C, são separados por um êmbolo que pode mover-se sem atrito. Suponha que a temperatura de G_1 aumente 20 °C, e a de G_2 diminua, também, 20 °C. Sabendo-se que durante essa transformação o êmbolo permanece no tubo longo, determine o deslocamento que ele sofre.

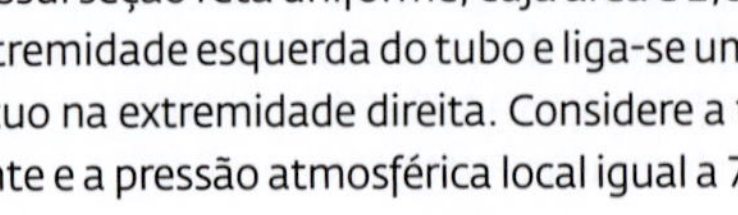

25. Certa massa de um gás ideal está em um frasco aberto, à temperatura de 7,0 °C. A que temperatura deve ser aquecido esse gás para que 1/5 da massa gasosa escape do frasco?

26. O tubo em *U*, mostrado na figura deste problema, contém Hg e possui seção reta uniforme, cuja área é 1,0 cm^2. Fecha-se a extremidade esquerda do tubo e liga-se uma bomba de alto vácuo na extremidade direita. Considere a temperatura constante e a pressão atmosférica local igual a 75 cmHg.

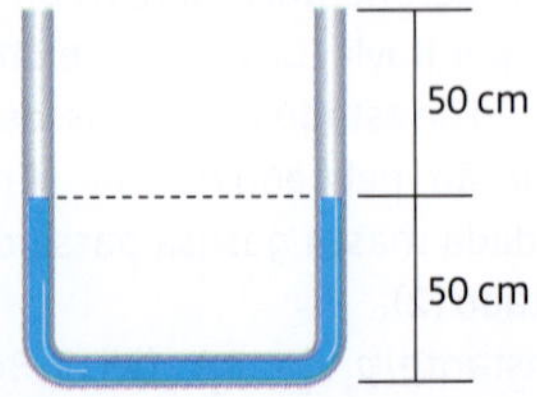

a) Determine quanto o nível de Hg no lado esquerdo descerá.

b) Que alteração haveria na resposta da questão anterior se a área da seção reta do tubo fosse de 2,0 cm^2?

27. Usando o valor do número de Avogadro, determine o número de moléculas em 1 cm^3 de um gás ideal, nas condições normais de temperatura e pressão ($t = 0$ °C e $p = 1$ atm). Esse número é conhecido como "número de Loschmidt".

28. Dois recipientes, *H* e *N*, de mesmo volume, estão à mesma temperatura, contendo respectivamente 1,0 kg de gás H_2 e 1,0 kg de gás N_2.

a) Qual é o recipiente que contém maior número de moléculas? Quantas vezes mais?

b) Em qual recipiente a pressão é maior? Quantas vezes maior?

c) Em qual recipiente a velocidade média das moléculas é maior? Quantas vezes maior?

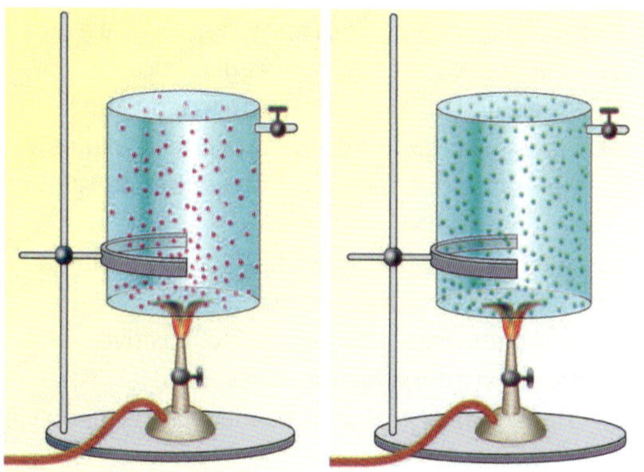

Antonio Robson/Arquivo da editora

29. Um recipiente cilíndrico vertical tem 100 cm de altura. Sua extremidade superior está fechada por um pistom, de peso desprezível, bem adaptado ao cilindro e que pode deslizar sem atrito. A pressão do ar no cilindro é de 1,0 atm. Verte-se mercúrio lentamente sobre o pistom, de modo que o ar seja isotermicamente comprimido. Determine a máxima distância que o pistom pode descer antes que o mercúrio comece a entornar pela borda superior do cilindro.

30. A massa da molécula de H_2 é $3{,}3 \cdot 10^{-27}$ kg. Suponha que um recipiente contém H_2 e que $1{,}0 \cdot 10^{23}$ dessas moléculas colidem perpendicularmente, em cada 1,0 s, contra uma parede de área igual a 30 cm^2. Supondo que a média das velocidades das moléculas seja de $1{,}0 \cdot 10^3$ m/s, calcule:

a) o impulso exercido pelas moléculas, durante 1,0 s, contra aquela parede;

b) a pressão que o gás exerce sobre aquela parede.

31. Um gás ideal está no interior de um cilindro metálico, provido de um êmbolo e de uma torneira, a uma pressão inicial de 4,0 atm. Abre-se a torneira e desloca-se o êmbolo de forma que metade da massa do gás escape lentamente. Sabendo-se que o gás que permanece no cilindro passa a ocupar um volume igual a 2/3 do volume inicial, determine o valor de sua pressão.

32. Deseja-se representar uma transformação isotérmica de um gás ideal em um gráfico $pV \times V$.

a) Mostre, em um diagrama, como seria a isoterma correspondente a uma transformação realizada à temperatura absoluta *T*.

b) No mesmo diagrama, desenhe a isoterma correspondente à temperatura absoluta 2*T*.

Capítulo 3 – Termodinâmica

1. **a)** Faça um pequeno resumo do que foi dito no texto sobre a teoria do calórico.

b) Expresse, com suas palavras, o conceito atual de calor.

c) Observando a figura 3.2, dê a definição de caloria.

d) Qual é a relação entre 1 cal e 1 J?

2. **a)** Descreva como se formam as correntes de convecção nos líquidos ou gases.

b) Cite algumas situações nas quais as correntes de convecção desempenham um papel importante.

c) Além da condução e da convecção, existe um terceiro processo de transferência de calor. Como ele se denomina?

d) Dê exemplos de situações em que o calor seja transferido por radiação.

3. **a)** Defina capacidade térmica de um objeto. Em que unidades ela pode ser expressa?

b) Como se define o calor específico de uma substância? Em que unidades ele pode ser expresso?

c) Lembrando a definição de 1 cal, o que podemos concluir sobre o valor do calor específico da água?

d) Qual é a expressão que nos fornece, em função do calor específico, o calor absorvido ou cedido por um objeto quando sua temperatura varia?

4. **a)** Qual o significado dado, na Física, ao termo sistema?

b) O que se entende por vizinhança de um sistema?

c) Descreva as maneiras pelas quais um sistema pode trocar energia com sua vizinhança.

5. **a)** Um gás sofre uma transformação, sob pressão constante *p*, de um volume inicial V_i a um volume final V_f. Qual é, em função desses dados, a expressão do trabalho que o gás realiza?

b) Observando a expressão solicitada no item **a**, diga qual é o sinal do trabalho quando o gás se expande. E quando o gás é comprimido?

c) Em que condições dizemos que o trabalho foi realizado pelo sistema? E sobre o sistema?

6. **a)** Diga o que você entende por energia interna de um sistema.

b) Escreva a expressão matemática da 1ª lei da termodinâmica. Explique o significado de cada símbolo que aparece nela.

c) Na expressão da 1ª lei da termodinâmica, quando devemos considerar Q positivo? E negativo?

7. **a)** O que é uma transformação adiabática?

b) Quando um sistema sofre uma transformação muito rápida, mesmo que suas paredes não sejam isolantes, a transformação pode ser considerada adiabática. Por quê?

c) Aplique a 1ª lei da termodinâmica a uma expansão adiabática de um gás e diga o que se passa com sua energia interna e com sua temperatura.

d) Responda à questão anterior supondo que o gás tenha sofrido uma compressão adiabática.

8. Suponha que um gás ideal sofreu uma expansão isotérmica.

a) Foi necessário fornecer calor ao gás?

b) Sua energia interna variou?

c) Qual a relação entre Q e τ nessa transformação?

9. Algumas propagandas de refrigeradores costumam apregoar as vantagens desses produtos com a seguinte frase: "Nossa geladeira não deixa o calor entrar nem o frio sair!". Há um erro conceitual de Física nessa afirmação. Qual é esse erro?

10. Deseja-se degelar o congelador de uma geladeira. Para isso, seria melhor colocar em seu interior uma certa massa de água quente ou a mesma massa de um metal, à mesma temperatura? Explique.

11. Sabe-se que os desertos são muito quentes durante o dia e bastante frios à noite. Então, que conclusão você pode tirar a respeito do calor específico da areia?

12. Dois blocos metálicos, *A* e *B*, de massas m_A e m_B, sendo $m_A > m_B$, absorvem a mesma quantidade de calor ΔQ e suas temperaturas sofrem a mesma variação ΔT.

a) A capacidade térmica de *A* é maior, menor que a de *B* ou igual a ela?

b) O calor específico de *A* é maior, menor que o de *B* ou igual a ele?

c) Os sólidos *A* e *B* poderiam ser feitos do mesmo material?

13. A figura deste problema representa a quantidade de calor absorvido por dois objetos, *A* e *B*, ao serem aquecidos, em função de suas temperaturas. A massa de *B* vale 100 g, mas não conhecemos a massa de *A*.

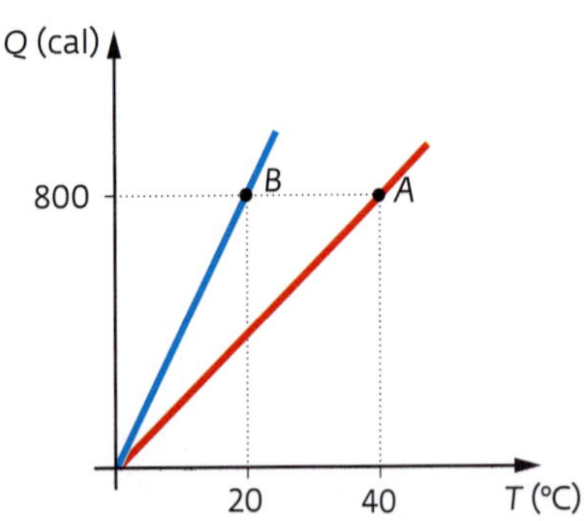

Assinale, entre as afirmativas seguintes, aquela que está errada:

a) A inclinação do gráfico $Q \times T$, para um objeto, fornece-nos o valor de sua capacidade térmica.

b) A capacidade térmica de *B* vale 40 cal/°C.

c) A capacidade térmica de *A* não pode ser calculada porque não conhecemos sua massa.

d) O calor específico de *B* vale 0,40 cal/g °C.

e) O calor específico de *A* não pode ser calculado porque não conhecemos sua massa.

14. Uma massa gasosa sofre uma transformação, absorvendo uma quantidade de calor Q, realizando um trabalho τ e sofrendo uma variação ΔU em sua energia interna. Assinale, entre as afirmativas seguintes, aquelas que estão corretas:

a) $\tau = Q$ se a transformação for isotérmica.

b) $\Delta U = Q$ se a transformação for isovolumétrica.

c) $\Delta U = 0$ se a transformação for adiabática.

d) $Q > \tau$ se a transformação for uma expansão isobárica.

e) $Q = 0$ se a transformação for isotérmica.

15. Um gás se expande rapidamente, empurrando o pistom do cilindro que o contém. Assinale as afirmativas erradas:

a) O calor que o gás troca com a vizinhança é desprezível.

b) A expansão é praticamente adiabática.

c) A temperatura do gás permanece constante.

d) A pressão do gás diminui enquanto seu volume aumenta.

e) A pressão, *p*, e o volume, *V*, variam de tal modo que $pV =$ constante.

16. Considere a transformação descrita no problema anterior. Assinale as afirmativas corretas:

a) O trabalho realizado pelo gás foi positivo.

b) A energia interna do gás não variou.

c) O gás realiza trabalho usando parte de sua energia interna.

d) A energia interna diminui de uma quantidade igual ao trabalho realizado pelo gás.

e) O trabalho realizado pelo gás é igual à quantidade de calor que ele absorve.

17. Analise as afirmativas seguintes e diga se cada uma delas está certa ou errada. Justifique sua resposta.

I. Sempre que um gás recebe calor, sua temperatura sofre um acréscimo.

II. Se um gás recebe calor e sua energia interna não varia, seu volume aumenta obrigatoriamente.

18. a) Para medir a temperatura de um objeto, dispõe-se de um termômetro, cuja capacidade térmica tem um valor próximo ao da capacidade térmica desse objeto. O termômetro forneceria um valor correto para aquela temperatura? Explique.

b) Que condição a capacidade térmica de um termômetro deve satisfazer para fornecer corretamente a temperatura de um objeto?

19. Sabe-se que o calor específico da água é bem maior do que o da terra. Baseando-se nessa informação e considerando uma região à beira-mar, responda:

a) Em virtude da incidência dos raios solares nessa região, a temperatura da terra, durante o dia, é maior ou menor do que a da água do mar?

b) Então, durante o dia, uma pessoa na praia deverá perceber uma brisa soprando do mar para a terra ou da terra para o mar?

c) Após o pôr do sol, qual se esfriará mais rapidamente: a terra ou a água do mar? Então, em que sentido deverá soprar a brisa durante a noite?

20. A mesma quantidade de calor é fornecida a cinco blocos sólidos, de substâncias e massas diferentes. Considerando os dados fornecidos na tabela deste problema, determine qual dos blocos experimenta maior elevação de temperatura.

bloco	*c* (cal/g °C)	*m* (g)
A	0,20	200
B	0,40	400
C	0,05	600
D	0,60	800
E	0,01	1 000

21. Uma massa de *m* gramas de pequenos grãos de chumbo é colocada no interior de um tubo de PVC (ou de papelão) de 1,0 m de comprimento, fechado em ambas as extremidades. Mede-se a temperatura inicial do chumbo por um termômetro introduzido lateralmente, que esteja em contato com os grãos, como mostra a figura deste problema. Em seguida, inverte-se o tubo 20 vezes sucessivas, de modo que em cada inversão os grãos de chumbo sofram uma queda de 1,0 m.

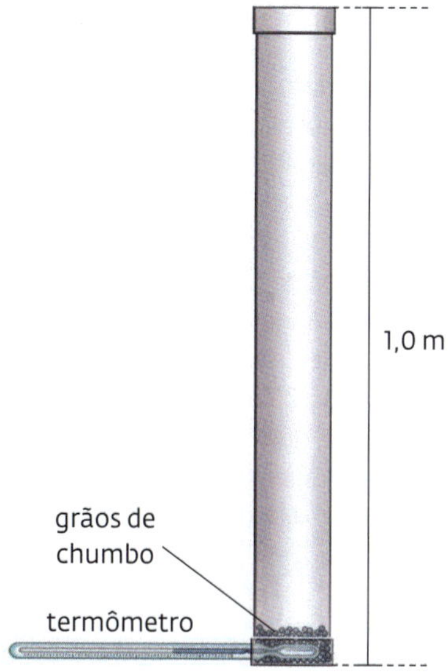

Fazendo nova leitura com o termômetro, verifica-se que o chumbo sofreu uma elevação de temperatura de 1,5 °C. Considerando esses dados, procure determinar o valor que essa experiência, de pouca precisão, fornece para a relação entre as unidades 1 cal e 1 J (essa relação costuma ser denominada "equivalente mecânico da caloria"). Tome $g = 10$ m/s^2.

22. a) Verifica-se que a madeira sólida é um isolante térmico pior do que a serragem feita da mesma madeira. Procure uma explicação para esse fato. (Sugestão: o ar é um isolante térmico muito melhor do que a madeira.)

b) Apesar de o ar ser melhor isolante térmico do que a madeira, para retardar a fusão de uma barra de gelo, colocada ao ar livre, costuma-se cobri-la com serragem. Tente explicar essa "sabedoria" popular.

23. Considere uma amostra de um gás ideal monoatômico, cuja energia interna é devida apenas à energia cinética de translação de suas moléculas. Sabe-se que a amostra contém $2{,}0 \cdot 10^{24}$ moléculas.

a) Sendo de 27 °C a temperatura da amostra, determine o valor de sua energia interna *U* (considere a constante de Boltzmann, $k = 1{,}4 \cdot 10^{-23}$ J/K).

b) Suponha que uma quantidade de calor $Q = 2{,}0 \cdot 10^3$ cal seja fornecida à amostra enquanto ela se expande, realizando um trabalho $T = 2{,}4 \cdot 10^3$ J. Determine a temperatura Celsius da amostra após sofrer essa transformação (considere 1 cal = 4,2 J).

24. A potência elétrica dissipada por um aquecedor de imersão é de 200 W. Mergulha-se o aquecedor em um recipiente que contém 1,0 L de água a 20 °C. Supondo que 70% da potência dissipada pelo aquecedor seja aproveitada para o aquecimento da água, determine o tempo necessário para que sua temperatura atinja 90 °C.

25. Um gás se expande de um volume inicial $V_i = 5{,}0$ m^3 até um volume final $V_f = 10{,}0$ m^3, da maneira mostrada na figura deste problema. Sabendo-se que na transformação o gás absorveu uma quantidade de calor $Q = 10 \cdot 10^5$ cal, determine a variação de sua energia interna (considere 1 cal = 4,2 J).

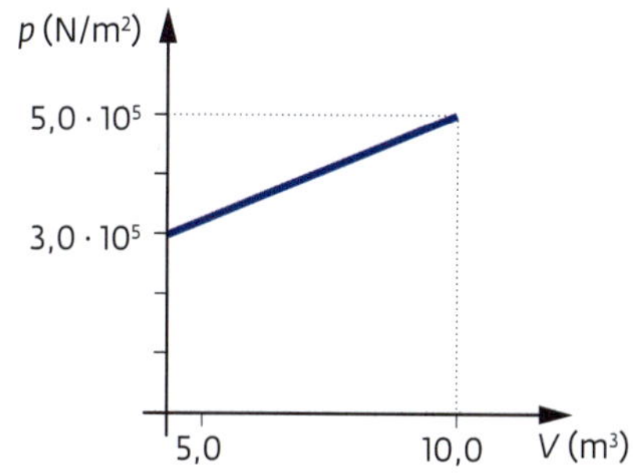

26. Uma pequena barra metálica de 10 g de massa é constituída de uma liga de ouro e cobre. Para determinar a porcentagem de cada um desses metais na liga, uma pessoa aqueceu a barra até 520 °C, mergulhando-a em seguida em um calorímetro cuja capacidade térmica é 20 cal/°C com 80 g de água a 18 °C. O equilíbrio térmico ocorreu na temperatura de 20 °C. Determine as porcentagens de cobre e ouro na liga (considere $c_{Au} = 0{,}030$ cal/g °C e $c_{Cu} = 0{,}090$ cal/g °C).

27. Um martelo, com 2,0 kg de massa, é usado para golpear um bloco de chumbo de massa igual a 5,0 kg, cuja temperatura se eleva de 20 °C para 30 °C após ter recebido 50 golpes. Sabendo-se que 80% da energia mecânica do martelo é transferida para o chumbo, determine a velocidade do martelo no momento de cada golpe (considere 1 cal = 4,2 J e $c_{Pb} = 0{,}030$ cal/g °C).

28. Um sistema gasoso passa de um estado inicial *i* para um estado final *f* por meio de três transformações diferentes, I, II e III, mostradas na figura deste problema. Tendo em vista que uma das leis básicas da termodinâmica afirma que a variação da energia interna do sistema **não depende** do processo que o leva de um estado inicial a um estado final, determine em qual das três transformações o gás absorve maior quantidade de calor.

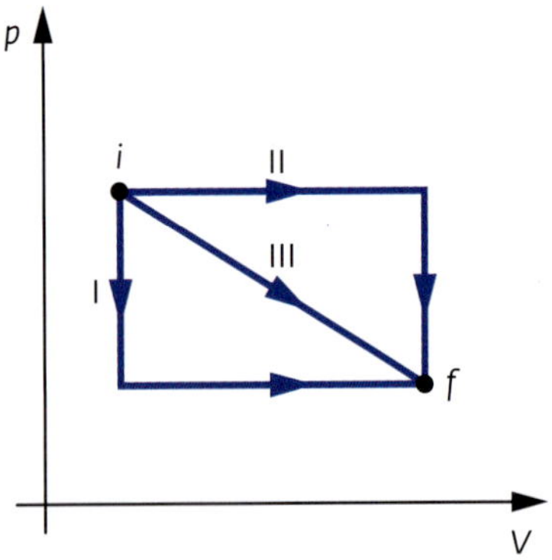

29. O Sol, por possuir temperatura superficial de 5 800 K, emite radiação eletromagnética principalmente na faixa do visível (cerca de 45% da energia total irradiada), infravermelho (cerca de 45%) e ultravioleta (cerca de 10%), sendo insignificante a contribuição dos outros tipos de radiação. A Terra sofre aquecimento ao absorver cada uma dessas radiações, e como resultado tem uma temperatura média da ordem de 300 K. Nesse contexto, considerando a definição de calor, você acha correto chamar a luz solar, visível, de calor? Ou essa denominação só deve ser usada para a radiação infravermelha?

30. Um sistema térmico percorre o ciclo mostrado na figura deste problema.

a) Esse ciclo corresponde a uma máquina térmica ou a um refrigerador? Explique.

b) Supondo que o sistema, ao percorrer o ciclo, rejeite $8{,}0 \cdot 10^4$ J de calor, calcule sua eficiência.

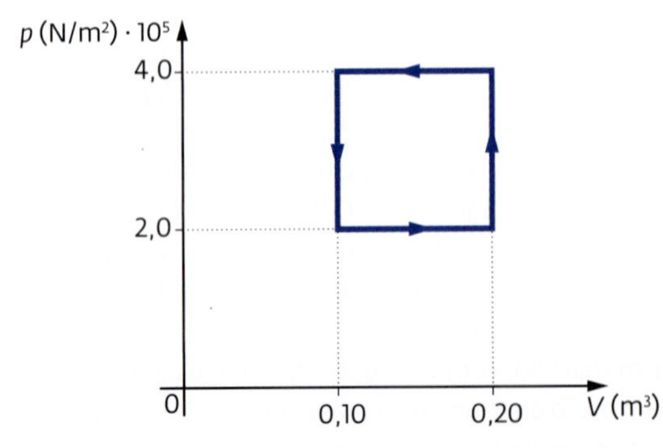

31. Certa massa de gelo a 0 °C, ao se fundir, transforma-se em água, também a 0 °C (transformação isotérmica). Nesse processo, o gelo absorve uma quantidade de calor igual a 80 cal/g.

a) Calcule a variação de entropia de um sistema constituído por 20 g de gelo a 0 °C, ao se transformar em água, também a 0 °C. Essa variação é positiva ou negativa?

b) A entropia da vizinhança do sistema aumentou, diminuiu ou não variou?

c) Sabendo-se que a fusão do gelo é um processo natural (irreversível), o módulo da variação de entropia da vizinhança é maior, menor que 5,86 cal/K ou igual?

32. Desenhe, esquematicamente, o diagrama de um ciclo de uma máquina de Carnot, tomando a temperatura Kelvin como ordenada, e a entropia do sistema como abscissa.

33. Uma máquina de Carnot, M_1, opera entre dois reservatórios a 300 °C e 100 °C; uma outra, M_2, opera entre 300 K e 100 K. Qual das duas tem maior rendimento?

34. Na seção 3.6 analisamos a transformação isotérmica de um gás ideal, sob o ponto de vista da 1ª lei da termodinâmica.

a) Considere como rendimento daquele processo o quociente entre o trabalho realizado e o calor absorvido pelo gás. Consulte a seção 3.6 e determine o rendimento da transformação isotérmica analisada.

b) Explique por que o resultado obtido na questão **a** não contraria a 2ª lei da termodinâmica.

35. O enunciado da 2ª lei da termodinâmica, proposto por Clausius, equivalente àquele apresentado na seção 3.7, é o seguinte:

"O calor não passa espontaneamente de um objeto frio para um objeto mais quente".

Em um refrigerador, observa-se uma transferência de calor naquele sentido. Explique por que o funcionamento dos refrigeradores não contraria o enunciado de Clausius.

36. A parede dupla de um frigorífico industrial tem uma camada de cortiça de 10 cm de espessura, justaposta a outra camada de concreto, de 20 cm de espessura (veja a figura deste problema). Sabendo-se que a temperatura no interior do frigorífico é de −20 °C e que a temperatura externa é de 25 °C, determine a temperatura na superfície de separação das duas camadas da parede.

Considere que o fluxo de calor pode ser calculado pela expressão $\phi = kA\frac{T_2 - T_1}{L}$ e que a condutividade térmica (k) da cortiça é $9{,}6 \cdot 10^{-6}$ kcal/s · m · °C e a do concreto é $0{,}19 \cdot 10^{-3}$ kcal/s · m · °C.

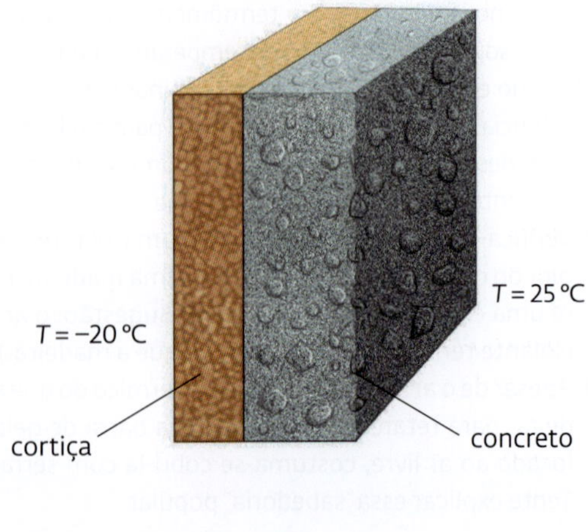

Paulo César Pereira/Arquivo da editora

Capítulo 4 – Mudanças de fase

1. **a)** Explique o que são substâncias cristalinas e substâncias amorfas. Dê exemplos de substâncias que apresentem essas estruturas.

b) Quando um cristal passa para a fase líquida, diga o que ocorre com sua rede cristalina, a distância entre seus átomos e a força entre eles.

c) Cite as principais características da estrutura molecular de uma substância no estado gasoso.

2. **a)** Descreva, em termos moleculares, o que se passa com a estrutura interna de um sólido cristalino que é aquecido até se fundir.

b) Enuncie as leis de fusão e dê exemplos que ilustrem cada uma delas.

c) O que é calor latente de fusão?

3. **a)** Enuncie as leis da solidificação, dando exemplos que ilustrem cada uma delas.

b) As substâncias amorfas obedecem às leis da fusão e solidificação que você enunciou?

4. **a)** O que é evaporação?

b) Quais os fatores que influenciam na velocidade de evaporação?

c) Explique como e por que cada um desses fatores tem influência na velocidade de evaporação. Ilustre sua resposta com exemplos.

5. **a)** Em que consiste a ebulição de um líquido?

b) Enuncie as leis da ebulição. Exemplifique.

c) O que é calor latente de ebulição?

d) Enuncie as leis da condensação.

6. **a)** Se você dispõe apenas do diagrama de fases de uma substância, quais os dados necessários para determinar o estado em que a substância se encontra?

b) No diagrama de fases, explique o que representam os pontos situados em *S*, *L* e *V*.

c) Na figura 4.25, identifique os pontos nos quais é possível encontrar a substância, simultaneamente, nos estados sólido e líquido. Faça o mesmo para os estados líquido e gasoso e para os estados sólido e gasoso.

7. **a)** O que é ponto triplo de uma substância?

b) Identifique, na figura 4.25, onde está localizado o ponto triplo da substância.

c) Qual condição deve satisfazer a pressão sobre uma substância sólida para que, ao ser aquecida, ela se sublime?

8. Misturam-se 50 g de gelo a 0 °C com 80 g de água a uma certa temperatura, no interior de um calorímetro de capacidade térmica desprezível. Depois de um certo tempo, verifica-se que existe, no calorímetro, apenas água a 0 °C.

a) Qual a quantidade de calor que o gelo absorveu para se fundir totalmente?

b) Então, qual a quantidade de calor que a água liberou ao esfriar?

c) Calcule a temperatura inicial da água.

9. Uma massa de 20 g de vapor de água a 100 °C é colocada em contato com um grande bloco de gelo a 0 °C. Verifica-se que o vapor se condensa e se esfria até 0 °C.

a) Qual a quantidade total de calor liberada pelo vapor até atingir 0 °C?

b) Qual a massa de gelo que se fundiu?

10. Uma pessoa, para medir o calor de fusão do gelo, colocou 100 g de água quente em um calorímetro, cuja capacidade térmica era 30 cal/°C. Após certo tempo, observou que a temperatura de equilíbrio da água com o calorímetro era de 40 °C. Colocou, então, no calorímetro, uma pedra de gelo fundente (gelo a 0 °C) com massa igual a 25 g. A pessoa verificou que a temperatura final de equilíbrio era de 20 °C.

a) Qual a quantidade total de calor liberada pela água e pelo calorímetro ao se esfriarem?

b) Sabendo que esse calor foi usado para fundir o gelo e elevar a temperatura da água resultante dessa fusão, a pessoa calculou o calor de fusão do gelo. Qual foi o resultado que ela encontrou?

11. É muito comum guardar a água para se beber em recipientes de barro que possuem paredes porosas (veja a figura deste problema). Nesses recipientes, a água esfria e mantém-se fresca (abaixo da temperatura ambiente). Procure uma explicação para esse fato.

Eduardo Santaliestra/Estúdio Paulista

12. Aquecendo-se água em uma chaleira, verifica-se que ela atinge o ponto de ebulição mais rapidamente do que se fosse aquecida em uma panela aberta. Explique por que isso acontece.

13. Geralmente, em dias quentes, as pessoas transpiram. Se o suor se evaporar, haverá absorção de calor da pele da pessoa e ela se sentirá melhor, apesar da elevada temperatura do meio ambiente. Baseando-se nessa informação, explique:

a) Por que um clima quente e seco é mais agradável do que um clima quente e úmido?

b) Por que, em um dia quente, liga-se o ventilador de uma sala para tornar o ambiente mais agradável?

14. Um ebulidor elétrico cuja potência é de 1 000 W é mergulhado em um recipiente contendo 2,0 L de água a 20 °C. Suponha que 80% do calor gerado no ebulidor seja absorvido pelo líquido e considere 1 cal = 4,2 J. Determine o tempo necessário para que metade da água do recipiente se evapore.

15. Um frasco aberto, parcialmente preenchido com água, é aquecido até que ela entre em ebulição. Fechando-se o frasco e retirando-o da fonte de calor, a ebulição se interrompe. Resfriando-se a superfície externa do frasco com água fria (veja a figura deste problema), observa-se que a água no frasco torna a entrar em ebulição. Explique por que isso ocorre.

Paulo César Pereira/Arquivo da editora

16. Uma bala de chumbo, de massa igual a 20 g, movendo-se com velocidade de 400 m/s, está a uma temperatura de 50 °C. A bala penetra em um grande bloco de gelo a 0 °C e permanece em seu interior. Calcule a quantidade de gelo que irá se fundir (1 cal = 4,2 J e c_{chumbo} = 0,03 cal/g °C).

17. Uma pessoa está sentada à sombra, em um ambiente com temperatura de 37 °C, que é a temperatura do seu corpo. Nessas condições seu metabolismo gera 120 W de calor e, para manter a temperatura de seu corpo constante, esse calor gerado passa a ser liberado quase exclusivamente por evaporação de suor. Quantos gramas de suor a pele deverá liberar em 1,0 hora?
(O calor de vaporização da água, a 37 °C, vale 580 cal/g e 1 cal = 4,2 J.)

18. Uma massa de 1,0 kg de água, a 0 °C, é convertida em gelo a 0 °C. Se todo o calor liberado nesse processo fosse convertido em energia cinética do bloco de gelo, qual a velocidade que ele iria adquirir? (1 cal = 4,2 J)

19. Um bloco de gelo, de massa igual a 50 kg e a 0 °C, é empurrado por uma força horizontal sobre um piso também horizontal e a 0 °C. O bloco é empurrado com velocidade constante, percorrendo uma distância de 20 m. Observa-se que 25 g do gelo se fundem. Admitindo-se que todo o calor gerado pelo atrito foi absorvido pelo gelo, calcule o coeficiente de atrito cinético entre o bloco e o piso (considere g = 10 m/s² e 1 cal = 4,2 J).

20. Um tipo bastante conhecido de higrômetro consiste basicamente em dois termômetros. Um deles, usado para medir a temperatura ambiente, é denominado termômetro seco. No bulbo do outro termômetro, que é recoberto por tecido fino ou uma camada de algodão, goteja-se lentamente um pouco de éter. A evaporação do éter ocasiona um resfriamento do bulbo e, em determinado momento, o vapor de água do ar se condensa sobre ele (por esse motivo, esse termômetro é denominado termômetro molhado ou termômetro úmido). Determine a umidade relativa de um ambiente no qual a leitura do termômetro seco é de 40 °C e a do termômetro molhado, no momento da condensação, é de 20 °C.

21. Uma barra de ferro, de massa igual a 6,0 kg, é tirada de um forno à temperatura de 1 000 °C e colocada imediatamente em um balde contendo 10 kg de água a 60 °C. Calcule a massa de vapor de água que se formará.

22. Em um calorímetro de capacidade térmica desprezível são misturados 4,0 g de vapor de água a 100 °C com 100 g de água a 20 °C e 100 g de gelo a 0 °C.

a) Determine a temperatura final da mistura.

b) Calcule as massas de vapor, água e gelo que constituem a mistura após a temperatura de equilíbrio ter sido atingida.

23. Uma bala de chumbo, com temperatura de 127 °C, atinge uma placa de aço e funde-se totalmente (sem elevação da temperatura após a fusão). Supondo desprezível a energia transferida para a placa de aço, calcule a velocidade da bala. Tome, para o chumbo, calor específico c = 0,03 cal/g °C e calor de fusão L = 6 cal/g, ponto de fusão 327 °C e considere 1 cal = 4 J.

24. Uma barra de cobre, cuja condutividade térmica é k = 0,90 cal/s · cm · °C, tem 30 cm de comprimento e 10 cm² de seção reta. Uma das extremidades dessa barra está em contato com vapor de água a 100 °C e a outra, com gelo a 0 °C. Sabendo-se que a barra está isolada termicamente em sua superfície lateral, determine, após 5,0 min nessas condições:

Considere que o fluxo de calor na barra é $\phi = kA\frac{T_2 - T_1}{L}$.

a) a massa de gelo que se funde;

b) a massa de vapor que se condensa.

25. Sob pressão atmosférica normal, 1 g de água a 100 °C, ocupando inicialmente um volume de 1 cm³, absorve calor e se transforma em 1 671 cm³ de vapor à mesma temperatura (veja a figura deste problema). Considere 1 cal = 4,2 J e calcule a variação da energia interna do sistema nesse processo.

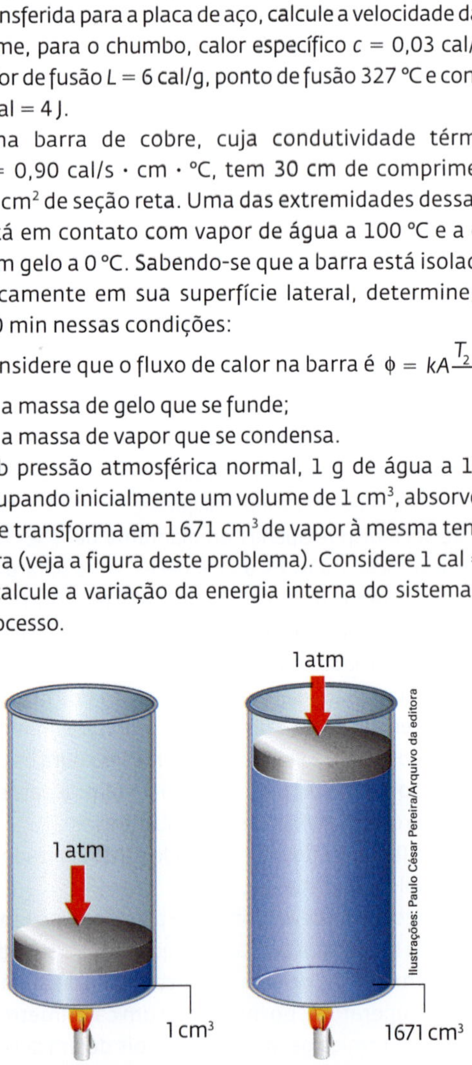

Ilustrações: Paulo César Pereira/Arquivo da editora

26. As pessoas, geralmente, sentem certa sensação de frio quando saem de uma piscina ou da água do mar. Qual é a causa fundamental dessa sensação de frio?

27. Em uma experiência para determinar o calor latente de fusão do gelo, colocam-se 200 g de água em um recipiente de ferro de massa também igual a 200 g, ambos à temperatura inicial de 30 °C. Acrescentam-se pequenos pedaços de gelo a 0 °C ao recipiente, até que o conjunto atinja a temperatura de 10 °C. Nesse instante, pesando-se o recipiente, encontra-se uma massa total de 452 g. Sabe-se que a temperatura ambiente é 20 °C.

a) Considerando desprezíveis as trocas de calor com o ambiente, calcule o valor do calor de fusão do gelo obtido nessa experiência.

b) Por que é razoável desprezar as trocas de calor entre o recipiente e o meio ambiente?

c) Qual é o erro percentual cometido nessa experiência em relação ao valor tabelado?

28. Na seção 4.6 (figura 4.28) descrevemos uma experiência na qual um gás real é comprimido em um cilindro. Mostre, de maneira aproximada, em um diagrama $p \times V$, a variação da pressão dentro do cilindro, à medida que o êmbolo se desloca da posição *A* até ultrapassar ligeiramente a posição *D*.

29. Em uma região de inverno rigoroso, um tanque com água é deixado ao ar livre até que se forme sobre a superfície da água uma camada de gelo com espessura igual a 5,0 cm (veja a figura deste problema). Sabendo-se que o ar acima do gelo está a −10 °C, calcule a velocidade com que a espessura da camada de gelo está crescendo naquele instante. Apresente sua resposta em cm/h e considere os seguintes valores para o gelo:

condutividade térmica = 0,0040 cal/s · cm · °C
densidade = 0,92 g/cm^3
calor latente de fusão = 80 cal/g

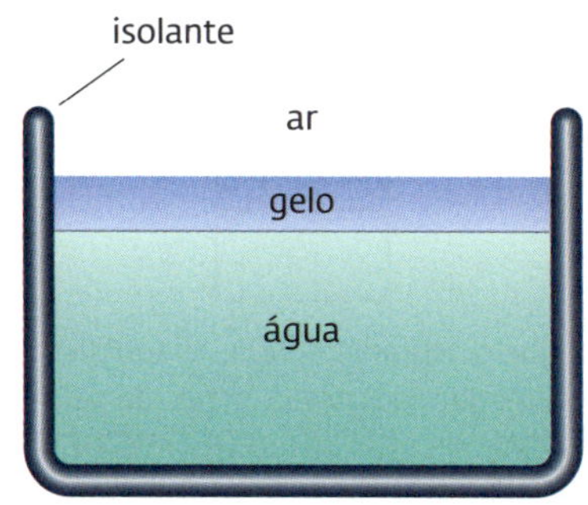

30. Quando se retira calor lentamente de certa massa de um líquido, mantido em repouso, sem nenhuma perturbação, é possível fazer com que o líquido seja resfriado abaixo de seu ponto de fusão, sem que se solidifique. Nessa situação, diz-se que o líquido está em estado de sobrefusão. Esse estado é altamente instável, pois basta uma pequena agitação para fazer com que o líquido retorne à sua temperatura de fusão e parte dele se solidifique imediatamente. Suponha que em um recipiente tenhamos 800 g de água, em estado de sobrefusão, a −5,0 °C. Agitando o recipiente, qual a massa de gelo que será formada?

Capítulo 5 – **Reflexão da luz**

1. a) O que você entende por raio luminoso?

b) Desenhe feixes luminosos constituídos por:

1º) raios divergentes;

2º) raios convergentes;

3º) raios paralelos.

c) Cite duas maneiras para se obter um feixe de raios paralelos.

d) Explique em que consiste a independência de propagação dos raios luminosos.

2. a) Qual é o valor da velocidade de propagação da luz no vácuo?

b) A velocidade de propagação da luz em um meio material qualquer é maior, menor ou igual à sua velocidade no vácuo?

3. a) Explique o que é a reflexão da luz.

b) Quando dizemos que a reflexão é especular? Dê exemplos.

c) O que é difusão da luz? Dê exemplos.

4. Enuncie as duas leis da reflexão. Faça um desenho para ilustrar sua resposta.

5. a) Um pequeno objeto encontra-se em frente a um espelho plano. Explique como e por que se forma uma imagem desse objeto. Ilustre sua explicação com um diagrama.

b) Descreva as características da imagem de um objeto extenso, colocado em frente a um espelho plano.

6. a) Faça um diagrama mostrando um espelho côncavo, seu vértice, seu centro de curvatura e seu eixo. Faça o mesmo para um espelho convexo.

b) Mostre, por meio de um diagrama, como se forma a imagem real de uma pequena lâmpada, colocada sobre o eixo de um espelho côncavo.

7. a) O que é foco de um espelho côncavo? E de um espelho convexo? Qual deles é real e qual é virtual?

b) Como se relacionam a distância focal de um espelho esférico e o seu raio?

8. a) Por meio de diagramas, mostre como os raios, denominados raios principais, refletem-se ao incidirem em um espelho côncavo.

b) Faça o mesmo para um espelho convexo.

9. Analise atentamente os três exemplos apresentados na seção 5.5, procurando compreender como foram usados dois raios principais para localizar a imagem de um objeto em espelhos esféricos.

10. a) Como se define o aumento fornecido por um espelho?

b) Em um espelho esférico, como podemos calcular o aumento se conhecemos os valores de D_i e D_o?

c) Escreva a equação dos espelhos esféricos. Explique o significado de cada símbolo que aparece nessa equação.

d) Qual a convenção de sinais que devemos adotar para que a equação dos espelhos esféricos seja válida tanto para os espelhos côncavos quanto para os convexos, quer a imagem seja real, quer seja virtual?

11. É desejável que, ao se barbear, uma pessoa possa perceber mais detalhes em seu rosto. Para isso, ela deveria usar um espelho côncavo, convexo ou plano? Explique.

12. O objeto mostrado na figura deste problema é colocado em frente a um espelho côncavo, entre seu centro e seu foco.

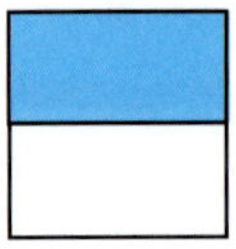

Entre as figuras seguintes, indique aquela que melhor representa a imagem do objeto fornecida pelo espelho.

a) 

b) 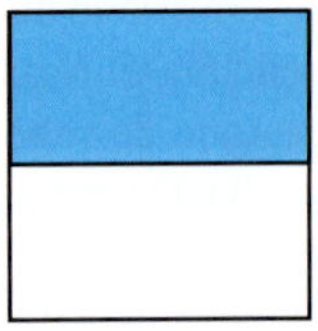

c) 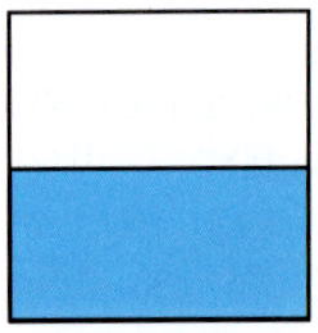

d) 

e) 

13. Um objeto *O* está colocado diante de um espelho esférico, de centro *C* e foco *F*. Indique em seu caderno o diagrama que nos permite localizar corretamente a imagem *I* do objeto.

a) 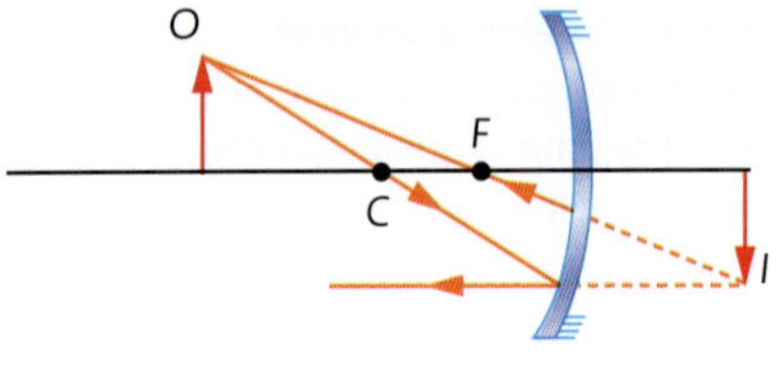

b) 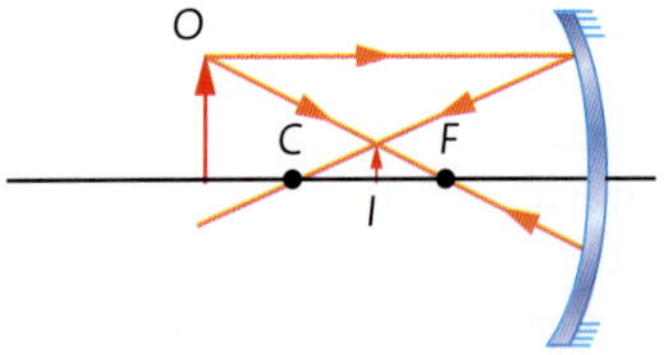

c) 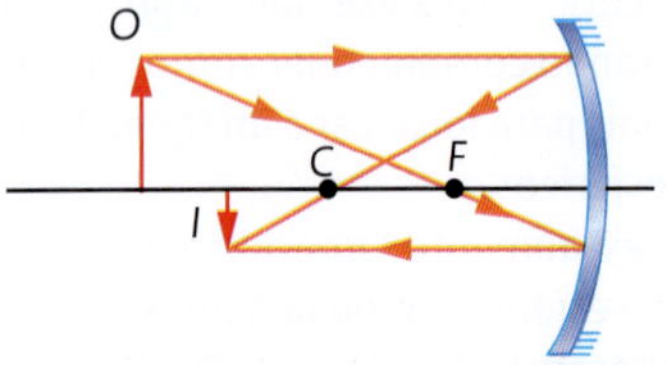

d) 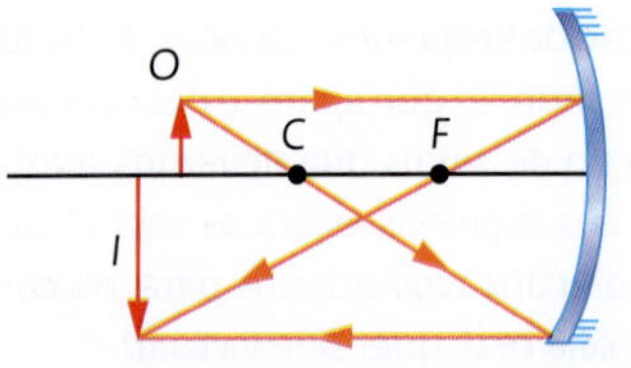

e) 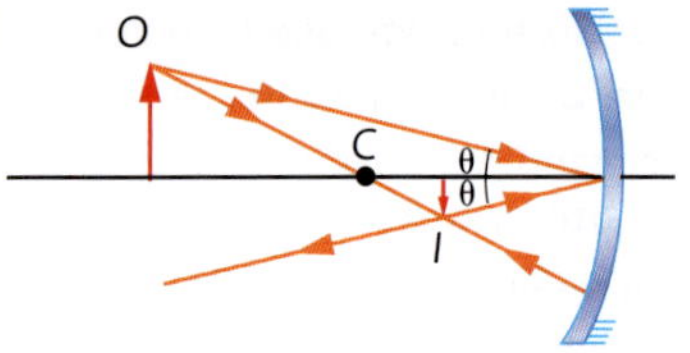

14. Considere os seguintes dados referentes a um objeto e sua imagem, fornecida por um certo espelho:

- distância do objeto ao espelho: 6 cm
- aumento: 5
- imagem: invertida

Baseando-se nessas informações, entre as afirmativas seguintes, assinale as que são corretas.

a) A imagem do objeto é virtual.
b) A imagem está situada a 30 cm do espelho.
c) A distância focal do espelho vale 2,5 cm.
d) O espelho é côncavo.
e) O raio de curvatura do espelho vale 5 cm.

15. Considere os seguintes dados referentes a um objeto e sua imagem fornecida por um certo espelho:

- valor da distância focal do espelho: 20 cm
- aumento: 0,10
- imagem: direta

Baseando-se nessas informações, entre as afirmativas seguintes, assinale as que são corretas.

a) A imagem do objeto é virtual.
b) O espelho é convexo.
c) A imagem está situada a 18 cm do espelho.
d) O objeto está situado a 1,8 cm do espelho.
e) O raio de curvatura do espelho vale 10 cm.

16. Considere os seguintes dados referentes a um objeto e sua imagem fornecida por um certo espelho:

- distância do objeto ao espelho: 10 cm
- aumento: 1
- imagem: virtual

Baseando-se nessas informações, entre as afirmativas seguintes, assinale as que são corretas.

a) A imagem é invertida em relação ao objeto.
b) A imagem está situada a 10 cm do espelho.
c) O espelho é plano.
d) A distância focal do espelho é nula.
e) O raio de curvatura do espelho é infinito.

17. Se, durante o dia, uma pessoa dentro de casa olha através de uma vidraça, ela vê o que está lá fora. À noite (quando o exterior da casa está escuro), a mesma pessoa, olhando através da mesma vidraça, vê sua imagem refletida e não enxerga praticamente nada do que está lá fora. Explique a causa da diferença entre as duas observações.

18. Espelhos planos podem ser considerados um caso particular de espelho esférico.

a) Desse ponto de vista, qual seria o valor do raio de curvatura e da distância focal de um espelho plano?

b) Usando a equação dos espelhos esféricos e considerando a resposta do item **a**, determine a relação entre D_i e D_0 para um espelho plano.

c) O resultado que você encontrou em **b** confirma o estudo dos espelhos planos feito na seção 5.3?

19. a) Uma pessoa, em pé no chão, encontra-se à distância de 120 cm de um espelho plano vertical. Afastando-se o espelho da pessoa de uma distância igual a 40 cm (veja a figura a seguir), determine o deslocamento que irá sofrer a imagem da pessoa.

João X. de Campos/Arquivo da editora

b) Para generalizar o resultado do item **a**, suponha que a pessoa esteja a uma distância qualquer do espelho plano. Deslocando-se o espelho de uma distância d, a imagem da pessoa sofrerá um deslocamento D. Mostre que $D = 2d$, qualquer que seja a distância inicial da pessoa ao espelho.

c) A resposta que você encontrou para o item **a** está de acordo com o resultado demonstrado em **b**?

20. Suponha que um feixe de luz pudesse dar a volta em torno da Terra, ao longo do equador. Quantas voltas esse feixe efetuaria em 1,0 s?

21. As figuras deste problema apresentam fotos de um objeto e sua imagem fornecida por um espelho esférico. Em cada foto, identifique o tipo do espelho, a natureza da imagem e a posição do objeto em relação ao foco do espelho.

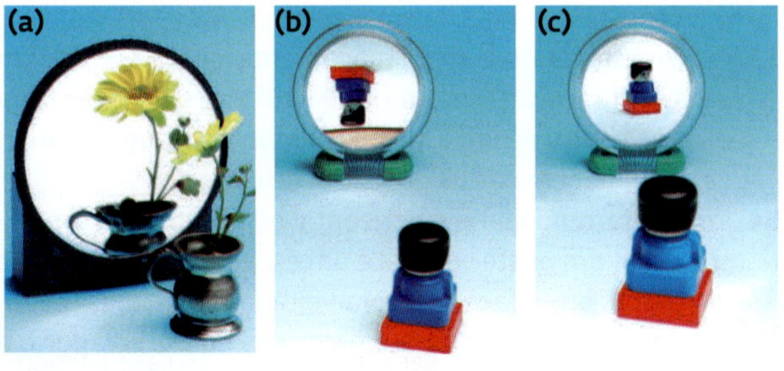

Fotos: Eduardo Santaliestra/Estúdio Paulista

22. Um observador O encontra-se no meio da parede AB de uma sala quadrada $ABCD$, na qual existe um espelho plano vertical MN (veja a figura deste problema). Identifique, entre os cantos A, B e D da sala, aqueles cujas imagens podem ser vistas pelo observador através do espelho MN.

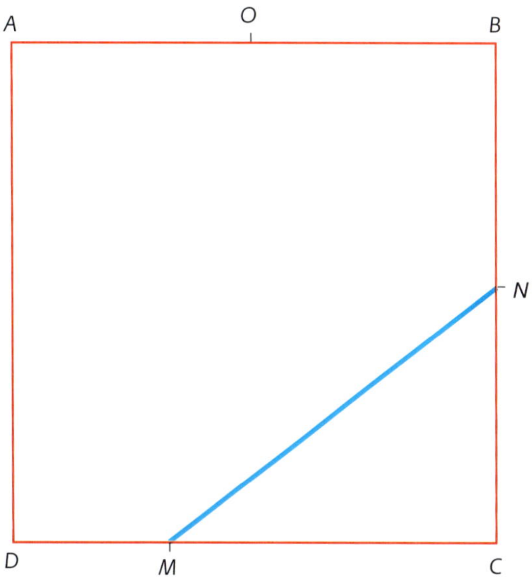

23. Um automóvel está se deslocando em uma estrada retilínea, com velocidade constante de 60 km/h. Através do espelho retrovisor plano desse carro, o motorista observa a imagem de um poste fixo na estrada. Qual é a velocidade dessa imagem:

a) Em relação à Terra?

b) Em relação ao motorista?

24. Um objeto O está situado entre dois espelhos planos perpendiculares entre si. Os pontos A, B e C, mostrados na figura deste problema, representam as posições das imagens do objeto O, fornecidas pelos espelhos.

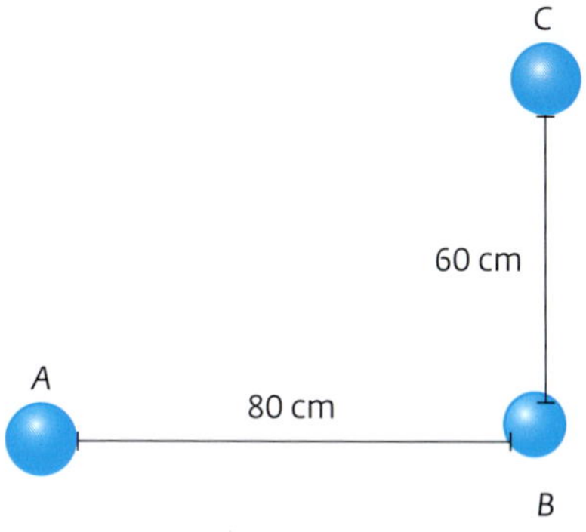

a) Localize, na figura, a posição do objeto O e calcule sua distância à imagem B.

b) Desenhe as posições dos dois espelhos.

25. O espelho usado por um dentista para observar com detalhes os dentes de uma pessoa tem distância focal igual a 2,5 cm.

a) Esse espelho deve ser plano, côncavo ou convexo? Explique.

b) Qual o aumento que esse espelho fornece de um dente situado a 1,5 cm dele?

26. Na figura deste problema, A é uma fonte de luz e B é um ponto que deve ser iluminado pela luz proveniente de A, após refletir-se no espelho plano EE', pois MN é um obstáculo que impede a luz de A incidir diretamente em B. Mostre a trajetória do raio que parte de A e atinge B, determinando o ângulo com que esse raio incide no espelho.

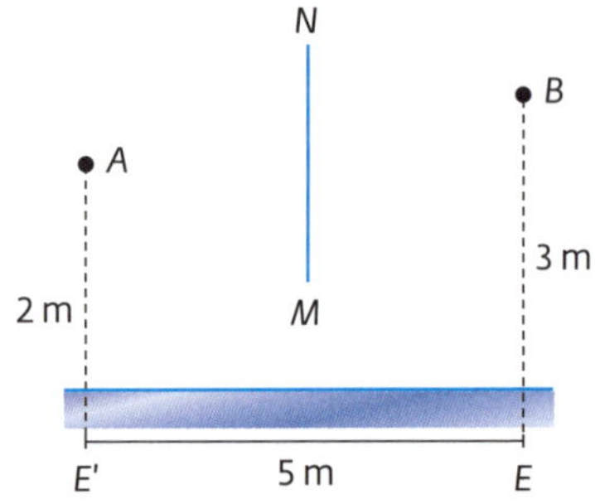

27. A figura deste problema representa a Lua girando em torno da Terra, recebendo e refletindo os raios solares. Nas diversas posições ocupadas por ela, mostradas na figura, em uma volta completa em torno da Terra (cuja duração é cerca de 28 dias), identifique aquelas que correspondem:

a) À lua cheia.

b) À lua nova.

c) Ao quarto crescente.

d) Ao quarto minguante.

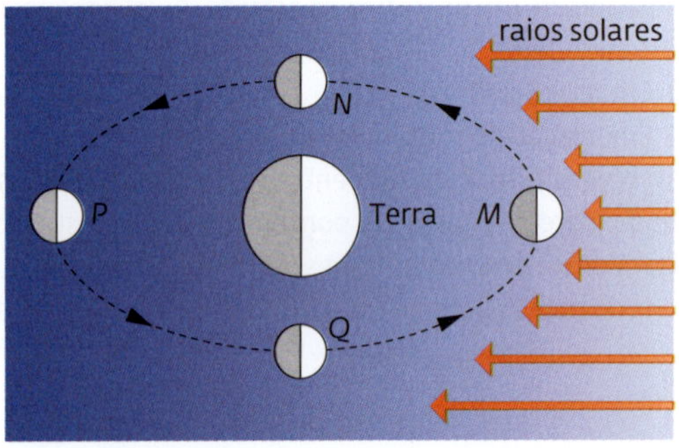

28. Descreva o que aconteceria com a imagem formada em uma câmara escura de orifício se ocorresse cada uma das seguintes alterações:

a) O comprimento da câmara fosse aumentado.

b) O orifício circular fosse substituído por um orifício triangular, mas ainda muito pequeno.

c) A área do orifício fosse aumentada.

João X. de Campos/Arquivo da editora

29. Uma pessoa, ao lado de um espelho, fica surpresa ao perceber duas sombras de seu corpo projetadas no chão, pois, na sala, há apenas uma lâmpada (veja a figura deste problema). Explique a origem das duas sombras.

João X. de Campos/Arquivo da editora

30. Sejam X_o e X_i as distâncias de um objeto e de sua imagem ao foco de um espelho esférico. Mostre que a equação dos espelhos esféricos, em termos de X_o e X_i, toma a seguinte forma: $X_o\, X_i = f^2$ (essa relação costuma ser denominada equação de Newton).

31. A fotografia mostrada neste problema apresenta um objeto e sua imagem fornecida por um espelho plano. Por que a imagem parece ser menor do que o objeto?

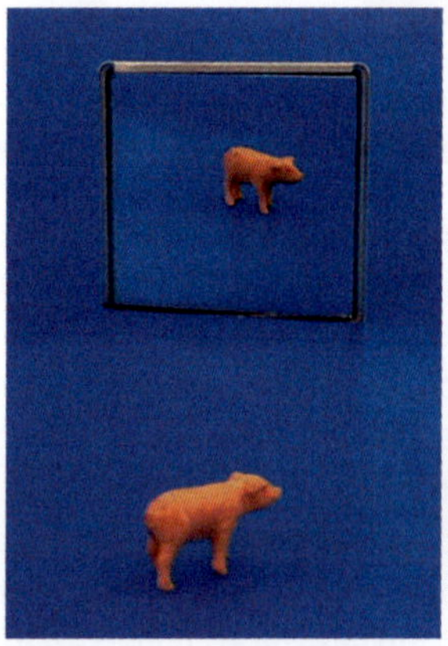

Prof.ª Dr.ª Marisa A. Cavalcante/Gopef/PUC-SP

32. Uma pessoa, de 160 cm de altura, está situada em frente a um espelho plano vertical. (Considere desprezível a altura da testa da pessoa.)

a) Qual o menor tamanho do espelho e qual sua posição acima do solo para que a pessoa possa se ver completamente nele?

b) As respostas do item **a** seriam alteradas se a pessoa se aproximasse ou se afastasse do espelho? Justifique sua resposta por meio de um diagrama.

33. O diâmetro da Lua é aproximadamente igual a $3{,}5 \cdot 10^3$ km e sua distância à Terra é de $3{,}80 \cdot 10^5$ km. Qual deve ser a distância focal de um espelho côncavo para que ele forneça uma imagem da Lua de 2,0 cm de diâmetro?

34. Em um terreno plano e horizontal estão situados um observador, um poste vertical e um espelho plano colocado no chão, com a face refletora voltada para cima. O centro do espelho está a 2,80 m dos pés do observador e a 8,40 m da base do poste. O observador, ao visar o centro do espelho, vê a imagem do ponto mais alto do poste. Sabendo que os olhos do observador estão a 1,80 m do chão, determine a altura do poste.

35. Um ponto luminoso desloca-se com uma velocidade $v_P = 2{,}0$ m/s ao longo de um eixo *OX* fixo na Terra. Um espelho plano, perpendicular a *OX*, também se desloca na direção de *OX* com uma velocidade $v_E = 3{,}0$ m/s. Determine a velocidade da imagem do ponto luminoso, em relação à Terra, nos seguintes casos:

a) $\vec{v}_P$ e $\vec{v}_E$ têm o sentido de *OX* positivo.

b) $\vec{v}_P$ tem o sentido de *OX* positivo e $\vec{v}_E$, o de *OX* negativo.

36. A lâmpada do farol de um automóvel possui dois filamentos, *A* e *B*, como mostra a figura a seguir. O filamento *A* está exatamente no foco do espelho côncavo e *B*, um pouco acima de *A*. Faça um diagrama mostrando como são os raios luminosos, que partem de *A* e *B*, após serem refletidos no espelho (raios que emergem do farol). Por que razão são usados os dois filamentos nesse farol?

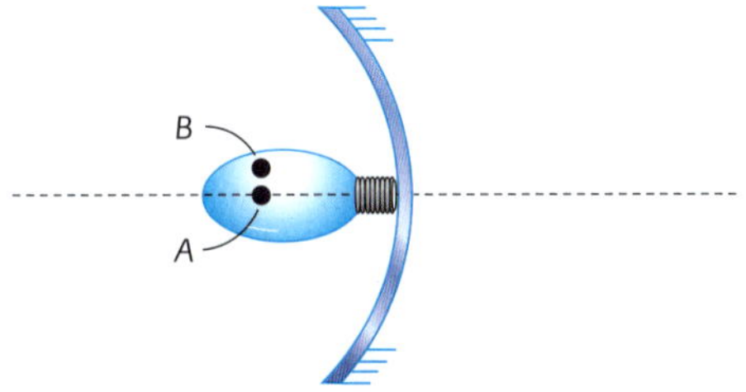

37. Na figura deste problema, *P* representa o olho de um observador, *O* é uma fonte de luz e *E* é um espelho plano.

a) Verifique se o observador consegue enxergar a imagem de *O* fornecida pelo espelho *E*.

b) Suponha que o espelho *E* fosse substituído pelo espelho convexo *E'*, de centro *C*. O observador veria a imagem de *O*, fornecida por esse espelho?

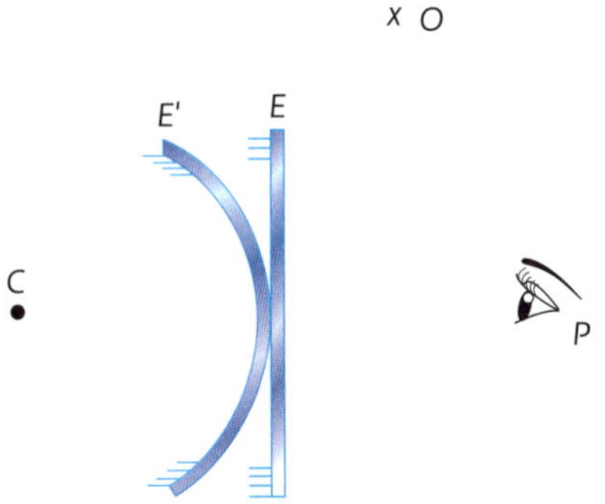

c) Tendo em vista as respostas dos itens **a** e **b**, explique por que os espelhos convexos costumam ser usados como retrovisores, em lugar de espelhos planos.

38. Uma placa plana *P*, semitransparente (reflete parte da luz incidente e deixa-se atravessar pela parte restante), de espessura desprezível, está situada a 10 cm de distância de um espelho convexo, cuja distância focal é igual a 30 cm, como mostra a figura deste problema. Uma fonte de luz *O* é colocada a uma distância *a* da placa, de modo que sua imagem, fornecida pelos raios refletidos em *P*, coincide com a imagem dessa fonte fornecida pelos raios refletidos em *E*. Determine o valor da distância *a*.

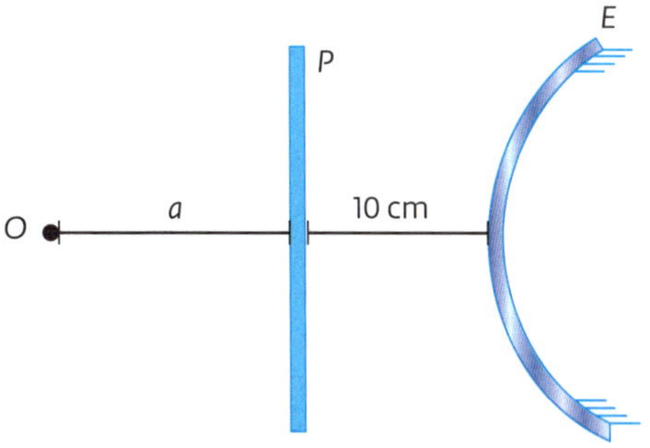

39. Na figura deste problema, uma lanterna *L* envia estreito feixe de luz sobre o espelho plano *E*, preso a um fio *F*. O feixe, após se refletir em *E*, é recebido em uma escala *R*, afastada do espelho. Quando *F* gira de um pequeno ângulo (em virtude de uma torção, por exemplo) a mancha luminosa na escala se desloca apreciavelmente. Por essa razão, esse dispositivo é usado para amplificar pequenas rotações, como ocorre na balança de torção de Cavendish. Em uma experiência na qual essa montagem foi usada, a distância de *E* a *R* era de 80 cm e o deslocamento da mancha luminosa na escala foi de 4,0 mm. Determine aproximadamente, em graus, o ângulo de giro do fio *F*.

Sugestão: Considere o deslocamento da mancha sobre a escala igual ao arco que corresponde ao ângulo de rotação do raio refletido e lembre-se de que 1 rad = 57,3°.

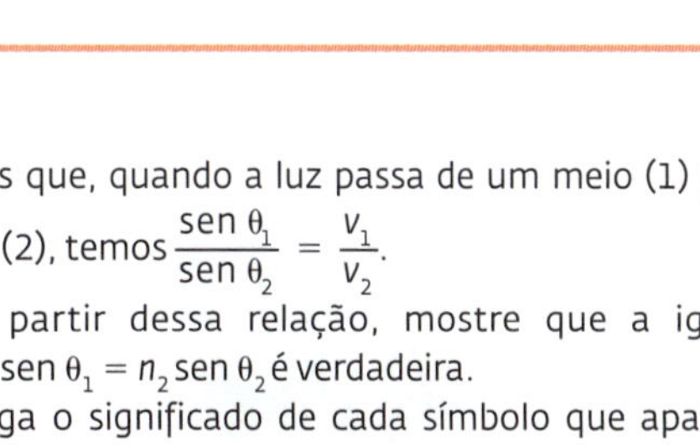

Capítulo 6 – Refração da luz

1. **a)** Explique o que é a refração da luz.

b) Quais são as condições para que a luz se refrate ao passar de um meio para outro?

2. **a)** Dê a definição de índice de refração de um meio material.

b) Em que unidade de medida devemos expressar o valor do índice de refração?

c) Qual é o menor valor possível para o índice de refração? Por quê?

3. Vimos que, quando a luz passa de um meio (1) para um meio (2), temos $\dfrac{\text{sen}\,\theta_1}{\text{sen}\,\theta_2} = \dfrac{v_1}{v_2}$.

a) A partir dessa relação, mostre que a igualdade $n_1\,\text{sen}\,\theta_1 = n_2\,\text{sen}\,\theta_2$ é verdadeira.

b) Diga o significado de cada símbolo que aparece nas duas expressões anteriores.

c) Baseando-se na relação $n_1\,\text{sen}\,\theta_1 = n_2\,\text{sen}\,\theta_2$, diga em que condições um raio luminoso, ao se refratar, aproxima-se ou afasta-se da normal.

4. a) Faça um diagrama mostrando que a imagem de um objeto, mergulhado na água, forma-se acima dele.
   b) Para que seja possível a um raio luminoso sofrer reflexão total, passando de um meio (1) para outro meio (2), devemos ter $n_1 > n_2$ ou $n_1 < n_2$?
   c) Explique o que é ângulo limite entre dois meios. Mostre como se calcula o seu valor.
   d) Descreva alguns fenômenos que sejam relacionados com a reflexão total.
5. a) Em que consiste o fenômeno da dispersão da luz branca?
   b) Qual é a causa da dispersão da luz branca?
   c) Faça um desenho mostrando a luz branca ao sofrer dispersão através de um prisma. Mostre a distribuição das cores no espectro recebido em um anteparo.
   d) Explique, resumidamente, a formação do arco-íris.
6. a) Explique por que um objeto se apresenta com determinada cor ao ser iluminado com luz branca.
   b) Diga qual será a cor desse objeto ao ser iluminado, sucessivamente, com luz monocromática de diversas cores.
7. a) O que é uma lente?
   b) O que é uma lente convergente? E uma lente divergente?
   c) Como podemos, observando a espessura de uma lente, saber se ela é convergente ou divergente?
8. a) Explique o que são os focos e o que é a distância focal de uma lente convergente.
   b) Faça o mesmo para uma lente divergente.
   c) O meio que envolve uma lente tem influência no valor de sua distância focal? E no fato de ser ela convergente ou divergente? Explique.
9. a) Faça um desenho mostrando as trajetórias dos raios principais ao atravessar uma lente convergente.
   b) Faça o mesmo para uma lente divergente.
   c) Reproduza as figuras 6.38, 6.39 e 6.40, procurando entender como foram obtidas as imagens dos objetos ali mostrados.
10. a) Como podemos calcular o aumento $A'B'/AB$, fornecido por uma lente, quando conhecemos D_i e D_o?
    b) Escreva a equação das lentes, explicando o significado de cada símbolo que nela aparece.
    c) Qual é a convenção de sinais que deve ser adotada ao se usar essa equação?
11. a) Descreva, sucintamente, o olho humano e mostre como e onde se forma a imagem do objeto para o qual estamos olhando.
    b) O que é miopia? E hipermetropia? Como são corrigidos esses defeitos da visão?

João X. de Campos/Arquivo da editora

12. a) Descreva, sucintamente, a máquina fotográfica e o microscópio.
    b) Mostre, construindo um diagrama, como se forma a imagem de um objeto em cada um desses instrumentos.
    c) Em qual desses instrumentos a imagem final é real? Em qual ela é virtual?
13. Suponha que um espelho côncavo e uma lente convergente, inicialmente no ar, sejam ambos mergulhados em água. Podemos concluir que:
    a) a distância focal do espelho não se altera e a da lente aumenta.
    b) a distância focal do espelho e a da lente aumentam.
    c) a distância focal do espelho e a da lente diminuem.
    d) a distância focal do espelho aumenta e a da lente diminui.
    e) a distância focal do espelho diminui e a da lente não se altera.
14. Um objeto está situado a 10 cm de uma lente. Sabe-se que sua imagem, fornecida pela lente, é real e tem altura igual à metade da altura do objeto.
    a) Qual é a distância da imagem à lente?
    b) Determine o valor da distância focal da lente.
    c) Essa lente é convergente ou divergente?
15. Sabe-se que quanto maior for a curvatura das faces de uma lente biconvexa ou bicôncava (isto é, quanto menores forem os raios de suas faces), menor será o módulo da distância focal dessas lentes. Tendo em vista essa informação, responda:
    a) Qual das duas lentes mostradas na figura desse problema (feitas com o mesmo tipo de vidro) possui maior distância focal?
    b) Qual dessas lentes possui convergência maior?
    c) Qual dessas lentes fornecerá maior ampliação ao ser usada como uma lupa?
    d) Então, quando seu olho se acomoda para observar objetos mais próximos, os músculos oculares estão atuando sobre as faces do cristalino de modo a aumentar ou a diminuir suas curvaturas?

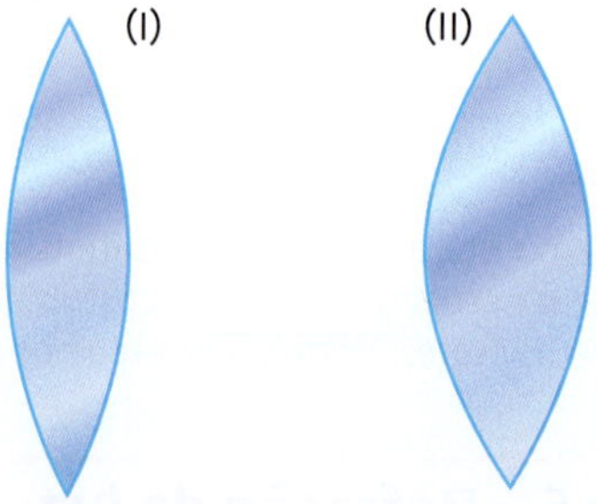

16. A figura deste problema mostra uma fonte P emitindo raios luminosos que passam através de duas lentes, representadas pelos retângulos M e N.

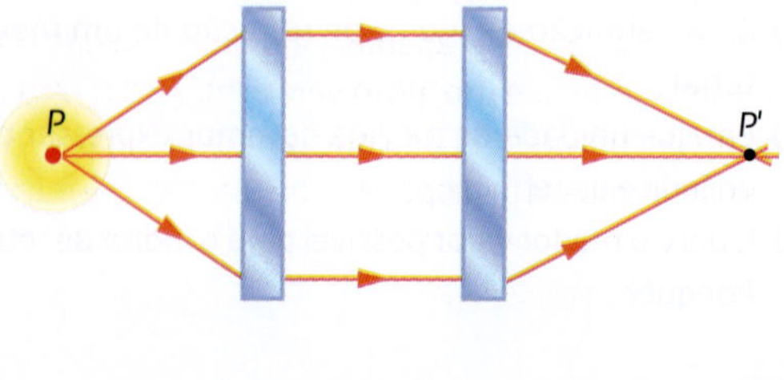

Analise, entre as alternativas, aquela que melhor representa as formas das duas lentes correspondentes, respectivamente, aos retângulos M e N.

a)

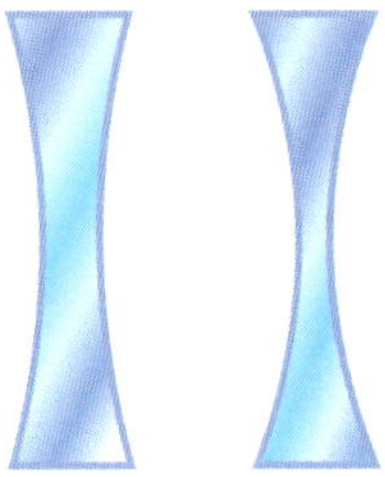

b)

c)

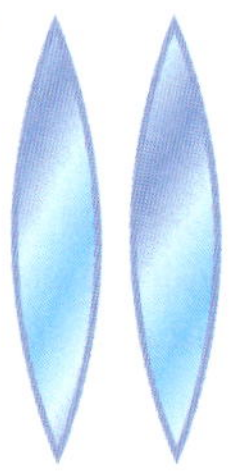

d)

e)

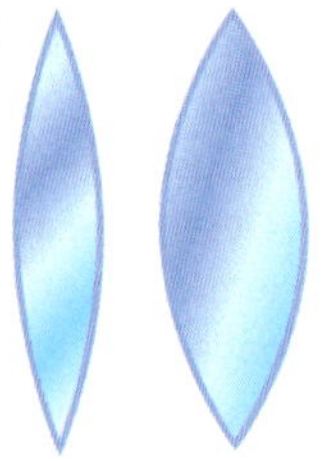

17. Uma pequena lâmpada está instalada na parte central do fundo de uma piscina, de profundidade igual a 2,0 m. Um disco de isopor, de raio R, está flutuando na superfície da água, como mostra a figura deste problema. Qual deve ser o menor valor de R para que a lâmpada não seja vista por um observador situado fora da água, qualquer que seja sua posição?

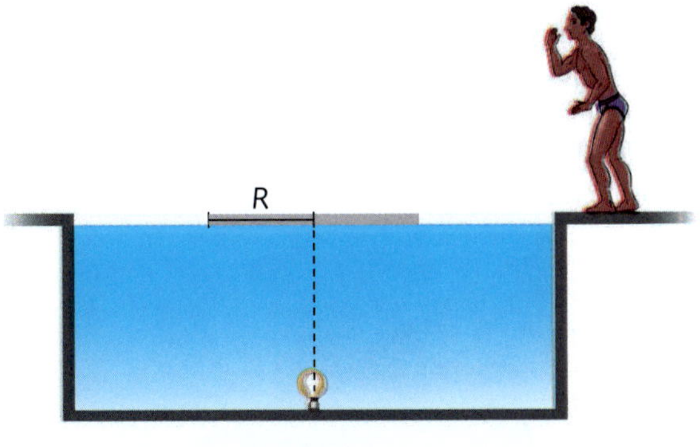

Paulo César Pereira/Arquivo da editora

18. Uma lâmina de vidro transparente vermelha (quando iluminada com luz branca) apresenta-se com essa cor porque absorve todas as demais cores do espectro, deixando-se atravessar apenas pela luz vermelha. Dizemos que essa lâmina é um "filtro vermelho". Do mesmo modo, meios transparentes às cores amarela, verde, azul, etc. são denominados, respectivamente, filtros amarelo, verde, azul, etc. Considerando essas informações, responda às questões seguintes:

a) Uma pessoa observa, através de um filtro vermelho, um objeto branco iluminado com luz branca. Com que cor o objeto é visto por essa pessoa?

b) Qual a cor com que uma pessoa vê um objeto vermelho (iluminado com luz branca) e observado através de um filtro azul?

19. Uma lente está sendo usada para projetar, sobre um anteparo, a imagem real de um objeto. Se metade da lente for recoberta com uma tinta opaca, que alterações serão observadas na imagem projetada no anteparo?

20. Um raio luminoso, AB, propagando-se no ar, incide em uma das faces de uma lâmina de vidro de faces paralelas. Após sofrer duas refrações, o raio de luz emerge da lâmina para o ar (raio CD), como mostra a figura deste problema.

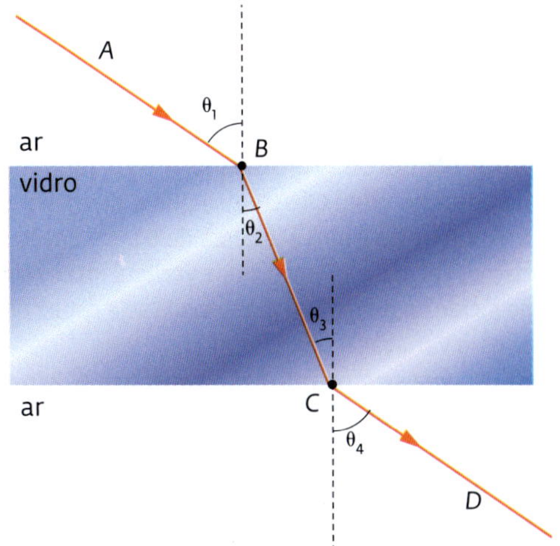

a) Usando a lei de Snell, determine a relação existente entre os ângulos θ_1 e θ_4 mostrados na figura.

b) Tendo em vista a resposta do item **a**, que relação existe entre as direções dos raios AB e CD?

21. Suponha que o prisma de vidro da figura 6.13 estivesse totalmente mergulhado em água.

a) Qual seria o valor do ângulo limite entre o vidro do prisma e a água?

b) O raio luminoso mostrado na figura 6.13 seria totalmente refletido na face BC? Explique.

22. Uma pessoa olha para uma lente biconvexa e observa duas imagens de seu rosto, uma delas direta e a outra invertida. Explique por que se formam essas duas imagens.

23. Suponha que o índice de refração de um dado meio seja igual a $\sqrt{2}$ para a luz vermelha e $\sqrt{3}$ para a luz violeta. Dois raios luminosos monocromáticos, um vermelho e o outro violeta, propagam-se nesse meio e incidem com o mesmo ângulo de incidência, igual a 30°, na superfície de separação do meio com o ar. Qual será o ângulo formado pelos dois raios refratados propagando-se no ar?

24. O prisma de vidro, mostrado na figura deste problema, situado no ar, tem índice de refração igual a 1,50. Um raio de luz monocromática incide perpendicularmente em uma das faces do prisma e emerge da outra face, propagando-se novamente no ar. Sendo de 30° o ângulo do prisma (veja a figura), determine o desvio angular sofrido pelo raio de luz ao atravessar esse prisma.

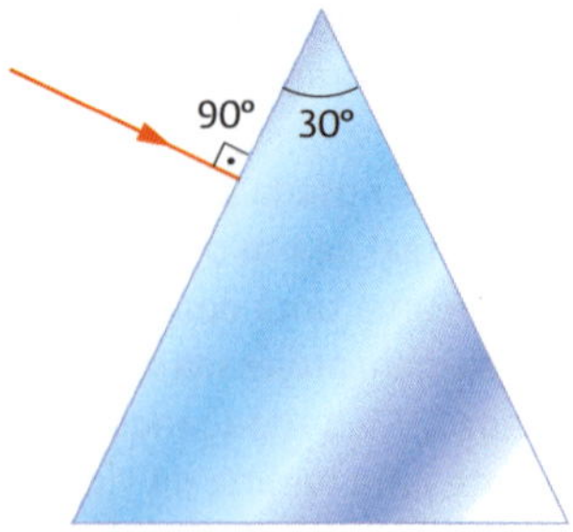

25. Uma pessoa usa uma máquina fotográfica, cuja objetiva tem uma distância focal de 5,0 cm, para obter uma foto nítida de um objeto muito afastado (no "infinito"). Em seguida, ela desloca a objetiva para focalizar um objeto situado a 1,0 m da lente. Nessas condições:

a) A objetiva foi deslocada para a frente ou para trás?

b) De quanto foi deslocada a objetiva?

26. A pupila se contrai ou se dilata regulando a quantidade de luz que entra no olho. Observa-se que o diâmetro da pupila pode variar de 2 mm até cerca de 8 mm. Então, aproximadamente quantas vezes pode variar a intensidade de luz que incide no olho para que a pupila seja capaz de compensar essa variação?

27. O olho de uma pessoa normal é capaz de se acomodar, variando sua distância focal, de modo a ver nitidamente desde objetos muito afastados (no infinito), até aqueles situados a uma distância mínima, aproximadamente igual a 25 cm. Calcule, em dioptrias, a variação da convergência do cristalino quando a pessoa observa um objeto que se desloca entre essas duas posições.

28. O tanque mostrado na figura deste problema está cheio de água ($n = 1,3$). Um raio de luz incide rasante à lateral do tanque, refratando-se, como mostra a figura. Determine o valor do ângulo de incidência desse raio.

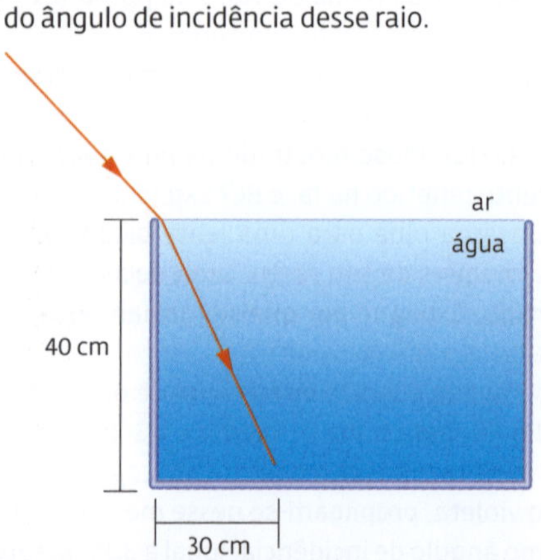

29. Uma lâmina de faces paralelas tem 8,0 cm de espessura, sendo feita com um vidro cujo índice de refração é 1,5. Um raio de luz, propagando-se no ar, incide em uma das faces da lâmina com um ângulo de incidência θ_1, tal que sen $\theta_1 = 0,90$. Determine o tempo que a luz do raio refratado gasta para atravessar a lâmina.

30. As figuras deste problema representam o que ocorre na passagem de um raio de luz do meio (1) para o meio (2), e do meio (1) para o meio (3). Sabe-se que um desses meios é o vácuo. Qual deles? Explique.

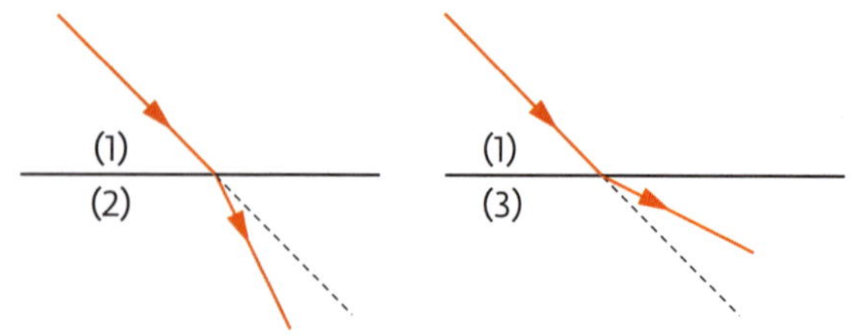

31. Uma lâmpada está situada a 100 cm de distância de uma parede, sobre a qual se deseja projetar uma imagem da lâmpada, usando-se uma lente de distância focal igual a 22 cm. Determine a que distância da parede deve ser colocada a lente para se obter uma imagem nítida e ampliada da lâmpada.

32. Os olhos de uma pessoa com hipermetropia ou com presbitia ("vista cansada") conseguem ver nitidamente objetos afastados, mas não conseguem se acomodar para enxergar objetos muito próximos, isto é, o ponto próximo da pessoa está situado a uma distância maior do que 25 cm. Supondo que o ponto próximo de uma pessoa esteja a 100 cm de seus olhos, determine, em valor e em sinal, quantos graus devem ter seus óculos para que ela consiga ler um livro a 25 cm de distância.

33. Uma pessoa míope está usando óculos cujas lentes são de −1,5 grau. Sabendo-se que o ponto remoto dessa pessoa está situado a 60 cm de seus olhos, determine a máxima distância de um objeto para que ela consiga enxergá-lo nitidamente com esses óculos.

34. Um mastro vertical, cujo comprimento é de 2,0 m, está fixado no fundo de uma piscina cuja profundidade é igual a 1,50 m. Sabendo-se que os raios solares estão incidindo ao longo de uma direção que forma um ângulo de 45° com a horizontal, determine o comprimento da sombra do mastro no fundo da piscina.

35. O prisma de vidro mostrado na figura a seguir está totalmente imerso em álcool etílico, e um raio de luz incide nele perpendicularmente à face *AB*.

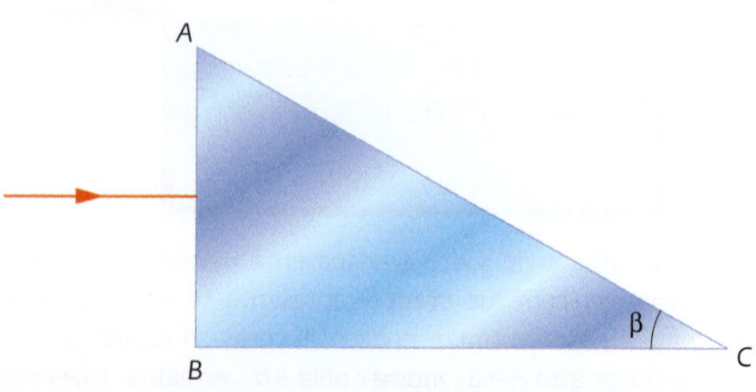

a) Determine os valores do ângulo β para os quais o raio luminoso sofre reflexão total na face *AC*.

b) Qual seria a resposta do item **a** se o prisma estivesse imerso em bissulfeto de carbono?

Quando necessário, utilize as informações da tabela 6.1.

36. Um raio de luz incide em um cubo, feito com um material transparente e situado no ar, da maneira mostrada na figura deste problema. Determine os valores do índice de refração, *n*, do cubo para que o raio de luz seja totalmente refletido em sua face vertical.

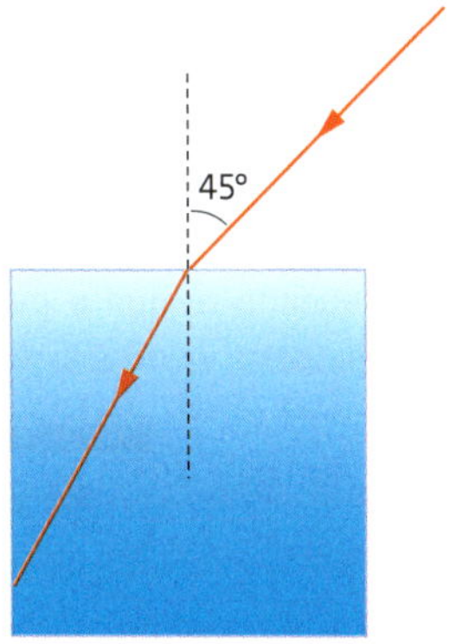

37. Uma luneta é um instrumento óptico usado para observar objetos distantes, como os corpos celestes. De maneira simplificada, sua estrutura é semelhante à do microscópio, mas a objetiva deve ter uma grande distância focal, enquanto a lente ocular deve ser de pequena distância focal. Suponha que essas distâncias focais, em uma luneta, sejam $f_1 = 80{,}0$ cm (objetiva) e $f_2 = 4{,}0$ cm (ocular). Uma pessoa usa essa luneta para observar a Lua e, ajustando o aparelho, obtém uma imagem final a 25 cm da ocular (distância de melhor visão distinta). Qual é, nessas condições, o comprimento do tubo da luneta (distância entre suas lentes)?

CAPÍTULO 7 – **Movimento ondulatório**

1. **a)** Cite exemplos de movimentos vibratórios que você já teve oportunidade de observar.
b) Descreva o que ocorre com o valor da velocidade de um objeto, em movimento harmônico simples, enquanto ele efetua um ciclo.
c) Faça o mesmo para o valor da aceleração e da força que atua no objeto.

2. Para um objeto em movimento vibratório, diga o que é:
a) um ciclo (ou uma vibração completa);
b) a amplitude do movimento;
c) o período, a frequência e como se relacionam essas grandezas;
d) 1 hertz.

3. **a)** Escreva a equação que nos permite calcular o período do movimento harmônico simples. Explique o significado de cada símbolo que nela aparece.
b) Faça o mesmo para a equação que nos permite calcular o período de oscilação do pêndulo simples.

4. **a)** Descreva o movimento de um ponto de uma corda à medida que a crista e o vale de uma onda passam por ele.
b) A frequência de vibração desse ponto é maior, menor ou igual à frequência da fonte que produziu a onda?
c) Explique o que é uma onda transversal e o que é uma onda longitudinal.

5. **a)** O que é comprimento de onda?
b) Escreva a relação entre o comprimento de onda (λ), a velocidade de propagação (v) e a frequência (f) de uma onda.
c) Quando uma onda passa de um meio para outro, diga se as grandezas λ, v e f variam ou permanecem constantes.

6. **a)** Faça um desenho representando as cristas e os raios de uma onda de pulsos retos (na superfície de um líquido). Faça o mesmo para uma onda de pulsos circulares.
b) Explique por que o fenômeno de reflexão de uma onda levou os físicos a suspeitar de que a luz deveria ser um movimento ondulatório.

7. **a)** Faça um diagrama mostrando a refração de uma onda de pulsos retos ao passar obliquamente de um meio (1) para um meio (2), tal que $v_2 < v_1$.
b) Repita o diagrama supondo que $v_2 > v_1$.
c) Analisando a figura 7.29 explique, com suas palavras, por que a onda muda de direção (se refrata) ao passar do meio (1) para o meio (2).
d) Uma onda, ao se refratar, obedece às mesmas leis da refração da luz?

8. **a)** Faça um desenho mostrando a difração de uma onda em torno de um obstáculo e ao passar através de um orifício.
b) Quais os fatores que fazem com que a difração de uma onda, através de um orifício, seja mais acentuada ou menos acentuada?
c) Explique por que o fenômeno da difração nos leva a concluir que a luz é um movimento ondulatório de comprimento de onda muito pequeno.

9. **a)** Na fotografia da figura 7.43, localize as linhas nodais e indique as regiões onde existem cristas e vales se propagando.
b) Explique em que condições ocorrerá, em um ponto, uma interferência destrutiva. E uma interferência construtiva?
c) Localize em quais regiões da figura 7.43 a interferência foi destrutiva, e em quais regiões ela foi construtiva.

10. **a)** Descreva sucintamente a experiência realizada por Young, na qual ele conseguiu obter interferência com a luz.
b) Explique por que a experiência de Young teve grande repercussão no início do século passado.
c) A relação $\Delta x = L\lambda/d$ foi apresentada na seção 7.6 ao se analisar a experiência de Young. Explique o significado de cada símbolo que aparece nela.
d) Explique como Young chegou à conclusão de que a cada cor corresponde um λ diferente.
e) Por que é mais adequado caracterizar a cor de um feixe luminoso monocromático por sua frequência do que por seu comprimento de onda?

11. **a)** O som é uma onda transversal ou longitudinal?
b) A onda sonora se propaga no vácuo?
c) Quais são, aproximadamente, o menor e o maior valor das frequências que a orelha humana pode perceber?
d) O que é infrassom? E ultrassom?

12. a) Explique, por meio de exemplos, o que é intensidade do som. Que grandeza da onda sonora está relacionada com sua intensidade?
b) Explique, por meio de exemplos, o que é um som grave e um som agudo. Qual é a grandeza da onda sonora que determina se um som é grave ou agudo?
c) Explique, por meio de exemplos, o que é o timbre de um som. Que característica da onda sonora determina o seu timbre?

13. Considere um pêndulo simples oscilando com pequena amplitude. Entre as afirmativas seguintes, a correta é:
a) Se o comprimento do pêndulo for duplicado, seu período também duplicará.
b) Se a massa do pêndulo for triplicada, sua frequência ficará multiplicada por $\sqrt{3}$.
c) Se a amplitude do pêndulo for reduzida à metade, seu período não se modificará.
d) Se o valor local de g fosse 4 vezes maior, a frequência do pêndulo seria 2 vezes menor.

14. Na fotografia deste problema, vemos as cristas (faixas claras) e os vales (faixas escuras) de uma onda que se propaga na superfície de um líquido, passando de uma região (1) para outra região, (2), de profundidades diferentes. Indique entre as afirmativas seguintes, aquelas que estão erradas:
a) O comprimento de onda na região (1) é maior do que em (2).
b) A frequência na região (1) é maior do que em (2).
c) A velocidade da onda na região (1) é maior do que em (2).
d) A região (1) tem menor profundidade do que a região (2).
e) A direção de propagação da onda não se alterou, ao passar de (1) para (2), porque o ângulo de incidência é nulo.

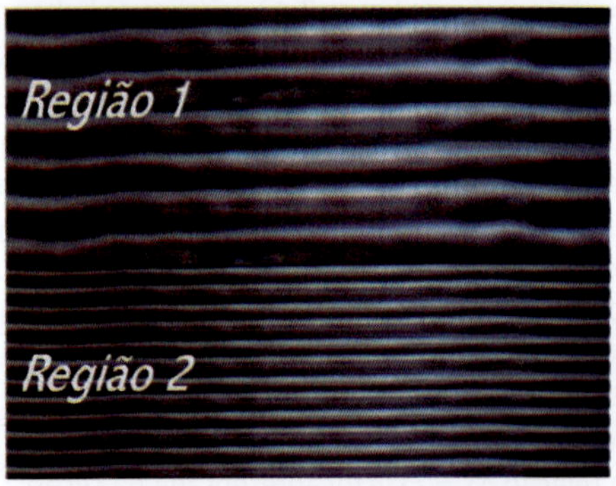

Prof.ª Dr.ª Marisa A. Cavalcante/Gopef/PUC-SP

15. Uma repetição da experiência de Young foi realizada com uma fonte de luz monocromática verde, no ar. Diga se a separação entre as franjas de interferência aumentará, diminuirá ou não sofrerá alteração em cada um dos seguintes casos:
a) Se a separação entre os orifícios for aumentada.
b) Se o anteparo for afastado dos orifícios.
c) Se a fonte de luz verde for substituída por uma fonte de luz azul.
d) Se a experiência for realizada dentro da água.
e) Se a intensidade da luz verde for aumentada.

16. Dois pêndulos simples, de mesmo comprimento, são abandonados, simultaneamente, a partir do repouso, das posições assimétricas mostradas na figura deste problema. Ao colidirem, suas massas realizam um choque completamente inelástico.
Sabendo-se que o período de oscilação do pêndulo de massa m_1 é de 3,0 s, responda, justificando:

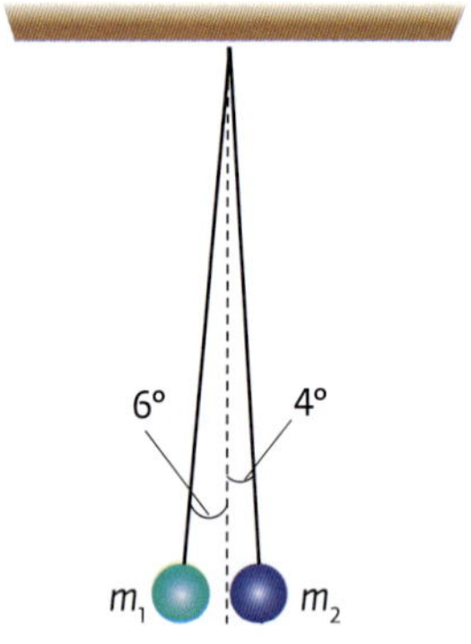

a) Em que posição m_1 e m_2 colidem?
b) Quanto tempo decorre até a colisão?
c) Com qual período as duas esferas passam a oscilar após a colisão?

17. Um funil, contendo areia seca, é pendurado em um fio e colocado a oscilar transversalmente a uma esteira, graduada em centímetros, que se move com velocidade constante $v = 10$ cm/s. Sabendo-se que o período do pêndulo constituído pelo funil pendurado é de 1,5 s e que ele oscila com amplitude de 6,0 cm, faça um desenho mostrando a forma da curva que a areia, que cai do funil, traça sobre a esteira.

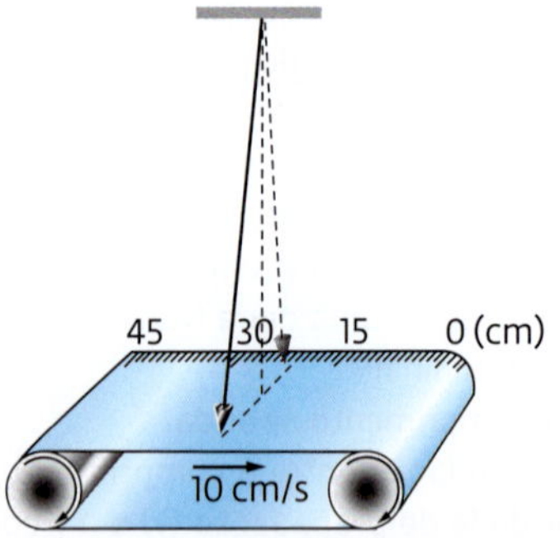

Paulo César Pereira/Arquivo da editora

18. a) A figura (a) deste problema mostra uma bola deslocando-se, sem atrito, sobre uma superfície horizontal, entre dois obstáculos verticais. Em virtude das colisões elásticas da bola com esses obstáculos, ela oscila indefinidamente entre eles. Esse movimento é harmônico simples? Explique.
b) Uma bola, abandonada de certa altura, colide elasticamente com o chão e retorna ao ponto de partida, continuando indefinidamente nesse vaivém, como ilustra a figura (b) deste problema. Esse movimento é harmônico simples? Explique.

c) Considere agora um objeto oscilando, sem atrito, na extremidade de uma mola horizontal. Por que esse movimento é harmônico simples?

(a)

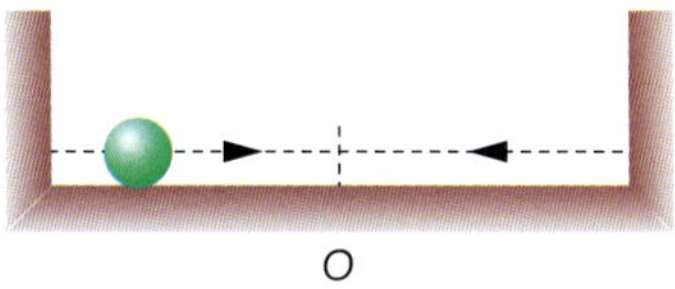

(b)

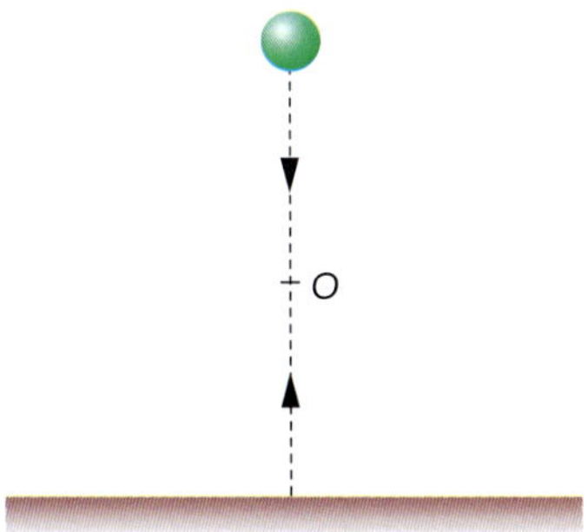

19. Suponha que a Terra fosse uma esfera homogênea e que fosse possível cavar um túnel retilíneo, AB, passando pelo seu centro, como mostra a figura deste problema. Pode-se mostrar que uma partícula de massa m, situada nesse túnel, a uma distância X do centro O, ficaria sob a ação de uma força $\vec{F}$, dirigida para O, em razão da ação gravitacional da massa terrestre. O módulo dessa força é dado por $F = (4/3)\ \pi Gm\rho X$, em que G é a constante de gravitação universal e ρ é a densidade da Terra.

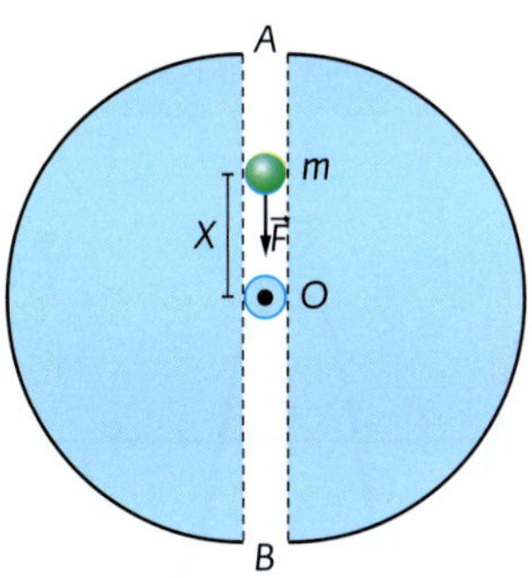

a) Se o objeto de massa m fosse abandonado no ponto A, na ausência de atrito, ele ficaria oscilando indefinidamente entre as extremidades A e B do túnel. Esse movimento é harmônico simples? Explique.

b) Determine a expressão que fornece o tempo, Δt, que o objeto de massa m gastaria para se deslocar de uma extremidade a outra do túnel AB (expresse sua resposta em termos de π, ρ e G).

20. Em um lago, o vento produz ondas periódicas cujo comprimento de onda é $\lambda = 10$ m e que se propagam com velocidade $v = 2{,}0$ m/s. Determine a frequência de oscilação de um barco, supondo que ele:

a) Esteja ancorado no lago.

b) Esteja se movendo em sentido contrário ao de propagação das ondas, com velocidade de 8,0 m/s.

21. a) Em uma oficina mecânica, a intensidade do som ambiente é de 10^{-3} W/m^2. Qual é, em B e dB, o nível de intensidade sonora nessa oficina?

b) Em uma rua de tráfego intenso, o nível de intensidade sonora é de 80 dB. Quantas vezes a intensidade do som na oficina mecânica é maior do que a intensidade do som nessa rua?

22. A caixa de um aparelho de som está emitindo uma onda sonora cujo nível de intensidade é de 60 dB. Considere a energia transportada pela onda sonora, proveniente dessa caixa, que passa por uma janela de área igual a 2 m^2 (perpendicular à direção de propagação da onda), durante $4 \cdot 10^3$ s (pouco mais de 1 hora). Se toda essa energia pudesse ser utilizada para o aquecimento de 200 g de água (cerca de 1 copo comum), qual seria a elevação de temperatura que essa água experimentaria (considere 1 cal = 4 J)?

23. No interior dos sulcos de um LP há ondulações produzidas durante a gravação. A reprodução do som gravado, como sabemos, ocorre pelas oscilações de uma agulha que passa pelas ondulações dos sulcos, à medida que o disco gira. A frequência e a amplitude do som produzido correspondem às frequências e amplitudes das oscilações da agulha. Suponha que determinado sulco de um disco esteja passando sob a agulha com uma velocidade de 0,30 m/s. Se os picos das ondulações no sulco, nessa posição, estão separados de 0,20 mm, determine a frequência do som que está sendo produzido.

24. a) O barulho de um rebitador, em uma obra, atinge o nível de 90 dB. Se dois rebitadores idênticos a esse estiverem operando simultaneamente, qual será o nível de intensidade no local? (Considere $\log 2 = 0{,}3$.)

b) Um coral de 50 vozes está interpretando uma canção com um nível de intensidade sonora de 70 dB. Supondo que todas as vozes tenham a mesma intensidade (como deve ser em um bom coral), qual é o nível de cada uma?

25. Consultando o gráfico da figura 7.59, responda às seguintes questões:

a) Para que um som de 200 hertz seja audível, qual deve ser o seu nível mínimo de intensidade sonora? E para que ele cause sensação dolorosa em nossa orelha?

b) Um instrumento musical emite um som de 60 dB, audível para uma pessoa com audição normal e constituído de diversas frequências simultâneas. Qual é a mínima e a máxima frequência que essa pessoa poderia perceber?

c) Um avião a jato, ao decolar, produz um ruído que alcança a orelha de uma pessoa em suas proximidades com uma intensidade de 100 W/m^2. Qual é a sensação que esse som provoca na pessoa?

26. Duas pequenas fontes, F_1 e F_2, idênticas, constantemente em fase, emitem ondas que são detectadas no ponto P, mostrado na figura deste problema. Suponha que, em diversas experiências realizadas com essas fontes, o comprimento de onda das ondas emitidas tenha adquirido os seguintes valores: $\lambda_1 = 4{,}0$ m, $\lambda_2 = 3{,}0$ m, $\lambda_3 = 2{,}0$ m, $\lambda_4 = 1{,}0$ m, $\lambda_5 = 0{,}80$ m e $\lambda_6 = 0{,}50$ m. Quais desses comprimentos de onda dariam origem, em *P*, a uma interferência construtiva (duplas cristas e duplos vales)?

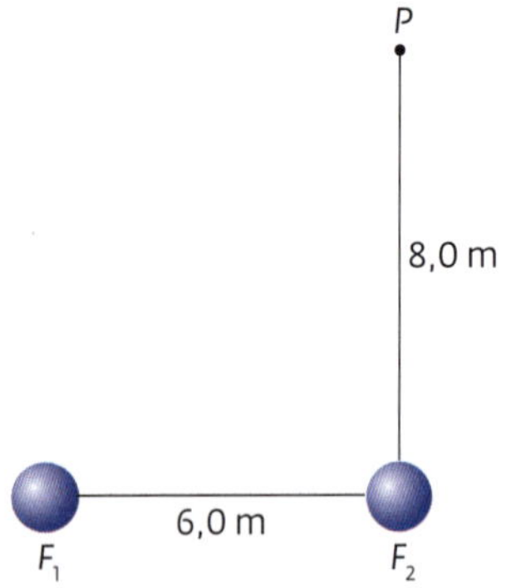

27. No problema anterior, indique os valores de λ para os quais o ponto *P* seria um nó (interferência destrutiva).

28. Um feixe de luz monocromático está se propagando em certo tipo de vidro, cujo índice de refração é $n = 1{,}42$.

a) Sendo o comprimento de onda desse feixe, no vidro, igual a $4{,}5 \cdot 10^{-7}$ m, qual é a cor da luz do feixe? (Consulte uma das tabelas deste capítulo.)

b) Se o feixe mencionado passar do vidro para o ar, quais serão, nesse meio, sua frequência, seu comprimento de onda e sua cor?

29. Um observador, situado no ponto *O*, recebe duas ondas sonoras, ambas com 2,0 m de comprimento de onda. As ondas originam-se em duas fontes idênticas, F_1 e F_2, que emitem em oposição de fase (uma emite uma crista no instante em que a outra emite um vale).

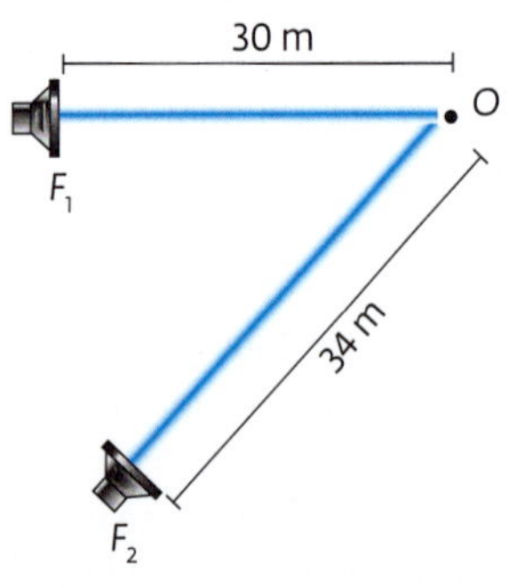

a) No ponto *O* está ocorrendo uma interferência construtiva ou destrutiva?

b) Qual o deslocamento mínimo que deve ser dado a F_1, ao longo da reta OF_1, para que a interferência em *O* seja construtiva?

30. Na figura deste problema, ondas planas na superfície do mar se propagam no sentido indicado pela seta e vão atingir uma pedra *P* e uma pequena ilha *I*, cujo contorno apresenta uma reentrância *R*. O comprimento de onda da onda é de 3 m, e as dimensões lineares da pedra e da ilha, mostradas em escala na figura, são cerca de 5 m e 50 m, respectivamente. Nos pontos 1, 2 e 3 existem boias de sinalização. Quais delas vão oscilar pela passagem da onda?

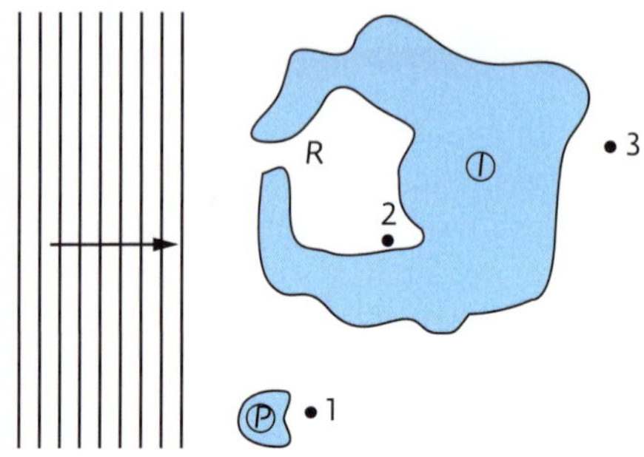

31. Suponha que em uma sala tranquila, na qual não há ruídos, uma pessoa consiga perceber, com dificuldade, o zumbido de um mosquito, situado a 1 m de distância dela.

a) Qual a potência sonora que o mosquito está emitindo?

b) Quantos mosquitos seriam necessários para emitir uma potência sonora igual àquela consumida por uma lâmpada de 100 W?

32. Um objeto executa um MHS cuja amplitude é *A*. Determine a posição ocupada por ele no instante em que sua energia cinética é igual à sua energia potencial (apresente a resposta em função de *A*).

33. A figura deste problema mostra o gráfico $X \times t$ para um objeto em MHS. Escreva (com valores numéricos) a equação que fornece a posição em função do tempo para esse movimento.

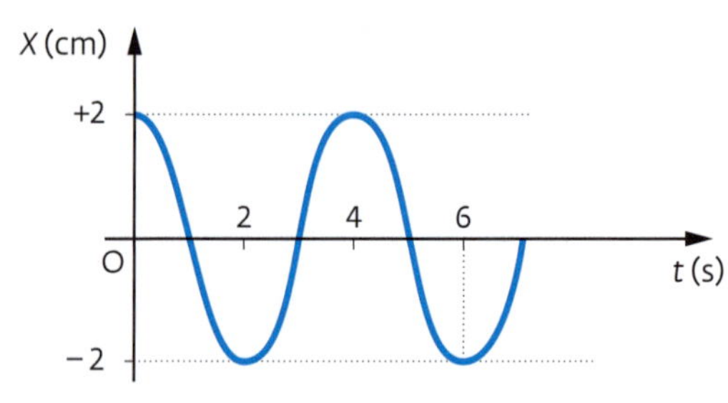

34. Um objeto de massa igual a 2,0 kg oscila livremente, suspenso por uma mola de massa desprezível. As posições ocupadas pelo objeto são registradas, por meio de um estilete preso a ele, em uma fita de papel vertical que se desloca com velocidade horizontal constante $v = 0{,}20$ m/s.

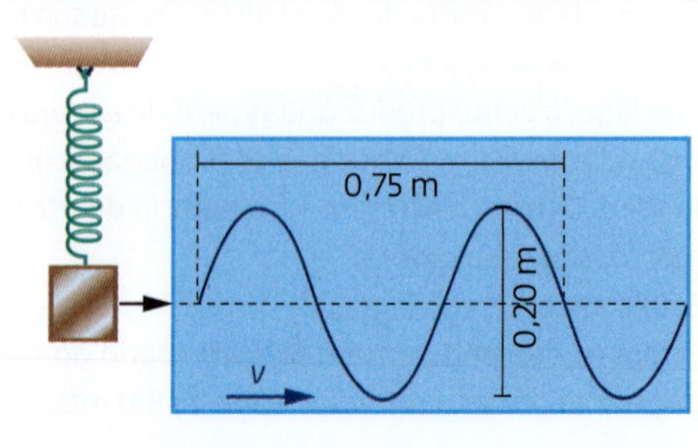

a) Determine o valor da constante elástica da mola.

b) Escreva a equação que fornece a posição X do objeto, em função de t, sabendo-se que, quando $t = 0$, tem-se o valor de X máximo.

35. Um cachorro, ao latir, emite ondas sonoras com potência aproximada de 1,0 mW. Suponha que essa potência seja distribuída uniformemente em uma superfície hemisférica (cujo centro se situa na boca do cachorro).

a) Determine, em dB, o nível de intensidade sonora a 5,0 m do cachorro.

b) Qual seria o nível de intensidade naquela posição se cinco cachorros latissem simultaneamente?

36. Uma bolinha de vidro é colocada no interior de uma taça com forma de uma calota esférica de diâmetro $D = 12{,}8$ cm (veja a figura deste problema). Afastando-se ligeiramente a bolinha de sua posição de equilíbrio e abandonando-a, ela passa a oscilar em torno dessa posição.

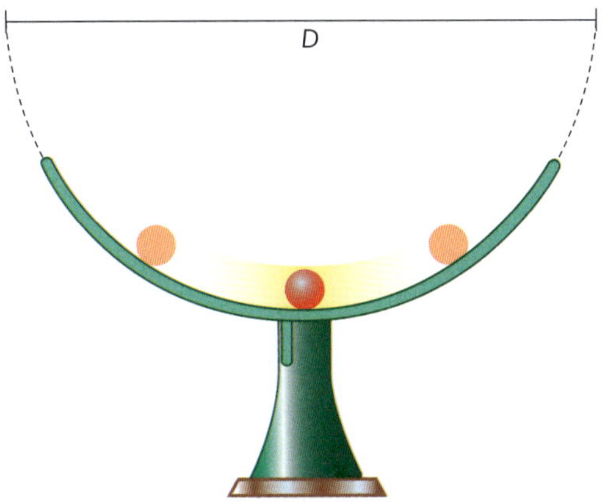

a) Faça um diagrama mostrando as forças que atuam na bolinha. Com qual dos sistemas oscilantes, analisados neste capítulo, é possível identificar o movimento da bolinha?

b) Desprezando-se os atritos e considerando $g = 10$ m/s^2, determine o período de oscilação da bolinha.

37. Um tubo sonoro, de 1,0 m de comprimento, é fechado em uma de suas extremidades. Nas proximidades da sua extremidade aberta é colocado um arame esticado cuja massa é de 10 g e cujo comprimento é de 40 cm. O arame, vibrando com sua frequência fundamental, transmite essas vibrações para a coluna de ar no tubo, que vibra, então, com frequência igual à do arame. Supondo que a coluna de ar no tubo vibre, também, com sua frequência fundamental, calcule:

a) A frequência de oscilação da coluna de ar.

b) O valor da tensão no arame esticado.

38. Duas fontes sonoras estão separadas por uma distância igual a 8,0 m e emitem sons com a mesma amplitude e mesma frequência $f = 85$ hertz. Sabendo-se que as fontes estão em fase, determine os pontos situados sobre o segmento que une as duas fontes, nos quais ocorre interferência destrutiva das duas ondas sonoras.

39. Resolva o problema anterior supondo que as duas fontes sonoras estão defasadas 180°, isto é, quando uma delas está emitindo uma crista, a outra está emitindo um vale, e vice-versa.

40. Uma das cordas de um violino, cujo comprimento é de 50 cm, vibrando com sua frequência fundamental, foi afinada para emitir o **lá** padrão (vibrando com seu comprimento total).

a) A que distância de sua extremidade superior ela deve ser presa para emitir o **dó** de frequência imediatamente superior à do **lá** padrão? (Consulte a figura 7.61.)

b) Sem alterar a tensão na corda, seria possível fazê-la emitir o **dó** de frequência imediatamente inferior à do **lá** padrão? Explique.

41. A figura deste problema mostra um dispositivo constituído de dois tubos curvos, cheios de ar, que pode ser usado para medir a frequência de uma onda sonora, usando o fenômeno de interferência. O som é emitido por uma fonte F e recebido por um detector D. O comprimento do percurso FAD é fixo, mas o de FBD pode ser alterado pelo deslocamento do tubo B. Para uma certa posição de B, o detector recebe um som de intensidade mínima; à medida que esse tubo é deslocado para a direita, a intensidade cresce continuamente, atingindo o máximo em uma posição na qual o tubo B encontra-se deslocado de 1,7 cm em relação à primeira posição. Determine a frequência do som emitido pela fonte F nessa experiência.

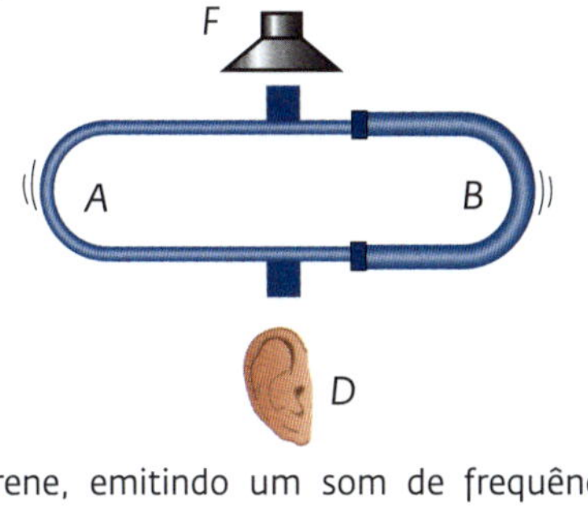

42. Uma sirene, emitindo um som de frequência igual a 1 000 hertz, afasta-se de uma pessoa, em repouso, com velocidade de 20 m/s, aproximando-se de um muro vertical liso. A pessoa ouvirá dois sons de frequências diferentes. Explique por que isso ocorre e calcule os valores das duas frequências.

Enem e vestibulares

Unidade 1 - Temperatura - Dilatação

Relação entre as escalas Kelvin (T) e Celsius (T_C)	$T = T_C + 273$
Relação entre as escalas Celsius (T_C) e Fahrenheit (T_F)	$\frac{T_C}{5} = \frac{T_F - 32}{9}$
Dilatação linear	$\Delta L = L - L_0$ $\Delta L = L_0 \cdot \alpha \cdot \Delta T$ ΔL: dilatação linear (m); L: comprimento final (m); L_0: comprimento inicial (m); α: coeficiente de dilatação linear ($°C^{-1}$); ΔT: variação da temperatura (°C ou K).
Dilatação superficial	$\Delta A = A - A_0$ $\Delta A = A_0 \cdot \beta \cdot \Delta T$ $\beta = 2 \cdot \alpha$ ΔA: dilatação superficial (m^2); A: área final (m^2); A_0: área inicial (m^2); β: coeficiente de dilatação superficial ($°C^{-1}$); ΔT: variação da temperatura (°C ou K).
Dilatação volumétrica	$\Delta V = V - V_0$ $\Delta V = V_0 \cdot \gamma \cdot \Delta T$ $\gamma = 3 \cdot \alpha$ ΔV: dilatação volumétrica (m^3); V: volume final (m^3); V_0: volume inicial (m^3); γ: coeficiente de dilatação volumétrica ($°C^{-1}$); ΔT: variação da temperatura (°C ou K).
Dilatação de líquidos	A dilatação real do líquido é a soma da dilatação aparente mais a dilatação do recipiente.
Equação de transformação para uma amostra de gás ideal	$\frac{p_1 \cdot V_1}{T_1} = \frac{p_2 \cdot V_2}{T_2}$ p_1 e p_2: pressão do gás no estado 1 e 2, respectivamente (atm ou Pa); V_1 e V_2: volume do gás no estado 1 e 2, respectivamente (m^3 ou L); T_1 e T_2: temperatura do gás no estado 1 e 2, respectivamente (K).

Transformação isotérmica (*T* constante)

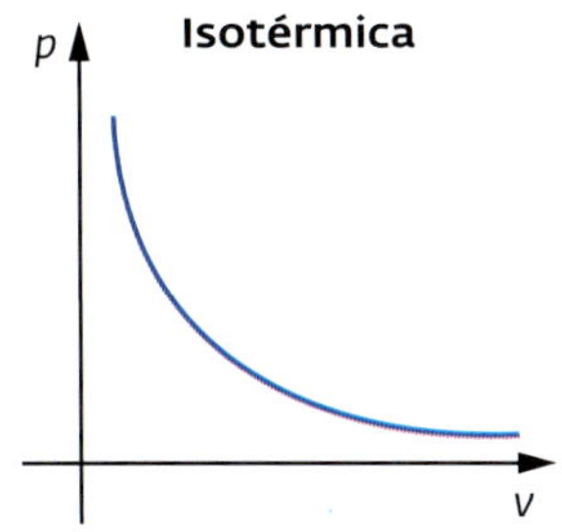

$$p_1 \cdot V_1 = P_2 \cdot V_2$$

p_1 e p_2: pressão do gás no estado 1 e 2, respectivamente (atm ou Pa);

V_1 e V_2: volume do gás no estado 1 e 2, respectivamente (m^3 ou L);

Transformação isobárica (*p* constante)

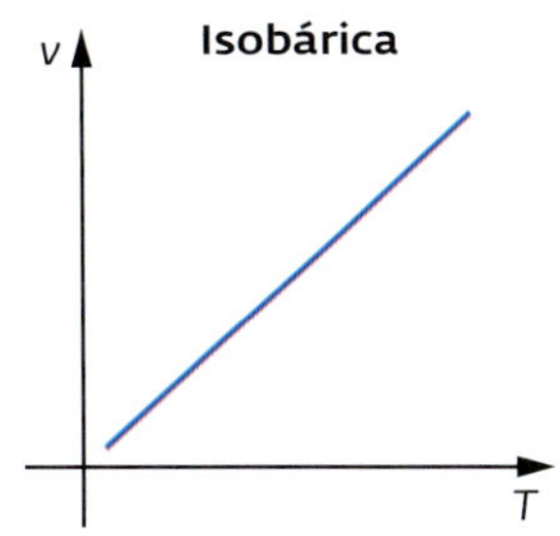

$$\frac{V_1}{T_1} = \frac{V_2}{T_2}$$

V_1 e V_2: volume do gás no estado 1 e 2, respectivamente (m^3 ou L);

T_1 e T_2: temperatura do gás no estado 1 e 2, respectivamente (K).

Transformação isovolumétrica (*V* constante)

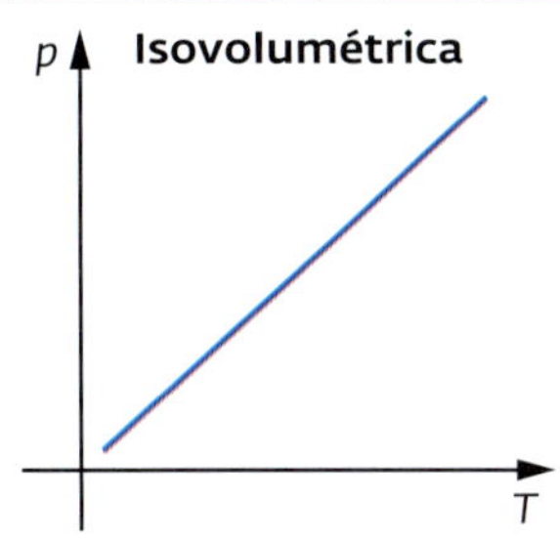

$$\frac{p_1}{T_1} = \frac{p_2}{T_2}$$

p_1 e p_2: pressão do gás no estado 1 e 2, respectivamente (atm ou Pa);

T_1 e T_2: temperatura do gás no estado 1 e 2, respectivamente (K).

Lei de Avogadro

Volumes iguais de gases diferentes, à mesma temperatura e pressão, contêm o mesmo número de moléculas.

Equação de estado de um gás ideal

$$pV = nRT$$

p: pressão (atm ou Pa);
V: volume (m^3 ou L);
n: número de mols;
R: constante universal dos gases ($R = 8{,}31$ J/mol · K ou $R = 0{,}082$ atm · L/mol · K).

Interpretação cinética da temperatura

$$\overline{E_c} = \frac{3}{2}kT$$

E_c: energia cinética média;
k: constante de Boltzmann ($k = 1{,}38 \cdot 10^{-23}$ J/K);
T: temperatura absoluta.

1. (Mack-SP) Uma escala termométrica A adota para a temperatura da água em ebulição à pressão normal, de 70 °A, e para a temperatura de fusão do gelo à pressão normal, de 20 °A. Outra escala termométrica B adota para a temperatura da água em ebulição à pressão normal, de 90 °B, e para a temperatura de fusão do gelo à pressão normal, de 10 °B. A expressão que relaciona a temperatura das escalas A (θ_A) e B (θ_B) é
 a) $\theta_B = 2,6 \cdot \theta_A - 42$
 b) $\theta_B = 2,6 \cdot \theta_A - 22$
 c) $\theta_B = 1,6 \cdot \theta_A - 22$
 d) $\theta_A = 1,6 \cdot \theta_B + 22$
 e) $\theta_A = 1,6 \cdot \theta_B + 42$

2. (UFPR) Vários turistas frequentemente têm tido a oportunidade de viajar para países que utilizam a escala Fahrenheit como referência para medidas da temperatura. Considerando-se que quando um termômetro graduado na escala Fahrenheit assinala 32 °F, essa temperatura corresponde ao ponto de gelo, e quando assinala 212 °F, trata-se do ponto de vapor. Em um desses países, um turista observou que um termômetro assinalava temperatura de 74,3 °F. Assinale a alternativa que apresenta a temperatura, na escala Celsius, correspondente à temperatura observada pelo turista.
 a) 12,2 °C
 b) 18,7 °C
 c) 23,5 °C
 d) 30 °C
 e) 33,5 °C

3. (EBMSP) Sabe-se que as mudanças significativas referentes à família brasileira estão relacionadas ao impacto do desenvolvimento tecnológico da sociedade como um todo. Uma dessas mudanças é o uso da tecnologia para a reprodução humana, a inseminação artificial, uma técnica de reprodução medicamente assistida que consiste na deposição mecânica do sêmen de um doador, que fica preservado em azoto líquido, contido em um criotubo a −196 °C, e que, após ser processado, é colocado dentro do colo do útero, próximo ao momento da ovulação.
 Com base nessa informação, determine a temperatura, referida no texto, em que o sêmen fica preservado, na escala Fahrenheit.

4. (Mack-SP) Um cubo regular homogêneo de aresta 20,0 cm está inicialmente a 20,0 °C. O coeficiente de dilatação linear médio do material com que foi fabricado é $2,00 \cdot 10^{-5}$ °C^{-1}. Aquecendo-se uniformemente o cubo com uma fonte de calor constante durante 50,0 s a temperatura se eleva para 120,0 °C. A dilatação ocorrida em uma das superfícies do cubo é
 a) $4,00 \cdot 10^{-1}$ cm^2
 b) $8,00 \cdot 10^{-1}$ cm^2
 c) $12,0 \cdot 10^{-1}$ cm^2
 d) $16,0 \cdot 10^{-1}$ cm^2
 e) $20,0 \cdot 10^{-1}$ cm^2

5. (PUC-RJ) Uma placa de vidro possui as dimensões de 1,0 m × 1,0 m × 1,0 cm quando está à temperatura ambiente. Seu coeficiente de dilatação linear é 9×10^{-6} °C^{-1}.
 Se a placa sofrer uma variação de temperatura de 10 °C, de quanto será a variação de volume da placa, em cm^3?
 a) $7,3 \times 10^{-11}$
 b) $7,3 \times 10^{-7}$
 c) $9,0 \times 10^{-3}$
 d) $9,0 \times 10^{-1}$
 e) 2,7

6. (Udesc) Uma placa de alumínio com um furo circular no centro foi utilizada para testes de dilatação térmica. Em um dos testes realizados, inseriu-se no furo da placa um cilindro maciço de aço. À temperatura ambiente, o cilindro ficou preso à placa, ajustando-se perfeitamente ao furo, conforme ilustra a figura abaixo.

 O valor do coeficiente de dilatação do alumínio é, aproximadamente, duas vezes o valor do coeficiente de dilatação térmica do aço. Aquecendo-se o conjunto a 200 °C, é correto afirmar que:
 a) o cilindro de aço ficará ainda mais fixado à placa de alumínio, pois o diâmetro do furo da placa diminuirá e o diâmetro do cilindro aumentará.
 b) o cilindro de aço soltar-se-á da placa de alumínio, pois, em decorrência do aumento de temperatura, o diâmetro do furo aumentará mais que o diâmetro do cilindro.
 c) não ocorrerá nenhuma mudança, pois o conjunto foi submetido à mesma variação de temperatura.
 d) o cilindro soltar-se-á da placa porque sofrerá uma dilatação linear e, em função da conservação de massa, ocorrerá uma diminuição no diâmetro do cilindro.
 e) não é possível afirmar o que acontecerá, pois as dimensões iniciais da placa e do cilindro são desconhecidas.

7. (Uerj)

 Fenda na Ponte Rio-Niterói é uma junta de dilatação, diz CCR

 De acordo com a CCR, no trecho sobre a Baía de Guanabara, as fendas existem a cada 400 metros, com cerca de 13 cm de abertura.

 oglobo.com, 10/04/2014.

 Admita que o material dos blocos que constituem a Ponte Rio-Niterói seja o concreto, cujo coeficiente de dilatação linear é igual a 1×10^{-5} °C^{-1}.
 Determine a variação necessária de temperatura para que as duas bordas de uma das fendas citadas na reportagem se unam.

8. (Uema)

[...] Ainda existem discordâncias sobre o local ideal para mensurar a temperatura corporal. Pode ser axilar, bucal, timpânico, esofágico, nasofaringeano, vesical e retal. Os locais habitualmente mensurados são

- Axilar: temperatura normal encontra-se entre 35,5 a 37,0 °C, com média de 36,0 a 36,5 °C.

- Bucal: temperatura normal encontra-se entre 36,0 a 37,4 °C.

- Retal: temperatura normal encontra-se entre 36,0 a 37,5 °C.

Fonte: Disponível em: <http://fisiologia.med.up.pt/Textos_Apoio/outros/Termorreg.pdf>. Acesso em: 10 jun. 2014. (adaptado)

Transformando esses valores para escala Kelvin, a temperatura normal, na região bucal, encontra-se entre:

a) 308,0 a 311,5
b) 308,5 a 310,0
c) 309,0 a 310,4
d) 309,0 a 310,5
e) 310,2 a 310,4

9. (Unesp) Dois copos de vidro iguais, em equilíbrio térmico com a temperatura ambiente, foram guardados, um dentro do outro, conforme mostra a figura. Uma pessoa, ao tentar desencaixá-los, não obteve sucesso. Para separá-los, resolveu colocar em prática seus conhecimentos da física térmica.

(http://dicas-para-poupar.blogs.sapo.pt)

De acordo com a física térmica, o único procedimento capaz de separá-los é:

a) mergulhar o copo *B* em água em equilíbrio térmico com cubos de gelo e encher o copo *A* com água à temperatura ambiente.
b) colocar água quente (superior à temperatura ambiente) no copo *A*.
c) mergulhar o copo *B* em água gelada (inferior à temperatura ambiente) e deixar o copo *A* sem líquido.
d) encher o copo *A* com água quente (superior à temperatura ambiente) e mergulhar o copo *B* em água gelada (inferior à temperatura ambiente).
e) encher o copo *A* com água gelada (inferior à temperatura ambiente) e mergulhar o copo *B* em água quente (superior à temperatura ambiente).

10. (UPE) Ao lavar pratos e copos, um cozinheiro verifica que dois copos estão encaixados firmemente, um dentro do outro. Sendo o copo externo feito de alumínio e o interno, de vidro, sobre as formas de separá-los, utilizando os princípios básicos de dilatação térmica, analise os itens a seguir:

I. Aquecendo apenas o copo de vidro.
II. Esfriando apenas o copo de alumínio.
III. Aquecendo ambos.
IV. Esfriando ambos.

Dados: os coeficientes de dilatação térmica do alumínio e do vidro são iguais a $\alpha_{Al} = 24 \times 10^{-6}\,°C^{-1}$ e $\alpha_{vidro} = 0{,}5 \times 10^{-6}\,°C^{-1}$, respectivamente.

Está(ão) CORRETO(S) apenas

a) I e II.
b) I.
c) II.
d) III.
e) IV.

11. (UFG-GO) Uma longa ponte foi construída e instalada com blocos de concreto de 5 m de comprimento a uma temperatura de 20 °C em uma região na qual a temperatura varia ao longo do ano entre 10 °C e 40 °C. O concreto destes blocos tem coeficiente de dilatação linear de $10^{-5}\,°C^{-1}$. Nessas condições, qual distância em cm deve ser resguardada entre os blocos na instalação para que, no dia mais quente do verão, a separação entre eles seja de 1 cm?

a) 1,01
b) 1,10
c) 1,20
d) 2,00
e) 2,02

12. (UPF-RS) O diâmetro externo de uma arruela de metal é de 4,0 cm e seu diâmetro interno é de 2,0 cm. Aumentada a temperatura da arruela de ΔT, observa-se que seu diâmetro externo aumenta em Δd. Então, pode-se afirmar que seu diâmetro interno:

a) diminui de Δd.
b) diminui de $\frac{\Delta d}{2}$.
c) aumenta de Δd.
d) aumenta de $\frac{\Delta d}{2}$.
e) não varia.

13. (Enem) Para a proteção contra curtos-circuitos em residências são utilizados disjuntores, compostos por duas lâminas de metais diferentes, com suas superfícies soldadas uma à outra, ou seja, uma lâmina bimetálica. Essa lâmina toca o contato elétrico, fechando o circuito e deixando a corrente elétrica passar. Quando da passagem de uma corrente superior à estipulada (limite), a lâmina se curva para um dos lados, afastando-se do contato elétrico e, assim, interrompendo o circuito. Isso ocorre porque os metais da lâmina possuem uma característica física cuja resposta é diferente para a mesma corrente elétrica que passa no circuito. A característica física que deve ser observada para a escolha dos dois metais dessa lâmina bimetálica é o coeficiente de

a) dureza.
b) elasticidade.
c) dilatação térmica.
d) compressibilidade.
e) condutividade elétrica.

14. (PUC-RS) O piso de concreto de um corredor de ônibus é constituído de secções de 20 m separadas por juntas de dilatação. Sabe-se que o coeficiente de dilatação linear do concreto é 12×10^{-6} °C^{-1}, e que a variação de temperatura no local pode chegar a 50 °C entre o inverno e o verão. Nessas condições, a variação máxima de comprimento, em metros, de uma dessas secções, devido à dilatação térmica, é

a) $1{,}0 \times 10^{-2}$
b) $1{,}2 \times 10^{-2}$
c) $2{,}4 \times 10^{-4}$
d) $4{,}8 \times 10^{-4}$
e) $6{,}0 \times 10^{-4}$

15. (Unisc-RS) Duas barras metálicas representadas por (A) e (B) possuem comprimentos iniciais L_{0A} e L_{0B}, coeficientes de dilatação lineares α_A e α_B e sofreram variações de temperatura ΔT_A e ΔT_B, respectivamente. Sabendo que $L_{0A} = 5 \cdot L_{0B}$, $\alpha_B = 8 \cdot \alpha_A$ e $\Delta T_A = 2 \cdot \Delta T_B$, podemos escrever que a razão entre as variações de comprimento ΔL_A e ΔL_B, ou seja, $\frac{\Delta L_A}{\Delta L_B}$ vale

a) 0,25
b) 0,50
c) 0,80
d) 1,25
e) 1,50

16. (PUC-PR) Considere um recipiente de vidro com certo volume de mercúrio, ambos em equilíbrio térmico numa dada temperatura θ_0, conforme mostra a figura a seguir.
O conjunto, recipiente de vidro e mercúrio, é colocado num forno à temperatura θ, com $\theta > \theta_0$.
Sejam os coeficientes de dilatação volumétrica do vidro e do mercúrio iguais, respectivamente, a $1{,}2 \cdot 10^{-5}$ °C^{-1} e $1{,}8 \cdot 10^{-4}$ °C^{-1}.

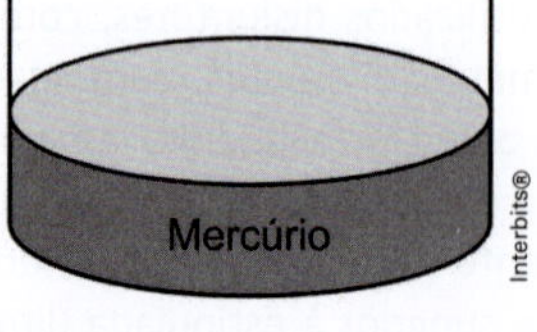

De quantas vezes o volume do recipiente deve ser maior que o volume inicial de mercúrio, para que o volume vazio do recipiente permaneça constante a qualquer temperatura?

a) 11
b) 12
c) 13
d) 14
e) 15

17. (Uece) Considerando a unidade de medida de temperatura o grau Celsius, a unidade de medida do coeficiente de dilatação térmica no Sistema Internacional de Unidades é

a) °C^{-1}
b) m × °C^{-1}
c) (m × °C)$^{-1}$
d) m^{-1} × °C

18. (Mack-SP) O gráfico mostra a variação da área lateral de um cilindro metálico em função da temperatura, quando submetido a uma fonte de calor constante. O coeficiente de dilatação volumétrica média do material que constitui o cilindro é

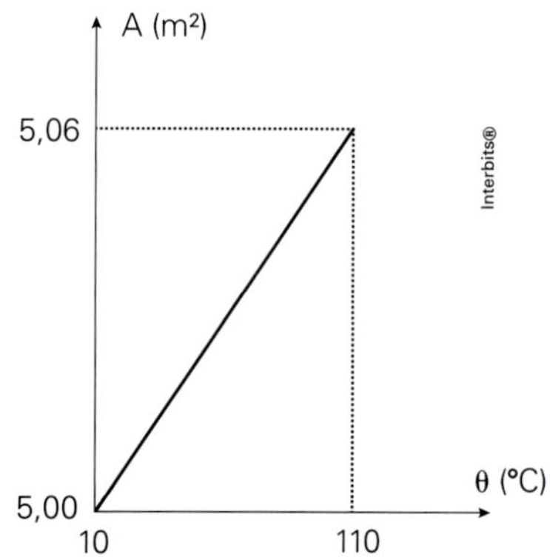

a) $60{,}0 \cdot 10^{-6}$ °C^{-1}
b) $120 \cdot 10^{-6}$ °C^{-1}
c) $180 \cdot 10^{-6}$ °C^{-1}
d) $240 \cdot 10^{-6}$ °C^{-1}
e) $300 \cdot 10^{-6}$ °C^{-1}

19. (UFRGS-RS) Duas barras metálicas, X e Y, de mesmo comprimento (l) em temperatura ambiente T_0, são aquecidas uniformemente até uma temperatura T. Os materiais das barras têm coeficientes de dilatação linear, respectivamente α_X e α_Y, que são positivos e podem ser considerados constantes no intervalo de temperatura $\Delta T = T - T_0$. Na figura abaixo, a reta tracejada X representa o acréscimo relativo $\frac{\Delta \ell}{\ell}$ no comprimento da barra X, em função da variação de temperatura.

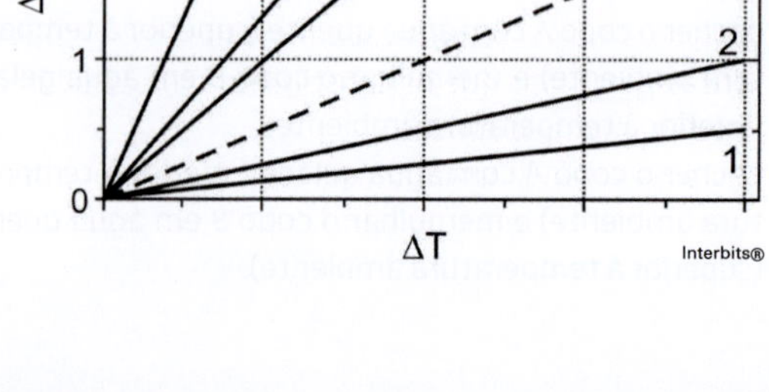

Sabendo que $\alpha_Y = 2\alpha_X$, assinale a alternativa que indica a reta que melhor representa o acréscimo $\frac{\Delta\ell}{\ell}$ no comprimento da barra *Y*, em função da variação da temperatura.

a) 1
b) 2
c) 3
d) 4
e) 5

20. (Udesc) Certo metal possui um coeficiente de dilatação linear α. Uma barra fina deste metal, de comprimento L_0, sofre uma dilatação para uma dada variação de temperatura ΔT. Para uma chapa quadrada fina de lado L_0 e para um cubo também de lado L_0, desse mesmo metal, se a variação de temperatura for $2\Delta T$, o número de vezes que aumentou a variação da área e do volume, da chapa e do cubo, respectivamente, é:

a) 4 e 6
b) 2 e 2
c) 2 e 6
d) 4 e 9
e) 2 e 8

21. (UPE) Uma barra de coeficiente de dilatação $\alpha = 5\pi \cdot 10^{-4}\,°C^{-1}$, comprimento 2,0 m e temperatura inicial de 25 °C está presa a uma parede por meio de um suporte de fixação *S*. A outra extremidade da barra *B* está posicionada no topo de um disco de raio *R* = 30 cm. Quando aumentamos lentamente a temperatura da barra até um valor final *T*, verificamos que o disco sofre um deslocamento angular $\Delta\theta = 30°$ no processo. Observe a figura a seguir:

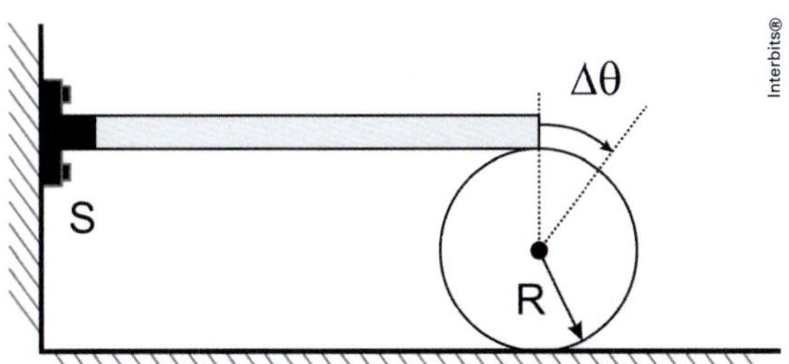

Supondo que o disco rola sem deslizar e desprezando os efeitos da temperatura sobre o suporte *S* e também sobre o disco, calcule o valor de *T*.

a) 50 °C
b) 75 °C
c) 125 °C
d) 300 °C
e) 325 °C

22. (UEPG-PR) Sobre os gases ideais pode-se afirmar que:

01) Obedecem à lei geral dos gases, ou seja, $\frac{p_1V_1}{T_1} = \frac{p_2V_2}{T_2}$

02) Dentre suas características temos que as colisões entre as partículas que os constituem são consideradas perfeitamente elásticas.

04) Para uma transformação isotérmica desses gases, as grandezas *pressão* e *volume* tornam-se inversamente proporcionais.

08) Para uma transformação isobárica o *volume* e a *temperatura* são inversamente proporcionais, portanto, quando a temperatura aumentar, seu volume também aumentará. Logo, se o volume passar de *V* para *V* + 4, sua temperatura passará de *T* para *T* + 4.

23. (PUC-RJ) Uma certa quantidade de gás ideal ocupa inicialmente um volume V_0 com pressão P_0.
Se sobre esse gás se realiza um processo isotérmico dobrando sua pressão para $2P_0$, qual será o volume final do gás?

a) $\frac{V_0}{3}$
b) $\frac{V_0}{2}$
c) V_0
d) $2V_0$
e) $3V_0$

24. (EFOMM) Um tanque metálico rígido com 1,0 m³ de volume interno é utilizado para armazenar oxigênio puro para uso hospitalar. Um manômetro registra a pressão do gás contido no tanque e, inicialmente, essa pressão é de 30 atm. Após algum tempo de uso, sem que a temperatura tenha variado, verifica-se que a leitura do manômetro reduziu para 25 atm. Medido à pressão atmosférica, o volume, em m³, do oxigênio consumido durante esse tempo é

a) 5,0
b) 12
c) 25
d) 30
e) 48

25. (FMJ-SP) Um gás ideal, contido num recipiente dotado de êmbolo móvel, descreve um ciclo térmico *ADCBA* como mostra o gráfico.

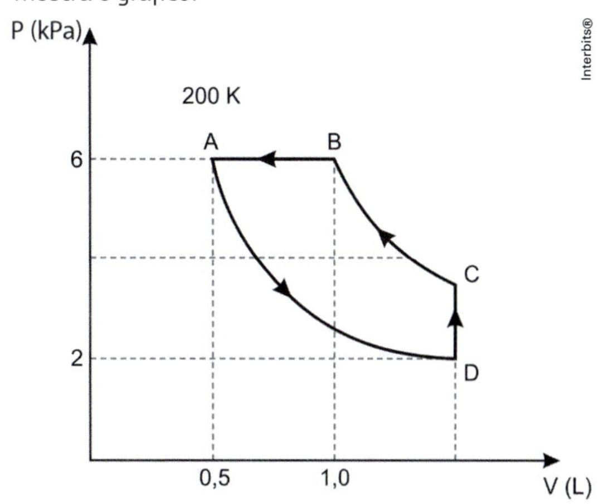

O processo entre *A* e *D* e entre *C* e *B* são isotérmicos. Com base no gráfico e sabendo que a temperatura em *A* é 200 K, determine:

a) os trechos do ciclo *ADCBA* onde o processo é isocórico e onde é isobárico.
b) o volume do gás ideal no ponto *D* e a temperatura da isoterma que liga os pontos *B* e *C*, em kelvin.

26. (UPF-RS) Um gás ideal inicialmente à temperatura de 27 °C e volume de 0,02 m^3 é submetido a uma transformação isobárica, elevando seu volume para 0,06 m^3. Nessas condições, é possível afirmar que sua temperatura final é, em °C, de:

a) 627
b) 81
c) 900
d) 1173
e) 300

27. (UFPR) Um recipiente esférico possui um volume interno igual a 8,0 L. Suponha que se queira encher esse recipiente com gás nitrogênio, de modo que a pressão interna seja igual a 2,0 atm a uma temperatura de 27 °C. Considerando a massa molecular do nitrogênio igual a 28 g/mol a constante universal dos gases como 8,0 J/(K · mol) e 1 atm $= 1 \times 10^5$ Pa, calcule a massa desse gás que caberia no recipiente sob as condições citadas.

28. (Uece) Considere um gás ideal em um recipiente mantido a temperatura constante e com paredes móveis, de modo que se possa controlar seu volume. Nesse recipiente há um vazamento muito pequeno, mas o volume é controlado lentamente de modo que a razão entre o número de moles de gás e seu volume se mantém constante. Pode-se afirmar corretamente que a pressão desse gás

a) é crescente.
b) é decrescente.
c) varia proporcionalmente ao volume.
d) é constante.

29. (Enem) Uma pessoa abre sua geladeira, verifica o que há dentro e depois fecha a porta dessa geladeira. Em seguida, ela tenta abrir a geladeira novamente, mas só consegue fazer isso depois de exercer uma força mais intensa do que a habitual.

A dificuldade extra para reabrir a geladeira ocorre porque o(a)

a) volume de ar dentro da geladeira diminuiu.
b) motor da geladeira está funcionando com potência máxima.
c) força exercida pelo ímã fixado na porta da geladeira aumenta.
d) pressão no interior da geladeira está abaixo da pressão externa.
e) temperatura no interior da geladeira é inferior ao valor existente antes de ela ser aberta.

30. (Uerj) Um mergulhador precisa encher seu tanque de mergulho, cuja capacidade é de $1,42 \times 10^{-2}$ m^3, a uma pressão de 140 atm e sob temperatura constante.

O volume de ar, em m^3, necessário para essa operação, à pressão atmosférica de 1 atm, é aproximadamente igual a:

a) $\frac{1}{4}$
b) $\frac{1}{2}$
c) 2
d) 4

31. (Mack-SP)

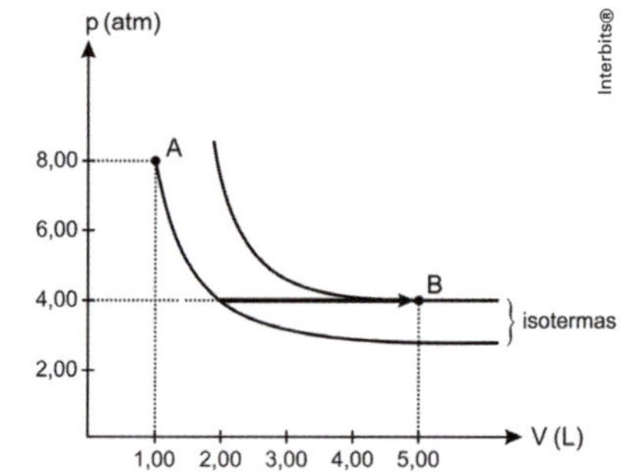

O diagrama acima mostra as transformações sofridas por um gás ideal do estado *A* ao estado *B*. Se a temperatura no estado inicial *A* vale $T_A = 300$ K, então a temperatura no estado *B* vale

a) 600 K
b) 800 K
c) 750 K
d) 650 K
e) 700 K

32. (Udesc) Um gás ideal é submetido a uma transformação isotérmica, conforme descrito no diagrama da figura.

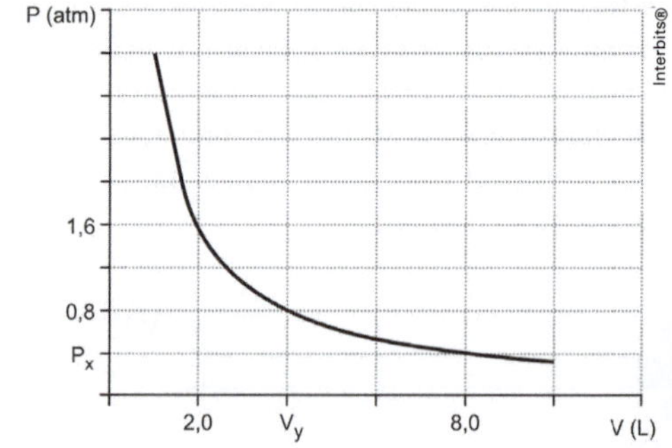

Os valores da pressão P_x e do volume V_y indicados no diagrama são, respectivamente, iguais a:

a) 4,0 atm e 6,0 L
b) 0,4 atm e 4,0 L
c) 0,6 atm e 3,0 L
d) 2,0 atm e 6,0 L
e) 0,2 atm e 4,0 L

33. (UFPR) Considere que num recipiente cilíndrico com êmbolo móvel existem 2 mols de moléculas de um gás *A* à temperatura inicial de 200 K. Este gás é aquecido até a temperatura de 400 K numa transformação isobárica. Durante esse aquecimento ocorre uma reação química e cada molécula do gás *A* se transforma em duas moléculas de um gás *B*.

Com base nesses dados e nos conceitos de termodinâmica, é correto afirmar que o volume final do recipiente na temperatura de 400 K é:

a) 3 vezes menor que o valor do volume inicial.
b) de valor igual ao volume inicial.
c) 2 vezes maior que o valor do volume inicial.
d) 3 vezes maior que o valor do volume inicial.
e) 4 vezes maior que o valor do volume inicial.

34. (Unicamp-SP) Fazer vácuo significa retirar o ar existente em um volume fechado. Esse processo é usado, por exemplo, para conservar alimentos ditos embalados a vácuo ou para criar ambientes controlados para experimentos científicos. A figura abaixo representa um pistão que está sendo usado para fazer vácuo em uma câmara de volume constante $V_C = 2,0$ litros. O pistão, ligado à câmara por uma válvula *A*, aumenta o volume que pode ser ocupado pelo ar em $V_P = 0,2$ litros. Em seguida, a válvula *A* é fechada e o ar que está dentro do pistão é expulso através de uma válvula *B*, ligada à atmosfera, completando um ciclo de bombeamento.

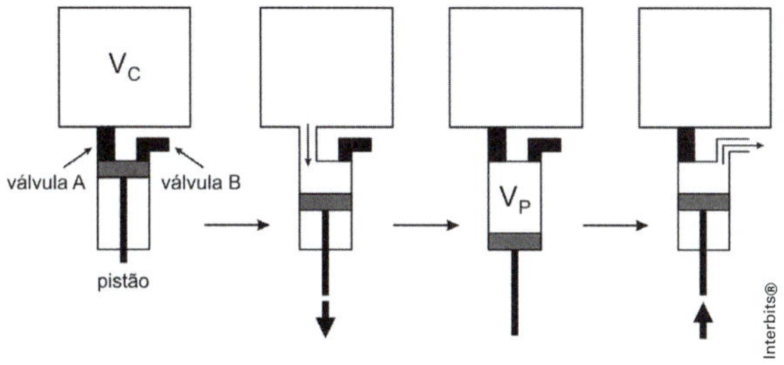

Considere que o ar se comporte como um gás ideal e que, durante o ciclo completo, a temperatura não variou. Se a pressão inicial na câmara é de $P_i = 33$ Pa, a pressão final na câmara após um ciclo de bombeamento será de

a) 30,0 Pa
b) 330,0 Pa
c) 36,3 Pa
d) 3,3 Pa

35. (Uece) Em um gás ideal, a pressão, o volume e a temperatura são relacionados pela equação $PV = nRT$. Para esse gás, a razão entre a pressão e a temperatura é

a) inversamente proporcional à densidade do gás.
b) não depende da densidade do gás.
c) diretamente proporcional ao quadrado da densidade do gás.
d) diretamente proporcional à densidade do gás.

36. (Uerj) Um motorista estaciona seu carro completamente fechado sob o Sol. Nesse instante, a temperatura no interior do carro é igual a 25 °C. Ao retornar, algum tempo depois, verifica que essa temperatura interna é igual a 35 °C. Considerando o ar como um gás perfeito, calcule a variação percentual da pressão, $\frac{\Delta P}{P}$ entre os dois momentos, no interior do carro.

37. (Fuvest-SP) Uma garrafa tem um cilindro afixado em sua boca, no qual um êmbolo pode se movimentar sem atrito, mantendo constante a massa de ar dentro da garrafa, como ilustra a figura. Inicialmente, o sistema está em equilíbrio à temperatura de 27 °C. O volume de ar na garrafa é igual a 600 cm³ e o êmbolo tem uma área transversal igual a 3 cm². Na condição de equilíbrio, com a pressão atmosférica constante, para cada 1 °C de aumento da temperatura do sistema, o êmbolo subirá aproximadamente

Note e adote:
0 °C = 273 K
Considere o ar da garrafa como um gás ideal.

a) 0,7 cm
b) 1,4 cm
c) 2,1 cm
d) 3,0 cm
e) 6,0 cm

38. (UFRGS-RS) Assinale a alternativa que preenche corretamente as lacunas do enunciado abaixo, na ordem em que aparecem.

Segundo a Teoria Cinética dos Gases, um gás ideal é constituído de um número enorme de moléculas, cujas dimensões são desprezíveis, comparadas às distâncias médias entre elas.

As moléculas movem-se continuamente em todas as direções e só há interação quando elas colidem entre si. Nesse modelo de gás ideal, as colisões entre as moléculas são ________, e a energia cinética total das moléculas ________.

a) elásticas – aumenta
b) elásticas – permanece constante
c) elásticas – diminui
d) inelásticas – aumenta
e) inelásticas – diminui

39. (UFRGS-RS) Nos gráficos I e II abaixo, *p* representa a pressão a que certa massa de gás ideal está sujeita, *T* a sua temperatura e *V* o volume por ela ocupado.

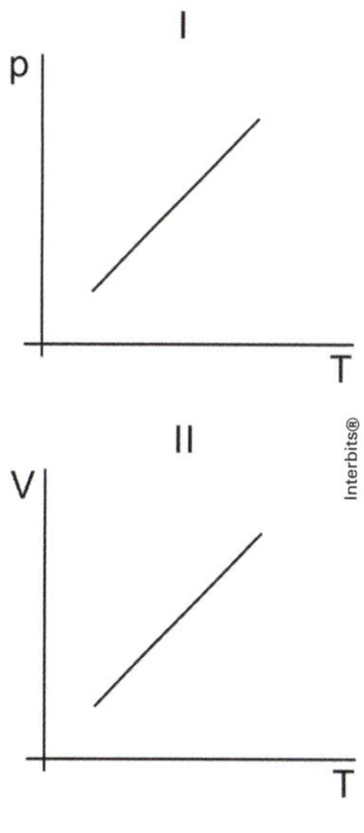

Escolha a alternativa que identifica de forma correta as transformações sofridas por esse gás, representadas, respectivamente, em I e II.

a) Isobárica e isocórica.
b) Isotérmica e isocórica.
c) Isotérmica e isobárica.
d) Isocórica e isobárica.
e) Isocórica e isotérmica.

40. (UFRGS-RS) A figura abaixo apresenta um diagrama Pressão × Volume. Nele, os pontos *M*, *N* e *R* representam três estados de uma mesma amostra de gás ideal.

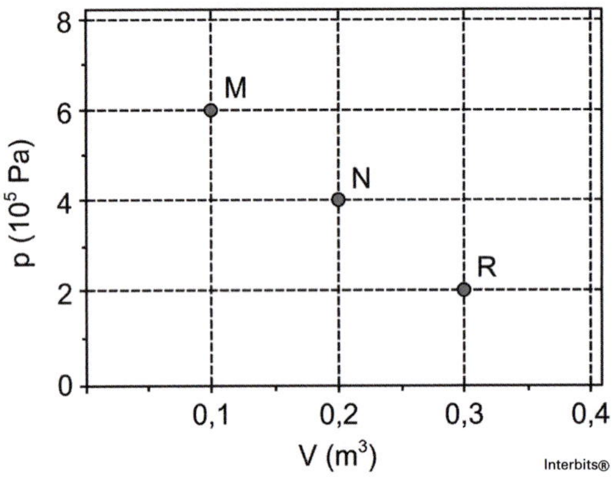

Assinale a alternativa que indica corretamente a relação entre as temperaturas absolutas T_M, T_N e T_R dos respectivos estados *M*, *N* e *R*.

a) $T_R < T_M > T_N$
b) $T_R > T_M > T_N$
c) $T_R = T_M > T_N$
d) $T_R < T_M < T_N$
e) $T_R = T_M < T_N$

41. (PUC-RJ) Um gás ideal sofre uma compressão isobárica tal que seu volume se reduz a $\frac{2}{3}$ do inicial.

Se a temperatura inicial do gás era de 150 °C, a temperatura final, em °C, é:

a) 225
b) 50,0
c) 100
d) 9,00
e) 392

42. (UPE) Na figura a seguir, temos um êmbolo de massa *M* que se encontra em equilíbrio dentro de um recipiente cilíndrico, termicamente isolado e que está preenchido por um gás ideal de temperatura *T*.

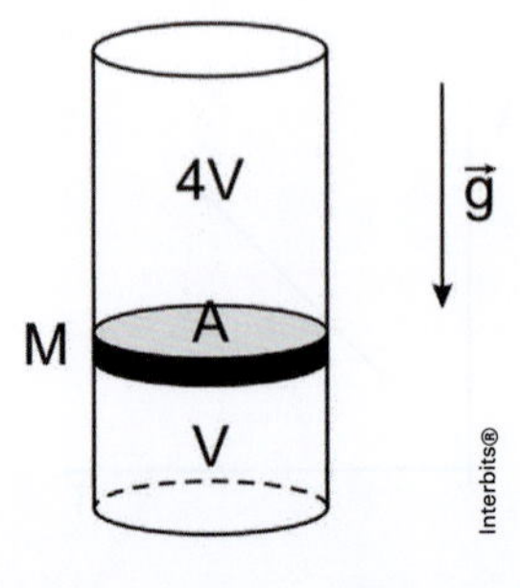

Acima do êmbolo, o volume de gás é quatro vezes maior que o abaixo dele, e as massas de cada parte do gás bem como suas temperaturas são sempre idênticas. Se o êmbolo tiver sua massa dobrada e não houver variações nos volumes e nas massas de cada parte do gás, qual é a relação entre a nova temperatura, *T'*, e a anterior de maneira que ainda haja equilíbrio? Despreze o atrito.

a) $T' = \frac{3T}{4}$
b) $T' = \frac{T}{2}$
c) $T' = T$
d) $T' = 2T$
e) $T' = 4T$

43. (UFPR) Um cilindro com dilatação térmica desprezível possui volume de 25 litros. Nele estava contido um gás sob pressão de 4 atmosferas e temperatura de 227 °C. Uma válvula de controle do gás do cilindro foi aberta até que a pressão no cilindro fosse de 1 atm. Verificou-se que, nessa situação, a temperatura do gás e do cilindro era a ambiente e igual a 27 °C.

(Considere que a temperatura de 0 °C corresponde a 273 K.)

Assinale a alternativa que apresenta o volume de gás que escapou do cilindro, em litros.

a) 11,8
b) 35
c) 60
d) 85
e) 241

44. (PUC-RS) Analise a figura abaixo, que representa transformações termodinâmicas às quais um gás ideal está submetido, e complete as lacunas do texto que segue.

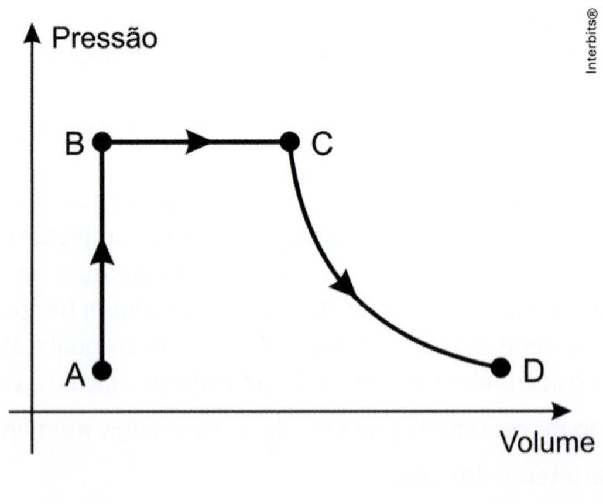

De acordo com o gráfico, a temperatura do gás no estado *A* é __________ do que a do estado *B*. A transformação *BC* é __________, e o trabalho envolvido na transformação *CD* é __________ do que zero.

a) maior – isobárica – maior
b) menor – isométrica – maior
c) menor – isobárica – menor
d) maior – isométrica – menor
e) menor – isobárica – maior

45. (UEL-PR) Analise o gráfico a seguir, que representa uma transformação cíclica *ABCDA* de 1 mol de gás ideal.

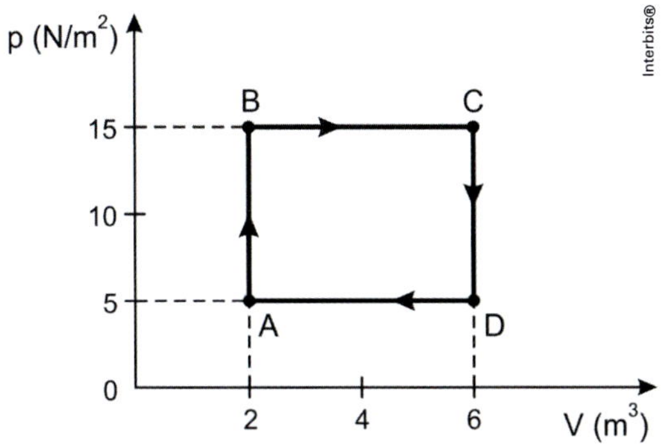

a) Calcule o trabalho realizado pelo gás durante o ciclo *ABCDA*.

b) Calcule o maior e o menor valor da temperatura absoluta do gás no ciclo $\left(\text{considere } R = 8\frac{\text{J}}{\text{Kmol}}\right)$. Justifique sua resposta apresentando todos os cálculos realizados.

46. (Unicamp-SP) Os reguladores de pressão são acessórios de segurança fundamentais para reduzir a pressão de gases no interior dos cilindros até que se atinja sua pressão de utilização. Cada tipo de gás possui um regulador específico.

a) Tipicamente, gases podem ser armazenados em cilindros a uma pressão interna de $P_0 = 2,0 \times 10^7$ Pa e ser utilizados com uma pressão de saída do regulador de $P_1 = 1,6 \times 10^7$ Pa. Considere um gás ideal mantido em recipiente fechado a uma temperatura inicial de $T_0 = 300$ K. Calcule a temperatura final T_1 do gás se ele for submetido isovolumetricamente à variação de pressão dada acima.

b) Quando os gases saem dos reguladores para o circuito de utilização, é comum que o fluxo do gás (definido como sendo o volume do gás que atravessa a tubulação por unidade de tempo) seja monitorado através de um instrumento denominado fluxômetro. Considere um tanque cilíndrico com a área da base igual a $A = 2,0$ m² que se encontra inicialmente vazio e que será preenchido com gás nitrogênio. Durante o preenchimento, o fluxo de gás que entra no tanque é medido pela posição da esfera sólida preta do fluxômetro, como ilustra a figura acima. A escala do fluxômetro é dada em **litros/minuto**. A medida do fluxo de nitrogênio e sua densidade $d = 1,0$ kg/m³ permaneceram constantes durante todo o processo de preenchimento, que durou um intervalo de tempo $\Delta t = 12$ h. Após este intervalo de tempo, a válvula do tanque é fechada com certa quantidade de gás nitrogênio em repouso no seu interior.

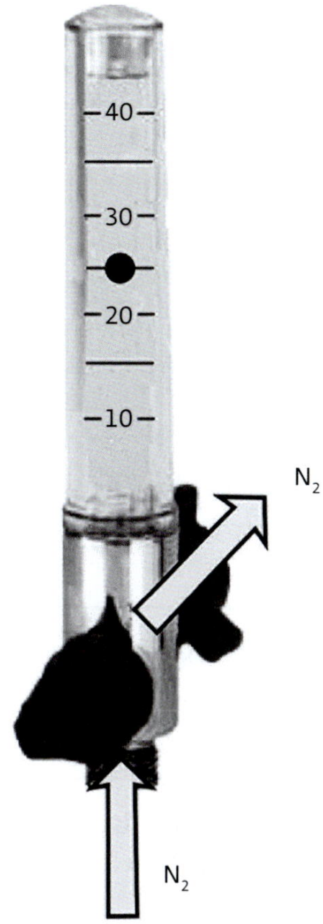

Calcule a pressão exercida pelo gás na base do tanque. Caso necessário, use $g = 10$ m/s².

Unidade 2 - Calor

Calor (Q)

Energia transferida de um objeto para outro em virtude exclusivamente da diferença de temperatura entre eles.

Unidades e transformação: 1 cal = 4,18 J

Condução

A energia se propaga em virtude da agitação atômica no material, sem que haja transporte de matéria no processo.

Convecção

A transferência de calor nos fluidos (líquidos, gases) é feita, sobretudo, por meio de correntes de convecção, que se formam em virtude da diferença entre as densidades das partes mais quentes e mais frias do material.

Radiação

Ocorre por intermédio de ondas eletromagnéticas (raios infravermelhos), que podem se propagar mesmo na ausência de um meio material (vácuo).

Calor específico de uma substância (*c*)

Quantidade de calor necessária para elevar a temperatura de uma massa-padrão da substância em uma unidade.

Unidades: J/kg · K (SI) ou cal/g · °C

Capacidade térmica de um objeto (C)

Quantidade de calor necessária para elevar a temperatura do objeto em uma unidade.

Unidades: J/K (SI) ou cal/°C

Cálculo do calor trocado quando há variação de temperatura

$Q = m \cdot c \cdot \Delta T$

ou

$Q = C \cdot \Delta T$

$C = m \cdot c$

Q: quantidade de calor absorvida (cal ou J);
m: massa do objeto (g ou kg);
c: calor específico do objeto (cal/g °C);
C: capacidade térmica do objeto (cal/°C);
ΔT: variação da temperatura (°C ou K);

Trabalho de um gás

$\tau = p(V_f - V_i)$

τ: trabalho realizado pelo gás (J);
p: pressão do gás (Pa);
V_i: volume inicial (m^3);
V_f: volume final (m^3).

Primeira lei da Termodinâmica

$\Delta U = Q - \tau$

$\Delta U = U_f - U_i$

ΔV: variação da energia interna do sistema (J);
U_f: energia interna no final do processo (J);
U_i: energia interna no início do processo (J).

Transformação adiabática

Transformação em que o sistema não troca calor com a vizinhança.

$Q = 0$ $\Delta U = -\tau$

Transformação isotérmica

Transformação em que não há variação da energia interna do sistema.

$\Delta U = 0$ $\quad Q = \tau$

Máquina térmica

Dispositivo que transforma calor em trabalho mecânico.

Segunda lei da Termodinâmica

É impossível construir uma máquina térmica que, operando em ciclo, transforme em trabalho todo o calor a ela fornecido.

Rendimento de uma máquina térmica

$R = \frac{\tau}{Q}$ ou $R = 1 - \frac{Q_2}{Q_1}$

R: rendimento da máquina térmica adimensional;
τ: trabalho (J);
Q: calor absorvido (J).

Ciclo de Carnot

Ciclo realizado por um gás ideal que consiste em duas transformações isotérmicas, alternadas com duas transformações adiabáticas.

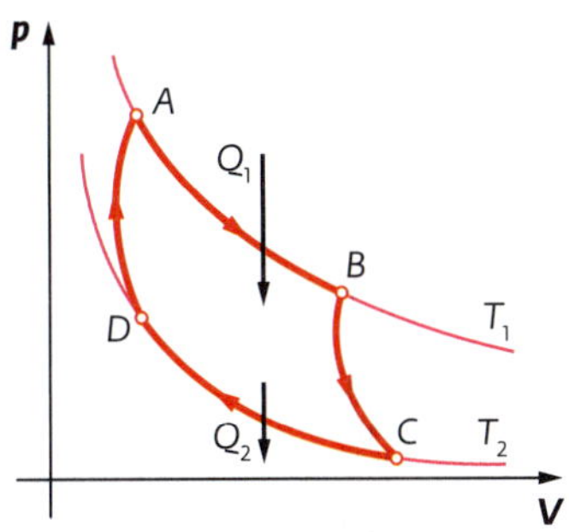

$R = 1 - \frac{T_2}{T_1}$

R: rendimento da máquina de Carnot (adimensional);
T_1: temperatura da fonte fria (K);
T_2: temperatura da fonte quente (K).

Diagrama de fases

Gráfico da pressão (p) em função da temperatura (T) que indica o estado de uma substância. A região S corresponde ao estado sólido; a região L, ao estado líquido; e a região V, ao estado gasoso. Nos pontos que compõem as curvas, a substância se encontra simultaneamente em dois estados.

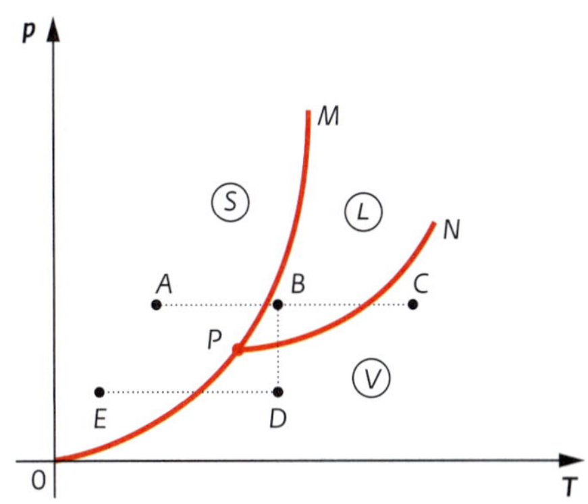

Ponto triplo

Corresponde a valores de p e T nos quais a substância pode se apresentar, simultaneamente, nos três estados.

Pressão de vapor

Pressão exercida pelo vapor quando ele se encontra em equilíbrio termodinâmico com o líquido que lhe deu origem.

Temperatura crítica

Valor de temperatura acima do qual não é possível liquefazer um gás apenas com aumento de pressão.

1. (UEL-PR) Considere o diagrama pV da figura a seguir.

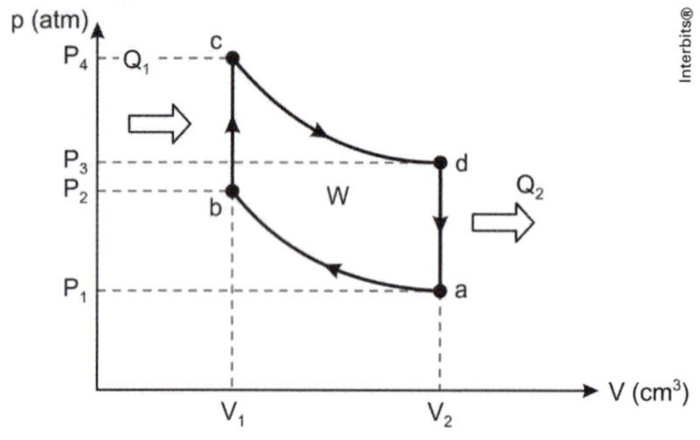

O ciclo fechado ao longo do percurso **abcda** é denominado ciclo de Otto e representa o modelo idealizado dos processos termodinâmicos que ocorrem durante o funcionamento de um motor a gasolina. O calor recebido pelo motor, dado por Q_1 é fornecido pela queima da gasolina no interior do motor. W representa o trabalho realizado pelo motor em cada ciclo de operação, e Q_2 é o calor rejeitado pelo motor, por meio da liberação dos gases de exaustão pelo escapamento e também via sistema de arrefecimento.

Considerando um motor que recebe 2 500 J de calor e que realiza 875 J de trabalho em cada ciclo de operação, responda aos itens a seguir.

a) Sabendo que o calor latente de vaporização da gasolina vale 5×10^4 J/g, determine a massa de gasolina utilizada em cada ciclo de operação do motor.

b) Sabendo que, em um ciclo termodinâmico fechado, a soma das quantidades de calor envolvidas no processo é igual ao trabalho realizado no ciclo, determine a quantidade de calor rejeitada durante cada ciclo de operação do motor.

2. (UPF-RS) Qual a quantidade de calor que devemos fornecer a 200 g de gelo a −20 °C para transformar em água a 50 °C? (Considere: $c_{gelo} = 0,5$ cal/(g · °C); $c_{água} = 1$ cal/(g · °C); $L_{fusão} = 80$ cal/g)

a) 28 kcal.
b) 26 kcal.
c) 16 kcal.
d) 12 kcal.
e) 18 kcal.

3. (PUC-RJ) Dois blocos metálicos idênticos de 1 kg estão colocados em um recipiente e isolados do meio ambiente.

Se um dos blocos tem a temperatura inicial de 50 °C, e o segundo a temperatura de 100 °C, qual será a temperatura de equilíbrio, em °C, dos dois blocos?

a) 75
b) 70
c) 65
d) 60
e) 55

4. (UFSC) O chocolate é um dos alimentos mais apreciados da culinária mundial. Além da contribuição ao paladar, deixando qualquer receita mais saborosa, creditam-se a ele ainda vantagens psicológicas, como a melhora do estado de humor. Para que o chocolate obtenha características de qualidade – como dureza e quebra à temperatura ambiente, rápida e completa fusão na boca, brilho e rápido desprendimento de aroma e sabor quando consumido –, necessita passar por um processo denominado temperagem. O processo de temperagem do chocolate é basicamente uma cristalização controlada em que, por meio de tratamentos térmicos e mecânicos, se produz no chocolate uma parcela específica de cristais na forma mais estável. Na figura abaixo, é apresentada a curva de cristalização de uma massa m de chocolate ao leite, com três níveis bem definidos, nas temperaturas 45 °C, 27 °C e 29 °C. Desconsiderar o calor latente do chocolate.

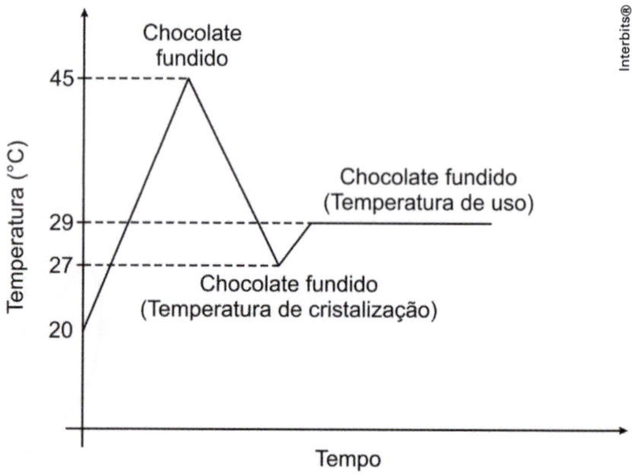

Com base no gráfico e nos dados acima, é correto afirmar que:

01) no terceiro nível, pode-se interpretar que o chocolate não cede nem recebe calor do meio.
02) no intervalo de temperatura de 45 °C até 27 °C, o chocolate cede calor para o meio.
04) esse tipo de gráfico permite obter uma expressão para os valores da razão entre a potência de transmissão de calor e o calor específico de uma substância.
08) o gráfico mostra que o chocolate é aquecido até a temperatura de 45 °C, depois resfriado até a temperatura de 27 °C e novamente aquecido até alcançar a temperatura de 29 °C.

5. (Uerj) O gráfico abaixo indica o comportamento térmico de 10 g de uma substância que, ao receber calor de uma fonte, passa integralmente da fase sólida para a fase líquida.

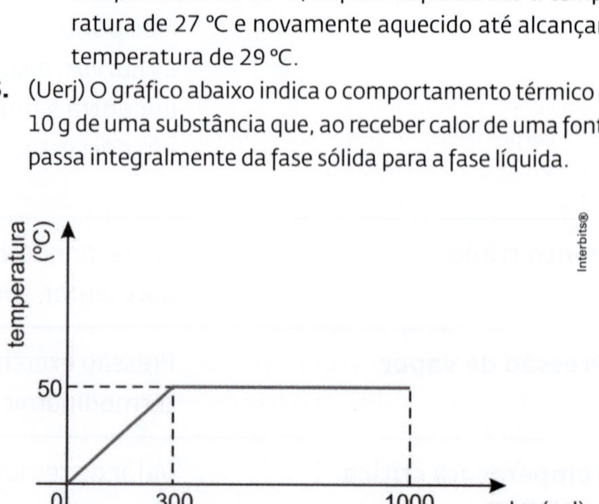

O calor latente de fusão dessa substância, em cal/g, é igual a:

a) 70
b) 80
c) 90
d) 100

6. (UFPA) Sabendo-se que um espelho esférico, que serve para acender uma tocha olímpica, pode ser usado, também, como um sistema de aquecimento (forno óptico), considere uma situação em que no lugar da tocha fossem colocados 300 g de água e que a temperatura desta subisse de 30 °C para 100 °C em 30 min.

Desprezando-se a absorção de calor pelo recipiente que contem a água, pode-se afirmar que a potência útil desse forno é, em watts, igual a

Dados:
- o equivalente mecânico do calor, tal que 1 cal = 4,2 J.
- o calor específico da água = 1 cal/g · °C.

a) 11.
b) 18.
c) 25.
d) 31.
e) 49.

7. (Enem) Nos dias frios, é comum ouvir expressões como: "Esta roupa é quentinha" ou então "Feche a janela para o frio não entrar". As expressões do senso comum utilizadas estão em desacordo com o conceito de calor da termodinâmica. A roupa não é "quentinha", muito menos o frio "entra" pela janela.

A utilização das expressões "roupa é quentinha" e "para o frio não entrar" é inadequada, pois o(a)

a) roupa absorve a temperatura do corpo da pessoa, e o frio não entra pela janela, o calor é que sai por ela.
b) roupa não fornece calor por ser um isolante térmico, e o frio não entra pela janela, pois é a temperatura da sala que sai por ela.
c) roupa não é uma fonte de temperatura, e o frio não pode entrar pela janela, pois o calor está contido na sala, logo o calor é que sai por ela.
d) calor não está contido num corpo, sendo uma forma de energia em trânsito de um corpo de maior temperatura para outro de menor temperatura.
e) calor está contido no corpo da pessoa, e não na roupa, sendo uma forma de temperatura em trânsito de um corpo mais quente para um corpo mais frio.

8. (Enem) Para a instalação de um aparelho de ar condicionado, é sugerido que ele seja colocado na parte superior da parede do cômodo, pois a maioria dos fluidos (líquidos e gases), quando aquecidos, sofrem expansão, tendo sua densidade diminuída e sofrendo um deslocamento ascendente. Por sua vez, quando são resfriados, tornam-se mais densos e sofrem um deslocamento descendente.

A sugestão apresentada no texto minimiza o consumo de energia, porque

a) diminui a umidade do ar dentro do cômodo.
b) aumenta a taxa de condução térmica para fora do cômodo.
c) torna mais fácil o escoamento da água para fora do cômodo.
d) facilita a circulação das correntes de ar frio e quente dentro do cômodo.
e) diminui a taxa de emissão de calor por parte do aparelho para dentro do cômodo.

9. (Unesp)

MONTE FUJI

(www.japanican.com)

O topo da montanha é gelado porque o ar quente da base da montanha, regiões baixas, vai esfriando à medida que sobe. Ao subir, o ar quente fica sujeito a pressões menores, o que o leva a se expandir rapidamente e, em seguida, a se resfriar, tornando a atmosfera no topo da montanha mais fria que a base. Além disso, o principal aquecedor da atmosfera é a própria superfície da Terra. Ao absorver energia radiante emitida pelo Sol, ela esquenta e emite ondas eletromagnéticas aquecendo o ar ao seu redor. E os raios solares que atingem as regiões altas das montanhas incidem em superfícies que absorvem quantidades menores de radiação, por serem inclinadas em comparação com as superfícies horizontais das regiões baixas. Em grandes altitudes, a quantidade de energia absorvida não é suficiente para aquecer o ar ao seu redor.

(http://super.abril.com.br. Adaptado.)

Segundo o texto e conhecimentos de física, o topo da montanha é mais frio que a base devido

a) à expansão adiabática sofrida pelo ar quando sobe e ao fato de o ar ser um bom condutor de calor, não retendo energia térmica e esfriando.
b) à expansão adiabática sofrida pelo ar quando sobe e à pouca irradiação recebida da superfície montanhosa próxima a ele.
c) à redução da pressão atmosférica com a altitude e ao fato de as superfícies inclinadas das montanhas impedirem a circulação do ar ao seu redor, esfriando-o.
d) à transformação isocórica pela qual passa o ar que sobe e à pouca irradiação recebida da superfície montanhosa próxima a ele.
e) à expansão isotérmica sofrida pelo ar quando sobe e à ausência do fenômeno da convecção que aqueceria o ar.

10. (Enem) Num experimento, um professor deixa duas bandejas de mesma massa, uma de plástico e outra de alumínio, sobre a mesa do laboratório. Após algumas horas, ele pede aos alunos que avaliem a temperatura das duas bandejas, usando para isso o tato. Seus alunos afirmam, categoricamente, que a bandeja de alumínio encontra-se numa temperatura mais baixa. Intrigado, ele propõe uma segunda atividade, em que coloca um cubo de gelo sobre cada uma das bandejas, que estão em equilíbrio térmico com o ambiente, e os questiona em qual delas a taxa de derretimento do gelo será maior.

O aluno que responder corretamente ao questionamento do professor dirá que o derretimento ocorrerá

a) mais rapidamente na bandeja de alumínio, pois ela tem uma maior condutividade térmica que a de plástico.

b) mais rapidamente na bandeja de plástico, pois ela tem inicialmente uma temperatura mais alta que a de alumínio.

c) mais rapidamente na bandeja de plástico, pois ela tem uma maior capacidade térmica que a de alumínio.

d) mais rapidamente na bandeja de alumínio, pois ela tem um calor específico menor que a de plástico.

e) com a mesma rapidez nas duas bandejas, pois apresentarão a mesma variação de temperatura.

11. (Unicamp-SP) Um isolamento térmico eficiente é um constante desafio a ser superado para que o homem possa viver em condições extremas de temperatura. Para isso, o entendimento completo dos mecanismos de troca de calor é imprescindível.

Em cada uma das situações descritas a seguir, você deve reconhecer o processo de troca de calor envolvido.

I. As prateleiras de uma geladeira doméstica são grades vazadas, para facilitar fluxo de energia térmica até o congelador por __________.

II. O único processo de troca de calor que pode ocorrer no vácuo é por __________.

III. Em uma garrafa térmica, é mantido vácuo entre as paredes duplas de vidro para evitar que o calor saia ou entre por __________.

Na ordem, os processos de troca de calor utilizados para preencher as lacunas corretamente são:

a) condução, convecção e radiação.

b) condução, radiação e convecção.

c) convecção, condução e radiação.

d) convecção, radiação e condução.

12. (Unesp) **A energia contida nos alimentos**

Para determinar o valor energético de um alimento, podemos queimar certa quantidade desse produto e, com o calor liberado, aquecer determinada massa de água. Em seguida, mede-se a variação de temperatura sofrida pela água depois que todo o produto foi queimado, e determina-se a quantidade de energia liberada na queima do alimento. Essa é a energia que tal alimento nos fornece se for ingerido.

No rótulo de um pacote de castanha-de-caju, está impressa a tabela a seguir, com informações nutricionais sobre o produto.

INFORMAÇÃO NUTRICIONAL Porção 15 g	
Quantidade por porção	
Valor energético	90 kcal
Carboidratos	4,2 g
Proteínas	3 g
Gorduras totais	7,3 g
Gorduras saturadas	1,5 g
Gordura trans	0 g
Fibra alimentar	1 g
Sódio	45 g

www.brcaju.com.br

Considere que 150 g de castanha tenham sido queimados e que determinada massa m de água, submetida à chama dessa combustão, tenha sido aquecida de 15 °C para 87 °C. Sabendo que o calor específico da água líquida é igual a 1 cal/(g · °C) e que apenas 60% da energia liberada na combustão tenha efetivamente sido utilizada para aquecer a água, é correto afirmar que a massa m, em gramas, de água aquecida era igual a

a) 10000

b) 5000

c) 12500

d) 7500

e) 2500

13. (Enem) As altas temperaturas de combustão e o atrito entre suas peças móveis são alguns dos fatores que provocam o aquecimento dos motores à combustão interna. Para evitar o superaquecimento e consequentes danos a esses motores, foram desenvolvidos os atuais sistemas de refrigeração, em que um fluido arrefecedor com propriedades especiais circula pelo interior do motor, absorvendo o calor que, ao passar pelo radiador, é transferido para a atmosfera.

Qual propriedade o fluido arrefecedor deve possuir para cumprir seu objetivo com maior eficiência?

a) Alto calor específico.

b) Alto calor latente de fusão.

c) Baixa condutividade térmica.

d) Baixa temperatura de ebulição.

e) Alto coeficiente de dilatação térmica.

14. (Unicamp-SP) Os cálculos dos pesquisadores sugerem que a temperatura média dessa estrela é de $T_i = 2700$ °C. Considere uma estrela como um corpo homogêneo de massa $M = 6{,}0 \times 10^{24}$ kg constituída de um material com calor específico $c = 0{,}5$ kJ/(kg °C). A quantidade de calor que deve ser perdida pela estrela para que ela atinja uma temperatura final de $T_f = 700$ °C é igual a

a) $24{,}0 \times 10^{27}$ kJ

b) $6{,}0 \times 10^{27}$ kJ

c) $8{,}1 \times 10^{27}$ kJ

d) $2{,}1 \times 10^{27}$ kJ

15. (Unesp) O gráfico representa, aproximadamente, como varia a temperatura ambiente no período de um dia, em determinada época do ano, no deserto do Saara. Nessa região a maior parte da superfície do solo é coberta por areia e a umidade relativa do ar é baixíssima.

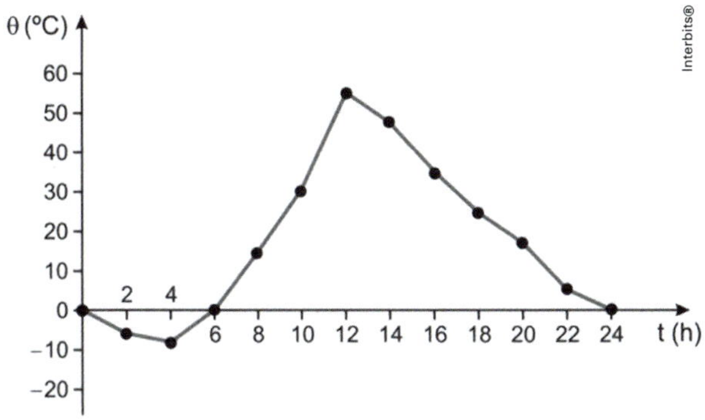

A grande amplitude térmica diária observada no gráfico pode, entre outros fatores, ser explicada pelo fato de que

a) a água líquida apresenta calor específico menor do que o da areia sólida e, assim, devido à maior presença de areia do que de água na região, a retenção de calor no ambiente torna-se difícil, causando a drástica queda de temperatura na madrugada.

b) o calor específico da areia é baixo e, por isso, ela esquenta rapidamente quando ganha calor e esfria rapidamente quando perde. A baixa umidade do ar não retém o calor perdido pela areia quando ela esfria, explicando a queda de temperatura na madrugada.

c) a falta de água e, consequentemente, de nuvens no ambiente do Saara intensifica o efeito estufa, o que contribui para uma maior retenção de energia térmica na região.

d) o calor se propaga facilmente na região por condução, uma vez que o ar seco é um excelente condutor de calor. Dessa forma, a energia retida pela areia durante o dia se dissipa pelo ambiente à noite, causando a queda de temperatura.

e) a grande massa de areia existente na região do Saara apresenta grande mobilidade, causando a dissipação do calor absorvido durante o dia e a drástica queda de temperatura à noite.

16. (Enem) A elevação da temperatura das águas de rios, lagos e mares diminui a solubilidade do oxigênio, pondo em risco as diversas formas de vida aquática que dependem desse gás. Se essa elevação de temperatura acontece por meios artificiais, dizemos que existe poluição térmica. As usinas nucleares, pela própria natureza do processo de geração de energia, podem causar esse tipo de poluição.

Que parte do ciclo de geração de energia das usinas nucleares está associada a esse tipo de poluição?

a) Fissão do material radioativo.

b) Condensação do vapor de água no final do processo.

c) Conversão de energia das turbinas pelos geradores.

d) Aquecimento da água líquida para gerar vapor de água.

e) Lançamento do vapor de água sobre as pás das turbinas.

17. (Enem) Aquecedores solares usados em residências têm o objetivo de elevar a temperatura da água até 70 °C. No entanto, a temperatura ideal da água para um banho é de 30 °C. Por isso, deve-se misturar a água aquecida com a água à temperatura ambiente de um outro reservatório, que se encontra a 25 °C.

Qual a razão entre a massa de água quente e a massa de água fria na mistura para um banho à temperatura ideal?

a) 0,111.

b) 0,125.

c) 0,357.

d) 0,428.

e) 0,833.

18. (Uema) No controle de qualidade de produção de seringa, para aplicação de injeção, fez-se o seguinte teste: escolheu-se uma amostra da seringa fabricada e colocou-se $3,0 \times 10^{-6}$ m³ de determinado gás. Em seguida, levou-se o sistema para uma estufa em que o volume passou para $3,5 \times 10^{-6}$ m³ ao atingir o equilíbrio térmico.

Considerando que esse processo ocorreu sobre pressão constante de $1,5 \times 10^5$ Pa, calcule, em joule, o trabalho realizado pelo sistema.

19. (UFRGS-RS) O gráfico representa, em um processo isobárico, a variação em função do tempo da temperatura de uma amostra de um elemento puro cuja massa é de 1,0 kg, observada durante 9 minutos.

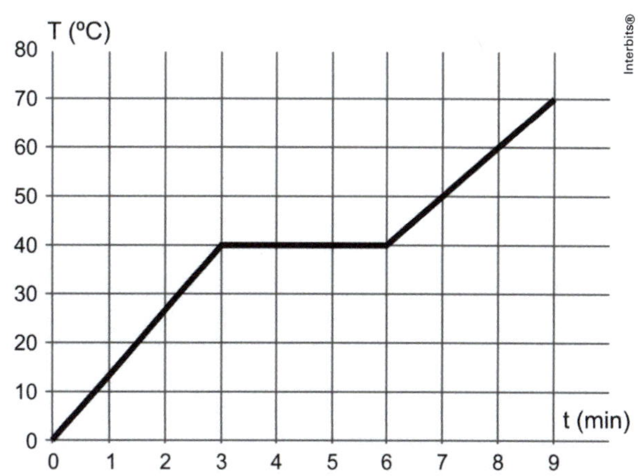

A amostra está no estado sólido a 0 °C no instante $t = 0$ e é aquecida por uma fonte de calor que lhe transmite energia a uma taxa de $2,0 \times 10^3$ J/min, supondo que não haja perda de calor.

O processo que ocorre na fase sólida envolve um trabalho total de 0,1 kJ. Nessa fase, a variação da energia interna da amostra é

a) 6,1 kJ

b) 5,9 kJ

c) 6,0 kJ

d) −5,9 kJ

e) −6,1 kJ

20. (UFRGS-RS) A figura a seguir apresenta um diagrama $p \times V$ que ilustra um ciclo termodinâmico de um gás ideal. Esse ciclo, com a realização de trabalho de 750 J, ocorre em três processos sucessivos. No processo *AB*, o sistema sofre um aumento de pressão mantendo o volume constante; no processo *BC*, o sistema se expande mantendo a temperatura constante e diminuindo a pressão; e, finalmente, no processo *CA*, o sistema retorna ao estado inicial sem variar a pressão.

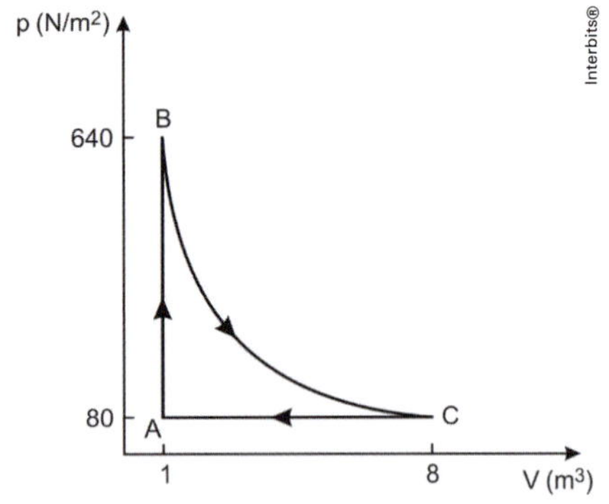

O trabalho realizado no processo *BC* e a relação entre as temperaturas T_A e T_B são, respectivamente,

a) 1310 J e $T_A = \frac{T_B}{8}$.
b) 1310 J e $T_A = 8T_B$.
c) 560 J e $T_A = \frac{T_B}{8}$.
d) 190 J e $T_A = \frac{T_B}{8}$.
e) 190 J e $T_A = 8T_B$.

21. (Enem)

Aumentar a eficiência na queima de combustível dos motores à combustão e reduzir suas emissões de poluentes são a meta de qualquer fabricante de motores. É também o foco de uma pesquisa brasileira que envolve experimentos com plasma, o quarto estado da matéria e que está presente no processo de ignição. A interação da faísca emitida pela vela de ignição com as moléculas de combustível gera o plasma que provoca a explosão liberadora de energia que, por sua vez, faz o motor funcionar.

Disponível em: www.inovacaotecnologica.com.br. Acesso em: 22 jul. 2010 (adaptado).

No entanto, a busca da eficiência referenciada no texto apresenta como fator limitante

a) o tipo de combustível, fóssil, que utilizam. Sendo um insumo não renovável, em algum momento estará esgotado.
b) um dos princípios da termodinâmica, segundo o qual o rendimento de uma máquina térmica nunca atinge o ideal.
c) o funcionamento cíclico de todo os motores. A repetição contínua dos movimentos exige que parte da energia seja transferida ao próximo ciclo.
d) as forças de atrito inevitável entre as peças. Tais forças provocam desgastes contínuos que com o tempo levam qualquer material à fadiga e ruptura.
e) a temperatura em que eles trabalham. Para atingir o plasma, é necessária uma temperatura maior que a de fusão do aço com que se fazem os motores.

22. (UFPA) Um homem gasta 10 minutos para tomar seu banho, utilizando-se de um chuveiro elétrico que fornece uma vazão constante de 10 litros por minuto. Sabendo-se que a água tem uma temperatura de 20 °C ao chegar no chuveiro e que alcança 40 °C ao sair do chuveiro, e admitindo-se que toda a energia elétrica dissipada pelo resistor do chuveiro seja transferida para a água nesse intervalo de tempo, é correto concluir-se que a potência elétrica desse chuveiro é

Obs.: Considere que a densidade da água é 1 kg/litro, que o calor específico da água é 1 cal/g °C e que 1 cal = 4,2 J.

a) 10 kW
b) 12 kW
c) 14 kW
d) 16 kW
e) 18 kW

23. (PUC-RJ) Uma barra metálica, que está sendo trabalhada por um ferreiro, tem uma massa $M = 2{,}0$ kg e está a uma temperatura T_i. O calor específico do metal é $c_M = 0{,}10$ cal/g °C. Suponha que o ferreiro mergulhe a barra em um balde contendo 10 litros de água a 20 °C. A temperatura da água do balde sobe 10 °C com relação à sua temperatura inicial ao chegar ao equilíbrio.

Calcule a temperatura inicial T_i da barra metálica.

Dados: $c_{água} = 1{,}0$ cal/g °C e $d_{água} = 1{,}0$ g/cm³

a) 500 °C
b) 220 °C
c) 200 °C
d) 730 °C
e) 530 °C

24. (Unifesp) Um calorímetro de capacidade térmica 10 cal/°C, contendo 500 g de água a 20 °C, é utilizado para determinação do calor específico de uma barra de liga metálica de 200 g, a ser utilizada como fundo de panelas para cozimento. A barra é inicialmente aquecida a 80 °C e imediatamente colocada dentro do calorímetro, isolado termicamente. Considerando o calor específico da água 1,0 cal/(g · °C) e que a temperatura de equilíbrio térmico atingida no calorímetro foi 30 °C, determine:

a) a quantidade de calor absorvido pelo calorímetro e a quantidade de calor absorvido pela água.
b) a temperatura final e o calor específico da barra.

25. (PUC-RJ) Um copo com 300 mL de água é colocado ao sol. Após algumas horas, verifica-se que a temperatura da água subiu de 10 °C para 40 °C.

Considerando-se que a água não evapora, calcule em calorias a quantidade de calor absorvida pela água.

Dados: $d_{água} = 1$ g/cm³ e $c_{água} = 1$ cal/g °C

a) $1{,}5 \times 10^5$
b) $2{,}0 \times 10^5$
c) $3{,}0 \times 10^3$
d) $9{,}0 \times 10^3$
e) $1{,}2 \times 10^2$

26. (Enem) Um aquecedor solar consiste essencialmente em uma serpentina de metal, a ser exposta ao sol, por meio da qual flui água a ser aquecida. A parte inferior da serpentina é soldada a uma chapa metálica, que é o coletor solar. A forma da serpentina tem a finalidade de aumentar a área de contato com o coletor e com a própria radiação solar sem aumentar muito o tamanho do aquecedor. O metal, sendo bom condutor, transmite a energia da radiação solar absorvida para as paredes internas e, daí, por condução, para a água. A superfície deve ser recoberta com um material, denominado material seletivo quente, para que absorva o máximo de radiação solar e emita o mínimo de radiação infravermelha. Os quadros relacionam propriedades de alguns metais/ligas metálicas utilizados na confecção de aquecedores solares:

Material metálico	Condutividade térmica (W/m K)
Zinco	116,0
Aço	52,9
Cobre	411,0

Material seletivo quente	Razão entre a absorbância de radiação solar e a emitância de radiação infravermelha
A. Óxido e sulfeto de níquel e zinco aplicados sobre zinco	8,45
B. Óxido e sulfeto de níquel e zinco sobre ferro galvanizado	7,42
C. Óxido de cobre em alumínio anodizado	7,72

ACIOLI, J. L. *Fontes de energia*. Brasília: UnB,1994. Adaptado

Os aquecedores solares mais eficientes e, portanto, mais atrativos do ponto de vista econômico, devem ser construídos utilizando como material metálico e material seletivo quente, respectivamente,

a) aço e material seletivo quente *A*.
b) aço e material seletivo quente *B*.
c) cobre e material seletivo quente *C*.
d) zinco e material seletivo quente *B*.
e) cobre e material seletivo quente *A*.

27. (Enem) Chuveiros elétricos possuem uma chave para regulagem da temperatura verão/inverno e para desligar o chuveiro. Além disso, é possível regular a temperatura da água, abrindo ou fechando o registro. Abrindo, diminui-se a temperatura e fechando, aumenta-se. Aumentando-se o fluxo da água há uma redução na sua temperatura, pois

a) aumenta-se a área da superfície da água dentro do chuveiro, aumentando a perda de calor por radiação.
b) aumenta-se o calor específico da água, aumentando a dificuldade com que a massa de água se aquece no chuveiro.
c) diminui-se a capacidade térmica do conjunto água/chuveiro, diminuindo também a capacidade do conjunto de se aquecer.
d) diminui-se o contato entre a corrente elétrica do chuveiro e a água, diminuindo também a sua capacidade de aquecê-la.
e) diminui-se o tempo de contato entre a água e a resistência do chuveiro, diminuindo a transferência de calor de uma para a outra.

28. (Enem) Em dias com baixas temperaturas, as pessoas utilizam casacos ou blusas de lã com o intuito de minimizar a sensação de frio. Fisicamente, esta sensação ocorre pelo fato de o corpo humano liberar calor, que é a energia transferida de um corpo para outro em virtude da diferença de temperatura entre eles.

A utilização de vestimenta de lã diminui a sensação de frio, porque

a) possui a propriedade de gerar calor.
b) é constituída de material denso, o que não permite a entrada do ar frio.
c) diminui a taxa de transferência de calor do corpo humano para o meio externo.
d) tem como principal característica a absorção de calor, facilitando o equilíbrio térmico.
e) está em contato direto com o corpo humano, facilitando a transferência de calor por condução.

29. (Fuvest-SP) Um cilindro termicamente isolado tem uma de suas extremidades fechadas por um pistão móvel, também isolado, que mantém a pressão constante no interior do cilindro. O cilindro contém uma certa quantidade de um material sólido à temperatura $T_i = -134$ °C. Um aquecedor transfere continuamente 3 000 W de potência para o sistema, levando-o à temperatura final $T_f = 114$ °C. O gráfico e a tabela apresentam os diversos processos pelos quais o sistema passa em função do tempo.

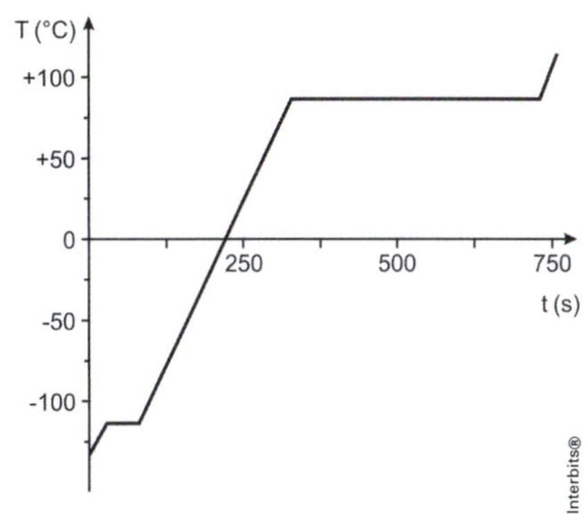

Processo	Intervalo de tempo (s)	ΔT (°C)
I	0 – 24	20
II	24 – 78	0
III	78 – 328	200
IV	328 – 730	0
V	730 – 760	28

a) Determine a energia total, *E*, fornecida pelo aquecedor desde $T_i = -134$ °C até $T_f = 114$ °C.

b) Identifique, para esse material, qual dos processos (I, II, III, IV ou V) corresponde à mudança do estado sólido para o estado líquido.

c) Sabendo que a quantidade de energia fornecida pelo aquecedor durante a vaporização é $1,2 \times 10^6$ J, determine a massa, M, do material.

d) Determine o calor específico a pressão constante, c_p, desse material no estado líquido.

Note e adote:
Calor latente de vaporização do material = 800 J/g.
Desconsidere as capacidades térmicas do cilindro e do pistão.

30. (Unicamp-SP) O controle da temperatura da água e de ambientes tem oferecido à sociedade uma grande gama de confortos muito bem-vindos. Como exemplo podemos citar o controle da temperatura de ambientes fechados e o aquecimento da água usada para o banho.

a) O sistema de refrigeração usado em grandes instalações, como centros comerciais, retira o calor do ambiente por meio da evaporação da água. Os instrumentos que executam esse processo são usualmente grandes torres de refrigeração vazadas, por onde circula água, e que têm um grande ventilador no topo. A água é pulverizada na frente do fluxo de ar gerado pelo ventilador. Nesse processo, parte da água é evaporada, sem alterar a sua temperatura, absorvendo calor da parcela da água que permaneceu líquida. Considere que 110 litros de água a 30 °C circulem por uma torre de refrigeração e que, desse volume, 2 litros sejam evaporados. Sabendo que o calor latente de vaporização da água é $L = 540$ cal/g e que seu calor específico é $c = 1,0$ cal/g · °C, qual é a temperatura final da parcela da água que não evaporou?

b) A maioria dos chuveiros no Brasil aquece a água do banho por meio de uma resistência elétrica. Usualmente a resistência é constituída de um fio feito de uma liga de níquel e cromo de resistividade $\rho = 1,1 \times 10^{-6}\ \Omega \cdot m$. Considere um chuveiro que funciona com tensão de $U = 220$ V e potência $P = 5\,500$ W. Se a área da seção transversal do fio da liga for $A = 2,5 \times 10^{-7}\ m^2$, qual é o comprimento do fio da resistência?

31. (Fuvest-SP) No início do século XX, Pierre Curie e colaboradores, em uma experiência para determinar características do recém-descoberto elemento químico rádio, colocaram uma pequena quantidade desse material em um calorímetro e verificaram que 1,30 grama de água líquida ia do ponto de congelamento ao ponto de ebulição em uma hora.

A potência média liberada pelo rádio nesse período de tempo foi, aproximadamente,

Note e adote:
- Calor específico da água: 1 cal/(g · °C)
- 1 cal = 4 J
- Temperatura de congelamento da água: 0 °C
- Temperatura de ebulição da água: 100 °C
- Considere que toda a energia emitida pelo rádio foi absorvida pela água e empregada exclusivamente para elevar sua temperatura.

a) 0,06 W
b) 0,10 W
c) 0,14 W
d) 0,18 W
e) 0,22 W

32. (Unesp) Um bloco de gelo de massa 200 g, inicialmente à temperatura de −10 °C, foi mergulhado em um recipiente de capacidade térmica 200 cal/°C contendo água líquida a 24 °C. Após determinado intervalo de tempo, esse sistema entrou em equilíbrio térmico à temperatura de 4 °C.

O gráfico mostra como variou a temperatura apenas do gelo, desde sua imersão no recipiente até ser atingido o equilíbrio térmico.

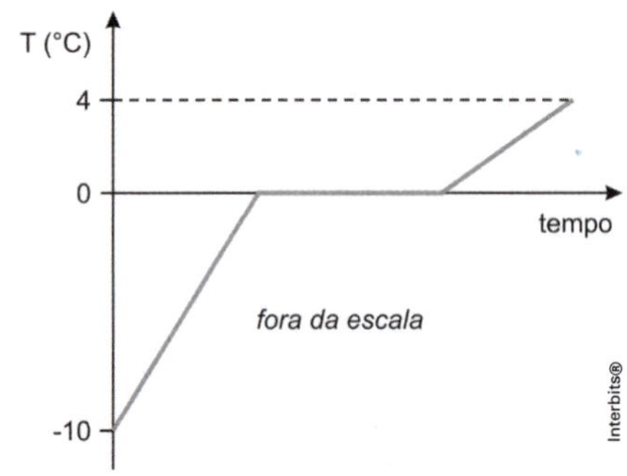

calor específico da água líquida	1 cal/g · °C
calor específico do gelo	0,5 cal/g · °C
calor latente de fusão do gelo	80 cal/g

Considerando as informações contidas no gráfico e na tabela, que o experimento foi realizado ao nível do mar e desprezando as perdas de calor para o ambiente, calcule a quantidade de calor absorvido pelo bloco de gelo, em calorias, desde que foi imerso na água até ser atingido o equilíbrio térmico, e calcule a massa de água líquida contida no recipiente, em gramas, antes da imersão do bloco de gelo.

33. (UFRGS-RS) Qualquer substância pode ser encontrada nos estados (ou fases) sólido (*S*), líquido (*L*) ou gasoso (*G*), dependendo das condições de pressão (*p*) e temperatura (*T*) a que está sujeita. Esses estados podem ser representados em um gráfico $p \times T$, conhecido como diagrama de fases, como o mostrado na figura abaixo, para uma substância qualquer.

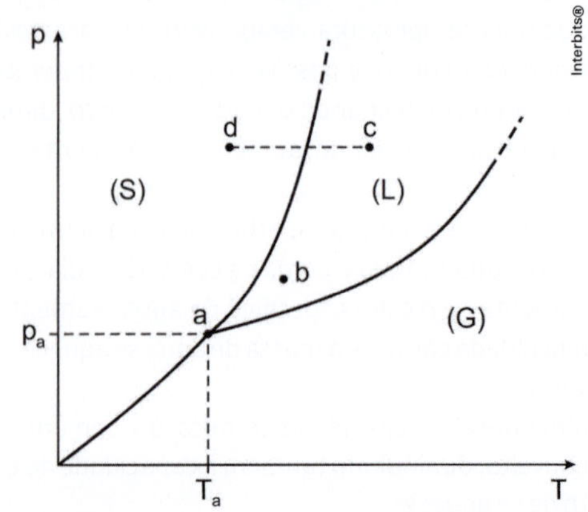

As regiões de existência de cada fase estão identificadas por (*S*), (*L*) e (*G*) e os pontos **a**, **b**, **c** e **d** indicam quatro estados distintos de (p, T).

Considere as seguintes afirmações.

I. A substância não pode sublimar, se submetida a pressões constantes maiores do que p_A.

II. A substância, se estiver no estado **b**, pode ser vaporizada por transformações isotérmicas ou isobáricas.

III. A mudança de estado **c** → **d** é isobárica e conhecida como solidificação.

Quais estão corretas?

a) Apenas I.
b) Apenas II.
c) Apenas III.
d) Apenas I e III.
e) I, II e III.

34. (Enem) Num dia em que a temperatura ambiente é de 37 °C, uma pessoa, com essa mesma temperatura corporal, repousa à sombra. Para regular sua temperatura corporal e mantê-la constante, a pessoa libera calor através da evaporação do suor. Considere que a potência necessária para manter seu metabolismo é 120 W e que, nessas condições, 20% dessa energia é dissipada pelo suor, cujo calor de vaporização é igual ao da água (540 cal/g). Utilize 1 cal igual a 4 J.
Após duas horas nessa situação, que quantidade de água essa pessoa deve ingerir para repor a perda pela transpiração?

a) 0,08 g
b) 0,44 g
c) 1,30 g
d) 1,80 g
e) 80,0 g

35. (Enem) Durante a primeira fase do projeto de uma usina de geração de energia elétrica, os engenheiros da equipe de avaliação de impactos ambientais procuram saber se esse projeto está de acordo com as normas ambientais. A nova planta estará localizada à beira de um rio, cuja temperatura média da água é de 25 °C, e usará a sua água somente para refrigeração. O projeto pretende que a usina opere com 1,0 MW de potência elétrica e, em razão de restrições técnicas, o dobro dessa potência será dissipada por seu sistema de arrefecimento, na forma de calor. Para atender a resolução número 430, de 13 de maio de 2011, do Conselho Nacional do Meio Ambiente, com uma ampla margem de segurança, os engenheiros determinaram que a água só poderá ser devolvida ao rio com um aumento de temperatura de, no máximo, 3 °C em relação à temperatura da água do rio captada pelo sistema de arrefecimento.
Considere o calor específico da água igual a 4 kJ/(kg °C).
Para atender essa determinação, o valor mínimo do fluxo de água, em kg/s, para a refrigeração da usina deve ser mais próximo de

a) 42
b) 84
c) 167
d) 250
e) 500

36. (Uerj) Em um experimento que recebeu seu nome, James Joule determinou o equivalente mecânico do calor: 1 cal = 4,2 J. Para isso, ele utilizou um dispositivo em que um conjunto de paletas giram imersas em água no interior de um recipiente.
Considere um dispositivo igual a esse, no qual a energia cinética das paletas em movimento, totalmente convertida em calor, provoque uma variação de 2 °C em 100 g de água. Essa quantidade de calor corresponde à variação da energia cinética de um corpo de massa igual a 10 kg ao cair em queda livre de uma determinada altura.
Essa altura, em metros, corresponde a:
[**Dados:** $c_{\text{água}} = 4{,}2$ cal/(g · °C) e $g = 10$ m/s²]

a) 2,1
b) 4,2
c) 8,4
d) 16,8

37. (PUC-MG) A tabela mostra o calor específico de três materiais.

Material	*c* (cal/g · °C)
Alumínio	0,20
Cobre	0,080
Ferro	0,10

Considere três baldes com dimensões iguais e construídos com esses materiais. Os recipientes com a mesma massa e temperatura foram pintados de preto e colocados ao sol. Após certo tempo, é CORRETO afirmar:

a) Os recipientes estarão na mesma temperatura, pois receberam igual quantidade de calor.
b) O recipiente de alumínio vai apresentar maior temperatura.
c) O recipiente de cobre vai apresentar maior temperatura.
d) Os recipientes vão apresentar temperaturas crescentes na seguinte ordem: cobre, alumínio e ferro.

38. (PUC-RS) Para responder à questão, considere as informações e as afirmativas sobre o gráfico a seguir.
O gráfico abaixo representa a temperatura (*T*) em função da quantidade de calor fornecido (*Q*) para uma substância pura de massa igual a 0,1 kg, inicialmente na fase sólida (trecho **a**).

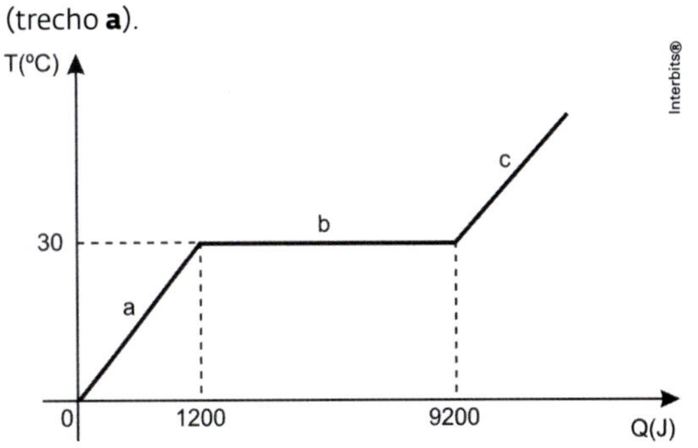

I. A temperatura de fusão da substância é 30 °C.

II. O calor específico da substância na fase sólida é constante.

III. Ao longo de todo o trecho **b**, a substância encontra-se integralmente na fase líquida.

Está/Estão correta(s) apenas a(s) afirmativa(s)

a) I.
b) II.
c) I e II.
d) I e III.
e) II e III.

39. (Mack-SP)

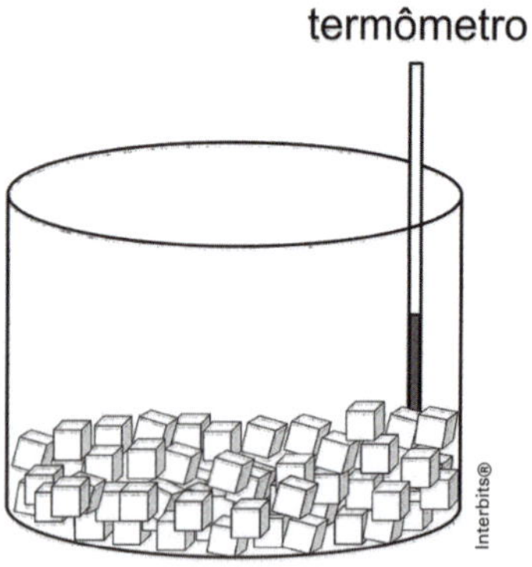

Um recipiente de capacidade térmica desprezível contém 100 g de gelo à temperatura de $-10{,}0$ °C. O conjunto é aquecido até a temperatura de $+10{,}0$ °C através de uma fonte térmica que fornece calor à razão constante de 1 000 cal/min.

Dados: calor específico do gelo: $c_g = 0{,}50$ cal/g · °C
calor específico da água: $c_a = 1{,}0$ cal/g · °C
calor latente de fusão do gelo: $L_f = 80$ cal/g

A temperatura do conjunto (θ) em função do tempo (t) de aquecimento é melhor representada por

a)

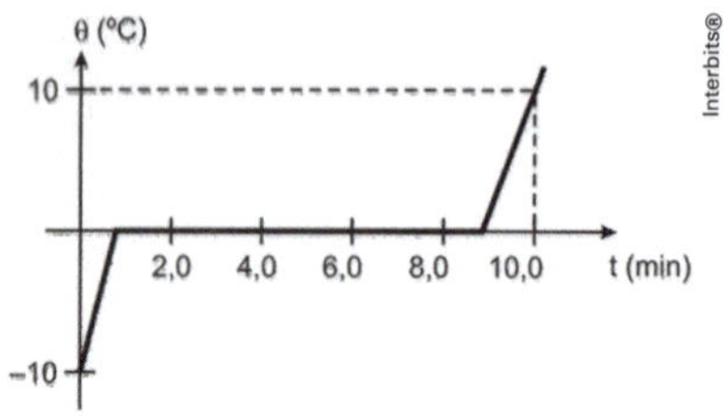

b)

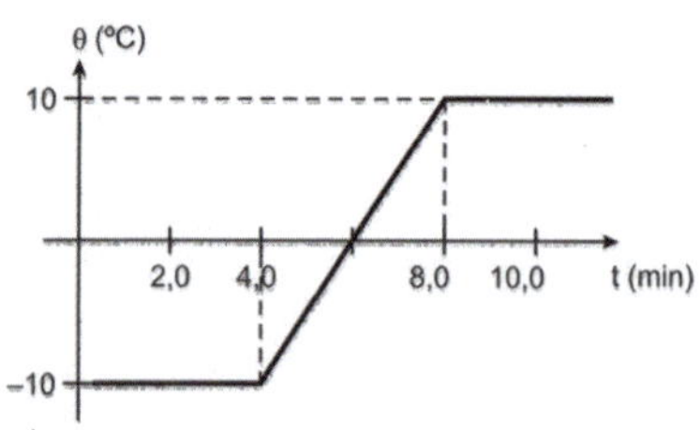

c)

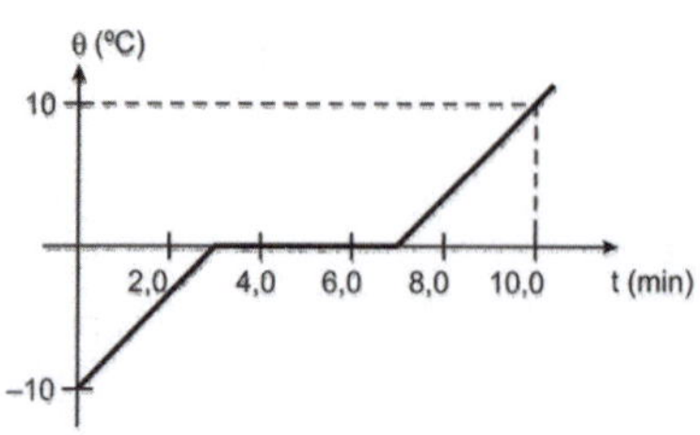

d)

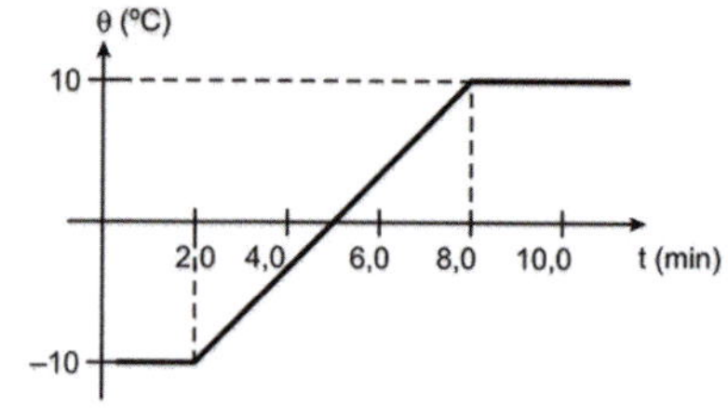

e)

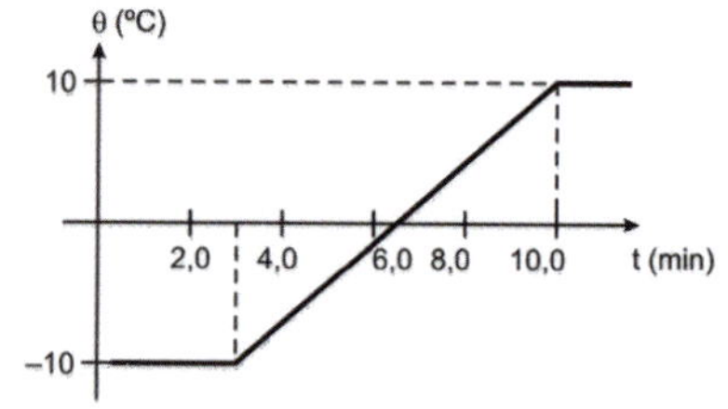

40. (Unifesp) Considere um copo de vidro de 100 g contendo 200 g de água líquida, ambos inicialmente em equilíbrio térmico a 20 °C. O copo e a água líquida foram aquecidos até o equilíbrio térmico a 50 °C, em um ambiente fechado por paredes adiabáticas, com vapor de água inicialmente a 120 °C. A tabela apresenta valores de calores específicos e latentes das substâncias envolvidas nesse processo.

calor específico da água líquida	1 cal/(g · °C)
calor específico do vapor de água	0,5 cal/(g · °C)
calor específico do vidro	0,2 cal/(g · °C)
calor latente de liquefação do vapor de água	−540 cal/g

Considerando os dados da tabela, que todo o calor perdido pelo vapor tenha sido absorvido pelo copo com água líquida e que o processo tenha ocorrido ao nível do mar, calcule:

a) a quantidade de calor, em cal, necessária para elevar a temperatura do copo com água líquida de 20 °C para 50 °C.
b) a massa de vapor de água, em gramas, necessária para elevar a temperatura do copo com água líquida até atingir o equilíbrio térmico a 50 °C.

41. (Fuvest-SP) Um recipiente hermeticamente fechado e termicamente isolado, com volume de 750 ℓ, contém ar inicialmente à pressão atmosférica de 1 atm e à temperatura de 27 °C. No interior do recipiente, foi colocada uma pequena vela acesa, de 2,5 g. Sabendo-se que a massa da vela é consumida a uma taxa de 0,1 g/min e que a queima da vela produz energia à razão de $3{,}6 \times 10^4$ J/g, determine:

a) a potência *W* da vela acesa;
b) a quantidade de energia *E* produzida pela queima completa da vela;
c) o aumento ΔT da temperatura do ar no interior do recipiente, durante a queima da vela;
d) a pressão *P* do ar no interior do recipiente, logo após a queima da vela.

Note e adote:

O ar deve ser tratado como gás ideal.

O volume de 1 mol de gás ideal à pressão atmosférica de 1 atm e à temperatura de 27 °C é 25 ℓ.

Calor molar do ar a volume constante: $C_v = 30$ J/(mol K).

Constante universal dos gases: R = 0,08 atm ℓ/(mol K).

0 °C = 273 K

Devem ser desconsideradas a capacidade térmica do recipiente e a variação da massa de gás no seu interior devido à queima da vela.

42. (PUC-SP) Dona Salina, moradora de uma cidade litorânea paulista, resolve testar o funcionamento de seu recém-adquirido aparelho de micro-ondas. Decide, então, vaporizar totalmente 1 litro de água inicialmente a 20 °C. Para tanto, o líquido é colocado em uma caneca de vidro, de pequena espessura, e o aparelho é ligado por 40 minutos. Considerando que D. Salina obteve o resultado desejado e sabendo que o valor do kWh é igual a R$ 0,28, calcule o custo aproximado, em reais, devido a esse procedimento. Despreze qualquer tipo de perda e considere que toda a potência fornecida pelo micro-ondas, supostamente constante, foi inteiramente transferida para a água durante seu funcionamento.

a) 0,50
b) 0,40
c) 0,30
d) 0,20
e) 0,10

43. (Enem) Sabe-se que nas proximidades dos polos do planeta Terra é comum a formação dos *icebergs*, que são grandes blocos de gelo, flutuando nas águas oceânicas. Estudos mostram que a parte de gelo que fica emersa durante a flutuação corresponde a aproximadamente 10% do seu volume total. Um estudante resolveu simular essa situação introduzindo um bloquinho de gelo no interior de um recipiente contendo água, observando a variação de seu nível desde o instante de introdução até o completo derretimento do bloquinho.

Com base nessa simulação, verifica-se que o nível da água no recipiente

a) subirá com a introdução do bloquinho de gelo e, após o derretimento total do gelo, esse nível subirá ainda mais.
b) subirá com a introdução do bloquinho de gelo e, após o derretimento total do gelo, esse nível descerá, voltando ao seu valor inicial.
c) subirá com a introdução do bloquinho de gelo e, após o derretimento total do gelo, esse nível permanecerá sem alteração.
d) não sofrerá alteração com a introdução do bloquinho de gelo, porém, após seu derretimento, o nível subirá devido a um aumento em torno de 10% no volume de água.
e) subirá em torno de 90% do seu valor inicial com a introdução do bloquinho de gelo e, após seu derretimento, o nível descerá apenas 10% do valor inicial.

44. (Enem) Recentemente, uma equipe de astrônomos afirmou ter identificado uma estrela com dimensões comparáveis às da Terra, composta predominantemente de diamante. Por ser muito frio, o astro, possivelmente uma estrela anã branca, teria tido o carbono de sua composição cristalizado em forma de um diamante praticamente do tamanho da Terra.

Um sistema de pistão contendo um gás é mostrado na figura. Sobre a extremidade superior do êmbolo, que pode movimentar-se livremente sem atrito, encontra-se um objeto. Através de uma chapa de aquecimento é possível fornecer calor ao gás e, com auxílio de um manômetro, medir sua pressão. A partir de diferentes valores de calor fornecido, considerando o sistema como hermético, o objeto elevou-se em valores Δ*h*, como mostrado no gráfico. Foram estudadas, separadamente, quantidades equimolares de dois diferentes gases, denominados *M* e *V*.

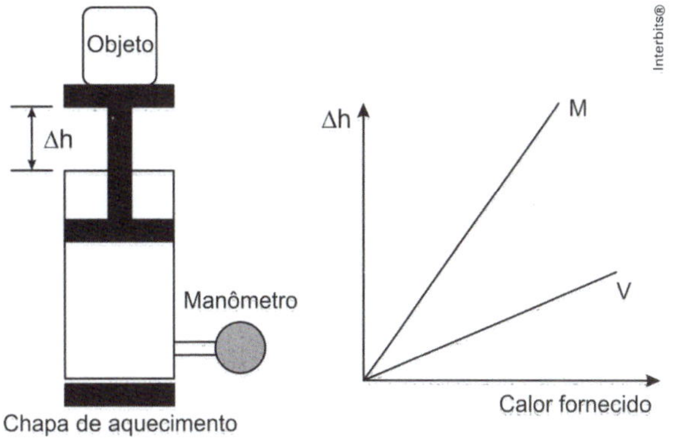

A diferença no comportamento dos gases no experimento decorre do fato de o gás *M*, em relação ao *V*, apresentar

a) maior pressão de vapor.
b) menor massa molecular.
c) maior compressibilidade.
d) menor energia de ativação.
e) menor capacidade calorífica.

45. (Unicamp-SP)

a) Segundo as especificações de um fabricante, um forno de micro-ondas necessita, para funcionar, de uma potência de entrada de *P* = 1 400 W, dos quais 50% são totalmente utilizados no aquecimento dos alimentos.

Calcule o tempo necessário para elevar em $\Delta\theta = 20\,°C$ a temperatura de $m = 100$ g de água. O calor específico da água é $c_a = 4,2$ J/g °C.

b) A figura abaixo mostra o esquema de um forno de micro-ondas, com 30 cm de distância entre duas de suas paredes internas paralelas, assim como uma representação simplificada de certo padrão de ondas estacionárias em seu interior. Considere a velocidade das ondas no interior do forno como $c = 3 \times 10^8$ m/s e calcule a frequência f das ondas que formam o padrão representado na figura.

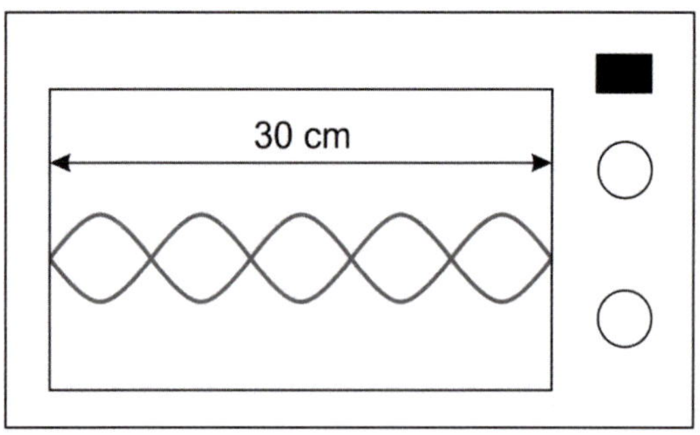

Interbits®

46. (Unesp)

Por que o deserto do Atacama é tão seco?

A região situada no norte do Chile, onde se localiza o deserto do Atacama, é seca por natureza. Ela sofre a influência do Anticiclone Subtropical do Pacífico Sul (ASPS) e da cordilheira dos Andes. O ASPS, região de alta pressão na atmosfera, atua como uma "tampa", que inibe os mecanismos de levantamento do ar necessários para a formação de nuvens e/ou chuva. Nessa área, há umidade perto da costa, mas não há mecanismo de levantamento. Por isso não chove. A falta de nuvens na região torna mais intensa a incidência de ondas eletromagnéticas vindas do Sol, aquecendo a superfície e elevando a temperatura máxima. De noite, a Terra perde calor mais rapidamente, devido à falta de nuvens e à pouca umidade da atmosfera, o que torna mais baixas as temperaturas mínimas. Essa grande amplitude térmica é uma característica dos desertos.

(*Ciência Hoje*, novembro de 2012. Adaptado.)

Baseando-se na leitura do texto e nos seus conhecimentos de processos de condução de calor, é correto afirmar que o ASPS ____________ e a escassez de nuvens na região do Atacama ____________.

As lacunas são, correta e respectivamente, preenchidas por

a) favorece a convecção – favorece a irradiação de calor
b) favorece a convecção – dificulta a irradiação de calor
c) dificulta a convecção – favorece a irradiação de calor
d) permite a propagação de calor por condução – intensifica o efeito estufa
e) dificulta a convecção – dificulta a irradiação de calor

47. (UEMG) Uma máquina térmica que opera, segundo o ciclo de Carnot, executa 10 ciclos por segundo. Sabe-se que, em cada ciclo, ela retira 800 J da fonte quente e cede 400 J para a fonte fria. Se a temperatura da fonte fria é igual a 27 °C, o rendimento dessa máquina e a temperatura da fonte quente valem, respectivamente,

a) 20%; 327 K
b) 30%; 327 K
c) 40%; 700 K
d) 50%; 600 K

48. (UFPR) Uma máquina térmica teórica ideal teve um dimensionamento tal que, a cada ciclo, ela realizaria trabalho de 50 cal e cederia 150 cal para a fonte fria. A temperatura prevista para a fonte quente seria de 127 °C. Determine:

a) O rendimento dessa máquina térmica.
b) A temperatura prevista para a fonte fria, em graus Celsius.

49. (UEL-PR) Atualmente, os combustíveis mais utilizados para o abastecimento dos carros de passeio, no Brasil, são o etanol e a gasolina. Essa utilização somente é possível porque os motores desses automóveis funcionam em ciclos termodinâmicos, recebendo combustível e convertendo-o em trabalho útil.

Com base nos conhecimentos sobre ciclos termodinâmicos, assinale a alternativa que apresenta corretamente o diagrama da pressão (P) *versus* volume (V) de um motor a gasolina.

a)

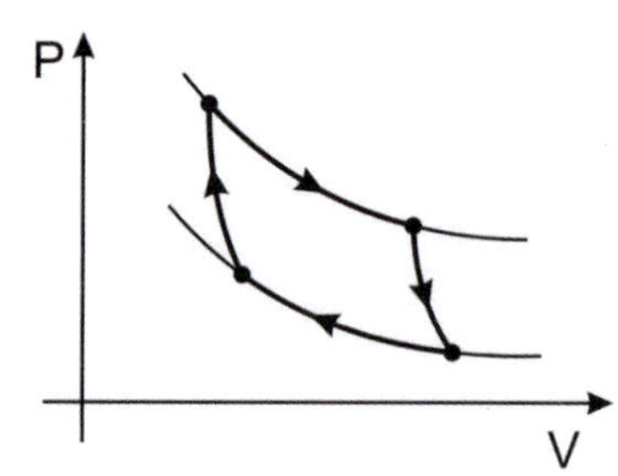

Interbits®

b)

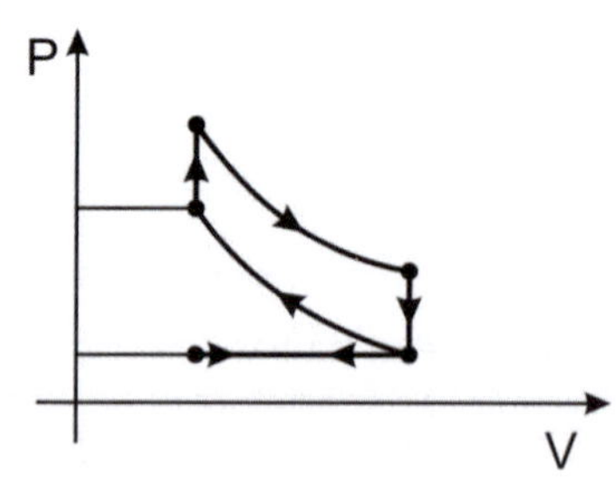

c)

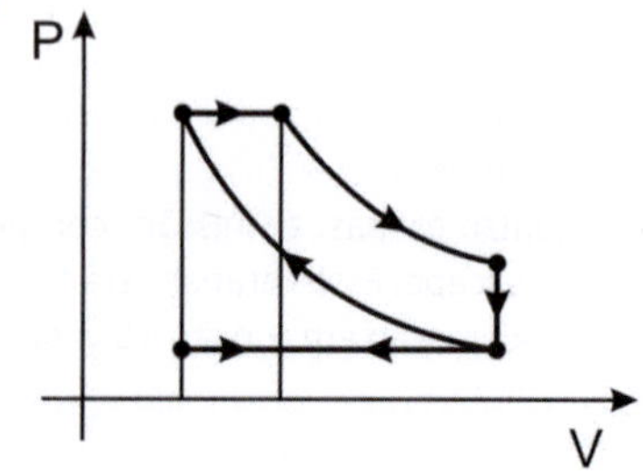

d)

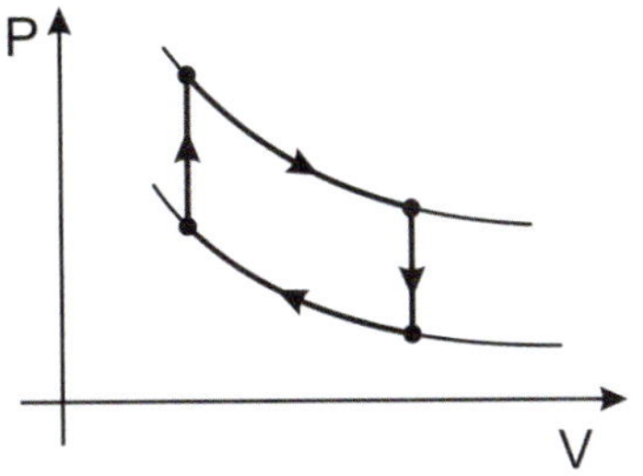

e)

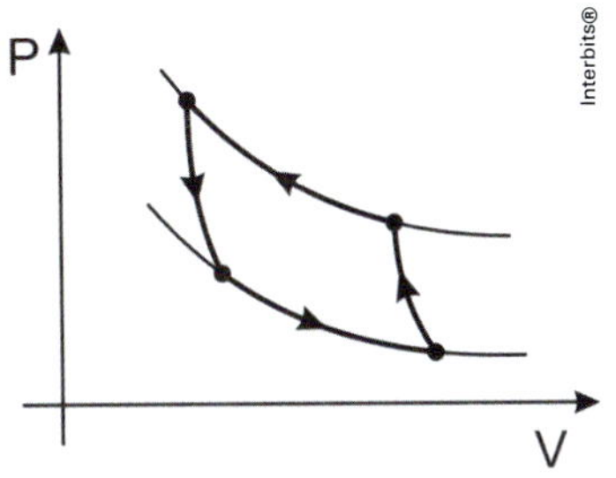

50. (Unesp) A figura 1 mostra um cilindro reto de base circular provido de um pistão, que desliza sem atrito. O cilindro contém um gás ideal à temperatura de 300 K, que inicialmente ocupa um volume de $6{,}0 \times 10^{-3}$ m³ e está a uma pressão de $2{,}0 \times 10^5$ Pa.

FIGURA 1

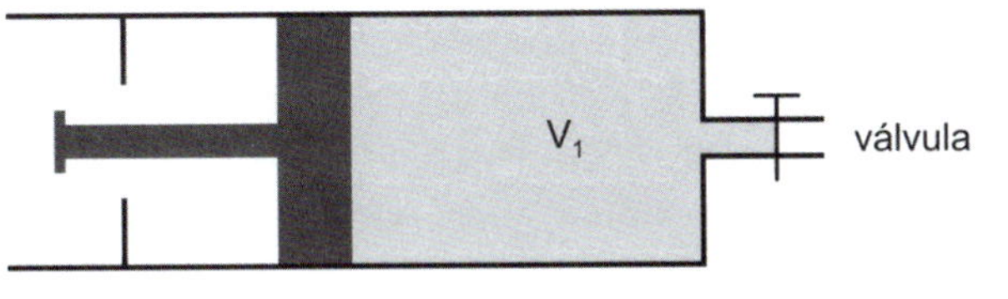

O gás é aquecido, expandindo-se isobaricamente, e o êmbolo desloca-se 10 cm até atingir a posição de máximo volume, quando é travado, conforme indica a figura 2.

FIGURA 2

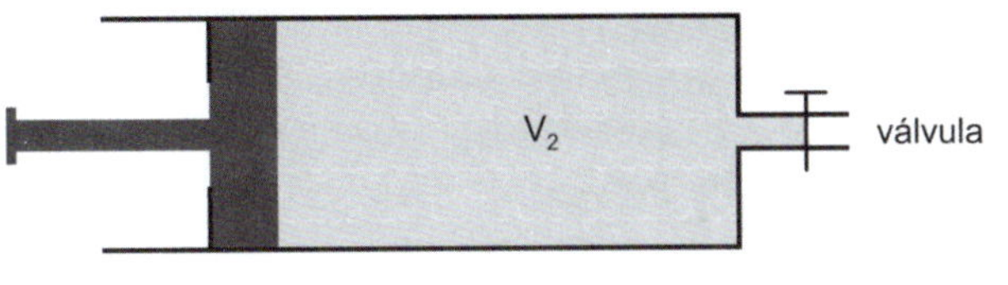

Considerando a área interna da base do cilindro igual a $2{,}0 \times 10^{-2}$ m² determine a temperatura do gás, em kelvin, na situação da figura 2. Supondo que nesse processo a energia interna do gás aumentou de 600 J, calcule a quantidade de calor, em joules, recebida pelo gás. Apresente os cálculos.

51. (Enem) O motor de combustão interna, utilizado no transporte de pessoas e cargas, é uma máquina térmica cujo ciclo consiste em quatro etapas: admissão, compressão, explosão/expansão e escape. Essas etapas estão representadas no diagrama da pressão em função do volume. Nos motores a gasolina, a mistura ar/combustível entra em combustão por uma centelha elétrica.

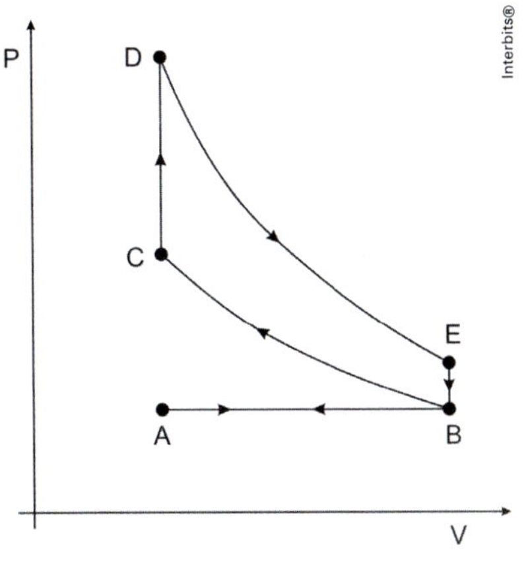

Para o motor descrito, em qual ponto do ciclo é produzida a centelha elétrica?

a) A
b) B
c) C
d) D
e) E

52. (UFRGS-RS) Uma máquina térmica, representada na figura abaixo, opera na sua máxima eficiência, extraindo calor de um reservatório em temperatura T_q = 527 °C, e liberando calor para um reservatório em temperatura T_f = 327 °C.

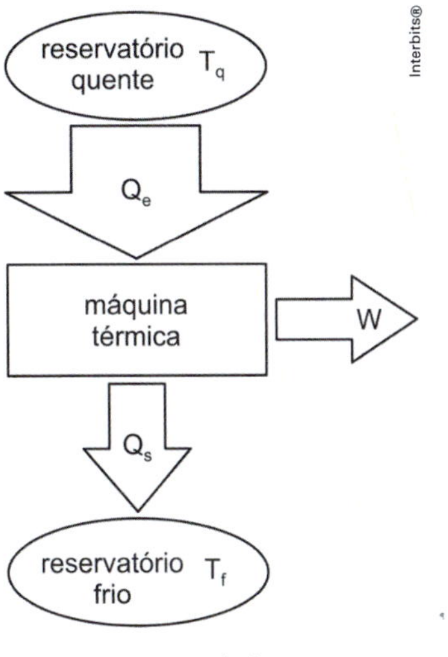

Para realizar um trabalho (*W*) de 600 J, o calor absorvido deve ser de

a) 2 400 J
b) 1 800 J
c) 1 581 J
d) 967 J
e) 800 J

53. (Enem)

O ar atmosférico pode ser utilizado para armazenar o excedente de energia gerada no sistema elétrico, diminuindo seu desperdício, por meio do seguinte processo: água e gás carbônico são inicialmente removidos do ar atmosférico e a massa de ar restante é resfriada até –198 °C. Presente na proporção de 78% dessa massa de ar, o nitrogênio gasoso é liquefeito, ocupando um volume 700 vezes menor. A energia excedente do sistema elétrico é utilizada nesse processo, sendo parcialmente recuperada quando o nitrogênio líquido, exposto à temperatura ambiente, entra em ebulição e se expande, fazendo girar turbinas que convertem energia mecânica em energia elétrica.

MACHADO, R. Disponível em www.correiobraziliense.com.br Acesso em: 9 set. 2013 (adaptado).

No processo descrito, o excedente de energia elétrica é armazenado pela

a) expansão do nitrogênio durante a ebulição.

b) absorção de calor pelo nitrogênio durante a ebulição.

c) realização de trabalho sobre o nitrogênio durante a liquefação.

d) retirada de água e gás carbônico da atmosfera antes do resfriamento.

e) liberação de calor do nitrogênio para a vizinhança durante a liquefação.

54. (Fuvest-SP) Certa quantidade de gás sofre três transformações sucessivas, $A \to B$, $B \to C$ e $C \to A$, conforme o diagrama $p - V$ apresentado na figura abaixo.

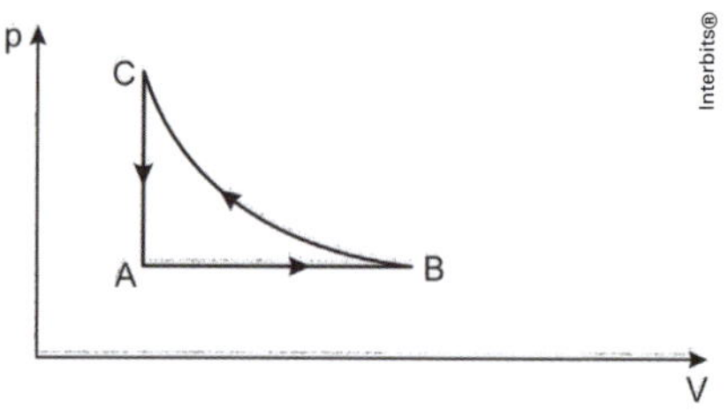

A respeito dessas transformações, afirmou-se o seguinte:

I. O trabalho total realizado no ciclo *ABCA* é nulo.

II. A energia interna do gás no estado *C* é maior que no estado *A*.

III. Durante a transformação $A \to B$, o gás recebe calor e realiza trabalho.

Está correto o que se afirma em:

a) I.

b) II.

c) III.

d) I e II.

e) II e III.

55. (Unesp) A figura representa um cilindro contendo um gás ideal em três estados, 1, 2 e 3, respectivamente.

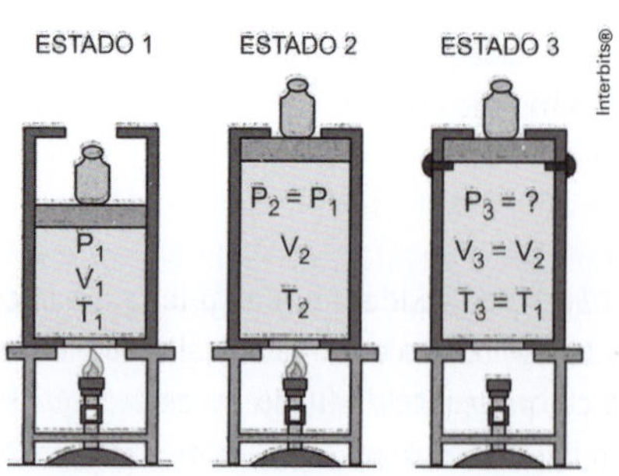

No estado 1, o gás está submetido à pressão $P_1 = 1{,}2 \times 10^5$ Pa e ocupa um volume $V_1 = 0{,}008$ m³ à temperatura T_1. Acende-se uma chama de potência constante sob o cilindro, de maneira que ao receber 500 J de calor o gás sofre uma expansão lenta e isobárica até o estado 2, quando o êmbolo atinge o topo do cilindro e é impedido de continuar a se mover. Nesse estado, o gás passa a ocupar um volume $V_2 = 0{,}012$ m³ à temperatura T_2.

Nesse momento, o êmbolo é travado de maneira que não possa mais descer e a chama é apagada. O gás é, então, resfriado até o estado 3, quando a temperatura volta ao valor inicial T_1 e o gás fica submetido a uma nova pressão P_3.

Considerando que o cilindro tenha capacidade térmica desprezível, calcule a variação de energia interna sofrida pelo gás quando ele é levado do estado 1 ao estado 2 e o valor da pressão final P_3.

56. (Ufes) Uma massa de 20,0 g de um gás ideal com massa molar de $M = 4{,}00$ g/mol é aquecido de sua temperatura inicial $T_i = 300$ K para uma temperatura final de $T_f = 700$ K, fazendo com que seu volume inicial aumente de $V_i = 0{,}300$ m³ para um volume final de $V_f = 0{,}900$ m³, sob uma mesma pressão externa fixa. Sabendo que o processo foi quase estático, determine

$$\left[\text{Considere: } \Delta U = \left(\frac{3}{2}\right) nR\Delta T\right]$$

a) a pressão sob a qual se realiza o processo;

b) a variação da energia interna sofrida pelo gás;

c) o trabalho realizado pelo gás nessa expansão;

d) a quantidade de calor que o gás recebe durante o processo.

Dados: Quando necessário, utilize a aceleração da gravidade $g = 10$ m/s² e a constante universal dos gases $R = 8{,}31$ J/mol · K.

$c_p = 1{,}25$ cal/g · K é o calor específico do gás sob pressão constante e 1 cal = 4,18 J.

57. (Uerj) Considere *X* e *Y* dois corpos homogêneos, constituídos por substâncias distintas, cujas massas correspondem, respectivamente, a 20 g e 10 g.

O gráfico abaixo mostra as variações da temperatura desses corpos em função do calor absorvido por eles durante um processo de aquecimento.

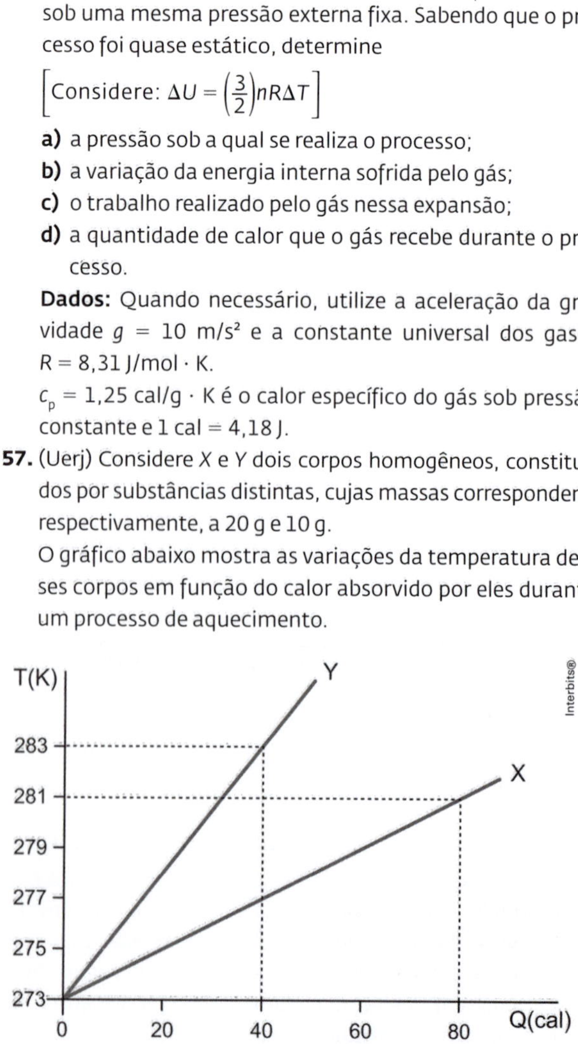

Determine as capacidades térmicas de X e Y e, também, os calores específicos das substâncias que os constituem.

58. (Unesp) Clarice colocou em uma xícara 50 mL de café a 80 °C, 100 mL de leite a 50 °C e, para cuidar de sua forma física, adoçou com 2 mL de adoçante líquido a 20 °C. Sabe-se que o calor específico do café vale 1 cal/(g · °C), do leite vale 0,9 cal/(g · °C), do adoçante vale 2 cal/(g · °C) e que a capacidade térmica da xícara é desprezível.

Considerando que as densidades do leite, do café e do adoçante sejam iguais e que a perda de calor para a atmosfera é desprezível, depois de atingido o equilíbrio térmico, a temperatura final da bebida de Clarice, em °C, estava entre

a) 75,0 e 85,0.
b) 65,0 e 74,9.
c) 55,0 e 64,9.
d) 45,0 e 54,9.
e) 35,0 e 44,9.

59. (UFRGS-RS) O gráfico a seguir representa o calor absorvido por unidade de massa, Q/m, em função das variações de temperatura ΔT para as substâncias ar, água e álcool, que recebem calor em processos em que a pressão é mantida constante.

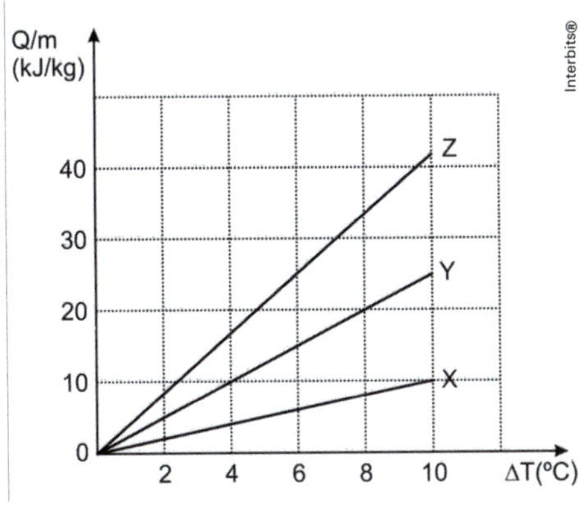

(Considere que os valores de calor específico do ar, do álcool e da água são, respectivamente, 1,0 kJ/kg · °C, 2,5 kJ/kg · °C e 4,2 kJ/kg · °C.)

Com base nesses dados, é correto afirmar que as linhas do gráfico identificadas pelas letras X, Y e Z, representam, respectivamente,

a) o ar, o álcool e a água.
b) o ar, a água e o álcool.
c) a água, o ar e o álcool.
d) a água, o álcool e o ar.
e) o álcool, a água e o ar.

60. (UFTM-MG) Em uma choperia, o chope é servido à razão de 1 litro por minuto. Em um dia, cuja temperatura é de 24,5 °C, a bebida é introduzida na serpentina da chopeira à temperatura ambiente e, dela, sai a 4 °C. A capacidade da chopeira é de 20 kg de gelo, colocado sobre a serpentina a −4 °C ($c_{gelo} = 0,5$ cal/(g · °C) e $L_f = 80$ cal/g). Considere $d_{chope} = 1,0$ g/cm³ e $c_{chope} = 1,0$ cal/(g · °C).

Considerando que não há qualquer tipo de perda de energia térmica entre o meio ambiente e a chopeira, determine:

a) a massa de gelo que se converte em água, para cada litro de chope retirado.

b) o intervalo de tempo necessário para que se reponha o gelo, de modo a manter sempre a mesma temperatura final do chope.

61. (UFMG) Um copo com 200 g de água está inicialmente a 25 °C. Carolina coloca 50 g de gelo, a 0 °C, nesse copo. Após algum tempo, todo o gelo derrete e toda a água no copo está à mesma temperatura.

[**Dados:** $c_{água} = 1$ cal/(g · °C) e $L_f = 80$ cal/g]

a) Considerando o sistema água e gelo isolado, calcule a temperatura no instante em que esse sistema chega ao equilíbrio térmico.

b) Considerando-se, agora, o sistema isolado como água, gelo e copo, o valor obtido para a temperatura do sistema será menor, igual ou maior ao valor obtido no item anterior? Justifique sua resposta.

62. (UFRGS-RS) Em um calorímetro são colocados 2,0 kg de água, no estado líquido, a uma temperatura de 0 °C. A seguir, são adicionados 2,0 kg de gelo, a uma temperatura não especificada. Após algum tempo, tendo sido atingido o equilíbrio térmico, verifica-se que a temperatura da mistura é de 0 °C e que a massa de gelo aumentou em 100 g. Considere que o calor específico do gelo ($c = 2,1$ kJ/kg · °C) é a metade do calor específico da água e que o calor latente de fusão do gelo é de 330 kJ/kg; e desconsidere a capacidade térmica do calorímetro e a troca de calor com o exterior.

Nessas condições, a temperatura do gelo que foi inicialmente adicionado à água era, aproximadamente,

a) 0 °C.

b) −2,6 °C.

c) −3,9 °C.

d) −6,1 °C.

e) −7,9 °C.

63. (PUC-SP) Um motor de potência 2,5 cv absorve 925 cal/s de uma fonte térmica quente, cuja temperatura é de 927 °C. Sendo a temperatura da fonte fria de 80,6 °F, determine a razão entre o rendimento de um motor de Carnot que operasse entre essas mesmas fontes térmicas e o rendimento do referido motor.

a) 0,75

b) 1,00

c) 1,50

d) 2,00

64. (PUC-PR) O físico e engenheiro francês Nicolas Léonard Sadi Carnot (1796-1832), em seu trabalho *Reflexões sobre a potência motriz do fogo*, concluiu que as máquinas térmicas ideais podem atingir um rendimento máximo por meio de uma sequência específica de transformações gasosas que resultam num ciclo – denominado de *ciclo de Carnot*, conforme ilustra a figura a seguir.

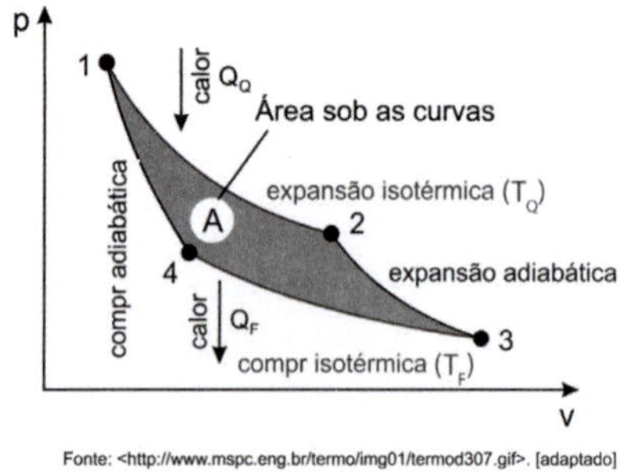

Fonte: <http://www.mspc.eng.br/termo/img01/termod307.gif>. [adaptado]

A partir das informações do ciclo de Carnot sobre uma massa de gás, conforme mostrado no gráfico $p \times V$, analise as alternativas a seguir.

I. Ao iniciar o ciclo (expansão isotérmica $1 \rightarrow 2$), a variação de energia interna do gás é igual a Q_Q e o trabalho é positivo ($W > 0$).

II. Na segunda etapa do ciclo (expansão adiabática $2 \rightarrow 3$) não há troca de calor, embora o gás sofra um resfriamento, pois $\Delta U = -W$.

III. Na compressão adiabática $4 \rightarrow 1$, última etapa do ciclo, o trabalho realizado sobre o gás corresponde à variação de energia interna dessa etapa e há um aquecimento, ou seja, $\Delta U = +W$.

IV. O trabalho útil realizado pela máquina térmica no ciclo de Carnot é igual à área *A* ou, de outro modo, dado por: $W = Q_Q - Q_F$.

V. O rendimento da máquina térmica ideal pode atingir até 100%, pois o calor Q_F pode ser nulo – o que não contraria a segunda lei da termodinâmica.

Estão **CORRETAS** apenas as alternativas:

a) I, II e IV.

b) I, II e III.

c) II, III e IV.

d) II, III e V.

e) III, IV e V.

65. (Unicamp-SP) O Parque Güell em Barcelona é um dos mais impressionantes parques públicos do mundo e representa uma das obras mais marcantes do arquiteto Antoni Gaudí. Em sua obra, Gaudí utilizou um número imenso de azulejos coloridos.

a) Considere que, no Parque Güell, existe um número $N = 2 \times 10^6$ de azulejos cujas faces estão perfeitamente perpendiculares à direção da radiação solar quando o sol está a pino na cidade de Barcelona. Nessa situação, a intensidade da radiação solar no local é $I = 1200\ W/m^2$. Estime a área de um azulejo tipicamente presente em casas e, a partir da área total dos *N* azulejos, calcule a energia solar que incide sobre esses azulejos durante um tempo $t = 60\ s$.

b) Uma das esculturas mais emblemáticas do parque Güell tem a forma de um réptil multicolorido conhecido como *El Drac*, que se converteu em um dos símbolos da cidade de Barcelona. Considere que a escultura absorva, em um dia ensolarado, uma quantidade de calor $Q = 3500\ kJ$. Considerando que a massa da escultura é $m = 500\ kg$ e seu calor específico é $c = 700\ J/(kg \cdot K)$, calcule a variação de temperatura sofrida pela escultura, desprezando as perdas de calor para o ambiente.

66. (IME-RJ) Um copo está sobre uma mesa com a boca voltada para cima. Um explosivo no estado sólido preenche completamente o copo, estando todo o sistema a 300 K. O copo e o explosivo são aquecidos. Nesse processo, o explosivo passa ao estado líquido, transbordando para fora do copo. Sabendo que a temperatura final do sistema é 400 K, determine:

a) a temperatura de fusão do explosivo;

b) o calor total fornecido ao explosivo.

Dados:

- volume transbordado do explosivo líquido: $10^{-6}\ m^3$;
- coeficiente de dilatação volumétrica do explosivo no estado líquido: $10^{-4}\ K^{-1}$;
- coeficiente de dilatação volumétrica do material do copo: $4 \times 10^{-5}\ K^{-1}$;
- volume inicial do interior do copo: $10^{-3}\ m^3$;
- massa do explosivo: 1,6 kg;
- calor específico do explosivo no estado sólido: $10^3\ J \cdot kg^{-1} \cdot K^{-1}$;
- calor específico do explosivo no estado líquido: $10^3\ J \cdot kg^{-1} \cdot K^{-1}$ e
- calor latente de fusão do explosivo: $10^5\ J \cdot kg^{-1}$.

Consideração:

- o coeficiente de dilatação volumétrica do explosivo no estado sólido é muito menor que o coeficiente de dilatação volumétrica do material do copo.

67. (ITA-SP) Considere uma garrafa térmica fechada contendo uma certa quantidade de água inicialmente a 20 °C. Elevando-se a garrafa a uma certa altura e baixando-a em seguida, suponha que toda a água sofra uma queda livre de 42 cm em seu interior. Este processo se repete 100 vezes por minuto. Supondo que toda a energia cinética se transforme em calor a cada movimento, determine o tempo necessário para ferver toda a água.

68. (IME-RJ) Uma fábrica produz um tipo de resíduo industrial na fase líquida que, devido à sua toxidade, deve ser armazenado em um tanque especial monitorado à distância, para posterior tratamento e descarte. Durante uma inspeção diária, o controlador desta operação verifica que o medidor de capacidade do tanque se encontra inoperante, mas uma estimativa confiável indica que $\frac{1}{3}$ do volume do tanque se encontra preenchido pelo resíduo. O tempo estimado para que o novo medidor esteja totalmente operacional é de três dias e neste intervalo de tempo a empresa produzirá, no máximo, oito litros por dia de resíduo.

Durante o processo de tratamento do resíduo, constata-se que, com o volume já previamente armazenado no tanque, são necessários dois minutos para que uma determinada quantidade de calor eleve a temperatura do líquido em 60 °C. Adicionalmente, com um corpo feito do mesmo material do tanque de armazenamento, são realizadas duas experiências relatadas a seguir:

Experiência 1: Confecciona-se uma chapa de espessura 10 mm cuja área de seção reta é um quadrado de lado 500 mm. Com a mesma taxa de energia térmica utilizada no aquecimento do resíduo, nota-se que a face esquerda da chapa atinge a temperatura de 100 °C, enquanto a face direita alcança 80 °C.

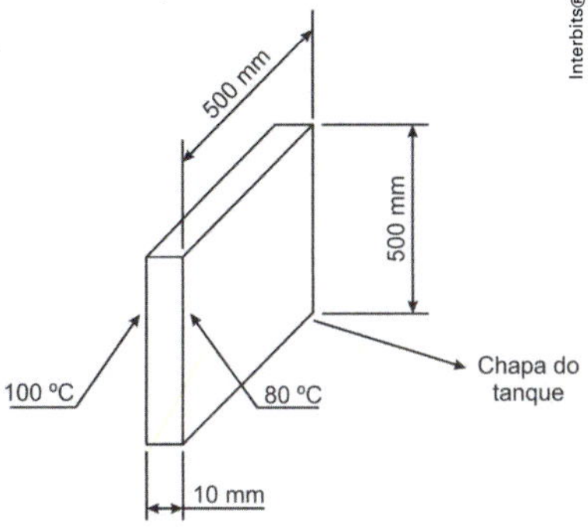

Interbits®

Experiência 2: A chapa da experiência anterior é posta em contato com uma chapa-padrão de mesma área de seção reta e espessura 210 mm. Nota-se que, submetendo este conjunto a 50% da taxa de calor empregada no tratamento do resíduo, a temperatura da face livre da chapa-padrão é 60 °C, enquanto a face livre da chapa da experiência atinge 100 °C.

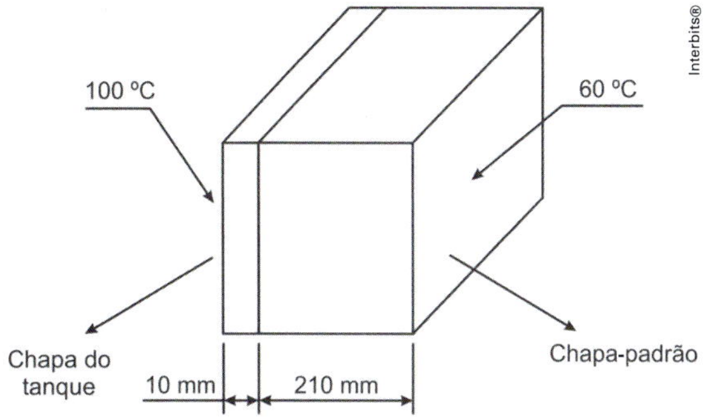

Interbits®

Com base nestes dados, determine se o tanque pode acumular a produção do resíduo nos próximos três dias sem risco de transbordar. Justifique sua conclusão através de uma análise termodinâmica da situação descrita e levando em conta os dados abaixo:

Dados:

- calor específico do resíduo: 500 J/kg °C;
- massa específica do resíduo: 1 200 kg/m³;
- condutividade térmica da chapa-padrão: 420 W/m°C.

69. (Unicamp-SP) A boa ventilação em ambientes fechados é um fator importante para o conforto térmico em regiões de clima quente. Uma chaminé solar pode ser usada para aumentar a ventilação de um edifício. Ela faz uso da energia solar para aquecer o ar de sua parte superior, tornando-o menos denso e fazendo com que ele suba, aspirando assim o ar dos ambientes e substituindo-o por ar vindo do exterior.

a) A intensidade da radiação solar absorvida por uma placa usada para aquecer o ar é igual a 400 W/m². A energia absorvida durante 1,0 min por uma placa de 2 m² é usada para aquecer 6,0 kg de ar. O calor específico do ar é $c = 1\,000 \frac{J}{kg\ °C}$. Qual é a variação de temperatura do ar nesse período?

b) A densidade do ar a 290 K é $\rho = 1{,}2$ kg/m³. Adotando-se um número fixo de moles de ar mantido a pressão constante, calcule a sua densidade para a temperatura de 300 K. Considere o ar como um gás ideal.

Unidade 3 – Óptica e ondas

Propagação retilínea da luz	Os raios de luz sempre se propagam em linha reta.
Leis da reflexão	O raio incidente, a normal à superfície refletora no ponto de incidência e o raio refletido estão situados em um mesmo plano. O ângulo de incidência tem a mesma medida do ângulo de reflexão.
Espelhos planos	Os espelhos planos formam imagens virtuais de objetos postados à sua frente, a uma distância igual à distância do objeto ao espelho.
Espelhos esféricos	**Espelhos côncavos** formam imagens reais, reduzidas e invertidas. Possui foco real. **Espelhos convexos** formam imagens virtuais, ampliadas e direitas. Possui foco virtual.
Distância focal	$f = \frac{R}{2}$ — f: distância focal (m, cm); R: raio de curvatura do espelho (m, cm).
Aumento produzido pelos espelhos	$\frac{A'B'}{AB} = \frac{D_i}{D_o}$ — $A'B'$: tamanho da imagem (m); AB: tamanho do objeto (m); D_i: distância da imagem ao espelho (m); D_o: distância do objeto ao espelho (m).
Equação dos espelhos esféricos	$\frac{1}{f} = \frac{1}{D_o} + \frac{1}{D_i}$ — f: distância focal (m); D_i: distância da imagem ao espelho (m); D_o: distância do objeto ao espelho (m).
Leis da refração	A velocidade da luz no vácuo (c) é a maior possível; nos demais meios, a velocidade da luz (v) está relacionada ao respectivo índice de refração n: $n = \frac{c}{v}$ Lei de Snell e Descartes: Quando a luz passa de um meio, cujo índice de refração é n_1, para outro meio, cujo índice de refração é n_2, vale: $n_1 \cdot \text{sen}\,\theta_1 = n_2 \cdot \text{sen}\,\theta_2$ — θ_1: ângulo de incidência; θ_2: ângulo de refração. Quando $\theta_2 = 90°$, θ_1 é o ângulo limite de refração, além do qual ocorre **reflexão total** na interface.
Dispersão	Fenômeno que consiste na separação da luz branca em diversas cores quando ela atravessa meios diferentes. A dispersão ocorre, pois, ao passar de um meio para outro, o ângulo do raio refratado depende da cor da luz.
Lentes	Dispositivos constituídos por um meio transparente limitado por faces curvas.

Lentes esféricas	**Lentes convergentes:** apresentam extremidades mais finas que a parte central. **Lentes divergentes:** apresentam extremidades mais espessas que a parte central.	
Equação das lentes	$\frac{1}{f} = \frac{1}{D_o} + \frac{1}{D_i}$	f: distância focal da lente; positiva se a lente for convergente e negativa se a lente for divergente (m); D_o: distância do objeto à lente, sempre positiva (m); D_i: distância da imagem à lente; positiva se a imagem for real e negativa se for virtual (m).
Movimento harmônico simples	Movimento oscilatório no qual a força que atua no objeto é proporcional a sua distância até a posição de equilíbrio.	
Período e frequência	$T = \frac{1}{f}$	Período (T): tempo que o objeto demora para efetuar uma oscilação completa. Frequência (f): número de oscilações completas que o objeto efetua por unidade de tempo.
Ondas	**Onda transversal:** os pontos do meio no qual ela se propaga oscilam perpendicularmente à direção de propagação da onda. **Onda longitudinal:** os pontos do meio no qual ela se propaga oscilam paralelamente à direção de propagação da onda.	
Ondas e fenômenos periódicos	$v = \lambda \cdot f$	v: velocidade da onda (m/s); λ: comprimento de onda (m); f: frequência (Hz).
Interferência	Fenômeno que consiste na superposição de duas ondas no espaço. **Interferência construtiva:** quando a crista de uma onda está em fase com a crista da outra onda. A amplitude da onda resultante é a soma algébrica das amplitudes das ondas combinadas. **Interferência destrutiva:** quando a crista de uma onda cruza com o vale da outra onda. A amplitude da onda resultante é a subtração das amplitudes das ondas superpostas.	
Intensidade sonora	$I = \frac{\Delta E}{A \cdot \Delta t}$	I: intensidade sonora (W/m^2); ΔE: energia transportada pela onda (J); A: área (m^2); Δt: intervalo de tempo (s).
Efeito Doppler	Consiste na variação da frequência de uma onda que atinge um receptor, causada pelo movimento da fonte emissora da onda ou do receptor. $f = f_o \cdot \left(\frac{v \pm v_r}{v \pm v_f}\right)$	f = frequência registrada pelo receptor (observador) (Hz); f_o = frequência original da onda (Hz); v = velocidade da onda no meio considerado (m/s); v_f = velocidade da fonte (m/s); v_r = velocidade do receptor (m/s).

1. (Enem) Folhas de papel, como as utilizadas para a impressão de documentos, são opacas e permeáveis aos líquidos. Esse material é constituído de microfibras entrelaçadas de celulose, que são transparentes à luz. Quando sobre elas se derrama glicerina, elas se tornam translúcidas. Uma imagem da superfície de uma folha de papel, ampliada por um microscópio eletrônico de varredura, pode ser vista na figura. No quadro é apresentada a razão (*n*) entre a velocidade da luz no vácuo e no respectivo material (celulose, glicerina ou ar).

Material	*n*
celulose	1,46
glicerina	1,47
ar	1,00

Nessa situação, o papel se tornou translúcido porque a luz é

a) mais refletida.
b) mais absorvida.
c) mais espalhada.
d) menos refratada.
e) menos transmitida.

2. (PUCC-SP) Quando um objeto *O* é colocado a uma distância *d* de uma câmara escura, forma-se uma imagem de altura *i*. O mesmo objeto é aproximado 6 m desta mesma câmara e nota-se a formação de uma imagem de altura 3*i*.
O valor de *d*, em metros, é

a) 6
b) 7
c) 8
d) 9
e) 15

3. (UFJF/Pism-MG) Uma vela de 20 cm está posicionada próximo a um espelho *E* plano de 30 cm, conforme indicado na figura. Um observador deverá ser posicionado na mesma linha vertical da vela, ou seja, no eixo *y*, de forma que ele veja uma imagem da vela no espelho.

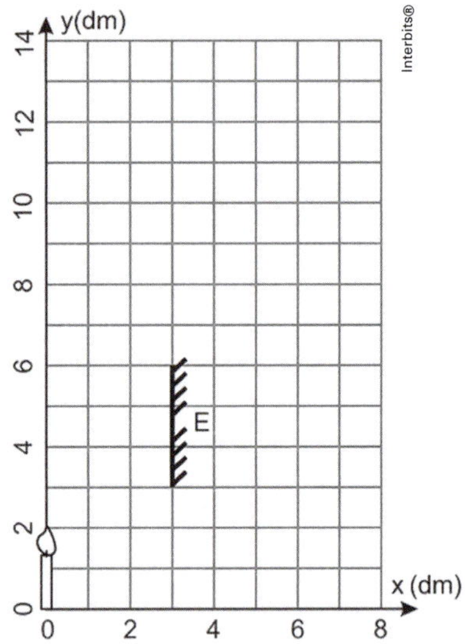

Qual o intervalo de *y* em que o observador pode ser posicionado para que ele possa ver a imagem em toda sua extensão?

a) $0 \text{ dm} \leq y \leq 6 \text{ dm}$.
b) $3 \text{ dm} \leq y \leq 6 \text{ dm}$.
c) $4 \text{ dm} \leq y \leq 7 \text{ dm}$.
d) $5 \text{ dm} \leq y \leq 10 \text{ dm}$.
e) $6 \text{ dm} \leq y \leq 10 \text{ dm}$.

4. (Unesp) Uma pessoa está parada numa calçada plana e horizontal diante de um espelho plano vertical *E* pendurado na fachada de uma loja. A figura representa a visão de cima da região.

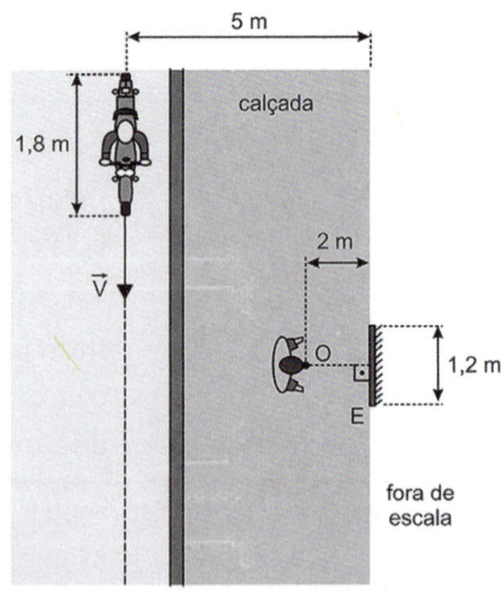

Olhando para o espelho, a pessoa pode ver a imagem de um motociclista e de sua motocicleta que passam pela rua com velocidade constante $V = 0{,}8$ m/s, em uma trajetória retilínea paralela à calçada, conforme indica a linha tracejada. Considerando que o ponto *O* na figura represente a posição dos olhos da pessoa parada na calçada, é correto afirmar que ela poderá ver a imagem por inteiro do motociclista e de sua motocicleta refletida no espelho durante um intervalo de tempo, em segundos, igual a

a) 2.
b) 3.
c) 4.
d) 5.
e) 1.

5. (Unicamp-SP) Em uma animação do Tom e Jerry, o camundongo Jerry se assusta ao ver sua imagem em uma bola de Natal cuja superfície é refletora, como mostra a reprodução abaixo.

(Adaptado de https://www.youtube.com/watch?v=RtZYfTr7D_o. Acessado em 25/10/2016.)

É correto afirmar que o efeito mostrado na ilustração não ocorre na realidade, pois a bola de Natal formaria uma imagem

a) virtual ampliada.
b) virtual reduzida.
c) real ampliada.
d) real reduzida.

6. (PUC-RS) Na figura abaixo, ilustra-se um espelho esférico côncavo E e seus respectivos centro de curvatura (C), foco (*F*) e vértice (*V*). Um dos infinitos raios luminosos que incidem no espelho tem sua trajetória representada por *r*. As trajetórias de 1 a 5 se referem a possíveis caminhos seguidos pelo raio luminoso refletido no espelho.

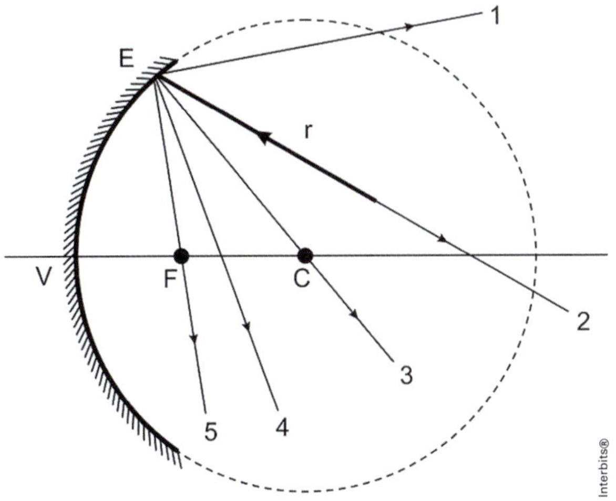

O número que melhor representa a trajetória percorrida pelo raio *r*, após refletir no espelho *E*, é

a) 1
b) 2
c) 3
d) 4
e) 5

7. (Unesp) Quando entrou em uma ótica para comprar novos óculos, um rapaz deparou-se com três espelhos sobre o balcão: um plano, um esférico côncavo e um esférico convexo, todos capazes de formar imagens nítidas de objetos reais colocados à sua frente. Notou ainda que, ao se posicionar sempre a mesma distância desses espelhos, via três diferentes imagens de seu rosto, representadas na figura a seguir.

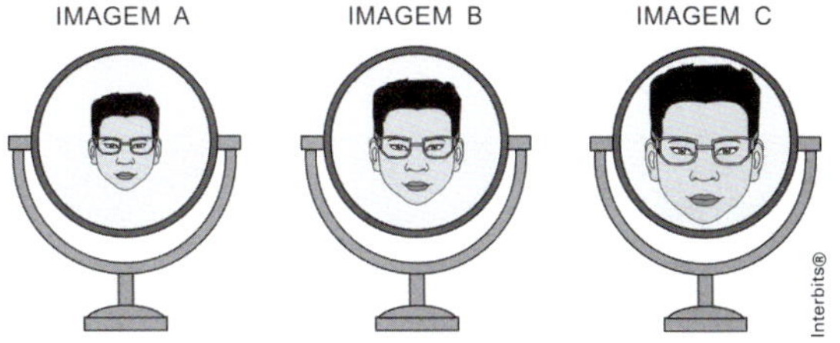

Em seguida, associou cada imagem vista por ele a um tipo de espelho e classificou-as quanto às suas naturezas.

Uma associação correta feita pelo rapaz está indicada na alternativa:

a) o espelho *A* é o côncavo e a imagem conjugada por ele é real.
b) o espelho *B* é o plano e a imagem conjugada por ele é real.
c) o espelho *C* é o côncavo e a imagem conjugada por ele é virtual.
d) o espelho *A* é o plano e a imagem conjugada por ele é virtual.
e) o espelho *C* é o convexo e a imagem conjugada por ele é virtual.

8. (Fuvest-SP) Luz solar incide verticalmente sobre o espelho esférico convexo visto na figura abaixo.

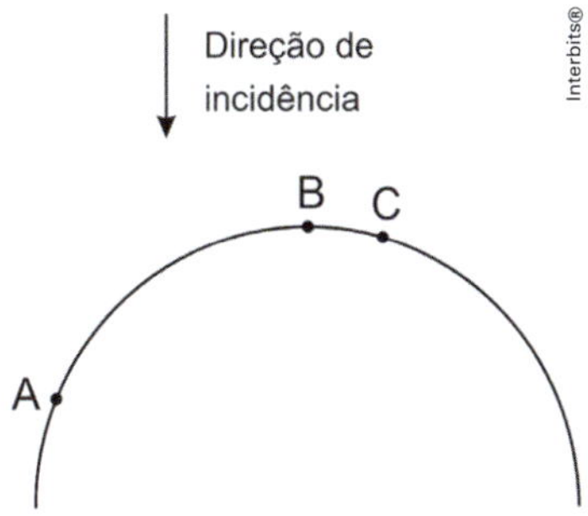

Os raios refletidos nos pontos *A*, *B* e *C* do espelho têm, respectivamente, ângulos de reflexão θ_A, θ_B e θ_C tais que

a) $\theta_A > \theta_B > \theta_C$
b) $\theta_A > \theta_C > \theta_B$
c) $\theta_A < \theta_C < \theta_B$
d) $\theta_A < \theta_B < \theta_C$
e) $\theta_A = \theta_B = \theta_C$

9. (Unicamp-SP) Espelhos esféricos côncavos são comumente utilizados por dentistas porque, dependendo da posição relativa entre objeto e imagem, eles permitem visualizar detalhes precisos dos dentes do paciente. Na figura da página a seguir, pode-se observar esquematicamente a imagem formada por um espelho côncavo. Fazendo uso de raios notáveis, podemos dizer que a flecha que representa o objeto

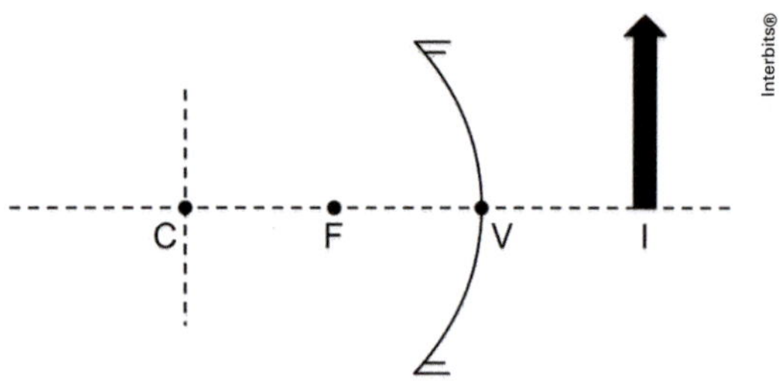

C: Centro de curvatura
F: Foco
V: Vértice
I: Imagem

a) se encontra entre *F* e *V* e aponta na direção da imagem.
b) se encontra entre *F* e *C* e aponta na direção da imagem.
c) se encontra entre *F* e *V* e aponta na direção oposta à imagem.
d) se encontra entre *F* e *C* e aponta na direção oposta à imagem.

10. (UFPR) Um espelho côncavo, com raio de curvatura 10 cm e centro em C, foi posicionado de acordo com a figura abaixo. Um objeto O, com 2 cm de altura, está localizado a 3 cm do espelho e orientado para baixo, a partir do eixo principal. Os segmentos que podem ser observados sobre o eixo principal são equidistantes entre si.

a) Na figura, assinale o foco do espelho, ressaltando-o por meio da letra *F*.

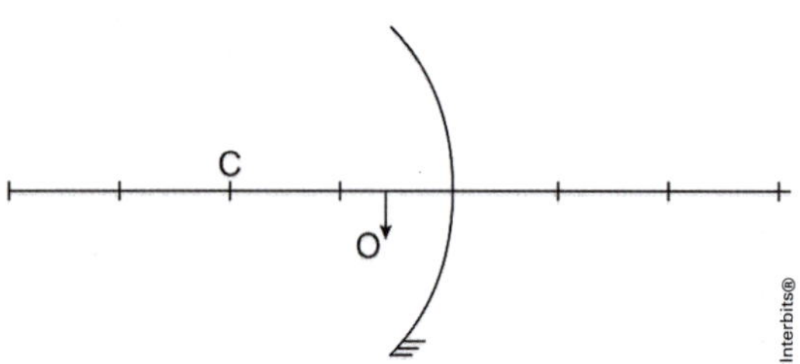

b) Determine graficamente, na figura, a imagem formada, representando, adequadamente, no mínimo, dois raios "notáveis", antes e após a ocorrência da reflexão.

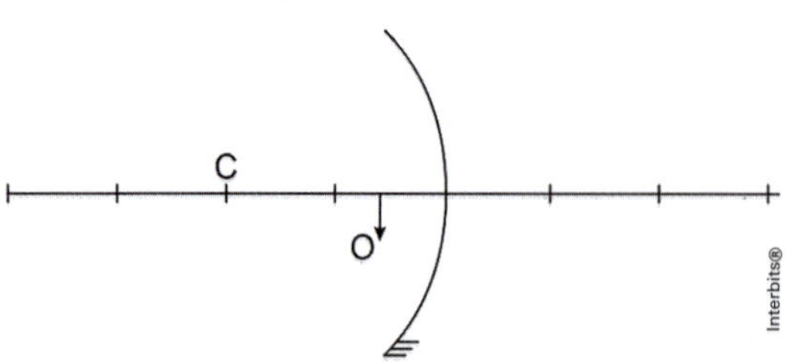

c) Determine, apresentando os devidos cálculos, o tamanho da imagem. É sabido que a ampliação corresponde ao simétrico da razão entre a distância da imagem ao espelho e a distância do objeto ao espelho, ou a razão entre o tamanho da imagem e o tamanho do objeto, com as devidas orientações.

11. (UEMG) Um estudante dispunha de um espelho côncavo e de uma lente biconvexa de vidro para montar um dispositivo que amplia a imagem de um objeto. Ele então montou o dispositivo, conforme mostrado no diagrama. O foco do espelho é *F* e os das lentes são *f* e *f'*. O objeto *O* é representado pela seta.

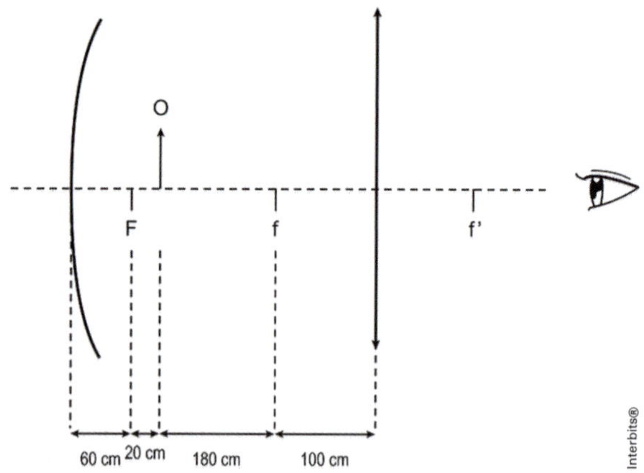

Após a montagem, o estudante observou que era possível visualizar duas imagens. As características dessas imagens são:

a) Imagem 1: real, invertida e maior.
Imagem 2: real, invertida e menor.
b) Imagem 1: real, direta e maior.
Imagem 2: real, invertida e menor.
c) Imagem 1: virtual, direta e maior.
Imagem 2: real, invertida e menor.
d) Imagem 1: virtual, direta e menor.
Imagem 2: real, invertida e maior.

12. (Unesp) No centro de uma placa de madeira, há um orifício no qual está encaixada uma lente delgada convergente de distância focal igual a 30 cm. Esta placa é colocada na vertical e um objeto luminoso é colocado frontalmente à lente, à distância de 40 cm. No lado oposto, um espelho plano, também vertical e paralelo à placa de madeira, é disposto de modo a refletir a imagem nítida do objeto sobre a placa de madeira. A figura ilustra a montagem.

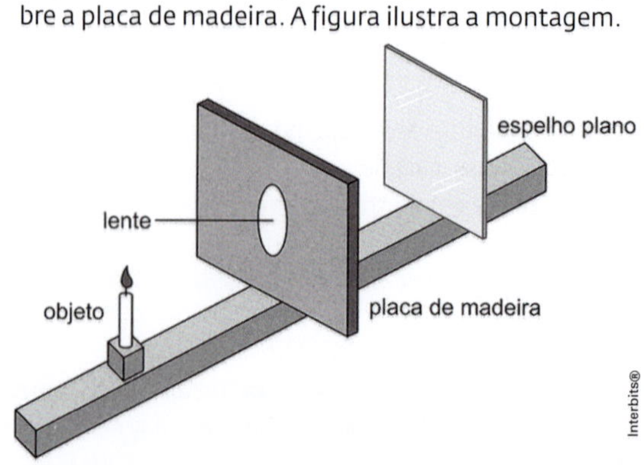

Nessa situação, o espelho plano se encontra em relação à placa de madeira a uma distância de

a) 70 cm
b) 10 cm
c) 60 cm
d) 30 cm

13. (Uerj) A altura da imagem de um objeto, posicionado a uma distância P_1 do orifício de uma câmara escura, corresponde a 5% da altura desse objeto. A altura da imagem desse mesmo objeto, posicionado a uma distância P_2 do orifício da câmara escura, corresponde a 50% de sua altura. Calcule P_2 em função de P_1.

14. (UPF-RS) Uma pessoa com visão perfeita observa um adesivo, de tamanho igual a 6 mm, grudado na parede na altura de seus olhos. A distância entre o cristalino do olho e o adesivo é de 3 m. Supondo que a distância entre esse cristalino e a retina, onde se forma a imagem, é igual a 20 mm, o tamanho da imagem do adesivo formada na retina é:

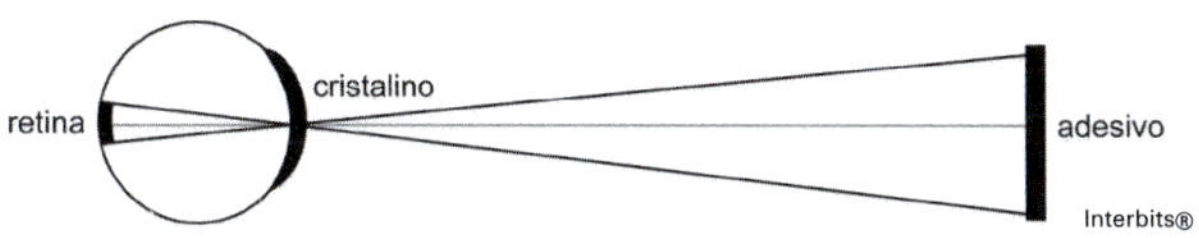

a) 4×10^{-3} mm
b) 5×10^{-3} mm
c) 4×10^{-2} mm
d) 5×10^{-4} mm
e) 2×10^{-4} mm

15. (Unifesp) Na entrada de uma loja de conveniência de um posto de combustível, há um espelho convexo utilizado para monitorar a região externa da loja, como representado na figura. A distância focal desse espelho tem módulo igual a 0,6 m e, na figura, pode-se ver a imagem de dois veículos que estão estacionados paralelamente e em frente à loja, aproximadamente a 3 m de distância do vértice do espelho.

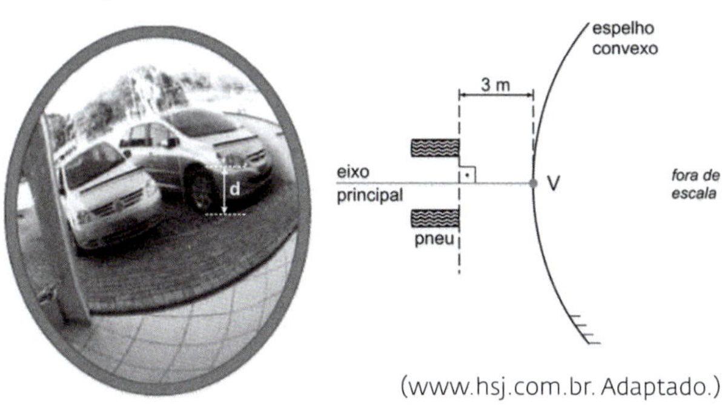

(www.hsj.com.br. Adaptado.)

Considerando que esse espelho obedece às condições de nitidez de Gauss, calcule:

a) a distância, em metros, da imagem dos veículos ao espelho.
b) a relação entre o comprimento do diâmetro da imagem do pneu de um dos carros, indicada por *d* na figura, e o comprimento real do diâmetro desse pneu.

16. (UFRGS-RS) O fenômeno físico responsável pela dispersão da luz branca, ao atravessar o prisma, é chamado

a) difração.
b) interferência.
c) polarização.
d) reflexão.
e) refração.

17. (UFRGS-RS) Uma câmera fotográfica caseira pode ser construída a partir de uma caixa escura, com um minúsculo orifício (O, na figura) em um dos lados, e uma folha de papel fotográfico no lado interno oposto ao orifício. A imagem de um objeto é formada segundo o diagrama abaixo.

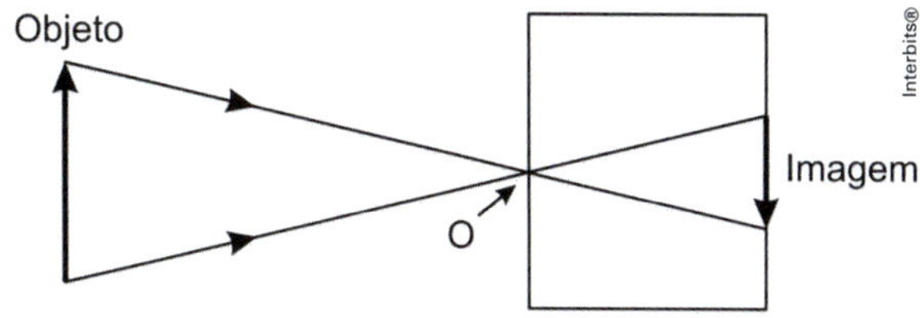

O fenômeno ilustrado ocorre porque

a) a luz apresenta ângulos de incidência e de reflexão iguais.
b) a direção da luz é variada quando passa através de uma pequena abertura.
c) a luz produz uma imagem virtual.
d) a luz viaja em linha reta.
e) a luz contorna obstáculos.

18. (PUC-SP)

As Nações Unidas declararam 2015 como o ano internacional da luz e das tecnologias baseadas em luz. O Ano Internacional da Luz ajudará na divulgação da importância de tecnologias ópticas e da luz em nossa vida cotidiana. A luz visível é uma onda eletromagnética, que se situa entre a radiação infravermelha e a radiação ultravioleta, cujo comprimento de onda está compreendido num determinado intervalo dentro do qual o olho humano é a ela sensível. Toda radiação eletromagnética, incluindo a luz visível, se propaga no vácuo a uma velocidade constante, comumente chamada de velocidade da luz, constituindo-se, assim, numa importante constante da Física. No entanto, quando essa radiação deixa o vácuo e penetra, por exemplo, na atmosfera terrestre, essa radiação sofre variação em sua velocidade de propagação e essa variação depende do comprimento de onda da radiação incidente. Dependendo do ângulo em que se dá essa incidência na atmosfera, a radiação pode sofrer, também, mudança em sua direção de propagação. Essa mudança na velocidade de propagação da luz, ao passar do vácuo para a camada gasosa da atmosfera terrestre, é um fenômeno óptico conhecido como:

a) interferência
b) polarização
c) refração
d) absorção
e) difração

19. (UFG-GO) Uma lente convergente de vidro possui distância focal *f* quando imersa no ar. Essa lente é mergulhada em glicerina, um tipo de álcool com índice de refração maior que o do ar. Considerando-se que o índice de refração do vidro é o mesmo da glicerina (iguais a 1,5), conclui-se que o diagrama que representa o comportamento de um feixe de luz incidindo sobre a lente imersa na glicerina é o seguinte:

a)

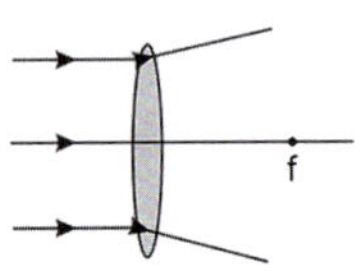

b)

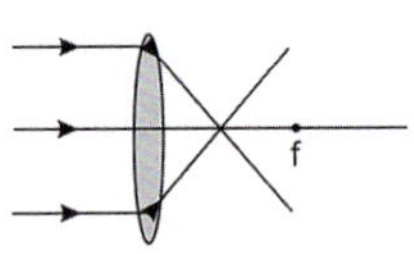

c)

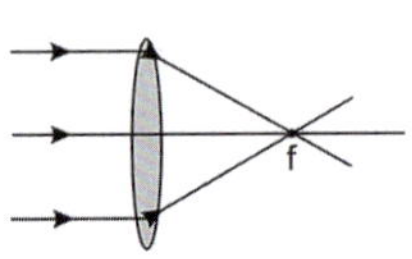

d)

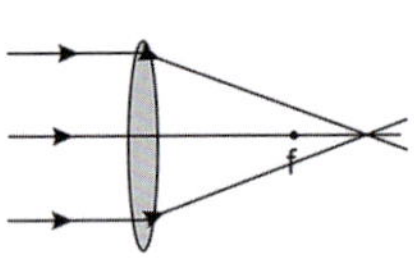

e)

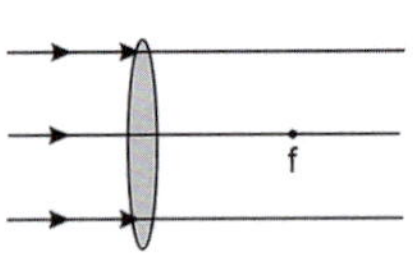

20. (Ufes) Enche-se uma fina esfera, feita de vidro transparente, com um líquido, até completar-se exatamente a metade de seu volume. O resto do volume da esfera contém ar (índice de refração $n_{ar} = 1$). Uma fonte de luz gera um cone de finos raios luminosos que interceptam a esfera, formando uma circunferência de diâmetro *d*. Os raios emergem da esfera, formando novo cone que intercepta a esfera em outra circunferência de diâmetro *D*. Na figura, mostram-se dois raios incidentes *SO* e *TO*, nos limites da interseção do cone com o plano da figura, bem como os correspondentes raios emergentes *OS'* e *OT'*. O ponto O é o centro da esfera. Despreze qualquer efeito de refração na passagem dos raios de luz através do vidro da esfera.

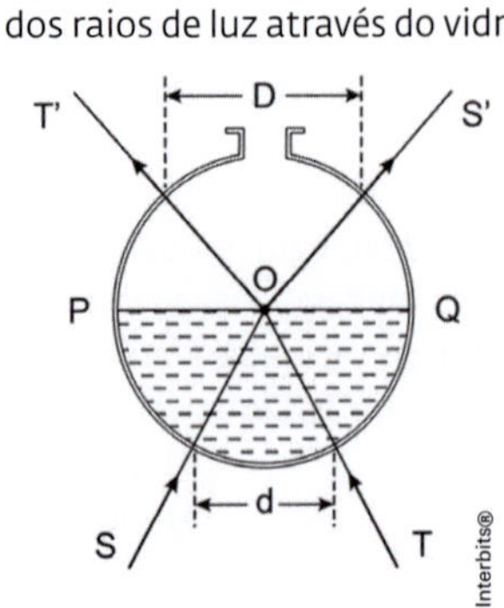

a) Explique por que os feixes incidentes, tais como *SO* ou *TO*, não sofrem desvio no trajeto do ar para o líquido.

b) Se $d = 20$ cm e $D = 28$ cm, determine o índice de refração $n_{líq}$ do líquido em relação ao ar.

c) À medida que se aumenta o ângulo do cone de raios incidentes, verifica-se que o ângulo do cone emergente tende a 90°, ou seja, *OS'* tende a *OQ* e *OT'* tende a *OP*. Sabendo que esse limite ocorre quando *d* se torna $d_{lím} = 30$ cm, determine o raio da esfera.

21. (Enem) A banda larga brasileira é lenta. No Japão já existem redes de fibras ópticas, que permitem acessos à internet com velocidade de 1 gigabit por segundo (Gbps), o suficiente para baixar em um minuto, por exemplo, 80 filmes. No Brasil a maioria das conexões ainda é de 1 megabit por segundo (Mbps), ou seja, menos de um milésimo dos acessos mais rápidos do Japão. A fibra óptica é composta basicamente de um material dielétrico (sílica ou plástico), segundo uma estrutura cilíndrica, transparente e flexível. Ela é formada de uma região central envolta por uma camada, também de material dielétrico, com índice de refração diferente do núcleo. A transmissão em uma fibra óptica acontecerá de forma correta se o índice de refração do núcleo, em relação ao revestimento, for

a) superior e ocorrer difração.
b) superior e ocorrer reflexão interna total.
c) inferior e ocorrer reflexão interna parcial.
d) inferior e ocorrer interferência destrutiva.
e) inferior e ocorrer interferência construtiva.

22. (Unesp) Dentro de uma piscina, um tubo retilíneo luminescente, com 1 m de comprimento, pende, verticalmente, a partir do centro de uma boia circular opaca, de 20 cm de raio. A boia flutua, em equilíbrio, na superfície da água da piscina, como representa a figura.

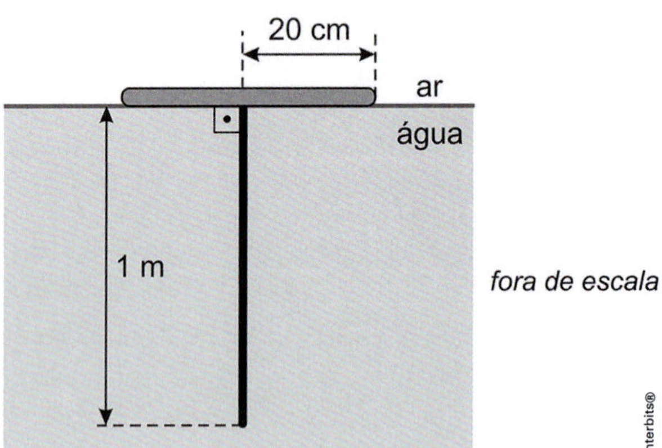

Sabendo que o índice de refração absoluto do ar é 1,00 e que o índice de refração absoluto da água da piscina é 1,25, a parte visível desse tubo, para as pessoas que estiverem fora da piscina, terá comprimento máximo igual a

a) 45 cm
b) 85 cm
c) 15 cm
d) 35 cm
e) 65 cm

23. (EFOMM) O aquário da figura abaixo apresenta bordas bem espessas de um material cujo índice de refração é igual a $\sqrt{3}$. Um observador curioso aponta uma lanterna de forma que seu feixe de luz forme um ângulo de incidência de 60°, atravessando a borda do aquário e percorrendo a trajetória AB. Em seguida, o feixe de luz passa para a região que contém o líquido, sem sofrer desvio, seguindo a trajetória BC.

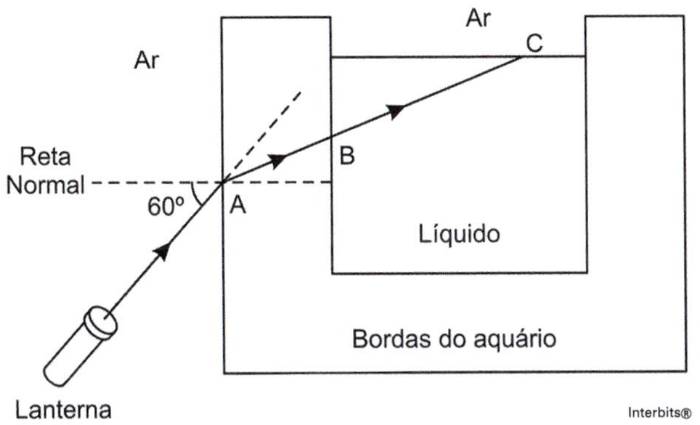

Considere o índice de refração do ar igual a 1,0. O feixe de luz emergirá do líquido para o ar no ponto C?

a) Sim, e o seno do ângulo refratado será $\frac{\sqrt{3}}{3}$.

b) Sim, e o seno do ângulo refratado será $\frac{3}{2}$.

c) Não, e o seno do ângulo limite será $\frac{\sqrt{3}}{2}$.

d) Não, pois o seno do ângulo refratado é menor que o seno do ângulo limite.

e) Não, pois o seno do ângulo refratado é maior que o seno do ângulo limite.

24. (Enem)

Será que uma miragem ajudou a afundar o Titanic?

O fenômeno ótico conhecido como Fata Morgana pode fazer com que uma falsa parede de água apareça sobre o horizonte molhado. Quando as condições são favoráveis, a luz refletida pela água fria pode ser desviada por uma camada incomum de ar quente acima, chegando até o observador, vinda de muitos ângulos diferentes. De acordo com estudos de pesquisadores da Universidade de San Diego, uma Fata Morgana pode ter obscurecido os icebergs da visão da tripulação que estava a bordo do Titanic. Dessa forma, a certa distância, o horizonte verdadeiro fica encoberto por uma névoa escurecida, que se parece muito com águas calmas no escuro.

Disponível em: http://apod.nasa.gov.
Acesso em: 6 set. 2012 (adaptado).

O fenômeno ótico que, segundo os pesquisadores, provoca a Fata Morgana é a

a) ressonância.
b) refração.
c) difração.
d) reflexão.
e) difusão.

25. (IME-RJ)

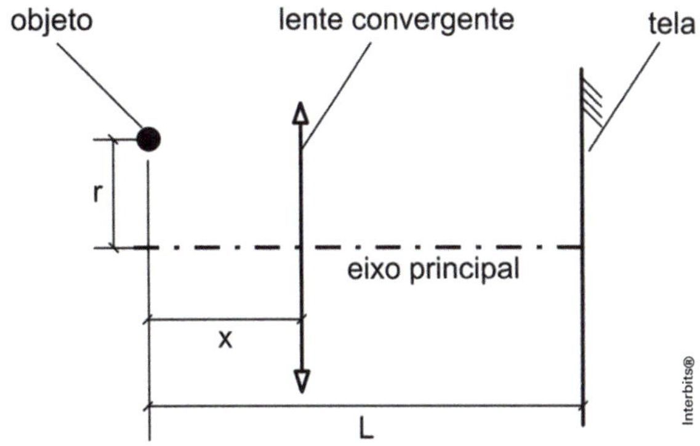

Um objeto puntiforme encontra-se a uma distância L de sua imagem, localizada em uma tela, como mostra a figura acima. Faz-se o objeto executar um movimento circular uniforme de raio r ($r << L$) com centro no eixo principal e em um plano paralelo à lente. A distância focal da lente é $3L/16$ e a distância entre o objeto e a lente é x. A razão entre as velocidades escalares das imagens para os possíveis valores de x para os quais se forma uma imagem na posição da tela é:

a) 1
b) 3
c) 6
d) 9
e) 12

26. (Fuvest-SP) Em uma aula de laboratório de Física, utilizando-se o arranjo experimental esquematizado na figura, foi medido o índice de refração de um material sintético chamado poliestireno. Nessa experiência, radiação eletromagnética, proveniente de um gerador de micro-ondas, propaga-se no ar e incide perpendicularmente em um dos lados de um bloco de poliestireno, cuja seção reta é um triângulo retângulo, que tem um dos ângulos medindo 25°, conforme a figura. Um detetor de micro-ondas indica que a radiação eletromagnética sai do bloco propagando-se no ar em uma direção que forma um ângulo de 15° com a de incidência.

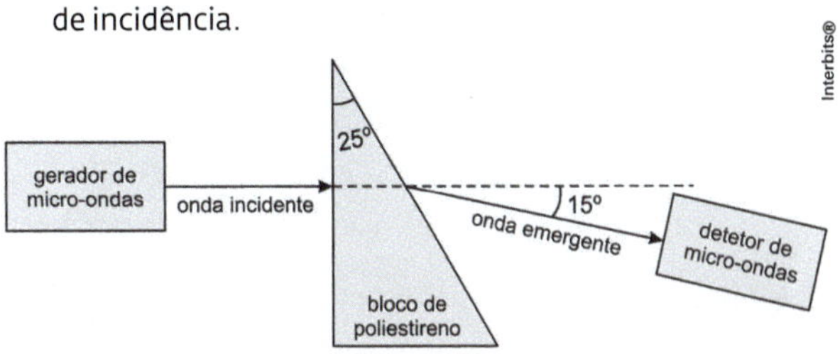

A partir desse resultado, conclui-se que o índice de refração do poliestireno em relação ao ar para essa micro-onda é, aproximadamente,

Note e adote:
- índice de refração do ar: 1,0
- sen 15° ≈ 0,3
- sen 25° ≈ 0,4
- sen 40° ≈ 0,6

a) 1,3
b) 1,5
c) 1,7
d) 2,0
e) 2,2

27. (Fuvest-SP) Uma moeda está no centro do fundo de uma caixa-d'água cilíndrica de 0,87 m de altura e base circular com 1,0 m de diâmetro, totalmente preenchida com água, como esquematizado na figura.

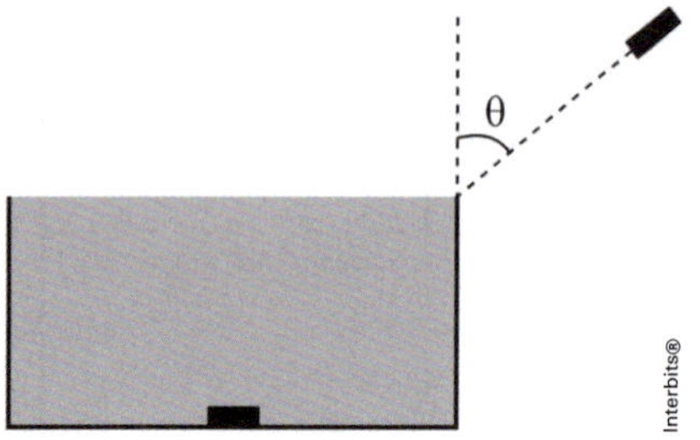

Se um feixe de luz laser incidir em uma direção que passa pela borda da caixa, fazendo um ângulo θ com a vertical, ele só poderá iluminar a moeda se

Note e adote:

Índice de refração da água: 1,4

$n_1 \operatorname{sen}(\theta_1) = n_2 \operatorname{sen}(\theta_2)$

sen(20°) = cos(70°) = 0,35

sen(30°) = cos(60°) = 0,50

sen(45°) = cos(45°) = 0,70

sen(60°) = cos(30°) = 0,87

sen(70°) = cos(20°) = 0,94

a) θ = 20°
b) θ = 30°
c) θ = 45°
d) θ = 60°
e) θ = 70°

28. (Unesp) A figura representa ondas chegando a uma praia. Observa-se que, à medida que se aproximam da areia, as cristas vão mudando de direção, tendendo a ficar paralelas à orla. Isso ocorre devido ao fato de que a parte da onda que atinge a região mais rasa do mar tem sua velocidade de propagação diminuída, enquanto a parte que se propaga na região mais profunda permanece com a mesma velocidade até alcançar a região mais rasa, alinhando-se com a primeira parte.

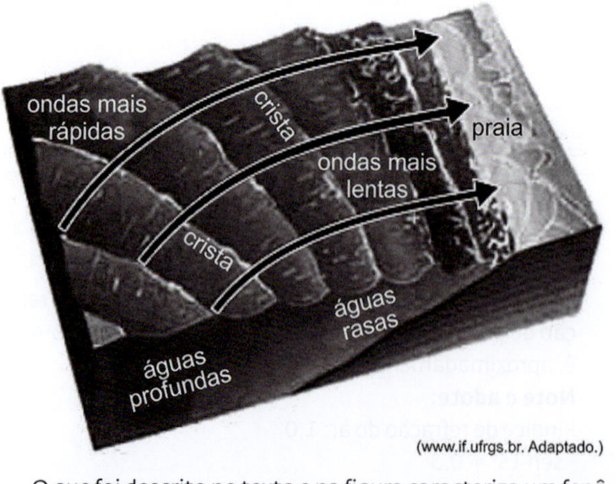

(www.if.ufrgs.br. Adaptado.)

O que foi descrito no texto e na figura caracteriza um fenômeno ondulatório chamado

a) reflexão.
b) difração.
c) refração.
d) interferência.
e) polarização.

29. (Unicamp-SP) O Teatro de Luz Negra, típico da República Tcheca, é um tipo de representação cênica caracterizada pelo uso do cenário escuro com uma iluminação estratégica dos objetos exibidos. No entanto, o termo Luz Negra é fisicamente incoerente, pois a coloração negra é justamente a ausência de luz. A luz branca é a composição de luz com vários comprimentos de onda e a cor de um corpo é dada pelo comprimento de onda da luz que ele predominantemente reflete. Assim, um quadro que apresente as cores azul e branca quando iluminado pela luz solar, ao ser iluminado por uma luz monocromática de comprimento de onda correspondente à cor amarela, apresentará, respectivamente, uma coloração

a) amarela e branca.
b) negra e amarela.
c) azul e negra.
d) totalmente negra.

30. (Unicamp-SP) O efeito de imagem tridimensional no cinema e nos televisores 3D é obtido quando se expõe cada olho a uma mesma imagem em duas posições ligeiramente diferentes. Um modo de se conseguir imagens distintas em cada olho é através do uso de óculos com filtros polarizadores.

a) Quando a luz é polarizada, as direções dos campos elétricos e magnéticos são bem definidas. A intensidade da luz polarizada que atravessa um filtro polarizador é dada por $I = I_0 \cos^2\theta$, onde I_0 é a intensidade da luz incidente e θ é o ângulo entre o campo elétrico $\vec{E}$ e a direção de polarização do filtro. A intensidade luminosa, a uma distância d de uma fonte que emite luz polarizada, é dada por $I_0 = \frac{P_0}{4\pi d^2}$, em que P_0 é a potência da fonte. Sendo P_0 = 24 W, calcule a intensidade luminosa que atravessa um polarizador que se encontra a d = 2 m da fonte e para o qual θ = 60°.

b) Uma maneira de polarizar a luz é por reflexão. Quando uma luz não polarizada incide na interface entre dois meios de índices de refração diferentes com o ângulo de incidência θ_B, conhecido como ângulo de Brewster, a luz refletida é polarizada, como mostra a figura abaixo. Nessas condições, $\theta_B + \theta_r = 90°$, em que θ_r é o ângulo do raio refratado. Sendo $n_1 = 1{,}0$ o índice de refração do meio 1 e $\theta_B = 60°$, calcule o índice de refração do meio 2.

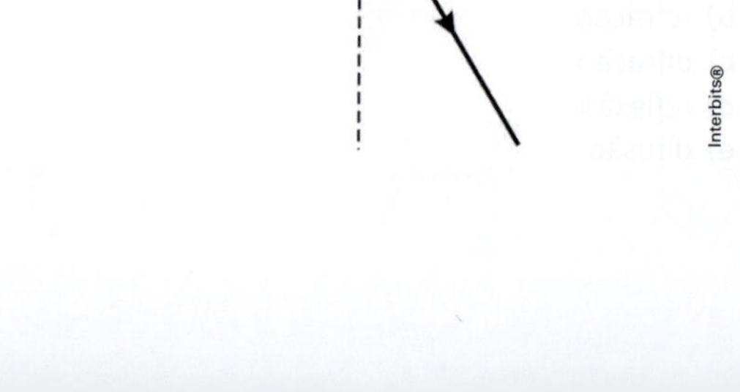

31. (ITA-SP)

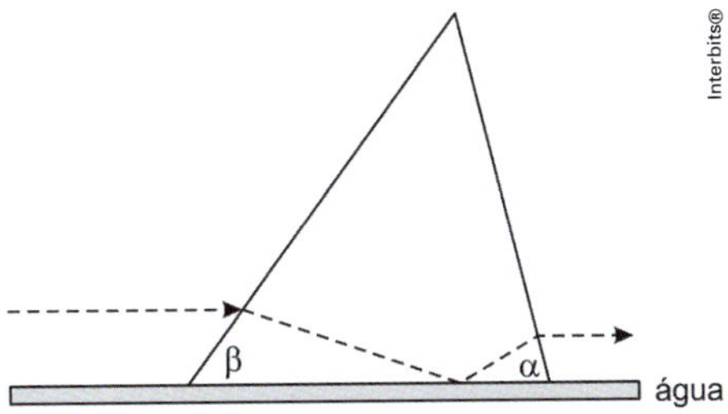

A base horizontal de um prisma de vidro encontra-se em contato com a superfície da água de um recipiente. A figura mostra a seção reta triangular deste prisma, com dois de seus ângulos, α e β. Um raio de luz propaga-se no ar paralelamente à superfície da água e perpendicular ao eixo do prisma, nele incidindo do lado do ângulo β, cujo valor é tal que o raio sofre reflexão total na interface da superfície vidro-água. Determine o ângulo α tal que o raio emerja horizontalmente do prisma. O índice de refração da água é $\frac{4}{3}$ e, o do vidro, $\frac{\sqrt{19}}{3}$.

Observação: Se precisar, utilize os valores das constantes aqui relacionadas.

Constante dos gases: $R = 8\ J/(mol \cdot K)$
Pressão atmosférica ao nível do mar: $P_0 = 100\ kPa$
Massa molecular do $CO_2 = 44\ u$
Calor latente do gelo: 80 cal/g
Calor específico do gelo: $0{,}5\ cal/(g \cdot K)$
$1\ cal = 4 \times 10^7\ erg$
Aceleração da gravidade: $g = 10{,}0\ m/s^2$

32. (Enem) As lentes fotocromáticas escurecem quando expostas à luz solar por causa de reações químicas reversíveis entre uma espécie incolor e outra colorida. Diversas reações podem ser utilizadas, e a escolha do melhor reagente para esse fim se baseia em três principais aspectos: (i) o quanto escurece a lente; (ii) o tempo de escurecimento quando exposta à luz solar; e (iii) o tempo de esmaecimento em ambiente sem forte luz solar. A transmitância indica a razão entre a quantidade de luz que atravessa o meio e a quantidade de luz que incide sobre ele.

Durante um teste de controle para o desenvolvimento de novas lentes fotocromáticas, foram analisadas cinco amostras, que utilizam reagentes químicos diferentes. No quadro, são apresentados os resultados.

Amostra	Tempo de escurecimento (segundo)	Tempo de esmaecimento (segundo)	Transmitância média da lente quando exposta à luz solar (%)
1	20	50	80
2	40	30	90
3	20	30	50
4	50	50	50
5	40	20	95

Considerando os três aspectos, qual é a melhor amostra de lente fotocromática para se utilizar em óculos?

a) 1
b) 2
c) 3
d) 4
e) 5

33. (PUC-RS) Analise a situação em que diferentes raios luminosos emanam de um mesmo ponto de uma vela e sofrem refração ao passarem por uma lente.

Montagem 1: A vela encontra-se posicionada entre o foco e o dobro da distância focal (ponto antiprincipal) de uma lente convergente. A imagem da vela está projetada no anteparo.

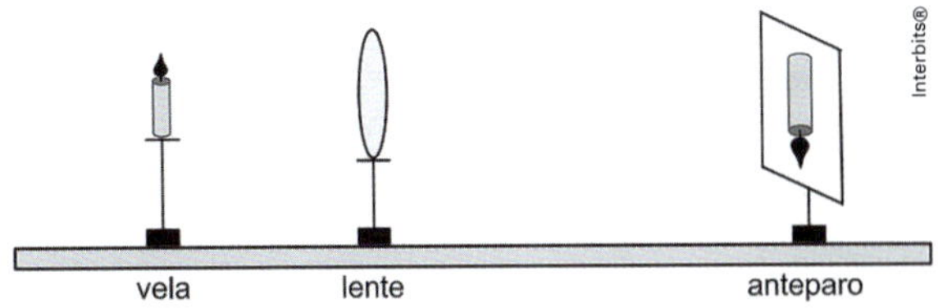

Montagem 2: A metade inferior da lente foi obstruída por uma placa opaca.

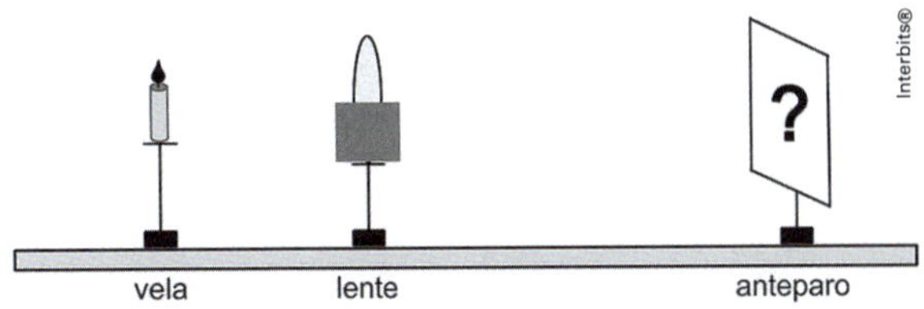

Na montagem 2, a imagem projetada no anteparo será:

a)

(Apenas a metade superior da vela é vista, e com uma intensidade luminosa menor que a da imagem formada na montagem 1.)

b)

(Apenas a metade superior da vela é vista, e com a mesma intensidade luminosa que a da imagem formada na montagem 1.)

c)

(Apenas a metade inferior da vela é vista, e com a mesma intensidade luminosa que a da imagem formada na montagem 1.)

d) 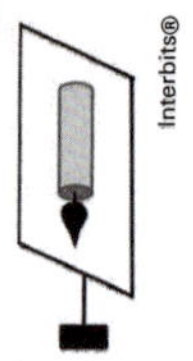

(Toda a vela é vista, e com a mesma intensidade luminosa que a da imagem formada na montagem 1.)

e) 

(Toda a vela é vista, e com uma intensidade luminosa menor que a da imagem formada na montagem 1.)

34. (Unicamp-SP) Um objeto é disposto em frente a uma lente convergente, conforme a figura abaixo. Os focos principais da lente são indicados com a letra F. Pode-se afirmar que a imagem formada pela lente

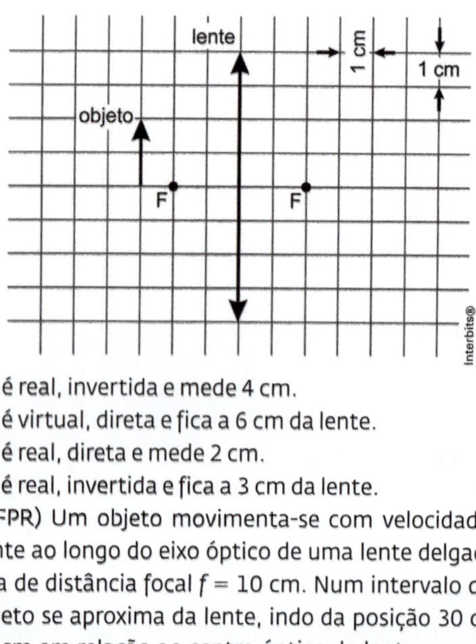

a) é real, invertida e mede 4 cm.
b) é virtual, direta e fica a 6 cm da lente.
c) é real, direta e mede 2 cm.
d) é real, invertida e fica a 3 cm da lente.

35. (UFPR) Um objeto movimenta-se com velocidade constante ao longo do eixo óptico de uma lente delgada positiva de distância focal $f = 10$ cm. Num intervalo de 1 s, o objeto se aproxima da lente, indo da posição 30 cm para 20 cm em relação ao centro óptico da lente. v_0 e v_i são as velocidades médias do objeto e da imagem, respectivamente, medidas em relação ao centro óptico da lente. Desprezando-se o tempo de propagação dos raios de luz, é correto concluir que o módulo da razão v_0/v_i é:

a) 2/3.
b) 3/2.
c) 1.
d) 3.
e) 2.

36. (Unesp) Durante a análise de uma lente delgada para a fabricação de uma lupa, foi construído um gráfico que relaciona a coordenada de um objeto colocado diante da lente (*p*) com a coordenada da imagem conjugada desse objeto por essa lente (*p'*). A figura 1 representa a lente, o objeto e a imagem. A figura 2 apresenta parte do gráfico construído.

FIGURA 1

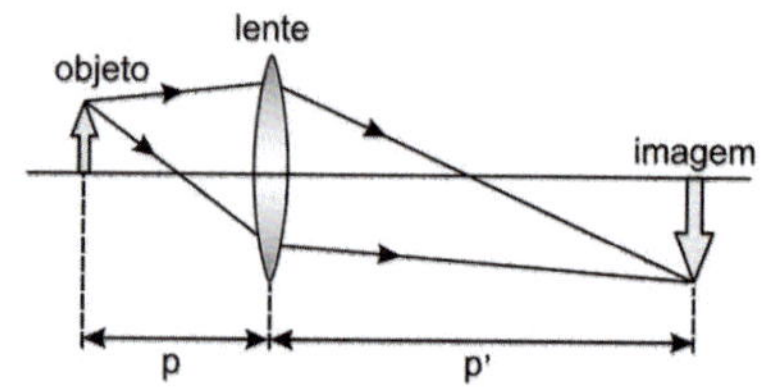

FIGURA 2

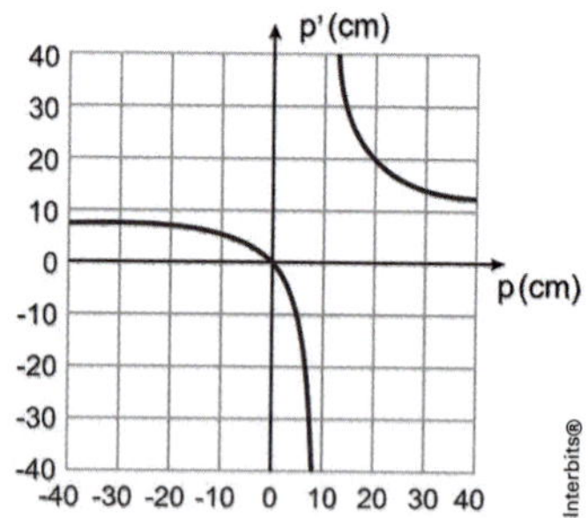

Considerando válidas as condições de nitidez de Gauss para essa lente, calcule a que distância se formará a imagem conjugada por ela, quando o objeto for colocado a 60 cm de seu centro óptico. Suponha que a lente seja utilizada como lupa para observar um pequeno objeto de 8 mm de altura, colocado a 2 cm da lente. Com que altura será vista a imagem desse objeto?

37. (Enem)

É comum aos fotógrafos tirar fotos coloridas em ambientes iluminados por lâmpadas fluorescentes, que contêm uma forte composição de luz verde. A consequência desse fato na fotografia é que todos os objetos claros, principalmente os brancos, aparecerão esverdeados. Para equilibrar as cores, deve-se usar um filtro adequado para diminuir a intensidade da luz verde que chega aos sensores da câmera fotográfica. Na escolha desse filtro, utiliza-se o conhecimento da composição das cores-luz primárias: vermelho, verde e azul; e das cores-luz secundárias: amarelo = vermelho + verde, ciano = verde + azul e magenta = vermelho + azul.

Disponível em: http://nautilus.fis.uc.pt. Acesso em 20 maio 2014 (adaptado).

Na situação descrita, qual deve ser o filtro utilizado para que a fotografia apresente as cores naturais dos objetos?

a) Ciano.
b) Verde.
c) Amarelo.
d) Magenta.
e) Vermelho.

38. (Enem) O avanço tecnológico da medicina propicia o desenvolvimento de tratamento para diversas doenças, como as relacionadas à visão. As correções que utilizam laser para o tratamento da miopia são consideradas seguras até 12 dioptrias, dependendo da espessura e curvatura da córnea. Para valores de dioptria superiores a esse, o implante de lentes intraoculares é mais indicado. Essas lentes, conhecidas como lentes fácicas (*LF*), são implantadas junto à córnea, antecedendo o cristalino (*C*), sem que esse precise ser removido, formando a imagem correta sobre a retina (*R*).

O comportamento de um feixe de luz incidindo no olho que possui um implante de lentes fácicas para correção do problema de visão apresentado é esquematizado por

a)

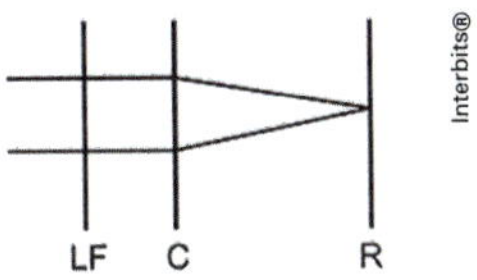

b)

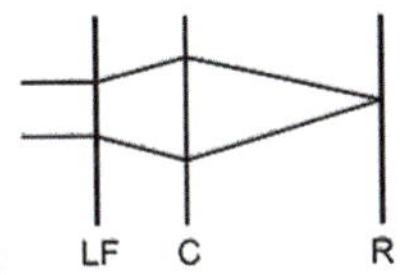

c)

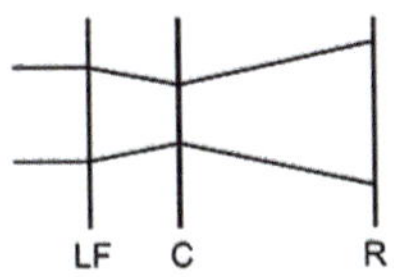

d)

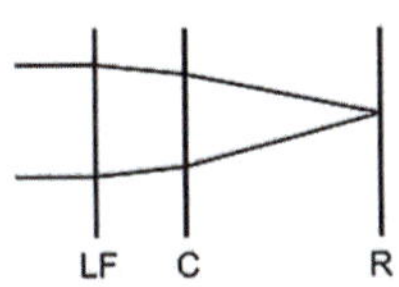

e)

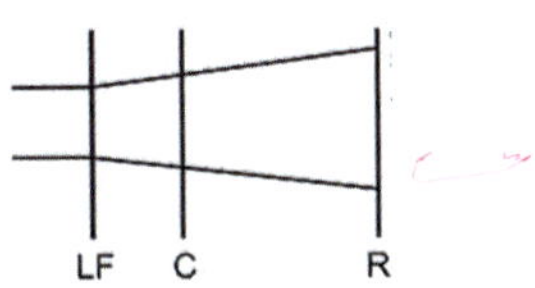

39. (UFG-GO) Em 2014, comemoram-se os 450 anos do nascimento de Galileu Galilei. Entre as inúmeras contribuições científicas de Galileu, destaca-se a utilização do telescópio para observações astronômicas. Um dos primeiros telescópios empregados por Galileu, em 1609, era constituído por duas lentes esféricas delgadas convergentes, uma objetiva e uma ocular e, por meio desse instrumento, Galileu conseguiu observar as crateras da Lua. Considerando o exposto, determine:

a) a distância focal da objetiva, considerando que o valor absoluto do fator de ampliação angular desse telescópio era 15 e que a distância focal da ocular era 9 cm;

b) o tamanho angular, em graus, de uma cratera lunar vista por Galileu com o olho próximo da ocular, considerando que a distância entre a Terra e a Lua é de aproximadamente 384 000 km e que o diâmetro da cratera é cerca de 2 400 km. Utilize a aproximação $\text{tg}\theta \simeq \theta$ para ângulos pequenos (em radianos).

40. (Enem) Nas rodovias, é comum motoristas terem a visão ofuscada ao receberem a luz refletida na água empoçada no asfalto. Sabe-se que essa luz adquire polarização horizontal. Para solucionar esse problema, há a possibilidade de o motorista utilizar óculos de lentes constituídas por filtros polarizadores. As linhas nas lentes dos óculos representam o eixo de polarização dessas lentes.

Quais são as lentes que solucionam o problema descrito?

a)

b)

c)

d)

e)

41. (Unesp)

Dentre as complicações que um portador de diabetes não controlado pode apresentar está a catarata, ou seja, a perda da transparência do cristalino, a lente do olho. Em situações de hiperglicemia, o cristalino absorve água, fica intumescido e tem seu raio de curvatura diminuído (figura 1), o que provoca miopia no paciente. À medida que a taxa de açúcar no sangue retorna aos níveis normais, o cristalino perde parte do excesso de água e volta ao tamanho original (figura 2). A repetição dessa situação altera as fibras da estrutura do cristalino, provocando sua opacificação.

(www.revistavigor.com.br. Adaptado.)

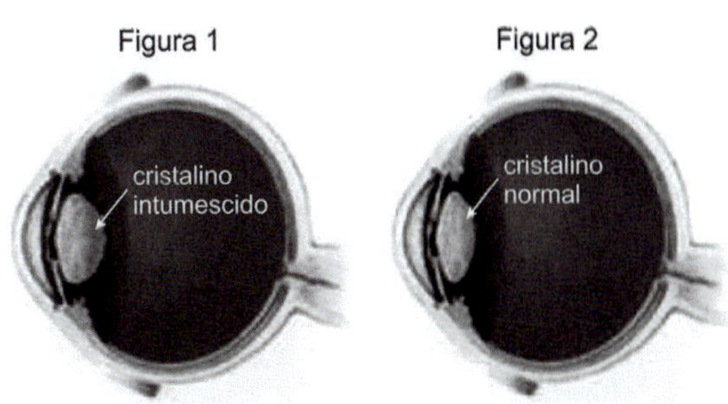

fora de escala

De acordo com o texto, a miopia causada por essa doença deve-se ao fato de, ao tornar-se mais intumescido, o cristalino ter sua distância focal

a) aumentada e tornar-se mais divergente.
b) reduzida e tornar-se mais divergente.
c) aumentada e tornar-se mais convergente.
d) aumentada e tornar-se mais refringente.
e) reduzida e tornar-se mais convergente.

42. (Fuvest-SP) O espelho principal de um dos maiores telescópios refletores do mundo, localizado nas Ilhas Canárias, tem 10 m de diâmetro e distância focal de 15 m. Supondo que, inadvertidamente, o espelho seja apontado diretamente para o Sol, determine:

a) o diâmetro *D* da imagem do Sol;
b) a densidade *S* de potência no plano da imagem, em W/m^2;
c) a variação ΔT da temperatura de um disco de alumínio de massa 0,6 kg colocado no plano da imagem, considerando que ele tenha absorvido toda a energia incidente durante 4 s.

Note e adote:

$\pi = 3$

O espelho deve ser considerado esférico.

Distância da Terra – Sol $= 1,5 \times 10^{11}$ m.

Diâmetro do Sol $= 1,5 \times 10^{9}$ m.

Calor específico do Al $= 1$ J/(g K).

Densidade de potência solar incidindo sobre o espelho principal do telescópio $= 1$ kW/m^2

O diâmetro do disco de alumínio é igual ao da imagem do Sol.

Desconsidere perdas de calor pelo disco de alumínio.

43. (Unesp) Nas câmeras fotográficas digitais, os filmes são substituídos por sensores digitais, como um CCD (sigla em inglês para Dispositivo de Carga Acoplada). Uma lente esférica convergente (*L*), denominada objetiva, projeta uma imagem nítida, real e invertida do objeto que se quer fotografar sobre o CCD, que lê e armazena eletronicamente essa imagem.

A figura representa esquematicamente uma câmera fotográfica digital. A lente objetiva *L* tem distância focal constante e foi montada dentro de um suporte *S*, indicado na figura, que pode mover-se para a esquerda, afastando a objetiva do CCD ou para a direita, aproximando-a dele. Na situação representada, a objetiva focaliza com nitidez a imagem do objeto O sobre a superfície do CCD.

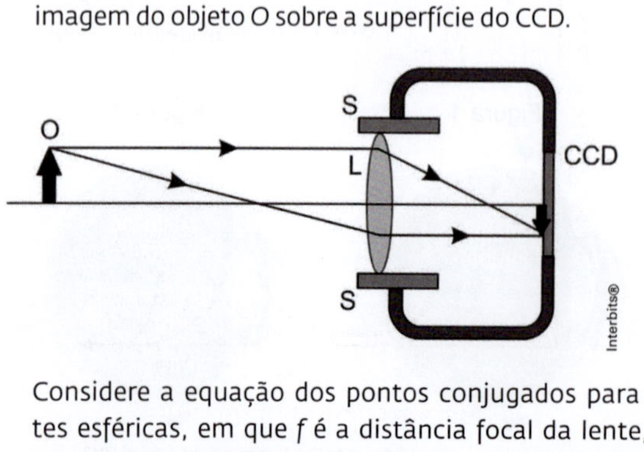

Considere a equação dos pontos conjugados para lentes esféricas, em que *f* é a distância focal da lente, *p* a coordenada do objeto e *p'* a coordenada da imagem. Se o objeto se aproximar da câmera sobre o eixo óptico da lente e a câmera for mantida em repouso em relação ao solo, supondo que a imagem permaneça real, ela tende a mover-se para a

a) esquerda e não será possível mantê-la sobre o CCD.
b) esquerda e será possível mantê-la sobre o CCD movendo-se a objetiva para a esquerda.
c) esquerda e será possível mantê-la sobre o CCD movendo-se a objetiva para a direita.
d) direita e será possível mantê-la sobre o CCD movendo-se a objetiva para a esquerda.
e) direita e será possível mantê-la sobre o CCD movendo-se a objetiva para a direita.

44. (UFSC) Fotografar é uma arte que se popularizou com os celulares e se intensificou com as redes sociais, pois todos querem "postar", publicar os seus registros, suas *selfies*. Talvez alguns celulares de última geração consigam a qualidade de uma máquina fotográfica profissional, mas nada como utilizar a própria máquina fotográfica profissional com todos os seus recursos de alto desempenho para tirar uma foto de alta qualidade. Antigamente as máquinas fotográficas usavam filmes, hoje usam sensores que captam a luz e a convertem em sinal digital, registrando a imagem em um arquivo digital. Na essência, tirando a tecnologia embarcada, as máquinas profissionais funcionam do mesmo jeito que antes. A luz incide pela objetiva (conjunto de lentes), reflete em um espelho, incide em um pentaprisma e emerge passando pela ocular. Além da ocular, as máquinas mais modernas possuem um visor LCD para ver o que está sendo focalizado para fotografar. Quando se aperta o disparador para fotografar, o espelho refletor levanta e a luz se propaga diretamente para o sensor, registrando desta forma a imagem desejada. A figura abaixo ilustra o que foi explicado antes.

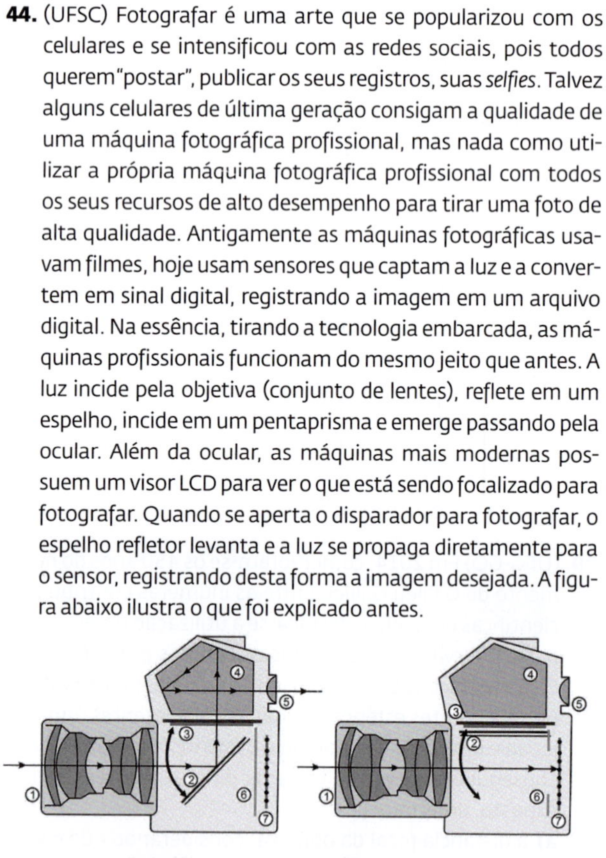

Lentes (1)
Espelho refletor (2)
Tela de focagem (3)
Pentaprisma (4)
Ocular (5)
Obturador (6)
Sensor CCD/Sensor CM Os/Filme (7)
→ Luz

Disponível em: <http://rauna-photography.blogspot.com.br/2011_06_01_archive.html> [Adaptado] Acesso em: 18 ago. 2014.

Com base na figura e no exposto acima, é correto afirmar:

01) a reflexão da luz é classificada de duas formas: a reflexão difusa e a reflexão especular, que só ocorre em superfícies planas.
02) a refração da luz é caracterizada pelo desvio da luz ao mudar de meio com refringências distintas.
04) a luz incide no pentaprisma e sofre duas reflexões antes de emergir. Estas reflexões são chamadas de reflexões totais, pois duas condições estão sendo satisfeitas: a luz está no meio mais refringente e o ângulo de incidência é maior que o ângulo limite.

08) o conjunto de lentes da objetiva é formado por lentes divergentes, pois somente elas formam imagens reais, que são projetadas.

16) a imagem projetada no sensor é real, direita e menor. Isto garante que ela possa ser vista com a mesma orientação, tanto pela ocular quanto pelo visor LCD.

32) pela figura, podemos observar que o raio de luz que incide no pentaprisma cruza com o raio de luz que irá emergir. O princípio da independência dos raios luminosos garante que este "encontro" não interfira na imagem vista pelo observador pela ocular.

45. (Fuvest-SP) Um grupo de estudantes, pretendendo estudar fenômeno análogo ao das cores comumente observadas em manchas de óleo, fez o seguinte experimento: depositou uma gota de um líquido, com índice de refração $n = 2,5$, sobre a água contida em um recipiente cilíndrico de raio 10 cm. O líquido se espalha com espessura homogênea sobre toda a superfície da água, como esquematizado na figura.

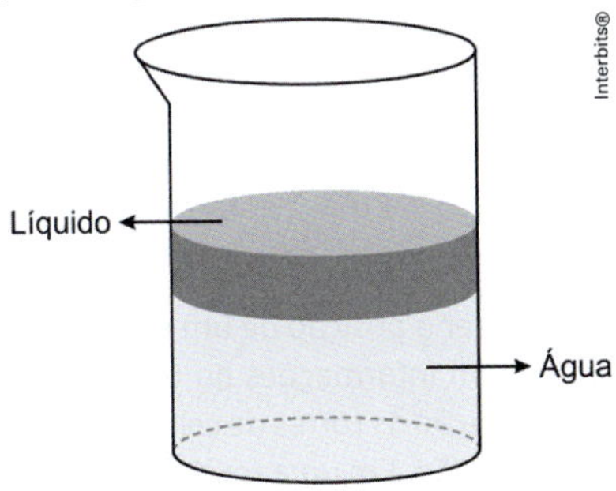

a) Se o volume da gota do líquido for 0,0045 cm^3, qual será a espessura E da camada do líquido sobre a água?

b) Um feixe de luz propaga-se no ar, incide perpendicularmente na superfície do líquido e sofre reflexão nas superfícies do líquido e da água. Quando a espessura E da camada do líquido for igual a $\frac{\lambda}{2n}$, sendo λ o comprimento de onda da luz incidente, ocorre interferência destrutiva entre a luz refletida no líquido e a luz refletida na água. Determine o valor de λ para essa condição.

c) Determine o volume da gota do líquido que deveria ser depositada sobre a água para que não se observe luz refletida quando luz verde de um *laser*, com frequência $0,6 \times 10^{15}$ Hz, incidir perpendicularmente na superfície do líquido.

Note e adote:
O líquido não se mistura com a água.
O recipiente é um cilindro circular reto.
Velocidade da luz $c = 3 \times 10^8$ m/s
$\pi \simeq 3$

46. (Fuvest-SP) O telêmetro de superposição é um instrumento ótico, de concepção simples, que no passado foi muito utilizado em câmeras fotográficas e em aparelhos de medição de distâncias. Uma representação esquemática de um desses instrumentos está a seguir. O espelho semitransparente E_1 está posicionado a 45° em relação à linha de visão, horizontal, AB. O espelho E_2 pode ser girado, com precisão, em torno de um eixo perpendicular à figura, passando por C, variando-se assim o ângulo β entre o plano de E_2 e a linha horizontal. Deseja-se determinar a distância AB do objeto que está no ponto B ao instrumento.

a) Desenhe na figura abaixo, com linhas cheias, os raios de luz que, partindo do objeto que está em B, atingem o olho do observador – um atravessa o espelho E_1 e o outro é refletido por E_2 no ponto C. Suponha que ambos cheguem ao olho do observador paralelos e superpostos.

b) Desenhe, com linhas tracejadas, o trajeto aproximado de um raio de luz que parte do objeto em B', incide em C e é refletido por E_2.

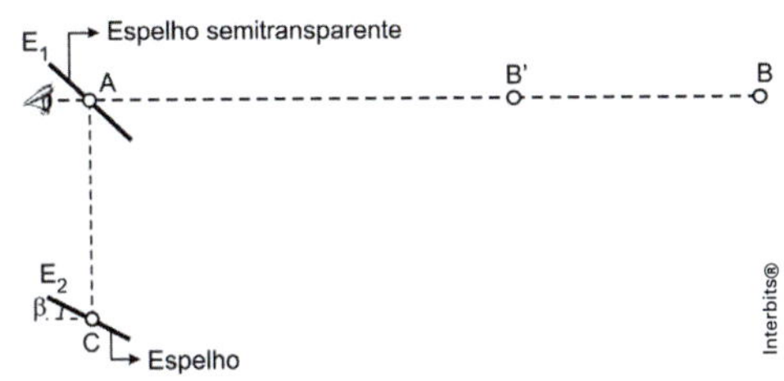

Com o objeto em um ponto B específico, o ângulo β foi ajustado em 44°, para que os raios cheguem ao olho do observador paralelos e superpostos. Nessa condição,

c) determine o valor do ângulo γ entre as linhas AB e BC;

d) com $AC = 10$ cm, determine o valor de AB.

47. (Fuvest-SP) A tabela traz os comprimentos de onda no espectro de radiação eletromagnética, na faixa da luz visível, associados ao espectro de cores mais frequentemente percebidas pelos olhos humanos. O gráfico representa a intensidade de absorção de luz pelas clorofilas *a* e *b*, os tipos mais frequentes nos vegetais terrestres.

Comprimento de onda (nm)	Cor
380 – 450	Violeta
450 – 490	Azul
490 – 520	Ciano
520 – 570	Verde
570 – 590	Amarelo
590 – 620	Alaranjado
620 – 740	Vermelho

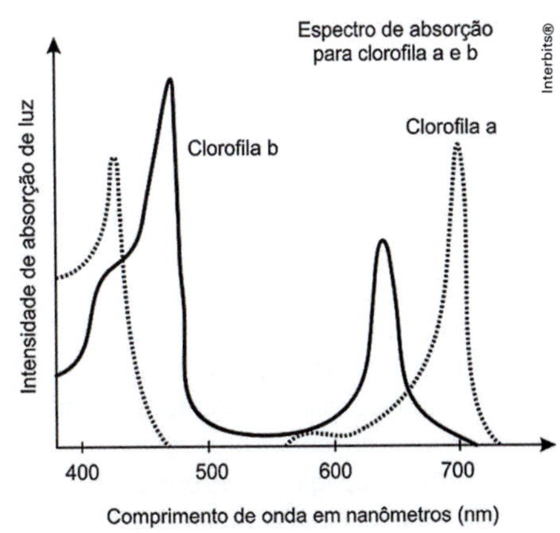

Baseado em: *Tratado de Botânica de Estrasburger*, 36ª. ed., Artmed, 2012.

Responda às questões abaixo, com base nas informações fornecidas na tabela e no gráfico da página anterior.

a) Em um experimento, dois vasos com plantas de crescimento rápido e da mesma espécie foram submetidos às seguintes condições:
vaso 1: exposição à luz solar;
vaso 2: exposição à luz verde.
A temperatura e a disponibilidade hídrica foram as mesmas para os dois vasos. Depois de algumas semanas, verificou-se que o crescimento das plantas diferiu entre os vasos. Qual a razão dessa diferença?

b) Por que as pessoas, com visão normal para cores, enxergam como verdes as folhas da maioria das plantas?

48. (UFRGS-RS) A tabela abaixo apresenta a frequência f de três diapasões.

Diapasão	f (Hz)
d_1	264
d_2	352
d_3	440

Considere as afirmações abaixo.

I. A onda sonora que tem o maior período é a produzida pelo diapasão d_1.

II. As ondas produzidas pelos três diapasões, no ar, têm velocidades iguais.

III. O som mais grave é o produzido pelo diapasão d_3.

Quais estão corretas?

a) Apenas I.
b) Apenas II.
c) Apenas III.
d) Apenas I e II.
e) I, II e III.

49. (Mack-SP) Um pescador observa que seu barco oscila na direção vertical, para baixo e para cima 200 vezes em 50 s. O período de uma oscilação do barco é

a) 4,0 s
b) 2,0 s
c) 1,0 s
d) 0,50 s
e) 0,25 s

50. (Unesp) Radares são emissores e receptores de ondas de rádio e têm aplicações, por exemplo, na determinação de velocidades de veículos nas ruas e rodovias. Já os sonares são emissores e receptores de ondas sonoras, sendo utilizados no meio aquático para determinação da profundidade dos oceanos, localização de cardumes, dentre outras aplicações. Comparando-se as ondas emitidas pelos radares e pelos sonares, temos que:

a) as ondas emitidas pelos radares são mecânicas e as ondas emitidas pelos sonares são eletromagnéticas.

b) ambas as ondas exigem um meio material para se propagarem e, quanto mais denso for esse meio, menores serão suas velocidades de propagação.

c) as ondas de rádio têm oscilações longitudinais e as ondas sonoras têm oscilações transversais.

d) as frequências de oscilação de ambas as ondas não dependem do meio em que se propagam.

e) a velocidade de propagação das ondas dos radares pela atmosfera é menor do que a velocidade de propagação das ondas dos sonares pela água.

51. (UFSM-RS) O estetoscópio é um instrumento utilizado pelos médicos para escutar sons corporais e consiste de uma peça auscultadora, tubos condutores de som e peças auriculares, que se adaptam ao canal auditivo do médico.

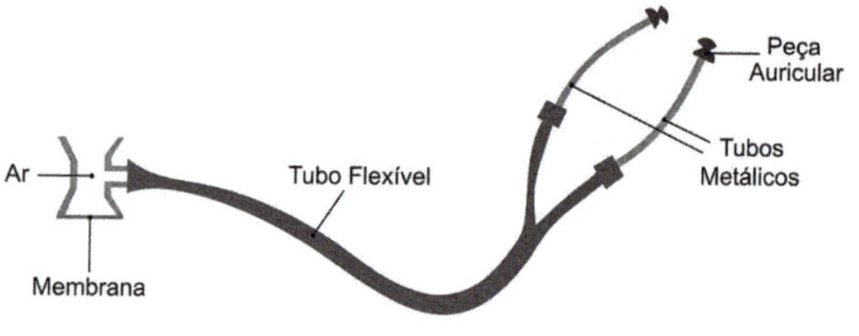

Então, analise as afirmativas:

I. Toda onda com frequência entre 20 Hz e 20000 Hz é uma onda sonora.

II. Onda é energia que se propaga vibratoriamente.

III. Numa onda longitudinal, a energia se propaga ao longo da direção de propagação da onda.

Está(ão) corretas(s)

a) apenas I.
b) apenas II.
c) apenas I e II.
d) apenas III.
e) I, II e III.

52. (Enem) Para obter a posição de um telefone celular, a polícia baseia-se em informações do tempo de resposta do aparelho em relação às torres de celular da região de onde se originou a ligação. Em uma região, um aparelho está na área de cobertura de cinco torres, conforme o esquema.

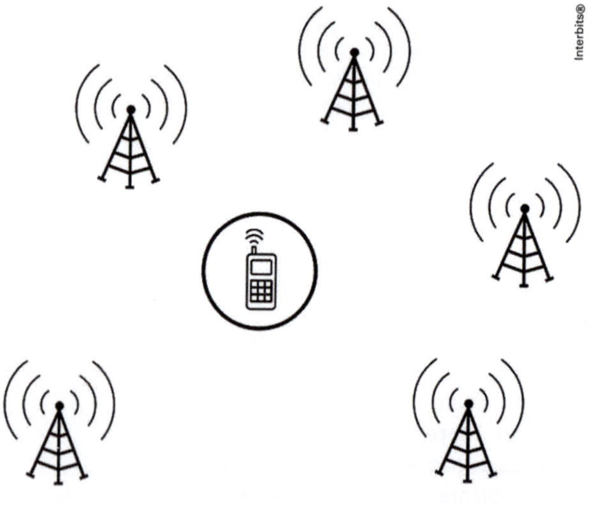

Considerando que as torres e o celular são puntiformes e que estão sob o mesmo plano, qual o número mínimo de torres necessárias para se localizar a posição do telefone celular que originou a ligação?

a) Uma.
b) Duas.
c) Três.
d) Quatro.
e) Cinco.

53. (Enem) Certos tipos de superfícies na natureza podem refletir luz de forma a gerar um efeito de arco-íris. Essa característica é conhecida como iridescência e ocorre por causa do fenômeno da interferência de película fina. A figura ilustra o esquema de uma fina camada iridescente de óleo sobre uma poça d'água. Parte do feixe de luz branca incidente (1) reflete na interface ar/óleo e sofre inversão de fase (2), o que equivale a uma mudança de meio comprimento de onda. A parte refratada do feixe (3) incide na interface óleo/água e sofre reflexão sem inversão de fase (4). O observador indicado enxergará aquela região do filme com coloração equivalente à do comprimento de onda que sofre interferência completamente construtiva entre os raios (2) e (5), mas essa condição só é possível para uma espessura mínima da película. Considere que o caminho percorrido em (3) e (4) corresponde ao dobro da espessura E da película de óleo.

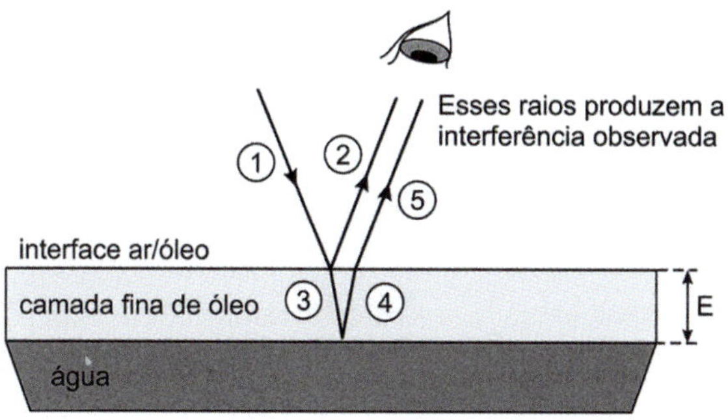

Disponível em: http://2011.igem.org. Acesso em: 18 nov. 2014 (adaptado).

Expressa em termos do comprimento de onda (λ), a espessura mínima é igual a

a) $\frac{\lambda}{4}$.
b) $\frac{\lambda}{2}$.
c) $\frac{3\lambda}{4}$.
d) λ
e) 2λ

54. (IME-RJ)

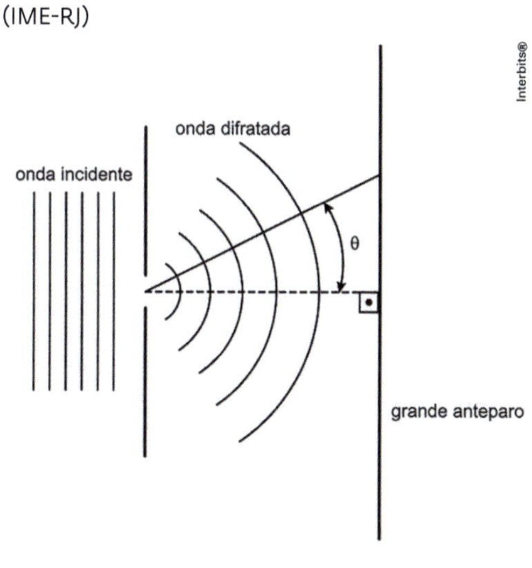

Uma fenda é iluminada com luz monocromática cujo comprimento de onda é igual a 510 nm. Em um grande anteparo, capaz de refletir toda a luz que atravessa a fenda, são observados apenas cinco mínimos de intensidade de cada lado do máximo central. Sabendo que um dos mínimos encontra-se em θ, tal que $\text{sen}(\theta) = \frac{3}{4}$ e $\cos(\theta) = \frac{\sqrt{7}}{4}$, determine a largura da fenda.

55. (Uerj) Para localizar obstáculos totalmente submersos, determinados navios estão equipados com sonares, cujas ondas se propagam na água do mar. Ao atingirem um obstáculo, essas ondas retornam ao sonar, possibilitando assim a realização de cálculos que permitem a localização, por exemplo, de um submarino.

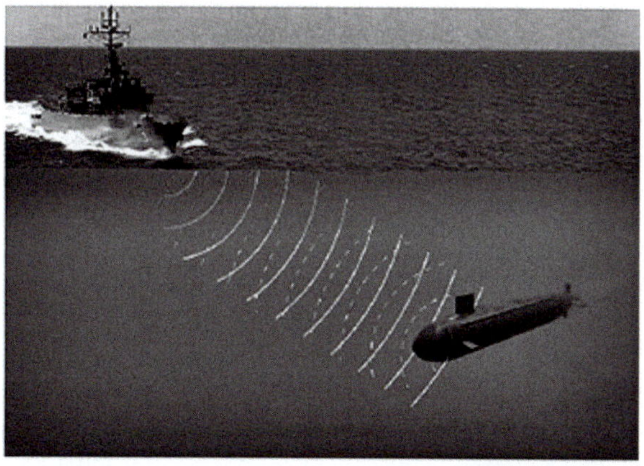

Adaptado de naval.com.br.

Admita uma operação dessa natureza sob as seguintes condições:
- temperatura constante da água do mar;
- velocidade da onda sonora na água igual a 1 450 m/s;
- distância do sonar ao obstáculo igual a 290 m.

Determine o tempo, em segundos, decorrido entre o instante da emissão da onda pelo sonar e o de seu retorno após colidir com o submarino.

56. (Enem)

Quando adolescente, as nossas tardes, após as aulas, consistiam em tomar às mãos o violão e o dicionário de acordes de Almir Chediak e desafiar nosso amigo Hamilton a descobrir, apenas ouvindo o acorde, quais notas eram escolhidas. Sempre perdíamos a aposta, ele possui o ouvido absoluto.

O ouvido absoluto é uma característica perceptual de poucos indivíduos capazes de identificar notas isoladas sem outras referências, isto é, sem precisar relacioná-las com outras notas de uma melodia.

LENT, R. O cérebro do meu professor de acordeão. Disponível em: http://cienciahoje.uol.com.br. Acesso em: 15 ago. 2012 (adaptado).

No contexto apresentado, a propriedade física das ondas que permite essa distinção entre as notas é a

a) frequência.
b) intensidade.
c) forma da onda.
d) amplitude da onda.
e) velocidade de propagação.

57. (UEL-PR) A poluição sonora em grandes cidades é um problema de saúde pública. A classificação do som como forte ou fraco está relacionada ao nível de intensidade sonora I, medido em watt/m^2. A menor intensidade audível, ou limiar de audibilidade, possui intensidade $I_0 = 10^{-12}$ watt/m^2, para a frequência de 1000 Hz. A relação entre as intensidades sonoras permite calcular o nível sonoro, NS, do ambiente, em decibéis (dB), dado pela fórmula $NS = 10 \cdot \log\left(\frac{I}{I_0}\right)$.

A tabela a seguir mostra a relação do nível sonoro com o tempo máximo de exposição a ruídos.

Nível sonoro (dB)	Tempo máximo de exposição (em horas) de modo a evitar lesões auditivas irreversíveis
80	16
85	8
90	4
95	2
100	1

Com base nessa tabela, no texto e supondo que o ruído em uma avenida com trânsito congestionado tenha intensidade de 10^{-3} watt/m^2, considere as afirmativas a seguir.

I. O nível sonoro para um ruído dessa intensidade é de 90 dB.
II. O tempo máximo em horas de exposição a esse ruído, a fim de evitar lesões auditivas irreversíveis, é de 4 horas.
III. Se a intensidade sonora considerada for igual ao limiar de audibilidade, então o nível sonoro é de 1 dB.
IV. Sons de intensidade de 1 watt/m^2 correspondem ao nível sonoro de 100 dB.

Assinale a alternativa correta.

a) Somente as afirmativas I e II são corretas.
b) Somente as afirmativas I e IV são corretas.
c) Somente as afirmativas III e IV são corretas.
d) Somente as afirmativas I, II e III são corretas.
e) Somente as afirmativas II, III e IV são corretas.

58. (Enem) Ao assistir a uma apresentação musical, um músico que estava na plateia percebeu que conseguia ouvir quase perfeitamente o som da banda, perdendo um pouco de nitidez nas notas mais agudas. Ele verificou que havia muitas pessoas bem mais altas à sua frente, bloqueando a visão direta do palco e o acesso aos alto-falantes. Sabe-se que a velocidade do som no ar é 340 m/s e que a região de frequências das notas emitidas é de, aproximadamente, 20 Hz a 4 000 Hz.

Qual fenômeno ondulatório é o principal responsável para que o músico percebesse essa diferenciação do som?

a) Difração.
b) Reflexão.
c) Refração.
d) Atenuação.
e) Interferência.

59. (Enem) Em um piano, o Dó central e a próxima nota Dó (Dó maior) apresentam sons parecidos, mas não idênticos. É possível utilizar programas computacionais para expressar o formato dessas ondas sonoras em cada uma das situações como apresentado nas figuras, em que estão indicados intervalos de tempo idênticos (T).

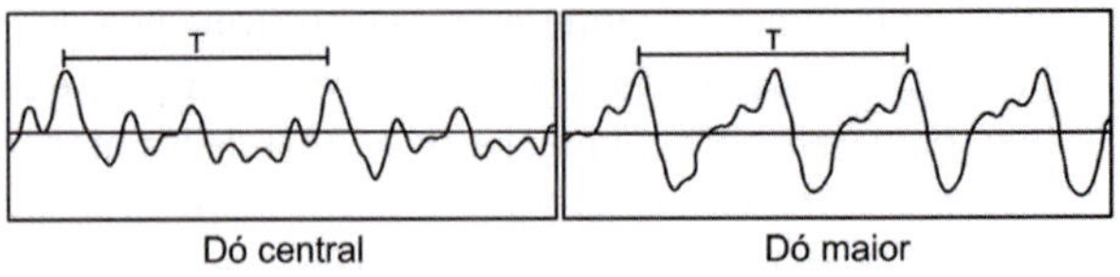

A razão entre as frequências do Dó central e do Dó maior é de:

a) $\frac{1}{2}$
b) 2
c) 1
d) $\frac{1}{4}$
e) 4

60. (Enem) A figura 1 apresenta o gráfico da intensidade, em decibéis (dB), da onda sonora emitida por um alto-falante, que está em repouso, e medida por um microfone em função da frequência da onda para diferentes distâncias: 3 mm, 25 mm, 51 mm e 60 mm. A figura 2 apresenta um diagrama com a indicação das diversas faixas do espectro de frequência sonora para o modelo de alto-falante utilizado neste experimento.

Figura 1
Resposta de frequência

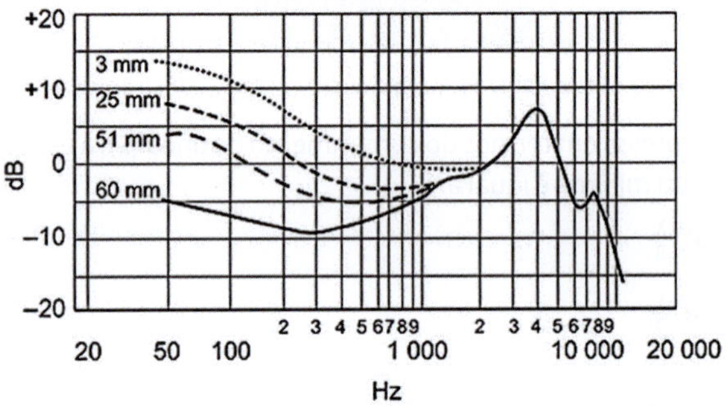

Disponível em: www.balera.com.br. Acesso em: 8 fev. 2015.

Figura 2
Faixas do espectro de frequência sonora

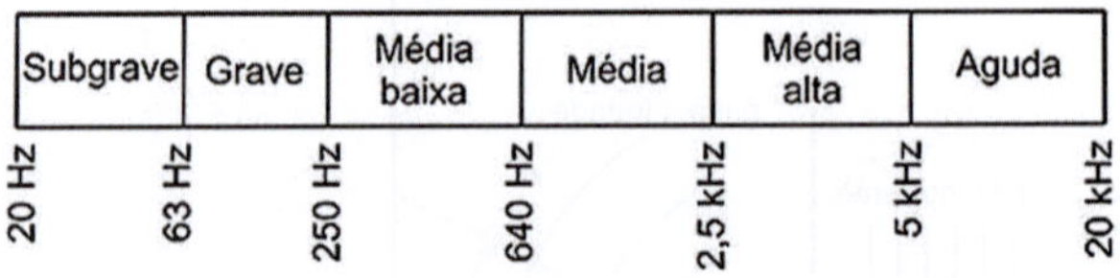

Disponível em: www.somsc.com.br. Acesso em: 2 abr. 2015.

Relacionando as informações presentes nas figuras 1 e 2, como a intensidade sonora percebida é afetada pelo aumento da distância do microfone ao alto-falante?

a) Aumenta na faixa das frequências médias.
b) Diminui na faixa das frequências agudas.
c) Diminui na faixa das frequências graves.
d) Aumenta na faixa das frequências médias altas.
e) Aumenta na faixa das frequências médias baixas.

61. (Enem) O morcego emite pulsos de curta duração de ondas ultrassônicas, os quais voltam na forma de ecos após atingirem objetos no ambiente, trazendo informações a respeito das suas dimensões, suas localizações e dos seus possíveis movimentos. Isso se dá em razão da sensibilidade do morcego em detectar o tempo gasto para os ecos voltarem, bem como das pequenas variações nas frequências e nas intensidades dos pulsos ultrassônicos. Essas características lhe permitem caçar pequenas presas mesmo quando estão em movimento em relação a si. Considere uma situação unidimensional em que uma mariposa se afasta, em movimento retilíneo e uniforme, de um morcego em repouso.

A distância e velocidade da mariposa, na situação descrita, seriam detectadas pelo sistema de um morcego por quais alterações nas características dos pulsos ultrassônicos?

a) Intensidade diminuída, o tempo de retorno aumentado e a frequência percebida diminuída.
b) Intensidade aumentada, o tempo de retorno diminuído e a frequência percebida diminuída.
c) Intensidade diminuída, o tempo de retorno diminuído e a frequência percebida aumentada.
d) Intensidade diminuída, o tempo de retorno aumentado e a frequência percebida aumentada.
e) Intensidade aumentada, o tempo de retorno aumentado e a frequência percebida aumentada.

62. (Udesc) Uma onda de rádio que se propaga no vácuo possui uma frequência f e um comprimento de onda igual a 5,0 m. Quando ela penetra na água, a velocidade desta onda vale $2{,}1 \times 10^8$ m/s. Na água, a frequência e o comprimento de onda valem, respectivamente:

a) $4{,}2 \times 10^7$ Hz, 1,5 m
b) $6{,}0 \times 10^7$ Hz, 5,0 m
c) $6{,}0 \times 10^7$ Hz, 3,5 m
d) $4{,}2 \times 10^7$ Hz, 5,0 m
e) $4{,}2 \times 10^7$ Hz, 3,5 m

63. (Fuvest-SP) O Sr. Rubinato, um músico aposentado, gosta de ouvir seus velhos discos sentado em uma poltrona. Está ouvindo um conhecido solo de violino quando sua esposa Matilde afasta a caixa acústica da direita (C_d) de uma distância ℓ, como visto na figura abaixo.

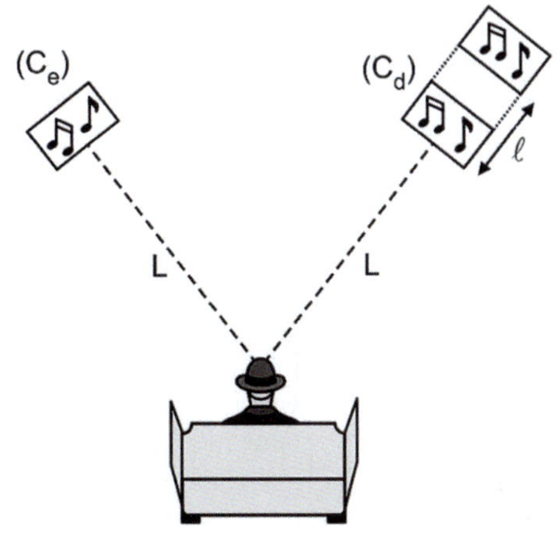

Em seguida, Sr. Rubinato reclama: — Não consigo mais ouvir o Lá do violino, que antes soava bastante forte! Dentre as alternativas abaixo para a distância ℓ, a única compatível com a reclamação do Sr. Rubinato é

Note e adote:

O mesmo sinal elétrico do amplificador é ligado aos dois alto-falantes, cujos cones se movimentam em fase.

A frequência da nota Lá é 440 Hz.

A velocidade do som no ar é 330 m/s.

A distância entre as orelhas do Sr. Rubinato deve ser ignorada.

a) 38 cm
b) 44 cm
c) 60 cm
d) 75 cm
e) 150 cm

64. (UFG-GO) O violão é um instrumento musical que tem seis cordas que vibram entre dois pontos fixos, sendo um deles no rastilho e o outro em algum traste, conforme ilustra a figura a seguir. Os trastes são fixados no braço do violão e possibilitam variar o comprimento da corda vibrante. Quando a corda é pressionada na primeira casa, por exemplo, ela vibra entre o rastilho e o segundo traste. Sendo assim, uma corda pode produzir sons com diferentes frequências fundamentais, que podem ser organizadas em uma sequência $\{f_1, f_2, f_3, \ldots, f_n, \ldots\}$, onde n é o número do traste correspondente. Nessa sequência, o valor da frequência f_n é igual ao valor da frequência f_{n-1}, multiplicado por uma constante. Além disso, o décimo terceiro traste situa-se no ponto médio entre o primeiro traste e o rastilho.

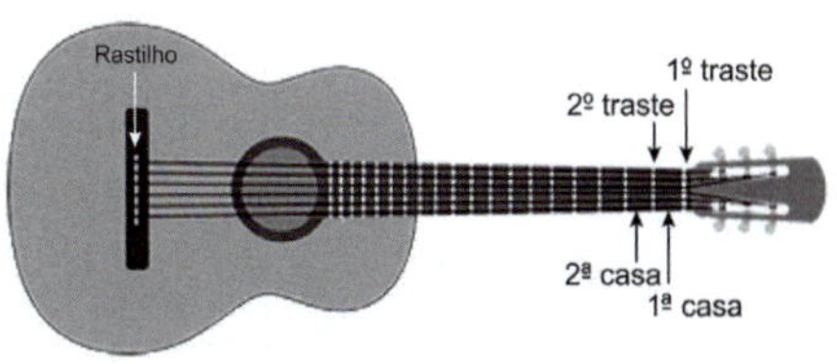

Com base no exposto, determine:

a) a velocidade de uma onda transversal em uma corda de 70 cm de comprimento para o primeiro harmônico que vibra com frequência $f_1 = 44$ Hz;
b) a razão entre a frequência f_1 e aquela produzida quando se pressiona a corda na sexta casa.

65. (UFMG) Uma corda esticada e presa nas duas extremidades pode vibrar em diferentes frequências, sendo a mais baixa delas denominada frequência do modo fundamental. Em um violino, a distância entre as extremidades em cada corda é de 0,32 m.

Maria Sílvia coloca esse violino próximo a um alto-falante conectado a um dispositivo capaz de produzir sons com frequências que variam continuamente entre 500 Hz e 1 500 Hz. Ela observa que uma das cordas oscila apenas quando o dispositivo emite sons com as frequências de 880 Hz e 1 320 Hz.

a) Na situação dessa corda vibrando em seu modo fundamental, determine:

1. a frequência da vibração.
2. o comprimento de onda da onda na corda.

b) Com relação ao som emitido por essa corda quando ela vibra em seu modo fundamental, determine:

1. a frequência dessa onda sonora.
2. o comprimento de onda dessa onda sonora.

66. (UFRGS-RS) A figura abaixo representa uma onda estacionária produzida em uma corda de comprimento $L = 50$ cm.

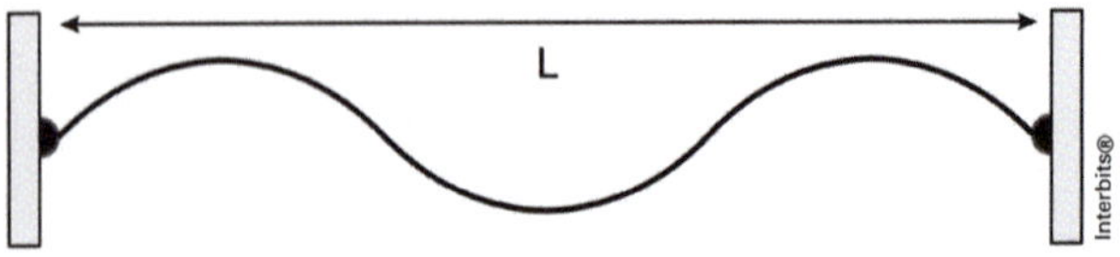

Sabendo que o módulo da velocidade de propagação de ondas nessa corda é 40 m/s, a frequência da onda é de

a) 40 Hz
b) 60 Hz
c) 80 Hz
d) 100 Hz
e) 120 Hz

67. (Enem) Um experimento para comprovar a natureza ondulatória da radiação de micro-ondas foi realizado da seguinte forma: anotou-se a frequência de operação de um forno de micro-ondas e, em seguida, retirou-se sua plataforma giratória. No seu lugar, colocou-se uma travessa refratária com uma camada grossa de manteiga. Depois disso, o forno foi ligado por alguns segundos. Ao se retirar a travessa refratária do forno, observou-se que havia três pontos de manteiga derretida alinhados sobre toda a travessa. Parte da onda estacionária gerada no interior do forno é ilustrada na figura.

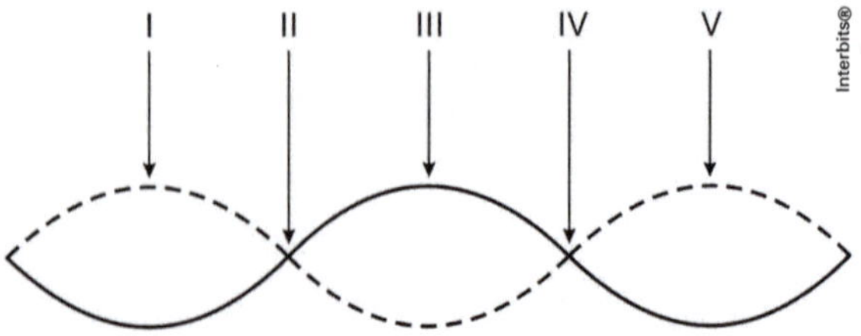

De acordo com a figura, que posições correspondem a dois pontos consecutivos da manteiga derretida?

a) I e III
b) I e V
c) II e III
d) II e IV
e) II e V

68. (Unesp) Em ambientes sem claridade, os morcegos utilizam a ecolocalização para caçar insetos ou localizar obstáculos. Eles emitem ondas de ultrassom que, ao atingirem um objeto, são refletidas de volta e permitem estimar as dimensões desse objeto e a que distância se encontra. Um morcego pode detectar corpos muito pequenos, cujo tamanho seja próximo ao do comprimento de onda do ultrassom emitido.

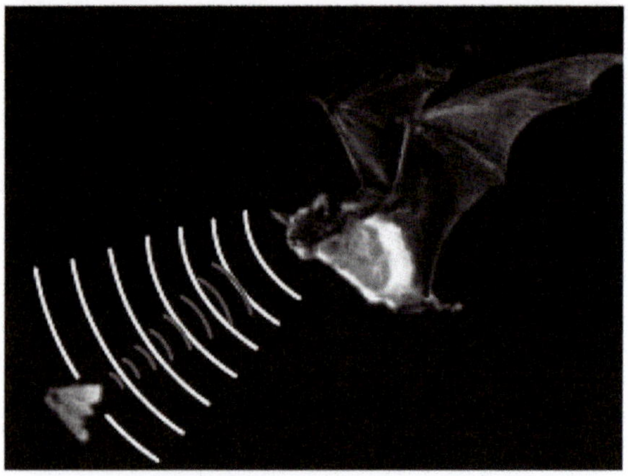

(http://oreinodosbichos.blogspot.com.br. Adaptado.)

Suponha que um morcego, parado na entrada de uma caverna, emita ondas de ultrassom na frequ ência de 60 kHz, que se propagam para o interior desse ambiente com velocidade de 340 m/s. Estime o comprimento, em mm, do menor inseto que esse morcego pode detectar e, em seguida, calcule o comprimento dessa caverna, em metros, sabendo que as ondas refletidas na parede do fundo do salão da caverna são detectadas pelo morcego 0,2 s depois de sua emissão.

69. (Uern) O período da onda periódica a seguir é 2,5 s.

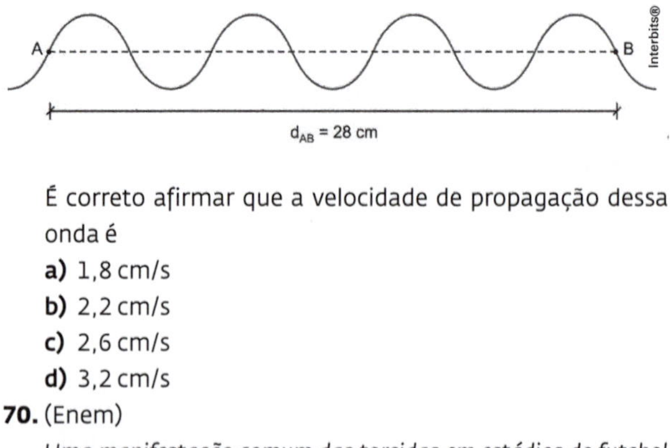

É correto afirmar que a velocidade de propagação dessa onda é

a) 1,8 cm/s
b) 2,2 cm/s
c) 2,6 cm/s
d) 3,2 cm/s

70. (Enem)

Uma manifestação comum das torcidas em estádios de futebol é a ola mexicana. Os espectadores de uma linha, sem sair do lugar e sem se deslocarem lateralmente, ficam de pé e se sentam, sincronizados com os da linha adjacente. O efeito coletivo se propaga pelos espectadores do estádio, formando uma onda progressiva, conforme ilustração.

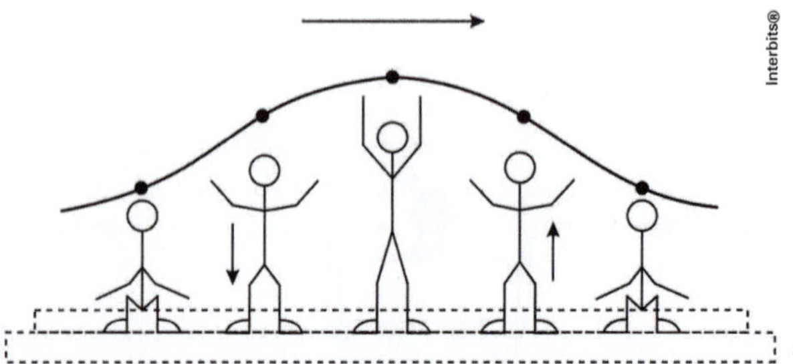

Calcula-se que a velocidade de propagação dessa "onda humana" é de 45 km/h, e que cada período de oscilação contém 16 pessoas, que se levantam e sentam organizadamente e distanciadas entre si por 80 cm.

Disponível em: www.ufsm.br. Acesso em: 7 dez. 2012 (adaptado).

Nessa ola mexicana, a frequência da onda, em hertz, é um valor mais próximo de

a) 0,3.
b) 0,5.
c) 1,0.
d) 1,9.
e) 3,7.

71. (Unesp) A imagem, obtida em um laboratório didático, representa ondas circulares produzidas na superfície da água em uma cuba de ondas e, em destaque, três cristas dessas ondas. O centro gerador das ondas é o ponto P, perturbado periodicamente por uma haste vibratória.

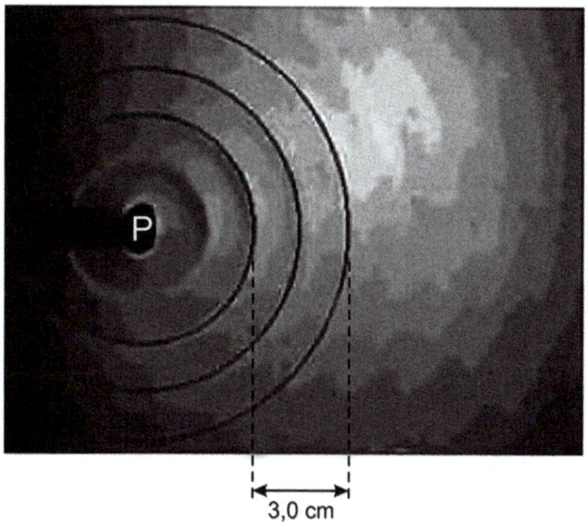

(http://educar.sc.usp.br. Adaptado.)

Considerando as informações da figura e sabendo que a velocidade de propagação dessas ondas na superfície da água é 13,5 cm/s, é correto afirmar que o número de vezes que a haste toca a superfície da água, a cada segundo, é igual a

a) 4,5.
b) 3,0.
c) 1,5.
d) 9,0.
e) 13,5.

72. (Enem) Em um violão afinado, quando se toca a corda Lá com seu comprimento efetivo (harmônico fundamental), o som produzido tem frequência de 440 Hz.

Se a mesma corda do violão é comprimida na metade do seu comprimento, a frequência do novo harmônico

a) se reduz à metade, porque o comprimento de onda dobrou.
b) dobra, porque o comprimento de onda foi reduzido à metade.
c) quadruplica, porque o comprimento de onda foi reduzido à metade.
d) quadruplica, porque o comprimento de onda foi reduzido à quarta parte.
e) não se modifica, porque é uma característica independente do comprimento da corda que vibra.

73. (EFOMM) Uma corda ideal está atada a um diapasão que vibra com frequência f_1 e presa a um corpo de massa $m = 2,5$ kg, conforme a figura 1. A onda estacionária que se forma possui 6 ventres que formam 3,0 m de comprimento.

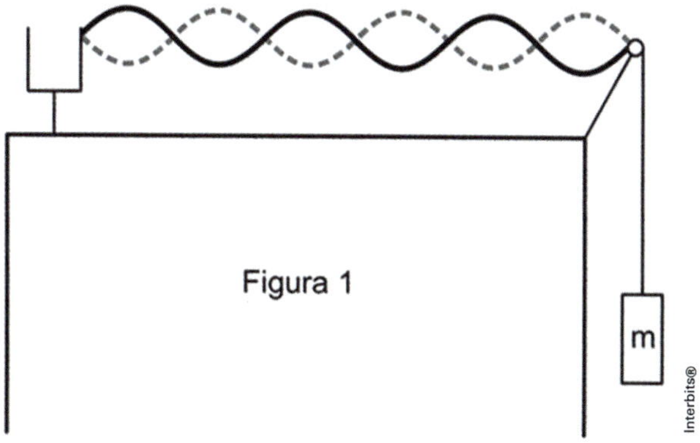

Um diapasão de frequência f_2 é posto a vibrar na borda de um tubo com água, conforme a figura 2.

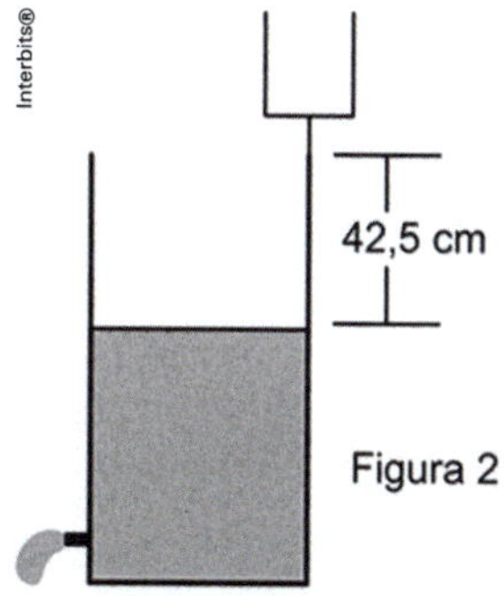

O nível da água vai diminuindo e, na altura de 42,5 cm, ocorre o primeiro aumento da intensidade sonora. Desprezando os atritos e considerando a roldana ideal, a razão entre as frequências f_2 e f_1 é de aproximadamente:

Dado: densidade linear da corda = 250 g/m.

a) 2,0
b) 4,0
c) 20,0
d) 40,0
e) 60,0

74. (UFJF-MG) Consideremos uma corda fixa nas suas extremidades e sujeita a uma certa tensão. Se excitarmos um ponto desta corda por meio de um vibrador de frequência qualquer ou pela ação de uma excitação externa, toda a extensão da corda entra em vibração. É o que acontece, por exemplo, com as cordas de um violão. Existem certas frequências de excitação para as quais a amplitude de vibração é máxima. Estas frequências próprias da corda são chamadas modos normais de vibração. Além disto, formam-se ondas estacionárias exibindo um padrão semelhante àquele mostrado na figura 1a.

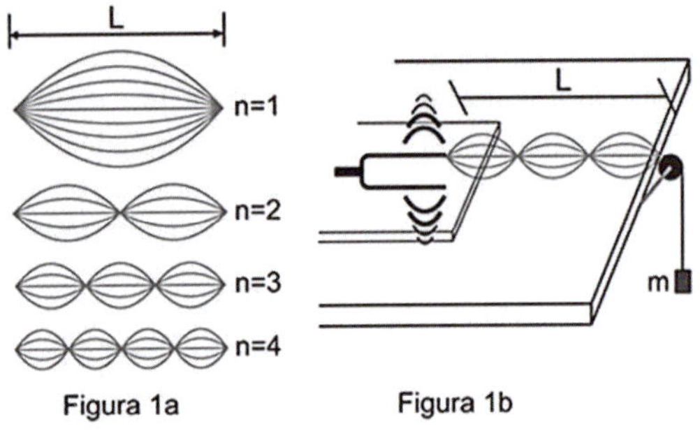

Figura 1 - adaptado do roteiro de laboratório de Física 2
Departamento de Física – UFJF.

Com base nestas informações, um estudante usou o laboratório didático de sua escola e montou o seguinte experimento: uma corda tem uma de suas extremidades presa a um diapasão elétrico que oscila com frequência constante e a outra extremidade passa por uma polia na extremidade de uma mesa e é presa a uma massa m pendurada do lado de fora, conforme ilustrado na figura 1b.

a) No primeiro experimento, foi usado um diapasão elétrico de frequência constante $f = 150$ Hz. Ele fixou a corda para um comprimento $L = 80$ cm. Nesta configuração obteve o padrão de oscilação da corda formando 3 ventres, conforme a figura 1b. Nesse primeiro experimento, qual a velocidade de propagação da onda?

b) Para um segundo diapasão, de frequência desconhecida, foi realizada uma experiência variando a posição do diapasão para obter comprimentos L diferentes. Para cada valor de L é possível alterar a massa M para obter um único ventre. Sabe-se que a velocidade de propagação da onda pode ser calculada pela expressão $V = \left(\frac{T}{D}\right)^{\frac{1}{2}}$, onde T é tensão na qual a corda está submetida e D é a densidade linear de massa da corda. Com essas informações, ele determinou, para cada comprimento L, qual a velocidade de propagação da onda na corda construindo um gráfico $L \times V$, conforme o gráfico a seguir.

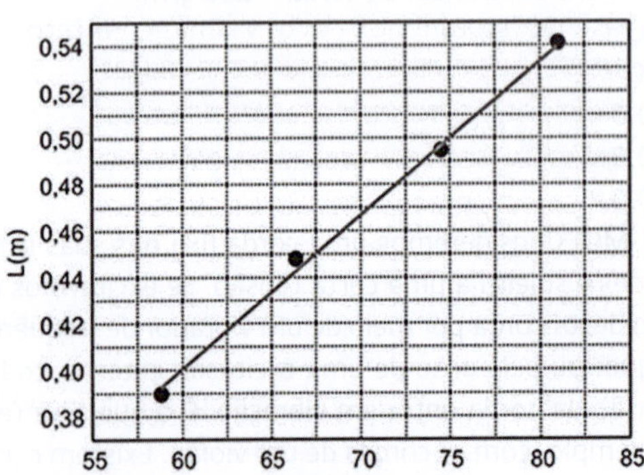

Com base neste gráfico, encontre a frequência desconhecida do segundo diapasão.

75. (Enem) Uma ambulância A em movimento retilíneo e uniforme aproxima-se de um observador O, em repouso. A sirene emite um som de frequência constante f_A. O desenho ilustra as frentes de onda do som emitido pela ambulância. O observador possui um detector que consegue registrar, no esboço de um gráfico, a frequência da onda sonora detectada em função do tempo $f_o(t)$, antes e depois da passagem da ambulância por ele.

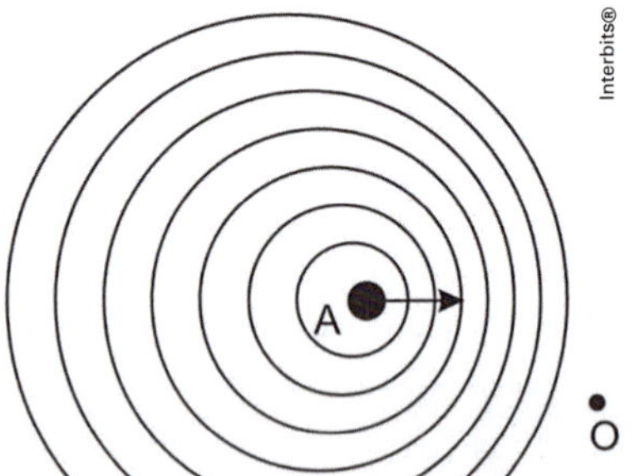

Qual esboço gráfico representa a frequência $f_o(t)$ detectada pelo observador?

a) 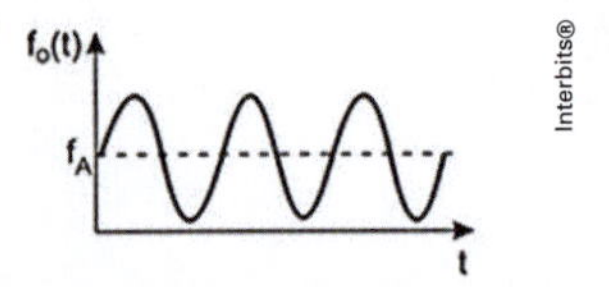

b) 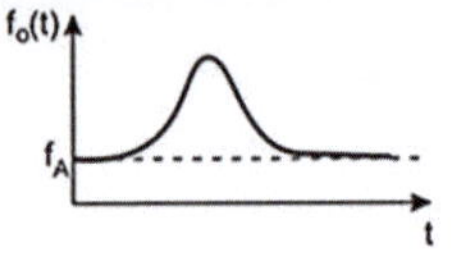

c) 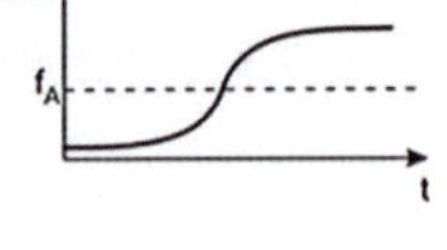

d) 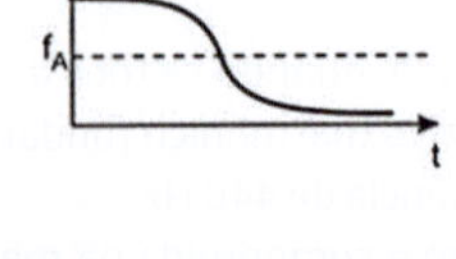

e) 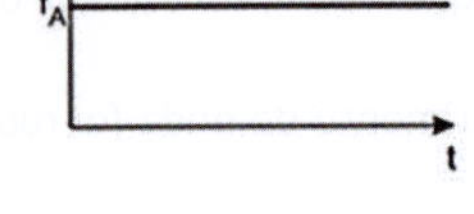

76. (Unesp) Duas ondas mecânicas transversais e idênticas, I e II, propagam-se em sentidos opostos por uma corda elástica tracionada. A figura 1 representa as deformações que a onda I, que se propaga para a direita, provocaria em um trecho da corda nos instantes $t = 0$ e $t = \frac{T}{4}$, em que T é o período de oscilação das duas ondas. A figura 2 representa as deformações que a onda II, que se propaga para a esquerda, provocaria no mesmo trecho da corda, nos mesmos instantes relacionados na figura 1. Ao se cruzarem, essas ondas produzem uma figura de interferência e, devido a esse fenômeno, estabelece-se uma onda estacionária na corda. A figura 3 representa a configuração da corda resultante da interferência dessas duas ondas, nos mesmos instantes $t = 0$ e $t = \frac{T}{4}$.

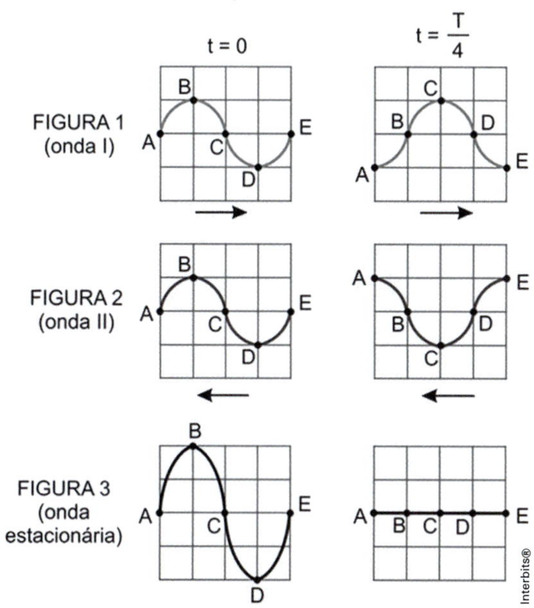

A figura que melhor representa a configuração da corda nesse mesmo trecho devido à formação da onda estacionária, no instante $\frac{3T}{4}$, está representada na alternativa

a)

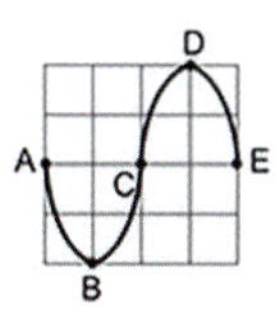

b)

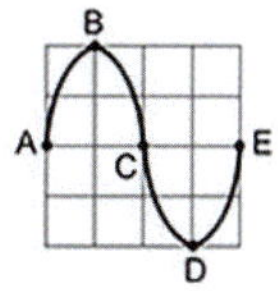

c)

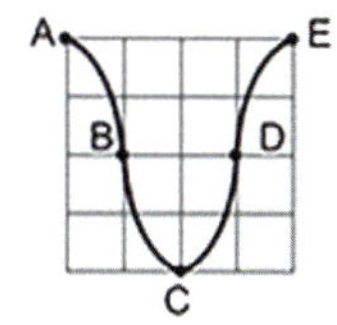

d)

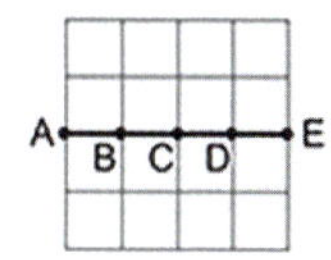

e)

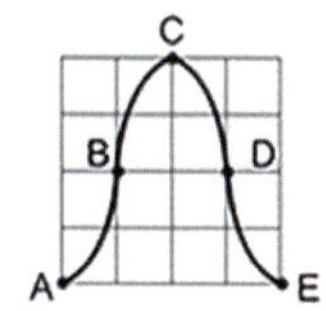

77. (UFSC) Em uma escola, os professores foram desafiados pelos alunos para uma partida de futebol. O jogo ocorreu no campo de Futebol 7 do bairro. Decorridos 30 minutos da partida, um dos professores lançou a bola para o atacante, que estava impedido, e o juiz acionou o apito. No exato momento do apito do juiz, alguém tirou uma foto. O professor de Física percebeu que a foto poderia ajudá-lo na exemplificação de um fenômeno trabalhado em sala de aula. Na semana seguinte, apresentou a foto, com algumas alterações, como se vê na figura abaixo. Na imagem, é possível observar o juiz e três jogadores, cada qual com a indicação dos módulos e direções de suas velocidades: V_J (juiz), V_1 (jogador 1), V_2 (jogador 2) e V_3 (jogador 3).

Considere os vetores velocidades no plano do gramado e que o som do apito do juiz tem frequência de 500 Hz.

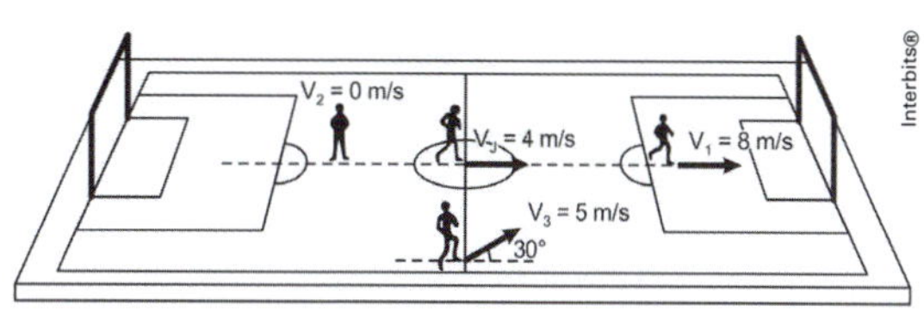

Com base na figura e nos dados acima, é correto afirmar que:

01) a frequência do som do apito percebida pelo jogador 1 é maior do que a frequência real do som emitida pelo apito.
02) a frequência do som do apito percebida pelo jogador 1 é de, aproximadamente, 494,2 Hz.
04) a frequência do som do apito percebida pelo jogador 2 é de 500 Hz.
08) a frequência do som do apito percebida pelo jogador 1 é a mesma percebida pelo jogador 2.
16) o som do apito percebido pelo jogador 3 possui um timbre maior do que o timbre real do som do apito.

32) o jogador 3 escuta o som do apito com uma frequência de 500 Hz.

64) a frequência do som do apito percebida pelo jogador 3 é maior do que a frequência do som do apito percebida pelo jogador 1.

78. (Fuvest-SP) Miguel e João estão conversando, parados em uma esquina próxima a sua escola, quando escutam o toque da sirene que indica o início das aulas. Miguel continua parado na esquina, enquanto João corre em direção à escola. As ondas sonoras propagam-se, a partir da sirene, em todas as direções, com comprimento de onda $\lambda = 17$ cm e velocidade $V_s = 340$ m/s, em relação ao ar. João se aproxima da escola com velocidade de módulo $v = 3,4$ m/s e direção da reta que une sua posição à da sirene. Determine

a) a frequência f_M do som da sirene percebido por Miguel parado na esquina;

b) a velocidade v_R do som da sirene em relação a João correndo;

c) a frequência f_J do som da sirene percebido por João quando está correndo.

Miguel, ainda parado, assobia para João, que continua correndo. Sendo o comprimento de onda do assobio igual a 10 cm determine

d) a frequência f_A do assobio percebido por João.

Note e adote:

Considere um dia seco e sem vento.

79. (Fuvest-SP) No experimento descrito a seguir, dois corpos, feitos de um mesmo material, de densidade uniforme, um cilíndrico e o outro com forma de paralelepípedo, são colocados dentro de uma caixa, como ilustra a figura abaixo (vista de cima).

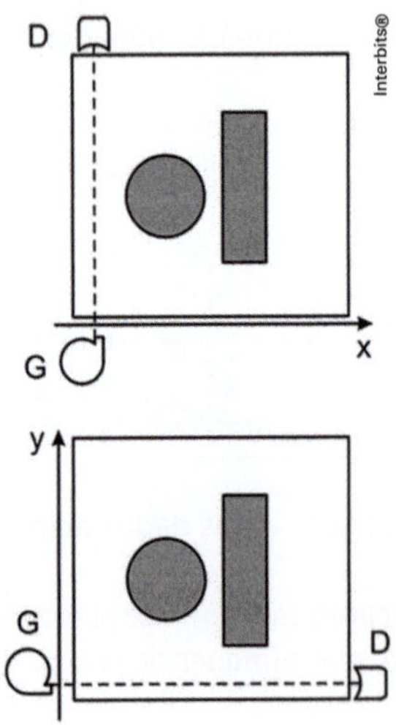

Um feixe fino de raios X, com intensidade constante, produzido pelo gerador G, atravessa a caixa e atinge o detector D, colocado do outro lado. Gerador e detector estão acoplados e podem mover-se sobre um trilho. O conjunto Gerador-Detector é então lentamente deslocado ao longo da direção x, registrando-se a intensidade da radiação no detector, em função de x. A seguir, o conjunto Gerador-Detector é reposicionado, e as medidas são repetidas ao longo da direção y. As intensidades I detectadas ao longo das direções x e y são mais bem representadas por

Note e adote:

A absorção de raios X pelo material é, aproximadamente, proporcional à sua espessura, nas condições do experimento.

a)

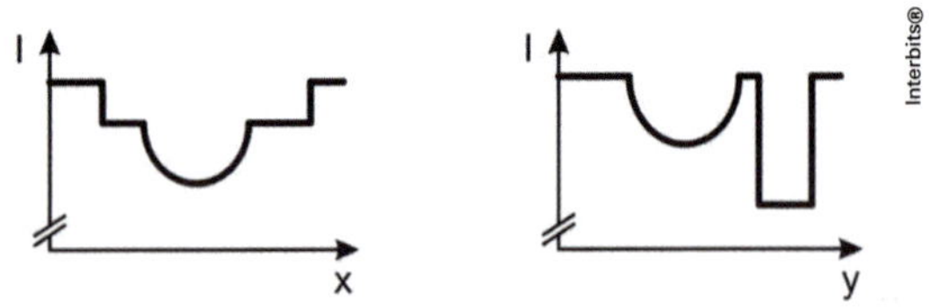

b)

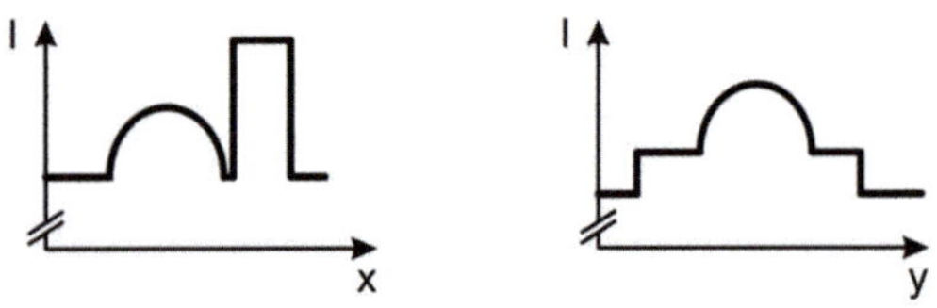

c)

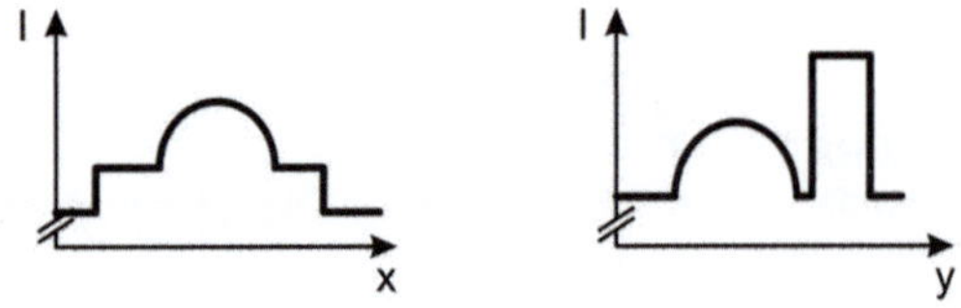

d)

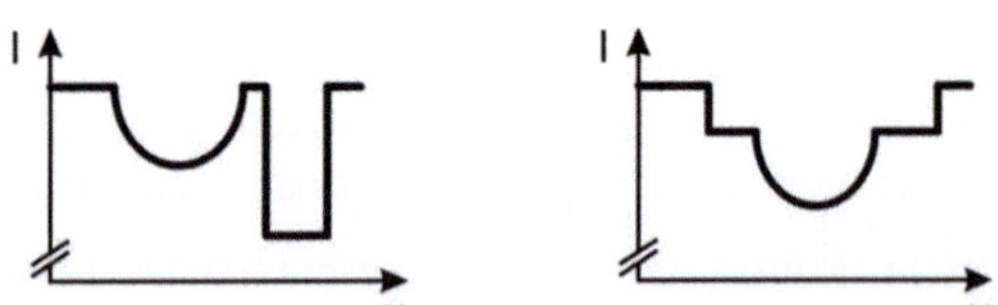

e)

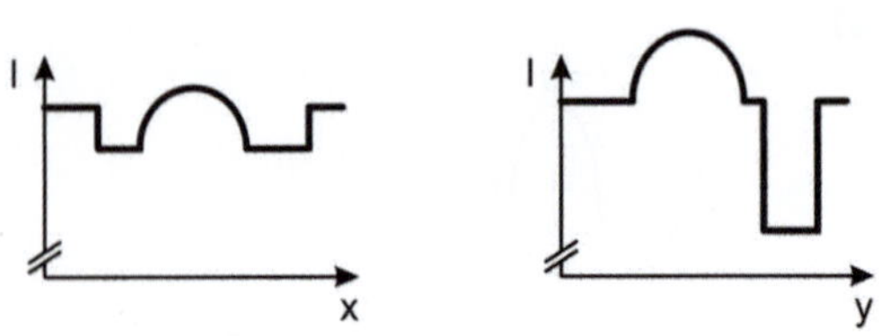

Respostas

Capítulo 1
Temperatura e dilatação

Verifique o que aprendeu

1. **a)** T_A diminui e T_B aumenta.
b) estado de equilíbrio térmico
c) $T_A = T_B$

2. Para que o termômetro entre em equilíbrio térmico com a pessoa.

3. −253 °C, pois os outros dois são inferiores ao zero absoluto.

4. **a)** errado
b) correto

5. Porque ele não permite medir temperaturas.

6. **a)** Não, pois os valores atribuídos àquelas temperaturas são arbitrários.
b) O fato de ela ser centígrada (centesimal).

7. −40 °C ou −40 °F.

9. **a)** Porque apenas a parte do copo em contato com a água se aquece e se dilata.
b) Porque todo o copo se aquece e se dilata igualmente por inteiro.
c) Porque o coeficiente de dilatação do vidro refratário é pequeno.

10. **a)** 1 °C **b)** 1 °C **c)** $29 \cdot 10^{-6}$ cm

11. **a)** Sim, se seus coeficientes de dilatação forem diferentes (materiais diferentes).
b) Sim, se tiverem comprimentos iniciais diferentes.

12. **a)** Diminuirá.
b) Diminuirá.

13. O coeficiente de dilatação do tungstênio é menor do que o dos outros metais mencionados.

14. **a)** Maior, pois a dilatação é proporcional ao comprimento inicial.
b) Porque, sendo muito grande a elevação de temperatura, a dilatação de cada trilho é maior do que a largura das juntas.

15. **a)** sim
b) Não; representa a dilatação aparente.
c) maior
d) maior

16. **a)** 1,5 cm³
b) 1,5 cm³
c) zero

17. **a)** $\gamma_{Al} = 6{,}9 \cdot 10^{-5}\ °C^{-1}$
b) Não sofrerá alteração.
c) zero

18. **a)** diminuirá
b) aumentará
c) diminuirá

Problemas e testes

1. d

2. b

3. Ao se resfriarem, os rebites exercem fortes compressões sobre as peças.

4. e

5. **a)** A criança *A*.
b) 0,55 mm

6. Fahrenheit, pois em Celsius ou Kelvin não é possível atingir uma temperatura tão baixa.

7. b

8. d

9. e

10. **a)** maior
b) prejuízo

11. **a)** $T_C/5 = T_R/4$
b) $T_c = 25$ °C

12. d

13. d

Capítulo 2
Comportamento dos gases

Verifique o que aprendeu

1. **a)** Pressão *p*, volume *V*, massa *m* e temperatura *T*.
b) Pelo menos duas das grandezas *p*, *V*, *m* e *T* variaram.

2. **a)** Aqueles que existem na natureza.
b) Gás cujo comportamento obedece rigorosamente às leis estudadas neste capítulo.
c) a pressões baixas e temperaturas altas

3. **a)** *m* e *T* **b)** *p* e *V*

4.

Estado	*p* (atm)	*V* (L)	*pV* (atm · litro)
I	0,50	12	6,0
II	1,0	6,0	6,0
III	1,5	4,0	6,0
IV	2,0	3,0	6,0

5. **a)**

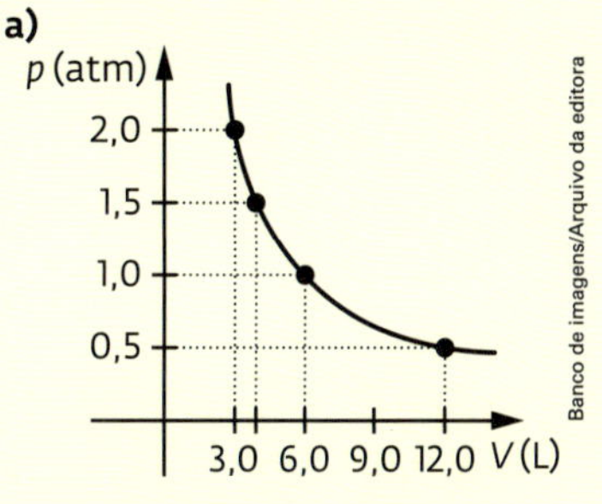

b) isoterma de um gás ideal

6. 4,0 gL; 6,0 gL; 8,0 gL

7. **a)** *p* e *m* **b)** *V* e *T*

8. **I:** −73; 200; 150.
II: 127; 400; 300.
III: 327; 600; 450.
IV: 527; 800; 600.

9. **a)** 26 atm · L
b) 13 L

10. **a)** 15 mols

b) $R = 8,31$ J/mol · K

c) 241 K

d) −32 °C

11. Não, pois $pV \neq nRT$.

12. Porque suas moléculas colidem com as paredes do recipiente.

13. a) 2,4 atm

b) 1,2 atm

c) 2,4 atm

14. a) $2,07 \cdot 10^{-20}$ J

b) por 2

c) zero absoluto

15. a) Aumenta 5 vezes.

b) Aumenta 5 vezes.

c) 5 vezes

d) sim

16. a) 480 m/s

b) cerca de 37%

17. falsa

18. a) Movimento caótico de pequenas partículas, em suspensão no interior de um fluido.

b) Colisões das moléculas do fluido contra uma partícula em suspensão.

c) Foi determinante para a aceitação da existência de átomos e moléculas.

Problemas e testes

1. a) isotérmica

b) 4,0 atm

c) 10 cm³

2. Sim, pois $p_1V_1 \neq p_2V_2$.

3. a) I é isotérmica; II é isobárica; III é isovolumétrica.

b) I: p/V = constante; II: V/T = constante; III: p/T = constante.

4. c

5. a) $8 \cdot 10^{12}$ moléculas/m³

b) 10

6. $\frac{T_2}{T_1} = 8$

7. 02, 08 e 32

8.

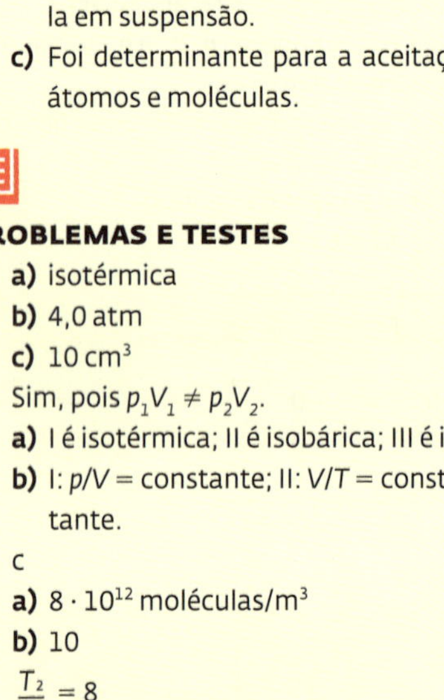

Banco de imagens/Arquivo da editora

9. c

10. 18,4 cm

11. e

Capítulo 3
Termodinâmica

Verifique o que aprendeu

1. a) T_A diminuiu e T_B aumentou.

b) Havia passagem de calórico de *A* para *B*.

2. a) A energia interna de *A* diminuiu e a de *B* aumentou.

b) Sim; de *A* para *B*.

c) calor

3. a) sim

b) não

c) Trabalho realizado pelos golpes do martelo.

4. a) 418 J b) 200 cal

5. a) Não; a extremidade se aqueceria muito porque o metal é bom condutor de calor.

b) A madeira não conduz bem o calor.

6. a) Não; a maneira correta de dizer seria: o agasalho impede que o calor seja transmitido do corpo da pessoa para o exterior.

b) No pé esquerdo, porque o ladrilho é melhor condutor de calor.

7. a) A maior parte do calor é transmitida por radiação.

b) O escuro, porque absorve mais radiação térmica solar.

8. a) As cavidades entre os pedaços de carvão possuem um comportamento de corpo negro.

b) As cores predominantes são tons de vermelho, além de tons de amarelo e branco.

10. a) 11 cal/°C

b) Devemos fornecer ao bloco 11 cal para que sua temperatura se eleve 1 °C.

11. a) igual b) maior c) o bloco *A*

12. a) alumínio

13. a) 940 cal b) 10 °C

14. a) positiva

b) positivo

c) pelo sistema

15. a) sim

b) Aumenta.

c) não

d) $\tau = 0$

16. a) zero

b) $\Delta U = -170$ cal

c) Diminuiu.

17. a) Aumentar; positivo.

b) Diminuir; negativo.

18. a) 210 J

b) $\Delta U = -110$ J

c) A energia interna do sistema diminui 110 J, porque ele realiza um trabalho de 320 J que é maior do que o calor de 210 J que foi absorvido.

19. a) Ambas aumentaram.

b) não (compressão adiabática)

c) O trabalho realizado sobre ele.

20. a) $Q = 630$ J

b) $\Delta U = 0$
c) Ambas não sofreram variação.
d) transformação isotérmica

21. a) $\Delta Q = 1400c$ cal
b) zero
c) 500 cal
d) aproximadamente 0,035 cal/g °C

22. $T_f = 60$ °C

23. a) 150 J
b) energia interna da água

24. a) não
b) O trabalho realizado sobre a água.

25. a) Um dispositivo que transforma calor em trabalho mecânico.
b) Fonte quente: fornalha; fonte fria: ar ambiente.

26. a) 20%
b) 80 cal

27. a) 625 cal
b) 375 cal

28. $1{,}8 \cdot 10^5$ W

29. É impossível construir uma máquina térmica que, operando em ciclo: 1º) apresente rendimento igual a 100%; 2º) transforme integralmente todo o calor que ela recebe da fonte quente em trabalho; 3º) não rejeite calor para a fonte fria.

30. a) não
b) sim

Problemas e testes

1. a) $4{,}2 \cdot 10^5$ J
b) $4{,}2 \cdot 10^5$ J
c) 10^5 cal
d) 0,5 °C

2. a, b, d.

3. a)

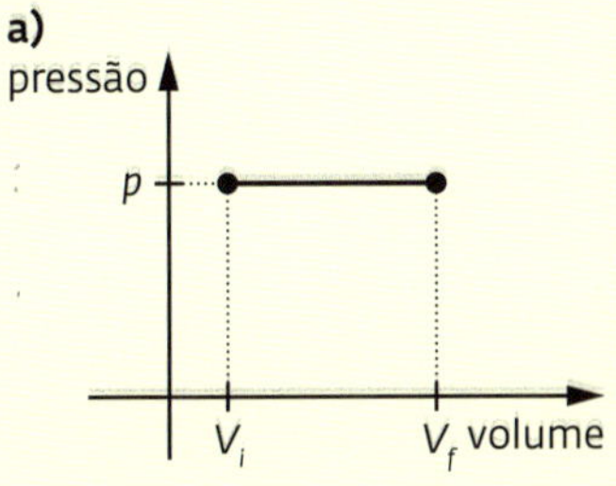

Banco de imagens/Arquivo da editora

b) $p(V_f - V_i)$
c) O trabalho realizado pelo gás.

4. a) 600 cal
b) $\tau = 0$
c) 600 cal
d) 0,75 cal/g · K

5. 100 cal/°C

7. 2,4 °C

8. b

9. e

Apêndice D

Verifique o que aprendeu

1. a) Não, pois a transformação não é isobárica.
b) $\tau_{if} = 10{,}0 \cdot 10^4$ J

2. a) $\tau_{if} = -8{,}0 \cdot 10^4$ J
b) $\tau = 2{,}0 \cdot 10^4$ J
c) área limitada pelas curvas I e II do gráfico

3. a) 0,25 = 25% b) $6{,}0 \cdot 10^4$ J

4. a) 280 K
b) 450 J
c) $Q_1 = 1\,500$ J e $Q_2 = 1\,050$ J

5. Não; o rendimento máximo é de 65%.

6. a) menor b) 600 cal

7. Não; a geladeira liberou para o ambiente maior quantidade de calor do que absorveu.

Problemas e testes

1. d

2. V, F, F, V, V.

3. a) 150 J e 120 J
b) 150 J
c) 270 J

4. d

5. a) sim
b) aparelho de ar condicionado

Capítulo 4
Mudanças de fase

Verifique o que aprendeu

1. a) pressão e temperatura
b) Aumentando sua temperatura ou diminuindo a pressão sobre ele.

2. a) As ligações entre os átomos de um líquido são mais fracas, comparadas às ligações dos sólidos.
b) A rede cristalina se desfaz.
c) Porque a força entre as moléculas de um gás é praticamente nula.

3. a) 2 100 cal
b) Permanece constante em 961 °C.
c) 961 °C

4. a) 50 g
b) Ambos estarão a 119 °C.

5. a) 1 775 °C
b) Permanece constante.
c) sim

6. a) Aumenta.
b) As moléculas mais velozes escapam mais rapidamente do líquido.

7. a) 357 °C
   b) Permanece constante.
   c) 600 g
   d) 357 °C
8. a) O vapor de água do ar, no interior do automóvel, condensa-se em contato com a superfície do vidro que está mais fria.
   b) O movimento do ar faz com que o vapor de água condensada torne a se evaporar.
9. a) aumenta
   b) menor
   c) afunda.
10. acima
11. a) Igual se estiver no nível do mar e menor se estiver acima.
   b) Igual se estiver no nível do mar e maior se estiver acima.
12. a) Sim; aumentando-se a pressão sobre ele.
   b) 1 000 m
13. a) sólida
   b) gasosa
14. a) 20 °C
   b) 5,2 atm e −57 °C
15. a) sólida
   b) gasosa
   c) Aumentar a temperatura e a pressão.
16. a) igual
   b) Menor; parte do líquido se evapora até saturar novamente o ambiente.
17. Para liquefazer o hélio, sua temperatura deve ser reduzida abaixo de 5 K.
18. vapor de água
19. a) 15 °C
   b) 55,1 mmHg
20. u_r = 100%, em ambos os casos.
21. u_r = 22,8%

Problemas e testes

1. a) errada
   b) certa
   c) errada
2. a) maior
   b) gelo a 0 °C
3. a) 580 cal
   b) 527 °C
4. a, c, d
5. b
6. b
7. c
8. b
9. a
10. c

Capítulo 5
Reflexão da luz

Verifique o que aprendeu

1. a) não
   b) Porque ela envia para nossos olhos a luz que recebe do Sol.
2. b) *AA'B'B* c) Aumentará.
3. a) Feixe de raios paralelos iguais.
4. a) $9,6 \cdot 10^{15}$ m
   b) 20 anos
   c) $1,9 \cdot 10^{14}$ km
5. maior
6. a) P_1 e P_5 c) P_4
   b) P_2 d) P_3
7. 
João Xavier de Campos/Arquivo da editora
8. Os raios de luz continuam com a mesma cor que apresentavam antes do ponto de cruzamento.
9. a) Porque refletem difusamente (em todas as direções) a luz que recebem do Sol ou de uma lâmpada, e esta luz difundida alcança nossos olhos.
   b) A atmosfera terrestre difunde a luz solar, espalhando-a em todas as direções. Na Lua isso não ocorre porque ela não possui atmosfera.
   c) A superfície reflete a luz do Sol.
10. b) ângulo entre *NP* e o raio refletido
   c) 32°
11. b) zero
   c) zero
   d) Na mesma direção do raio incidente, porém em sentido contrário.
12. a) É refletido.
   b) divergente
   c) de um ponto situado a 50 cm atrás do espelho
   d) a imagem virtual da lâmpada
   e) figura semelhante à 5.19
13. *AA'* e *CC'*
14. a) 4 m
   b) Não variará.

15. Veja as figuras.

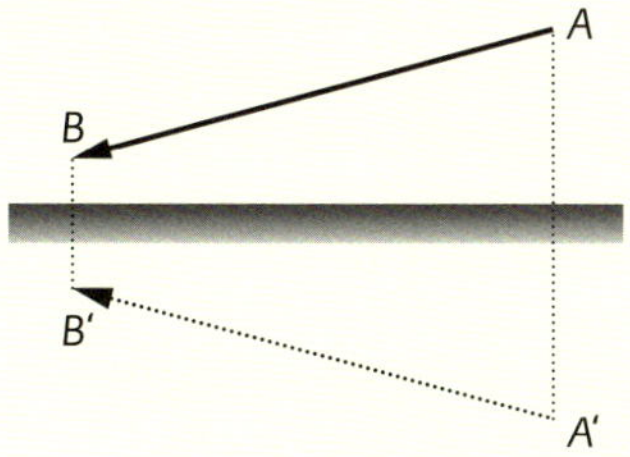

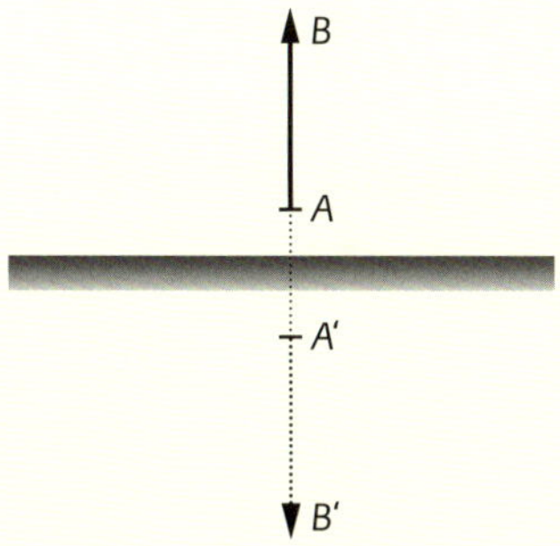

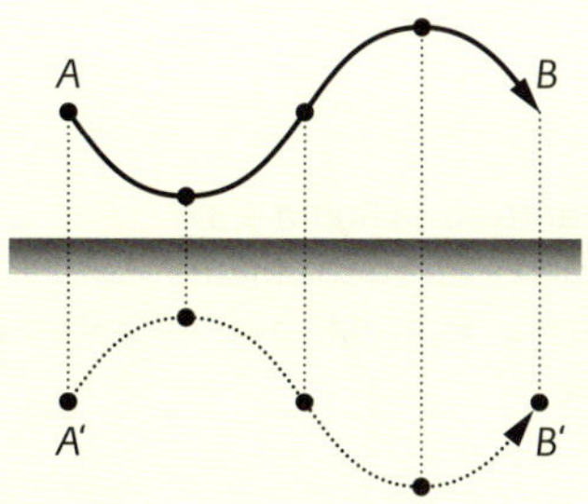

Ilustrações técnicas desta página: Banco de imagens/Arquivo da editora

16. a) côncavo, convergente
b) convexo, divergente
c) convexo, divergente
d) côncavo, convergente

17. a) No meio do arco que representa a calota.
b) Reta passando por *V*, perpendicular ao espelho.
c) Sobre o eixo, a 6,0 cm de *V*, para o lado da concavidade.
d) no meio do segmento *CV*

18. As mesmas posições do exercício 17.

19. a) paralelos **b)** 2,5 m **c)** real

20. a) I **b)** II

21. a) no meio do segmento *CV*
b) real
c) Passam pelo foco.
d) convergente

22. a) No meio do segmento *CV*.
b) Virtual.
c) Os prolongamentos dos raios refletidos passam pelo foco.
d) Divergente.

23. a) Convergente.
b) Divergente.
c) Do ponto I.
d) A imagem real do objeto.

24. a) e b) Os dois diagramas são semelhantes ao do exemplo **1** da seção 5.5.

25. Porque os raios refletidos serão paralelos entre si (costuma-se dizer que a imagem se forma no infinito).

26. a) convexo
b) virtual
c) não

27. a) $D_i = 12$ cm
b) real
c) $\frac{1}{5}$, isto é, a imagem é 5 vezes menor do que o objeto.
d) sim

28. a) $D_i = -9{,}0$ cm
b) virtual
c) $\frac{1}{4}$, isto é, a imagem é 4 vezes menor do que o objeto.
d) $A'B' = 1$ cm

29. Sim, diagrama semelhante ao da figura 5.47.

30. 4,3%

31. O estabelecimento da teoria da relatividade de Einstein.

32. a

33. a) 10^{10} anos-luz
b) 10 bilhões de anos

Problemas e testes

1. *CD* é vermelha e *C'D'* é azul.

2. Espelho côncavo, pois apenas ele pode fornecer imagem virtual maior do que o objeto.

3. a) $L = 2{,}2$ m
b) $x = 0{,}6$ m

4. a) *A*
b) *B*
c) *C*

5. a

6. c

7. b) A imagem fornecida por um espelho convexo é sempre virtual e menor do que o objeto.

8. d) $\beta = 30°$
e) Sim. ($30° = 2 \cdot 15°$).

9. a) Aumento = 1
b) A imagem e o objeto têm o mesmo tamanho.
c) Sim.

10. d

11. a

12. d

Capítulo 6
Refração da luz

Verifique o que aprendeu

1. a) $n = 2{,}0$ **b)** $1{,}24 \cdot 10^8$ m/s

2. a) Gelo.
b) Rutilo

3. a) $n_1 = 1{,}0$; $\theta_1 = 30°$ e $n_2 = 1{,}47$
b) $\theta_2 = 20°$

c) Veja a figura.

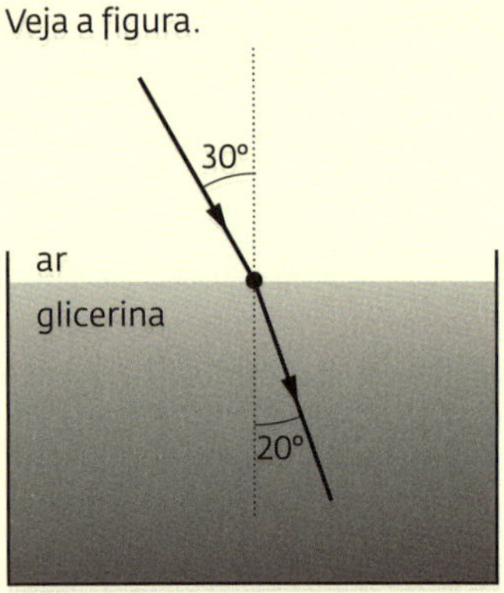

4. a) Veja a figura.

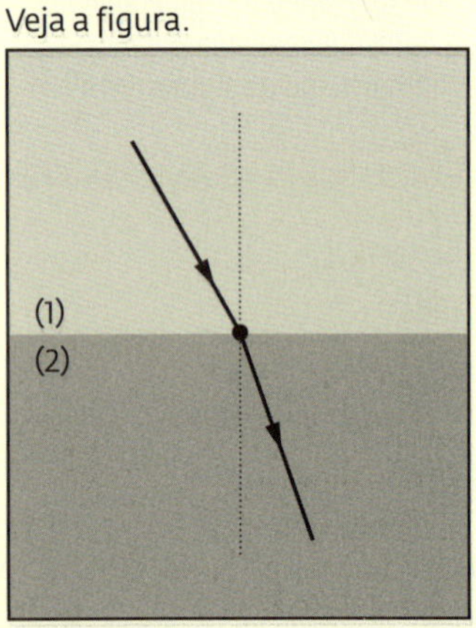

b) Veja a figura.

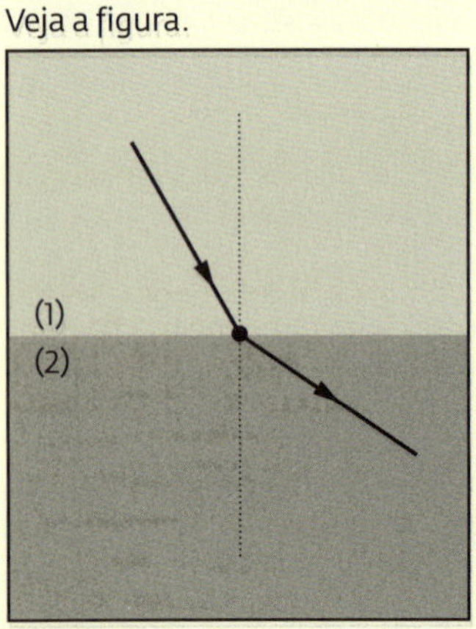

Ilustrações técnicas desta página: Banco de imagens/Arquivo da editora

5. a) Afasta-se.
   b) menor
   c) *A*
   d) *B*
6. Mais próxima
7. a) no encontro dos prolongamentos dos raios retratados
   b) Virtual, porque está situada no prolongamento dos raios.
   c) abaixo
8. a) 62°
   b) *OA*: parte se reflete e parte se refrata afastando-se da normal; *OB*: parte se reflete e parte se refrata tangenciando a superfície de separação; *OC*: não se refrata, pois é totalmente refletido.
9. Não, porque o índice de refração da água é menor do que o do vidro e, portanto, um raio luminoso sempre se aproxima da normal ao passar da água para o vidro.
10. a) vermelha b) abaixo
11. a) violeta b) vermelho c) violeta
12. a) preto c) amarelo
    b) amarelo d) preto
13. a) Diagrama semelhante ao da figura 6.30.a.
    b) Diagrama semelhante ao da figura 6.32.a.
14. a) Diagrama semelhante ao da figura 6.30.c.
    b) Veja a figura.

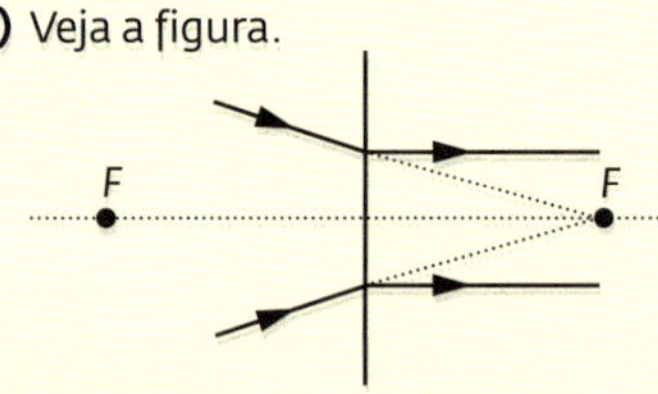

15. a) Convergente.
    b) Divergente.
    c) Convergente.
16. a) divergente
    b) igual
    c) maior
17. a) Diagrama semelhante ao da figura 6.37.
    b) Real, invertida e menor do que o objeto.
18. b) A imagem mantém-se real, afasta-se da lente e aumenta de tamanho.
19. a) $D_i = 6$ cm
    b) 0,5
    c) O tamanho da imagem é a metade do tamanho do objeto.
    d) sim
20. a) Diagrama semelhante ao da figura 6.40; imagem virtual, direta e menor do que o objeto.
    b) A imagem continua virtual, direta e menor do que o objeto.
    c) A lente divergente fornece sempre imagem virtual e menor do que o objeto.
21. a) $D_i = -3$ cm.
    b) Aumento $= \frac{1}{4}$.
    c) $A'B' = 2{,}5$ cm
22. a) miopia
    b) divergentes
23. Diminuiu.
24. a) convergente
    b) menor
    c) virtual
25. a) Maior, porque a imagem fornecida pela objetiva deve ser real.
    b) A imagem real fornecida pela objetiva.
    c) virtual
    d) invertida
26. A reflexão da luz foi comparada com a reflexão do som (eco).
27. Newton era adepto da teoria corpuscular da luz e Huyghens defendia o modelo ondulatório.

28. a) maior b) maior
29. a) de O para P
b) menor
c) não
30. A experiência de Foucault mostrou que a velocidade da luz na água é menor do que no ar, ao contrário do que previa o modelo corpuscular.
31. Newton fez um feixe de luz monocromática passar por um prisma e verificou que o feixe não sofreu nenhuma alteração.

Problemas e testes

1. a) 1,5 vez menor b) 750 s
2. a) $\theta_1 = 60°$; $\theta_2 = 35°$.
b) $n = 1,5$
3. c
4. trajetória **III**
5. ponto E
6. e
7. a

Capítulo 7
Movimento ondulatório

Verifique o que aprendeu

1. a) para a esquerda
b) para a esquerda
c) retardado
2. a) nos pontos B e B'
b) no ponto O
c) no ponto O
d) nos pontos B e B'
e) no ponto O
3. a) sim
b) 50 ciclos
c) 0,50 hertz
d) 2,0 s
4. a) 5,0 cm
b) 40 cm
5. a) Diminuirá.
b) Aumentará.
c) Não sofrerá alteração.
6. e
7. todas
8. a) 5,0 hertz
b) 0,20 s
c) 5,0 oscilações/s
d) 5,0 hertz
9. $\lambda_2 = 20$ cm
10. a) $\hat{\imath} = 60°$
b) $r = 60°$
c) Veja a figura abaixo.
d) Veja a figura abaixo.
e) Não varia, porque a onda continua a se propagar no mesmo meio.

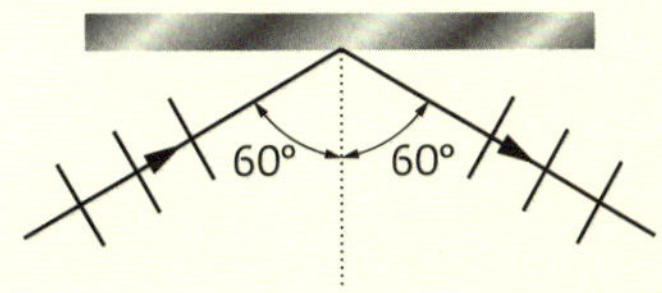

11. a) 0,20 s
b) Oscila para cima e para baixo.
c) 5,0 oscilações/s
d) 25 cm/s
12. muito menor
13. a) Veja a figura.

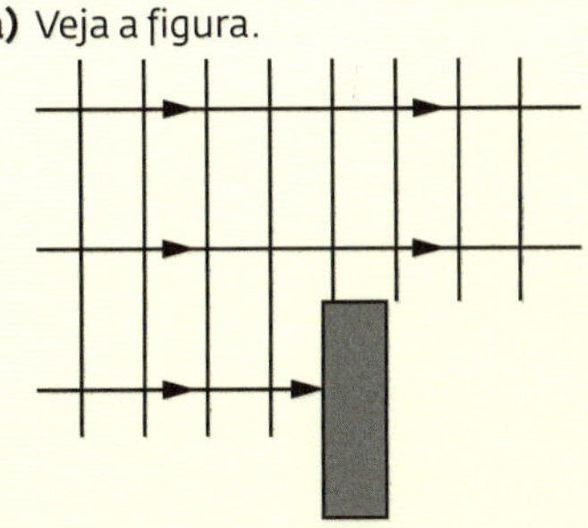

Ilustrações técnicas desta página: Banco de imagens/Arquivo da editora

b) desenho semelhante ao da figura 7.32
14. a) mais acentuada
b) menos acentuada
15. Porque as ondas luminosas sofrem maior difração ao passar por orifícios menores.
16. a) duas cristas
b) uma crista e um vale
c) dois vales
17. a) A b) C c) B
18. a) 20 cm/s
b) 5 Hz
c) 0,2 s
d) indefinido
19. a) Não; porque as duas lâmpadas não são fontes luminosas em fase e não mantêm uma diferença de fase constante.
b) Porque usou um artifício para obter duas fontes luminosas em fase.
20. a) o amarelo
b) O azul; porque $f = v/\lambda$ (menor λ, maior f).
21. vermelho, amarelo, verde, azul e violeta
22. a) $6,5 \cdot 10^{-7}$ m
b) $4,6 \cdot 10^{14}$ hertz
c) vermelha
23. a) 17 mm b) 17 m c) ultrassom
24. a) 77 cm b) 440 hertz c) 3,3 m
25. a) 2 vezes
b) 220 hertz; 880 hertz
26. a) flauta
b) a onda proveniente da tuba
c) a tuba

27. a) da clarineta
b) igual
c) a mesma nota (a mesma frequência)
d) diferentes
e) timbres diferentes

28. A velocidade do carro é desprezível comparada com a da luz.

29. a) não b) não c) sim

30. para a esquerda

31. Como a frequência da luz recebida é menor, as linhas do espectro passam a se situar mais próximas da região vermelha.

32. a) Estão se aproximando da Terra.
b) Não, porque todas as galáxias estão se afastando da Terra e por isso apresentam um deslocamento para o vermelho.

Problemas e testes

1. a) $T = 0{,}314$ s
b) $f = 3{,}18$ Hz
c) Permaneceria igual a 0,314 s.

2. d

3. 200 m

4. b

5. Deveríamos ter, na figura, $\lambda_2 < \lambda_1$.

6. a) diagrama semelhante à figura 7.37
b) Praticamente não há difração da onda.

7. a) $I = 1 W/m^2$
b) 90 dB
c) $I = 10^{-2} W/m^2$ e $P = 7{,}5 \cdot 10^{-7}$ W

8. a) 17 m
b) 1 450 m

9. d

10. a) 30° b) 57°

11. Todas estão corretas.

12. $L = mg/k$

13. a) Construtiva.
b) Construtiva.
c) Destrutiva.

14. 320 m/s

15. a) 20 N/m
b) 5,0 cm
c) 0,44 s; 2,27 hertz.

16. a) 12 cm b) 2,0 m/s em $X = 0$

Apêndice E

Verifique o que aprendeu

1. a) $7{,}5 \cdot 10^{-3}$ g/cm $= 7{,}5 \cdot 10^{-4}$ kg/m
b) 117 hertz
c) 234 hertz; 585 hertz

2. a) reduzido à metade
b) multiplicado por 4

3. a) Mais grossa, pois temos $f_1 \propto 1/\mu$. Então, o som mais grave (menor f_1) é emitido pela corda de maior μ (mais grossa).
b) 4 vezes

4. a) Veja a figura.

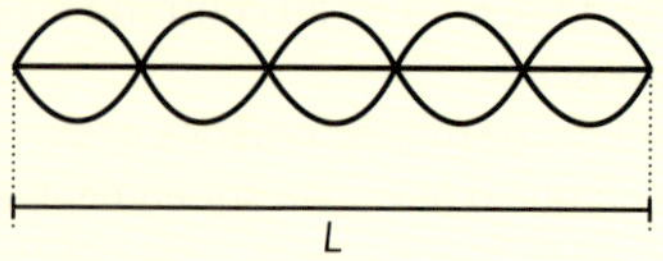

b) $\lambda_5 = 2L/5$
c) $f_5 = 5f_1$

5. a) 17 cm
b) 250 hertz, 1 000 hertz e 2 000 hertz.

6. a) Veja a figura.

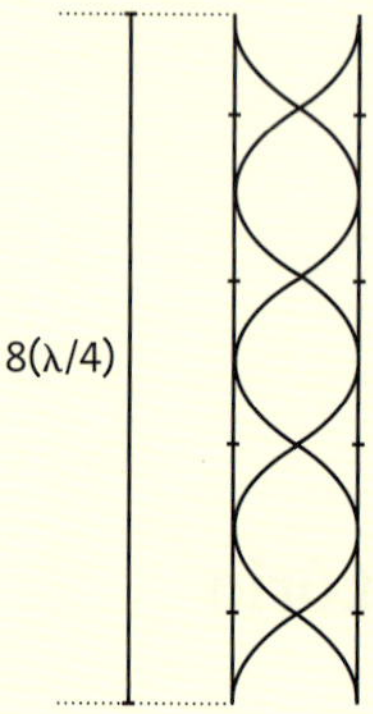

Ilustrações técnicas desta página: Banco de imagens/Arquivo da editora

b) $\lambda_4 = L/2$
c) $f_4 = 4f_1$

7. 70 cm

8. o tubo aberto

9. a) 4,25 mm
b) Não; sim

10. a) 894 hertz
b) 882 hertz

11. a) 1,5 volta/s
b) 486 hertz

12. 21% da velocidade da luz

13. a) Afastando-se, porque a $f < f_0$.
b) 1 380 km/s
c) 0,46%; sim

14. a) 68 m/s (= 244 km/h)
b) 360 hertz

Problemas e testes

1. c

2. c

3. a) $v = \frac{2}{d}\sqrt{\frac{T}{\pi\rho}}$
b) $v' = 4\left(\frac{2}{d}\sqrt{\frac{T}{\pi\rho}}\right)$
c) $f'_1 = 1640$ Hz

4. e

5. d

Organize e amplie as ideias

Capítulo 1

11. O bulbo de vidro se aquece e se dilata antes do Hg.

12. Quando o gargalo é aquecido, seu diâmetro interno aumenta.

13. Pode ser usado para medir temperaturas compreendidas entre a de solidificação e a de ebulição do Hg.

14. A lâmina se encurvará porque as folhas metálicas estão firmemente unidas, e o Zn se dilatará mais do que o aço.

16. a) 200 °X **b)** $T_X + 20$ **c)** 100 °X

17. 1,2%

18. a) Veja a figura.

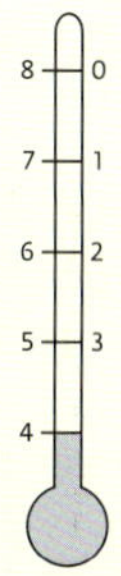

b) Tem-se duas temperaturas diferentes para a mesma altura da coluna de água.

19. a) $\Delta A_1 = \Delta A_2 = \alpha A_0 \Delta T$

$\Delta A_3 = \alpha^2 A_0 (\Delta T)^2$

20. 20 m

21. a) 0,20% **c)** 0,60%

b) 0,40% **d)** $\Delta m = 0$

22. $2{,}0 \cdot 10^{-5}\,°C^{-1}$

23. $L_A = 20{,}0$ cm

$L_B = 10{,}0$ cm

Capítulo 2

9. b

10. b, c, f

12. a) $6 \cdot 10^{10}$ moléculas

b) 12 vezes maior

13. a, c

14. a) Reta passando pela origem.

b) $(3/2)k$

16. a) Como as moléculas dos gases de menor massa molecular possuem maior velocidade média, a probabilidade de escaparem da ação gravitacional da Terra é maior.

b) Sim; mesmo os gases cujas moléculas têm menor velocidade (maior massa molecular) podem escapar da atração gravitacional da Lua.

17. $n/3$

18. a) sim **b)** não **c)** não

19. a) *AB* é isovolumétrica; *BC* é isobárica.

b) 300 K ou 27 °C.

c) Em um ponto *M*, tal que $p_M = 2{,}0$ atm e $V_M = 24{,}6$ L.

d) não

20. 6,0 cm

21. Veja a figura.

a)

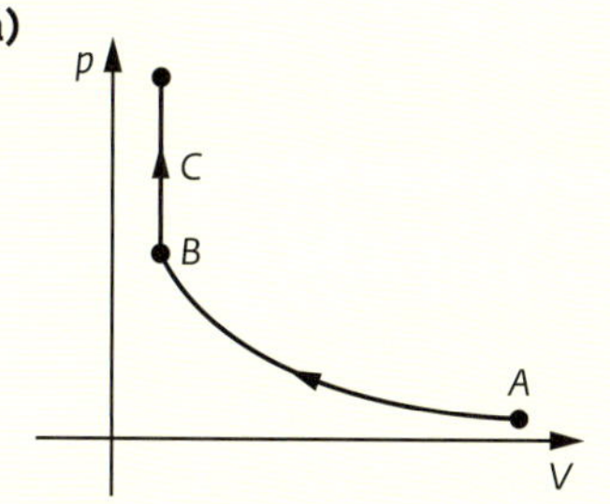

b)

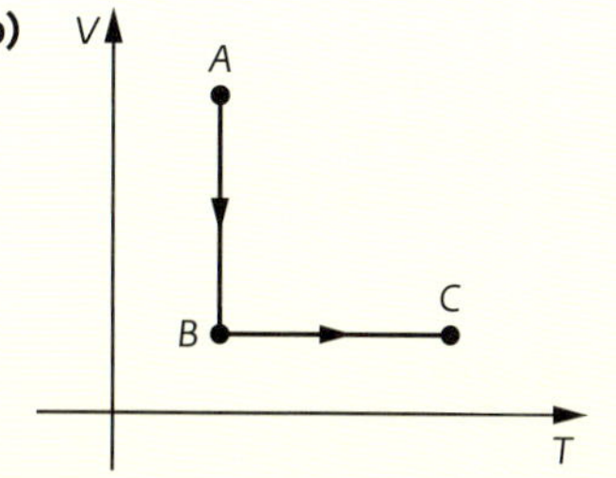

22. $p_o/p_H = 8$

23. $\frac{\bar{v}_2}{\bar{v}_1} = 2$

24. 22,2 cm

25. 77 °C

26. a) 25 cm

b) O resultado encontrado em **a** não depende da área da seção reta do tubo.

27. $2{,}68 \cdot 10^{19}$ moléculas/cm^3

28. a) recipiente *H*; 14 vezes

b) recipiente *H*; 14 vezes

c) recipiente *H*; 3,7 vezes

29. 24 cm

30. a) 0,66 N · s **b)** $2{,}2 \cdot 10^2$ N/m^2

31. 3,0 atm

32. Veja a figura.

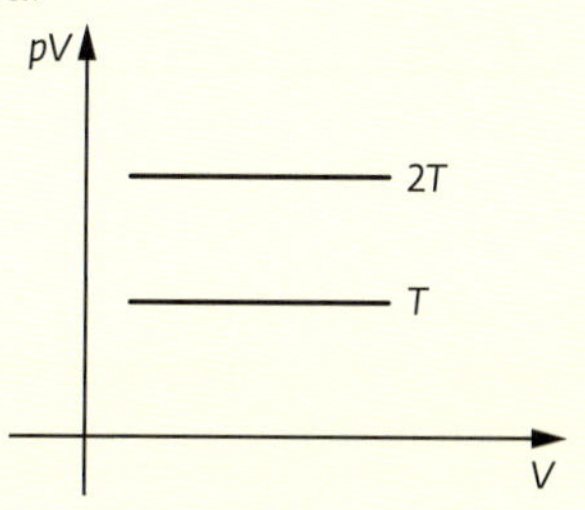

Capítulo 3

9. O frio não é uma grandeza física; um corpo esfria porque perde calor.

10. A água quente, porque libera mais calor ao esfriar.

11. O calor específico da areia é pequeno.

12. a) igual **b)** menor **c)** não

13. c

14. a, b, d

15. c, e

16. a, c, d

17. I é errada e II é certa.

18. a) Não; o termômetro alteraria sensivelmente a temperatura do corpo.

b) A capacidade térmica do termômetro deve ser desprezível em relação à capacidade térmica do corpo.

19. a) maior

b) do mar para a terra

c) a terra; da terra para o mar

20. bloco *E*

21. 1 cal = 4,3 J

22. a) Há bastante ar entre as partículas de madeira da serragem.

b) A serragem impede o contato direto da barra com as correntes de convecção do ar.

23. a) $U = 1{,}26 \cdot 10^4$ J **b)** 170 °C

24. 35 min

25. $2{,}2 \cdot 10^6$ J

26. 83% de ouro e 17% de cobre

27. 12,5 m/s

28. em II

29. Sim. A radiação na faixa do visível (tanto quanto na faixa do infravermelho e do ultravioleta) pode, nesse caso, ser considerada calor. Isso porque é uma energia transferida de um corpo a outro; nesse caso, do Sol para a Terra, em razão da diferença de temperatura entre ambos.

30. a) refrigerador ($\mathcal{T}$, no ciclo, é negativo)

b) $\varepsilon = 3{,}0$

31. a) +5,86 cal/K **c)** menor

b) diminuiu

32. Veja a figura.

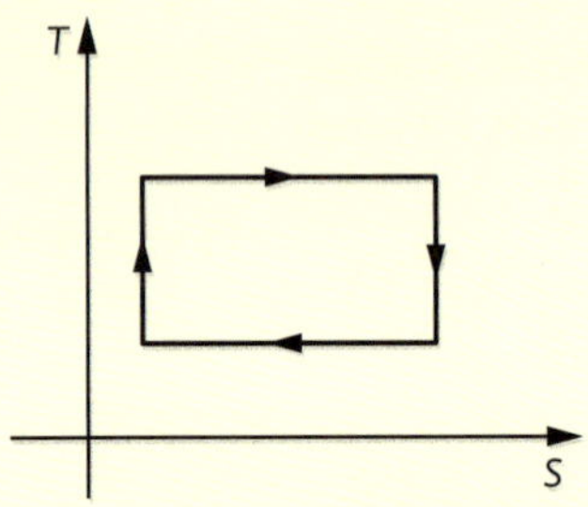

33. M_2

34. a) 100%

b) A transformação não é cíclica.

35. A transferência de calor no refrigerador não é espontânea (há realização de trabalho).

36. 21 °C

Capítulo 4

8. a) 4 000 cal **b)** 4 000 cal **c)** 50 °C

9. a) 12 800 cal **b)** 160 g

10. a) 2 600 cal

b) 84 cal/g

11. Gotículas de água atravessam os poros e evaporam ao atingir a superfície externa, absorvendo calor do recipiente.

12. Na chaleira, o vapor só pode escapar pelo bico; portanto, haverá menor perda de calor para o ambiente.

13. a) A umidade dificulta a evaporação do suor.

b) A agitação do ar facilita a evaporação do suor.

14. $3{,}6 \cdot 10^3$ s

15. A água fria ocasiona uma queda na pressão sobre a água no frasco.

16. 5,1 g **19.** 0,84

17. 176 g **20.** 31,7%

18. 820 m/s **21.** 359 g

22. a) 0 °C

b) A mistura é composta de 43 g de gelo e 161 g de água.

23. 310 m/s

24. a) 112 g **b)** 16,6 g

25. $2{,}1 \cdot 10^3$ J

26. Evaporação da camada de água que vem aderida à pele da pessoa.

27. a) 75 cal/g

b) O calor liberado para o ambiente (de 30 °C para 20 °C) é compensado, aproximadamente, pelo calor absorvido (de 20 °C para 10 °C).

c) 6%

28. Veja a figura (*AB* é uma hipérbole).

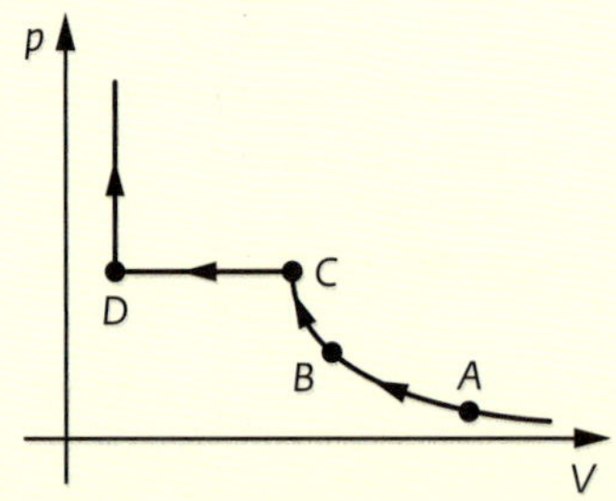

29. 0,39 cm/h

30. 50 g

Capítulo 5

11. Espelho côncavo, pois apenas ele pode fornecer imagem virtual maior do que o objeto.

12. c **14.** b, d

13. e **15.** a, b, c

16. b, c, e

17. Durante o dia, a luz que atravessa a vidraça, proveniente dos objetos situados no exterior da casa, é muito mais intensa do que a luz refletida por ela, proveniente dos objetos no interior. Durante a noite, ocorre o contrário.

18. a) Ambos infinitamente grandes ($R = \infty$ e $f = \infty$).

b) $D_i = -D_o$

c) Sim, as distâncias da imagem e do objeto ao espelho são iguais e a imagem é virtual (D_i é negativo).

19. a) 80 cm **b)** $D = 2d$ **c)** sim

20. 7,5 voltas

21. a) côncavo; virtual; objeto entre o foco e o espelho

b) côncavo; real; objeto além do foco

c) convexo; virtual; qualquer posição do objeto

22. apenas *A*

23. a) 120 km/h

b) 60 km/h

24. a) 100 cm
b) Veja a figura.

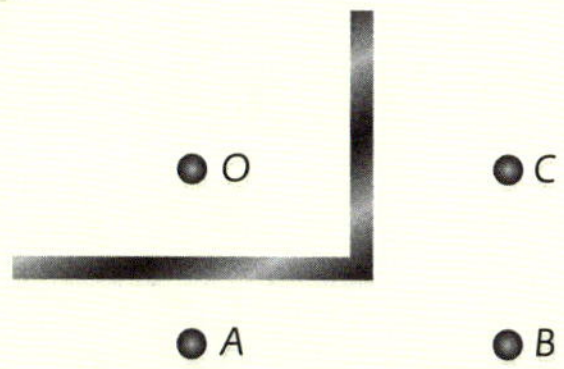

25. a) côncavo b) 2,5
26. 45°
27. a) *P* b) *M* c) *N* d) *Q*
28. a) O tamanho da imagem aumentaria.
b) Não haveria alteração na imagem.
c) A imagem perderia nitidez e ganharia luminosidade.
29. A segunda sombra tem sua origem nos raios refletidos no espelho, como se viessem da imagem da lâmpada.
30. Demonstração.
31. A imagem está mais afastada da câmara fotográfica do que o objeto.
32. a) Espelho de 80 cm com a extremidade inferior a 80 cm de altura.
b) não
33. 2,17 m
34. 5,40 m
35. a) 4,0 m/s, no sentido *OX* positivo
b) 8,0 m/s, no sentido *OX* negativo
36. filamento *A* — luz alta
filamento *B* — luz baixa
37. a) não
b) sim
c) Porque permitem enxergar imagens de objetos situados em uma região maior do espaço.
38. 26,4 cm
39. 0,14°

Capítulo 6

13. a
14. a) $D_i = 5$ cm
b) $f = 3,3$ cm
c) convergente
15. a) lente I c) lente II
b) lente II d) aumentar
16. b
17. 2,3 m
18. a) vermelha b) preto
19. Nem a forma nem o tamanho da imagem serão alterados; haverá apenas uma redução em seu brilho.
20. a) $\theta_4 = \theta_1$
b) *CD* é paralelo a *AB*.
21. a) 62° b) não
22. Reflexão na 1ª face (espelho convexo) e reflexão na face interna (espelho côncavo).
23. 15°
24. 19°
25. a) para a frente b) 0,26 cm
26. 16 vezes
27. 4,0 dioptrias
28. 51°
29. $5,0 \cdot 10^{-10}$ s
30. meio (3)
31. 67,3 cm
32. +3,0 graus
33. 6,0 m
34. 1,43 m
35. a) $\beta < 25°$
b) Não haveria reflexão total em *AC* qualquer que fosse o valor de β.
36. $n > 1,22$
37. 83,4 cm

Capítulo 7

13. c
14. b, d
15. a) Diminuirá. d) Diminuirá.
b) Aumentará. e) Não sofrerá alteração.
c) Diminuirá.
16. a) na vertical b) 0,75 s c) 3,0 s
17. Veja a figura.

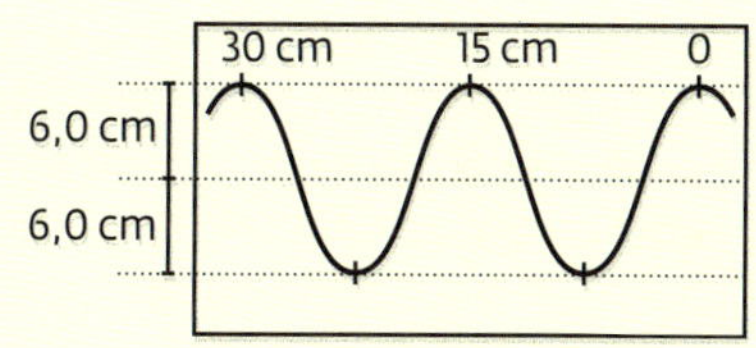

18. a) não
b) não
c) Porque a força restauradora que atua sobre o corpo é proporcional ao seu deslocamento.
19. a) Sim, pois $F \propto X$ b) $\Delta t = \sqrt{3\pi/4G\rho}$
20. a) 0,20 hertz b) 1,0 hertz
21. a) 9 B = 90 dB b) 10 vezes maior
22. 10^{-5} °C
23. $1,5 \cdot 10^3$ hertz
24. a) 93 dB b) 53 dB
25. a) 20 dB; 120 dB
b) 40 hertz; 20 000 hertz
c) dolorosa
26. λ_3, λ_4 e λ_6
27. λ_1 e λ_5
28. a) vermelha
b) $4,6 \cdot 10^{14}$ hertz; $6,5 \cdot 10^{-7}$ m; vermelha
29. a) destrutiva b) 1,0 m
30. boias (1) e (2)
31. a) $1,25 \cdot 10^{-11}$ W b) 8 trilhões
32. $X = \pm A\sqrt{2}/2$
33. $X = 2\cos\left(\frac{\pi}{2}t\right)t$, com *t* em s e *X* em cm
34. a) 12,6 N/m
b) $X = 0,10\cos(0,80\pi t)$, com *t* em s e *X* em m
35. a) 68 dB b) 75 dB
36. a) pêndulo simples b) $0,16\pi$ s
37. a) 85 hertz b) 115 N

38. Em pontos situados a 1,0 m, 3,0 m, 5,0 m e 7,0 m de uma das fontes.
39. Em pontos situados a 2,0 m, 4,0 m e 6,0 m de uma das fontes.
40. a) 7 cm b) não
41. $5,0 \cdot 10^3$ hertz
42. 944 hertz e 1062 hertz

Enem e Vestibulares

Unidade 1

1. c
2. c
3. −320,8 °F
4. d
5. e
6. b
7. 32,5 °C
8. c
9. e
10. d
11. b
12. d
13. c
14. b
15. d
16. e
17. a
18. c
19. c
20. b
21. c
22. 01 + 02 + 04 = 07
23. b
24. a
25. a) Isocórico: DC; Isobárico: BA
b) 1,5 L; 400 K
26. a
27. 18,67 g
28. d
29. d
30. c
31. c
32. b
33. e
34. a
35. d
36. 3,35%
37. a
38. b
39. d
40. e
41. d
42. d
43. b
44. e
45. a) 40 J
b) 1,25 K; 11,25 K
46. a) 240 K
b) 90 Pa

Unidade 2

1. a) 0,05 g b) −1625 J
2. a
3. a
4. 02 + 04 + 08 = 14
5. a
6. e
7. d
8. d
9. b
10. a
11. d
12. d
13. a
14. b
15. b
16. b
17. b
18. 0,075 J
19. b
20. a
21. b
22. c
23. e
24. a) 100 cal; 5000 cal b) 30 °C; 0,5 cal/g · °C
25. d
26. e
27. e
28. c
29. a) $2,28 \cdot 10^5$ J
b) Processo II
c) 1,5 kg
d) 2500 J/kg · °C
30. a) 20 °C b) 2 m
31. c
32. 17800 cal; 690 g
33. e
34. e
35. c
36. c
37. c
38. c
39. a
40. a) 6600 cal b) 11 g
41. a) 60 W
b) $9 \cdot 10^4$ J
c) 100 °C
d) 1,33 atm
42. d
43. c
44. e
45. a) 12 s
b) 2,5 GHz
46. c
47. d
48. a) 25%
b) 300 K
49. b
50. 1000 J
51. c
52. a
53. c
54. e
55. 20 J; $8 \cdot 10^4$ Pa
56. a) $2,77 \cdot 10^4$ N/m²
b) $2,49 \cdot 10^4$ J
c) $1,66 \cdot 10^4$ J
d) $4,15 \cdot 10^4$ J
57. 10 cal/K; 0,5 cal/g · K; 4 cal/K; 0,4 cal/g · K
58. c
59. a
60. a) 250 g b) 80 min
61. a) 4 °C b) $T_f' > T_f$
62. e
63. c
64. c
65. a) $3,24 \cdot 10^9$ J
b) 10 K
66. a) 350 K
b) $3,2 \cdot 10^5$ J
67. 800 min
68. O volume do tanque é V_{tanque} = 30 L; como o volume total de resíduos ao longo dos três dias é V_{total} = 38 L, há o risco de transbordamento.
69. a) 8 °C b) 1,16 kg/m³

Unidade 3

1. d
2. d
3. e
4. b
5. b
6. d
7. c
8. b
9. a

10. a)

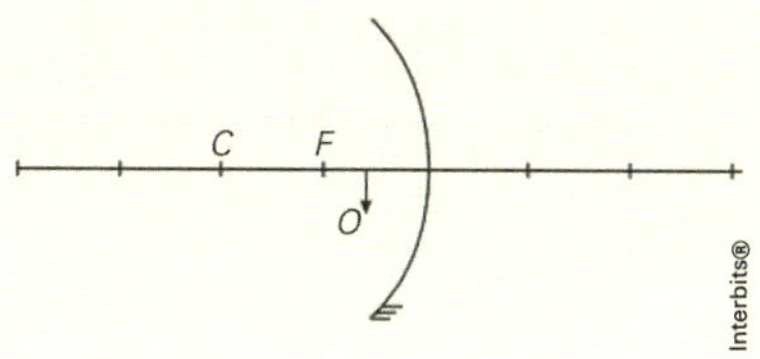

b)

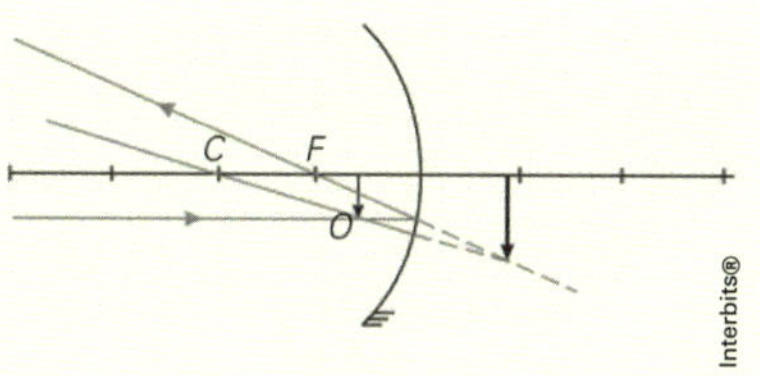

c) 5 cm

11. b

12. c

13. $D_{O_2} = 0{,}1 \cdot D_{O_1}$

14. c

15. a) 0,5 m **b)** $\frac{d}{O} = \frac{1}{6}$

16. e

17. d

18. c

19. e

20. a) Como os raios incidentes *SO* e *TO* têm direção radial, eles não sofrem desvios quando passam do ar para a água.

b) 1,4

c) 21 cm

21. b

22. b

23. e

24. b

25. d

26. b

27. c

28. c

29. b

30. a) 0,125 W/m²

b) $\sqrt{3}$

31. 30°

32. c

33. e

34. a

35. e

36. 10 mm

37. d

38. b

39. a) 135 cm **b)** $\theta_{ang} = 5{,}37°$

40. a

41. e

42. a) 0,15 m

b) $4{,}44 \cdot 10^6$ W/m²

c) 500 K

43. d

44. 04 + 32 = 36.

45. a) $1{,}5 \cdot 10^{-5}$ cm **c)** $3 \cdot 10^{-5}$ cm³

b) $7{,}5 \cdot 10^{-5}$ cm

46. a)

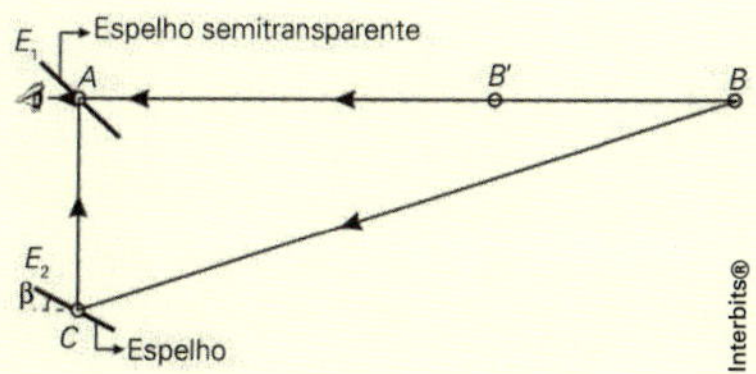

b)

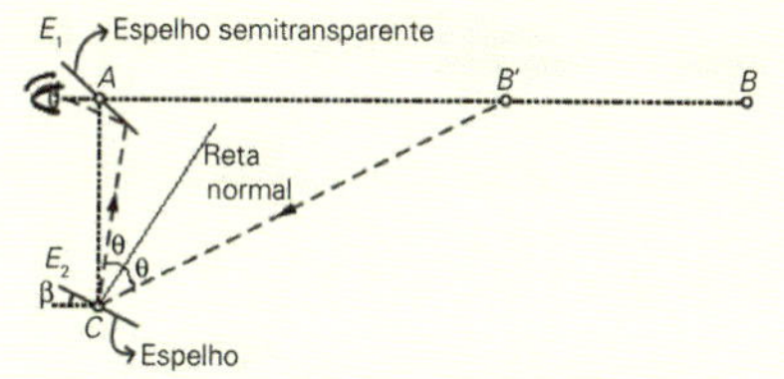

c)

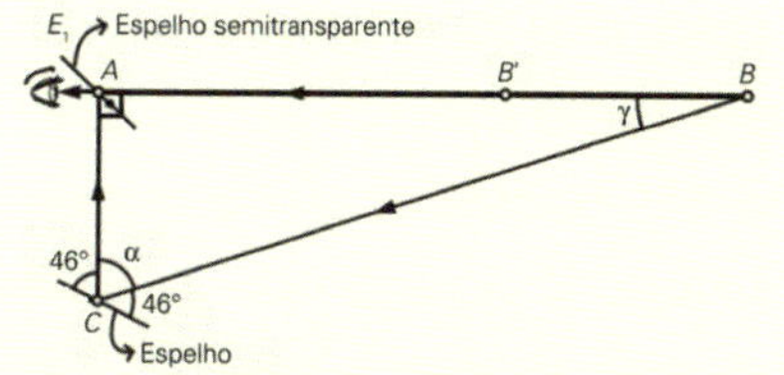

d) 330 cm

47. a) Para o vaso 1, a planta cresce normalmente, pois absorve todos os comprimentos de onda entre o azul e o vermelho, tendo então sua taxa de fotossíntese mais eficiente. Já no vaso 2, a planta reflete toda a radiação verde e sua taxa de fotossíntese não é eficiente, o que faz com que a planta não consiga crescer.

b) As pessoas com visão normal enxergam as folhas na cor verde, pois a cor de um objeto é a mesma da radiação que ele reflete; logo, as folhas refletem com maior intensidade a radiação que corresponde à luz verde.

48. d

49. e

50. d

51. d

52. c

53. a

54. 2 720 nm

55. 0,4 s

56. a

57. a

58. a

59. a

60. c

61. a

62. c

63. a

64. a) 61,6 m/s

b) $\sqrt{2}$

65. a) 1. 440 Hz

2. 0,64 m

b) 1. 440 Hz

2. 0,75 m

66. e

67. a

68. 34 m

69. d

70. c

71. d

72. b

73. c

74. a) 80 m/s

b) 75 Hz

75. d

76. d

77. 02 + 16 + 64 = 82.

78. a) 2 000 Hz **c)** 2 020 Hz

b) 343,4 m/s **d)** 3 366,3 Hz

79. d

Sugestões de leitura

A lista apresentada a seguir é sugerida para tentar ampliar seus conhecimentos e incentivá-lo a fazer outras leituras além do livro didático. Seu professor poderá orientá-lo por onde começar, como ir adquirindo cada obra, como incorporá-las à biblioteca de sua escola e como desenvolver o hábito de ler. Boa leitura!

ARRIBAS, S. D. *Experiências de Física ao alcance da escola*. Passo Fundo: UPF, 1987.

BERNAL, J. D. *Ciência na História*. Lisboa: Livros Horizonte, 1969. v. 1 a 7.

CAMPOS, C. A. S. *Brasil 3D*: estereogramas tupiniquins. São Paulo: Imagica, 1995.

CARVALHO, R. P. *Física do dia a dia*. Belo Horizonte: Autêntica, 2011.

CHILDRESS, D. H. *As fantásticas invenções de Nikola Tesla*. São Paulo: Madras, 2004.

DAOU, L.; CARUSO, F. *Tirinhas de Física*. Rio de Janeiro: Centro Brasileiro de Ensino de Física, 2001. v. 1 a 4.

DAWKINS, R. *Desvendando o arco-íris*. São Paulo: Companhia das Letras, 2000.

ECO, U. et.al. *Entrevista sobre o fim dos tempos*. Rio de Janeiro: Rocco, 1998.

EINSTEIN, A.; INFELD,L. *A evolução da Física*. Rio de Janeiro: Nacional, 1941.

FEYNMAN, R. P. *Está a brincar, Sr. Feynman?* Rio de Janeiro: Campus, 2006.

FIOLHAIS, C. *Física divertida*. Lisboa: Gradiva, 2007.

GILMORE, R. *Alice no país do* quantum. Rio de Janeiro: Jorge Zahar, 1998.

______. *O mágico dos* quarks. Rio de Janeiro: Jorge Zahar, 2002.

GLEISER, M. *O fim da terra e do céu*. São Paulo: Schwarcz, 2001.

GONICK, L.; HUFFMAN, A. *Introdução ilustrada à Física*. São Paulo: Harbra, 1994.

HEWITT, P. G. *Física conceitual*. Porto Alegre: Artmed, 2002.

INGRAM, J. *As ilusões da vida*: a estranha ciência do extremamente comum. Rio de Janeiro: Ediouro, 2005.

KAKU, M. *Física do impossível*. Rio de Janeiro: Rocco, 2010.

LIVINGSTON, J. D. *Rising Force: The Magic of Magnet*. Cambridge: Harvard, 2011.

MARINHO, F. C.; DORIA, M. M. *Temas atuais de Física*: ondas e *bits*. São Paulo: Livraria da Física, 2005.

MENEZES, L. C. *Vale a pena ser físico?* São Paulo: Moderna, 1998.

MINISTÉRIO DA CIÊNCIA E TECNOLOGIA. *Algumas razões para ser um cientista*. Rio de Janeiro: CBPF, 2005.

OSTERMANN, F.; PUREUR, P. *Temas atuais de Física*: supercondutividade. São Paulo: Livraria da Física, 2005.

PANZERA, Á. C. *Estrelas e planetas*. Belo Horizonte: Ed. da UFMG, 2008.

PAULINO, J. O. S. *Raios e trovões*. Belo Horizonte: Ed. da UFMG, 1997.

PERELMAN, I. *Física recreativa*. Moscou: Mir, 1980.

PRICE, D. S. *O homem e a ciência*: a ciência desde a Babilônia. Belo Horizonte: Itatiaia, 1976.

QUINN, S. *Marie Curie*: uma vida. São Paulo: Scipione, 1997.

SAGAN, C. *O mundo assombrado pelos demônios*. São Paulo: Companhia das Letras, 1997.

STRATHERN, P. *Aristóteles em 90 minutos*. Rio de Janeiro: Jorge Zahar, 1997.

______. *Arquimedes e a alavanca em 90 minutos*. Rio de Janeiro: Jorge Zahar, 1998.

______. *Böhr e a teoria quântica em 90 minutos*. Rio de Janeiro: Jorge Zahar, 1999.

______. *Galileu e o Sistema Solar em 90 minutos*. Rio de Janeiro: Jorge Zahar, 1999.

______. *Hawking e os buracos negros em 90 minutos*. Rio de Janeiro: Jorge Zahar, 1998.

VALADARES, E. C. *Física mais que divertida*. Belo Horizonte: Ed. da UFMG, 2012.

WALKER, J. *O grande circo da Física*. Lisboa: Gradiva, 1990.

ZIMAN, J. *A força do conhecimento*. São Paulo: Edusp, 1981.

Bibliografia

BARTHEM, R. *Temas atuais de Física:* a luz. São Paulo: Livraria da Física, 2005.

BENSON, H. *University Physics*. New York: Wiley, 1991.

BOLTON, L. *Hidden pictures*. New York: Penguin, 1993.

CARVALHO, R. P. *Física do dia a dia*. Belo Horizonte: Autêntica, 2011.

________. *Temas atuais de Física:* micro-ondas. São Paulo: Livraria da Física, 2005.

CHALMERS, A. F. *O que é Ciência afinal?* São Paulo: Brasiliense, 2011.

CHILDRESS, D. H. *As fantásticas invenções de Nikola Tesla*. São Paulo: Madras, 2004.

DAWKINS, R. *Desvendando o arco-íris*. São Paulo: Companhia das Letras, 2000.

DURAN, J. E. R. *Biofísica:* conceitos e aplicações. São Paulo: Pearson, 2011.

EISBERG, R.; RESNICK, R. *Física quântica:* átomos, moléculas, sólidos, núcleos e partículas. Rio de Janeiro: Elsevier, 1979.

ERNST, B. *Adventure with Impossible Figures*. Norfolk: Taschen, 2000.

FEYNMAN, R. P.; LEIGHTON, R. B.; SANDS, M. *Lectures on Physics:* the New Millennium Edition. London: Addison Wesley, 2011. 3 v.

GENNES, P. G. *Os objetos frágeis*. Campinas: Ed. da Unicamp, 1997.

GOLDEMBERG, J.; LUCON, O. *Energy, Environment and Development*. London: Earthscan, 2010.

GRIBBIN, J. *História da Ciência*. Porto: Europa América, 2005.

HALLIDAY, D.; RESNIC, R.; WALKER, J. *Fundamentals of Physics*. New York: Wiley, 2010.

HAWKING, S. *Os gênios da ciência*: sobre os ombros de gigantes. Rio de Janeiro: Campus, 2005.

HEWITT, P. G. *Fundamentos de Física conceitual*. Porto Alegre: Bookman, 2009.

HOUAISS, A.; VILLAR, M. S. *Dicionário Houaiss da Língua Portuguesa*. Rio de Janeiro: Objetiva, 2011.

INGRAM, J. *As ilusões da vida: a estranha ciência do extremamente comum*. Rio de Janeiro: Ediouro, 2005.

KAKU, M. *Física do impossível*. Rio de Janeiro: Rocco, 2010.

LIVINGSTON, J. D. *Rising force: the Magic of Magnet*. Cambridge: Harvard, 2011.

MARINHO, F. C.; DORIA, M. M. *Temas atuais de Física:* ondas e *bits*. São Paulo: Livraria da Física, 2005.

MINISTÉRIO DA CIÊNCIA E TECNOLOGIA. *Algumas razões para ser um cientista*. Rio de Janeiro: CBPF, 2005.

MOSCOVICH, I. *Magic Cylinder Book*. Stradbroke: Tarquin, 1991.

NASSAU, K. *The Physics and Chemistry of Color:* the Fifteen Causes of Color. Hoboken: Wiley Inter-Science, 2001.

NUSSENZVEIG, H. M. *Curso de Física básica*. São Paulo: Edgar Blücher, 1983. 3 v.

OKUNO, E.; CALDAS, I. L.; CHOW, C. *Física para Ciências Biológicas e Biomédicas*. São Paulo: Harbra, 1982.

OSTERMANN, F.; PUREUR, P. *Temas atuais de Física:* supercondutividade. São Paulo: Livraria da Física, 2005.

PAULA, H. F.; MATEUS, A. L.; ALVES, E. G. *Quântica para iniciantes*. Belo Horizonte: Ed. da UFMG, 2011.

PIRES, A. S. T. *Evolução das ideias da Física*. São Paulo: Livraria da Física, 2011.

RETONDO, F. *Química das sensações*. Campinas: Átomo, 2009.

SMITH, A. *The Usborne Big Book of Experiments*. London: Usborne, 1996.

TIPPLER, P. A.; LLEWELLYN, R. A. *Física moderna*. Rio de Janeiro: LTC, 2010.

VALADARES, E. C. *Física mais que divertida*. Belo Horizonte: Ed. da UFMG, 2012.

________; CHAVES, A.; ALVES, E. G. *Temas atuais de Física:* aplicações da Física quântica – do transistor à nanotecnologia. São Paulo: Livraria da Física, 2005.

Índice remissivo